Kenntnis der Wasch-, Bleich- und Appreturmittel

Ein Lehr- und Hilfsbuch für
technische Lehranstalten und die Praxis

von

Ing.-Chem. Heinrich Walland

Professor an der Techn.-gewerbl. Bundeslehranstalt, Wien, I

Zweite, verbesserte Auflage

Mit 59 Textabbildungen

Berlin
Verlag von Julius Springer
1925

ISBN-13:978-3-642-90516-2   e-ISBN-13:978-3-642-92373-9
DOI: 10.1007/978-3-642-92373-9

Vorwort zur ersten Auflage.

Das vorliegende Buch verfolgt den Zweck, den Studierenden und auch den Praktiker mit jenen Hilfsstoffen der Textilindustrie vertraut zu machen, welche in der Wäscherei, Bleicherei und Appretur sowie zum „Schlichten" der Garne und „Ölen" (Spicken) der Wolle angewendet werden. Es ist dem Lehrplane für Appreturschulen angepaßt, für welche es dem fühlbaren Mangel an einem solchen Lehrbuche abhelfen soll.

Die Kenntnis der genannten Hilfsstoffe umfaßt ihr Vorkommen, ihre Bildung, Darstellung und Zusammensetzung sowie ihre Eigenschaften und Anwendung.

Das Hauptgewicht wurde auf die Schilderung aller jener Eigenschaften gelegt, welchen die einzelnen Stoffe ihren Eingang in die Textilindustrie zu verdanken haben.

Die Erkennung der Hilfsstoffe und ihre Prüfung auf den Gehalt an wirksamer Substanz und etwaigen Verunreinigungen fanden nur soweit Aufnahme, als die dazu nötigen Arbeiten auch vom Nichtchemiker durchführbar sind.

Anschließend an die Anwendung der einzelnen Stoffe finden die diesbezüglichen Arbeitsverfahren insofern eine Berücksichtigung, als dies zum Verständnis der Wirkungsweise der verschiedenen Wasch-, Bleich-, Appreturmittel usw. notwendig erscheint. Eine kurze Aufzählung derjenigen Arbeiten, welche keiner Hilfsstoffe bedürfen, vielmehr auf rein maschinellem Wege durchgeführt werden, soll erkennen lassen, in welchen Stadien die Hilfsstoffe in den Arbeitsprozeß eingreifen.

Genaue Angaben in bezug auf die Mengenverhältnisse der einzelnen Stoffe in Appretur- und Schlichtmassen zu bringen, ist nicht die Aufgabe des vorliegenden Buches. Derartige Rezepte sind in manchen Büchern enthalten und werden laufend auch in den textilen Fachzeitschriften zur Kenntnis des Praktikers gebracht; im vorliegenden Buch sind sie nur beispielsweise angeführt. Der Verfasser hat sich vielmehr die Aufgabe gestellt, dem Praktiker zu ermöglichen, den Wert solcher Rezepte bzw. die Wirkung einzelner in denselben angeführten Bestandteile richtig beurteilen zu können. Bei genauer Kenntnis seiner Hilfsstoffe wird der Praktiker in der Lage sein, eine den gestellten, mit der Mode wechselnden Anforderungen entsprechende Zusammensetzung der Appreturmasse selbst zu bestimmen und gegebene Rezepte zu verbessern.

Das Verständnis des im vorstehenden umgrenzten Gebietes setzt aber die Kenntnis der wichtigsten Begriffe aus der Physik und insbesondere aus der Chemie voraus, die bei den Studierenden vieler Appreturschulen infolge der heterogenen Zusammensetzung des Schülermaterials und des Fehlens eines Unterrichtsgegenstandes für Physik und Chemie nicht immer vorhanden sind. Diese Vorbegriffe sind daher dem eigentlichen Lehrstoffe vorausgeschickt (Allgemeiner Teil), teils auch im besonderen Teil in Form von Fußnoten enthalten, und können entsprechend der Vorbildung der Schüler und dem zur Verfügung stehenden Zeitausmaße mehr oder weniger ausführlich in den Unterricht aufgenommen werden. Selbst an solchen Schulen, wo diese Vorkenntnisse vorhanden sind, wie an höheren Fach- und Gewerbeschulen, sind sie von Nutzen, da sie dem Studierenden beim Studium als Behelf dienen. Dem nicht theoretisch vorgebildeten Praktiker dient dieser Teil zur Einführung in die auch für die Praxis unentbehrliche Theorie, welche er sowohl für die Anwendung als auch für die Herstellung der Hilfsstoffe nutzbringend verwerten kann.

Um dieser vielseitigen Verwendung gerecht zu werden, wurde das vorliegende Lehrbuch in möglichst leicht faßlicher Weise gehalten, dabei aber doch den neueren Anschauungen über das Wesen der chemischen Vorgänge und der modernen Ausdrucksweise in der Benennung der chemischen Verbindungen Rechnung getragen.

Schließlich erfüllt der Verfasser die angenehme Pflicht, seinem Kollegen Herrn Prof. Dr. techn. Ch. Marschik für die Durchsicht des Manuskriptes und die hierbei gemachten wertvollen Anregungen auch an dieser Stelle den verbindlichsten Dank auszusprechen.

Brünn, im Oktober 1912.

H. Walland.

Vorwort zur zweiten Auflage.

Während der erste Teil des Buches als Einführung in die wichtigsten, auch für den Praktiker wertvollen physikalischen und chemischen Begriffe und Vorgänge naturgemäß nur wenige Änderungen aufzuweisen hat, wurden im zweiten Teil alle wichtigen Neuerungen auf dem Gebiete der Wasch-, Bleich- und Appreturmittel berücksichtigt. Auch der dritte Teil des Buches enthält manche Verbesserungen. Die Angaben über die einschlägige technische Literatur wurden vervollständigt und mehrere Abbildungen neuartiger Maschinen neu aufgenommen.

Die aus dem Vorwort zur ersten Auflage ersichtliche Bestimmung des Buches erfordert eine Systematik seines Inhaltes sowohl in wissenschaftlicher als auch in praktischer Hinsicht. Diese Aufgabe erfuhr eine Vervollständigung, wobei gleichzeitig eine bessere Übersicht des behandelten Stoffes erzielt wurde.

Dem von mehreren Seiten geäußerten Wunsch, die Untersuchung der in der Textilindustrie verwendeten Hilfsstoffe etwas umfangreicher zu behandeln und dem Wesen der Maßanalyse ein eigenes Kapitel zu widmen, kam ich durch Herausgabe meiner „Einführung in die quantitativen textilchemischen Untersuchungen"[1]) entgegen. Eine nähere Behandlung dieses Gebietes im vorliegenden Buch erschien unzweckmäßig.

Wien, im Dezember 1924..

H. Walland.

---

[1]) Verlag Hölder-Pichler-Tempsky, Wien; G. Freytag, Leipzig.

Inhaltsverzeichnis.

Inhaltsverzeichnis.   VII

Inhaltsverzeichnis.

III. Anhang.

Seite 245, Zeile 9 statt Stärkemehl richtig Mehlleim.

Einleitung.

Die Textilindustrie umfaßt die **Spinnerei**, **Weberei**, **Bleicherei**, **Färberei**, **Druckerei** und **Appretur**.

Die **Spinnerei** hat die Aufgabe, die pflanzlichen und tierischen Spinnfasern mittels des Spinnprozesses (bei der Rohseide mittels des „Filierens") zu einem Faden, Garn genannt, zu vereinigen. Von den Arbeiten, bei welchen Hilfsstoffe zur Anwendung kommen, sind hier das Waschen, das Einfetten (Spicken) und Karbonisieren der losen Wolle, sowie das Batschen (Einweichen) der Jute zu nennen. Die Garne gelangen nach entsprechender Zurichtung entweder als solche zur allgemeinen Verwendung (Stickgarn, Strickgarn, Eisengarn, Nähfaden) oder sie gelangen in die

Weberei, wo sie als Kettengarne und Schußgarne zur Herstellung von flächenartigen Fadengebilden, welche als **Gewebe** (Stoffe, Zeuge) bezeichnet werden, dienen. In der Weberei ist es das Schlichten und Leimen, wobei Hilfsstoffe Anwendung finden.

Die **Bleicherei** umfaßt jene Arbeiten, welche zur Entfernung des natürlichen Farbstoffes der Rohfaser aus dem losen, gesponnenen oder gewebten Material und zur Erreichung einer mehr oder weniger weißen Ware führen. Mit Ausnahme der Rasenbleiche bedient man sich dazu jener Stoffe, welche als **Bleichmittel** bezeichnet werden.

Die **Färberei** besteht in der Hervorbringung von Färbungen in der Masse der Gespinstfasern mittels Farbstoffen. Die Färberei im engeren Sinne des Wortes bezweckt die Herstellung einfarbiger Garne und Gewebe, während durch die **Druckerei** (Zeugdruck) eine örtliche farbige Gestaltung von Garnen und Geweben bewirkt wird, wodurch bei den letzteren teils Webeffekte (Buntware) nachgeahmt, teils freie Muster erzeugt werden.

Unter **Appretur** im weiteren Sinne des Wortes versteht man jene Arbeiten, welche mit rohen, gebleichten oder gefärbten Garnen und Geweben vorgenommen werden, um die natürlichen Eigenschaften des Rohmaterials zu entfalten und den Garnen und Geweben solche Eigenschaften zu verleihen, welche von ihnen als Gebrauchsware verlangt werden. Zu diesen Arbeiten gehören das Waschen, Trocknen, Karbonisieren, Noppen, Sengen, Walken, Rauhen, Ratinieren, Scheren, Bürsten, das Imprägnieren mit verschiedenen Stoffen (Appretieren im engeren Sinne des Wortes), Dämpfen, Kalandern, Mangeln usw., ferner das Falten, Legen, Messen und Aufwickeln der Ware sowie auch das Merzerisieren.

Die Mittel, deren man sich in der Appretur bedient, sind demnach sehr verschiedener Natur. In dieser Hinsicht kann man unterscheiden:

1. Arbeiten, die man mit der Faser auf rein maschinellem Wege ohne Anwendung von Hilfsstoffen vornimmt (z. B. das Rauhen, Scheren, Bürsten usw.)

2. Arbeiten mit Anwendung solcher Stoffe, welche mit dem Garne oder Gewebe nur vorübergehend zusammengebracht werden (z. B. das Behandeln der Ware mit Seife, Soda usw. beim Waschen und Walken,

mit Schwefelsäure beim Karbonisieren, mit Natronlauge beim Merzerisieren usw.).

3. Arbeiten mit Anwendung solcher Stoffe, welche dem Garne oder dem Gewebe möglichst dauernd einverleibt werden sollen. Diese Arbeiten umfassen das Appretieren im engeren Sinne des Wortes. Die Stoffe, deren man sich dazu bedient, werden als eigentliche Appreturmittel bezeichnet; auf der Textilfaser befestigt, bilden sie den Appret der Garne und Gewebe.

Den Appreturarbeiten verwandt sind das „Fetten" (Einölen, Schmelzen, Spicken) der losen Faser sowie das „Schlichten" und „Leimen" der Garne, wobei die dazu dienenden Stoffe behufs Erleichterung des Spinn- bzw. des Webeprozesses der Faser in den allermeisten Fällen nur vorübergehend einverleibt werden. Findet jedoch ein nachträgliches Entfernen der Schlichte (Entschlichten) nicht oder nur unvollständig statt, so übernehmen die Schlichtmittel auch die Rolle der Appreturmittel.

Den Appreturmitteln kommt die Aufgabe zu, natürliche oder die durch manche notwendigen Arbeiten bedingten Mängel eines Garnes oder Gewebes zu beheben[1]) und diese durch Verschönerung der Oberfläche und durch Erteilung eines angenehmen „Griffes" zu verbessern und so den verschiedensten Anforderungen anzupassen.

Von dieser auf reeller Grundlage stehenden Verwendung der Appreturmittel unterscheidet sich jene, welche den Zweck verfolgt, ein schlechtes Material oder eine schüttere Einstellung des Gewebes u. dgl. zu verdecken und der minderwertigen Ware das Aussehen einer besseren zu geben. Der Appret einer solchen Ware ist aber nur von geringer Dauer. Im allgemeinen gilt der Grundsatz, daß, je besser das Material von Natur aus ist, desto weniger Appreturmittel notwendig sind.

Am seltensten werden reine Wollgewebe mit Appreturmitteln gefüllt; dies geschieht nur bei minderwertiger Ware. Hingegen ist ein „Füllen" halbwollener Gewebe (Wolle und Baumwolle) ziemlich allgemein üblich, allerdings nicht in dem Maße wie bei den Baumwollgeweben. In erster Linie sind es aber die Seidengewebe, welche der Kundschaft oft eine Fülle von Appret auf ihrer Faser darbieten[2]).

Eine derartige Appretur auf Schein, ob sie nun die teure Seidenfaser oder irgendeine andere Faser betrifft, ist nur dann gerechtfertigt, wenn die so hergestellte Ware einen auch für die Kundschaft billigen Ersatz für die teure Ware bietet. Dies betrifft besonders manche Modeartikel und zu Dekorationszwecken bestimmte Stoffe, bei welchen mehr auf ihr gutes Aussehen und ihre Form gesehen wird als auf ihre Dauerhaftigkeit. In allen anderen Fällen, in welchen es sich um eine Täuschung des Konsumenten handelt, ist ein derartiges Gebaren als unreell zu bezeichnen. Am meisten verschont von einer unreellen Appretur ist die Leinenfaser. Einen stärkeren Appret erhält nur das Buchbinderleinen.

---

[1]) So z. B. verliert die Faser beim Bleichprozeß an Substanz, sie wird unansehnlich; um der Ware ein gefälliges Aussehen zu geben, muß der Gewichtsausfall mittels der Appreturmittel gedeckt werden.

[2]) Die Seidenbeschwerung fällt größtenteils in das Gebiet der Färberei.

Nach dem Zwecke, welchem die zur Herstellung der Appreturmasse verwendeten Hilfsstoffe dienen sollen, lassen sich dieselben in folgende Gruppen einteilen:

1. **Steifungs- und Klebmittel.** Sie dienen zur Erzielung eines harten Griffes der Ware, werden aber zufolge ihrer Klebkraft auch zur Befestigung anderer Stoffe, besonders der Beschwerungsmittel, an der Faser benutzt.

2. **Weich- und geschmeidig-, vielfach auch glänzendmachende Mittel.** Sie haben die Aufgabe, den durch Steifungsmittel bedingten harten Appret zu mildern und der Ware nötigenfalls Glanz zu erteilen.

3. **Füll- und Beschwerungsmittel.** Diese dienen zur Erzielung einer Verdichtung des Gefüges, größeren Gewichtes und eines angenehmen Griffes.

4. **Wasserdichtmachende Mittel.** Sie haben den Zweck, die Ware gegen das Wasser mehr oder weniger undurchlässig zu machen.

5. **Flammenschutzmittel.** Sie nehmen den Textilerzeugnissen die gefährliche Eigenschaft der leichten Entzündbarkeit und verhindern die Entwicklung einer Flamme.

6. **Blau- oder Nuanciermittel.** Sie dienen zur Erzielung eines blaustichigen Weiß der Ware.

7. **Appreturfärbemittel.** Dieser bedient man sich zur Herstellung einer gefärbten Appreturmasse.

8. **Antiseptisch wirkende Stoffe.** Diese dienen zur Konservierung der Appreturmassen und der Apprete.

9. **Mottenschutzmittel.**

10. **Besondere Appreturmittel.** Sie bezwecken z. B. die Erteilung eines metallischen Glanzes der Gewebe, ein Bronzieren oder Versilbern derselben u. dgl.

Die Wäscherei bildet bei der Zurichtung von Garnen und Geweben, wie bereits angeführt, einen Teil der Appreturarbeiten. (Hingegen kann man das Waschen der rohen Schafwolle nicht als eine Appreturarbeit bezeichnen.)

Zum Waschen bedient man sich der Waschmittel. Diese dienen zur Entfernung derjenigen Stoffe, welche im Textilgut ursprünglich vorhanden waren oder während der Verarbeitung als absichtliche oder unabsichtliche Verunreinigung in dasselbe gelangt sind.

Einen besonderen Zweig der Wäscherei bildet die Reinigung gebrauchter Gegenstände (Leib-, Tisch- und Bettwäsche, Vorhänge usw.), welche im großen in „Waschanstalten" durchgeführt wird. Es werden aber in diesen auch jene Appreturarbeiten vorgenommen, welche notwendig sind, um die gebrauchten Gegenstände in den ursprünglichen Zustand zu bringen.

Mit der Wäscherei in letzterem Sinne steht in nahem Zusammenhange die sogenannte chemische Reinigung der Gebrauchsgegenstände.

Vorbegriffe aus der Physik und Chemie.

Physikalische Vorgänge.

Jeder Körper weist entsprechend den äußeren Umständen (Temperatur, Druck u. dgl.) verschiedene Zustände auf; diese Zustände sind daher Änderungen unterworfen, deren Ursache man in der Bewegungsart der kleinsten Massenteilchen annimmt. Sobald die Ursache der Zustandsänderung aufhört, nimmt der Körper seinen ursprünglichen Zustand wieder an; eine stoffliche Veränderung findet hierbei nicht statt. Solche Zustandsänderungen nennt man physikalische Vorgänge.

Beispiele: Wasser kann durch Erwärmen in Wasserdampf, durch Abkühlen in Eis übergeführt werden; es kann demnach das Wasser je nach der Bewegungsart der kleinsten Teilchen die feste, flüssige oder gasförmige Form (Aggregatzustand) annehmen. Aus Wasserdampf erhält man durch Abkühlen, aus Eis durch Erwärmen wieder flüssiges Wasser. — Schlägt man mit einem Hammer auf den Amboß, so erwärmen sich beide. Die Bewegung des Hammers verschwindet beim Auffallen auf den Amboß nur scheinbar; in Wirklichkeit wandelt sich die Bewegung größerer Massen in diejenige Art von Bewegung der nicht mehr sichtbaren kleinsten Teilchen um, die wir als Wärme empfinden: die mechanische Energie wird dabei in eine andere Form, in kalorische Energie umgesetzt.

Chemische Vorgänge.

Bei chemischen Vorgängen erleiden die Körper eine stoffliche Veränderung; es entstehen neue Stoffe, aus welchen man die ursprünglichen auf physikalischem Wege nicht mehr zurückerhalten kann.

Beispiele: Ein auf Wasser geworfenes Stückchen des auf frischer Schnittfläche silberglänzenden Metalles Kalium schwimmt unter Entwicklung einer violetten Feuererscheinung lebhaft umher, wird allmählich kleiner und verschwindet schließlich mit einer schwachen Explosion dem Auge vollständig; durch die Einwirkung des Wassers auf Kalium entsteht nämlich ein neuer Stoff, welcher von Wasser gelöst wird und diesem ganz eigentümliche Eigenschaften erteilt: es fühlt sich wie eine Seifenlösung an und vermag dem roten Lackmusfarbstoff eine Blaufärbung zu erteilen. — Wird Eisen längere Zeit feuchter Luft ausgesetzt, so verliert es seinen Glanz, seine Härte und Festigkeit und geht in eine braune, leicht zerreibliche Masse, Rost genannt, über. — Das Brennen einer Kerze, des Leuchtgases, der Steinkohle usw. sind chemische Vorgänge. — Die Gärung, die Fäulnis sowie auch das Wachsen und Gedeihen der Tier- und Pflanzenwelt beruhen auf chemischen Vorgängen.

Im folgenden soll die physikalische und chemische Wirkungsweise zwischen festen, flüssigen und gasförmigen Körpern im allgemeinen betrachtet werden. Gleichzeitig soll eine Reihe von physikalischen und chemischen Grundbegriffen sowie technisch wichtiger Arbeiten und Vorrichtungen Erwähnung finden.

Verhalten fester Körper zu Flüssigkeiten.

a) Wird Sand, gepulverter Schwerspat od. dgl. mit Wasser in einem Glaszylinder geschüttelt, so entsteht eine vorübergehende Trübung des Wassers. Bei ruhigem Stehen scheidet sich der Sand bzw. der Schwerspat am Boden des Zylinders ab. Durch einfaches Abgießen (Dekantieren) des Wassers oder Abziehen desselben mit einem Heber kann man die Flüssigkeit vom festen Körper wieder trennen.

b) Wird derselbe Versuch mit Stärkemehl gemacht, so entsteht eine trübe, milchige Flüssigkeit, in der die Stärketeilchen auch in der Ruhe längere Zeit in einem schwebenden Zustande (Suspension)

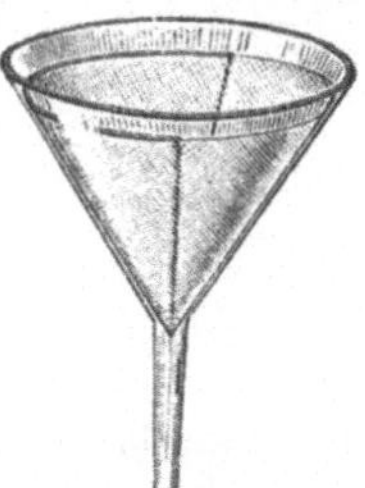

Abb. 1. Trichter mit glattem Filter. Abb. 2. Trichter mit Faltenfilter. Abb. 3. Tenakel mit Koliertuch.

verbleiben. Die Trennung des suspendierten Körpers von der Flüssigkeit bewirkt man durch Filtrieren; man gießt die trübe Flüssigkeit auf ein ungeleimtes, kegelförmig gefaltetes Papier (Filter), das man zuvor in einen Trichter eingesetzt hat (Abb. 1 und 2): der feste Körper verbleibt im Filter, die klare Flüssigkeit, Filtrat genannt, läuft ab. Sind größere Mengen trüber Flüssigkeiten zu filtrieren, so verwendet man Spitzbeutel aus Filz, oft auch ein leinenes oder wollenes viereckiges Tuch (Koliertuch), das durch das Tenakel gehalten wird (Abb. 3); letzteres ist ein aus rechtwinklig zusammengesetzten Stäben bestehender hölzerner Rahmen, der an den Kreuzungsstellen der Stäbe kurze, aufrechtstehende, dünne, oben zugespitzte Stifte hat. Man legt das Tenakel über das Gefäß, welches die ablaufende Flüssigkeit aufnehmen soll und spannt das Koliertuch über die Stifte; dann bringt man den zu filtrierenden Brei darauf und läßt das Filtrat abfließen, wobei man durch Rühren mit dem Spatel oder Löffel etwas nachhelfen kann. Da die Flüssigkeit freiwillig meist unvollkommen abläuft, muß sie durch Ausdrücken vollends beseitigt werden. Dies geschieht, indem man das Koliertuch nach dem Abnehmen vom Tenakel zusammenfaltet und durch Zusammendrehen mit den Händen auspreßt. Nötigenfalls muß die kolierte Flüssigkeit noch durch Papier filtriert werden. Als Filtermaterial werden auch Asbest, Zellulose, Werg, überhaupt faserige Stoffe, aber auch körnige Materialien, wie Kohlenpulver, Porzellan, Ton, Sand usw., benutzt. Für die Wasserreinigung im großen werden fast ausnahmslos

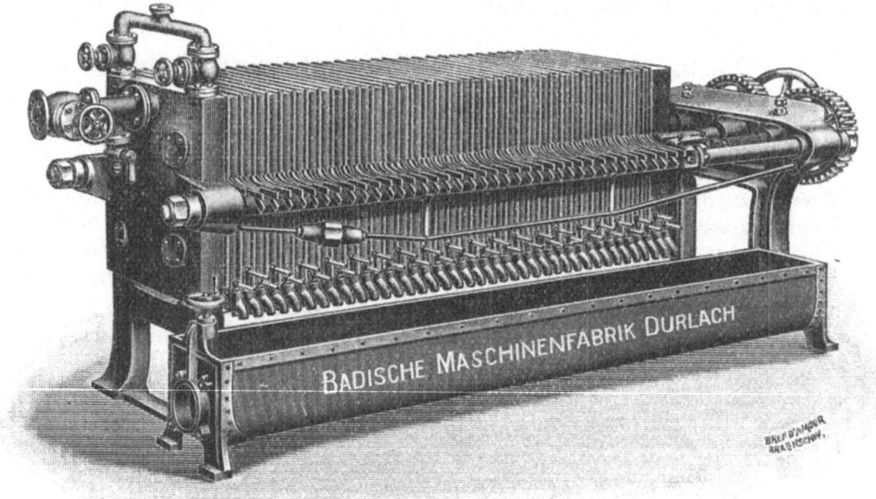

Abb. 4. Filterpresse.

Sandfilter[1]) verwendet. Im Fabriksbetriebe werden aus schlammigen Flüssigkeiten die festen Körper durch Filterpressen abgeschieden. Bei der Herstellung von Kunstseide finden sie zum Filtrieren der Spinnlösungen Anwendung. Die Filterpressen bestehen aus einer Anzahl gußeiserner Platten und Rahmen, welche mit Filtertuch überspannt und zu einer Batterie zusammengesetzt sind; auf diese Weise werden zwischen den Rahmen und den kannelierten sowie mit starkem Drahtnetz belegten Platten Kammern gebildet. Durch einen Schlammkanal wird die zu filtrierende Flüssigkeit mittels einer Druckpumpe in die Filterpresse hineingepreßt; dabei werden von jeder einzelnen Kammer die Trübstoffe zurückgehalten, während die klare Flüssigkeit aus den an den Platten befindlichen Hähnen abläuft (Abb. 4).

Eine andere Filtriervorrichtung bilden die „Nutschen". Sie bestehen aus Kasten, welche im oberen Teil ein durchlochtes Eisenblech oder ein Messingdrahtnetz zur Aufnahme des Filtertuches enthalten.

---

[1]) S. 52.

Das Filtrieren wird dadurch beschleunigt, daß die Flüssigkeit aus dem am Filtertuche befindlichen Schlamme mittels einer Luftpumpe abgesaugt (genutscht) wird.

c) Wird Zucker, Kochsalz, Salpeter, Kupfervitriol u. ä. mit Wasser zusammengebracht, so verschwinden diese Stoffe scheinbar. Man erhält eine klare, in manchen Fällen, z. B. bei Kupfervitriol, auch farbige Flüssigkeit, welche den Geschmack des festen Stoffes annimmt. Eine solche Flüssigkeit wird eine Lösung genannt. Ohne Änderung der äußeren Umstände scheidet sich der gelöste Stoff aus der Lösung nicht mehr aus. Die Flüssigkeit, welche die Auflösung des festen Körpers bewirkt, wird als Lösungsmittel bezeichnet. Bei einer Lösung läßt sich das Lösungsmittel vom festen Stoff durch Filtrieren nicht trennen, sondern man bedient sich hierzu eines Vorganges, welcher auf Überführung des Lösungsmittels in den gasförmigen Zustand beruht. Soll aus der Lösung nur der feste Körper abgeschieden werden, so gießt man dieselbe in eine Schale und läßt das Lösungsmittel bei gewöhnlicher Temperatur verdunsten oder auf einem sogenannten Wasserbade verdampfen. In der einfachsten Ausführung ist ein Wasserbad eine kupferne, teilweise mit Wasser gefüllte halbkugelige Schale mit zwei Henkeln und Einsatzringen aus Kupferblech. Sie wird auf einen Dreifuß gestellt und das Wasser bei Bedarf zum Sieden gebracht (Abb. 5). Mit dem entwickelten Wasserdampf lassen sich Lösungsmittel mit Siedetemperaturen bis 100⁰ abdampfen. Soll das Lösungsmittel zurückgewonnen werden, so bedient man sich der Destillation. Die Lösung wird in einem Kolben mit einem seitlich angebrachten Rohr oder in einer Retorte (einem aus Glas, zuweilen auch aus anderem Material hergestellten Gefäß mit abwärts gebogenem Hals) bis zum Sieden erhitzt. Das Lösungsmittel geht in Dampf über, welcher durch Abkühlen im Kühler verdichtet (kondensiert) wird. Der „Röhrenkühler“ besteht aus einem inneren Rohr und einem äußeren Mantel. Zwischen beiden läßt man Kühlwasser von unten nach oben fließen. Dadurch werden die aus dem Kolben in den Kühler gelangenden Dämpfe verdichtet. Das Destillat wird in der Vorlage aufgefangen. Abb. 6 zeigt einen Apparat zur Destillation im kleinen, Abb. 7 einen solchen zur Destillation im großen.

Abb. 5. Wasserbad.

Außer dem allgemeinsten Lösungsmittel — dem Wasser — gibt es noch andere, welche bei in Wasser unlöslichen Stoffen zur Anwendung kommen. So ist z. B. der Alkohol ein Lösungsmittel für Harze, Jod und viele Farbstoffe; Äther, Schwefelkohlenstoff, Benzin, Tetrachlorkohlenstoff insbesondere für Fette usw. Sehr energisch wirkende Lösungsmittel sind die Säuren.

Man unterscheidet physikalische und chemische Lösungsvorgänge:

1. Physikalisch löst sich ein Stoff auf, wenn er nach dem Abdampfen des Lösungsmittels stofflich unverändert zurückerhalten wird,

z. B. bei Lösungen von Zucker, Kochsalz, Salpeter usw. in Wasser. Charakteristisch für den physikalischen Lösungsvorgang ist die Temperaturerniedrigung, welche im Wärmeverbrauch ihre Ursache hat. Die Temperaturerniedrigung ist beim Lösen mancher Stoffe sehr groß, sie beträgt z. B. beim Auflösen von Ammoniumnitrat in gleicher Menge

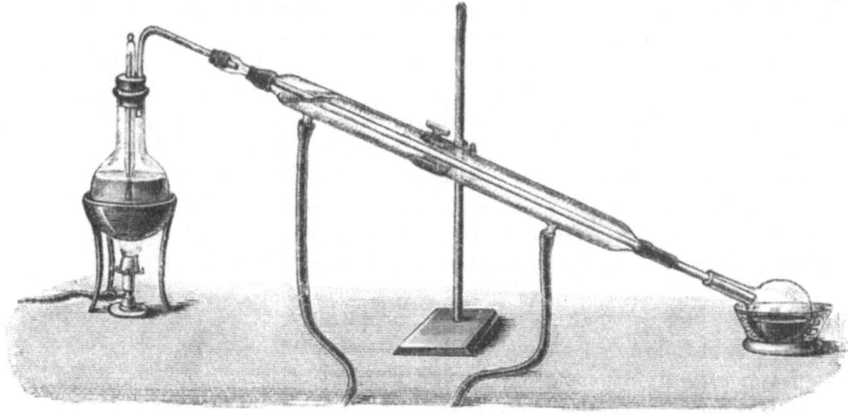

Abb. 6.   Laboratoriums-Destillierapparat.

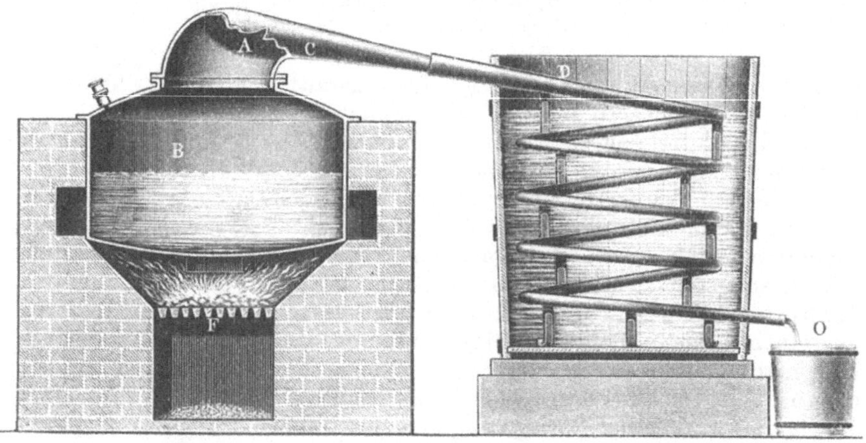

Abb. 7.   Apparat zur Destillation im großen.
(Aus Erdmann, Lehrb. d. anorg. Chemie, II. Aufl.)

Wasser 27°. Mischt man den in Wasser löslichen Stoff mit Schnee oder gestoßenem Eis, so werden letztere verflüssigt, und da nun auch die zum Schmelzen des festen Wassers nötige Wärme gebunden wird, so entstehen Temperaturen, die unter 0° liegen, und zwar um so niedriger, je schneller sich der feste Stoff löst. Als eine derartige Kältemischung findet hauptsächlich ein Gemenge von Schnee und Kochsalz Verwendung. Physikalisch wirkende Lösungsmittel werden auch indifferente Lösungsmittel genannt.

2. Eine chemische Lösung eines Stoffes erfolgt dann, wenn man nach Abdampfen des Lösungsmittels nicht mehr den ursprünglichen Stoff, sondern einen von demselben verschiedenen, welcher durch eine chemische Einwirkung des Lösungsmittels auf den festen Stoff entstanden ist, als Rückstand erhält.

Als chemische Lösungsmittel kommen vor allem die Säuren in Betracht. Wird z. B. Zink in Salzsäure gelöst, so erhält man nach dem Eindampfen als Rückstand nicht mehr Zink, sondern einen weißen Körper (Zinkchlorid). Auch das Wasser wirkt auf manche Stoffe chemisch lösend ein; so z. B. auf gebrannten Kalk, auf metallisches Kalium usw. Charakteristisch für den chemischen Lösungsvorgang ist die Temperaturerhöhung, welche durch das Freiwerden von Wärme entsteht. Dieses Freiwerden von Wärme ist überhaupt für die meisten chemischen Vorgänge charakteristisch.

Mengenverhältnisse bei der Lösung. Die Menge, in welcher sich ein Stoff in einem Lösungsmittel auflöst, ist in erster Linie von seiner Natur abhängig. So löst sich z. B. Kochsalz in größerer Menge in Wasser als der Weinstein. Ferner kann man in den allermeisten Fällen eine um so größere Menge eines festen Stoffes in Lösung bringen, je höher die Temperatur ist. So lösen sich z. B. in 100 cm³ Wasser von Kochsalz bei 15⁰ 36 g, bei 100⁰ 39 g; von Salpeter bei 15⁰ 25 g, bei 100⁰ 247 g; von wasserfreier Soda bei 15⁰ 16,2 g, bei 100⁰ 45 g; von Kristallsoda bei 15⁰ 63,2 g, bei 100⁰ 539 g, von Weinstein bei 15⁰ nur 0,5 g usw. Doch gibt es auch Stoffe, deren Löslichkeit mit der steigenden Temperatur nicht fortwährend zunimmt. So z. B. löst sich die Soda in größter Menge bei 36⁰, das Glaubersalz bei 33⁰.

Eine Lösung, welche bei der herrschenden Temperatur keine weitere Menge des festen Stoffes mehr lösen kann, wird für die betreffende Temperatur als gesättigt oder konzentriert bezeichnet. Aus einer heiß gesättigten Lösung scheidet sich beim Abkühlen jene Menge des festen Stoffes wieder aus, welche der Differenz des Sättigungsgrades bei den verschiedenen Temperaturen entspricht. Es müssen z. B. aus einer bei 100⁰ gesättigten Kochsalzlösung beim Abkühlen auf 15⁰ von 39 g Kochsalz 3 g zur Ausscheidung gelangen. Unter denselben Verhältnissen werden aus einer Salpeterlösung von 247 g Salpeter 222 g ausgeschieden. Eine gesättigte Lösung ist aber imstande, noch andere Stoffe aufzunehmen. So löst sich in einer gesättigten Kochsalzlösung noch Salpeter auf.

Eine Beschleunigung des Lösungsvorganges findet statt:

1. Durch Zerkleinern der festen Substanz, da dieselbe dadurch dem Lösungsmittel mehr Angriffspunkte bietet.

2. Durch Rühren. Dieses verhindert die Bildung einer gesättigten Lösung am Boden des Gefäßes, also an der Stelle, wo sich noch der ungelöste Stoff befindet.

3. Durch Einhängen der Substanz in das Lösungsmittel. Dabei fällt die Lösung, weil sie spezifisch schwerer als das Lösungsmittel ist, zu Boden, und der feste Körper wird immer jener Schichte des Lösungsmittels ausgesetzt, die am wenigsten von ihm enthält.

4. **Durch Erwärmen.** Dieses bewirkt eine Strömung, welche die sich am Boden des Gefäßes bildende Lösung nach oben, die oben befindliche kältere Flüssigkeit aber nach unten führt. Das Erwärmen ersetzt demnach das Rühren, wirkt aber hauptsächlich auch aus dem Grunde beschleunigend, weil das Lösungsmittel in den meisten Fällen den festen Stoff bei höherer Temperatur energischer angreift.

Kristallisation. Die durch das Abkühlen einer gesättigten Lösung bedingte Ausscheidung eines festen Stoffes geht vielfach unter Bildung von Körpern vor sich, die von ebenen, sich unter bestimmten Winkeln schneidenden Flächen begrenzt sind und sich parallel zu der einen oder andern dieser Flächen spalten lassen. Diese Körper werden Kristalle genannt. Dasselbe kann auch eintreten, wenn eine Lösung durch Verdampfen oder durch Verdunsten an der Luft das Lösungsmittel verliert. Die Kristalle sind um so größer, je ruhiger die Lösung bleibt und je langsamer die Kristallisation erfolgt; demnach am größten beim freiwilligen Verdunsten des Lösungsmittels.

Die Kristallform, welche einem Stoffe zukommt, ist vor allem von seiner Natur abhängig und demnach für viele Stoffe charakteristisch. In einzelnen Fällen kann jedoch ein Stoff, wenn die Bedingungen (Temperatur, Konzentration) gegeben sind, auch in zwei oder drei Kristallformen auftreten und heißt dann dimorph (zweigestaltig) bzw. trimorph (dreigestaltig). Andrerseits gibt es verschiedene Stoffe, welche zueinander isomorph sind, d. h. ein und dieselbe Kristallform haben.

Die meisten Stoffe bedürfen zum Aufbau ihrer Kristalle eine ganz bestimmte Menge Wasser, Kristallwasser genannt, welches in dem Kristall in fester Form eingeschlossen ist, ohne beim Zerstoßen desselben bemerkbar zu werden.

Derartige Kristalle verlieren ihr Kristallwasser oft schon an der Luft und zerfallen dann zu einem lockeren Pulver — sie verwittern. Während die Brauchbarkeit vieler Salze, z. B. der Soda, durch die Verwitterung keine Einbuße erleidet, ändern manche Salze, z. B. das Natriumsulfit, durch den Einfluß der Atmosphärilien gleichzeitig ihre chemische Zusammensetzung. Da oft auch das Kristallwasser die Farbe der Kristalle bedingt, z. B. beim Kupfervitriol, so verlieren sie beim Verwittern auch ihre Farbe: sie werden meistens weiß. Schneller und unter vollständiger Zerstörung der Kristalle wird das Kristallwasser in der Hitze ausgetrieben; an Stelle des kristallinischen Körpers erhält man einen nicht kristallinischen oder amorphen. Die durch die Hitze wasserfrei gemachte — „kalzinierte" — Substanz bildet beim Anfeuchten mit Wasser wieder Kristalle, welche zwar sehr klein sind, aber die ihnen eigene Farbe besitzen. Da diese Wasseraufnahme unter Freiwerden von Wärme und in einer ganz bestimmten Menge vor sich geht, so ist das Kristallwasser in gewissem Grade als chemisch gebunden anzunehmen.

Kalzinierte Substanzen nehmen das Wasser auch aus der Luft begierig auf. Längere Zeit der feuchten Luft ausgesetztes Kaliumhydroxyd, geschmolzenes Kalziumchlorid, Pottasche usw. zerfließen zufolge der Wasseraufnahme vollständig. Solche Substanzen nennt man hygroskopisch und benutzt sie zum Trocknen von solchen Gasen, welche sie chemisch nicht angreifen, oder in Exsikkatoren (Abb. 8) zum Trocknen von Stoffen, deren Gewicht in völlig trockenem Zustande bestimmt werden soll. Auch zum Trocknen von feuchten Räumen finden sie Verwendung. Eine besondere Bedeutung besitzen hygroskopische Stoffe in der Schlichterei und Appretur[1]).

Auch die Faserstoffe, insbesondere Wolle und Seide, nehmen bis zu einem gewissen Grade Feuchtigkeit aus der Luft auf und vermehren dadurch ihr Gewicht. Beim Lagern in feuchten oder künstlich befeuchteten Räumen kann ihre Gewichtszunahme eine beträchtliche sein[2]).

Befinden sich mehrere Stoffe von verschiedener Löslichkeit in einer Lösung, so kristallisieren sie nacheinander aus, und zwar der mit der geringeren Löslichkeit zuerst. Diese fraktionierte Kristallisation bietet also ein Mittel, verschiedene Stoffe aus der Lösung voneinander zu scheiden; sie findet auch im großen Anwendung.

Durch Umkristallisieren können kristallinische Substanzen leicht gereinigt werden. Das Verfahren besteht darin, daß man die unreinen, fremde Stoffe und Schmutz enthaltenden Kristalle auflöst und eine neuerliche Kristallisation einleitet. Die Verunreinigungen gehen in die noch vorhandene Flüssigkeit — Mutterlauge — über. Durch wiederholtes Umkristallisieren gelangt man zu sehr reinen Substanzen. Aus der Mutterlauge, welche ja neben den Verunreinigungen noch Reste der zu reinigenden Substanz gelöst enthält, kann man durch Eindampfen noch Kristalle erhalten;

Abb. 8.
Exsikkator.

diese sind naturgemäß weniger rein und werden daher wieder umkristallisiert.

Verhalten von Flüssigkeiten zu Flüssigkeiten.

a) Beim Schütteln von Öl mit Wasser wird ersteres in kleine Tröpfchen zerteilt, welche sofort vom Wasser umhüllt und dadurch am Zusammenfließen gehindert werden. Die Öltröpfchen verursachen eine gleichmäßige Trübung des Wassers. Man nennt eine Flüssigkeit, in welcher eine zweite in fein verteiltem Zustande schwebend enthalten ist, eine Emulsion.

In vorliegendem Falle ist jedoch die Emulsion nicht beständig; denn sobald man mit dem Schütteln aufhört und die Emulsion einige Zeit der Ruhe überläßt, sammeln sich die vorher im Wasser schwebenden Öltröpfchen unter Zusammenfließen an der Oberfläche des spezifisch schwereren Wassers an. Mit einem Heber läßt sich nun das Öl vom Wasser leicht abziehen. Bei kleinen Mengen geschieht die Trennung der beiden Flüssigkeiten am besten mit Hilfe des Scheidetrichters (Abb. 9).

---

[1]) S. 265.
[2]) Die Bestimmung des Feuchtigkeitsgrades von Wolle, Seide, Baumwolle usw. geschieht in den sogenannten Konditionieranstalten; S. 183.

Eine ziemlich beständige Emulsion ist z. B. die Milch: sie enthält in einer Lösung von Kasein und Milchzucker die Fettkügelchen in so feiner Verteilung, daß man dieselben nicht wahrnehmen kann. Mit der Zeit scheidet sich allerdings das Fett in Form von Rahm an der Oberfläche ab.

Dieses Beispiel zeigt uns, daß Lösungen von manchen Stoffen auf Fett besser emulgierend (verteilend) wirken als reines Wasser. Insbesondere sind es Seifenlösungen, welche mit Fetten und Ölen, Mineralölen und Fettlösungsmitteln, wie Tetrachlorkohlenstoff, Benzin u. a., sehr anhaltende, vielfach vollkommen klare Emulsionen ergeben. Solche Emulsionen werden fabrikmäßig hergestellt und finden auch in der Textilindustrie vielfache Anwendung: als sogenannte Spick- oder Schmelzöle zum Weichmachen der Faser vor dem Verspinnen, als geschmeidigmachende Mittel in der Appretur sowie in der Türkischrotfärberei[1]).

Abb. 9.
Scheide-
trichter.

Auf der Bildung von Emulsionen beruht auch zum größten Teil die reinigende Wirkung der Seife und anderer Waschmittel[2]).

b) Werden Wasser und Alkohol in irgendeinem Volumverhältnis miteinander geschüttelt, so erhält man eine vollständig gleichartige, klare Flüssigkeit, aus welcher sich die Bestandteile nach ihrem spezifischen Gewichte von selbst nicht trennen: Alkohol und Wasser haben sich ineinander aufgelöst. Die Lösung von Flüssigkeiten in Flüssigkeiten nennt man eine Mischung.

So lassen sich auch Wasser und Essigsäure, Alkohol und Äther u. a. mischen.

Zur Trennung der Bestandteile einer Mischung bedient man sich der unterbrochenen (fraktionierten) Destillation. Die Trennung erfolgt um so leichter, je weiter die Siedepunkte der Mischungsbestandteile voneinander entfernt sind. Zu Beginn der Destillation geht vornehmlich die bei niedriger Temperatur, gegen Ende die bei höherer Temperatur siedende Flüssigkeit in die Vorlage über.

Im kleinen bedient man sich dazu des auf Seite 8 abgebildeten Apparates. Als Beispiel diene die Trennung des Wassers (Siedepunkt 100^{0}) vom Alkohol (Siedepunkt $78,4^{0}$): die Mischung wird im Destillationskolben so lange gekocht, bis etwa $^{2}/_{3}$ derselben abgedampft sind. Nun ist im Destillationskolben kein Alkohol mehr vorhanden[3]). Dieser und eine gewisse Menge Wasser befinden sich in der Vorlage; man erhält also auf diese Weise einen wasserärmeren Alkohol. Füllt man nach dem Entleeren des Destillationskolbens diesen mit dem In-

---

[1]) Näheres über Emulsionen und ihre Herstellung S. 151.   [2]) S. 162.
[3]) An einem durch den Korkpropfen in den Destillationskolben hineinragenden Thermometer kann man sich überzeugen, daß der anfänglich zwischen den Siedepunkten der Mischungsflüssigkeiten liegende Siedepunkt sich beim Kochen immer mehr dem Siedepunkte des Wassers nähert. Sobald dieser erreicht ist, steigt die Siedetemperatur nicht mehr: im Destillationskolben ist nur noch Wasser enthalten.

halt der Vorlage und wiederholt die Destillation in derselben Weise einige Male, so erhält man schließlich in der Vorlage einen nur noch wenig wasserhaltigen Alkohol. In vorliegendem Falle läßt sich das im Alkohol noch vorhandene Wasser nur mit einem chemisch wirkenden Mittel (z. B. Natrium) entziehen. Im großen werden zum Zwecke der fraktionierten Destillation oft sehr komplizierte Apparate mit ununterbrochenem Betrieb verwendet; z. B. in der Spiritusgewinnung, Teerdestillation usw. — So wie vielen festen Stoffen kommt auch manchen Flüssigkeiten das Vermögen zu, die Feuchtigkeit der Luft leicht anzuziehen. Stark hygroskopische Flüssigkeiten sind: konzentrierte Schwefelsäure, absoluter Alkohol, Glyzerin usw.

Hier sei auch die **Destillation mit Wasserdampf** erwähnt: Man leitet in die zu destillierende Flüssigkeit Wasserdampf ein; dieser treibt die mit ihm leicht flüchtigen Stoffe in den Kühler, während die schwerer oder nicht flüchtigen Stoffe im Destillationskolben verbleiben. Sie kommt bei höher siedenden Flüssigkeiten zur Anwendung, wenn man diese von Verunreinigungen u. dgl. befreien will.

c) Schüttelt man ungefähr gleiche Mengen Wasser und Äther miteinander und trennt die nach kurzer Ruhe sich abscheidenden Flüssigkeitsschichten mit Hilfe des Scheidetrichters, so läßt sich durch den Geruch erkennen, daß die spezifisch schwerere Flüssigkeit — das Wasser — etwas Äther aufgenommen hat. Andrerseits kann man sich überzeugen, daß die spezifisch leichtere Flüssigkeit — der Äther — etwas Wasser enthält: setzt man zur Flüssigkeit etwas ausgeglühte Pottasche zu, so zerfließt diese nach einiger Zeit. In diesem Falle lösen sich die Flüssigkeiten nur teilweise, und zwar nach einem bestimmten Verhältnis ineinander auf. Erst in einer 14mal größeren Volummenge Wasser löst sich der Äther vollständig auf.

d) Mischt man Salzsäure mit Natronlauge, so tritt eine Temperaturerhöhung ein. Die Flüssigkeiten mischen sich demnach in diesem Falle **chemisch**; dabei bildet sich ein stofflich neuer Körper, welcher in Lösung bleibt — das Kochsalz. Chemisch mischen sich auch Schwefelsäure und Natronlauge unter Bildung einer Glaubersalzlösung, Essigsäure und Sodalösung unter Entweichen von Kohlendioxydgas und Bildung von löslichem Natriumazetat usw.

Wirken jedoch zwei Flüssigkeiten aufeinander derart chemisch ein, daß das Ergebnis ein **unlöslicher** Stoff ist, so scheidet sich dieser als **Niederschlag (Präzipitat)** aus der Flüssigkeit aus. Man erhält z. B. bei Zusatz von Schwefelsäure zu einer Bariumchloridlösung einen weißen Niederschlag von Bariumsulfat, bei Zusatz einer Bleizuckerlösung zu einer Kaliumchromatlösung einen gelben Niederschlag von Bleichromat, bei Zusatz einer Sodalösung zu einer Alaunlösung einen gallertigen, durchscheinenden Niederschlag von Aluminiumhydroxyd, bei Zusatz einer Seifenlösung zum Brunnenwasser einen flockigen Niederschlag von Kalzium- und Magnesiumseife usw.

Die Bildung derartiger Niederschläge ist sehr mannigfaltig und spielt eine außerordentlich große Rolle. In der „analytischen Chemie" ermöglicht sie nach der Farbe, Löslichkeit und den sonstigen Eigenschaften des Niederschlages die Erkennung der Stoffe. So erkennt man z. B. eine Bleilösung nach der Bildung eines gelben Niederschlages bei Zusatz von Kaliumchromat, die Schwefelsäure nach der Bildung eines in allen Säuren unlöslichen weißen Niederschlages bei Zusatz von Bariumchlorid usw. In der chemischen Industrie bedient man sich der Niederschlagsbildung bei der Herstellung von verschiedenen Produkten und Präparaten, wie bei der Herstellung von Bleiweiß, Permanentweiß, Lithopone usw. Die Niederschlagsbildung kommt auch bei der Wasserreinigung[1]) sowie bei der Reindarstellung vieler chemischer Produkte in Betracht. Aber auch in der Färberei, Druckerei und Appretur spielt die Bildung von Niederschlägen eine wichtige Rolle; in der Appretur insbesondere bei der Herstellung wasserdichter Gewebe.

Verhalten gasförmiger Stoffe zu Flüssigkeiten.

Manche Gase sind in Wasser unlöslich, wie z. B. der Wasserstoff, andere nur sehr wenig löslich, wie der Stickstoff; leichter löst sich in Wasser der Sauerstoff, noch leichter das Kohlendioxyd und besonders leicht das Schwefeldioxyd und das Ammoniakgas.

Wird eine mit Ammoniakgas gefüllte Flasche unter Wasser geöffnet, so stürzt dieses, da das Gas sofort gelöst wird, mit großer Heftigkeit in die Flasche.

Die Auflösung eines gasförmigen Stoffes in einer Flüssigkeit wird als Absorption bezeichnet. Eine Flüssigkeit absorbiert um so mehr von einem gasförmigen Stoff, je niedriger die Temperatur und je höher der Druck ist.

Das „Sodawasser“ ist eine bei 3 bis 4 Atmosphären Druck hergestellte Lösung von Kohlendioxyd in Wasser.

Auch die Absorption kann je nach der Natur des Absorptionsmittels und des Gases entweder eine physikalische oder eine chemische sein. Bei der ersteren wird das absorbierte Gas beim Erwärmen wieder frei — wie in den oben angeführten Fällen[2]) —, bei der letzteren bleibt es mit dem Absorptionsmittel — einen neuen Stoff bildend — chemisch gebunden und läßt sich durch Erwärmen nur in manchen Fällen austreiben. So wie bei der chemischen Einwirkung von Flüssigkeiten aufeinander, bleibt auch hier die Lösung klar, wenn der neu gebildete Stoff löslich ist, oder es bildet sich ein Niederschlag, wenn der neue Stoff unlöslich ist. So entsteht beim Einleiten von Kohlendioxyd in Natronlauge eine Sodalösung, beim Einleiten von Kohlendioxyd in Kalkwasser aber ein Niederschlag von Kalziumkarbonat.

Auch die Absorption spielt in der Natur und in der Technik eine große Rolle, z. B. beim Wasser[3]). Zufolge ihres wenn auch geringen

---

[1]) S. 52.

[2]) Bei der Lösung von Kohlendioxyd, Schwefeldioxyd und Ammoniak in Wasser muß wohl auch ein chemischer Vorgang angenommen werden; doch zerfallen die gebildeten Stoffe (Kohlensäure, schweflige Säure, Ammoniumhydroxyd) schon bei gewöhnlicher Temperatur, noch leichter beim Erwärmen, unter Abgabe der ursprünglich gelösten Gase.   [3]) S. 43.

Gehaltes an Kohlendioxyd wirkt die Luft auf viele chemische Produkte
stofflich verändernd ein: es überzieht sich z. B. das Natriumhydroxyd,
wenn es längere Zeit der Luft ausgesetzt bleibt, mit einer mehr oder
weniger starken Schichte von Soda[1]).

Gemenge und chemische Verbindung.

Eine Mischung zweier oder mehrerer fester Stoffe, aus welcher man
die ursprünglichen Bestandteile unter Beibehaltung ihrer Eigenschaften
wieder leicht abscheiden kann, wird ein Gemenge genannt. Beispiel:
Durch Zusammenmischen von Schwefelblumen und Eisenpulver erhält
man ein Gemenge von grauer Farbe, das wie ein neuer Stoff erscheint,
aber trotz innigsten Mischens nicht einheitlich ist, wie es ein Stoff
sein müßte. Unter der Lupe lassen sich die Bestandteile leicht erkennen.
Das Eisen läßt sich aus dem Gemenge mit einem Magneten entfernen,
der Schwefel durch Übergießen des Gemenges mit Schwefelkohlenstoff,
welcher den Schwefel in Lösung bringt, das Eisen aber unverändert
läßt. Gießt man nach dem Absetzen des Eisens die obenstehende
Flüssigkeit in ein Uhrglas ab, so scheidet sich nach dem Verdunsten
des Schwefelkohlenstoffes der Schwefel wieder ab.

Vereinigen sich jedoch zwei oder mehrere Stoffe so innig miteinander, daß dabei ein neuer mit völlig anderen Eigenschaften gebildet
wird, so entsteht eine chemische Verbindung. Sie geht meist unter
Freiwerden von Wärme vor sich, oft auch unter Lichterscheinung.
Ein Teil der in den ursprünglichen Bestandteilen aufgespeicherten
chemischen Energie tritt während des chemischen Vorganges
(chemischen Prozesses) als Wärme- bzw. Lichtenergie aus.
Derartige chemische Vorgänge bezeichnet man als exothermische,
während man jene, welche sich unter Wärmeaufnahme abspielen, endo-
thermische nennt. Die Rückgewinnung der ursprünglichen Bestandteile aus einer chemischen Verbindung ist nur durch chemische Vorgänge möglich. Beispiel: Erhitzt man das Gemenge von 4 Gewichtsteilen Schwefel und 7 Gewichtsteilen Eisenpulver, so verbinden sich die
beiden Bestandteile unter Erglühen zu einer nach dem Erkalten grauen
Masse, in welcher selbst unter dem Mikroskope weder Eisen- noch
Schwefelteilchen zu erkennen sind. Auch mittels des Magneten oder
mit Schwefelkohlenstoff lassen sich diese Bestandteile nicht mehr voneinander trennen. Übergießt man die Masse mit verdünnter Salzsäure,
so entwickelt sich ein unangenehm riechendes Gas, Schwefelwasserstoff,
das beim Übergießen eines Gemenges von Schwefel und Eisen nicht
auftritt. Das aus dem Gemenge von Schwefel und Eisen durch Erhitzen
erhaltene „Reaktionsprodukt" — das Schwefeleisen oder Eisensulfid —
ist also ein völlig neuer Stoff mit anderen Eigenschaften. Außer der
Änderung der chemischen Energie, welche sich meist im Freiwerden von
Wärme äußert, geben die Gewichtsmengen der an der Reaktion teil-
nehmenden Stoffe ein weiteres Merkmal eines chemischen Vorganges.
Die Gewichtsmengen, nach welchen Schwefel und Eisen für den obigen

---

[1]) S. 77.

Versuch gemischt wurden, stehen im Verhältnis 4 : 7. Fügt man dem Gemenge etwas mehr Schwefel bei, so geht dieser Überschuß nicht in das Reaktionsprodukt über, sondern er verbrennt für sich — in derselben Weise wie der reine Schwefel beim Erhitzen an der Luft. Wenn andrerseits der Eisengehalt des Gemenges vermehrt wird, so bleibt der Überschuß der Eisenmenge ebenfalls außerhalb des Reaktionsproduktes und läßt sich aus letzterem mit dem Magnet herausziehen. Für diese Tatsache gilt allgemein das Gesetz der konstanten Gewichtsverhältnisse, nach welchem zwei oder mehrere Stoffe stets nur in einem ganz bestimmten Gewichtsverhältnis aufeinander chemisch einwirken. Dagegen kann das Verhältnis der Bestandteile in einem Gemenge beliebig sein.

Chemische Grundstoffe (Elemente) und ihre Verbindungen.

Unter chemischen Grundstoffen, einfachen Stoffen oder Elementen versteht man solche Stoffe, welche sich ohne Gewichtszunahme stofflich nicht mehr verändern lassen. So lassen sich z. B. aus Eisen von diesem stofflich verschiedene Körper wohl herstellen, allen kommt jedoch ein größeres Gewicht zu als der in Reaktion tretenden Menge Eisen — ein Beweis, daß sich bei der Bildung derselben das Eisen mit anderen Stoffen verbunden hat. Demnach läßt sich das Eisen nicht in einfachere Stoffe zerlegen — es ist ein Element. Gegenwärtig sind ungefähr 90 Elemente bekannt, von welchen hauptsächlich etwa 15 an der Zusammensetzung unserer Erde und der sie umgebenden Lufthülle teilnehmen. Von diesen seien hier erwähnt: Sauerstoff, Stickstoff, Wasserstoff, Silizium, Kohlenstoff, Aluminium, Eisen, Kalzium, Magnesium, Natrium, Kalium. Für sich allein — im freien Zustande — kommen auf der Erde nur wenige Elemente vor. Um so zahlreicher sind die chemischen Verbindungen, welche zwei oder mehrere Elemente untereinander bilden. Beispiele chemischer Verbindungen: Das bereits früher angeführte Schwefeleisen besteht aus den Elementen Eisen und Schwefel, das Wasser aus den Elementen Wasserstoff und Sauerstoff, das Kochsalz aus den Elementen Natrium und Chlor, die Soda aus den Elementen Natrium, Kohlenstoff und Sauerstoff.

Den Aufbau chemischer Verbindungen aus ihren Elementen nennt man die chemische Synthese (Zusammensetzung); z. B. die Bildung des Schwefeleisens aus Eisen und Schwefel, die Bildung des Magnesiumoxydes aus Magnesium und Sauerstoff, die Bildung des Schwefeldioxydes aus Schwefel und Sauerstoff. Der umgekehrte Vorgang wird als chemische Analyse (Zerlegung) bezeichnet; z. B. die Zerlegung des Wassers in Wasserstoff und Sauerstoff durch den elektrischen Strom, des Quecksilberoxydes in Quecksilber und Sauerstoff durch Erhitzen.

Obwohl die chemischen Verbindungen außerordentlich verschieden sind, so beteiligen sich an dem Aufbau einer solchen nur wenig, meistens zwei oder drei, seltener schon vier oder wenig mehr Elemente. Die Kraft, welche die Vereinigung der Elemente zu einer chemischen Verbindung bewirkt, wird als **chemische Anziehungskraft** oder **Affinität** bezeichnet. Es ist dieselbe Kraft, welche auch dem Zerfall einer chemischen Verbindung in ihre Elemente entgegenwirkt.

Ist das Vereinigungsbestreben zweier Elemente groß, so besitzen sie eine große Affinität zueinander, z. B. das Kalium zum Sauerstoff: diese beiden Elemente verbinden sich schon bei gewöhnlicher Temperatur. Hingegen ist die Affinität des Goldes zum Sauerstoff sehr klein: das Gold bleibt auch beim Erhitzen im Sauerstoff unverändert. Damit die chemische Affinität rege wird, ist vor allem eine innige Berührung der Stoffe notwendig. Außerdem bedarf es dazu oft noch anderer Mittel, wie des Lichtes, der Elektrizität, insbesondere aber der Zufuhr von Wärme. So erfolgt die chemische Vereinigung des Schwefels und Eisens nur dann, wenn ihr inniges Gemisch erhitzt wird. Läßt man durch ein Gemenge von Sauerstoff- und Wasserstoffgas (Knallgas)) den elektrischen Funken überspringen, so vereinigen sich beide Elemente mit einer Explosion zu Wasser usw. Andrerseits können dieselben Mittel unter geeigneten Umständen auch den Zerfall chemischer Verbindungen in ihre Elemente bewirken: wie bereits erwähnt, zerfällt Quecksilberoxyd beim Erhitzen in Quecksilber und Sauerstoff. Diesem Zerfall unterliegen bei sehr hohen Temperaturen überhaupt alle Verbindungen (die Sonne enthält alle Elemente nur in freiem Zustande). Durch den elektrischen Strom wird das Wasser in Wasserstoff und Sauerstoff zerlegt. Die „elektrische Bleiche" beruht auf dem durch den elektrischen Strom bedingten Zerfall des Kochsalzes in Natrium und Chlor usw.

Nach dem Gesetze der konstanten Gewichtsverhältnisse ist für eine chemische Verbindung ihre **unabänderliche prozentische Zusammensetzung** charakteristisch. Sie findet in der Atomtheorie ihre Erklärung.

Nach dieser Theorie besitzen alle Stoffe die Eigenschaft, sich auf physikalischem (mechanischem) Wege, wie durch Zerstoßen, Auflösen, Verdampfen usw., in immer kleinere Teile zerlegen zu lassen, bis schließlich eine Grenze erreicht wird, über welche hinaus eine weitere Zerlegung im physikalischen Sinne nicht mehr denkbar ist. Es müssen vielmehr Stoffmengen zurückbleiben, welche infolge ihrer außerordentlichen Kleinheit auch mit dem Mikroskop nicht mehr wahrnehmbar sind und eine Spaltung ohne gleichzeitige Änderung der stofflichen Beschaffenheit nicht mehr zulassen. Man nennt diese **kleinsten, im physikalischen Sinne unteilbaren Massenteilchen** eines Stoffes **Moleküle** oder **Molekeln**[1]). Die bereits erwähnten Erfahrungen bei der Bildung des Schwefeleisens (S. 15) lehren aber, daß das Molekül dieser Verbindung zumindest aus einem Eisenteilchen und einem Schwefelteilchen bestehen muß, also aus noch kleineren, voneinander verschiedenen Bestandteilen zusammengesetzt ist. Die Trennung der Moleküle in diese Bestandteile gelingt jedoch nur auf **chemischem Wege**, wodurch aber auch der Charakter der Substanz geändert wird; dabei ergeben sich Massenteilchen, welche man noch vor kurzer Zeit auf keinerlei Weise, weder auf physikalischem noch auf chemischem Wege, für weiter teilbar hielt. Es sind die **Atome.**

Neuere Forschungen berechtigen uns anzunehmen, daß jedes Atom eine Art Planetensystem in unendlich kleinen Ausmaßen vorstellt, dessen

---

[1]) In der jüngsten Zeit ist es gelungen, das Vorhandensein von Molekülen experimentell nachzuweisen

Sonne, der positive Atomkern, von negativen Elektrizitätsteilchen, Elektronen genannt, umkreist wird. So erscheint die ganze Materie letzten Endes aus Elektrizitätsteilchen aufgebaut. — Die kleinsten Teilchen, mit welchen wir in der technischen Praxis zu rechnen haben, bleiben aber die Atome.

Es gibt ebenso viele Arten von Atomen, als es Grundstoffe gibt. Man muß annehmen, daß alle Atome eines und desselben Elementes dieselben Eigenschaften besitzen und daher auch gleich groß und gleich schwer sind, sich aber von den Atomen anderer Elemente in ihren Eigenschaften unterscheiden.

Der durch die chemische Affinität bedingte Zusammentritt gleichartiger Atome führt zur Bildung der Moleküle von Elementen, jener der verschiedenartigen zur Bildung der Moleküle von chemischen Verbindungen. Man nimmt also auch bei den Elementen — mit wenigen Ausnahmen — als die kleinsten für sich existenzfähigen Massenteilchen nicht die Atome, sondern die Moleküle an. So hat man Ursache anzunehmen, daß die Moleküle der meisten Elemente aus je zwei Atomen bestehen, daß das Molekül Schwefeleisen ein Atom Schwefel und ein Atom Eisen enthält, das Molekül Wasser zwei Atome Wasserstoff und ein Atom Sauerstoff, das Molekül Soda zwei Atome Natrium, ein Atom Kohlenstoff und drei Atome Sauerstoff usw.

Die wirklichen (absoluten) Gewichte der Atome lassen sich aus verschiedenen physikalischen Erscheinungen annähernd feststellen; sie haben jedoch nur eine theoretische Bedeutung. Praktisch wichtig sind die mit größter Genauigkeit ermittelten relativen Atomgewichte; das sind Zahlen, welche angeben, wie oftmal ein Atom eines Elementes schwerer ist als ein Atom des leichtesten Elementes — des Wasserstoffes —. Sie werden kurz Atomgewichte genannt.

In nachstehender Tabelle sind die wichtigsten Elemente mit ihren chemischen Zeichen oder Symbolen und Atomgewichten angeführt. Letztere sind soweit als möglich auf ganze Zahlen abgerundet; dies vereinfacht die mit Hilfe der Atomgewichtszahlen durchzuführenden Berechnungen, ohne die für praktische Zwecke erforderliche Genauigkeit zu beeinflussen.

Atomgewichtstabelle.

Aluminium	Al	27	Kalium	. .	K	39	Sauerstoff .	O	16
Antimon .	Sb	120	Kalzium .	.	Ca	40	Schwefel .	S	32
Arsen . .	. As	75	Kobalt	. .	Co	59	Silber . .	. Ag	107,9
Barium .	. Ba	137,4	Kohlenstoff	C	12	Silizium .	. Si	28,1
Blei. . .	. Pb	207	Kupfer	. .	Cu	63,6	Stickstoff .	N	14
Bor . .	. B	11	Lithium	.	Li	7	Strontium	Sr	87,6
Brom . .	. Br	80	Magnesium	Mg	24,3	Titan . .	. Ti	48
Chlor . .	. Cl	35,5	Mangan .	.	Mn	55	Uran . .	. U	238,5
Chrom .	. Cr	52	Molybdän	. Mo	96	Wasserstoff.	H	1
Eisen . .	. Fe	56	Natrium .	.	Na	23	Wismut .	. Bi	208
Fluor . .	. F	19	Nickel. .	.	Ni	58,7	Wolfram	. W	184
Gold . .	. Au	197	Phosphor	. P	31	Zink. . .	. Zn	65,4
Jod . .	. J	127	Platin .	.	Pt	195	Zinn. . .	. Sn	119
Kadmium .	Cd	112,4	Quecksilber.	Hg	200,6			

Die vorstehenden Symbole bedeuten nicht nur die Art des Elementes, sondern gleichzeitig ein Atom desselben und demnach auch die einem Atom zukommende relative Gewichtsmenge. So bedeutet z. B. das Symbol Zn ein Atom Zink oder 65,4 Gewichtsteile Zink.

Eine chemische Verbindung wird in der Weise ausgedrückt, daß man die Symbole der darin vorkommenden Elemente nebeneinander schreibt und die Anzahl der in einem Molekül enthaltenen Atome eines Elementes durch eine kleine Ziffer rechts vom Symbol angibt. Die so erhaltene **chemische Formel** bezeichnet nicht nur die **stoffliche Zusammensetzung** der Verbindung, sondern auch ein **Molekül** derselben und die ihm zukommende Gewichtsmenge — das **Molekulargewicht** —, d. i. die Zahl, welche angibt, wie oftmal das Molekül schwerer ist als ein Atom Wasserstoff.

Die **Anzahl** der Moleküle wird durch eine der Formel vorgesetzte Zahl angegeben.

Es bedeutet z. B. die Formel Na_2CO_3 nicht nur den Stoff **Soda**, sondern auch ein **Molekül** oder $(46 + 12 + 48) = 106$ Gewichtsteile derselben. Aus dieser Formel sehen wir auch, daß in der Soda zwei Atome (oder 46 Gewichtsteile) Natrium, ein Atom (oder 12 Gewichtsteile) Kohlenstoff und drei Atome (oder 48 Gewichtsteile) Sauerstoff miteinander verbunden sind.

Das **Gesetz der konstanten Proportionen** bzw. die unabänderliche prozentische Zusammensetzung einer chemischen Verbindung ist auf Grund der Atomtheorie nun leicht verständlich. Da z. B. an der Bildung eines Moleküls wasserfreier Soda stets 2 Atome Natrium, 1 Atom Kohlenstoff und 3 Atome Sauerstoff beteiligt sind, so befinden sich diese Elemente in der Soda stets im Gewichtsverhältnis $46 : 12 : 48$. Aus diesen Verhältniszahlen berechnet sich die **prozentische Zusammensetzung** der Soda mit Hilfe folgender Proportionen:

$$\text{für das Natrium:} \qquad 106 : 46 = 100 : x; \quad x = \frac{46 \cdot 100}{106} = 43{,}4$$

$$\text{für den Kohlenstoff:} \quad 106 : 12 = 100 : x; \quad x = \frac{12 \cdot 100}{106} = 11{,}3$$

$$\text{für den Sauerstoff:} \qquad 106 : 48 = 100 : x; \quad x = \frac{48 \cdot 100}{106} = 45{,}3$$

Reine Soda enthält demnach stets:

$$43{,}4\% \text{ Natrium}$$
$$11{,}3\% \text{ Kohlenstoff}$$
$$\underline{45{,}3\% \text{ Sauerstoff}}$$
$$100{,}0\%$$

Die folgende, ganz willkürlich gewählte schematische Darstellung einiger Elemente und chemischer Verbindungen soll in die Zusammensetzung der Stoffe in bezug auf die Gewichtsverhältnisse einen besseren Einblick gewähren:

○	⊙	⊖	⊕	
1 Atom od. 1 Gew.- Teil Wasserstoff = H	1 Atom od. 12 Gew.- Teile Kohlenstoff = C	1 Atom od. 16 Gew.- Teile Sauerstoff = O	1 Atom od. 23 Gew.- Teile Natrium = Na	usw.

Hierbei sei bemerkt, daß man sich sowohl die Atome als auch die Moleküle in der Wirklichkeit nicht aneinander gedrückt vorstellen darf wie in der obigen schematischen Darstellung. Man muß vielmehr zwischen denselben Zwischenräume annehmen. Zwischen diesen unmeßbar kleinen Entfernungen wirkt die chemische Anziehungskraft. Beim Erwärmen der Stoffe erfahren nicht die Moleküle, sondern die Zwischenräume eine Vergrößerung.

Die chemischen Formeln sowie die Atom- und Molekulargewichte der Stoffe haben einen überaus großen praktischen Wert. Sie ermöglichen nicht nur einen klaren Einblick in die chemischen Vorgänge, sondern gestatten auch, die mannigfaltigsten Berechnungen in bezug auf die Gewichtverhältnisse in einfacher Weise durchzuführen. Solche Berechnungen werden als „stöchiometrische" Berechnungen bezeichnet. Als erste derartige Aufgabe wurde oben die prozentische Zusammensetzung der Soda berechnet. Zum besseren Verständnis sollen noch folgende Beispiele dienen:

1. Wieviel Prozent Wasser enthält die Kristallsoda?

Aus der chemischen Formel für die Kristallsoda $Na_2CO_3 + 10\,H_2O$ geht hervor, daß in einem Molekül derselben (= 286 Gewichtsteilen) 10 Moleküle (= 180 Gewichtsteile) Wasser vorhanden sind. Demnach ergibt sich die Berechnung nach folgender Proportion:

$$\underbrace{Na_2CO_3 + 10\,H_2O}_{286} : \underbrace{10\,H_2O}_{180} = 100 : x; \quad x = 62{,}94$$

Die Kristallsoda enthält 62,94% Wasser.

2. Welche prozentische Zusammenstellung hat das Wasser?

$$\underbrace{H_2O}_{18} : \underbrace{O}_{16} = 100 : x; \quad x = 88{,}89$$

Das Wasser enthält 88,89% Sauerstoff und $100 - 88{,}89 = 11{,}11\%$ Wasserstoff.

3. Wieviel Kalkstein $CaCO_3$ benötigt man zur Herstellung von 3000 kg gebranntem Kalk CaO?

Der durch Erhitzen bewirkte Übergang des Kalksteines in gebrannten Kalk vollzieht sich nach folgendem Vorgang:

$$\underbrace{CaCO_3}_{100} \rightarrow \underbrace{CaO}_{56} + CO_2 = x : 3000; \quad x = 5357$$

Man benötigt 5357 kg Kalkstein.

Die **atombindende Kraft** ist nicht bei allen Elementen gleich groß. So z. B. vermag 1 Atom Chlor nur 1 Atom Wasserstoff zu 1 Molekül Wasserstoffchlorid, 1 Atom Sauerstoff aber 2 Atome Wasserstoff zu 1 Molekül Wasser zu binden; 1 Atom Stickstoff kann 3 Wasserstoffatome zu 1 Molekül Ammoniak und 1 Atom Kohlenstoff 4 Wasserstoffatome zu 1 Molekül Methan binden; 1 Atom Schwefel verbindet sich mit 2 Atomen Wasserstoff zu 1 Molekül Schwefelwasserstoff usw. Auch zur

Beurteilung der Verbindungsfähigkeit eines Elementes benutzen wir den Wasserstoff als Maßstab. Diese Verbindungsfähigkeit wird im allgemeinen Wertigkeit oder Valenz genannt. Wir nennen solche Elemente, von denen 1 Atom bloß 1 Atom Wasserstoff binden kann, einwertig; jene, bei denen 1 Atom 2 Atome Wasserstoff zu binden imstande ist, zweiwertig usw. Da aber nicht alle Elemente mit Wasserstoff Verbindungen eingehen, so muß der Begriff der Wertigkeit noch etwas erweitert werden. Ein Element ist auch dann einwertig, wenn ein Atom desselben ein Atom Wasserstoff in einer Verbindung zu ersetzen vermag, oder wenn es überhaupt ein Atom irgendeines anderen einwertigen Elementes entweder binden oder — in einer chemischen Verbindung — ersetzen kann. Um die Wertigkeit eines Elementes zum Ausdruck zu bringen, setzt man über das Symbol die zutreffende römische Ziffer oder veranschaulicht dieselbe durch die entsprechende Anzahl von „Verbindungsarmen", z. B.:

$$\overset{I}{H} \text{ oder } H- \qquad\qquad \overset{I}{Na} \text{ oder } Na-$$

$$\overset{I}{Cl} \quad\text{,,}\quad Cl- \qquad\qquad \overset{II}{Ca} \quad\text{,,}\quad Ca=$$

$$\overset{II}{O} \quad\text{,,}\quad -O- \text{ oder } O= \qquad \overset{III}{Al} \quad\text{,,}\quad Al\equiv$$

$$\overset{III}{N} \quad\text{,,}\quad N\equiv \qquad\qquad\qquad \text{usw.}$$

$$\overset{IV}{C} \quad\text{,,}\quad -\overset{\textstyle|}{\underset{\textstyle|}{C}}-$$

Eine bestimmte Wertigkeit kommt auch den zusammengesetzten Radikalen zu. Diese sind Gruppen von Atomen verschiedener Elemente, welche man in den Molekülen vieler Verbindungen annehmen muß. Sie bestehen für sich allein nicht, bleiben aber bei vielen chemischen Vorgängen beisammen und verhalten sich in dieser Hinsicht wie Elemente (einfache Radikale). So z. B. sind die Gruppen (SO_4) und (CO_3) zweiwertig, die Gruppe (PO_4) dreiwertig usw.

Das als „Sulfatgruppe" bezeichnete zusammengesetzte Radikal $\overset{II}{(SO_4)}$ muß man beispielsweise in folgenden Verbindungen annehmen:

$$H_2SO_4 \text{ oder } \quad \overset{H}{\underset{H}{\Big\rangle}}(SO_4) \text{ (Schwefelsäure)}$$

$$Na_2SO_4 \text{ oder } \quad \overset{Na}{\underset{Na}{\Big\rangle}}(SO_4) \text{ (Natriumsulfat)}$$

$$Ca(SO_4) \text{ oder } Ca=(SO_4) \text{ (Kalziumsulfat)}$$

$$\overset{III}{Al_2}\overset{II}{(SO_4)_3} \text{ oder } \quad \overset{Al\big\langle{\overset{SO_4}{}}}{\underset{Al\big\langle{\underset{SO_4}{}}}{\big\rangle SO_4}} \text{ (Aluminiumsulfat) usw.}$$

Aus den vorstehenden Formeln ergibt sich, daß ihre Schreibweise dann richtig ist, wenn man bei jedem in der Verbindung befindlichen Element bzw. Radikal durch Multiplikation seiner Wertigkeitszahl mit der Anzahl der Atome bzw. Radikale dasselbe Produkt — demnach dieselbe Anzahl der Valenzen — erhält; so z. B.: bei $\overset{III}{Al_2}\,\overset{II}{(SO_4)_3}$

$$\text{für Al} \ldots \ldots \ldots \text{III} \times 2 = 6$$
$$\text{und für } (SO_4) \ldots \ldots \ldots \text{II} \times 3 = 6$$

Wenn man voraussetzt, daß in einer Verbindung alle Wertigkeiten der Elemente gegenseitig abgesättigt sind, so ist die Wertigkeit der Elemente nur in den Verbindungen mit Wasserstoff konstant; gegenüber anderen Grundstoffen kann sie wechseln. Bei einigen Elementen sind zwei Wertigkeiten besonders bevorzugt, so daß sich die Verbindungen solcher Elemente in zwei Reihen ordnen lassen. Es gibt z. B. Verbindungen des zweiwertigen Eisens (Ferroverbindungen) und solche des dreiwertigen Eisens (Ferriverbindungen). Zu den ersten gehört das Ferrosulfat $\overset{II}{Fe}\overset{II}{(SO_4)}$, zu den letzteren das Ferrichlorid $\overset{III}{Fe}\overset{I}{Cl_3}$.

Übrigens läßt sich die Annahme der verschiedenen Wertigkeitsstufen eines und desselben Elementes leicht umgehen, wenn man auch Doppelmoleküle annimmt. So kann man auch in $Fe(SO_4)$ das Eisen dreiwertig annehmen, wenn wir uns folgender Formel bedienen:

$$\begin{array}{l} Fe = SO_4 \\ | \qquad\qquad = 2\,FeSO_4 \\ Fe = SO_4 \end{array}$$

Es ist jedoch allgemein üblich, von Verbindungen des zwei- und dreiwertigen Eisens zu sprechen. Ebenso verhält es sich bei anderen Elementen.

Als **Verbindungsgewicht** (Äquivalentgewicht) bezeichnet man jene Menge eines Elementes, welche sich mit 1 Gewichtsteil Wasserstoff zu verbinden vermag.

Aus der Formel für Wasserstoffchlorid HCl entnimmt man, daß 1 Gewichtsteil Wasserstoff 35,5 Gewichtsteilen Chlor **gleichwertig** oder **äquivalent** ist. Aus der Formel für Wasser H_2O entnimmt man, daß dem Sauerstoff das Verbindungsgewicht 8 zukommt, usw. Demnach ergibt sich die Wertigkeit eines Elementes: $\text{Wertigkeit} = \dfrac{\text{Atomgewicht}}{\text{Verbindungsgewicht}}$.

Chemische Gleichungen.

Zur übersichtlichen und klaren Vorstellung von chemischen Vorgängen (Prozessen) mit Hilfe der Formeln bedient man sich sogenannter **chemischer Gleichungen**. Hierbei werden die Symbole und Formeln der in die Reaktion tretenden Stoffe vor dem Gleichheitszeichen, die der Reaktionsprodukte hinter dem Gleichheitszeichen aufgeschrieben. Nach dem Gesetze der Erhaltung der Materie muß die Anzahl der Atome auf beiden Seiten der Gleichung dieselbe sein. Z. B. der chemische Vorgang, welcher sich beim Erhitzen des Eisens mit Schwefel abspielt, wird auf folgende Weise veranschaulicht:

$$\underbrace{Fe + S}_{\text{Gemenge}} = \underbrace{FeS}_{\text{chem. Verb.}}{}^{1})$$

(56 Gewichtsteile Eisen + 32 Gewichtsteile Schwefel = 88 Gewichtsteile Schwefeleisen.)

Arten der chemischen Vorgänge.

Man unterscheidet hauptsächlich:

1. Die Addition. Sie findet statt, wenn Elemente auf Elemente einwirken und sich in entsprechender Menge zu einem stofflich neuen Körper verbinden (obiges Beispiel).

2. Die Substitution. Bei dieser treten eine chemische Verbindung und ein Element in Reaktion; letzteres verdrängt hierbei ein Element der chemischen Verbindung oder eine Gruppe von solchen (zusammengesetztes Radikal) ganz oder teilweise. Beispiele:

$$H_2O + Na \rightarrow NaOH + H$$

(18 Gewichtsteile Wasser + 23 Gewichtsteile Natrium $\rightarrow$ 40 Gewichtsteile Natriumhydroxyd + 1 Gewichtsteil Wasserstoff);

$$Zn + H_2SO_4 \rightarrow ZnSO_4 + H_2$$

(65,4 Gewichtsteile Zink + 98 Gewichtsteile wasserfreie Schwefelsäure $\rightarrow$ 161,4 Gewichtsteile Zinksulfat + 2 Gewichtsteile Wasserstoff).

3. Die Wechselzersetzung. Sie geht bei der gegenseitigen Einwirkung zweier chemischen Verbindungen vor sich. Beispiele:

$$BaCl_2 + H_2SO_4 \rightarrow BaSO_4 [2]) + 2\,HCl$$

(208 Gewichtsteile Bariumchlorid + 98 Gewichtsteile wasserfreie Schwefelsäure = 233,4 Gewichtsteile Bariumsulfat + 73 Gewichtsteile Wasserstoffchlorid);

$$NaOH + HCl \rightarrow NaCl + H_2O$$

(40 Gewichtsteile Natriumhydroxyd + 36,5 Gewichtsteile Wasserstoffchlorid $\rightarrow$ 58,5 Gewichtsteile Natriumchlorid + 18 Gewichtsteile Wasser).

4. Der Zerfall. Er tritt unter der Einwirkung höherer Temperaturen oder des elektrischen Stromes auf chemische Verbindungen ein. Beispiel 3 auf Seite 20.

Einteilung der Elemente und der chemischen Verbindungen.

Man unterscheidet die chemischen Elemente in:

1. **Metalle.** Diese besitzen zumeist einen eigenartigen (metallischen) Glanz, eine ziemlich große Schwere und große Festigkeit, sind schmelzbar und hämmerbar sowie gute Leiter für Elektrizität und Wärme. Hierzu gehören: Natrium, Magnesium, Kupfer, Zink, Eisen, Silber, Gold usw.

2. **Nichtmetalle.** Diesen kommen die angeführten Eigenschaften nicht oder nur in geringerem Maße zu. Zu diesen gehören: Wasserstoff, Sauerstoff, Chlor, Schwefel, Kohlenstoff usw.

---

[1]) An Stelle des Gleichheitszeichens bedient man sich in neuerer Zeit auch eines Pfeilstriches; besonders dann, wenn sich der chemische Vorgang auch in umgekehrter Richtung abspielen kann, was durch Gegenpfeile zum Ausdruck gebracht wird.

[2]) Die Formeln der zur Abscheidung kommenden Stoffe (Niederschläge) sind in vorliegendem Buch fett gedruckt.

Doch ist diese nach den physikalischen Eigenschaften getroffene Einteilung der Elemente heute in der Chemie nicht mehr zweckmäßig, da sich viele Eigenschaften, die man für Metalle charakteristisch annimmt, in manchen Fällen auch bei solchen Elementen vorfinden, die man auf Grund ihres chemischen Verhaltens zu den Nichtmetallen zählt. Andrerseits gibt es wieder Elemente, denen die „metallischen" Eigenschaften im physikalischen Sinne fehlen, ihr sonstiges (chemisches) Verhalten aber dem der Metalle entspricht. Es ist zweckmäßiger, die Elemente nach ihrer Fähigkeit, vorwiegend Basen oder vorwiegend Säuren zu bilden, in basenbildende und säurebildende einzuteilen[1]). Die erste Gruppe enthält hauptsächlich die als Metalle, die zweite hauptsächlich die als Nichtmetalle bezeichneten Elemente.

Die chemischen Verbindungen werden in unorganische (anorganische) und organische eingeteilt. Diese Einteilung rührt aus einer Zeit her, in welcher man gewisse Verbindungen nur aus dem Tier- und Pflanzenreiche kannte und für deren Bildung andere Kräfte (Lebenskraft) annahm als für die Bildung der unorganischen, aus der leblosen Natur — dem Mineralreiche — stammenden Verbindungen.

Da man bereits unzählige sogenannte organische Verbindungen künstlich herstellen kann und demnach bei der Bildung aller chemischen Verbindung dieselben Kräfte annehmen muß, so erscheint die erwähnte Einteilung, trotzdem sie noch sehr gebräuchlich ist, nicht mehr zweckmäßig. Die Beobachtung, daß fast alle im pflanzlichen und tierischen Organismus vorkommenden Verbindungen das Element Kohlenstoff enthalten, führte dazu, diese sowie überhaupt alle kohlenstoffhaltigen Verbindungen als „Kohlenstoffverbindungen" zu bezeichnen. In diesem Sinne ist auch die noch gebräuchliche Bezeichnung „organische Verbindung" zu verstehen. Nur wenige, aber wichtige kohlenstoffhaltige Verbindungen, wie das Kohlendioxyd, die Kohlensäure und ihre Salze u. a., werden aus Zweckmäßigkeitsgründen in die Chemie der anorganischen Verbindungen eingereiht.

Die wichtigsten Arten der chemischen Verbindungen.

Zu diesen gehören: Oxyde, Basen, Säuren und Salze.

Oxyde sind Verbindungen der Elemente mit dem Sauerstoff[2]).

---

[1]) S. 25.

[2]) Der Sauerstoff (Oxygenium) O ist das verbreitetste Element. In der atmosphärischen Luft ist er zu $^1/_5$ ihres Raumes in freiem Zustande enthalten. In großer Menge kommt der Sauerstoff auch in chemisch gebundenem Zustande in der Natur vor; so z. B. im Wasser, in den Oxyden, in den meisten Salzen (Karbonaten, Sulfaten, Silikaten usw.), in den meisten Säuren und Basen. Er beteiligt sich auch am Aufbau der meisten „organischen" Verbindungen usw. Im kleinen wird der Sauerstoff durch Erhitzen von Kaliumchlorat hergestellt: $KClO_3 \rightarrow KCl + O_3$. Im großen wird der Sauerstoff hauptsächlich aus der verflüssigten atmosphärischen Luft durch eine fraktionierte Vergasung hergestellt. Er kommt in Stahlbomben unter einem Druck von 100 at in den Handel.

Sauerstoff ist ein farb-, geruch- und geschmackloses Gas, das in Wasser nur wenig löslich ist. Er ist außerordentlich reaktionsfähig: er gibt mit

Man unterscheidet basenbildende, säurebildende und indifferente Oxyde.

a) Basenbildende (metallische) Oxyde sind jene, welche mit Wasser chemisch verbunden Basen geben; d. h. Verbindungen, welche mit Säuren Salze bilden. Den löslichen Basen kommt überdies noch eine „alkalische" Reaktion zu, d. h. ihre Lösungen besitzen einen laugenhaften Geschmack sowie die Eigenschaft, die Farbe mancher Farbstoffe zu verändern; sie erteilen z. B. dem Lackmusfarbstoff eine Blaufärbung.

Beispiele von Basenbildung:

Natriumoxyd und Wasser verbinden sich zu leicht löslichem Natriumhydroxyd:

$$Na_2O + H_2O \rightarrow 2\,NaOH,$$

Kalziumoxyd (gebrannter Kalk) und Wasser zu schwer löslichem Kalziumhydroxyd (gelöschtem Kalk): ·

$$CaO + H_2O \rightarrow Ca(OH)_2.$$

---

allen Elementen, ausgenommen das Fluor und die sogenannten Edelgase, teils unmittelbar, teils auf Umwegen Verbindungen. Die Vereinigung eines Stoffes mit Sauerstoff bezeichnen wir als eine Oxydation; verläuft sie unter Wärme- und Lichtentwicklung, so spricht man im gewöhnlichen Sinne von einer Verbrennung. Reiner Sauerstoff gelangt u. a. zur Erzielung hoher Temperaturen, zur Ermöglichung der Atmung in hohen Regionen und bei Bränden usw. zur Verwendung.

In reinem Sauerstoffgas erfolgen die Verbrennungen viel lebhafter als in der atmosphärischen Luft. In dieser wirkt der zweite Hauptbestandteil der Luft — der zu $^4/_5$ ihres Raumes in ihr vorhandene Stickstoff (Nitrogenium) N — bei den Oxydationsvorgängen (zu welchen auch die Atmung gehört), mildernd ein. Stickstoff ist ein farb-, geruch- und geschmackloses Gas, das die Verbrennung und Atmung nicht unterhält.

Die Luft ist ein Gemenge aus ungefähr 20,9 Vol. % Sauerstoff, 78,16 Vol.% Stickstoff und 0,9 Vol. % Argon A, einem Element, das mit keinem anderen verbunden werden kann. In verschwindend kleiner Menge sind in der Luft noch andere „Edelgase" wie Krypton, Xenon, Neon, Helium enthalten, in Spuren oder äußerst geringen Mengen auch Wasserstoff, Ozon, Wasserstoffsuperoxyd, Ammoniak, Ammoniumnitrat, organische Keime, Staub usw. Die Luft enthält stets auch Wasser und Kohlendioxyd. Während die Luftfeuchtigkeit sehr wechselnd ist, beträgt der Kohlendioxydgehalt stets nur 0,03 bis 0,04 Vol.%. Dieser gleichmäßige Gehalt an Kohlendioxyd wird durch die Tatsache erklärlich, daß die grünen Pflanzen große Mengen von Kohlendioxyd für ihren Assimilationsprozeß (S. 220) benötigen, den Sauerstoff dagegen bei diesem Prozeß abgeben. Der Assimilationsprozeß einerseits und der umgekehrte Vorgang (Aufnahme von Sauerstoff und Abgabe von Kohlendioxyd) bei der Verbrennung und Atmung andrerseits halten sich nahezu das Gleichgewicht, und dies ist der Grund, warum es im Laufe der Zeit weder zu einer wahrnehmbaren Abnahme des Sauerstoffes noch zu einer merklichen Anhäufung von Kohlendioxyd kommt. Kleine Unterschiede, wie sie sich z. B. durch den größeren Sauerstoffverbrauch in industriereichen Gegenden ergeben, werden durch Luftströmungen bald ausgeglichen. Die Luft ist in dünnen Schichten farblos, in dicken blau (die blaue Farbe des Himmelsgewölbes). In Wasser ist sie nur wenig löslich, wobei der Sauerstoff in größerer Menge als der Stickstoff gelöst wird. Wie jedes Gas oder Gasgemenge, läßt sich unter entsprechendem Druck und der nötigen Abkühlung die Luft verflüssigen und sogar in festem Zustande erhalten. Flüssige Luft dient zur Gewinnung ihrer Bestandteile sowie in der Sprengtechnik.

Eine äußerst wenig lösliche Base ist das Aluminiumhydroxyd $Al(OH)_3$. Dieses läßt sich jedoch nicht durch Einwirkung des Wassers auf das ebenfalls unlösliche Aluminiumoxyd Al_2O_3, sondern nur auf Umwegen erhalten, z. B. durch Einwirkung von Natriumhydroxyd auf ein Aluminiumsalz, wobei sich das Aluminiumhydroxyd als ein gallertiger Niederschlag ausscheidet:

$$Al_2(SO_4)_3 + 6\,NaOH \rightarrow 2\,Al(OH)_3 + 3\,Na_2SO_4.$$

Das einwertige zusammengesetzte Radikal OH wird als **Hydroxylgruppe** bezeichnet. **Die Basen erweisen sich demnach als Verbindungen der Metalle mit der Hydroxylgruppe.** In einzelnen Fällen nehmen an der Basenbildung statt Metallen solche zusammengesetzte Radikale teil, welche sich in chemischen Verbindungen wie Metalle verhalten, insbesondere das einwertige zusammengesetzte Radikal Ammonium NH_4.

b) Säurebildende Oxyde sind solche, welche mit Wasser chemisch verbunden Säuren geben. Die löslichen Säuren haben einen sauren Geschmack und verändern die Farbe mancher Farbstoffe in anderer Weise als die löslichen Basen: sie erteilen z. B. dem Lackmusfarbstoff eine·Rotfärbung. Sie besitzen demnach eine „saure" Reaktion.

Beispiele von Säurebildung:

Schwefeldioxydgas löst sich in Wasser zu schwefliger Säure auf:

$$SO_2 + H_2O \rightarrow H_2SO_3,$$

Schwefeltrioxyd zu Schwefelsäure:

$$SO_3 + H_2O \rightarrow H_2SO_4,$$

Phosphorpentaoxyd zu Phosphorsäure:

$$P_2O_5 + 3\,H_2O \rightarrow 2\,H_3PO_4.$$

Alle Säuren enthalten **Wasserstoff**, die meisten auch **Sauerstoff**. Die wichtigsten sauerstofffreien Säuren sind die **Halogenwasserstoffsäuren**, deren Bildung durch die direkte Vereinigung der **Halogene** oder **Salzbildner** (Fluor, Chlor, Brom und Jod) mit dem Wasserstoff erfolgt. So vereinigt sich das Chlorgas mit dem Wasserstoff zu Wasserstoffchlorïd unter Explosion, wenn das Gemenge beider Gase dem Sonnenlichte ausgesetzt wird:

$$Cl + H \rightarrow HCl\,[1])$$

Ein charakteristisches Merkmal für alle Säuren ist die Ersetzbarkeit des Wasserstoffes durch Metalle oder solche zusammengesetzte Radikale, welche sich in chemischen Verbindungen wie Metalle verhalten. Dabei entstehen Salze[2]). Je nach der Anzahl der durch Metalle vertretbaren Wasserstoffatome unterscheidet man die Säuren als **einbasisch, zweibasisch** usw.[3]).

---

[1]) Die wässerige Lösung des Chlorwasserstoffgases führt den Namen Salzsäure (S. 68). Für die Darstellung der Säuren und Basen im großen gibt es vielfach andere, später zu besprechende Verfahren, als die oben angeführten Bildungsweisen.　　　[2]) S. 27.

[3]) Bei anorganischen Säuren ist in den allermeisten Fällen der gesamte Wasserstoff durch Metalle vertretbar, bei organischen in den meisten Fällen nur ein Teil desselben.

Je nachdem wir bei einer Säure ein, zwei oder mehrere durch Metalle vertretbare Wasserstoffatome weglassen, gelangen wir zu einem ein-, zwei- oder mehrwertigen „Säurerest". Z. B. der Säurerest der Chlorwasserstoffsäure HCl ist $-$Cl (Chlorid); bei der Schwefelsäure gibt es zweierlei Säurereste: das einwertige $-HSO_4$ (Hydrosulfat) und das zweiwertige $=SO_4$ (Sulfat), bei der Phosphorsäure H_3PO_4 drei solche: $-H_2PO_4$, $=HPO_4$ und $\equiv PO_4$; usw.

Bei sauerstoffhaltigen Säuren ist der durch Metalle vertretbare Wasserstoff an Sauerstoff in Form von Hydroxylgruppen gebunden. Zieht man eine oder mehrere solcher Hydroxylgruppen der Säure ab, so gelangt man zum ein- oder mehrwertigen „Säureradikal". Z. B. die Radikale der Schwefelsäure H_2SO_4 oder $SO_2(OH)_2$ sind: $-HSO_3$ und $=SO_2$, die der Phosphorsäure H_3PO_4 oder $PO(OH)_3$: $-H_2PO_3$, $=HPO_2$ und $\equiv PO$; usw.

Wird sauerstoffhaltigen Säuren der durch Metalle vertretbare Wasserstoff in Form von Wasser vollständig entzogen, so erhält man das „Säureanhydrid". Z. B. das Anhydrid der Schwefelsäure H_2SO_4 ist das SO_3 (Schwefeltrioxyd), das der Phosphorsäure H_3PO_4 das P_2O_5 (Phosphorpentaoxyd)[1]; usw.

Zum Unterschiede von Säureresten und Säureradikalen bestehen die Säureanhydride auch für sich allein; sie treten demnach auch als chemische Verbindungen auf.

c) **Indifferente Oxyde** zeigen weder einen basischen noch einen sauren Charakter. Dazu gehören z. B. das Wasserstoffoxyd oder Wasser H_2O, das Kohlenoxyd CO u. a.

Salze und ihre Bildung.

Setzt man zu einer kleinen Menge mit Lackmusfarbstoff geröteter Salzsäure unter Umrühren nach und nach Natronlauge (Lösung von Natriumhydroxyd) zu, so erreicht man einen Punkt, bei welchem der Lackmusfarbstoff weder rot noch blau, sondern violett wird; er wird als Neutralisationspunkt bezeichnet. Sobald man jedoch noch einen Tropfen Natronlauge zusetzt, schlägt die Farbe in blau um. Dieselben Erscheinungen, nur in umgekehrter Reihenfolge, zeigen sich, wenn man der Natronlauge die Säure zusetzt. Die neutralisierte Flüssigkeit schmeckt weder sauer noch laugenhaft, sondern „salzig". Dampft man sie ein, so verbleiben als Rückstand Kristalle, welche mit Kochsalz NaCl identisch sind. Es hat sich demnach bei der Einwirkung der Base auf die Säure das Metall der Base mit dem Säurerest zu einem Salz und der Säurewasserstoff mit dem Basenhydroxyd zu Wasser verbunden:

$$HCl + NaOH \rightarrow NaCl + H_2O.$$

Auf dieselbe Weise neutralisieren sich Schwefelsäure und Natronlauge zu Natriumsulfat:

$$H_2SO_4 + 2\,NaOH \rightarrow Na_2SO_4 + 2\,H_2O,$$

---

[1]) Der Phosphorsäure kann man den gesamten Wasserstoff in Form von Wasser nur dann entziehen, wenn man von zwei Molekülen ausgeht: $2\,H_3PO_4 - 3\,H_2O \rightarrow P_2O_5$.

Salzsäure und Kalziumhydroxyd zu Kalziumchlorid:

$$2\,HCl + Ca(OH)_2 \longrightarrow CaCl_2 + 2\,H_2O \text{ usw.}$$

Doch auch auf **wasserunlösliche** Basen wirken Säuren unter Salzbildung ein. So z. B. entsteht bei der Einwirkung von Salzsäure auf Zinkhydroxyd das Zinkchlorid:

$$Zn(OH)_2 + 2\,HCl \longrightarrow ZnCl_2 + 2\,H_2O,$$

bei der Einwirkung von Schwefelsäure auf Aluminiumhydroxyd das Aluminiumsulfat:

$$2\,Al(OH)_3 + 3\,H_2SO_4 \longrightarrow Al_2(SO_4)_3 + 3\,H_2O \text{ usw.}$$

Die Benennung der Salze stützt sich auf jene der Säuren. So heißen die Salze der Salzsäure (Wasserstoffchlorid) **Chloride** (z. B. Natriumchlorid NaCl, Kalziumchlorid $CaCl_2$), die der Schwefelsäure (Wasserstoffsulfat) **Sulfate** (z. B. Natriumsulfat Na_2SO_4, Kalziumsulfat $CaSO_4$) usw.

So wie durch Einwirkung von Säuren auf Basen werden Salze auch durch Einwirkung von Säuren auf **basische Oxyde** — ebenfalls unter Wasseraustritt — gebildet; z. B.

$$2\,HCl + CaO \longrightarrow CaCl_2 + H_2O,$$
$$H_2SO_4 + ZnO \longrightarrow ZnSO_4 + H_2O \text{ usw.}$$

Auch durch Einwirkung von Säuren auf **Metalle** entstehen Salze; in diesem Falle jedoch unter Freiwerden von Wasserstoff; z. B.

$$2\,HCl + Zn \longrightarrow ZnCl_2 + H_2{}^1),$$
$$H_2SO_4 + Fe \longrightarrow FeSO_4 + H_2 \text{ usw.}$$

Das Salz wird demnach von der zugehörigen Säure abgeleitet, indem ihr Wasserstoff durch Metalle ersetzt wird.

---

[1]) Der **Wasserstoff** (Hydrogenium) H tritt in freiem Zustande auf der Erde nur spärlich auf; in Verbindung mit anderen Elementen ist er außerordentlich verbreitet. Seine wichtigste Verbindung ist das Wasser; er ist auch in allen Säuren, in Basen, in vielen Salzen und mit wenigen Ausnahmen in allen organischen Verbindungen enthalten.

Im kleinen wird der Wasserstoff am besten durch Einwirkung der Salzsäure oder Schwefelsäure auf Zink hergestellt (nach obigem Vorgang); technisch gewinnt man ihn gegenwärtig als Nebenprodukt bei verschiedenen elektrolytischen Vorgängen.

Wasserstoff ist ein geruch-, geschmack- und farbloses Gas. Er besitzt unter allen Gasen das geringste spezifische Gewicht und ist überhaupt unter allen Stoffen der leichteste. In der Luft zur Entzündung gebracht, verbrennt der Wasserstoff mit einer sehr heißen Flamme zu Wasser: $H_2 + O \longrightarrow H_2O$. Ein Gemisch von 2 Raumteilen Wasserstoff und 1 Raumteil Sauerstoff führt den Namen „Knallgas"; nähert man diesem eine Flamme, so geht die Wasserbildung unter heftiger Explosion vor sich. Mit Hilfe des Daniellschen Hahnes läßt sich Wasserstoff gefahrlos im Sauerstoff verbrennen; die erzielte Temperatur beträgt über 2000^0 (Knallgasgebläse).

Wasserstoff findet u. a. zur Füllung der Luftballons, bei der „autogenen" Schweißung, zum Härten der fetten Öle und in Gemeinschaft mit Stickstoff zur Herstellung von Ammoniak Verwendung. Er wird in Stahlbomben komprimiert in den Handel gebracht.

Bei Ersatz des gesamten vertretbaren Wasserstoffes gelangt man zu den „normalen" Salzen[1]). Solche sind z. B. $NaCl$, Na_2SO_4, Na_2CO_3, Na_3PO_4.

Bei teilweisem Ersatz des Wasserstoffes ergeben sich die sogenannten sauren Salze. Solche sind z. B. $NaHSO_4$, $NaHCO_3$, Na_2HPO_4.

Die Bezeichnung „saures" Salz entspricht dem Umstand, daß man diese Salze als Gemische der Säure und des normalen Salzes auffassen kann. Tatsächlich erhält man sie auch praktisch, wenn die Säure und das Salz in der berechneten Menge gemischt werden; z. B.

$$Na_2SO_4 + H_2SO_4 \rightarrow 2\,NaHSO_4).$$

Nach der Menge des durch Metalle vertretenen Wasserstoffes werden die Salze in primäre, sekundäre usw. unterschieden. Beispiele: $NaHSO_4$ (primäres Natriumsulfat), Na_2SO_4 (sekundäres oder normales Natriumsulfat); NaH_2PO_4 (primäres Natriumphosphat), Na_2HPO_4 (sekundäres Natriumphosphat), Na_3PO_4 (tertiäres oder normales Natriumphophat) usw.

Der Ersatz des Wasserstoffes in der Säure kann auch durch mehrere Metalle gleichzeitig erfolgen. In diesem Falle gelangt man zu Doppelsalzen, z. B.

$$KNaCO_3, \quad KAl(SO_4)_2 \text{ [entspricht } K_2SO_4 + Al_2(SO_4)_3].$$

Aus der Konstitution eines Salzes geht hervor, daß wir es auch von der Base ableiten können, und zwar durch Ersatz der Hydroxylgruppen durch Säurereste. Bei vollständigem Ersatz der Hydroxylgruppen gelangt man zu den normalen, bei teilweisem zu den basischen Salzen. Von $Al(OH)_3$ lassen sich beispielsweise folgende basische Salze ableiten:

$$Al\!\!\begin{cases} OH \\ OH \\ OH \end{cases} \rightarrow \quad Al\!\!\begin{cases} SO_4 \\ OH \end{cases}$$

oder von 2 Molekülen ausgehend:

$$\begin{matrix} Al\!\!\begin{cases} OH \\ OH \\ OH \end{cases} \\ Al\!\!\begin{cases} OH \\ OH \\ OH \end{cases} \end{matrix} \rightarrow \quad \begin{matrix} Al\!\!\begin{cases} SO_4 \\ OH \\ OH \end{cases} \\ Al\!\!\begin{cases} OH \\ OH \end{cases} \end{matrix} = Al_2(OH)_4SO_4,$$

$$\rightarrow \quad \begin{matrix} Al\!\!\begin{cases} SO_4 \\ SO_4 \end{cases} \\ Al\!\!\begin{cases} OH \\ OH \end{cases} \end{matrix} = Al_2(OH)_2(SO_4)_2 \text{ usw.}$$

So wie man sich ein „saures" Salz aus Säure und normalem Salz zusammengesetzt denken kann, kann man die basischen Salze als

---

[1]) Die oft übliche Bezeichnung „neutrales" Salz ist für diesen Fall unzweckmäßig, da nicht alle normalen Salze in der Lösung neutral reagieren (S. 33).

Gemische der Base und des normalen Salzes auffassen. Dieser Auffassung entspricht auch ihre Bildungsweise, z. B. $Al_2(SO_4)_3 + 2\,NaOH \rightarrow Al_2(OH)_2(SO_4)_2 + Na_2SO_4$[1]).

Indikatoren.

Unter diesem Namen werden jene Farbstoffe zusammengefaßt, welche in saurer Lösung eine andere Farbe aufweisen als in der alkalischen. Mit ihrer Hilfe läßt sich demnach sofort entscheiden, ob eine vorliegende Lösung sauer, alkalisch oder neutral „reagiert". Von praktischer Bedeutung sind nur solche Indikatoren, welche bereits die geringsten Mengen freier Säure oder freien Alkalis durch einen Farbenumschlag anzeigen. Die folgende Tabelle zeigt die Farben der gebräuchlichsten Indikatoren in sauer, alkalisch und neutral reagierenden Lösungen.

Indikator	saure Reaktion	alkalische Reaktion	neutrale Reaktion
Lackmusfarbstoff[2]) . .	rot	blau	violett
Methylorange[3])	rot	gelb	orange
Phenolphthalein[4]) . . .	farblos	rot	kaum wahrnehmbares rosa

Die Ionentheorie und die Hydrolyse.

Die von Arrhenius im Jahre 1887 aufgestellte „Theorie der elektrolytischen Dissoziation" hat für das Verständnis chemischer Vorgänge die größte Bedeutung. Sie brachte auch für manche in der Wäscherei und in der Appretur sich abspielenden Vorgänge, wie für das Verhalten von Seifen-, Soda-, Borax-, Alaunlösungen usw., eine sehr befriedigende Aufklärung.

Die Ionentheorie ist auf der Annahme aufgebaut, daß die Elektrizität aus Teilchen besteht, welche noch viel kleiner als die Atome anzunehmen sind. Sie werden Elektronen genannt und in positive und negative unterschieden. Die beiden Arten der Elektronen bilden miteinander vereinigt „elektrisch neutrale" Neutronen nach folgendem Schema:

$$\oplus + \ominus \rightarrow \oplus\ominus \,.$$

---

[1]) Die Bildung von basischen Salzen spielt in der Appretur, insbesondere beim „Wasserdichtmachen" der Gewebe eine wichtige Rolle.

[2]) Zur Herstellung einer für technische Zwecke genügend empfindlichen Lackmustinktur wird „Lackmuss puriss." in warmem Wasser gelöst. Sehr empfindliche Lackmuslösungen können aus chemischen Laboratorien bezogen werden. Sehr zweckmäßig ist die Verwendung der „Reagenspapiere". Um „Lackmuspapier" herzustellen, wird ein Teil der Lackmustinktur tropfenweise mit verdünnter Schwefelsäure bis zur Rotfärbung, ein zweiter Teil mit verdünnter Natronlauge bis zur Blaufärbung versetzt. Durch Tränken von Filtrierpapier in den so hergestellten Lösungen erhält man rotes bzw. blaues Lackmuspapier. Durch neutrale Lösungen darf rotes Lackmuspapier nicht blau und blaues nicht rot werden.

[3]) Eine wässerige Lösung des käuflichen Farbstoffes (1 : 1000).

[4]) Die Lösung wird durch Auflösen von 1 g Phenolphthalein in 100 cm³ Alkohol und Verdünnen mit 100 cm³ Wasser bereitet.

Die Neutronen sind so wie der Lichtäther überall, auch im Innern der Körper vorhanden.

Wir müssen nun annehmen, daß beim Auflösen eines Salzes, z. B. des Kochsalzes NaCl, ein Teil der NaCl-Moleküle mit Neutronen in Reaktion tritt, wobei sich die Na-Atome mit positiven, die Cl-Atome mit negativen Elektronen vereinigen, d. h. die ersteren werden mit positiver, die letzteren mit negativer Elektrizität geladen. Der Vorgang ist folgender:

$$\text{NaCl} + \oplus\ominus \longrightarrow \overset{\oplus}{\text{Na}} + \overset{\ominus}{\text{Cl}}.$$

Einfacher wird er auf folgende Weise ausgedrückt:

$$\text{NaCl} \longrightarrow \dot{\text{Na}} + \text{Cl}'.$$

Die mit Elektrizität beladenen Radikale nennt man Ionen und den Vorgang selbst als „elektrolytische Spaltung" („elektrolytische Dissoziation") oder am zweckmäßigsten als Ionisierung. In wässeriger Lösung sind die Moleküle der Salze sowie auch der Säuren und Basen in größerer oder geringerer Menge in Ionen zerlegt. Es enthält jedes Salz[1]) in wässeriger Lösung zweierlei Ionen, und zwar die mit positiver Elektrizität geladenen Kationen und die mit negativer Elektrizität geladenen Anionen, so benannt, weil beim Durchleiten des elektrischen Stromes die ersteren zur elektronegativen Elektrode — Kathode — wandern und an dieser ihre elektrische Ladung verlieren, während die letzteren zur elektropositiven Elektrode — Anode — strömen und an dieser unelektrisch werden. Auf solche Art erleiden die nur in Lösung oder geschmolzenem Zustande den elektrischen Strom leitenden Stoffe, Elektrolyte genannt, eine Spaltung, Elektrolyse genannt, die dadurch wahrnehmbar wird, daß die an den Elektroden abgeschiedenen unelektrisch gewordenen Teilchen andere Eigenschaften aufweisen als in ihrem elektrischen Zustande. Z. B. gehen die Kupfer-Ionen, welche die blaue Farbe der Kupfervitriollösung bedingen, bei der Elektrolyse in rotes „metallisches" Kupfer über; das in einer Kochsalzlösung im Ionenzustande befindliche und äußerlich nicht erkennbare Chlor übernimmt alle Eigenschaften des Chlorgases, wie die grünlichgelbe Farbe und den charakteristischen Geruch, sobald die Chlor-Ionen ihre elektrische Ladung verlieren.

Die in den Kationen einer Lösung enthaltene Elektrizitätsmenge ist gleich jener in den Anionen befindlichen; demnach kommt auf jede Wertigkeitseinheit eines im Ionenzustande befindlichen einfachen oder zusammengesetzten Radikals die gleiche Menge positiver bzw. negativer Elektrizität, d. h. die Lösung ist elektrisch neutral.

Man bezeichnet die jeder Wertigkeitseinheit eines Kations zukommende elektropositive Ladung mit einem Punkt und die der Wertigkeitseinheit des Anions zukommende gleich große elektronegative Ladung mit einem Strich. Durch die Anzahl der Punkte bzw. Striche

---

[1]) Auch Säuren und Basen muß man nach dieser Theorie den Salzen gleichstellen, und zwar erstere als Verbindungen des Wasserstoffes mit dem Säurerest, letztere als Verbindungen der Metalle mit der Hydroxylgruppe.

wird gleichzeitig die Wertigkeit des betreffenden Radikals angedeutet.
Außer dem Beispiel auf S. 31 seien noch folgende angeführt:

$$HCl \rightarrow \dot{H} + Cl';$$

$$Na_2SO_4 \rightarrow \dot{N}a + \dot{N}a + (SO_4)'' \quad \text{oder} \quad \dot{N}a_2 + (SO_4)'';$$

$$NaOH \rightarrow \dot{N}a + (OH)'.$$

Wie bereits oben angedeutet, zerfällt nur ein Teil der in Lösung
befindlichen Salzmoleküle in Ionen. Die Größe der Ionisierung hängt
außer von der Natur des Elektrolyten noch von anderen Umständen
ab, so von der Temperatur, insbesondere aber von dem Grade der Verdünnung. Je stärker die Verdünnung ist, um so mehr Moleküle werden in Ionen gespalten, während mit zunehmender
Konzentration der Lösung die Ionisierung abnimmt, d. h. es
vereinigen sich in letzterem Falle Ionen unter Abgabe von Elektronen,
welche sofort Neutronen bilden, wieder zu Molekülen. Es stellt sich
demnach bei der Ionisierung ein Gleichgewichtszustand ein, der von
der Temperatur und Verdünnung abhängig ist; der Vorgang ist ein
„umkehrbarer" Prozeß und wird am besten auf folgende Weise ausgedrückt: z. B.

$$NaCl \rightleftharpoons \dot{N}a + Cl'.$$

In bezug auf die Natur der chemischen Verbindung sind am meisten
„starke" Säuren und „starke" Basen in Ionen gespalten.

Bei Salzen ist die Größe der Ionisierung von der Natur des Metalles
und des Säurerestes wenig abhängig; insbesondere sind bei gleicher Konzentration alle normalen Salze annähernd gleich, und zwar in verdünnter
Lösung ziemlich weitgehend dissoziiert[1]).

Eine mit zunehmender Verdünnung stufenweise Ionisierung findet
bei Elektrolyten mit mehrwertigen Ionen statt. Es nimmt z. B. die Dissoziation der Schwefelsäure in konzentrierter Lösung folgenden Verlauf:

$$H_2SO_4 \rightleftharpoons \dot{H} + (HSO_4)'$$

$$[\text{nach dem Schema } H_2SO_4 + \oplus\ominus \rightarrow \overset{\oplus}{H} + (H\overset{\ominus}{S}O_4)];$$

erst bei zunehmender Verdünnung schreitet der Zerfall weiter:

$$HSO_4' \rightleftharpoons \dot{H} + (SO_4)''$$

$$[\text{nach dem Schema } (H\overset{\ominus}{S}O_4) + \oplus\ominus \rightarrow \overset{\oplus}{H} + (\overset{\ominus\ominus}{S}O_4)].$$

In verdünnten Lösungen der Schwefelsäure und anderer „starker"
Säuren finden sich schließlich die Ionen der Endspaltung vor.

Bei mehrbasischen „schwachen" Säuren, z. B. bei der Kohlensäure
H_2CO_3, verläuft die Dissoziation fast nur nach der ersten Stufe, während
ihre normalen Salze wie starke Säuren in Ionen zerfallen.

Die hier in ihren wesentlichsten Punkten gegebene Ionentheorie
läßt nun folgende äußerst wertvolle Schlüsse zu:

1. Die meisten in wässeriger Lösung stattfindenden Reaktionen
finden zwischen den Ionen statt.

---

[1]) Die Größe der Ionisierung kann durch die elektrische Leitungsfähigkeit gemessen werden.

2. Treffen Radikale, welche Bestandteile einer s c h w e r - oder unlöslichen Verbindung sind oder die Entwicklung eines gasförmigen
Stoffes veranlassen, im Ionenzustande zusammen, so findet die Bildung
eines Niederschlages bzw. eine Gasentwicklung statt. Beispiele:

a) Beim Zusatz einer Bariumchloridlösung zu einer Natriumsulfatlösung vereinigen sich die Barium- und Sulfat-Ionen unter Abgabe ihrer
elektrischen Ladungen zu unlöslichem Bariumsulfat:

$$\overset{..}{Ba}Cl_2{}' + \overset{.}{Na}_2(SO_4)'' \rightarrow BaSO_4 + 2\,\overset{.}{Na}Cl'.$$

In dem Maße als die Ionen unter Abscheidung — Fällung — von
Bariumsulfat verbraucht werden, werden solche zur Erhaltung des
Gleichgewichtes von den Bariumchlorid- und Natriumsulfatmolekülen
nachgeliefert; auf diese Weise verläuft die Fällung weiter, bis ihr Maxi-
mum erreicht ist.

Da die Reaktionen in wässeriger Lösung zwischen Ionen stattfinden,
so erhält man das unlösliche Bariumsulfat in allen Fällen, wo Barium-
Ionen $\overset{..}{Ba}$ mit Sulfat-Ionen SO_4'' zusammentreffen; so z. B. auch beim
Zusatz von Schwefelsäure zu einer Bariumnitratlösung:

$$\overset{..}{Ba}(NO_3)_2{}' + \overset{.}{H}_2(SO_4)'' \rightarrow BaSO_4 + 2\,\overset{.}{H}(NO_3)'.$$

b) Bei Zusatz von Schwefelsäure zu Natriumsulfid entwickelt sich
Schwefelwasserstoffgas:

$$\overset{.}{Na}_2S'' + \overset{.}{H}_2(SO_4)'' \rightarrow \overset{.}{Na}_2(SO_4)'' + H_2S.$$

Die „V e r d r ä n g u n g" des sehr wenig ionisierten, also „s c h w a c h e n"
Schwefelwasserstoffes hat die Ursache in der Neigung schwacher Säuren,
in den n i c h t   i o n i s i e r t e n   Zustand überzugehen.

c) Bei Zusatz von Natronlauge zu Ammoniumchlorid (Salmiak)
wird Ammoniak frei:

$$(N\overset{.}{H}_4)Cl' + \overset{.}{Na}(OH)' \rightarrow \overset{.}{Na}Cl' + NH_4OH.$$

Das nur wenig ionisierte Ammoniumhydroxyd

$$NH_4OH \rightleftarrows (N\overset{.}{H}_4) + (OH)'$$

zerfällt, besonders leicht beim Erwärmen, in Wasser und Ammoniak:

$$NH_4OH \rightarrow H_2O + NH_3.$$

3. Die „saure" Reaktion wird lediglich durch „Wasserstoff-Ionen" bedingt; demnach spalten alle sauer reagierenden
Lösungen, sowohl die der Säuren als auch mancher Salze, Wasserstoff-
Ionen ab. — Je stärker die Ionisierung einer Säure ist und je größer
die Konzentration der Wasserstoff-Ionen ist, desto „stärker" erscheint die Säure.

4. Die „alkalische" Reaktion wird durch „Hydroxyl-
Ionen" bedingt; demnach spalten alle alkalisch reagierenden Lösungen, sowohl die der Basen als auch mancher Salze, Hydroxyl-Ionen
ab. — Je stärker die Ionisierung einer Base ist und je größer die Konzentration der Hydroxyl-Ionen ist, desto „stärker" erscheint die Base.

5. Die Tatsache, daß viele Metallsalzlösungen eine saure,
wieder andere eine alkalische Reaktion zeigen, findet durch die

Ionentheorie eine einfache und befriedigende Erklärung in der zerlegenden Wirkung des Wassers, der

Hydrolyse.

Die Ursache der Hydrolyse liegt in der, wenn auch äußerst geringen, Ionisierung des Wassers in Wasserstoff- und Hydroxyl-Ionen:

$$H_2O \rightleftarrows \dot{H} + (OH)'\,{}^{1})$$

sowie in der Neigung der Anionen schwacher Säuren, mit dem Wasserstoff-Kation, bzw. der Kationen schwacher Basen, mit dem Hydroxyl-Anion nicht ionisierte Lösungen zu bilden.

Zufolge der relativ kleinen Anzahl von Wasserstoff- und Hydroxyl-Ionen, welche das Wasser abspaltet, erfolgt die Hydrolyse stufenweise, indem nach Verbrauch der Wasserstoff- und Hydroxyl-Ionen zur Herstellung des gestörten Gleichgewichtes solche wieder nachgeliefert werden, wodurch nach und nach jener Grad der Hydrolyse erreicht wird, welcher den herrschenden Verhältnissen entspricht.

Mehr oder weniger hydrolytisch gespalten werden Salze, welchen entweder eine schwache, also wenig ionisierungsfähige Säure oder eine ebensolche Base zugrunde liegt; insbesonderer aber Salze schwacher Säuren mit schwachen Basen. Der Grad der hydrolytischen Spaltung wächst mit jenem der Ionisierung. Während aber die Ionisierung besonders durch Verdünnung gefördert wird, wächst die Hydrolyse besonders mit der zunehmenden Temperatur. Beispiele:

a) An der Salzbildung nimmt eine „schwache" Säure teil:

$$\dot{N}a_2(CO_3)'' + \dot{H}(OH)' \rightarrow NaHCO_3 + \dot{N}a(OH)'.$$

Das gebildete $NaHCO_3$ ist nur wenig in $\dot{N}a$ und $(HCO_3)'$ dissoziiert. Beim Auflösen der Soda in Wasser erfährt demnach ein Teil ihrer Moleküle die Ionisierung und ein Teil der ionisierten Moleküle die Hydrolyse, wobei Hydroxyl-Ionen gebildet werden, welche der Lösung die alkalische Reaktion erteilen. Die Sodalösung ist demnach als eine sehr schwache Natronlauge anzusehen, welche aber noch viel Na_2CO_3 teils als Moleküle, teils in Ionenform enthält.

Je verdünnter die Sodalösung ist, um so größer ist der Prozentsatz des Natriumhydroxydes (Ätznatron) bzw. der $(OH)'$-Ionen im Verhältnis zu der Soda; doch nimmt mit zunehmender Verdünnung bei einem dem ursprünglichen Quantum gleichen Volumen der Flüssigkeit die absolute Menge des Natriumhydroxydes selbstverständlich ab. — Da mit steigender Temperatur die Hydrolyse zunimmt, so enthält z. B. eine warme Sodalösung mehr Ätznatron bzw. $(OH)'$-Ionen als eine kalte.

Aus demselben Grunde reagieren auch Pottasche-, Borax-, Wasserglas-, Natriumphosphatlösungen usw. alkalisch.

---

[1]) Das geringe Ionisierungsvermögen des Wassers geht aus seiner geringen Leitungsfähigkeit für den elektrischen Strom hervor.

b) An der Salzbildung nimmt eine „schwache" Base teil:

$$\ddot{A}l_2(SO_4)_3'' + 6\dot{H}(OH)' \rightarrow 2Al(OH)_3 + 3\dot{H}_2(SO_4)''.$$

Die Hydrolyse ist in diesem Falle sehr gering; die geringe Menge Al(OH)$_3$ bleibt in unionisiertem Zustande „kolloidal"[1]) gelöst; die, wenn auch in geringer Menge gebildete Schwefelsäure bzw. die $\dot{H}$-Ionen erteilen der Aluminiumsulfatlösung eine saure Reaktion.

Aus demselben Grunde reagieren auch Alaun-, Eisenchlorid-, Zinksulfatlösungen usw. sauer.

c) An der Salzbildung nehmen eine „schwache" Säure und eine „schwache" Base teil:

Aluminiumazetat Al(C$_2$H$_3$O$_2$)$_3$ ist in der Kälte einigermaßen beständig; beim Kochen fällt aber aus seiner Lösung basisches Aluminiumazetat unter Freiwerden von Essigsäure aus:

$$\ddot{A}l(C_2H_3O_2)_3' + 2\dot{H}(OH)' \rightarrow Al(OH)_2C_2H_3O_2 + 2\dot{H}(C_2H_3O_2)'.$$

Die Hydrolyse ist in diesem Falle sehr weitgehend; d. h. das normale Aluminiumazetat geht ziemlich vollständig in das unlösliche basische über[2]).

Noch schwächere Säuren geben mit Aluminiumhydroxyd kein basisches Salz mehr, sondern die Hydrolyse führt hier zum vollständigen Zerfall des Salzes in die freie Base und freie Säure.

Versetzt man z. B. eine Aluminiumsulfatlösung mit einer Sodalösung, so können wir die Bildung von Aluminiumkarbonat nur als vorübergehend annehmen:

$$\ddot{A}l_2(SO_4)_3'' + 3\ddot{N}a_2(CO_3)'' \rightarrow 2\ddot{A}l_2(CO_3)_3'' + 3Na_2(SO_4)''.$$

Das Aluminiumkarbonat zerfällt durch die hydrolytische Spaltung in das unlösliche Aluminiumhydroxyd und in Kohlensäure:

$$\ddot{A}l_2(CO_3)_3'' + 6\dot{H}(OH)' \rightarrow 2Al(OH)_3 + 3H_2CO_3.$$

Durch das Bestreben, sowohl nicht ionisiertes, unlösliches Aluminiumhydroxyd als auch nur sehr wenig ionisierte Kohlensäure zu bilden, ist die Hydrolyse in diesem Falle so vollständig, daß (praktisch) das gesamte Aluminium als Aluminiumhydroxyd zur Fällung kommt.

6. Überall, wo Wasserstoff- und Hydroxyl-Ionen zusammentreffen, wird das äußerst wenig ionisierte Wasser gebildet. Werden diese Ionen in gleichen Mengen geboten, so tritt die Neutralisation ein:

$$\dot{H} + (OH)' \rightarrow H_2O,$$

z. B. bei Anwendung von Natriumhydroxyd und Salzsäure:

$$\dot{N}a(OH)' + \dot{H}Cl' \rightarrow \dot{N}aCl' + H_2O.$$

---

[1]) S. 36.
[2]) Auf diesen und ähnlichen hydrolytischen Prozessen beruhen unter anderem auch wichtige Verfahren zum Wasserdichtmachen von Geweben; S. 277.

Kolloide Lösungen[1].

Im vorstehenden fanden nur solche Lösungen eine nähere Besprechung, welche den gelösten Stoff in mehr oder weniger ionisiertem Zustande enthalten; sie werden als **echte** (**wahre**) oder besser als **kristalloide Lösungen** bezeichnet. Von diesen stets homogen und klar erscheinenden Lösungen sind die **kolloiden Lösungen** zu unterscheiden. Sie sind als Zwischenglieder von kristalloiden Lösungen und grobmechanischen **Suspensionen** zu betrachten.

Der Name „Kolloid" (leimartig) ist um die Mitte des 19. Jahrhunderts von Th. **Graham** geschaffen worden; dieser englische Chemiker bezeichnete als „Kolloide" alle dem gequollenen Tischlerleim ähnlich aussehende Substanzen. Die Erforschung der Kolloide und ihrer Lösungen fällt jedoch in die neuere Zeit; sie ist für die Erkenntnis und Aufklärung vieler in der Technik sich abspielender Vorgänge, wie z. B. in der Färberei, Walkerei, Wäscherei und Appretur, von großer Bedeutung; sie bietet wertvolle Winke für die Bereitung der auch in der Textilindustrie wichtigen Emulsionen; mit kolloiden Lösungen hat man bei der Herstellung von Seife, künstlicher Seide usw. zu tun.

Die weiteren kolloidchemischen Forschungen dürften in vielen Betrieben an Stelle von erfahrungsgemäßen Rezepten zu wissenschaftlichen Verfahren führen, wodurch sich eine vollständigere Verwertung der Rohprodukte ergeben wird, so z. B. auf dem Gebiete der Gewinnung von Seife, Stärke, Leim, Appreturölen, Schmiermitteln usw.

Einen näheren Einblick in das Wesen der Kolloide haben insbesondere R. **Zsigmondys** Untersuchungen kolloider Lösungen mit dem von H. **Siedentopf** konstruierten „Ultramikroskop" gebracht. Dieses gestattet Bogenlicht oder noch besser Sonnenlicht durch Linsen zu einem Lichtkegel mit wagerechter Achse zusammenzufassen, dessen Spitze in die zu untersuchende Lösung fällt. Auf diese außerordentlich helle Lichtkegelspitze wird das Mikroskop eingestellt. Während man bei den kristalloiden Lösungen den gelösten Stoff auch unter den angeführten Bedingungen nicht sehen kann, erscheinen kolloidal gelöste Stoffe im Ultramikroskop sichtbar; so z. B. kolloidal gelöstes Gold in Form von zahlreichen prachtvoll gefärbten Scheibchen, die zickzackartig hin- und hereilen[2]. Die Größe dieser jedenfalls kugelförmigen Teilchen wurde berechnet; von R. **Zsigmondy** konnten solche bis zu $6\,\mu\mu$ ($1\,\mu\mu = 0{,}000001$ mm) herab nachgewiesen werden. Damit ist gegenwärtig die Grenze des Sichtbaren erreicht, welche schon in das Bereich mancher kompliziert gebauter Moleküle, wie z. B. der löslichen Stärke, hineinragt. Im allgemeinen wird als obere Grenze für kolloide Lösungen die Teilchengröße von etwa $50\,\mu\mu$ angenommen; die untere Grenze, die auch mit dem Ultramikroskop nicht wahrnehmbar ist, bezieht sich auf Teilchen von etwa $0{,}1\,\mu\mu$ und gilt gleichzeitig als obere Grenze der absoluten Größe der Moleküle. Zwischen $50\,\mu\mu$ und $1\,\mu$ ($1\,\mu = 0{,}001$ mm) sind die Übergangsformen anzunehmen, die je nach der Beschaffenheit bald als kolloide Lösungen, bald als feine Sus-

---

[1] Näheres über die **Kolloidchemie** enthalten die Werke: K. **Arndt**, „Die Bedeutung der Kolloide für die Technik"; V. **Pöschl**, „Einführung in die Kolloidchemie"; R. **Zsigmondy**, „Kolloidchemie"; die „Zeitschrift für Chemie und Industrie der Kolloide" u. a.

[2] Nach A. **Herzog** findet das Ultramikroskop auch zum Sichtbarmachen der mizellaren Schichte der Baumwollfasern Anwendung.

pensionen anzusehen sind. Teilchen über 1 μ bilden grobmechanische Suspensionen[1]).

Man bezeichnet in neuerer Zeit den fein verteilten Stoff, gleichgültig, ob er sich in kristalloider oder kolloider Lösung oder in Suspension befindet, als „disperse Phase" und den anderen, meist in großem Überschusse vorhandenen Stoff, in welchem die disperse Phase gelöst oder suspendiert ist, als „Dispersionsmittel". Demnach gibt es drei disperse Systeme: das molekular disperse bei kristalloiden Lösungen, das grob disperse bei Suspensionen (Aufschlämmungen), dazwischen liegt das für kolloide Lösungen.

Von den kristalloiden Lösungen unterscheiden sich die kolloiden hauptsächlich durch den Mangel der Kristallisationsfähigkeit und der Diffusionsfähigkeit des gelösten Stoffes. Während „Kristalloide" Membranen, wie z. B. das Pergament, durchwandern (diffundieren), können „Kolloide" dieselben nicht durchdringen[2]).

Charakteristisch für kolloide Lösungen ist das Bestreben ihrer Teilchen, sich zusammenzuballen, wodurch das Kolloid nach kürzerer oder längerer Zeit zur Ausscheidung („Ausflockung") gelangt. Durch Erwärmen oder Zusatz einer gewissen Menge eines Elektrolyten wird die Ausscheidung zumeist beschleunigt[3]). Die Ausscheidung des Kolloides geschieht bei hoher Konzentration unter Bildung von Gallerten, bei verdünnten Lösungen unter Bildung eines Niederschlages[4]).

Nach Th. Graham wird ein kolloidal gelöster Stoff im allgemeinen als „Sol", wenn das Lösungsmittel (Dispersionsmittel) Wasser ist, als „Hydrosol" bezeichnet[5]). (Es gibt auch Alkoholosole usw.) Das ausgeschiedene Kolloid wird „Gel" genannt. So z. B. stellt die Kernseife ein Gel vor. Beim Übergang in den Gelzustand trennt sich das Kolloid nicht vollständig vom Wasser, sondern bildet ein oft schwammiges Gebilde, das in seinen Hohlräumen viel Wasser einschließt[6]).

Im Gegensatz zu kristalloiden Lösungen sind bei kolloiden Lösungen der Siedepunkt, Gefrierpunkt und das elektrische Leitungsver-

---

[1]) V. Pöschl bezeichnet als suspendierte Körper jene, welche dem Zug der Schwere folgen und sich demnach in der Ruhe am Boden des Gefäßes ansammeln, während er alle anderen feinen Verteilungen eher den kolloiden Lösungen anschließen will.

[2]) Auf diesem verschiedenen Verhalten beruht auch die Trennung der Kristalloide von den Kolloiden; man bezeichnet sie als Dialyse.

Die Unterscheidung von kristalloiden und kolloiden Stoffen ist nicht ganz richtig, da viele Stoffe je nach dem Lösungsmittel kristalloide oder kolloide Lösungen geben.

[3]) Eine Eiweißlösung erstarrt (koaguliert) beim Erwärmen. Ist jedoch die Eiweißlösung durch Dialyse von Salzen möglichst befreit, so tritt beim Erhitzen nur dann eine Koagulation ein, wenn ihr wieder Salze zugesetzt werden. Eine konzentrierte Kieselsäurelösung kann man durch Zusatz einer sehr kleinen Menge Soda zum Erstarren bringen.

[4]) Von der Ausscheidung der Kolloide aus ihren Lösungen macht man z. B. bei der Herstellung der Seife, beim Beschweren und Wasserdichtmachen von Geweben u. a. Anwendung.

[5]) „Sol" ist von Solution (Lösung) abgeleitet.

[6]) In Hydrogelen läßt sich das Wasser vollständig durch Alkohol ersetzen; man erhält ein Alkohologel.

mögen nicht wesentlich verschieden von jenem des reinen Lösungsmittels.

Von großer Bedeutung für alle Kolloide ist die sehr feine Zerteilung. Aus diesem Grunde macht sich das Bestreben aller Körper, aus ihrer Nähe Gase, Flüssigkeiten und auch feste Körper anzuziehen, bei den Kolloiden mit ihrer ungemein entwickelten Oberfläche besonders bemerkbar. Ein solches Gefüge besitzen sehr viele in der Textilindustrie verwendete Stoffe, wie z. B. Zellulose, Wolle, Seide u. a. Textilfasern, ferner Leim, Eiweißstoffe, Stärke usw. Diese Stoffe besitzen demnach ein großes Aufnahmevermögen für andere.

Von den Suspensionen hingegen unterscheiden sich kolloide Lösungen durch ihr Vermögen, Filtrierpapier zu durchdringen, wogegen suspendierte Stoffe von demselben zurückgehalten werden.

Man unterscheidet zwei Gruppen von kolloiden Lösungen:

1. Emulsionskolloide (Emulsoide). Bei diesen ist der fein verteilte Stoff (disperse Phase) flüssig; sie machen die Lösung dickflüssiger, die Zähigkeit solcher Lösungen nimmt mit dem Abkühlen sehr stark zu. Emulsionskolloide besitzen ferner die Fähigkeit zur Gelatinierung und Quellung sowie ein gutes Schaumbildungsvermögen. Auch der Schaum selbst ist als eine Emulsion anzusehen. Weiter besitzen die Emulsionskolloide die Eigenschaft, nicht so leicht auszuflocken; sie sind daher ziemlich beständig. Dazu gehören Leimlösung, Gelatinelösung, Pflanzenschleimlösung usw.

2. Suspensionskolloide (Suspensoide). Ihre disperse Phase ist fest; sie machen das Dispersionsmittel nicht dickflüssiger und flocken leichter aus. Dazu gehören Lösungen der Kieselsäure und verschiedener Metallhydroxyde, die Stärkelösung usw.

Von den in der Textilindustrie wichtigen Stoffen sind in nur kolloidem Zustande bekannt: Stärke, Dextrin, Tragant, Gummi arab., Tannin, Harze, Leim, Gelatine, die meisten Eiweißstoffe, wässerige Lösungen mancher anorganischen Säuren, Basen und Salze, z. B. Kieselsäure (in natürlichem Wasser), Zinnsäure, Wolframsäure, Aluminiumhydroxyd, Magnesiumhydroxyd, Chromihydroxyd, Bleihydroxyd, Stanohydroxyd, usw. In kristalloidem und kolloidem Zustande treten auf: die Alkalisalze der Stearinsäure, Palmitinsäure und Ölsäure (Seifen). Kraft wies experimentell nach, daß sich die Seifen in Alkohol als Kristalloide lösen (daher schäumen alkoholische Seifenlösungen nicht), wogegen sie sich in Wasser als Kolloide auflösen. Ebenso verhalten sich viele Farbstoffe.

Wasser[1].

Allgemeines über das Wasser.

Dem Wasser kommt in der Natur und im Haushalte wie auch im Gewerbe, in der Industrie und in der Technik überhaupt die größte Bedeutung zu. Auch in der Textilindustrie ist das Wasser ein unentbehrlicher Stoff: es dient zum Speisen des Dampfkessels, zum Netzen, Waschen und Spülen, als Lösungsmittel für Farbstoffe, Wasch- und Appreturmittel, zum Ansetzen von Schlicht- und Appreturmassen sowie zum Einsprengen. In Dampfform dient es außer zum Betriebe der Dampfmaschinen auch zum Anwärmen der Kalander und der Trockenzylinder, zum Dämpfen von Wollwaren, zur Dampfappretur der Halbseide, zum Kochen der Appretur- und Schlichtmassen usw.

Dem Wasser kommt die Formel H_2O zu; es ist somit die chemische Verbindung des Wasserstoffes mit dem Sauerstoff im Gewichtsverhältnis $1:8$[2].

Das Wasser ist in dünner Schicht farblos, in dicker blau (Alpenseen) und besitzt in reinem Zustande weder Geruch noch Geschmack. Bei Temperaturen zwischen 0^0 und 100^0 C ist es bei gewöhnlichem Luftdruck flüssig. Bei 4^0 nimmt 1 kg Wasser sein kleinstes Volumen ein, nämlich 1 Liter, während sein Volumen bei 0^0 1,00013 l und bei 100^0 1,0432 l beträgt. Das Wasser besitzt demnach bei 4^0 seine größte Dichte. Das Gewicht eines Kubikzentimeters Wasser von 4^0 C dient als Gewichtseinheit und heißt 1 Gramm. Wasser von 4^0 wird auch als Einheit für die Dichte bei festen und flüssigen Stoffen und für das spezifische Gewicht bei allen Stoffen angenommen (Dichte und spezifisches Gewicht des Wassers $= 1$).

Unter der Dichte eines festen oder flüssigen Stoffes versteht man jene Vergleichszahl (relative Zahl), welche angibt, wie oft irgendein Volumen desselben schwerer bzw. leichter ist als ein gleich großes Volumen Wasser von 4^0. Unter dem spezifischen Gewicht eines festen, flüssigen oder gasförmigen Stoffes versteht man das Gewicht der Volumseinheit (1 cm³ bzw. 1 Liter) dieses Stoffes. Die Verwechslung der Begriffe „Dichte" und „spez. Gewicht" bei flüssigen und festen Stoffen hat für die Praxis nichts zu bedeuten, da beide durch dieselbe Zahl ausgedrückt werden. Ein Unter-

---

[1] Literatur: F. Fischer, Das Wasser; Muspratt, Erg.-Werk, Das Wasser; Ohlmüller-Spitta, Untersuchung von Wasser und Abwasser.
[2] Über Sauerstoff und Wasserstoff S. 24 und 28.

schied ergibt sich nur bei gasförmigen Stoffen, da sich bei diesen wohl das spez. Gewicht auf Wasser als Einheit bezieht, nicht aber die Dichte. Zur Beurteilung der Dichte wird bei gasförmigen Stoffen das gleich große Volumen des leichtesten Gases (Wasserstoff) oder — für praktische Zwecke — der Luft abgenommen; im ersteren Falle sprechen wir vom „Gasvolumgewicht" oder der „Gasdichte", im letzteren von der „Dampfdichte".

Da das Wasser bei jeder anderen Temperatur leichter als bei 4^0 ist, findet eine Strömung der einzelnen Wasserschichten statt, wenn es abgekühlt oder erwärmt wird. Dies ist für den Haushalt der Natur von größter Bedeutung; darin liegt die Ursache, daß selbst in Gegenden mit strengen Wintern die Flüsse und Seen nur an der Oberfläche gefrieren und es auf den großen Ozeanen zufolge ihrer großen Tiefe zu einer Eisbildung überhaupt nicht kommt.

Zur Eisbildung ist eine Abkühlung der ganzen bis auf den Grund reichenden Wassermasse auf 4^0 notwendig; dann erst verbleiben die weiter abgekühlten Wasserschichten an der Oberfläche und können daselbst zum Gefrieren gelangen. Würde die Dichte des Wassers bis zu seinem Gefrierpunkte zunehmen, so müßte bei Erreichung desselben die ganze Wassermasse bis auf den Grund gefrieren; alle Wassertiere müßten zugrunde gehen, und die Sommerwärme wäre nicht imstande, die gewaltigen Eismassen aufzutauen.

Der Gefrierpunkt des Wassers wird mit 0^0 angenommen (erster Fundamentalpunkt des Thermometers). Beim Gefrieren dehnt sich das Wasser um $1/_{11}$ seines Volumens aus. Das Eis ist somit spezifisch leichter als Wasser; es besitzt die Dichte 0,92.

Die Ausdehnung des gefrierenden Wassers erfolgt mit unwiderstehlicher Gewalt und bewirkt dadurch tiefeingreifende Veränderungen der Erdoberfläche, indem es eine Zerklüftung und Zerbröckelung des Gesteines herbeiführt und so den „Verwitterungsprozeß" einleitet, welcher zur Bildung der Ackererde führt — der Vorbedingung alles organischen Lebens. Andrerseits führt das gefrierende Wasser oft zu Katastrophen (Fels- und Bergstürzen). Auch in der technischen Praxis macht sich das Gefrieren des Wassers oft unangenehm bemerkbar; z. B. bei Dampfleitungen, in welchen sich, falls sie gegen Abkühlung nicht genügend geschützt sind, beim Einstellen des Betriebes an kalten Tagen der in der Leitung verbleibende Dampf kondensiert und das nun flüssige Wasser nach dem Sammeln an tiefer gelegenen Stellen zum Gefrieren kommt, was eine Betriebsstörung, mitunter auch Rohrbrüche zur Folge hat.

Beim Gefrieren des Wassers werden für jedes Kilogramm 79 „Kalorien" frei[1]), die beim Schmelzen des Eises wieder zugeführt werden müssen.

Unter einer „Kalorie" verstehen wir jene Wärmemenge, welche zum Erwärmen von 1 kg Wasser um 1^0 nötig ist[2]).

---

[1]) Das Frostwetter mildert sich, sobald Schnee fällt. — Schutz von Kartoffeln usw. in Kellern gegen Erfrieren durch Aufstellen von mit Wasser gefüllten Gefäßen.

[2]) Nach Kalorien wird auch der Heizwert der Brennmaterialien beurteilt. Als „Heizwert" bezeichnet man die Anzahl der Kalorien, welche durch Verbrennung von 1 kg Brennstoff frei werden. Bei vollständiger Verbrennung liefert 1 kg Leuchtgas etwa 9900 Kal., 1 kg bester Steinkohle etwa 8000 Kal., 1 kg trockenes Holz etwa 3600 Kal. — Bei Dampfkesselanlagen entweichen die Heizgase mit 200^0 bis 500^0 durch den Fuchs in den Schornstein. Hierdurch sowie durch die Ausstrahlung der Kesselmauerung, ferner durch unvollkommene Verbrennung gehen rund $30^0/_0$ vom Heizwert des Brennmaterials verloren. Der praktische Heizwert der besten Steinkohle beträgt demnach nur ungefähr 5600 Kal.

Der Übergang des Wassers in Wasserdampf findet bei allen Temperaturen statt, und zwar verdunstet das Wasser von der Oberfläche aus um so lebhafter, je höher die Temperatur und je kleiner der auf der Oberfläche lastende Druck ist; auch Schnee und Eis unterliegen der Verdunstung.

Zur Umwandlung in den gasförmigen Zustand benötigt das Wasser Wärme; da ihm diese beim Verdunsten nicht zugeführt wird, so entzieht es die nötige Menge der Umgebung. (Kältegefühl beim Tragen nasser Kleider.) Ein trockener Luftstrom beschleunigt die Verdunstung: Die Wäsche trocknet bei bewegter Luft viel rascher als bei ruhiger. Die Umstände, welche das Verdunsten beschleunigen, werden beim Bauen der Trockenmaschinen berücksichtigt.

Der beim Verdunsten entwickelte Wasserdampf wirkt dem auf der Oberfläche lastenden Luftdruck um so mehr entgegen, je höher die Temperatur des Wassers ist. Sobald das Wasser durch Wärmezufuhr (Erwärmen) auf eine Temperatur gebracht wird, bei welcher der Wasserdampfdruck (Tension des Wasserdampfes) den darauf lastenden Luftdruck aufhebt, beginnt die Dampfentwicklung in der ganzen Flüssigkeit gleichzeitig: es tritt die wallende Bewegung ein, welche wir als „Sieden" oder „Kochen" bezeichnen[1]). Beim normalen Luftdruck (entsprechend 760 mm Barometerstand) tritt diese Erscheinung bei 100⁰ C ein[2]).

Der Siedepunkt des Wassers und jeder anderen Flüssigkeit erhöht sich, wenn der auf der Oberfläche lastende Druck steigt, und er fällt, wenn sich der Druck vermindert. Die Änderung des Siedepunktes macht sich schon bei gewöhnlichen Schwankungen des Luftdruckes bemerkbar; sie beträgt für je 1 mm Quecksilbersäule am Barometer 0,037⁰.

Die folgende Tabelle gibt die Siedetemperatur des Wassers bei verschiedenem Barometerstand an.

b (Barometerstand in mm)	t (Temperatur)	b	t	b	t	b	t
720	98,5⁰	735	99,1⁰	750	99,6⁰	765	100,2⁰
725	98,7⁰	740	99,3⁰	755	99,8⁰	770	100,4⁰
730	98,9⁰	745	99,4⁰[3])	760	100,0⁰	775	100,6⁰

[1]) Dem Sieden geht ein Geräusch (das „Singen") vorher, das von der Kondensation der aufsteigenden Dampfblasen in der kälteren Flüssigkeit herrührt.

[2]) Die Siedetemperatur des Wassers bei 760 mm Druck bildet den zweiten Fundamentalpunkt des Thermometers, welcher nach Celsius mit 100⁰ bezeichnet wird. Luftfreies Wasser kann man bis über den Siedepunkt erhitzen, ohne daß ein „Sieden" eintritt, weil das luftfreie Wasser fest an den Wandungen haftet, so daß die Dampfbildung dort verhindert wird (Siedeverzug). Wird das Wasser, etwa durch Erschütterung, von der Wandung getrennt, so tritt das Sieden plötzlich und explosionsartig ein. — Fett- und Seifenlösungen zeigen diese Erscheinungen in noch höherem Grade als Wasser und kochen deshalb stoßweise. („Überkochen" in Dampfkesseln, die im Kesselwasser Fett enthalten.)

[3]) Mittlere Siedetemperatur des Wassers in Wien. — Am Montblanc (mittlerer Luftdruck 420 mm) siedet das Wasser bei ungefähr 84⁰.

Wird das Wasser in einem geschlossenen Gefäß erhitzt und die
Ausströmung des Dampfes gehindert, so tritt zu dem Druck der eingeschlossenen Luft noch der Dampfdruck hinzu, wodurch der Siedepunkt bedeutend erhöht wird. Von der Erhöhung des Siedepunktes
macht man z. B. beim „Aufschließen" der Stärke und beim „Verseifen"
der Fette Anwendung. Dazu dienen Apparate, die man als „Druck-
gefäße", „Druckkessel" und „Autoklaven" bezeichnet. In diesen
Apparaten kann der Siedepunkt durch entsprechende Belastung des
Sicherheitsventils den verschiedenen praktischen Bedürfnissen angepaßt werden.

Andrerseits wird der in Dampfkesseln erzeugte Wasserdampf,
da er den Atmosphärendruck überwinden kann, in großen Mengen
zur Arbeitsleistung bei Dampfmaschinen herangezogen[1]).

Auch das Sieden unter vermindertem Druck kommt praktisch vielfach zur Anwendung. Dazu dienen geschlossene Kochapparate,
in welchen der Druck und demnach auch die Siedetemperatur durch
Absaugen der Luft und des Wasserdampfes vermindert werden; sie
werden als „Vakuumapparate" bezeichnet. Der Vakuumkoch- und
Destillationsapparate bedient man sich zur Vermeidung einer Zersetzung,
welche manche Stoffe beim Konzentrieren bzw. Destillieren unter dem
gewöhnlichen Druck erfahren müßten. Vakuumkochapparate kommen
in der Fettindustrie, bei der Herstellung von Stärkesirup usw., besonders
aber in der Zuckerfabrikation zur Anwendung.

Um 1 kg Wasser von 100° in Dampf von 100° zu verwandeln, sind
536 Kalorien erforderlich[2]). 1 l Wasser von 100° C gibt rund 1700 l
Dampf. Beim umgekehrten Vorgang, der Rückverwandlung des Dampfes
in flüssiges Wasser — Kondensation —, muß die gleiche Wärmemenge
wieder abgegeben werden. Der Wasserdampf ist demnach der Träger
einer großen Wärmemenge, die er abgibt, wenn er in flüssiges Wasser

---

[1]) Bemerkenswerte Dampfspannungen des Wassers:

Temp.	Atm.	Temp.	Atm.
100°	1	161,5°	6,5
111,7°	1,5	165,3°	7
120,6°	2	168,2°	7,5
127,8°	2,5	170,8°	8
133,9°	3	175,8°	9
139,2°	3,5	180,3°	10
144,0°	4	213,0°	20
148,3°	4,5	236,2°	30
152,2°	5	252,5°	40
155,9°	5,5	265,9°	50
159,2°	6		

Aus der Tabelle kann man entnehmen, daß mit wachsender Temperatur
die Spannkraft des Dampfes in immer rascher wachsendem Verhältnis zunimmt.

[2]) Die Wärmemenge, welche zum Verdampfen von 1 kg Flüssigkeit
nötig ist, bezeichnet man als „Verdampfungswärme"; sie ist beim
Wasser am größten.

übergeht, und wird deshalb vielfach als Heizmittel verwertet — in besonders ökonomischer Weise dort, wo er als Auspuffdampf zur Verfügung steht. Er dient z. B. zum Erwärmen der Luft[1]), zum Anwärmen des Wassers[2]), der Kalander, der Trockenzylinder, zum Verkochen von Schlicht- und Appreturmassen, und zwar entweder durch Einleiten des Dampfes in die Flüssigkeit (direkte Erwärmung, Abb. 46), oder durch ein „Schlangenrohr" oder den Zwischenraum eines doppelwandigen Gefäßes (indirekte Erwärmung, Abb. 47). Bei der indirekten Erwärmung kommt demnach der Dampf mit der zu verkochenden Flüssigkeit nicht in Berührung, während beim Einleiten des Dampfes in die Flüssigkeit ihr Volumen durch den kondensierten Dampf entsprechend vermehrt wird[3]).

Eine weitere Anwendung findet der Wasserdampf beim „Dekatieren", das in der Appretur wollener Gewebe vorgenommen wird.

Von besonderer Wichtigkeit ist das große Lösungsvermögen des Wassers für viele Stoffe. Aus diesem Grunde enthält das in der Natur vorkommende Wasser die verschiedensten Stoffe gelöst. Am reinsten ist das Regenwasser; doch enthält auch dieses verschiedene, insbesondere gasförmige Stoffe, welche es der Luft entnimmt, und zwar in geringer Menge die Hauptbestandteile der Luft (Sauerstoff und Stickstoff)[4]), chemische Verbindungen dieser beiden Elemente (gebildet durch elektrische Entladungen), Mikroorganismen und Staub (besonders nach einer langen Reihe regenloser Tage), örtliche Verunreinigungen (z. B. Schwefeldioxyd in großen Industrieorten, besonders von chemischen Fabriken herrührend). Von besonderer Bedeutung ist aber der relativ größere Gehalt des Regenwassers an Kohlendioxydgas, das infolge von Atmungs- und Verbrennungsvorgängen in der Luft enthalten ist[5]).

---

[1]) Dampfheizungen in größeren Räumen (Fabriksälen), in Eisenbahnwagen usw.

[2]) Unter anderem bei Dampfmaschinenanlagen mit „Kondensator" zum Vorwärmen des Kesselspeisewassers.

[3]) Darauf ist beim Verkochen der Appreturmassen, Farbstofflösungen usw. mit „direktem" Dampf Rücksicht zu nehmen.

[4]) S. 24 und 25.

[5]) Das Kohlendioxyd CO_2 ist das Verbrennungsprodukt des Kohlenstoffes und aller Kohlenstoffverbindungen. Außer bei den bereits angeführten Vorgängen entsteht es auch beim Erhitzen vieler Karbonate (S. 83) sowie bei der Zerlegung derselben mit stärkeren Säuren (S. 87); es bildet sich auch bei Gärungs- und Verwesungsvorgängen (S. 98). An vielen Orten entströmt es in großen Mengen dem Erdinnern.

Kohlendioxyd ist ein farbloses Gas von schwachsäuerlichem Geschmack, das die Verbrennung und Atmung nicht unterhält. Es ist schwerer als die Luft. Da sich Kohlendioxyd durch Verwesungsvorgänge auch in Brunnenschächten ansammeln kann, so ist bei Reinigung derselben größte Vorsicht geboten; man überzeugt sich von der etwaigen Anwesenheit des Kohlendioxydes durch Einsenken einer brennenden Kerze in den Schacht: verlischt sie, so ist vor dem Hinuntersteigen in den Brunnen eine Durchlüftung desselben notwendig. Bei Nichtbeachtung dieser Vorsichtsmaßregeln ereigneten sich schon oft Unfälle mit tödlichem Ausgang, da das Kohlendioxyd fast augenblicklich erstickend wirkt. Von Wasser wird das Kohlendioxyd

Gelangt das Regenwasser (Schnee usw.) zur Erde, so verdunstet ein Teil desselben sofort, ein zweiter Teil gelangt als Grundwasser in tiefere Schichten, und ein dritter Teil fließt an der Erdoberfläche oder nahe derselben, Quellen, Bäche und Flüsse bildend.

In Berührung mit der Erde nimmt das Wasser noch eine Reihe von Stoffen auf. In Wasser lösliche Stoffe, vor allem Kochsalz $NaCl$ und Gips $CaSO_4$, werden am leichtesten aufgenommen. Zufolge des Kohlendioxydgehaltes wird das natürliche Wasser zu einer, wenn auch sehr verdünnten Säure (Kohlensäure). Diese ist nun imstande, manche Stoffe, welche in reinem Wasser unlöslich sind, in Lösung zu bringen, insbesondere das Kalziumkarbonat und Magnesiumkarbonat[1]). Die Kohlensäure führt die beiden normalen Karbonate in wasserlösliche Bikarbonate über:

$$CaCO_3 + \dot{H}_2(CO_3)'' \rightarrow \ddot{C}a[H_2(CO_3)_2],''$$
$$MgCO_3 + \dot{H}_2(CO_3) \rightarrow \ddot{M}g[H_2(CO_3)_2]''.$$

In derselben Weise, doch zumeist in sehr kleinen Mengen, gelangt auch das Eisen in Form seines löslichen Bikarbonates in Lösung[2]). Diese, nur in wässeriger Lösung bestehenden Bikarbonate sind sehr lockere Verbindungen; schon durch Erschütterungen erleiden sie mehr oder weniger einen Zerfall in das normale, unlösliche Karbonat und in Kohlensäure, die ihrerseits wieder leicht in Kohlendioxyd und Wasser zerfällt. Daher enthält das Flußwasser stets weniger Bikarbonate als das Quellwasser. Das Wasser führt einen großen Teil der während seines Laufes aufgenommenen Stoffe ins Meer.

An der Meeresoberfläche verdunstet das Wasser in überaus großen Mengen; es läßt alle der festen Erde abgerungenen Stoffe zurück und tritt — durch Luftströmungen getragen — von neuem seine Wanderung an. Bei Abkühlung der Luft gelangt das Wasser in Form von „Nieder-

---

reichlich absorbiert; dabei bildet sich die Kohlensäure $H_2O + CO_2 \rightarrow H_2CO_3$. Beim Erwärmen zerfällt die Kohlensäure in CO_2 und H_2O. Große Mengen Kohlensäure enthalten die „Säuerlinge“. Durch Druck verflüssigtes Kohlendioxyd („flüssige Kohlensäure“) kommt in Stahlflaschen in den Handel. Beim Verdunsten „flüssiger Kohlensäure“ wird Wärme gebunden; die dadurch erzielte „Kälte“ wird unter anderem auch bei einem Merzerisierungsverfahren (S. 214) benutzt, um die Natronlauge zu kühlen. (Über die Bedeutung des Kohlendioxydes für das Pflanzenwachstum S. 220.)

Nicht zu verwechseln mit Kohlendioxyd ist das Kohlenoxydgas CO, das sich als unvollständiges Verbrennungsprodukt des Kohlenstoffes bei nicht genügendem Luftzutritt bildet. Es ist außerordentlich giftig: durch Eintreten dieses Gases in Wohnräume (bei ungenügendem Zug im Ofen) kamen schon viele Unglücksfälle vor. Das Gas ist geruchlos und verbrennt bei genügendem Luftzutritt mit einer bläulichen Flamme zu Kohlendioxyd: $CO + O \rightarrow CO_2$.

[1]) Das Kalziumkarbonat, Kalzit oder Kalkspat $CaCO_3$ und Magnesiumkarbonat, Magnesit $MgCO_3$ finden eine massenhafte Verbreitung. Aus ihren Abarten sind ganze Gebirgszüge aufgebaut. Sie werden auch durch Einwirkung der Luftkohlensäure bei der Verwitterung der in Urgesteinen enthaltenen Kalzium- und Magnesiumsilikate gebildet und finden sich auch in der Ackererde vor.

[2]) Stark eisenhaltige Wässer werden „Stahlwässer“ genannt.

schlägen" (Regen, Schnee, Hagel) wieder zur Erde. Auf diese Weise befindet sich das Wasser in einem fortwährenden Kreislauf, auf welchem es dem Festlande Stoffe wegnimmt und dem Meere zuführt. Der Gehalt an gelösten Stoffen im Meerwasser muß demnach immer größer werden; allerdings ist wegen der großen Wassermenge die Zunahme an gelösten Stoffen auch im Laufe vieler Jahre kaum merklich. Das Meerwasser ist demnach dasjenige natürliche Wasser, das am meisten Stoffe gelöst enthält. Besonders groß ist sein Kochsalzgehalt; er beträgt durchschnittlich 3%[1]).

Durch Destillation läßt sich das Wasser von allen darin gelösten Stoffen leicht befreien; das „destillierte Wasser" ist demnach „chemisch rein".

Luftfeuchtigkeit. Der in der Luft enthaltene Wasserdampf wird als „Luftfeuchtigkeit" bezeichnet. Bei einer bestimmten Temperatur kann die Luft nur eine gewisse Höchstmenge Wasserdampf aufnehmen (Sättigungsgrad). Diese Menge ist um so größer, je wärmer die Luft ist; also im Sommer größer als im Winter. Weicht die in der Luft enthaltene Menge Wasserdampf von dieser Sättigungsmenge wenig ab, so nennen wir sie feucht, im anderen Falle trocken.

Die „Hygrometer" zeigen den Prozentgehalt jener Feuchtigkeitsmenge an, welche bei der herrschenden Temperatur die Luft sättigen würde. Ist die Luft mit Feuchtigkeit gesättigt, so zeigt das Hygrometer 100% an.

Feuchte Luft scheidet schon bei geringer Abkühlung Wasserdampf in flüssiger oder fester Form als Nebel (Wolke), Regen, Schnee oder Hagel ab[2]).

Eine entsprechende Feuchtigkeit der Luft in Wohn-, Fabrikräumen usw. fordert die Hygiene; denn trockene Luft wirkt auf die Atmungsorgane ungünstig ein. Auch in manchen Fabrikzweigen, insbesondere in der Textilindustrie, spielt mit Bezug auf die Verarbeitung des Materials die Luftfeuchtigkeit oft eine wichtige Rolle.

In Spinnereien ist ein Feuchtigkeitsgehalt von 60—80%, in Webereien 65—75% zur Vermeidung spröder Ware, welche sich schwer verarbeiten läßt, notwendig. In der Spinnerei hat trockene Luft zufolge leichteren Abstäubens der Fasern auch einen Verlust und unreines, rauhes Garn zur Folge; überdies ist der trockene „Textilstaub" der Selbstentzündung unterworfen, welche oft die Ursache großer Fabrikbrände ist. Nötigenfalls hat man demnach in solchen Betrieben für

---

[1]) Das Tote Meer ist bereits eine gesättigte Kochsalzlösung.

[2]) Bei 20⁰ kann 1 m³ Luft 17,23 g Wasserdampf aufnehmen, bei 18⁰ nur 15,26 g und bei 16⁰ nur 13,56 g. Enthält z. B. die Luft bei 20⁰ nur 15,26 g Wasserdampf (88,5% Feuchtigkeit), so wird sie bei ihrer Abkühlung auf 18⁰ mit Wasserdampf gesättigt sein und gibt bei ihrer weiteren Abkühlung auf 16⁰ für jeden Kubikmeter 1,7 g Wasser ab. Auf die „Kondensation" übt aber auch die Menge des in der Luft vorhandenen Staubes einen Einfluß; dieser begünstigt die Bildung „atmosphärischer Niederschläge".

Tau und Reif sind Niederschläge, die eintreten, wenn die Erde in wolkenlosen Nächten ihre Wärme ungehindert in den Weltenraum ausstrahlen kann.

eine Luftbefeuchtung zu sorgen. Die Schlicht- und Appreturmassen sollen in feuchten Räumen (Wäscherei, Walkraum usw.) aufbewahrt werden, da sie sonst leicht eintrocknen. Selbstredend ist ein übermäßiger Feuchtigkeitsgehalt der Luft sowohl in hygienischer als auch in technischer Hinsicht nachteilig. (Rosten der Maschinenteile.) Abwechselnd feuchte und trockene Luft hat das Verziehen des Holzes zur Folge, z. B. bei Bottichen.

Die Härte des Wassers.

Von ganz besonderer Bedeutung ist der Kalzium- und Magnesiumgehalt der natürlichen Wässer; er bedingt zum größten Teile die sogenannte „Härte“ des Wassers, und zwar das Kalzium hauptsächlich als Kalziumbikarbonat $CaH_2(CO_3)_2$ und Kalziumsulfat (Gips) $CaSO_4$, das Magnesium hauptsächlich als Magnesiumbikarbonat $MgH_2(CO_3)_2$. Eine zu große Menge dieser Stoffe, „Härtebildner“ genannt, macht das Wasser für viele Zwecke wenig oder ganz ungeeignet. Ein hartes Wasser ist insbesondere in der Textilindustrie sehr nachteilig. Bei Zusatz von Seifenlösung zu einem harten Wasser scheiden sich unlösliche Kalzium- und Magnesiumsalze der Fettsäuren in Form von Flocken aus. Hierdurch entsteht ein Verlust an Seife beim Waschen; denn diese kommt erst dann zur Wirkung, wenn das Kalzium und Magnesium ausgefällt sind. Die unlösliche Kalzium- und Magnesiumseife schäumt im Gegensatz zu der löslichen nicht und hat keine reinigende Wirkung; vielmehr ist sie geeignet, große Übelstände zu verursachen, da sie sich an die Faser festlegt und dadurch besonders in der Färberei zu Fleckenbildungen Anlaß gibt. Überdies kommt den Bikarbonaten des Kalziums und Magnesiums die unerwünschte Eigenschaft zu, mit vielen Farbstoffen Niederschläge zu bilden.

Von großem Nachteil und geradezu gefährlich erweist sich hartes Wasser als Kesselspeisewasser. Beim Kochen des harten Wassers werden die Bikarbonate (primären Karbonate) des Kalziums und Magnesiums unter Bildung unlöslicher Stoffe zerlegt:

$$\ddot{C}a[H_2(CO_3)_2]'' \longrightarrow CaCO_3 + H_2O + CO_2;$$
$$\ddot{M}g[H_2(CO_3)_2]'' \longrightarrow MgCO_3 + H_2O + CO_2.$$

Die Bildung des normalen Magnesiumkarbonates kann man nur vorübergehend annehmen; es erfährt sofort eine hydrolytische Spaltung:

$$3\,MgCO_3 + 4\,H(OH)' = Mg_2(OH)_2CO_3 + Mg(OH)_2 + 2\,H_2O + 2\,CO_2.$$

Demnach kommen beim Kochen harten Wassers Kalziumkarbonat, basisches Magnesiumkarbonat und Magnesiumhydroxyd zur Ausscheidung. Beim stärkeren Eindampfen des Wassers beginnt sich als schwer lösliches Salz auch der Gips auszuscheiden[1]).

Die Härte des Wassers wird in „Graden“ angegeben. Als deutsche Härtegrade bezeichnet man die Anzahl von Gewichtsteilen Kalzium-

---

[1]) Ein Gewichtsteil Gips benötigt zur Lösung etwa 500 Gewichtsteile Wasser.

oxyd CaO in 100000 Teilen Wasser (oder Milligramme CaO in 100 cm³ Wasser), wobei für vorhandenes Magnesiumoxyd die äquivalente Menge CaO als Magnesiahärte in Rechnung gestellt wird (für 1 Gewichtsteil MgO 1,4 Gewichtsteile CaO[1]).

Im allgemeinen wird ein Wasser bis zu 10 Härtegraden als weich, von 10 bis 25 Graden als mittelhart, von 25 bis 40 Graden als hart und von mehr als 40 Graden als sehr hart bezeichnet.

Man unterscheidet:

1. Die Karbonathärte; sie wird durch die Bikarbonate des Kalziums und Magnesiums bedingt und durch Kochen zum großen Teil beseitigt[2];

2. die Nichtkarbonathärte; sie rührt von den übrigen Kalzium- und Magnesiumverbindungen, insbesondere von Gips her; daher wird sie auch als Gipshärte bezeichnet.

Der durch Kochen des Wassers zu beseitigende Teil der Härte (ein großer Teil der Karbonathärte) kann als vorübergehende (temporäre) Härte, der nach dem Kochen verbleibende Teil (Nichtkarbonat- und ein kleiner Teil der Karbonathärte) als bleibende (permanente) Härte bezeichnet werden.

Die Gesamthärte des Wassers entspricht der Summe der Karbonat- und Nichtkarbonathärte (beziehungsweise der vorübergehenden und bleibenden Härte).

Für die Enthärtung des Wassers ist es wichtig, zu wissen, welchen Anteil das Magnesium an der Gesamthärte hat; man bezeichnet ihn, in Härtegraden ausgedrückt, als Magnesiahärte.

Als sehr weiches Wasser erweist sich das Regen- und Schneewasser sowie das Kondenswasser. Letzteres ist jedoch oft sehr verunreinigt, besonders durch Schmieröle. Das Flußwasser, das, wie bereits erwähnt, während seines Laufes einen Teil der vorübergehenden Härte verliert, besitzt meist nur wenige Härtegrade und ist für viele Zwecke ohne weiteres geeignet. Hingegen gehören das Quell- und Grundwasser, demnach auch das Brunnenwasser zu den harten Wässern, welche aus den oben angeführten Gründen meist erst nach entsprechender Enthärtung zum Speisen des Kessels, zum Waschen, zur Verwendung in Färbereien usw. geeignet sind. Eine Enthärtung des Wassers für Waschzwecke ist stets zu empfehlen, wenn die Härte des Wassers über 8° beträgt, da sonst der Seifenverlust — abgesehen von der Verunreinigung durch unlösliche Kalzium- und Magnesiumseife — oft ein sehr großer ist. Die Reinigungskosten betragen weniger als der Verlust an Seife. Der Seifenverbrauch steht ungefähr im geraden Verhältnis zu den Härtegraden. Werden z. B. bei einem Wasser von 5 Härtegraden 300 g Seife verbraucht, so benötigt man bei 10 Härtegraden 600 g Seife usw.

---

[1] Nach dem Verhältnis MgO : CaO = 40,3 : 56 oder 1 : 1,4.
[2] Vorgang S. 46.

Die Bestimmung der Härte des Wassers.

a) Bestimmung der Gesamthärte. Diese ergibt sich am genauesten durch Berechnung aus dem gewichtsanalytisch ermittelten Gehalt an CaO und MgO[1]).

Enthält 1 l Wasser z. B. 248 mg CaO und 94,5 mg MgO, so entsprechendem Kalziumgehalt 24,8 und dem Magnesiumgehalt $9,45 \times 1,4 = 13,16$ Grade. Die Gesamthärte des vorliegenden Wassers beträgt demnach rund 38 deutsche Härtegrade.

In der Praxis bedient man sich zur Ermittlung der Gesamthärte alkoholischer Seifenlösungen. Das Verfahren beruht auf der bereits erwähnten Eigenschaft der Seife, mit Wasser erst dann einen bleibenden Schaum zu bilden, wenn das Kalzium und Magnesium als unlösliche Kalzium- und Magnesiumseife vollständig ausgefällt sind.

Nach dem älteren, noch viel geübten Clarkschen Verfahren, das nur annähernde Werte liefert, verfährt man auf folgende Weise:

In einen Glaszylinder von etwa 200 cm³ Inhalt, der mit eingeriebenem Stöpsel versehen ist, gibt man 100 cm³ des zu untersuchenden Wassers und läßt die als „Maßflüssigkeit" dienende Clarksche Seifenlösung[2]) aus einer Meßröhre („Bürette")[3]) erst rascher, dann langsamer zufließen. Nach jedem

Abb. 10.
Bürette.

---

[1]) Bezüglich der Durchführung dieser Bestimmungen sowie einer eingehenderen Untersuchung des Wassers für textile Zwecke sei auf H. Walland, „Einführung in die quant. textilchem. Unters." hingewiesen.

[2]) Die Herstellung der Clarkschen Seifenlösung muß dem Chemiker überlassen werden.

[3]) Man bedient sich dazu der Mohrschen Quetschhahnmeßröhre (Abb. 10). Sie besteht aus einer, 50 cm³ fassenden, in Zehntel Kubikzentimeter geteilten Glasröhre, deren unteres etwas verjüngtes Ende durch einen etwa 5 cm langen Kautschukschlauch mit einem spitz ausgezogenen Glasröhrchen verbunden wird. Durch Öffnen des über den Kautschukschlauch geschobenen Quetschhahnes kann man die Maßflüssigkeit, nötigenfalls tropfenweise, austreten lassen. Die Meßröhre wird mit der Maßflüssigkeit (im obigen Falle mit der Seifenlösung) vor jeder maßanalytischen Bestimmung genau bis zu dem mit 0 bezeichneten Strich gefüllt.

Bezüglich des Einstellens und Ablesens sei folgendes bemerkt: In beiden Fällen müssen das Auge und die Oberfläche der Maßflüssigkeit, bei senkrecht eingeklemmter Meßröhre, sich in gleicher Höhe befinden. Man stellt bei durchsichtigen Flüssigkeiten auf den unteren, bei undurchsichtigen auf den oberen Rand des Meniskus ein und beachtet dies auch beim Ablesen des Verbrauches an Maßflüssigkeit (Abb. 11). Der untere Rand des Meniskus erscheint viel schärfer begrenzt, wenn man das von unter einfallende Licht dadurch abhält, daß man hinter der Meßröhre die Handfläche bei geschlossenen Fingern von unten bis auf einige Millimeter dem Flüssigkeitsspiegel nähert.

Die Eichung aller Meßgefäße wird bei der mittleren Temperatur von 15° C vorgenommen; diese Temperatur soll bei allen maßanalytischen Arbeiten nach Möglichkeit ein-

Abb. 11.
Einstellen
derFlüssigkeit
auf den
0 - Strich.

Zusatz schüttelt man kräftig (achtmal von oben nach unten) und beobachtet, ob ein dichter Schaum entsteht, welcher sich, ohne zusammenzusinken, mindestens fünf Minuten wesentlich unverändert erhält. Ist dies erreicht, so liest man die verbrauchten Kubikzentimeter der Seifenlösung ab und entnimmt, da die Härte des Wassers dem Seifenverbrauch nicht proportional ist, der nachstehenden Tabelle den entsprechenden Härtegrad. Wenn das Wasser zu hart ist und·der Seifenverbrauch mehr als 45 cm³ beträgt, so nimmt man statt 100 cm³ nur 20, 25, oder 50 cm³ Wasser und verdünnt mit destilliertem Wasser auf 100 cm³, so daß zur Bildung des anhaltenden Schaumes nicht mehr als 45 cm³ gebraucht werden. Der dem verdünnten Wasser zukommende Härtegrad muß in diesem Falle noch mit dem Verdünnungsfaktor z. B. bei der Verdünnung 20:100 mit 5 multipliziert werden.

Tabelle von de Koninck.

cm³ Seifenlösung	Deutsche Härtegrade	cm³ Seifenlösung	Deutsche Härtegrade	cm³ Seifenlösung	Deutsche Härtegrade
1,4	0,00	16	3,72	31	7,83
2	0,15	17	3,98	32	8,12
3	0,40	18	4,25	33	8,41
4	0,65	19	4,52	34	8,70
5	0,90	20	4,79	35	8,99
6	1,15	21	5,06	36	9,28
7	1,40	22	5,33	37	9,57
8	1,65	23	5,60	38	9,87
9	1,90	24	5,87	39	10,17
10	2,16	25	6,15	40	10,47
11	2,42	26	6,43	41	10,77
12	2,68	27	6,71	42	11,07
13	2,94	28	6,99	43	11,38
14	3,20	29	7,27	44	11,69
15	3,46	30	7,55	45	12,00

Das Clarksche Verfahren der Härtebestimmung ist weniger zur Ermittlung des genauen Härtegrades als zu Kontrollzwecken, z. B. bei der Wasserenthärtung, geeignet. Genauer, wenn auch etwas umständlicher, aber dennoch leicht durchführbar ist das Blachersche Verfahren[1]).

b) Bestimmung der Karbonathärte. 100 cm³ Wasser werden mit zwei Tropfen Methylorange versetzt und dann aus einer Meßröhre so viel $^1/_{10}$ normale Salzsäure[2]) zufließen gelassen, bis sich

gehalten werden. Flüssigkeiten, welche dieser Temperatur nicht entsprechen, füllt man nicht sofort bis zur Marke des Meßgefäßes, sondern bringt sie erst durch Erwärmen oder Auskühlen auf die genannte Temperatur und füllt dann bis zur Marke nach.

[1]) „Einf. in d. quant. textilchem. Unters.", S. 96.

[2]) Normallösungen enthalten in einem Liter Flüssigkeit die einem Atom Wasserstoff äquivalente Menge der wirksamen Substanz in Grammen. Es enthält z. B. 1 l einer normalen Salzsäure ($^1/_1 n$) 36,5 g HCl, einer $^1/_{10}$-n Salzsäure 3,65 g HCl usw. Während das Äquivalentgewicht des Wasserstoffchlorides gleich seinem Molekulargewicht ist, beträgt es z. B. bei der Schwefelsäure, da diese zweibasisch ist, nur die Hälfte ihres Molekulargewichtes. Die normale Schwefelsäure enthält demnach in 1 l nur 49 g

ein Farbenumschlag in Orange einstellt[1]). Jedes Kubikzentimeter der so verbrauchten $^1/_{10}$-n-Salzsäure zeigt 0,0028 g CaO (inbegriffen das als CaO gerechnete MgO), oder die verbrauchten Kubikzentimeter $^1/_{10}$-n-Salzsäure ergeben bei obiger Wassermenge mit 2,8 multipliziert die Karbonathärte in deutschen Härtegraden.

c) Bestimmung der Nichtkarbonathärte. Diese ergibt sich aus der Differenz der Gesamthärte und der Karbonathärte.

Anforderungen an das Wasser in der Textilindustrie.

Außer einer, bereits begründeten, möglichst geringen Härte fordert man von einem für textile Zwecke geeigneten Wasser noch folgendes: Es muß frei von Trübstoffen sein. Ein klares Wasser ist die erste Bedingung für die Färberei und Bleicherei sowie für viele Zwecke der Appretur (Weißware). In der Färberei können auch gelöste organische Stoffe zu Störungen führen und insbesondere bei hellen Tönen Trübungen bewirken.

Besonders schädlich erweist sich eisenhaltiges Wasser. Das Eisen ist im Wasser zumeist als Ferrobikarbonat $FeH_2(CO_3)_2$ in Lösung. Eisenhaltiges Wasser verursacht in der Bleicherei einen Gelbstich der Ware, in der Färberei eine Trübung der hellen Farbtöne[2]). Bereits ein Gehalt von 0,1 mg Fe in 1 l Wasser kann nachteilig wirken. Das Eisen scheidet sich beim Kochen des Wassers als Eisenhydroxyd $Fe(OH)_3$ aus; dieses trübt das Wasser und führt zur Fleckenbildung in der Ware.

Eisenhaltiges Wasser fördert die Entwicklung mancher Algenarten (Chrenotrix u. a.), welche zur Verstopfung von Röhren führen können.

Zu den gleichen Übelständen führt in der Textilindustrie manganhaltiges Wasser; es ist aber noch schädlicher als das Eisen.

In Färbereien kann auch nitrithaltiges[3]) Wasser nachteilig wirken, da es manche Farbstoffe verändert und tierische Fasern gelblich färbt. Auch im Kesselspeisewasser sind Nitrite von schädlichem Einfluß.

H_2SO_4. Ebenso enthalten Normallösungen von Basen mit einwertigen Metallen die dem Molekulargewicht entsprechende Menge der Substanz in einem Liter gelöst, während solche mit zweiwertigen Metallen nur die Hälfte davon enthalten usw. Normallösungen können aus chemischen Laboratorien bezogen werden. Die Ausführung maßanalytischer Bestimmungen wird als „Titrieren" bezeichnet.

[1]) Es spielt sich folgender chemischer Vorgang ab:

$$\overset{..}{C}a[H_2(CO_3)_2]'' + 2\,\overset{.}{H}Cl' \longrightarrow \overset{..}{C}aCl_2' + 2\,H_2O + 2\,CO_2,$$
$$\overset{..}{M}g[H_2(CO_3)_2]'' + 2\,\overset{.}{H}Cl' \longrightarrow \overset{..}{M}gCl_2' + 2\,H_2O + 2\,CO_2.$$

[2]) Das Eisen ist besonders beim Färben mit Alizarinrot sowie mit vielen basischen Farbstoffen nachteilig.

[3]) Nitrite sind Salze der salpetrigen Säure HNO_2. Sie werden in der Natur entweder aus dem von der Fäulnis stickstoffhaltiger organischer Stoffe (Eiweißstoffe) herrührendem Ammoniak durch Oxydation, oder aus Nitraten durch Reduktion unter Mitwirkung von Bakterien gebildet.

Anforderungen an das Kesselspeisewasser.

Der aus hartem Wasser ausgeschiedene Gips bildet den Hauptbestandteil des sich an den Wandungen des Kessels dicht absetzenden Kesselsteines. Die von den Bikarbonaten herrührenden Ausscheidungen (Kalziumkarbonat, basisches Magnesiumkarbonat und Magnesiumhydroxyd) werden zum Teil vom Kesselstein eingeschlossen, zum größten Teil bilden sie den Kesselschlamm, welcher samt den angereicherten, in Lösung verbliebenen Salzen durch „Ausblasen" öfters entfernt wird. Die Bikarbonate wirken jedoch in einer anderen Hinsicht schädlich. Sie geben beim Kochen Kohlensäure ab, welche das Kesselblech angreift.

Der Kesselstein bedeutet einerseits wegen seiner geringen Wärmeleitungsfähigkeit einen Verlust an Brennstoff, andrerseits kann er zu Schädigungen und Explosionen des Kessels Veranlassung geben; besonders dann, wenn im Kesselstein Risse entstehen oder ganze Krusten losbrechen, wobei das Wasser mit den frei gelegten glühenden Stellen der Kesselwand Dampfmassen von solchem Druck bildet, daß der Kessel zertrümmert werden kann. Auch beim Abklopfen des Kesselsteines leidet der Kessel.

Ein gutes Kesselspeisewasser muß klar sein, weil Schwebestoffe an der Kesselsteinbildung teilnehmen. Es muß möglichst frei von Nitraten, Nitriten, Ammoniumsalzen, Sulfiden, Säuren und Fetten sein und nicht zu viel Chloride enthalten, da diese Stoffe das Kesselblech leicht „zerfressen" (korrodieren). Das Rosten des Eisens bewirkt insbesondere der im Wasser gelöste Sauerstoff; es wird durch Anwesenheit von Salzen, wie Kochsalz, sowie durch freie Kohlensäure gefördert. Besonders ungünstig auf das Eisen wirkt das Meerwasser. Kleine Mengen alkalischer Stoffe, wie Soda, Borax u. a., vermindern die Neigung zum Rosten.

Anforderungen an das Trinkwasser.

Da ein einwandfreies Trinkwasser für jedes industrielle Unternehmen eine Vorbedingung ist, seien in Kürze die wichtigsten Anforderungen angeführt, welche an ein gesundes Trinkwasser gestellt werden.

Das Trinkwasser soll Sauerstoff, einen gewissen Gehalt an Kohlensäure und eine kleine Menge Salze gelöst enthalten, damit es erfrischend und wohlschmeckend ist. Es soll auch klar, farb- und geruchlos sein und eine Temperatur von $8-12^{\circ}$ besitzen; außerdem muß es frei von krankheitserregenden Bakterien (Typhus, Cholera) und von solchen Substanzen sein, deren Gegenwart auf eine Verunreinigung des Wassers mit schädlichen Abfallstoffen oder auf Fäulnisprozesse schließen läßt. Daher dürfen in einem guten Trinkwasser kein Ammoniak, keine Nitrite und keine Sulfide (Schwefelwasserstoff oder Schwefelalkalien) anwesend sein. Auch soll ein Trinkwasser möglichst wenig organische Stoffe gelöst enthalten.

Es ist demnach vor Verwendung eines Wassers zu Trinkzwecken seine chemische und mikroskopische, nötigenfalls auch bakteriologische Untersuchung unbedingt geboten.

Die Reinigung des Wassers zu Trinkzwecken wird in den meisten Fällen durch Filtrieren desselben durch Kies und Sand vorgenommen. In manchen Städten wird zur Reinigung eines Wassers, das den hygienischen Anforderungen nicht entspricht, die bakterientötende Wirkung des Ozons[1]) benutzt. Zum gleichen Ziel gelangt man durch Zusatz von sehr geringen Mengen Chlorkalk[2]).

Für den Hausgebrauch bedient man sich verschiedener Kleinfilter, welche aus mannigfachem Material (Porzellan, Zellulose, Asbest, Kieselgur,

---

[1]) S. 112.   [2]) S. 121.

Kohle usw.) fabrikmäßig hergestellt werden; sie leisten nur dann gute Dienste, wenn sie nach der Vorschrift gereinigt werden, andernfalls können sie das Wasser sogar verschlechtern, da der angesammelte Schmutz die Bakterienentwicklung begünstigt.

Die Wasserreinigung.

a) Mechanische Reinigung (Klärung).

Zur Entfernung etwa vorhandener Trübstoffe dienen Klärbehälter, Kiesfilteranlagen, Filterpressen und verschiedene Apparate, deren Filterschichte aus Kies, Sand, Asbest, Koks, Holzwolle usw. besteht. Wenn das Wasser gleichzeitig eine Enthärtung fordert, so bedarf es für die Klärung keiner besonderen Arbeit, da die Schwebestoffe von dem bei der Enthärtung gebildeten voluminösen Niederschlag eingehüllt und mit diesem entfernt werden. Bei schwer sich klärenden Wässern wird das Absetzen der Trübstoffe durch einen Zusatz von Aluminiumsulfat begünstigt; dieses bildet einen voluminösen Niederschlag von Aluminiumhydroxyd, das die Schwebestoffe einhüllt und zu Boden führt.

E. Ristenpart führt den Klärversuch aus, indem er 1, 2, 3 usw. cm³ einer 2%igen Aluminiumsulfatlösung zu je 1 l Wasser gibt und beobachtet, welcher geringste Zusatz die Klärung in 2 bis 4 Stunden bewirkt. Sollte ein zu großer Zusatz von Aluminiumsulfat benötigt werden, so setzt man zur Vermeidung einer zu sauren Reaktion dem Aluminiumsulfat etwas Soda zu.

b) Chemische Reinigung.

Für die Enthärtung des Wassers kommen hauptsächlich das Kalksodaverfahren und das Kalkätznatronverfahren zur Anwendung. Ersteres eignet sich für jedes Wasser, letzteres für Wässer, deren Karbonat- und Magnesiahärte größer ist, als die Nichtkarbonathärte. Ist die Karbonat- und Magnesiahärte der Nichtkarbonathärte gleich, so kann man mit Ätznatron allein die Enthärtung bewirken. Bedeutungsvoll ist in neuerer Zeit das Permutitverfahren geworden.

α) Das Kalksodaverfahren. Nach Pfeifer werden die Enthärtungszusätze auf Grund folgender chemischer Vorgänge berechnet.

1. Für die Karbonathärte:

$$\overset{..}{Ca}[H_2(CO_3)_2]'' + \overset{..}{Ca}(OH)_2' \rightarrow 2\,CaCO_3 + 2\,H_2O;$$
$$\begin{cases} \overset{..}{Mg}[H_2(CO_3)_2]'' + \overset{..}{Ca}(OH)_2' \rightarrow CaCO_3 + MgCO_3 + 2\,H_2O, \\ MgCO_3 + Ca(OH)_2' \rightarrow CaCO_3 + Mg(OH)_2\,[1]). \end{cases}$$

2. Für die Nichtkarbonathärte:

$$\overset{..}{Ca}(SO_4)'' + \overset{.}{Na}_2(CO_3)'' \rightarrow CaCO_3 + \overset{.}{Na}_2(SO_4)''.$$

Zur Entfernung der Härte gibt man demnach für jeden deutschen Härtegrad und 100 l Wasser folgende Zusätze:

a) Für die Karbonathärte (behufs Umwandlung des Kalzium- und Magnesiumbikarbonates in normale Karbonate) 1,0 g CaO,

---

[1]) Die Umwandlung des Magnesiums in Magnesiumhydroxyd ist deshalb nötig, weil dieses in Wasser unlöslicher ist als Magnesiumkarbonat.

b) Für die **Magnesiahärte** (behufs Umwandlung des gebildeten normalen Magnesiumkarbonates und etwa vorhandenen Magnesiumchlorides und Magnesiumsulfates in Magnesiumhydroxyd) überdies . . . . 1,0 g CaO,

c) Für die **Nichtkarbonathärte** (behufs Umwandlung des Kalziumsulfates sowie des aus etwa vorhanden gewesenem Magnesiumchlorid und Magnesiumlsufat durch den Kalkzusatz bei b gebildeten Kalziumchlorides und Kalziumsulfates in Kalziumkarbonat). . . . . 1,9 g
wasserfreie Soda oder 5,1 g Kristallsoda.

H. Noll empfiehlt, bei der Berechnung des Sodazusatzes behufs völliger Beseitigung der Nichtkarbonathärte einen deutschen Härtegrad mehr in Rechnung zu nehmen[1]).

Falls freie Kohlensäure zugegen ist[2]), muß zur Vermeidung einer Rückbildung von Kalziumbikarbonat auch diese in Kalziumkarbonat übergeführt werden. Zu diesem Zwecke werden nach dem Vorgang $CO_2 + CaO \rightarrow CaCO_3$ für jeden Gewichtsteil CO_2 und 100 l Wasser 1,27 Gewichtsteile CaO zugesetzt.

Beispiel. Es soll 1 m³ Wasser von 16° Karbonathärte, 22° Nichtkarbonathärte und 13,2° Magnesiahärte (als Anteil an der Gesamthärte von 38°) enthärtet werden.

Man benötigt:
$10 \cdot 16 = 160$ und $10 \cdot 13,2 = 132$, zusammen 292 g Kalziumoxyd sowie $10 \cdot 23^3) \cdot 1,9 = 437$ g kalzinierte oder $10 \cdot 23 \cdot 5,1 = 1,173$ kg Kristallsoda.

Die auf Grund der Härtebestimmungen berechneten Mengen der Enthärtungsmittel werden als Lösungen von bekanntem Wirkungswert zugesetzt; Kalk als gesättigtes Kaltwasser, Soda als etwa 5%ige Lösung (7° Bé). Ohne Anwendung eines Filters erhält man nach dem Klären ein Reinwasser von 5 bis 8 deutschen Härtegraden, das zufolge der nicht völlig verbrauchten Enthärtungszusätze eine stark alkalische Reaktion besitzt. Wird jedoch nach der Fällung eine Filtrierung durch Kies oder dergleichen vorgenommen, so wird durch die reibende Wirkung des Filtermaterials die Ausscheidung der Härtebildner so weit begünstigt, daß man bei einer Fällung in der Siedehitze ein Reinwasser mit nur 2 bis 3 Graden und sehr geringer Alkalinität erhält, wobei der Erfolg unbedeutend besser wird, wenn man nach dem Fällen sofort oder erst nach 24 Stunden filtriert. Bei der zumeist angewandten kalten Fällung und Filtrieren nach 24 Stunden wird das Wasser bis auf etwa 4 bis 5 Grade enthärtet. Bei einer Fällungstemperatur von 40° C erhält man bei sofortigem Filtrieren gleichfalls ein Reinwasser von etwa 4 bis 5 Härtegraden, beim Filtrieren nach 24 Stunden aber ein solches von nur 3 bis 4 Härtegraden. Ein Filtrieren soll aber, wenn das Wasser Färbereizwecken dienen soll, besonders bei kalter Reinigung, schon aus dem Grunde nicht unterlassen werden, damit sich nicht eine nachträgliche, unerwünschte Ausscheidung der Härtebildner während des Färbeprozesses einstellt. Besonders die Faser begünstigt, ähnlich wie das Kiesfilter, die Ausscheidung[4]).

Für die chemische und gleichzeitig mechanische Reinigung des Wassers kommen hauptsächlich mit einem Kiesfilter versehene Apparate zur An-

---

[1]) „Zeitschrift für angewandte Chemie" 1918, Aufsatzteil, Seite 6.

[2]) Bestimmung der freien Kohlensäure in „Einf. in d. quant. textilchem. Unters.", S. 102.   [3]) Inbegriffen 1° als Zuschlag (siehe oben).

[4]) Im Dampfkessel hat diese nachträgliche Ausscheidung weniger Bedeutung, da sie vorwiegend an der Schlammbildung teilnimmt.

wendung, bei welchen die als richtig ermittelten Mengen der Enthärtungsmittel dem Rohwasser selbsttätig zugeführt werden. In manchen Betrieben werden aber die Fällung und das Filtrieren in voneinander getrennten Apparaten vorgenommen. Vielfach bedient man sich einfacher Bottiche, in welchen die Fällung vorgenommen wird. In solchen Fällen wird das geklärte Wasser, zweckmäßig nach dem Durchgang durch ein Filter, in einen zweiten Bottich abgelassen[1]).

β) Das Ätznatron-, Kalkätznatron- und Sodaätznatronverfahren. Die Enthärtungszusätze werden auf Grund folgender chemischer Vorgänge berechnet.

1. Für die Karbonathärte:

$$\begin{cases} \overset{..}{Ca}[H_2(CO_3)_2]'' + 2\,\overset{.}{Na}(OH)' \rightarrow CaCO_3 + \overset{.}{Na}_2(CO_3)'' + 2\,H_2O, \\ \overset{..}{Mg}[H_2(CO_3)_2]'' + 2\,\overset{.}{Na}(OH)' \rightarrow MgCO_3 + \overset{.}{Na}_2(CO_3)'' + 2\,H_2O, \end{cases}$$

$$MgCO_3 + 2\,\overset{.}{Na}(OH)' \rightarrow Mg(OH)_2 + \overset{.}{Na}_2(CO_3)''.$$

2. Für die Nichtkarbonathärte:

$$\overset{..}{Ca}(SO_4)'' + \overset{.}{Na}_2(CO_3)'' \rightarrow CaCO_3 + \overset{.}{Na}_2(SO_4)''.$$

Das bei 1 gebildete Natriumkarbonat kommt bei 2 als Enthärtungsmittel zugute. Aus dem Vorgang

$$\overset{..}{Ca}(OH)_2' + \overset{.}{Na}_2(CO_3)'' \rightarrow CaCO_3 + 2\,\overset{.}{Na}(OH)'$$

ersieht man, daß Wässer, welche nach dem vorher besprochenen Kalksodaverfahren einen Zusatz an CaO und Na_2CO_3 im Verhältnis 56 : 106 erfordern, mit Natriumhydroxyd allein enthärtet werden können, wenn man an Stelle von je 56 Gewichtsteilen CaO (oder je 106 Gewichtsteilen Na_2CO_3) 80 Gewichtsteile NaOH (als Natronlauge von bekanntem Gehalt) zusetzt. Dies trifft bei Wässern zu, deren Karbonat- und Magnesiahärte der Nichtkarbonathärte gleich ist. Bei Wässern mit überwiegender Karbonat- und Magnesiahärte wird die Enthärtung mit NaOH und CaO, bei solchen mit überwiegender Nichtkarbonathärte aber mit NaOH und Na_2CO_3 vorgenommen.

1. Beispiel. Enthärtung eines Wassers, dessen Karbonat- und Magnesiahärte der Nichtkarbonathärte gleich ist (Ätznatronverfahren). Es beträgt zum Beispiel bei einer Gesamthärte von 13 deutschen Härtegraden

die Karbonathärte . . . . 5 deutsche Härtegrade
die Nichtkarbonathärte . . 8   ,,   ,,
die Magnesiahärte 3   ,,   ,,

Nach dem Kalksodaverfahren müßte man für jeden deutschen Härtegrad und 100 l Wasser 8 g CaO und $8 \times 1,9 = 15,2$ g Na_2CO_3 zusetzen. Die an Stelle dieser Zusätze erforderliche Menge NaOH kann entweder für den angeführten Kalkbetrag nach der Proportion $56 : 80 = 8 : x$, oder für den angeführten Sodabetrag nach der Proportion $106 : 80 = 15,2 : x$ ermittelt werden. In beiden Fällen ist $x = 11,4$.

Demnach benötigt man zur Enthärtung von 100 l des vorliegenden Wassers 11,4 g NaOH.

Anmerkung. Überdies wären behufs völliger Beseitigung der Nichtkarbonathärte nach Noll noch 1,9 g Na_2CO_3 zuzusetzen[2]).

----

[1]) Näheres über die zur Wasserreinigung erforderlichen Apparate: P. Heermann, Anlage, Einrichtung und Ausbau von Färberei- usw. Betrieben; E. Ristenpart, Das Wasser in der Textilindustrie u. a.

[2]) S. 53.

2. Beispiel. Enthärtung eines Wassers, dessen Karbonat- und Magnesiahärte größer ist als die Nichtkarbonathärte (Ätznatronkalkverfahren). Es beträgt zum Beispiel bei einer Gesamthärte von 11 deutschen Härtegraden

  die Karbonathärte . . . . 6 deutsche Härtegrade
  die Nichtkarbonathärte . . 5 ,,   ,,
  die Magnesiahärte . . . . 3 ,,   ,,

Für 5 Grade Nichtkarbonathärte und ebensoviel Grade Karbonat- und Magnesiahärte wird der Ätznatronzusatz wie im ersten Beispiel berechnet. Die restlichen 4 Grade Karbonat- und Magnesiahärte erfordern aber einen Zusatz von 1 g CaO für jeden Grad und 100 l Wasser.

Demnach benötigt man zur Enthärtung von 100 l des vorliegenden Wassers 7,14 g NaOH (nach der Proportion $56 : 80 = 5 : x$) und 4 g CaO.

Anmerkung. Behufs völliger Beseitigung der Nichtkarbonathärte wird nach H. Noll, wenn die Karbonathärte mindestens 1 Grad mehr beträgt als die Nichtkarbonathärte, für die Berechnung der Zusätze 1 Grad Nichtkarbonathärte mehr angenommen. Im vorstehenden Beispiel wird also der Ätznatronzusatz für 6 Grade Nichtkarbonathärte und ebensoviel Grade Karbonat- und Magnesiahärte, der Kalkzusatz aber nur für 3 Grade Karbonat- und Magnesiahärte berechnet. Demnach soll der Ätznatronzusatz 8,57 g, der Kalkzusatz aber nur 3 g betragen.

Beträgt die Karbonathärte weniger als die Nichtkarbonathärte, so müssen behufs völliger Beseitigung der Nichtkarbonathärte noch 1,9 g Na_2CO_3 für 100 l Wasser zugesetzt werden.

3. Beispiel. Enthärtung eines Wassers, dessen Karbonat- und Magnesiahärte geringer ist als die Nichtkarbonathärte (Ätznatronsodaverfahren). Es beträgt zum Beispiel bei einer Gesamthärte von 15 deutschen Härtegraden

  die Karbonathärte . . . . 3 deutsche Härtegrade
  die Nichtkarbonathärte . . 12 ,,   ,,
  die Magnesiahärte . . . . 3 ,,   ,,

Für 6 Grade Karbonat- und Magnesiahärte und ebensoviel Grade Nichtkarbonathärte wird der Ätznatronzusatz wie im ersten Beispiel berechnet. Die restlichen 6 Grade Nichtkarbonathärte erfordern aber einen Zusatz von 1,9 g Na_2CO_3 für jeden Grad und 100 l Wasser.

Demnach benötigt man zur Enthärtung von 100 l des vorliegenden Wassers 8,57 g NaOH (nach der Proportion $56 : 80 = 6 : x$) und 11,4 g Na_2CO_3.

Anmerkung. Behufs völliger Beseitigung der Nichtkarbonathärte wird für je 100 l Wasser ein Überschuß von 1,9 g Na_2CO_3 angewendet.

Wasserenthärtungskontrolle.

Das nach dem Enthärtungsverfahren α oder β erhaltene Reinwasser bedarf hinsichtlich der richtigen Bemessung der Enthärtungszusätze zum Rohwasser einer Überprüfung, welche am besten auf Grund gewisser, für das möglichst gut enthärtete Wasser festzustellender Zahlenwerte regelmäßig vorzunehmen ist.

Nach dem den praktischen Forderungen am besten entsprechenden Verfahren von E. Ristenpart[1]) bestimmt man:

a) in 100 cm³ Reinwasser die mit P bezeichnete, zur Entfärbung von zugesetztem Phenolphthalein verbrauchte Menge $^1/_{28}$-n-Schwefelsäure[2]);

b) in einer zweiten, mit Methylorange versetzten Probe von 100 cm³ Reinwasser die mit M bezeichnete Menge $^1/_{28}$-n-Schwefelsäure, welche zum Farbenumschlag in Zwiebelrot nötig ist;

---

[1]) E. Ristenpart, Grundsätze der Wasserreinigung in der Textilindustrie (,,L. M. f. T." 1909, Seite 156).
[2]) 1 l $^1/_{28}$-n-Schwefelsäure enthält 1,75 g H_2SO_4.

c) jene mit H bezeichnete Menge $^1/_{28}$-n-Seifenlösung, welche man der bei b neutralisierten Probe zusetzen muß, um einen anhaltenden Schaum zu erhalten[1]).

1 cm³ jeder dieser $^1/_{28}$-normalen Lösungen entspricht bei Anwendung von 100 cm³ Wasser in den Fällen b und c 1 deutschen Härtegrad, im Falle a 2 Härtegraden.

Bei guter, allen Zwecken der Textilindustrie entsprechenden Wasserenthärtung soll P mindestens, aber nicht viel mehr als 0,84 betragen, M größer als $2P$ und auch größer als H sein.

0,84 cm³ $^1/_{28}$-n-Säure entsprechen bei Anwendung von Phenolphthalein 1,68 deutschen Härtegraden. Dieser Härtegrad wird durch die Löslichkeit des bei der Enthärtung gebildeten normalen Kalziumkarbonates bedingt. Bei Anwendung von Methylorange werden also zum gleichen Zweck 1,68 cm³ $^1/_{28}$-n-Säure verbraucht. Ein Mehrverbrauch an $^1/_{28}$-n-Säure rührt entweder von restlichen Bikarbonaten und überschüssiger Soda oder von überschüssigem Kalk und überschüssiger Soda her. Kalziumhydroxyd und Bikarbonate können im Reinwasser nur dann gleichzeitig vorhanden sein, wenn kein Kiesfilter zur Anwendung kommt[2]).

Ist P kleiner als 0,84, so war der Kalkzusatz zu gering, daher die Enthärtung unvollständig.

Ist P erheblich größer als 0,84, etwa 1,5, so war der Sodazusatz zu groß.

Ist M kleiner als $2P$, so war der Kalkzusatz zu groß; ist aber M um vieles größer als $2P$, größer als etwa $3P$, so spricht dies für die Anwesenheit noch nicht umgesetzter Bikarbonate.

Ist H größer als M, so war der Sodazusatz zu gering; demnach ist noch Nichtkarbonathärte vorhanden.

Werden die Zahlenwerte für P, M und H für das richtig enthärtete Wasser festgesetzt, so hat man es bei der Kontrolle in der Hand, einen unrichtigen Zusatz oder Zufluß des einen oder anderen Enthärtungsmittels leicht zu erkennen und den Fehler zu beheben[3]).

Anhang. E. Ristenpart bedient sich der Zahlenwerte P, M, H auch bei Wasserenthärtungsversuchen im kleinen. Hierzu können die Härtebestimmungen umgangen werden, wiewohl bei Kenntnis wenigstens der ungefähren Karbonat- und Nichtkarbonathärte die Arbeit erleichtert wird. In einer Versuchsreihe werden je 1 l Rohwasser mit gemessenen, stetig wachsenden Mengen Kalkwasser versetzt, und durch Bestimmung der Zahlenwerte H jene geringste Kalkmenge ermittelt, welche das weichste Wasser ergibt. Die Ermittlung des benötigten Sodazusatzes erfolgt in einer zweiten Versuchsreihe, wobei je 1 l Rohwasser den oben ermittelten Kalkwasserzusatz und einen gemessenen, stetig wachsenden Sodazusatz (1⁰/₀₀ Lösung) erhält. In 100 cm³ jedes Filtrates ermittelt man die Zahlenwerte P, M und H wie oben. Sie lassen in der dort angeführten Weise erkennen, welche Probe am besten gereinigt und welcher geringste Sodazusatz hierzu erforderlich war. Zu bemerken ist, daß bei diesem Versuch zufolge Mangels der durch Kiesfilter bedingten reibenden Wirkung die Enthärtung nicht so vollständig erfolgen kann, wie bei der Wasserenthärtung im großen.

γ) Das Permutitverfahren. Bei diesem kommen keine Enthärtungszusätze zur Anwendung, sondern man filtriert das Wasser

---

[1]) Titrierung mit der Seifenlösung Seite 48. Es ist wichtig, die Titrierung mit der Seifenlösung in der bei b neutralisierten Probe vorzunehmen, da bei alkalischer Reaktion die Schaumbildung beschleunigt und dadurch das Ergebnis zu niedrig ausfallen würde. [2]) Vgl. S. 53.

[3]) Näheres in der Broschüre der Firma D. Huggenberg und Dr. Stadlinger, Chemnitz in Sachsen. Diese Firma hat auch eine für die praktischen Bedürfnisse der Enthärtungskontrolle sehr zweckmäßige Zusammenstellung von Apparaten gemacht, welche sie, in einem handlichen Kästchen verpackt, unter dem Namen Purfix in den Handel bringt.

durch einen künstlich hergestellten Zeolith, bestehend aus Natrium-aluminiumsilikat, welchem die Erzeuger den Namen Permutit beilegten[1]). Die Enthärtung beruht auf dem Austausch des im Permutit vorhandenen Natriums gegen Kalzium und Magnesium, wobei das Wasser vollständig, also auf 0 Grad, enthärtet wird. Die Enthärtung vollzieht sich nach folgenden Vorgängen:

1. für die Karbonathärte:

$$\text{Na}_2\text{-Permutit} + \overset{..}{\text{Ca}}[\text{H}_2(\text{CO}_3)_2]'' \longrightarrow \text{Ca-Permutit} + 2\overset{.}{\text{Na}}(\text{HCO}_3)'\,[2]);$$

2. für die Nichtkarbonathärte:

$$\text{Na}_2\text{-Permutit} + \overset{..}{\text{Ca}}(\text{SO}_4)'' \longrightarrow \text{Ca-Permutit} + \overset{.}{\text{Na}}_2(\text{SO}_4)''.$$

Sobald das gesamte Natrium des Permutites durch Kalzium und Magnesium ersetzt ist, hört die Wirkung auf. Durch eine Behandlung mit einer Kochsalzlösung kann aber das Kalziummagnesiumpermutit wieder in Natriumpermutit umgewandelt werden:

$$\text{Ca-Permutit} + 2\overset{.}{\text{Na}}\text{Cl}' \longrightarrow \text{Na}_2\text{-Permutit} + \overset{..}{\text{Ca}}\text{Cl}_2'\,[3]).$$

Als Vorteile des Permutitverfahrens sind anzuführen: die einfache Einrichtung und Handhabung der Apparate, die Enthärtung auf 0 Grad, demnach auch der Ausschluß einer nachträglichen, unerwünschten Ausscheidung der Härtebildner und die Unabhängigkeit von den Schwankungen in der Zusammensetzung des Rohwassers. Während der Alkaligehalt des mit Permutit enthärteten Wassers der Wäscherei zugute kommt, wird in anderen Fällen, z. B. beim Kesselspeisewasser, ein zu großer Alkaligehalt als ein Nachteil empfunden.

Es werden nämlich für jeden Grad Karbonathärte 30 mg Natriumbikarbonat bzw. nach dem Kochen 19 mg Natriumkarbonat in 1 l Reinwasser gebracht. Das Natriumbikarbonat wirkt aber im Kessel auch aus dem Grunde schädlich, weil es beim Kochen Kohlensäure abgibt[4]), welche in Gegenwart der Luft die Rostbildung fördert. Daher empfiehlt es sich, sehr harte Wässer für Zwecke, bei welchen ein größerer Alkaligehalt schädlich wirkt, zuerst nach dem Kalksodaverfahren auf 3 bis 4 Grade und dann erst nach dem Permutitverfahren zu enthärten[5]).

Außer der systematischen Wasserreinigung, welche man manchmal auch nach anderen als den oben angeführten Methoden durchführen kann, wird vielfach auch eine Wasserreinigung bei Anwendung von sogenannten „Antikesselsteinmitteln" vorgeschlagen. Allen diesen Mitteln ist mit größter Vorsicht zu begegnen. Zumeist werden sie überzahlt, vielfach führt ihre Verwendung sogar Nachteile herbei. Zur Verhinderung der Kesselsteinbildung werden u. a. graphithaltige Präparate (z. B. Magnetine) empfohlen. Sie erfüllen die Aufgabe nur dann, wenn das Wasser nicht zu hart ist (unter 13 Härtegraden) und wenn die Kesselwand mit dem Präparat eingerieben wird.

---

[1]) Permutitfilterkompagnie J. D. Riedel A.-G., Berlin. Später wurden von anderen Firmen ähnliche Produkte unter anderen Namen in den Handel gebracht.   [2]) Analog ist der Vorgang für $\text{MgH}_2(\text{CO}_3)_2$.

[3]) Dieser Umkehrungsprozeß ist die Ursache, daß kochsalzhaltige Wässer nicht vollständig enthärtet werden können.

[4]) $2\overset{.}{\text{Na}}(\text{HCO}_3)' \longrightarrow \overset{.}{\text{Na}}_2(\text{CO}_3)'' + \text{H}_2\text{O} + \text{CO}_2$.

[5]) Über Permutit als Enteisenungs- und Entmanganungsmittel S. 58.

Enteisenung und Entmanganung.

Durch die Enthärtungsmittel werden gleichzeitig das Aluminium sowie etwa vorhandenes Eisen und Mangan zur Fällung gebracht. Falls eine Enthärtung des Wassers nicht vorgenommen wird, bedient man sich zu einer etwa nötigen Entfernung des gelösten Eisens und Mangans eigener Apparate.

Eisen und Mangan sind in Wasser in zweiwertiger Form gelöst, und zwar als Bikarbonate oder an Humussäuren gebunden. In beiden Fällen, besonders aber beim Bikarbonat wird durch den Einfluß der Luft bereits bei gewöhnlicher Temperatur, noch leichter aber beim Erwärmen, eine größere oder kleinere Menge des Eisens und Mangans als Ferri- und Manganihydroxyd aus dem Wasser ausgeschieden. Auf diesem, während des Färbe- und Bleichprozesses nicht erwünschten Vorgang, beruht eine beschleunigte Enteisenung und Entmanganung des Wassers vor seiner Verwendung. Dazu dienen Vorrichtungen, welche eine innige Berührung des Wassers mit der Luft gestatten, sowie Substanzen, welche als Sauerstoffüberträger die Oxydation fördern[1]). Eine innige Berührung des Wassers mit der Luft erreicht man mittels Brausen oder aber durch Rieselung über ein Filtermaterial, das womöglich auch als Kontaktsubstanz wirkt (poröser Ton, Koks und anderes). Das aus dem Wasser sich auf dem Filtermaterial ausgeschiedene Ferri- und Manganihydroxyd wirkt als gute Kontaktsubstanz auf die weitere Ausscheidung des Eisens und Mangans fördernd.

Eine besondere Bedeutung für die Enteisenung und Entmanganung dürften die Permutitfilter erlangen. Zu diesem Zwecke muß aber das Natriumpermutit durch eine Behandlung mit Manganochlorid in Manganopermutit und dieses durch eine Behandlung mit Kaliumpermanganat in Manganipermutit umgewandelt werden. Dieses überträgt den Luftsauerstoff noch viel besser an das in Wasser gelöste Eisen und Mangan als Ferrihydroxyd. Statt der Behandlung des Manganopermutits mit Kaliumpermanganat empfiehlt E. Ristenpart den Zusatz von sehr kleinen Mengen Permanganatlösung zum Rohwasser. Dadurch wird die Wiederbelebung des Permutits nicht so oft nötig.

„Wasserkorrektur."

Dieser bedient man sich bei vielen Färbereiverfahren sowie beim Entbasten der Seide zur Vermeidung einer während des Arbeitsvorganges erfolgenden Ausscheidung der Karbonathärte. Sie erfolgt durch einen entsprechenden Zusatz von Essigsäure oder Ameisensäure.

Die Berechnung des Zusatzes ergibt sich aus der Bestimmung der Karbonathärte[2]). Werden bei dieser z. B. für $100\ cm^3$ Wasser $4{,}6\ cm^3$ $1/_{10}$-n-Salzsäure benötigt, so sind zur „Korrektur" von $100\ cm^3$ Wasser $4{,}6\ cm^3$, oder von 1 l Wasser $46\ cm^3$ einer $1/_{10}$-n-Säure erforderlich. Um zu ermitteln, wieviel Essigsäure oder Ameisensäure von beliebiger Konzentration zur Korrektur von 1 l Wasser nötig ist, titriert man im vorliegenden Falle $46\ cm^3$ $1/_{10}$-n-Natronlauge nach Zusatz von Phenolphthalein mit der zur Verwendung kommenden Säure. Benötigt man dazu zum Beispiel $2{,}5\ cm^3$ Essigsäure (oder Ameisensäure), so nimmt man die Korrektur von 1 l Wasser mit $2{,}5\ cm^3$, oder von 100 l Wasser mit $250\ cm^3$ Essigsäure (beziehungsweise Ameisensäure) vor.

Reinigung der Abwässer.

Die aus textilen Betrieben stammenden Abwässer müssen aus hygienischen Gründen, zur Schonung der Fischzucht, für weitere Verwend-

---

[1]) Stoffe, welche den Verlauf eines chemischen Vorganges oder die Reaktionsgeschwindigkeit beschleunigen (in vielen Fällen erst hervorrufen) oder verzögern, ohne hierbei eine wahrnehmbare Änderung zu erfahren, heißen Katalysatoren oder Kontaktsubstanzen. Der Vorgang wird als Katalyse oder Kontaktwirkung bezeichnet. Die den chemischen Vorgang verzögernden Katalysatoren nennt man auch Stabilisatoren.
[2]) S. 49.

barkeit für andere Zwecke usw. gleich anderen Abwässern vor dem Einlauf in die öffentlichen Wässer gereinigt werden. Die Art der Reinigung hängt von der Art der Verunreinigung ab. Vielfach gelangt man durch Anlage von Klärteichen zum Ziele; manchmal bedarf es noch eines Kalkzusatzes; in anderen Fällen muß das Wasser filtriert werden. Als Filtermaterial zur Aufnahme von Farbstoffen hat sich Braunkohle bewährt.

Bestimmung des spezifischen Gewichtes von Flüssigkeiten.

Die Bestimmung des spezifischen Gewichtes (Volumgewichtes) bzw. der Dichte von Lösungen und Flüssigkeiten überhaupt ist sowohl für die Beurteilung der gekauften Flüssigkeiten als auch für die Verwendung derselben bei der Herstellung von Wasch- und Bleichflüssigkeiten sowie von Schlicht- und Appreturmassen usw. sehr wertvoll.

Aus der Definition für das spezifische Gewicht[1]) geht hervor, daß man dasselbe ermitteln kann, indem man auf einer Wage ein Litergefäß austariert, bis zur Marke mit der zu prüfenden Flüssigkeit füllt und durch Wägung das Gewicht eines Liters der Flüssigkeit bestimmt.

Da sich das spezifische Gewicht mit der Temperatur ändert, ist bei der Bestimmung die herrschende Temperatur zu berücksichtigen. Zumeist beziehen sich die Angaben für das spezifische Gewicht auf 15° C.

Von allen Verfahren, welche zur Bestimmung des spezifischen Gewichtes von Flüssigkeiten dienen, eignet sich für die Praxis die „aräometrische" am besten.

Aräometer (Senkwagen, Spindeln) sind hohle, mit Quecksilber oder Schrotkörnern beschwerte zylindrische Glaskörper, welche in der Flüssigkeit aufrecht schwimmen und durch ihren Tiefgang deren spezifisches Gewicht erkennen lassen. Man unterscheidet Aräometer für schwerere und solche für leichtere Flüssigkeiten als Wasser; ihre Angaben sind nur dann richtig, wenn die Temperatur der Flüssigkeit der an der Spindel ersichtlich gemachten, zumeist 15°, wenigstens annähernd entspricht[2]). Derartige, das spezifische Gewicht angebende Aräometer heißen „Densimeter". Die Angaben für das spezifische Gewicht sind an der innerhalb der Spindel angebrachten Skala abzulesen.

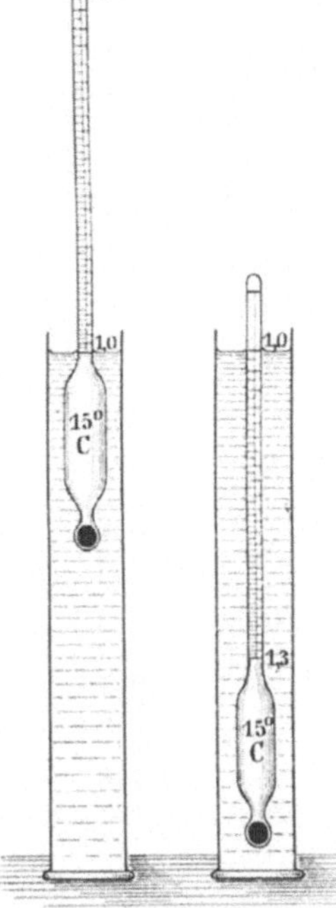

Abb. 12. Aräometer für leichtere und schwerere Flüssigkeiten als Wasser (im Wasser schwimmend).

---

[1]) S. 39.

[2]) Zweckmäßig sind auch die mit einem kleinen Thermometer versehenen Aräometer; die mit Quecksilber gefüllte, im Innern des Aräometers angebrachte Thermometerkugel besorgt gleichzeitig das aufrechte Schwimmen des Apparates.

Die Eichung der Aräometer erfolgt durch Einsenken derselben in
Flüssigkeiten von bekanntem spezifischen Gewicht. Da das Aräometer um so
tiefer in die Flüssigkeit einsinkt, je kleiner ihr spezifisches Gewicht ist, so
werden Aräometer für spezifisch leichtere Flüssigkeiten als Wasser soweit
beschwert, daß der Punkt, bis zu welchem sie in reinem Wasser einsinken,
unten, für spezifisch schwerere Flüssigkeiten als Wasser aber oben zu liegen
kommt (Abb. 12). Man bezeichnet diesen Punkt, entsprechend dem spezifischen Gewicht des Wassers, mit 1,000. Die Teilstriche des Aräometers
sind voneinander nicht gleich weit entfernt, sondern sie verengen sich nach
unten. Die Skala enthält nach unten die größeren, nach oben die kleineren
Zahlen[1]).

Ein Aräometer, dessen Gradeinteilung dem spezifischen Gewicht
nicht entspricht, ist die sehr verbreitete Bauméspindel. Sie wird
hauptsächlich dazu verwendet, um Lösungen bezüglich ihrer Konzentration zu überprüfen oder zu vergleichen. Zur Umwandlung der Baumé-
grade in das spezifische Gewicht dienen folgende Tabellen:

a) Für schwerere Flüssigkeiten als Wasser.

Grade Baumé	Spez. Gew. (Vol.-Gew.)	Grade Baumé	Spez. Gew. (Vol.-Gew.)	Grade Baumé	Spez. Gew. (Vol.-Gew.)	Grade Baumé	Spez. Gew. (Vol.-Gew.)
0	1,000	17	1,134	34	1,308	51	1,540
1	1,007	18	1,142	35	1,320	52	1,563
2	1,014	19	1,152	36	1,332	53	1,580
3	1,022	20	1,162	37	1,345	54	1,597
4	1,029	21	1,171	38	1,357	55	1,615
5	1,037	22	1,180	39	1,370	56	1,634
6	1,045	23	1,190	40	1,383	57	1,652
7	1,052	24	1,200	41	1,397	58	1,672
8	1,060	25	1,210	42	1,410	59	1,691
9	1,067	26	1,220	43	1,424	60	1,711
10	1,075	27	1,231	44	1,438	61	1,732
11	1,083	28	1,241	45	1,453	62	1,753
12	1,091	29	1,252	46	1,468	63	1,774
13	1,100	30	1,263	47	1,483	64	1,796
14	1,108	31	1,274	48	1,498	65	1,819
15	1,116	32	1,285	49	1,514	66	1,842
16	1,125	33	1,297	50	1,530		

b) Für leichtere Flüssigkeiten als Wasser.

Grade Baumé	Spez. Gew. (Vol.-Gew.)	Grade Baumé	Spez. Gew. (Vol.-Gew.)	Grade Baumé	Spez. Gew. (Vol.-Gew.)
10	1,000	16	0,961	22	0,924
11	0,993	17	0,951	23	0,918
12	0,987	18	0,948	24	0,913
13	0,980	19	0,942	25	0,907
14	0,973	20	0,936	26	0,901
15	0,967	21	0,930	27	0,896

[1]) Die an den Aräometern und in den Tabellen angegebene Bezeichnung
„Vol.-Gewicht bei $\frac{15^0}{4^0}$ (lftl. Raum)" besagt, daß sich das bei 15° ermittelte
spezifische Gewicht auf das Gewicht des gleich großen Volumens Wasser
von 4° im luftleeren Raume bezieht. Die Angaben für das spezifische
Gewicht entsprechen demnach dem absoluten Gewichtssystem.

Grade Baumé	Spez. Gew. (Vol.-Gew.)	Grade Baumé	Spez. Gew. (Vol.-Gew.)	Grade Baumé	Spez. Gew. (Vol.-Gew.)
28	0,890	39	0,834	50	0,785
29	0,885	40	0,830	51	0,781
30	0,880	41	0,825	52	0,777
31	0,874	42	0,820	53	0,773
32	0,869	43	0,816	54	0,768
33	0,864	44	0,811	55	0,764
34	0,859	45	0,807	56	0,760
35	0,854	46	0,802	57	0,757
36	0,849	47	0,798	58	0,753
37	0,844	48	0,794	59	0,749
38	0,839	49	0,789	60	0,745

Das in England gebräuchliche Aräometer von Twaddle enthält 200 „Grade" für die Unterschiede der spezifischen Gewichte zwischen 1 und 2, und wird gewöhnlich auf sechs Spindeln verteilt. Die Zahlen des Twaddle-Aräometers sind immer Vielfache von 0,005. Durch Multiplikation seiner Grade mit 0,005 und Vorsetzen der Zahl 1 ergibt sich das spezifische Gewicht. Es entsprechen zum Beispiel:

0^0 Twaddle dem spezifischen Gewicht 1
1^0 „ „ „ „ 1,005
7^0 „ „ „ „ 1,035 usw.

Bestimmung des Gehaltes an wirksamer Substanz einer Flüssigkeit

(durch Ermittlung ihres spezifischen Gewichtes).

Da ein bestimmter Gehalt an gelöster Substanz ein ganz bestimmtes spezifisches Gewicht der Lösung bedingt, kann aus dem spezifischen Gewicht einer Lösung ihr Prozentgehalt an gelöster Substanz ermittelt werden. Es sind für die meisten Lösungen bei allen praktisch wichtigen Konzentrationen die spezifischen Gewichte genau bestimmt und in Tabellen festgelegt worden[1]). Da das spezifische Gewicht nicht nur vom Prozentgehalt, sondern auch von der Natur des gelösten Körpers abhängt, ist die Ermittlung des Prozentgehaltes einer Lösung mit Hilfe des spezifischen Gewichtes nur dann möglich, wenn sich außer der zu bestimmenden Substanz keine andere in der Lösung befindet.

Beim Prozentgehalt einer Lösung an gelöster Substanz ist zu unterscheiden, ob sich derselbe auf 100 g oder auf 100 cm³ der Lösung bezieht. Man bezeichnet die Anzahl von Grammen der gelösten Substanz in 100 g der Lösung als „Gewichtsprozente" oder kurz als „Prozente". Die Anzahl von Grammen der gelösten Substanz in 100 cm³ der Lösung wollen wir zweckmäßig als „Raumprozente" bezeichnen[2]).

---

[1]) Für die wichtigeren Verbindungen fanden diese Tabellen auch im vorliegenden Buche an entsprechender Stelle Aufnahme.

[2]) Die Bezeichnung „Volumprozent" ist für die Angabe von Raumteilen (cm³) in 100 Raumteilen gebräuchlich und kommt bei den Lösungen von Flüssigkeiten in Flüssigkeiten (Mischungen), von Gasen in Flüssigkeiten (Absorptionen) und bei Gasmischungen zur Anwendung.

Fehlen nähere Angaben über die Art des Prozentgehaltes, so sind stets Gewichtsprozente gemeint.

Die Umrechnung der Gewichtsprozente in „Raumprozente" und umgekehrt geschieht nach folgenden Formeln:

$$\text{Gew.-}\% = \frac{\text{Raum-}\%}{\text{spez. Gew.}}; \qquad \text{Raum-}\% = \text{Gew.-}\% \times \text{spez. Gew.}$$

Rechenbeispiele:

1. Wieviel Gramm H_2SO_4 sind in 1 l einer 17%igen (Gew.-%)
Schwefelsäure (spez. Gew. 1,120) enthalten?

Raum-% = $17 \cdot 1,12 = 19,04$.

Da in 100 cm³ 19,04 g H_2SO_4 vorhanden sind, so enthält 1 l 190,4 g
H_2SO_4.

2. Wieviel Na_2CO_3 sind in 50 kg Sodalösung von 9,4 Raum-% (Volum-
gewicht 1,091) enthalten?

$$\text{Gew.-}\% = \frac{9,4}{1,091} = 8,61.$$

In 100 g Sodalösung sind 8,61 g Na_2CO_3 enthalten, demnach in 50 kg
derselben 4,305 kg Na_2CO_3.

Für die Praxis sind besonders die „Prozentaräometer" zweck-
mäßig. Sie sind für einzelne Lösungen geeicht und enthalten eine
Skala, welche an Stelle des spezifischen Gewichtes den entsprechenden
Prozentgehalt angibt. Solche Aräometer sind in manchen Betrieben
schon seit langem in Gebrauch, so z. B. die Alkoholometer, Saccha-
rometer, Azetometer u. a. In neuerer Zeit werden auch solche zur
Prüfung des Prozentgehaltes an wirksamer Substanz in Schwefelsäure,
Salzsäure, Natronlauge, Ammoniak, Sodalösungen usw. hergestellt.

Formeln für Mischungsberechnungen [1]).

1. Eine Lösung von bekanntem Prozentgehalt ist mit
Wasser auf die benötigte Menge der Mischung von gewünschtem Prozentgehalt zu verdünnen [2]):

$x = M \cdot a,$ $M =$ die benötigte Menge der Mischung (kg oder l),
$y = M - x.$ $c =$ ihr gewünschter Prozentgehalt;
                 $x =$ die Menge der zu verdünnenden Lösung,
                 $a =$ ihr Prozentgehalt;
                 $y =$ die Menge des Wassers.

Beispiele.

a) Aus einer Schwefelsäure vom spezifischen Gewicht 1,84 (entsprechend
95,6% H_2SO_4) sind durch Verdünnen mit Wasser 20 kg einer 30%igen
Schwefelsäure herzustellen.

$$x = \frac{M \cdot c}{a} = \frac{20 \cdot 30}{95,6} = 6,28$$
$$y = M - x = 20 - 6,28 = 13,72.$$

Es sind demnach zu 13,72 kg Wasser 6,28 kg Schwefelsäure von
95,6% H_2SO_4 unter Rühren beizumischen [3]).

---

[1]) Diese Formeln sind für die Praxis besonders wertvoll, da ihre Anwendung beim Verdünnen und Verstärken von Lösungen auf einen bestimmten Gehalt eine Ersparnis an Zeit und Material bedeutet.

[2]) Wenn die Menge der Flüssigkeit in Gewicht ausgedrückt ist, so sind
Gewichtsprozente, wenn sie in Volumen ausgedrückt ist, Raumprozente in Rechnung zu stellen.   [3]) Beachte S. 65.

b) Wieviel Liter Natronlauge von 40^0 Bé (entsprechend 48,3 Raumprozent NaOH) und wieviel Liter Wasser sind zur Herstellung von 100 l Natronlauge von 28^0 Bé (entsprechend 26,6 Raumprozent NaOH) erforderlich?

$$x = \frac{M \cdot c}{a} = \frac{100 \cdot 26,6}{48,3} = 55,07$$
$$y = M - x = 100 - 55,07 = 44,93.$$

Man mischt demnach 55,07 l der 40 grädigen Natronlauge mit 44,93 l Wasser.

Auch bei Flüssigkeiten, welche sich unter Verminderung des Volumens miteinander mischen[1]), erhält man ohne weiteres das richtige Ergebnis, wenn dieselben gewogen werden und ihr Gehalt in Gewichtsprozenten ausgedrückt wird.

2. Eine stärkere Lösung von bekanntem Prozentgehalt ist mit einer schwächeren von ebenfalls bekanntem Prozentgehalt auf die benötigte Menge der Mischung von gewünschtem Prozentgehalt zu verdünnen.

$x = \dfrac{M\,(c-b)}{a-b}$ M = die benötigte Menge der Mischung (kg oder l),

            c = ihr gewünschter Prozentgehalt;

$y = M - x$ x = die Menge der stärkeren (zu verdünnenden) Flüssigkeit,

            a = ihr Prozentgehalt;

            y = die Menge der schwächeren Flüssigkeit,

            b = ihr Prozentgehalt.

Beispiele.

a) In welchen Gewichtsmengen müssen zwei Sodalösungen von 14,2% Na_2CO_3 und 4,9% Na_2CO_3 gemischt werden, damit man 300 kg einer 10% igen Sodalösung erhält?

$$x = \frac{M\,(c - b)}{a - b} = \frac{300\,(10 - 4,9)}{14,2 - 4,9} = 164,51$$
$$y = M - x = 300 - 164,51 = 135,49.$$

Man benötigt hierzu 164,5 kg der stärkeren und 135,5 kg der schwächeren Sodalösung.

b) Zur Herstellung von 250 l Ammoniaklösung (Salmiakgeist) vom spezifischen Gewicht 0,950 sind Ammoniaklösungen vom spezifischen Gewicht 0,910 und 0,980 zu mischen; welche Mengen sind dazu erforderlich?

Aus der Tabelle (Seite 83) entnehmen wir:

für das spezifische Gewicht 0,950 . . . . . . 12,1 Raumprozent NH_3,

„ „ „ „ 0,910 . . . . . . 22,74 „ NH_3,

„ „ „ „ 0,980 . . . . . . 4,7 „ NH_3.

$$x = \frac{M\,(c - b)}{a - b} = \frac{250\,(12,1-4,7)}{22,74 - 4,7} = 102,55$$
$$y = M - x = 250 - 102,55 = 147,45.$$

Es sind 102,55 l Ammoniaklösung vom spezifischen Gewicht 0,910 mit 147,45 l Ammoniaklösung vom spezifischen Gewicht 0,980 zu mischen.

3. Eine zu schwache Lösung von bekanntem Prozentgehalt ist mit einer stärkeren von ebenfalls bekanntem Prozentgehalt auf den gewünschten Gehalt zu bringen.

---

[1]) Zum Beispiel bei Alkohol und Wasser.

$$x = \frac{m\,(c - b)}{a - c}$$

m = die Menge der zu schwachen Lösung,
b = ihr Prozentgehalt;
x = die Menge der zur Verstärkung dienenden Lösung,
a = ihr Prozentgehalt;
c = der gewünschte Prozentgehalt.

Beispiel.

20 l einer Salzsäure vom spezifischen Gewicht 1,040 sind auf das spezifische Gewicht 1,120 zu verstärken; wieviel Salzsäure vom spezifischen Gewicht 1,190 ist dazu notwendig.

Aus der Tabelle (Seite 69) entnehmen wir:

für das spezifische Gewicht 1,040 . . . . . . 8,5 Raumprozent HCl ,
„   „   „   „   1,120 26,7   „   HCl ,
„   „   „   „   1,190 44,3   „   HCl .

$$x = \frac{m\,(c - b)}{a - c} = \frac{20\,(26,7 - 8,5)}{44,3 - 26,7} = 20,68.$$

Es sind 20 l der schwachen Säure mit 20,68 l Salzsäure vom spezifischen Gewicht 1,190 zu verstärken.

Der Formel 1 kann man sich zweckmäßig auch bei der Herstellung von Lösungen gewünschter Konzentration bedienen, wenn der Wassergehalt der zu lösenden Substanz unbekannt ist, wie dies bei hygroskopischen Stoffen, z. B. Ätznatron, Magnesiumchlorid usw., zutrifft. In solchen Fällen stellt man zuerst eine konzentriertere Lösung her, bestimmt aräometrisch ihren Gehalt und verdünnt sie nach der gegebenen Formel auf den gewünschten Grad.

Die wichtigsten Säuren.

Schwefelsäure H_2SO_4.

Darstellung der Schwefelsäure. Zur Gewinnung der Schwefelsäure dient das durch Rösten[1]) des Pyrites FeS_2, der Zinkblende ZnS, seltener des Schwefels, erhaltene Schwefeldioxyd[2]).

Nach dem älteren Verfahren wird das Schwefeldioxyd in geräumigen Bleikammern mit Wasser in schweflige Säure übergeführt und diese mit Salpetersäure zu Schwefelsäure oxydiert:

$$SO_2 + H_2O \longrightarrow \dot{H}_2(SO_3)''; \quad \dot{H}_2(SO_3)'' + O^3) \longrightarrow H_2(SO_4)''.$$

Man erhält eine verdünnte Säure (Kammersäure), welche nach entsprechender Reinigung zunächst in Bleipfannen und schließlich in Quarzschalen konzentriert wird. Die Konzentration der Kammersäure kann in verstäubtem Zustande auch in Türmen durch in entgegengesetzter Richtung strömende Feuergase vorgenommen werden.

Nach dem neuen „Kontaktverfahren" wird das Schwefeldioxyd durch den Luftsauerstoff in Gegenwart eines „Katalysators"[4]) (platinierter Asbest) in Schwefeltrioxyd SO_3 übergeführt. Dieses gelangt durch Subli-

---

[1]) Unter „Rösten" versteht man ein Erhitzen von Stoffen bei Luftzutritt.   [2]) S. 131.
[3]) Oxydierende Wirkung der Salpetersäure S. 70.   [4]) S. 58, Anm. 1.

mation[1]) in die Vorlage und bildet nun wasserhelle Kristalle, die beim Aufbewahren die Form von weißen, glänzenden, asbestartig verfilzten Nadeln
annehmen. Schwefeltrioxyd raucht an der Luft, da es begierig Wasserdampf anzieht. Mit Wasser vereinigt es sich unter Zischen und starker
Wärmeentwicklung zu Schwefelsäure:

$$SO_3 + H_2O \longrightarrow H_2SO_4 \, .$$

Zur Gewinnung der Schwefelsäure ist es wirtschaftlicher, durch Auflösen
des Schwefeltrioxydes in konzentrierter Schwefelsäure zunächst die Pyroschwefelsäure herzustellen

$$SO_3 + H_2SO_4 \longrightarrow H_2S_2O_7 \, ,$$

um durch Verdünnung dieser zur gewöhnlichen Schwefelsäure zu gelangen:

$$H_2S_2O_7 + H_2O \longrightarrow 2\,H_2SO_4 \, .$$

Eine Lösung von Schwefeltrioxyd in Pyroschwefelsäure wird rauchende
Schwefelsäure (Oleum) genannt.

Während des Krieges hat man es gelernt, die Schwefelsäure nach verschiedenen Verfahren aus Gips $CaSO_4$ zu gewinnen.

Eigenschaften der Schwefelsäure. Die gewöhnliche oder
englische Schwefelsäure ist in reinem Zustande eine farblose ölige
Flüssigkeit von spezifischem Gewicht 1,84. Bei gewöhnlichen Temperaturen ist sie nicht flüchtig; sie siedet erst bei 338°, wobei ihre Dämpfe eine
teilweise Zersetzung erfahren. Die gewöhnliche „66grädige" (Bé-Grade)
Säure des Handels enthält etwa 95% H_2SO_4. Zufolge ihrer Nichtflüchtigkeit ist sie imstande, aus Salzen leicht flüchtiger Säuren letztere zu
verdrängen. Darauf gründet sich ihre Verwendung bei der Herstellung
anderer Säuren. Sie ist hygroskopisch und mischt sich mit Wasser
unter starker Wärmeentwicklung nach allen Verhältnissen. Bei der
Bereitung einer verdünnten Schwefelsäure ist darauf zu achten, daß
niemals Wasser zu der konzentrierten Schwefelsäure gegossen wird,
da in diesem Falle zufolge der plötzlichen starken Wasserdampfentwicklung die heiß gewordene Schwefelsäure umhergeschleudert wird;
vielmehr muß stets die Schwefelsäure dem Wasser, und zwar in dünnem
Strahle unter stetem Rühren beigemischt werden[2]).

Die Neigung der konzentrierten Schwefelsäure, das Wasser zu
binden, ist so groß, daß sie sehr vielen organischen Substanzen die
Elemente Wasserstoff und Sauerstoff in Form von Wasser entzieht und
so eine Zersetzung der Substanz, oft unter Zurücklassung des elementaren Kohlenstoffes bewirkt. So werden durch konzentrierte Schwefelsäure Stärke, Zucker, Zellulose usw. verkohlt. Das Braunwerden konzentrierter Schwefelsäure rührt von der Verkohlung hineingefallenen
Staubes her. Auch die sogenannte Karbonisation der Wolle[3]) beruht auf der erwähnten Eigenschaft. Bemerkenswert ist das Verhalten
einer ungefähr 78%igen kalten Schwefelsäure zu ungeleimtem Papier
(Gewinnung von vegetabilischem Pergament)[4]).

---

[1]) Unter Sublimation versteht man jenen Destillationsvorgang, bei
welchem sich der destillierte Stoff in der Vorlage in fester Form abscheidet.

[2]) Bei durch Schwefelsäure verursachten Unfällen ist die verletzte
Stelle sofort mit viel Wasser zu behandeln, um eine starke Verdünnung
zu bewirken; wenig Wasser würde die Reaktion erhöhen. Später ist dem
Wasser auch etwas Alkali (Soda, Ammoniak od. dgl.) zuzusetzen.

[3]) S. 208.   [4]) S. 208.

Die Schwefelsäure löst die meisten Metalle zu Salzen, welche **Sulfate** genannt werden; nur Gold und Platin widerstehen ihrer Einwirkung. Das Blei greift sie nur an der Oberfläche an; die dabei gebildete Schichte von Bleisulfat schützt das darunter liegende Metall vor weiterem Angriff. Daher werden Behälter, in welchen mit Schwefelsäure gearbeitet wird, innen mit Bleiplatten ausgekleidet. Arbeiten, bei welchen **verdünnte** Schwefelsäure zur Verwendung kommt, können auch in Kupfergefäßen vorgenommen werden. Gußeisen wird von konzentrierter Schwefelsäure nur unmerklich angegriffen, Stahl und Schmiedeeisen bei gewöhnlicher Temperatur gar nicht. Daher kann über 50° Bé starke Schwefelsäure in schmiedeeisernen, auf Eisenbahnwagen aufgebauten Zylindern verschickt werden.

Die meisten Salze der Schwefelsäure sind in Wasser löslich; unlöslich sind das Bleisulfat $PbSO_4$ und das Bariumsulfat $BaSO_4$, sehr schwer löslich ist das Strontiumsulfat $SrSO_4$, und schwer löslich das Kalziumsulfat oder Gips $CaSO_4$.

Verwendung der Schwefelsäure. Diese ist sehr mannigfaltig. In der chemischen Industrie dient sie unter anderem zur Darstellung der meisten übrigen Mineral- und vieler organischen Säuren, sowie zur Gewinnung von Sulfaten. Viel Schwefelsäure wird in der Superphosphat- und Ammoniumsulfatfabrikation[1]) gebraucht; ferner bei der Herstellung des Stärkezuckers, in der Petroleumraffinerie, bei der Gewinnung der Fettsäuren, bei der Rückgewinnung der Fettsäuren aus den Wasch- und Walkwässern, bei der Bereitung des Türkischrotöls und aller sulfonierten Öle, bei der Darstellung von Farbstoffen, in der Färberei und Druckerei, zum „Avivieren" der Seide[2]), in der Baumwollbleiche, zum Karbonisieren der Wolle, zum Aufschließen der Stärke für Appreturzwecke, zum Reinigen des gebrauchten Benzins, zum Reinigen der Kupferkessel usw. Auch zum Neutralisieren von alkalisch reagierenden Flüssigkeiten und Appreturmassen wird sie vielfach verwendet. Dabei ist zu beachten, daß oft die geringste Menge **freier** Schwefelsäure sowohl auf die vegetabilische Faser als auch auf die Farbe schädlich wirken kann.

Die rauchende Schwefelsäure wirkt viel stärker als die gewöhnliche; man bedient sich ihrer bei der Herstellung vieler Farbstoffe, sowie bei der Bereitung von Türkischrotölen.

Nachweis der Schwefelsäure und ihrer Salze.

Als Reagens dient eine **Bariumchloridlösung** $BaCl_2$; sie gibt mit Schwefelsäure und deren löslichen Salzen einen weißen Niederschlag von Bariumsulfat $BaSO_4$, der in Salpetersäure unlöslich ist; z. B.

$$\overset{\bullet}{Na}_2(SO_4)'' + \overset{\bullet\bullet}{Ba}Cl_2' \rightarrow \mathbf{BaSO_4} + 2\,\overset{\bullet}{Na}\overset{\bullet}{Cl}'.$$

---

[1]) Superphosphat ist ein phosphorreicher, wasserlöslicher Kunstdünger, Ammoniumsulfat ein stickstoffhaltiger.

[2]) Durch das **Avivieren** (Wiederbeleben) wird der Verlust an Glanz, den die Seide bei verschiedenen Arbeiten in der Färberei erleidet, ersetzt. Dazu dienen auch andere, später zu besprechende Stoffe.

Außer der freien Säure zeigen auch jene Sulfate eine saure Reaktion, welchen eine schwache Base zugrunde liegt, z. B. eine Lösung von Aluminiumsulfat $Al_2(SO_4)_3$ oder Alaun $K_2SO_4 \cdot Al_2(SO_4)_3 + 24\ H_2O$[1]).

Der Gehalt der Schwefelsäure wird gewöhnlich mit dem Aräometer nach folgender Tabelle bestimmt.

Spezifische Gewichte von Schwefelsäure verschiedener Konzentration. (Lunge, Isler und Naef.)

Spez. Gew. bei $\frac{15°}{4°}$ (luftl. R.)	° Baumé	Gew.-% H_2SO_4	Raum-% H_2SO_4	Spez. Gew. bei $\frac{15°}{4°}$ (luftl. R.)	° Baumé	Gew.-% H_2SO_4	Raum-% H_2SO_4	Spez. Gew. bei $\frac{15°}{4°}$ (luftl. R.)	° Baumé	Gew.-% H_2SO_4	Raum-% H_2SO_4
1,000	0,0	0,09	0,1	1,380	39,8	48,00	66,2	1,760	62,3	82,44	145,1
1,010	1,4	1,57	1,6	1,390	40,5	49,06	68,2	1,770	62,8	83,51	147,8
1,020	2,7	3,03	3,1	1,400	41,2	50,11	70,2	1,780	63,2	84,50	150,4
1,030	4,1	4,49	4,6	1,410	42,0	51,15	72,1	1,790	63,7	85,70	153,4
1,040	5,4	5,96	6,2	1,420	42,7	52,15	74,0	1,800	64,2	86,92	156,5
1,050	6,7	7,37	7,7	1,430	43,4	53,11	75,9	1,805	64,4	87,60	158,1
1,060	8,0	8,77	9,3	1,440	44,1	54,07	77,9	1,810	64,6	88,30	159,8
1,070	9,4	10,19	10,9	1,450	44,8	55,03	79,8	1,815	64,8	89,16	161,8
1,080	10,6	11,60	12,5	1,460	45,4	55,97	81,7	1,820	65,0	90,05	163,9
1,090	11,9	12,99	14,2	1,470	46,1	56,90	83,7	1,821	. .	90,20	164,3
1,100	13,0	14,35	15,8	1,480	46,8	57,83	85,6	1,822	65,1	90,40	164,7
1,110	14,2	15,71	17,5	1,490	47,4	58,74	87,6	1,823	. .	90,60	165,1
1,120	15,4	17,01	19,1	1,500	48,1	59,70	89,6	1,824	65,2	90,80	165,6
1,130	16,5	18,31	20,7	1,510	48,7	60,65	91,6	1,825	. .	91,00	166,1
1,140	17,7	19,61	22,3	1,520	49,4	61,59	93,6	1,826	65,3	91,25	166,6
1,150	18,8	20,91	23,9	1,530	50,0	62,53	95,7	1,827	. .	91,50	167,1
1,160	19,8	22,19	25,7	1,540	50,6	63,43	97,7	1,828	65,4	91,70	167,6
1,170	20,9	23,47	27,5	1,550	51,2	64,26	99,6	1,829	. .	91,90	168,1
1,180	22,0	24,76	29,2	1,560	51,8	65,20	101,7	1,830	. .	92,10	168,5
1,190	23,0	26,04	31,0	1,570	52,4	66,09	103,8	1,831	65,5	92,43	169,2
1,200	24,0	27,32	32,8	1,580	53,0	66,95	105,8	1,832	. .	92,70	169,8
1,210	25,0	28,58	34,6	1,590	53,6	67,83	107,8	1,833	65,6	92,97	170,4
1,220	26,0	29,84	36,4	1,600	54,1	68,70	109,9	1,834	. .	93,25	171,0
1,230	26,9	31,11	38,2	1,610	54,7	69,56	112,0	1,835	65,7	93,56	171,7
1,240	27,9	32,28	40,0	1,620	55,2	70,42	114,1	1,836	. .	93,90	172,2
1,250	28,8	33,43	41,8	1,630	55,8	71,27	116,2	1,837	. .	94,25	173,0
1,260	29,7	34,57	43,5	1,640	56,3	72,12	118,2	1,838	65,8	94,60	173,9
1,270	30,6	35,71	45,4	1,650	56,9	72,96	120,4	1,839	. .	95,00	174,8
1,280	31,5	36,87	47,2	1,660	57,4	73,81	122,5	1,840	65,9	95,60	175,9
1,290	32,4	38,03	49,0	1,670	57,9	74,66	124,6	1,8405	. .	95,95	176,5
1,300	33,3	39,19	51,6	1,680	58,4	75,50	126,8	1,8410	. .	96,38	177,4
1,310	34,2	40,35	52,9	1,690	58,9	76,38	128,9	1,8415	. .	97,35	179,2
1,320	35,0	41,50	54,8	1,700	59,5	77,17	131,2	1,8410	. .	98,20	180,8
1,330	35,8	42,66	56,7	1,710	60,0	78,04	133,4	1,8405	. .	98,52	181,4
1,340	36,6	43,74	58,6	1,720	60,4	78,92	135,7	1,8400	. .	98,72	181,6
1,350	37,4	44,82	60,5	1,730	60,9	79,80	138,1	1,8395	. .	98,77	181,7
1,360	38,2	45,88	62,4	1,740	61,4	80,68	140,4	1,8390	. .	99,12	182,3
1,370	39,0	46,94	64,3	1,750	61,8	81,56	142,7	1,8385	. .	99,31	182,6

[1]) Die saure Reaktion wird durch die hydrolytische Spaltung bedingt; S. 35.

Salzsäure HCl.

Darstellung der Salzsäure. Zur Darstellung der Salzsäure wird Kochsalz NaCl in sog. Sulfatöfen mit konzentrierter Schwefelsäure erhitzt:

$$2\,NaCl + H_2SO_4 \longrightarrow Na_2SO_4 + 2\,HCl.$$

Das entweichende Chlorwasserstoffgas läßt man in geeigneten Apparaten von Wasser absorbieren; die Lösung wird Salzsäure genannt.

Eigenschaften der Salzsäure. Die konzentrierte Handelssäure hat das spez. Gewicht 1,15 bis 1,19 und enthält 30 bis 38% HCl. Der konzentrierten Salzsäure kommt ein stechend saurer Geruch zu, welcher von entweichendem Chlorwasserstoff herrührt. Letzterer bildet in feuchter Luft weiße Nebel, da er von Wasser sehr leicht absorbiert wird. Im Gegensatz zu der Schwefelsäure ist die Salzsäure flüchtig.

Wird konzentrierte Salzsäure erhitzt, so entweicht zuerst Chlorwasserstoffgas mit wenig Wasser; sobald aber die Säure eine Konzentration von 20% HCl besitzt, entweicht bei weiterem Erhitzen eine 20%ige Säure. Eine verdünnte Salzsäure gibt hingegen beim Erhitzen so lange Wasser ab, bis sie die angeführte Konzentration erreicht.

Salzsäure löst die meisten Metalle und Metalloxyde unter Bildung von Chloriden.

Von den Salzen der Salzsäure sind in Wasser unlöslich nur das Silberchlorid AgCl und das Merkurochlorid HgCl; schwer löslich ist das Bleichlorid $PbCl_2$, alle übrigen Chloride sind leicht löslich.

Verwendung der Salzsäure. Die meiste Verwendung fand die Salzsäure zur Chlorgewinnung. Heute wird Chlor vorwiegend elektrolytisch aus Kochsalz hergestellt. Die Salzsäure dient zur Darstellung von Chloriden, in der Leim- und Dextrinfabrikation, in der Farbstoffindustrie, in der Färberei und Bleicherei, für metallurgische und andere Zwecke. In gasförmigem Zustande dient sie zum Karbonisieren der Kunstwolle. Vielfach kann die Salzsäure an Stelle der Schwefelsäure mit Vorteil Verwendung finden; so z. B. in der Bleicherei oder zum Neutralisieren alkalischer Flüssigkeiten. Während bereits ein kleiner Überschuß an Schwefelsäure von nachteiligen Folgen sein kann, trifft dies bei der Salzsäure infolge ihrer Flüchtigkeit weniger zu.

Nachweis der Salzsäure und ihrer Salze.

Eine Silbernitratlösung $AgNO_3$ gibt sowohl mit der freien Säure als auch mit löslichen Chloriden einen weißen, käsigen, am Lichte sich schwärzenden Niederschlag von Silberchlorid AgCl, der in Ammoniak löslich ist, bei Zusatz von Salpetersäure aber wieder zur Fällung gelangt; z. B.

$$NaCl' + \overset{\bullet}{Ag}(NO_3)' \longrightarrow AgCl + \overset{\bullet}{Na}(NO_3)'.$$

Für die aräometrische Bestimmung des Gehaltes der Salzsäure dient die folgende Tabelle (s. S. 69).

Salpetersäure HNO_3.

Darstellung der Salpetersäure. Nach dem älteren Verfahren wird die Salpetersäure durch Einwirkung von konzentrierter Schwefelsäure auf Natronsalpeter (Chilesalpeter) $NaNO_3$ erhalten. Der bei niedriger Temperatur sich abspielende Vorgang

$$NaNO_3 + H_2SO_4 \longrightarrow NaHSO_4 + HNO_3$$

Spezifische Gewichte von Salzsäure verschiedener Konzentration. (Lunge, Marchlewski.)

Spez. Gew. bei $\frac{15^0}{4^0}$ (luftl. R.)	° Baumé	Gew.-% HCl	Raum-% HCl	Spez. Gew. bei $\frac{15^0}{4^0}$ (luftl. R.)	° Baumé	Gew.-% HCl	Raum-% HCl	Spez. Gew. bei $\frac{15^0}{4^0}$ (luftl. R.)	° Baumé	Gew.-% HCl	Raum-% HCl
1,000	0,0	0,16	0,16	1,075	10,0	15,16	16,3	1,145	18,3	28,61	32,8
1,005	0,7	1,15	1,2	1,080	10,6	16,15	17,4	1,150	18,8	29,57	34,0
1,015	1,4	2,14	2,2	1,085	11,2	17,13	18,6	1,152	19,0	29,95	34,5
1,010	2,1	3,12	3,2	1,090	11,9	18,11	19,7	1,155	19,4	30,55	35,3
1,020	2,7	4,13	4,2	1,095	12,4	19,06	20,9	1,160	19,8	31,52	36,6
1,025	3,4	5,15	5,3	1,100	13,0	20,01	22,0	1,163	20,0	32,10	37,3
1,030	4,1	6,15	6,4	1,105	13,6	20,97	23,2	1,165	20,3	32,49	37,9
1,035	4,7	7,15	7,4	1,110	14,2	21,92	24,3	1,170	20,9	33,46	39,2
1,040	5,4	8,16	8,5	1,115	14,9	22,86	25,5	1,171	21,0	33,42	39,4
1,045	6,0	9,16	9,6	1,120	15,4	23,82	26,7	1,175	21,4	34,42	40,4
1,050	6,7	10,17	10,7	1,125	16,0	24,78	27,8	1,180	22,0	35,39	41,8
1,055	7,4	11,18	11,8	1,130	16,5	25,75	29,1	1,185	22,5	36,31	43,0
1,060	8,0	12,19	12,9	1,135	17,1	26,70	30,3	1,190	23,0	37,23	44,3
1,065	8,7	13,19	14,1	1,140	17,7	27,66	31,5	1,195	23,5	38,16	45,6
1,070	9,4	14,17	15,2	1,1425	18,0	28,14	32,2	1,200	24,0	39,11	46,9

führt zur farblosen Salpetersäure. Bei höherer Temperatur kann die doppelte Menge Salpeter zersetzt werden:

$$2\,NaNO_3 + H_2SO_4 \longrightarrow Na_2SO_4 + 2\,HNO_3\,.$$

Infolge der höheren Temperatur zersetzt sich jedoch ein Teil der Salpetersäure:

$$2\,HNO_3 \longrightarrow H_2O + 2\,NO_2 + O.$$

Das braun gefärbte Stickstoffdioxydgas NO_2 löst sich in der Salpetersäure zu einer rotgelben Flüssigkeit, der roten rauchenden Salpetersäure.

Eine große Bedeutung hat die Gewinnung der Salpetersäure aus der atmosphärischen Luft mit Hilfe der Elektrizität erlangt. Ein anderes modernes Verfahren zur Gewinnung der Salpetersäure beruht auf der Oxydation des Ammoniaks durch den Luftsauerstoff mit Hilfe von Kontaktsubstanzen.

Eigenschaften der Salpetersäure. Die reine wasserfreie Salpetersäure ist eine farblose, rauchende, fast geruchlose Flüssigkeit, die begierig Wasser anzieht und sich mit diesem in jedem Verhältnis mischt. Die konzentrierte Handelssäure hat das spez. Gewicht 1,42 und enthält ungefähr 70% HNO_3. Die rohe oder „technische" Salpetersäure ist stark verunreinigt und gelblich gefärbt. Beim Erhitzen bzw. bei der Destillation verhält sich die Salpetersäure wie die Salzsäure, d. h. sowohl die konzentrierte als auch die verdünnte Salpetersäure liefern dabei eine Säure von derselben Konzentration (68% bei einem spez. Gewicht von 1,42); die konzentrierte Säure zersetzt sich anfangs in Wasser, Stickstoffdioxyd und Sauerstoff, die verdünnte hingegen gibt so lange Wasser ab, bis die angeführte Konzentration erreicht wird. Außer der allen Säuren zukommenden salzbildenden Eigenschaft besitzt die Salpetersäure noch zwei andere, welche ihr eine Sonderstellung unter den Säuren einräumen. Erstens kommt ihr eine sehr stark oxydierende Wirkung zu; sie beruht auf der oben angeführten Zersetzung der Salpetersäure, wobei insbesondere das braune Stickstoffdioxydgas durch Abgabe eines Teiles seines Sauerstoffes im Atomzustande (Entstehungszustande)[1] als Sauerstoffüberträger wirkt:

$$NO_2 \rightarrow NO + O.$$

Das hierbei gebildete farblose Stickstoffoxydgas nimmt aus der Luft den Sauerstoff unter Bildung von braunem NO_2 wieder auf, und dieses gibt ihn auf oxydierbare Stoffe wieder ab. Auf diese Weise kann man große Mengen schwefliger Säure mit einer kleinen Menge Salpetersäure in Schwefelsäure überführen[2]. Die Salpetersäure oxydiert mit Ausnahme des Goldes und des Platins alle Metalle; bis auf Antimon- und Zinnoxyd lösen sich die gebildeten Metalloxyde im Überschusse der Salpetersäure zu Nitraten auf. Stroh, Wolle, Sägespäne und andere organische Substanzen werden von ihr vollständig zerstört, oft unter Entflammung. Auch die Eigenschaft, die Haut zu ätzen, beruht auf der oxydierenden Wirkung der Salpetersäure. Zweitens wirkt sie auf viele organische Stoffe „nitrierend" ein, d. h. sie ersetzt in denselben ein oder mehrere Wasserstoffatome unter Austritt von Wasser durch eine oder mehrere Nitrogruppen NO_2[3]. Die „Nitrierung" findet besonders leicht bei Gegenwart von konzentrierter Schwefelsäure statt, da diese das gebildete Wasser leicht bindet. So entsteht z. B. beim Nitrieren des Benzols das Nitrobenzol:

$$C_6H_6 + HNO_3 \rightarrow C_6H_5NO_2 + H_2O.$$

Die Nitrierung hat eine besondere Wichtigkeit in der Farbstoffindustrie. Auch die durch Salpetersäure bewirkte Gelbfärbung der Haut und der Wolle rührt von Nitroverbindungen her. Von großer Bedeutung für die Herstellung von Sprengstoffen, aber auch für die Textilindustrie ist die Einwirkung von einem Salpetersäure-Schwefelsäuregemisch auf Zellulose, wobei letztere, ohne ihr Aussehen zu ändern, Zellulose-Salpetersäureester oder Zellulosenitrat liefert. Dieses Produkt ist eine salzartige Verbindung, ein „Ester"[4]; die gebräuchliche Bezeichnung Nitrozellulose entspricht nicht dem wahren Charakter dieses Stoffes. Je nach der Konzentration und Einwirkungsdauer des Säuregemisches zeigen die Zellulosenitrate eine wechselnde Zusammensetzung und verschiedene Eigenschaften. Das Zellulosedinitrat $[C_6H_8(O \cdot NO_2)_2O_3]n$ oder Kollodiumwolle ist wenig explosiv und in einem Alkohol-Äthergemisch zu „Kollodium" löslich. Wird dieses in dünner Schichte ausgebreitet, so bleibt nach dem Verdunsten des Lösungsmittels ein zähes durchsichtiges Häutchen zurück[5]. Das Kollodium wird auf „künstliche Seide"[6] und Zelluloid verarbeitet. Das Zellulosetrinitrat oder Schießbaumwolle $[C_6H_7(O \cdot NO_2)_3O_2]n$

---

[1] Näheres über die Wirkung der Elemente im Entstehungszustande (statu nascendi) S. 112.

[2] Gewinnung der Schwefelsäure nach dem „Bleikammerverfahren".

[3] Radikal der Salpetersäure; S. 27.   [4] S. 100.

[5] Bei der Wundbehandlung mit Kollodium schützt das erwähnte Häutchen vor Infektion.   [6] S. 210.

ist in Äther-Alkohol unlöslich, äußerst explosiv und findet in der Sprengstofftechnik Verwendung[1]).

Die Salze der Salpetersäure, Nitrate genannt, sind alle in Wasser löslich.

Verwendung der Salpetersäure. Diese ist eine vielseitige; so bei der Trennung des Goldes vom Silber (Scheidewasser), bei der Herstellung der Schwefelsäure, in der Farbstoffindustrie, in der Sprengstofftechnik, bei der Herstellung der künstlichen Seide, des Dextrins, der Nitrate usw. In der Färberei hat sie eine untergeordnete Bedeutung. Infolge der zerstörenden Wirkung, welche sie als freie Säure ausübt, ist die Salpetersäure zu Neutralisationszwecken ungeeignet; auch ihr hoher Preis würde gegen diese Verwendung sprechen. Nach einem neuen Verfahren kann man mit Salpetersäure Baumwollgewebe veredeln[2]). Ein Gemisch von Salpetersäure und Salzsäure wird als „Königswasser" zum Lösen des Goldes und anderer Metalle verwendet. Die stark lösende Wirkung des Königswassers beruht auf Freiwerden des Chlors Cl[3]), das sich mit den meisten Metallen durch Addition zu löslichen Chloriden verbindet.

Nachweis der Salpetersäure und ihrer Salze.

Zu einer Mischung der zu untersuchenden Probe mit einer kalt bereiteten Eisenvitriollösung läßt man bei geneigter Proberöhre konzentrierte Schwefelsäure vorsichtig zufließen; bei Gegenwart von Salpetersäure bildet sich oberhalb der am Boden befindlichen Schwefelsäure ein brauner Ring; beim Schütteln entweichen braune Stickstoffdioxyddämpfe.

Der Gehalt der Salpetersäure läßt sich bei Verwendung der folgenden Tabelle aräometrisch bestimmen.

Spezifische Gewichte von Salpetersäure verschiedener Konzentration. (Lunge.)

Spez. Gew. bei $\frac{15^0}{4^0}$ (luftl. R.)	° Baumé	Gew.- % HNO₃	Raum- % HNO₃	Spez. Gew. bei $\frac{15^0}{4^0}$ (luftl. R.)	° Baumé	Gew.- % HON₃	Raum- % HNO₃	Spez. Gew. bei $\frac{15^0}{4^0}$ (luftl. R.)	° Baumé	Gew.- % HNO₃	Raum- % HNO₃
1,000	0,0	0,10	0,1	1,140	17,7	23,31	26,6	1,280	31,5	44,41	56,8
1,010	1,4	1,90	1,9	1,150	18,8	24,84	28,6	1,290	32,4	45,95	59,3
1,020	2,7	3,70	3,8	1,160	19,8	26,36	30,6	1,300	33,3	47,49	61,7
1,030	4,1	5,50	5,7	1,170	20,9	27,88	32,6	1,310	34,2	49,07	64,3
1,040	5,4	7,06	7,5	1,180	22,0	29,38	34,7	1,320	35,0	50,71	66,9
1,050	6,7	8,99	9,4	1,190	23,0	30,88	36,7	1,325	35,4	51,53	68,3
1,060	8,0	10,68	11,3	1,200	24,0	32,36	38,8	1,330	35,8	52,37	69,7
1,070	9,4	12,33	13,2	1,210	25,0	33,82	40,9	1,3325	36,0	52,80	70,4
1,080	10,6	13,95	15,1	1,220	26,0	35,28	43,0	1,335	36,2	53,22	71,0
1,090	11,9	15,53	16,9	1,230	26,9	36,78	45,2	1,340	36,6	54,07	72,5
1,100	13,0	17,11	18,8	1,240	27,9	38,29	47,5	1,350	37,4	55,79	75,3
1,110	14,2	18,67	20,7	1,250	28,8	39,82	49,8	1,360	38,2	57,57	78,3
1,120	15,4	20,23	22,7	1,260	29,7	41,34	52,1	1,370	39,0	59,39	81,4
1,130	16,5	21,77	24,6	1,270	30,6	42,87	54,4	1,381	39,8	61,27	84,6

[1]) Näheres über die Einwirkung der Salpetersäure auf Zellulose S. 209.
[2]) S. 209.   [3]) $HNO_3 + 3\,HCl \rightarrow 2\,H_2O + NOCl + Cl_2$.
Nitrosylchlorid

Spezifische Gewichte von Salpetersäure verschiedener Konzentration. (Lunge.)

Spez. Gew. bei $\frac{15^0}{4^0}$ (luftl. R.)	°Baumé	Gew.-% HNO_3	Raum-% HNO_4	Spez. Gew. bei $\frac{15^0}{4^0}$ (luftl. R.)	°Baumé	Gew.-% HNO_3	Raum-% HNO_3	Spez. Gew. bei $\frac{15^0}{4^0}$ (luftl. R.)	°Baumé	Gew.-% HNO_3	Raum-% HNO_3
1,3833	40,0	61,92	85,7	1,490	47,4	89,60	133,5	1,510	48,7	98,10	148,1
1,385	40,1	62,24	86,2	1,495	47,8	91,60	136,9	1,511	—	98,32	148,6
1,390	40,5	63,23	87,9	1,500	48,1	94,09	141,1	1,512	—	98,53	149,0
1,400	41,2	65,30	91,4	1,501	—	94,60	142,0	1,513	—	98,73	149,4
1,410	42,0	67,50	95,2	1,502	—	95,08	142,8	1,514	—	98,90	149,7
1,420	42,7	69,80	99,1	1,503	—	95,55	143,6	1,515	49,0	99,07	150,1
1,430	43,4	72,17	103,2	1,504	—	96,00	144,4	1,516	—	99,21	150,4
1,440	44,1	74,68	107,5	1,505	48,4	96,39	145,1	1,517	—	99,34	150,7
1,450	44,8	77,28	112,1	1,506	—	96,76	145,7	1,518	—	99,46	151,0
1,460	45,4	79,98	116,8	1,507	—	97,13	146,4	1,519	—	79,57	151,2
1,470	46,1	82,90	121,9	1,508	48,5	97,50	147,0	1,520	49,4	99,67	151,5
1,480	46,8	86,05	127,4	1,509	—	97,84	147,6				

Essigsäure $CH_3 \cdot COOH$[1].

Darstellung der Essigsäure. Durch die Lebenstätigkeit von Essigsäurebakterien nimmt verdünnter Äthylalkohol (Spiritus) $CH_3 \cdot CH_2OH$ unter gewissen Bedingungen den Sauerstoff der Luft leicht auf und geht dabei in Essigsäure über:

$$CH_3 \cdot CH_2OH + O_2 \rightarrow CH_3 \cdot COOH + H_2O.$$

Dieser Vorgang, essigsäure Gärung genannt, geht am besten bei ungefähr 35^0 vor sich und erfordert die Gegenwart von Stoffen, welche den Essigsäurebakterien zu ihrer Entwicklung als Nährstoffe dienen; dazu gehören Salze und stickstoffhaltige Substanzen. Darauf gründet sich die Herstellung des Speiseessigs aus Wein oder Bier, sowie die Fabrikation der Essigsäure aus verdünntem Spiritus nach dem Schnellessigverfahren. Die weitaus größte Menge Essigsäure, die gegenwärtig in der Industrie Verwendung findet, ist jedoch ein Destillationsprodukt des Holzes. Das bei der „trockenen Destillation"[2] des Holzes erhaltene wässerige Destillat enthält außer Methylalkohol (Holzgeist) auch Essigsäure und andere Stoffe. Durch Zusatz von Kalkmilch $Ca(OH)_2$ zum Destillat entsteht Kalziumazetat $(CH_3 \cdot COO)_2Ca$, das beim darauf folgenden Abdestillieren des Holzgeistes zurückbleibt und als sogenannter Graukalk das Material für die

---

[1]) Die Essigsäure ist eine organische „Karbonsäure". Ihren sauren Charakter verdankt sie der einwertigen Atomgruppe — COOH, Karboxylgruppe genannt. Von den vielen Verbindungen, welche sich von den Karbonsäuren ableiten, sind am wichtigsten ihre Salze; sie werden durch Ersatz des Wasserstoffes in der Karboxylgruppe durch Metalle gebildet.

[2]) Zum Unterschiede von der Verbrennung, welche unter Luftzutritt erfolgt, versteht man unter der trockenen Destillation eines Stoffes das Erhitzen desselben unter Luftabschluß. Dabei bilden sich aus vielen organischen Stoffen die mannigfachsten Zersetzungsprodukte. Bei der trockenen Destillation des Holzes verbleibt als Rückstand in der Retorte die Holzkohle, während sich ein Teil der Destillationsprodukte in der Vorlage als Holzteer und Holzteerwasser kondensiert, ein anderer Teil aber in gasförmigem Zustande entweicht und das Holzleuchtgas bildet. Da das Holzteerwasser Essigsäure enthält, zeigt es eine stark saure Reaktion.

Gewinnung der Essigsäure bildet. Durch Destillation mit Schwefelsäure erhält man aus demselben die Essigsäure:

$$(CH_3 \cdot COO)_2Ca + H_2SO_4 \rightarrow CaSO_4 + 2CH_3 \cdot COOH.$$

Seit 1915 stellt man Essigsäure auch aus Azetylen C_2H_2 her.

Eigenschaften der Essigsäure. Wasserfrei führt die Essigsäure den Namen „Eisessig", da sie bei 16° zu einer kristallinischen, eisartigen Masse erstarrt. Die Essigsäure hat einen stechenden Geruch, ätzt die Haut und läßt sich mit Wasser in jedem Verhältnis mischen. Dabei findet eine Wärmeentwicklung und Volumverminderung statt.

Letztere ist am größten beim Mischen von 1 Mol Essigsäure mit 1 Mol[1]) Wasser. Aus diesem Grunde besitzt eine 43%ige Essigsäure dasselbe spezifische Gewicht wie die wasserfreie: das spezifische Gewicht steigt zuerst, wenn Eisessig mit Wasser gemischt wird, und sinkt erst bei weiterem Verdünnen. Es entsprechen demnach die spezifischen Gewichte über 1,0553 zwei Konzentrationsgraden, worauf bei der aräometrischen Prüfung der Essigsäure Rücksicht zu nehmen ist. Zur Vermeidung einer Täuschung setzt man bei einem spezifischen Gewicht über 1,0553 etwas Wasser zu; nimmt das spezifische Gewicht dabei zu, so war die Säure stärker als 78%ig.

Außer als Eisessig (95—98%ig) kommt die Essigsäure im Handel in mehreren Konzentrationsgraden vor: meist 30%ig, aber auch 50%ig und 60%ig. Die „Essigessenz" ist eine ungefähr 80%ige Essigsäure. Vielfach ist darauf zu achten, daß die Essigsäure frei von Schwefelsäure und anderen Mineralsäuren ist, insbesondere, wenn sie bei Baumwolle verwendet wird; die schädliche Wirkung der Schwefelsäure macht sich oft erst nach längerem Lagern der Ware bemerkbar. Die Essigsäure gehört zu den flüchtigen Säuren und ist schwächer als die früher beschriebenen Mineralsäuren, aber stärker als die Kohlensäure, weil sie deren Salze leicht zerlegt.

Die Salze der Essigsäure werden **Azetate** genannt; die meisten sind leicht löslich, schwer löslich sind das Silber- und Merkuroazetat.

Verwendung der Essigsäure. Sie besitzt eine vielseitige Verwendung in der Farbstoffabrikation, Färberei und Druckerei[2]) und dient zum Avivieren der Seidenfärbungen, als Lösungsmittel für viele Farbstoffe, Harze und Öle, zum „Korrigieren" des Wassers in der Färberei[3]), zur Erzielung jenes „krachenden" Griffes bei merzerisierter Baumwolle, der diese der Seide täuschend ähnlich erscheinen läßt, zur Darstellung von Azetaten, insbesondere von Blei- und Aluminiumazetat usw. Sehr vorteilhaft wird die Essigsäure als Neutralisationsmittel verwendet, da ein kleiner Überschuß an freier Säure in den meisten Fällen eher eine günstige als eine schädliche Wirkung zur Folge hat, was bei den Mineralsäuren nicht zutrifft.

Nachweis der Essigsäure und ihrer Salze.

Die freie Säure ist an ihrem Geruch zu erkennen. Aus Azetaten macht Schwefelsäure die Essigsäure frei; setzt man vorher noch etwas Alkohol

---

[1]) Als „Mol" pflegt man das in Grammen ausgedrückte Molekulargewicht eines Stoffes zu bezeichnen.

[2]) Aluminium-, Eisen-, Chrom- und Kupferazetat dienen als Beizen.

[3]) S. 58.

zu und erwärmt schwach, so bildet sich der angenehm erfrischend riechende Essigsäureäthylester (Essigäther)[1].

Der Gehalt der Essigsäure kann mit Hilfe der folgenden Tabelle unter Berücksichtigung der obenerwähnten Volumverminderung aräometrisch bestimmt werden.

Spezifische Gewichte der Essigsäure. (Oudemann.)

Spez. Gew. bei $\frac{15^0}{4^0}$ (luftl. R.)	Gew.-% $C_2H_4O_2$	Spez. Gew. bei $\frac{15^0}{4^0}$ (luftl. R.)	Gew.-% $C_2H_4O_2$	Spez. Gew. bei $\frac{15^0}{4^0}$ (luftl. R.)	Gew.-% $C_2H_4O_2$	Spez. Gew. bei $\frac{15^0}{4^0}$ (luftl. R.)	Gew.-% $C_2H_4O_2$
1,0007	1	1,0363	26	1,0623	51	1,0747	76
1,0022	2	1,0375	27	1,0631	52	1,0748	77
1,0037	3	1,0388	28	1,0638	53	1,0748	78
1,0052	4	1,0400	29	1,0646	54	1,0748	79
1,0067	5	1,0412	30	1,0653	55	1,0748	80
1,0083	6	1,0424	31	1,0660	56	1,0747	81
1,0098	7	1,0436	32	1,0666	57	1,0746	82
1,0113	8	1,0447	33	1,0673	58	1,0744	83
1,0127	9	1,0459	34	1,0679	59	1,0742	84
1,0142	10	1,0470	35	1,0685	60	1,0739	85
1,0157	11	1,0481	36	1,0691	61	1,0736	86
1,0171	12	1,0492	37	1,0697	62	1,0731	87
1,0185	13	1,0505	38	1,0702	63	1,0726	88
1,0200	14	1,0513	39	1,0707	64	1,0720	89
1,0214	15	1,0523	40	1,0712	65	1,0713	90
1,0228	16	1,0533	41	1,0717	66	1,0705	91
1,0242	17	1,0543	42	1,0721	67	1,0696	92
1,0256	18	1,0552	43	1,0725	68	1,0686	93
1,0270	19	1,0562	44	1,0729	69	1,0674	94
1,0284	20	1,0571	45	1,0733	70	1,0660	95
1,0298	21	1,0580	46	1,0737	71	1,0644	96
1,0311	22	1,0589	47	1,0740	72	1,0625	97
1,0324	23	1,0598	48	1,0742	73	1,0604	98
1,0337	24	1,0607	49	1,0744	74	1,0580	99
1,0350	25	1,0615	50	1,0746	75	1,0553	100

Ameisensäure $H \cdot COOH$ [2].

Darstellung der Ameisensäure. Gegenwärtig wird die Ameisensäure durch Einwirkung von Kohlenoxyd (Generatorgas) auf gepulvertes Ätznatron in Druckgefäßen bei 120° gewonnen:

$$NaOH + CO \longrightarrow Na \cdot COOH.$$

Aus dem erhaltenen Natriumsalz wird die Ameisensäure unter besonderen Vorsichtsmaßregeln mit Schwefelsäure ausgetrieben und in der Vorlage gesammelt.

Eigenschaften der Ameisensäure. Die gewöhnliche Handelsware enthält 85—90% Ameisensäure und bildet eine farblose, stechend riechende Flüssigkeit, die an der Haut Blasen zieht (Ameisenbiß). Sie

---

[1] S. 100.

[2] Die Ameisensäure ist die einfachste organische Karbonsäure und bildet das Anfangsglied einer Reihe von Säuren, deren nächstes Glied die Essigsäure ist. Auch wichtige höhere Fettsäuren (S. 135) gehören dieser Reihe an. Allen kommt die allgemeine Formel $C_nH_{2n}O_2$ zu.

ist stärker als Essigsäure, flüchtig und mit Wasser in jedem Verhältnis mischbar, wobei jedoch eine Kontraktión nicht stattfindet. Von der Essigsäure unterscheidet sie sich durch ihr starkes Reduktionsvermögen[1]) und ihre antiseptische Wirkung[2]).

Die Salze der Ameisensäure, Formiate genannt, sind denen der Essigsäure ähnlich und in Wasser löslich.

Verwendung der Ameisensäure. Die Ameisensäure wird gegenwärtig sehr viel in der Färberei und Druckerei an Stelle anderer Säuren gebraucht. Sie greift die Faser gar nicht an und wirkt dennoch kräftiger als die Essigsäure. Aus demselben Grunde wird sie der Essigsäure auch zum Krachendmachen der merzerisierten Baumwolle vorgezogen[3]). Für alkalisch reagierende Appreturmassen kann sie als Neutralisationsflüssigkeit verwendet werden, um so mehr, da ein kleiner Überschuß nicht schadet, vielmehr die Farben vielfach belebt und die Appreturmasse bzw. die Ware gleichzeitig antiseptisch macht. Die antiseptische Wirkung macht sich bei einem Zusatz von 5 Teilen Ameisensäure zu 1000 Teilen Appreturmasse geltend.

Nachweis der Ameisensäure und ihrer Salze.

Die freie Säure erkennt man an ihrem stechenden Geruch. Mit Silbernitratlösung $AgNO_3$ geben Formiate, nicht aber die freie Ameisensäure, einen weißen Niederschlag von Silberformiat $Ag \cdot COOH$, aus welchem sich in der Kälte allmählich, beim Erwärmen sofort Silber ausscheidet, das in der feinen Verteilung schwarz erscheint. In verdünnter Lösung bewirkt Silbernitrat keine Fällung, doch wird letzteres so wie durch freie Ameisensäure beim Erwärmen ebenfalls zu schwarzem Silber reduziert[4]).

Die Bestimmung des Gehaltes der Ameisensäure kann mit Hilfe der folgenden Tabelle aräometrisch erfolgen.

Spezifische Gewichte der Ameisensäure verschiedener Konzentration. (Nach Hammel.)

Spez. Gew. bei $\frac{15^0}{4^0}$	Gew.-% H_2CO_2	Spez. Gew. bei $\frac{15^0}{4^0}$	Gew.-% H_2CO_2	Spez. Gew. bei $\frac{15^0}{4^0}$	Gew.-% H_2CO_2	Spez. Gew. bei $\frac{15^0}{4^0}$	Gew.-% H_2CO_2
1,0025	1	1,0225	9	1,1150	45	1,2020	85
1,0050	2	1,0250	10	1,1240	50	1,2130	90
1,0075	3	1,0390	15	1,1380	55	1,2170	92
1,0100	4	1,0530	20	1,1470	60	1,2190	94
1,0125	5	1,0665	25	1,1570	65	1,2230	97
1,0150	6	1,0800	30	1,1700	70	1,2270	100
1,0175	7	1,0925	35	1,1820	75		
1,0200	8	1,1050	40	1,1900	80		

[1]) Unter dem Reduktionsvermögen eines Stoffes versteht man seine Fähigkeit, anderen Stoffen Sauerstoff oder andere Elemente zu entziehen. Bei der Reduktion von Salzen geht das Metall aus der höheren Wertigkeitsstufe in die niedrigere über; es geht z. B. das Ferrisulfat $\overset{\text{III}}{Fe_2}(SO_4)_3$ in Ferrosulfat $\overset{\text{II}}{Fe}SO_4$, das Ferrichlorid $\overset{\text{III}}{Fe}Cl_3$ in Ferrochlorid $\overset{\text{II}}{Fe}Cl_2$ über usw. Manchmal findet die Reduktion der Salze unter Abscheidung des Metalles statt, so z. B. bei Silbersalzen. [2]) S. 296.

[3]) Die Ameisensäure kann auch einen Ersatz für die demselben Zwecke dienende, aber im Preise viel höher stehende Weinsäure bieten.

[4]) Bei der Essigsäure erhält man mit Silbernitrat keine Schwärzung.

Oxalsäure $H_2C_2O_4 + 2H_2O$.

Die Oxalsäure ist in der Pflanzenwelt sehr verbreitet; ihr primäres Kaliumsalz findet sich z. B. im Sauerklee und im Sauerampfer. Sie wird nach dem älteren Verfahren durch Schmelzen des Sägemehls mit Kaliumhydroxyd und Natriumhydroxyd gewonnen. Die erhaltene Schmelze wird mit Wasser ausgelaugt und das gelöste Alkalioxalat durch Zusatz von Kalkmilch in unlösliches Kalziumoxalat übergeführt. Das gereinigte Kalziumsalz wird mit Schwefelsäure zerlegt und die vom Gips abgetrennte Lösung zur Kristallisation eingedampft. Nach einem neueren Verfahren bedient man sich zur Gewinnung der Oxalsäure des Natriumformiates, das bei 400⁰ in Natriumoxalat und Wasserstoff zerfällt:

$$2\,Na(COOH) \longrightarrow Na_2C_2O_4 + H_2.$$

Aus dem Natriumoxalat wird die Säure wie oben frei gemacht.

Die Oxalsäure bildet farblose, leicht lösliche Kristalle von giftiger Wirkung. Da sie mit Eisenverbindungen lösliche Salze bildet, findet sie sowie ihr primäres Kalziumsalz $K \cdot H \cdot C_2O_4$ und das Kleesalz $KH \cdot C_2O_4 + H_2C_2O_4 + 2H_2O$ zur Entfernung von Rost- und Tintenflecken Verwendung. Auch als Aufschließungsmittel für Stärke wird die Oxalsäure empfohlen. Größtenteils kommt sie als Beize in der Zeugdruckerei zur Verwendung.

Weinsäure $H_2 \cdot C_4H_4O_6$.

Die Weinsäure kommt namentlich in den Weintrauben sowohl frei als auch in Form ihres primären Kaliumsalzes oder Weinsteins vor. Sie wird aus dem rohen Weinstein, welcher sich beim Lagern des Weines in Krusten in den Fässern absetzt, gewonnen. Der rohe Weinstein wird mit Wasser gekocht, durch Zusatz von Kalk das Kalziumsalz hergestellt und dieses mit Schwefelsäure zerlegt.

Die Weinsäure bildet harte, in Wasser leicht lösliche Kristalle von stark saurem Geschmack. Sie wird in der Appretur als knirschend machendes Mittel verwendet; sie dient zum Griffigmachen der merzerisierten Baumwolle, zum Avivieren der Seide sowie, nebst ihren Salzen Weinstein und Brechweinstein, als Beizmittel in der Färberei. Ihre Salze heißen Tartrate.

Zitronensäure $H_3 \cdot C_6H_5O_7$.

Die Zitronensäure findet sich frei namentlich in Zitronen. Zu ihrer Gewinnung wird der Zitronensaft mit Kalziumkarbonat neutralisiert und gekocht. Dabei fällt das unlösliche Kalziumsalz aus, das mit verdünnter Schwefelsäure zerlegt wird.

Die Zitronensäure bildet große, farblose und in Wasser leicht lösliche Kristalle von angenehm saurem Geschmack. Sie findet in der Appretur mancher ganzseidener Waren sowie in der Färberei Verwendung. Ihre Salze heißen Zitrate.

Milchsäure $H \cdot C_3H_5O_3$.

Sie wird durch die milchsaure Gärung aus der Stärke gewonnen. Die Handelsmilchsäure ist 40—80%ig und bildet eine bräunliche Flüssigkeit. Sie gewinnt eine immer größere Bedeutung als Beize an Stelle der Weinsäure. Salze der Milchsäure nennt man Laktate. Das Natriumlaktat bildet in konzentrierter Lösung einen „Glyzerinersatz".

Die wichtigsten Basen [1].

Natriumhydroxyd, Ätznatron (kaustische Soda, Laugenstein) NaOH.

Das Natriumhydroxyd spielt unter den Basen eine ebenso wichtige Rolle wie die Schwefelsäure unter den Säuren.

Darstellung von Natriumhydroxyd. In eine verdünnte, siedende Sodalösung wird unter Umrühren so lange Kalkmilch eingetragen, bis das gesamte Natriumkarbonat umgesetzt ist:

$$\dot{N}a_2(CO_3)'' + \ddot{C}a(OH)_2' \rightarrow CaCO_3 + 2\dot{N}a(OH)'.$$

Die vollständige Umsetzung des Natriumkarbonates erkennt man daran, daß eine filtrierte Probe mit Salzsäure kein Kohlendioxyd mehr entwickelt[2]. Nach dem Absetzen des unlöslichen Kalziumkarbonates wird die darüber befindliche Lösung von Natriumhydroxyd, Natronlauge genannt, in einen eisernen Kessel abgezogen und auf den gewünschten Konzentrationsgrad eingedampft. Wird die Natronlauge so weit eingedampft, bis der Siedepunkt 360° übersteigt, so scheidet sich nach dem Erkalten festes Ätznatron mit 75—97% NaOH aus; es wird in eisernen Blechtrommeln in den Handel gebracht[3].

In neuerer Zeit wird Natriumhydroxyd zumeist durch Elektrolyse einer Kochsalzlösung gewonnen. Das Kochsalz wird durch den elektrischen Strom in Natrium und Chlor zerlegt; ersteres bildet mit dem Wasser sofort Natriumhydroxyd. Damit das Chlor nicht auf das Natriumhydroxyd einwirkt, müssen die Elektroden durch eine poröse Wand von einander getrennt sein[4].

Eigenschaften des Ätznatrons. Es bildet eine weiße, spröde Masse von kristallinischem Bruch, schmilzt bei Rotglut und löst sich in Wasser zu einer stark alkalisch reagierenden, ätzenden Flüssigkeit (Natronlauge). Größere Mengen Ätznatron werden nach Zusatz von Wasser durch längeres Einleiten von Wasserdampf in Lösung gebracht[5]. Festes Ätznatron ist hygroskopisch und zieht aus der Luft auch Kohlendioxyd an, wobei oberflächlich Natriumkarbonat gebildet wird:

$$2\dot{N}a(OH)' + CO_2 \rightarrow \dot{N}a_2(CO_3)'' + H_2O.$$

---

[1]) Allgemeine Eigenschaften der Basen S. 25.

[2]) Zersetzung von Karbonaten mit Säuren S. 87.

[3]) Zur Herstellung eines eisenfreien Ätznatrons nimmt man das Eindampfen in Nickelschalen vor und läßt den geschmolzenen Rückstand in Stangenformen erstarren. Für besondere Zwecke wird das Natriumhydroxyd durch Auflösen in Alkohol von den darin unlöslichen Verunreinigungen getrennt und nach dem Abdestillieren des Lösungsmittels auf chemisch reines Ätznatron verarbeitet.

[4]) Über elektrolytische Vorgänge S. 30.

[5]) Viel schneller bringt man das Ätznatron durch „Ausdämpfen" in Lösung. Zu diesem Zwecke stellt man die das Ätznatron enthaltende Blechtrommel mit der Öffnung nach unten über einen Eisenkessel, der zur Hälfte mit kaltem Wasser gefüllt ist, und läßt durch ein in die Öffnung der Trommel mündendes Rohr Dampf auf das Ätznatron strömen: Es tropft eine sehr konzentrierte Lauge in das Wasser; nach beendeter Auflösung wird eine weitere Verdünnung, gewöhnlich auf 40° Bé, vorgenommen.

Die Natronlauge des Handels enthält bei 40—45⁰ Bé ungefähr 35 bzw. 41,4% NaOH.

Die Natronlauge zeigt gegenüber tierischen Stoffen eine starke Wirkung; so werden Wolle, Seide, Haut, Horn usw. von derselben vollständig zerstört und in Lösung gebracht. Die Pflanzenfaser hingegen ist der Natronlauge gegenüber widerstandsfähig; sie erhält bei richtiger Behandlung mit Natronlauge sogar eine vorteilhafte Beschaffenheit: einen seidenartigen Glanz, größere Festigkeit und eine erhöhte Aufnahmefähigkeit für Farbstoffe. Darauf beruht die sogenannte Merzerisation der Baumwolle[1]). Eine öftere Einwirkung von Natronlauge auf die Pflanzenfaser ist jedoch, insbesondere in der Kochhitze, schädlich; die Faser wird mit der Zeit rauh, sie verliert an Substanz und auch an Festigkeit. Die schädigende Wirkung macht sich bei der Leinenfaser stärker bemerkbar als bei der Baumwollfaser[2]). Bei Zutritt von Luft führt kochende Natronlauge die Zellulose in die schädlich wirkende Oxyzellulose über[3]).

Wichtig ist auch die Eigenschaft der Natronlauge, Fette zu „verseifen", d. h. unter Seifenbildung zu lösen[4]). Auf Stärke wirkt Natronlauge bereits in der Kälte verkleisternd ein. Diese Eigenschaft wird bei der Bereitung von sogenannten Pflanzenleimen, oder besser gesagt Stärkeleimen, verwertet[5]).

Das Natriumhydroxyd ist die Base aller Natriumsalze. Bis auf wenige schwer lösliche, welche nur für den analytischen Nachweis eine Bedeutung haben, sind die Natriumsalze in Wasser löslich. Das Natriumhydroxyd scheidet die meisten Metalle aus ihren Salzen als Hydroxyde aus; z. B.

$$\overset{..}{Mg}Cl_2{}' + 2\,\overset{.}{Na}(OH)' \to Mg(OH)_2 + 2\,\overset{.}{Na}Cl'{}^6).$$

Verwendung des Ätznatrons. Es findet in großen Mengen eine vielseitige Verwendung; so in der Färberei und Druckerei, in der Wäscherei von Baumwollwaren und anderen Erzeugnissen vegetabilischer Natur, in der Leinen- und Baumwollbleiche zum „Beuchen", d. i. zum Auskochen der rohen Ware vor der Chlorbleiche. Auf die Verwendung der Natronlauge bei der Merzerisation, Seifengewinnung und Herstellung von Stärkeleimen wurde bereits hingewiesen. Als Neutralisationsmittel für saure Flüssigkeiten spielt sie eine wichtige Rolle. Durch Einleiten von Chlorgas in kalte Natronlauge erhält man die Labarraquesche Lauge; diese findet zu Bleichzwecken Verwendung[7]). Usw.

---

[1]) S. 213.

[2]) In derselben Weise, doch entsprechend schwächer wirken auch andere in der Lösung stark alkalisch reagierende Substanzen. Ihre Verwendung als Reinigungsmittel für die „Wäsche" ist auch die Hauptursache einer raschen Abnützung der letzteren (S. 180).

[3]) S. 219.   [4]) S. 140.   [5]) S. 231.

[6]) In Wasser leicht löslich sind nur die Hydroxyde des Natriums, Kaliums und Ammoniums, zunehmend schwerer löslich die des Bariums, Strontiums und Kalziums; sehr schwer löslich das des Magnesiums; die übrigen sind unlöslich.   [7]) S. 127.

Nachweis von Natriumverbindungen.

Alle Natriumverbindungen erteilen der nichtleuchtenden Flamme[1]) eine intensive Gelbfärbung[2]). Da diese Reaktion sehr empfindlich ist und Spuren von Natriumverbindungen überall vorhanden sind, kann die Gelbfärbung nur dann berücksichtigt werden, wenn sie anhaltend ist.

Sodalösung erzeugt in der Lösung einer Natriumverbindung keine Fällung.

Die freie Base NaOH erkennt man überdies an der stark alkalischen Reaktion; doch reagieren auch manche Natriumsalze in der Lösung alkalisch[3]).

Die Gehaltbestimmung der Natronlauge geschieht bei Verwendung der folgenden Tabelle aräometrisch.

Spezifische Gewichte von Natronlauge. (Lunge.)

Spez. Gew. bei 15°	°Baumé	Gew.-% NaOH	Raum-% NaOH	Spez. Gew. bei 15°	°Baumé	Gew.-% NaOH	Raum-% NaOH	Spez. Gew. bei 15°	°Baumé	Gew.-% NaOH	Raum-% NaOH
1,007	1	0,61	0,6	1,142	18	12,64	14,4	1,320	35	28,83	38,1
1,014	2	1,20	1,2	1,152	19	13,55	15,6	1,332	36	29,93	39,9
1,022	3	2,00	2,1	1,162	20	14,37	16,7	1,345	37	31,92	42,0
1,029	4	2,71	2,8	1,171	21	15,13	17,7	1,357	38	32,47	44,1
1,036	5	3,35	3,5	1,180	22	15,91	18,8	1,370	39	33,69	46,2
1,045	6	4,00	4,2	1,190	23	16,77	20,0	1,383	40	34,96	48,3
1,052	7	4,64	4,9	1,200	24	17,67	21,2	1,397	41	36,25	50,6
1,060	8	5,29	5,6	1,210	25	18,58	22,5	1,410	42	37,47	52,8
1,067	9	5,87	6,3	1,220	26	19,58	23,9	1,424	43	38,80	55,3
1,075	10	6,55	7,0	1,231	27	20,59	25,3	1,438	44	39,99	57,5
1,083	11	7,31	7,9	1,241	28	21,42	26,6	1,453	45	41,41	60,2
1,091	12	8,00	8,7	1,252	29	22,64	28,3	1,468	46	42,83	62,9
1,100	13	8,68	9,5	1,263	30	23,67	29,9	1,483	47	44,38	65,8
1,108	14	9,42	10,4	1,274	31	24,81	31,6	1,498	48	46,15	69,1
1,116	15	10,06	11,2	1,285	32	25,80	33,2	1,514	49	47,60	72,1
1,125	16	10,97	12,3	1,297	33	26,83	34,8	1,530	50	49,02	75,0
1,134	17	11,84	13,4	1,308	34	27,80	36,4				

Da nach dem Verhältnis 2 NaOH: Na_2CO_3 100 Gewichtsteile NaOH 132,5 Gewichtsteilen Natriumkarbonat (Soda) äquivalent sind, so bezeichnet man in Deutschland vielfach ein wasserfreies Ätznatron als 132,5-grädig. Daher ist z. B. eine 35%ige Natronlauge nach der Proportion 100:132,5 = 35: x als 47,4-grädig zu bezeichnen.

Als „Gesamtalkalinität" des Ätznatrons bezeichnet man insgesamt das Natriumhydroxyd, das oft in größeren Mengen vorhandene Natriumkarbonat sowie das meist in Spuren anwesende Natriumsilikat und Natriumaluminat, wobei diese ebenfalls in die äquivalenten Mengen NaOH umgerechnet erscheinen. Die „Gesamtalkalinität" wird durch Titrierung mit normaler Säure ermittelt.

---

[1]) Eine nichtleuchtende Leuchtgasflamme erhält man mit Hilfe des sogenannten Bunsenbrenners, welcher eine Mischung des Leuchtgases mit der Luft vor der Verbrennung gestattet.

[2]) Zur Ausführung von „Flammenreaktionen" bringt man in der Öse eines gut gereinigten Platindrahtes eine kleine Menge der festen oder gelösten Substanz in die nichtleuchtende Leuchtgas- oder Spiritusflamme und beobachtet die Färbung. — Der Platindraht, den man zweckmäßig in ein Glasröhrchen einschmilzt, wird am besten durch Eintauchen in konzentrierte Salzsäure und Ausglühen gereinigt; er ist zur Ausführung der Reaktion erst dann geeignet, wenn er der Flamme keine Färbung erteilt.

[3]) Siehe „Hydrolyse"; S. 34.

Kaliumhydroxyd, Ätzkali KOH.

Darstellung von Kaliumhydroxyd. Ätzkali kann auf dieselbe Weise aus Kaliumkarbonat K_2CO_3 wie Ätznatron aus Natriumkarbonat gewonnen werden. Gegenwärtig wird Ätzkali fast ausschließlich auf elektrolytischem Wege aus Kaliumchlorid hergestellt. Da die Asche der Landpflanzen sehr viel Kaliumkarbonat (Pottasche) enthält, wurde in früherer Zeit diese zur Herstellung von Ätzkali verwendet. Seit jedoch die Soda bedeutend billiger als die Pottasche herzustellen ist, hat die Holzasche fast jede Bedeutung verloren und findet heute nur manchmal im Haushalte zur Herstellung der „Waschlauge" Verwendung. Die Lösung von Kaliumhydroxyd (Kalilauge) wird in der Seifensiederei auch „Laugenessenz" genannt.

Eigenschaften und Verwendung des Ätzkalis. Diese sind denen des Ätznatrons sehr ähnlich. Doch ist das Ätzkali in Wasser noch leichter löslich und an der Luft zerfließlich, da es aus dieser Kohlendioxyd aufnimmt, wobei oberflächlich das sehr hygroskopische Kaliumkarbonat gebildet wird.

Die Verwendung des Ätzkalis ist durch das Natriumhydroxyd sehr eingeschränkt worden, da letzteres sowohl viel billiger ist als auch infolge des kleineren Molekulargewichtes einen größeren Wirkungswert besitzt. Aus den folgenden Vorgängen geht hervor, daß z. B. zur Neutralisation von 98 g Schwefelsäure 112 g Kaliumhydroxyd benötigt werden, während man von Natriumhydroxyd dazu nur 80 g braucht:

$$\underbrace{\dot{H}_2(SO_4)''}_{\text{Mol.-Gew.98}} + \underbrace{2\dot{K}(OH)'}_{\text{2 Mol.-Gew. 56}=112} \longrightarrow \dot{K}_2(SO_4)'' + H_2O.$$

$$\underbrace{\dot{H}_2(SO_4)''}_{\text{Mol.-Gew. 98}} + \underbrace{2\dot{N}a(OH)'}_{\text{2 Mol.-Gew. 40}=80} = \dot{N}a_2(SO_4)'' + H_2O.$$

Nur in manchen Fällen wird Kaliumhydroxyd dem Natriumhydroxyd vorgezogen; so bei der Herstellung alkalischer Ölemulsionen. Die Herstellung von Schmierseifen war bis vor kurzem nur mittels Kalilauge möglich. Entsprechend der Labarraqueschen Lauge erhält man durch Einleiten von Chlor in Kalilauge die Javellesche Lauge, welche ebenfalls als Bleichflüssigkeit Verwendung findet[1].

Das Kaliumhydroxyd ist die Base aller Kaliumsalze. Die meisten sind leicht löslich. Von den schwer löslichen sei hier nur das primäre Kaliumtartrat oder „Weinstein" $KH \cdot C_4H_4O_6$ erwähnt.

Nachweis von Kaliumverbindungen.

Der nichtleuchtenden Flamme erteilen alle Kaliumverbindungen eine Violettfärbung. Bei gleichzeitiger Anwesenheit von Natriumverbindungen wird die Violettfärbung durch die Gelbfärbung verdeckt. Beobachtet man jedoch in diesem Falle die gefärbte Flamme durch ein blaues Glas (Kobaltglas), so verschwindet die Gelbfärbung, während die durch Kalium verursachte Violettfärbung sichtbar bleibt. · Auf diese Weise kann man Kalium neben Natrium nachweisen.

Auch Kaliumverbindungen werden durch Soda nicht gefällt.

Die freie Base KOH erkennt man überdies an der stark alkalischen Reaktion. Wie bei Natrium ist auch hier zu bemerken, daß manche Kaliumsalze in der Lösung alkalisch reagieren[2].

---

[1] S. 129.   [2] Siehe „Hydrolyse", S. 34.

Ammoniak NH_3 bzw. Ammoniumhydroxyd NH_4OH.

Bildung und Darstellung des Ammoniaks. Ammoniak entsteht bei der Zersetzung stickstoffhaltiger organischer Substanzen; es ist das Fäulnisprodukt des Harns und macht sich oft in Aborten und Ställen durch den durchdringend scharfen Geruch bemerkbar. In größerer Menge ist Ammoniak im Gaswasser, dem wässerigen Destillationsprodukt der Steinkohle, enthalten[1]). Dieses wird, da es Ammoniak zum großen Teile an Kohlensäure gebunden enthält, mit Kalk versetzt und einer Destillation unterworfen. Das frei gewordene Ammoniak wird nach entsprechender Reinigung entweder unter Druck und Abkühlung in Stahlflaschen verflüssigt oder in kaltem Wasser zur Absorption gebracht. Ammoniak ist demnach ein Nebenprodukt der Leuchtgasfabrikation und der Koksgewinnung. Gegenwärtig werden nach dem Haber-Bosch-Verfahren große Mengen Ammoniak aus seinen Elementen, in Gegenwart von „Kontaktsubstanzen". synthetisch hergestellt.

Eigenschaften des Ammoniaks. Ammoniak ist ein farbloses, durchdringend riechendes und die Augen zu Tränen reizendes Gas, das in Wasser sehr leicht löslich ist. Bei 15^0 enthält die gesättigte Lösung 35 Gew.-% NH_3, während die in den Handel gebrachte nur etwa 25% enthält. Seine wässerige Lösung heißt Ätzammoniak oder Salmiakgeist[2]). Da sie stark alkalische Eigenschaften zeigt, muß man annehmen, daß Ammoniak, in gleicher Weise wie Kalium- und Natriumhydroxyd, in der Lösung Hydroxyl-Ionen (OH)′ enthält, welche durch die Ionisierung des Ammoniumhydroxydes NH_4OH entstehen:

$$NH_3 + H_2O \rightarrow (N\dot{H}_4)(OH)'.$$

Die Ammoniaklösung zeigt eine große Ähnlichkeit mit Natronlauge und Kalilauge. Doch läßt sich Ammoniumhydroxyd aus seiner Lösung nicht isolieren, denn beim Erwärmen zerfällt es in Wasser und Ammoniak:

$$(N\dot{H}_4)(OH)' \rightarrow H_2O + NH_3.$$

---

[1]) Bei der trockenen Destillation der Steinkohle erhält man als Rückstand Koks, als flüssige Destillationsprodukte den Steinkohlenteer und das Steinkohlenteerwasser, und als gasförmiges Produkt das Leuchtgas.

Koks bildet zufolge seines hohen Heizwertes ein wertvolles Brennmaterial; bei der Eisengewinnung dient er zur Reduktion der Eisenerze im Hochofen.

Der Steinkohlenteer ist eine dicke, eigentümlich riechende Flüssigkeit, deren schwarze Färbung von suspendierten Kohlenteilchen herrührt. Während er früher wertlos war, bildet er in den letzten Jahrzehnten das Ausgangsmaterial zur Gewinnung der verschiedensten Kohlenstoffverbindungen und besitzt eine außergewöhnliche industrielle Bedeutung, insbesondere in bezug auf die Herstellung von Farbstoffen, Heilmitteln und Sprengstoffen. Da er konservierend wirkende Substanzen enthält, findet er auch zur Imprägnierung von Dachpappe und zu Anstrichen Verwendung. Während des Krieges ist es gelungen, durch Vergasen der Steinkohle bei niedriger Temperatur einen für Schmieröle brauchbaren „Tieftemperaturteer" und besonders für Lagerschmierung geeignete „Teerfettöle" zu erhalten.

[2]) Die oft übliche Bezeichnung „Salmiak" für die Lösung von Ammoniak ist unrichtig. Die Bezeichnung Salmiak kommt dem Ammoniumchlorid zu.

Es ist demnach das Ammoniumhydroxyd — zum Unterschiede von allen anderen Basen — flüchtig. Als flüchtige Base wirkt es auch weniger energisch und greift weder die pflanzliche noch die tierische Faser an; wohl verseift es aber Fette — wenn auch weniger leicht als Natronlauge — und wird aus diesem Grunde auch zum Waschen der Wolle, sowohl der rohen als auch der Garne und Gewebe verwendet.

Mit Säuren bildet das Ammoniumhydroxyd **Ammoniumsalze**; so z. B. mit der Salzsäure das Ammoniumchlorid, mit der Schwefelsäure das Ammoniumsulfat:

$$(N\dot{H}_4)(OH)' + \dot{H}Cl' \rightarrow (N\dot{H}_4)Cl' + H_2O.$$
$$2(N\dot{H}_4)(OH)' + \dot{H}_2(SO_4)'' \rightarrow (N\dot{H}_4)_2(SO_4)'' + H_2O.$$

Auch durch Einleiten von gasförmigem Ammoniak in verdünnte Säuren erhält man Ammoniumsalze; in diesem Falle ist die Salzbildung ein Additionsvorgang:

$$NH_3 + \dot{H}Cl' \rightarrow N\dot{H}_4Cl'.$$
$$2NH_3 + \dot{H}_2(SO_4)'' \rightarrow (N\dot{H}_4)_2(SO_4)''.$$

In allen Ammoniumverbindungen ist das zusammengesetzte Radikal **Ammonium** NH_4 enthalten, das in freiem Zustande nicht bekannt ist, in Verbindungen aber die Rolle eines einwertigen Metalls spielt und sich insbesondere den Alkalimetallen (Kalium, Natrium) ähnlich verhält.

Verwendung des Ammoniaks. Sie ist eine vielseitige. Die Eigenschaft des verflüssigten Ammoniaks, beim Verdunsten Wärme zu binden, wird zur Erzielung von tiefen Temperaturen verwertet; davon macht man z. B. bei der künstlichen Eisgewinnung und beim Kühlen der Natronlauge zum Zwecke der Merzerisation Anwendung. Sehr viel Verwendung findet das Ammoniak in der Sodafabrikation nach dem Solvay-Verfahren und zur Herstellung von Ammoniumsalzen. Zufolge seiner Flüchtigkeit und milderen Wirkung findet Ammoniak auch in der Textilindustrie Verwendung, und zwar dort, wo die schärfer wirkende Natronlauge nicht zulässig ist. Es dient zum Reinigen der Wolle und Seide, zum Entfernen von Fett und Seife aus Geweben und wird häufig auch in den Waschanstalten sowie im Haushalte als Fleckenreinigungsmittel verwendet. Ferner findet es in der Färberei und Druckerei Verwendung. Neutralisierungen, bei welchen jeder Überschuß an nicht flüchtigem (fixem) Alkali zu vermeiden ist, werden zweckmäßig statt mit Natronlauge mit Ammoniak durchgeführt. Wirtschaftlich ist es, in solchen Fällen den größten Teil der Säure mit der kräftiger wirkenden und billigeren Natronlauge zu neutralisieren und nur die letzten Anteile der freien Säure an Ammoniak zu binden, wobei ein kleiner Überschuß des letzteren keine schädliche Wirkung zur Folge hat. Eine solche „Schlußneutralisation" mit Ammoniak wird sich also bei jenen vorher sauer reagierenden Schlicht- und Appreturmassen empfehlen, die für wollene

Ware bestimmt sind[1]). Bemerkenswert ist die Gewinnung der Salpetersäure aus Ammoniak.

Da Ammoniak Kupfer unter Bildung einer blauen Lösung, welche Flecke in der Ware verursacht, stark angreift, sind beim Arbeiten mit Ammoniak Kupfergefäße zu vermeiden.

Nachweis von Ammoniumverbindungen.

Soda gibt mit Ammoniumlösungen keine Fällung. Ammoniumverbindungen lassen sich durch das Verhalten zu Natronlauge leicht erkennen. Diese bewirkt bereits in der Kälte, noch leichter beim Erwärmen das Freiwerden von Ammoniak, das am Geruch sowie an der Blaufärbung von rotem Lackmuspapier erkannt wird. Z. B.

$$(N\dot{H}_4)Cl' + \dot{N}a(OH)' \longrightarrow \dot{N}aCl' + H_2O + NH_3.$$

Äußerst empfindlich für Ammoniumverbindungen ist das Neßlersche Reagens[2]); es gibt mit denselben einen braunen Niederschlag, bei Spuren eine Gelbfärbung. (Nachweis von Ammoniak im Trinkwasser.) Freies Ammoniak (Salmiakgeist) erkennt man ohne weiteres am Geruch.

Den Gehalt an Ammoniak in seinen Lösungen ermittelt man bei Verwendung der folgenden Tabelle aräometrisch.

Spezifische Gewichte von Ammoniaklösungen. (Lunge und Wiernik.)

Spez. Gew. bei $\frac{15°}{4°}$	Gew.-% NH_3	Raum-% NH_3	Spez. Gew. bei $\frac{15°}{4°}$	Gew.-% NH_3	Raum-% NH_3	Spez. Gew. bei $\frac{15°}{4°}$	Gew.-% NH_3	Raum-% NH_3
1,000	0,00	0,00	0,960	9,91	9,51	0,920	21,75	20,01
0,998	0,45	0,45	0,958	10,47	10,03	0,918	22,39	20,56
0,996	0,91	0,91	0,956	11,03	10,54	0,916	23,03	21,09
0,994	1,37	1,36	0,954	11,60	11,07	0,914	23,68	21,63
0,992	1,84	1,82	0,952	12,17	11,59	0,912	24,33	22,19
0,990	2,31	2,29	0,950	12,74	12,10	0,910	24,99	22,74
0,988	2,80	2,77	0,948	13,31	12,62	0,908	25,65	23,29
0,986	3,30	3,25	0,946	13,88	13,13	0,906	26,31	23,83
0,984	3,80	3,74	0,944	14,46	13,65	0,904	26,98	24,39
0,982	4,30	4,22	0,942	15,04	14,17	0,902	27,65	24,94
0,980	4,80	4,70	0,940	15,63	14,69	0,900	28,33	25,50
0,978	5,30	5,18	0,938	16,22	15,21	0,898	29,01	26,05
0,976	5,80	5,66	0,936	16,82	15,74	0,896	29,69	26,60
0,974	6,30	6,14	0,934	16,27	17,42	0,894	30,37	27,15
0,972	6,80	6,61	0,932	18,03	16,81	0,892	31,05	27,70
0,970	7,31	7,09	0,930	18,64	17,34	0,890	31,75	28,26
0,968	7,82	7,57	0,928	19,25	17,86	0,888	32,50	28,86
0,966	8,33	8,05	0,926	19,87	18,42	0,886	33,25	29,46
0,964	8,84	8,52	0,924	20,49	18,93	0,884	34,10	30,14
0,962	9,35	8,99	0,922	21,12	19,47	0,882	34,95	30,83

Kalziumhydroxyd $Ca(OH)_2$.

Darstellung und Eigenschaften des Kalziumhydroxydes. Durch Erhitzen oder „Brennen" von Kalziumkarbonat (Kalkstein) $CaCO_3$ im Kalkofen erhält man das Kalziumoxyd CaO:

$$CaCO_3 \longrightarrow CaO + CO_2.$$

---

[1]) Umgekehrt können bei ursprünglich alkalischen Schlicht- und Appreturmassen Essigsäure und Ameisensäure als Schlußneutralisationsmittel Verwendung finden, nachdem man zuvor den größten Teil des Alkalis mit Schwefelsäure neutralisiert hat.

[2]) Eine mit Kalilauge versetzte Lösung von Merkurijodid in Kaliumjodid.

Es führt auch den Namen **gebrannter Kalk** und bildet eine weiße, in der Hitze sehr beständige Masse, deren Verhalten zu Wasser besonders wichtig ist. Mit diesem befeuchtet, bläht sich das Kalziumoxyd unter großer Wärmeentwicklung allmählich auf und zerfällt schließlich in ein weißes, lockeres Pulver, das als **gelöschter Kalk** oder **Ätzkalk** bezeichnet wird, seiner chemischen Natur nach aber als **Kalziumhydroxyd** $Ca(OH)_2$ anzusprechen ist:

$$CaO + H_2O \rightarrow Ca(OH)_2.$$

Der Vorgang wird als „**Löschen des Kalkes**" bezeichnet. In Wasser ist das Kalziumhydroxyd nur schwer löslich. Mit wenig Wasser angerührt, bildet es den **Kalkbrei**, mit einer größeren Menge Wasser eine milchige Flüssigkeit, die **Kalkmilch**. Nach dem Absetzen des ungelösten Kalziumhydroxydes zeigt die überstehende klare Lösung eine stark alkalische Reaktion und wird **Kalkwasser** genannt. 1 Liter Kalkwasser enthält ungefähr 1,7 g $Ca(OH)_2$. Das Kalkwasser absorbiert sehr leicht aus der Luft das Kohlendioxyd, wobei unter Bildung von Kalziumkarbonat eine Trübung der Flüssigkeit eintritt:

$$\ddot{C}a(OH)_2' + CO_2 \rightarrow CaCO_3 + H_2O.$$

Kalziumhydroxyd zeigt alle Eigenschaften einer Base; nur wirkt es schwächer als Natrium- oder Kaliumhydroxyd; zufolge seiner Nichtflüchtigkeit ist es jedoch stärker als Ammoniak[1]). Mit Säuren gibt es **Kalziumsalze**. Je nach der Beschaffenheit des zum Brennen gelangten Kalksteines ist der Kalk mehr oder weniger verunreinigt.

Verwendung des Kalkes. Als billigste Base findet der Kalk bei allen technischen Prozessen Verwendung, wo er die übrigen Basen zu ersetzen vermag. Er dient bei der Gewinnung von Natriumhydroxyd, Kaliumhydroxyd und Ammoniak, bei der Fabrikation von Soda nach dem Solvay-Verfahren, bei der Herstellung des Chlorkalkes, in der Fettsäure-, Zucker- und Leimfabrikation, in der Gerberei als Enthaarungsmittel, bei der Gewinnung der meisten organischen Säuren usw. Seine Verwendung zum Tünchen der Wände ist allgemein bekannt; ebenso seine Bedeutung für die Bereitung des Luftmörtels, eines breiigen Gemenges von gelöschtem Kalk, Quarzsand und Wasser[2]). Auch in der Färberei und Druckerei findet der Kalk Verwendung. In der Baumwoll- und Leinenbleicherei wird die Kalkmilch manchmal zum Auskochen der rohen Ware verwendet. Auf die Verwendung des Kalkes als Wasserreinigungsmittel wurde schon hingewiesen[3]). Von Bedeutung ist auch seine Verwendung zur Reinigung der Abwässer und zur Desinfektion.

---

[1]) Aus diesem Grunde wird das Ammoniak aus seinen Verbindungen auch durch Ätzkalk in Freiheit gesetzt (Anwendung bei der Gewinnung des Ammoniaks; S. 81).

[2]) Die Bindekraft des Mörtels beruht auf dem Übergang des Kalziumhydroxydes in Kalziumkarbonat durch Anziehung von Kohlendioxyd aus der Luft. Der Zusatz von Sand ermöglicht den Luftzutritt zu dem wenig porösen Kalk und verhindert auch sein Schwinden beim Trocknen.

[3]) S. 52.

Nachweis von Kalziumverbindungen.

Sodalösung bewirkt in Kalziumlösungen einen weißen Niederschlag von Kalziumkarbonat, welcher in verdünnter Salzsäure leicht löslich ist; z. B.:

$$\overset{..}{C}aCl_2' + \overset{..}{N}a_2(CO_3)'' \longrightarrow CaCO_3 + 2\overset{.}{N}aCl'.$$

Bei Zusatz von Ammoniumoxalat $(NH_4)_2C_2O_4$ zu der Lösung einer Kalziumverbindung entsteht ein weißer, in Essigsäure und Ammoniak unlöslicher, in Salzsäure löslicher Niederschlag von Kalziumoxalat; z. B.:

$$\overset{..}{C}aCl_2' + (N\overset{.}{H}_4)_2(C_2O_4)'' \longrightarrow CaC_2O_4 + 2(N\overset{.}{H}_4)Cl'.$$

Schwefelsäure fällt aus konzentrierten Lösungen weißes Kalziumsulfat, aus verdünnten erst bei Zusatz von Alkohol. Der nichtleuchtenden Flamme erteilen Kalziumverbindungen eine ziegelrote Färbung.

Die freie Base $Ca(OH)_2$ zeigt überdies eine stark alkalische Reaktion.

Wichtige in der Lösung alkalisch reagierende Salze[1].

Natriumkarbonat, Soda Na_2CO_3.

Vorkommen und Darstellung der Soda. Natriumkarbonat ist in der Natur in größeren Mengen in den Natronseen Unterägyptens und Zentralafrikas sowie im Owensee in Kalifornien enthalten und kommt auch als Auswitterungsprodukt des Bodens am Kaspischen Meer und in manchen Gegenden Ungarns vor. In der neuesten Zeit gewinnt man aus dem Magadisee (Afrika) Soda von großer Reinheit (98%ig); sie wird besonders nach England verschickt. In früherer Zeit wurde Natriumkarbonat aus der Asche der See- und Strandpflanzen hergestellt; jetzt wird es viel billiger fabrikmäßig aus Kochsalz gewonnen[2] Dazu dienen drei Verfahren.

1. Das Leblanc-Verfahren. Durch Einwirkung von Schwefelsäure auf Kochsalz im sogenannten Sulfatofen wird zuerst Natriumsulfat hergestellt und gleichzeitig Salzsäure gewonnen[3]. Das erhaltene Natriumsulfat wird mit Kohle und Kalkstein gemengt im Sodaofen geglüht. Durch die reduzierende Wirkung der Kohle entsteht Natriumsulfid:

$$Na_2SO_4 + C_4 \longrightarrow 4CO + Na_2S,$$

das sich mit Kalziumkarbonat zu Soda und Kalziumsulfid umsetzt:

$$Na_2S + CaCO_3 \longrightarrow Na_2CO_3 + CaS.$$

Das Schmelzprodukt enthält neben Natriumkarbonat und Kalziumsulfid noch etwas Natriumsulfat, Kohle sowie andere Verunreinigungen und führt den Namen Rohsoda. Durch eine systematische Laugerei der Rohsoda, wobei das Kalziumsulfid und alle unlöslichen Verunreinigungen als Rückstand verbleiben, erhält man eine Lösung, aus welcher sich die Soda in Kristallen ausscheidet. Durch eine wiederholte Kristallisation

---

[1] Eine alkalische Reaktion vieler Salzlösungen hat ihre Ursache in der Hydrolyse, S. 34.

[2] Die Veranlassung zur Gewinnung der Soda aus Kochsalz gab die französische Revolution, da durch die Kriege auch die Einfuhr der Soda erschwert war. Das Problem löste Leblanc; die nach seinem Verfahren hergestellte Soda führt den Namen Leblanc-Soda.

[3] S. 68.

erhält man die reine Kristallsoda des Handels. Durch Eindampfen der Lösung und Glühen der ausgeschiedenen Soda wird auch eine wasserfreie — kalzinierte Soda — hergestellt.

2. Das Solvay-Verfahren. Nach diesem wird gegenwärtig die weit größere Menge Soda hergestellt. In eine konzentrierte Kochsalzlösung wird Ammoniak bis zur Sättigung und dann unter Druck Kohlendioxyd eingeleitet. Dabei bildet sich primäres Ammoniumkarbonat:

$$(N\dot{H}_4)(OH)' + CO_2 \longrightarrow (N\dot{H}_4)(HCO_3)',$$

das sich mit Kochsalz zu primärem Natriumkarbonat und Ammoniumchlorid umsetzt:

$$(N\dot{H}_4)(HCO_3)' + \dot{N}aCl' \longrightarrow NaHCO_3 + N\dot{H}_4Cl'.$$

Da das primäre Natriumkarbonat in der Ammoniumchloridlösung schwer löslich ist, scheidet es sich aus; es wird von der Flüssigkeit getrennt und durch Erhitzen (Kalzinieren) in das wasserfreie normale Natriumkarbonat übergeführt:

$$2\,NaHCO_3 \longrightarrow Na_2CO_3 + H_2O + CO_2\,.$$

Da bei der Fabrikation als Hilfsstoff Ammoniak zur Verwendung kommt, wird die Solvay-Soda auch als „Ammoniaksoda" bezeichnet.

Das Solvay-Verfahren ist sehr wirtschaftlich, da die Ausnutzung aller zur Verwendung kommenden Materialien eine weitgehende ist. So wird das Ammoniak durch Erhitzen der Ammoniumchloridlauge mit Kalk wieder in den Betrieb zurückgeführt, während das erforderliche Kohlendioxyd zum Teil vom Kalkofen, zum Teil vom Kalzinierofen geliefert wird. Die Solvay-Soda wird oft auf Kristallsoda verarbeitet. Die Kristallisation wird, um die Frachtspesen für Kristallwasser zu ersparen, meist in Orten großen Sodaverbrauches durchgeführt.

3. Das elektrolytische Verfahren. Eine Kochsalzlösung wird der Elektrolyse unterworfen und das an der Kathode gebildete Natriumhydroxyd durch Kohlendioxyd in Natriumkarbonat übergeführt[1]).

Eigenschaften der Soda. Die Kristallsoda $Na_2CO_3 + 10\,H_2O$ enthält 63% Kristallwasser und bildet große, wasserhelle, monokline Kristalle, welche an der Luft unter Bildung eines weißen Belages oberflächlich ihr Kristallwasser verlieren (Verwitterung). Bei 30—50° kristallisiert Soda aus ihrer wässerigen Lösung in rhombischen Kristallen von der Zusammenstzung $Na_2CO_3 + 7\,H_2O$. Auch Soda mit 1 Mol. Kristallwasser kommt als feines Pulver in den Handel (cristal carbonate). Die kalzinierte Soda bildet ein weißes Pulver. In Wasser ist die Kristallsoda leicht löslich; schwieriger löst sich die kalzinierte. Letztere wird am besten durch langsames Einrühren in heißes Wasser in Lösung gebracht. In 100 Teilen Wasser lösen sich bei 0° 6,97 Teile, bei 15° 16,5 Teile und bei 100° 45,1 Teile des wasserfreien Salzes auf; am reichlichsten löst sich die Soda bei 36°, und zwar in 100 Teilen Wasser 52 Teile Na_2CO_3. Bei gewöhnlicher Temperatur lösen 100 Teile Wasser 20 Teile Kristallsoda.

Am reinsten ist die Kristallsoda; sie enthält 36—37% Na_2CO_3. Die kalzinierte Leblanc-Soda enthält oft Verunreinigungen, ins-

---

[1]) Das Solvay- und das elektrolytische Verfahren haben die Darstellung der Soda nach dem Leblanc-Verfahren fast vollständig verdrängt; nur die „Sulfatbetriebe" bestehen weiter, sie liefern das Natriumsulfat und die Salzsäure.

besondere Natriumhydroxyd, Natriumsulfid, Natriumsulfat, Natriumchlorid, manchmal auch Eisen usw.; ihr Gehalt an Na_2CO_3 ist demnach sehr verschieden und beträgt unter Umständen nur 80%. Die Ammoniaksoda ist stets frei von Natriumhydroxyd und enthält gewöhnlich 95—99% Na_2CO_3. In der Wirkungsweise entsprechen demnach 100 Gewichtsteile kalzinierter Soda (98%ig) ungefähr 270 Gewichtsteilen Kristallsoda. Die kalzinierte Soda ist sehr hygroskopisch; in feuchten Räumen gelagert nimmt sie bis zu 10% Wasser auf, ohne ein feuchtes Aussehen anzunehmen.

Von Wichtigkeit ist die Einwirkung der Soda auf Säuren. Dabei entstehen die entsprechenden Natriumsalze, während die frei gewordene Kohlensäure eine Zersetzung erfährt, wobei Kohlendioxyd unter Aufbrausen entweicht. Die Reaktion tritt schon in der Kälte ein, noch lebhafter ist sie beim Erwärmen, z. B.:

$$\dot{N}a_2(CO_3)'' + \dot{H}_2(SO)_4'' \rightarrow \dot{N}a_2(SO_4)'' + \dot{H}_2(CO_3)''.$$

$$H_2O \quad CO_2$$

Das Natriumkarbonat findet aus diesem Grunde auch als Neutralisationsmittel Verwendung.

Infolge der hydrolytischen Spaltung zeigt die Sodalösung eine alkalische Reaktion und verhält sich in ihrer Wirkungsweise einer verdünnten Natronlauge ähnlich. Wenn 20 g wasserfreie Soda zu 1 Liter gelöst werden, so sind nach Messungen von Shields bei 24^0 2,12% Na_2CO_3 hydrolysiert, d. h. durch die chemische Einwirkung des Wassers in NaOH übergeführt. Unter sonst gleichen Verhältnissen sind bei 10 g Soda 3,17% und bei 2,5 g Soda 7,2% Na_2CO_3 hydrolysiert[1]). Bei höherer Temperatur ist die Hydrolyse weitgehender. Es wäre jedoch verfehlt, die Wirkung der Sodalösung (z. B. in bezug auf ihre ätzende oder verseifende Eigenschaft) jener einer verdünnten Natronlauge gleichzustellen. Selbst in dem Falle, als die Sodalösung und die verdünnte Natronlauge gleich viel OH-Ionen enthalten, wirkt die erstere weniger kräftig. Während nämlich die verdünnte Natronlauge neben NaOH (zum Teil elektrolytisch dissoziiert) nur noch Wasser enthält, ist in der Sodalösung außerdem noch eine große Menge von Na_2CO_3-Molekülen (zum Teil elektrolytisch dissoziiert) enthalten, welche die Wirkung der OH-Ionen hemmen und demnach die Ursache einer milderen Wirkung der Sodalösung sind. Daher kommt es, daß eine Sodalösung die Pflanzenfaser (z. B. die Leinen- und Baumwollwäsche) weniger angreift als verdünnte Natronlauge. Auf die tierische Faser wirkt die Sodalösung um so nachteiliger ein, je höher ihre Temperatur und Konzentration ist; während jedoch z. B. die Wolle von heißer Natronlauge gelöst wird, wird sie von einer heißen Sodalösung nur zur Quellung gebracht. Desgleichen lassen sich mit einer Sodalösung Fette schwerer verseifen als mit Natronlauge; hingegen geht die Verseifung freier Fettsäuren auch mit Soda leicht vor sich.

---

[1]) Vorgang bei der Hydrolyse der Sodalösung, S. 34.

Verwendung der Soda. Sie dient zur Herstellung von Glas, Ätznatron und anderen Natriumverbindungen. Durch Wechselzersetzung einer Sodalösung mit Chlorkalk erhält man die Labarraquesche Lauge[1]). In der Seifenfabrikation wird Soda insbesondere zur Verseifung der freien Fettsäuren (Elain) verwendet. Große Mengen Soda werden in der Färberei, Bleicherei und Wäscherei gebraucht. Sie dient zum Auskochen der vegetabilischen Fasern sowie zur Entfettung der Wolle und muß zu letzterem Zwecke frei von Ätznatron sein. Viel Verwendung findet die Soda bei der Reinigung der „Wäsche" sowie als sonstiges Reinigungsmittel im Haushalte. Bekannt ist ihre Verwendung zum Enthärten des Wassers und zum Neutralisieren saurer Flüssigkeiten. Sie bildet auch den hauptsächlichsten Bestandteil aller „Waschpulver"[2]).

Nachweis der Karbonate[3]).

Stärkere Säuren (Salzsäure, Schwefelsäure, Essigsäure) setzen aus Karbonaten die Kohlensäure in Freiheit, welche sofort eine Zersetzung erleidet. Das unter Aufbrausen entweichende farb- und geruchlose Kohlendioxydgas trübt Kalkwasser:

$$CO_2 + \overset{..}{C}a(OH)_2{}' \longrightarrow CaCO_3 + H_2O^4).$$

Da von den normalen Karbonaten nur die des Natriums, Kaliums und Ammoniums in Wasser löslich sind, erzeugt Soda in den Lösungen aller übrigen Metallverbindungen Niederschläge. Von den primären Karbonaten sind außer jenen des Natriums, Kaliums und Ammoniums noch einige andere löslich, von welchen die des Kalziums, Magnesiums und Eisens wegen ihres Vorkommens im natürlichen Wasser wichtig sind.

Die aräometrische Gehaltsbestimmung der Sodalösung geschieht unter Zuhilfenahme der folgenden Tabellen:

Spezifische Gewichte von Sodalösungen bis 15⁰ C. (Lunge.)

Spez. Gew. bei 15⁰	⁰Baumé	Gew.-⁰/₀		Raum-⁰/₀		Spez. Gew. bei 15⁰	⁰Baumé	Gew.-⁰/₀		Raum-⁰/₀	
		Na_2CO_3	Na_2CO_3 + 10 aq	Na_2CO_3	Na_2CO_3 + 10 aq			Na_2CO_3	Na_2CO_3 + 10 aq	Na_2CO_3	Na_2CO_3 + 10 aq
1,007	1	0,67	1,807	0,68	1,82	1,083	11	7,88	21,252	8,53	23,02
1,014	2	1,33	3,587	1,35	3,64	1,091	12	8,62	23,248	9,40	25,36
1,022	3	2,09	5,637	2,14	5,76	1,100	13	9,43	25,432	10,37	27,98
1,029	4	2,76	7,444	2,84	7,66	1,108	14	10,19	27,482	11,29	30,45
1,036	5	3,43	9,251	3,55	9,58	1,116	15	10,95	29,532	12,22	32,96
1,045	6	4,29	11,570	4,48	12,09	1,125	16	11,81	31,851	13,29	35,83
1,052	7	4,94	13,323	5,20	14,02	1,134	17	12,61	34,009	14,30	38,57
1,060	8	5,71	15,400	6,05	16,32	1,142	18	13,16	35,493	15,03	40,53
1,067	9	6,37	17,180	6,80	18,33	1,152	19	14,24	38,405	16,41	44,24
1,075	10	7,12	19,203	7,65	20,64						

[1]) S. 127.
[2]) S. 167.
[3]) Nachweis von Natrium, S. 79.
[4]) Das Kohlendioxyd wird entweder in Kalkwasser eingeleitet, oder man gießt es, da es schwerer als die Luft ist, in ein Reagenzglas ab, in welchem sich etwas Kalkwasser befindet, und schüttelt.

Spezifische Gewichte von starken Sodalösungen bei 30° C.
(Lunge.)[1]

Spez. Gew. bei 30°	° Baumé	Gew.-%		Raum-%		Spez. Gew. bei 30°	° Baumé	Gew.-%		Raum-%	
		Na_2CO_3	Na_2CO_3 + 10 aq	Na_2CO_3	Na_2CO_3 + 10 aq			Na_2CO_3	Na_2CO_3 + 10 aq	Na_2CO_3	Na_2CO_3 + 10 aq
1,308	34	27,97	75,48	36,59	98,74	1,210	25	19,61	52,91	23,73	64,03
1,297	33	27,06	73,02	35,10	94,71	1,200	24	18,76	50,62	22,51	60,74
1,285	32	26,04	70,28	33,46	90,28	1,190	23	17,90	48,31	21,40	57,75
1,274	31	25,11	67,76	31,99	86,32	1,180	22	17,04	45,97	20,11	54,26
1,263	30	24,18	65,24	30,54	82,41	1,171	21	16,27	43,89	19,05	51,40
1,252	29	23,25	62,73	29,11	78,54	1,162	20	15,49	41,79	18,00	48,57
1,241	28	22,29	60,15	27,66	74,63	1,152	19	14,64	39,51	16,87	45,52
1,231	27	21,42	57,80	26,37	71,15	1,142	18	13,79	37,21	15,75	42,50
1,220	26	20,47	55,29	24,97	67,38						

Kaliumkarbonat, Pottasche K_2CO_3.

Darstellung des Kaliumkarbonates. Kaliumkarbonat wurde
früher aus der Asche der Landpflanzen durch Auslaugen mit Wasser hergestellt. Heute geschieht dies nur noch in holzreichen und verkehrsarmen
Gegenden, z. B. in Rußland. Gegenwärtig gewinnt man das Kaliumkarbonat aus Kaliumchlorid KCl (Sylvin)[2] nach mehreren Verfahren. Das
Solvay-Verfahren eignet sich jedoch nicht dazu, da primäres Kaliumkarbonat im Gegensatz zum primären Natriumkarbonat leicht löslich ist.
Pottasche wird manchmal auch aus der Melasse der Rübenzuckerfabrikation
sowie aus dem Wollschweiß[3] hergestellt. Zur Gewinnung der Wollschweiß-
pottasche wird der beim Vorwaschen der rohen Wolle erhaltene wässerige
Auszug eingedampft, der Rückstand geglüht, das Kaliumkarbonat zur
Entfernung der Verunreinigungen in wenig Wasser gelöst und nach der
Trennung von denselben wieder bis zur Trockne eingedampft. Man erhält
5—8% Kaliumkarbonat vom Gewicht der Wolle.

Eigenschaften der Pottasche. Im allgemeinen sind die
Eigenschaften der Pottasche jenen der Soda ähnlich. Als Handelsware
bildet die Pottasche weiße Brocken oder ein körniges Pulver. Sie ist
sehr hygroskopisch und zerfließt in der Luft leicht. Die aus Kaliumchlorid hergestellte Ware enthält im trockenen Zustande 96—98%
K_2CO_3, während die unreinere Melassenpottasche nur ungefähr 92%ig
ist. In Wasser ist Pottasche sehr leicht löslich. Die wässerige Lösung
wirkt ätzend und besitzt eine stark alkalische Reaktion. Doch ist der
Wirkungswert der Pottasche nicht so groß wie jener der Soda. Aus den
Molekulargewichten der beiden Verbindungen ergibt sich, daß 138 Gewichtsteile K_2CO_3 106 Gewichtsteilen Na_2CO_3 entsprechen. Pottasche
wirkt milder als Soda.

Verwendung der Pottasche. So wie das Kaliumhydroxyd hat
auch das Kaliumkarbonat an Bedeutung viel verloren. An Stelle der

---

[1]) Sodalösungen von in dieser Tabelle angeführter Konzentration lassen
sich bei gewöhnlicher Temperatur nicht herstellen.

[2]) Sylvin und andere Kaliumverbindungen, wie Karnallit $KCl \cdot MgCl_2$
+ $6H_2O$, sind in den Staßfurter Abraumsalzen enthalten. Diese überdecken die dortigen Kochsalzlager und fanden früher keine Beachtung.
Gegenwärtig sind sie sowohl für die Technik als auch für die Landwirt-
schaft (Kalidünger) von sehr großer Bedeutung.   [3]) S. 185.

Pottasche wird zumeist die billigere und ausgiebigere Soda gebraucht. Notwendig ist die Pottasche nur noch bei der Herstellung schwer schmelzbarer Gläser (Kaliglas), zur Darstellung von Schmierseifen und anderen Kaliumverbindungen. Durch Wechselzersetzung einer Pottaschelösung mit Chlorkalk erhält man die Javellesche Lauge[1]).

Bei der aräometrischen Gehaltsbestimmung einer Pottaschelösung bedient man sich folgender Tabelle[2]):

Spezifische Gewichte von Pottaschelösungen. (Lunge.)

Spez. Gew. bei 15°	° Baumé	Gew.-% K_2CO_3	Spez. Gew. bei 15°	° Baumé	Gew.-% K_2CO_3	Spez. Gew. bei 15°	° Baumé	Gew.-% bei 15°
1,007	1	0,7	1,152	19	16,0	1,332	36	32,7
1,014	2	1,5	1,162	20	17,0	1,345	37	33,8
1,022	3	2,3	1,172	21	18,0	1,357	38	34,8
1,029	4	3,1	1,180	22	18,8	1,370	39	35,9
1,037	5	4,0	1,190	23	19,7	1,383	40	37,0
1,045	6	4,9	1,200	24	20,7	1,397	41	38,2
1,052	7	5,7	1,210	25	21,6	1,410	42	39,3
1,060	8	6,5	1,220	26	22,5	1,424	43	40,5
1,067	9	7,3	1,231	27	23,5	1,438	44	41,7
1,075	10	8,1	1,241	28	24,5	1,453	45	42,8
1,083	11	9,0	1,252	29	25,5	1,468	46	44,0
1,091	12	9,8	1,263	30	26,6	1,483	47	45,2
1,100	13	10,7	1,274	31	27,5	1,498	48	46,5
1,108	14	11,6	1,285	32	28,5	1,514	49	47,7
1,116	15	12,4	1,297	33	29,6	1,530	50	48,9
1,125	16	13,3	1,308	34	30,7	1,546	51	50,1
1,134	17	14,2	1,320	35	31,6	1,563	52	51,3
1,142	18	15,0						

Ammoniumkarbonat $(NH_4)_2CO_3$.

Darstellung von Ammoniumkarbonat. Bei der Fäulnis geht der Harnstoff in Ammoniumkarbonat über. Aus diesem Grunde fand in früherer Zeit gefaulter Urin in der Wollwäscherei Verwendung. Da das Ammoniumkarbonat früher durch trockene Destillation stickstoffhaltiger tierischer Stoffe, insbesondere des Horns, hergestellt wurde, heißt es auch noch heute Hirschhornsalz. Gegenwärtig gewinnt man es entweder durch Erhitzen von Ammoniumsulfat mit Kalziumkarbonat, wobei es in die Vorlage sublimiert:

$$(NH_4)_2SO_4 + CaCO_3 \rightarrow CaSO_4 + (NH_4)_2CO_3,$$

oder durch Zusammenführen von Kohlendioxyd, Ammoniak und Wasserdampf bei etwas mehr als 70°.

Das käufliche Ammoniumkarbonat entspricht jedoch nicht genau der obigen Formel, da es auch das primäre Salz NH_4HCO_3 sowie das Ammoniumsalz der Amidokohlensäure oder Karbaminsäure $NH_4O \cdot CO \cdot NH_2$ enthält. Es kommen zwei Arten Ammoniumkarbonat in den Handel. Die eine enthält etwa 32,5% NH_3, die andere nur etwa 28,8%.

Eigenschaften und Verwendung des Ammoniumkarbonates. Das käufliche Ammoniumkarbonat bildet eine durchscheinende,

---

[1]) S. 129.
[2]) Nachweis von Kaliumkarbonat: Reaktion auf Kalium, S. 80; Reaktion auf Karbonat, S. 88.

harte Salzmasse, welche nach Ammoniak riecht, da sie dieses infolge der leichten Zersetzbarkeit beständig abgibt. An der Luft geht das normale Salz schließlich vollständig in das geruchlose primäre über. Das Ammoniumkarbonat ist aus diesem Grunde in verschlossenen Gefäßen aufzubewahren. In der Hitze zerfällt es in die gasförmigen Produkte Ammoniak, Kohlendioxyd und Wasserdampf[1]). In Wasser ist es mit stark alkalischer Reaktion langsam löslich. Ammoniumkarbonat ist das mildeste aller alkalisch wirkenden Mittel; es greift die Wollfaser nicht an.

Außer zum Entschweißen der Wolle findet es unter anderem auch in der Färberei Verwendung.

Borax, Natriumtetraborat $Na_2B_4O_7 + 10H_2O$.

Gewinnung des Borax. Der Borax findet sich gelöst in manchen Seen Kaliforniens und Tibets vor. Von der Fundstelle wird er als Tinkal, aus Amerika als Rohborax in den Handel gebracht. Die Rohware wird durch Umkristallisieren gereinigt. Gegenwärtig gewinnt man den Borax meist durch Aufschließen der in Nevada und Kleinasien vorkommenden Kalkborate oder der südamerikanischen Natronkalkborate mit kochender Sodalösung unter Zusatz von Natriumbikarbonat. Auch durch Umsetzung der Borsäure[2]) mit Soda kann Borax gewonnen werden:

$$4H_3BO_3 + \dot{N}a_2(CO_3)'' \rightarrow \dot{N}a_2(B_4O_7)'' + 6H_2O + CO_2.$$

Eigenschaften des Borax. Borax bildet farblose Kristalle, welche mit 15 Teilen kaltem und mit $\frac{1}{2}$ Teil heißem Wasser eine alkalisch reagierende Lösung geben. Die Hydrolyse ist in diesem Falle nicht so weitgehend wie bei der Soda; daher wirkt Borax auch milder als diese. Beim Erhitzen verliert der Borax unter starkem Aufblähen das Kristallwasser und liefert dabei eine leichte, lockere, weiße, leicht schmelzbare und hygroskopische Masse, welche als kalzinierter oder gebrannter Borax, auch Borax usta in den Handel gebracht wird. Bei weiterem Erhitzen schmilzt der Borax zu einer glasartigen, fast farblosen Masse und führt dann den Namen Boraxglas. In geschmolzenem Zustande löst Borax Metalloxyde vielfach unter Bildung charakteristischer Färbungen auf. Seine Verwendung beim Löten beruht auf seiner Eigenschaft, das zu lötende Metall von der Oxydschicht zu befreien, da das Lot nur an reinem Metalle gut haftet.

Verwendung des Borax. Er wird als Zusatz zu Seife in der Wäsche und zur Unterstützung der Stärke bei Herstellung von Hochglanz auf Geweben gebraucht. Letztere Anwendung beruht auf seiner Eigenschaft, unter dem Einflusse des heißen Plätteisens einen feinen, glasartigen Überzug zu liefern. Borax findet auch bei der Herstellung von flammsicheren Appreten und in der Färberei Verwendung. Er

---

[1]) Aus diesem Grunde findet es zur Herstellung von Backpulvern Anwendung.

[2]) Borsäure H_3BO_3 strömt mit Wasserdämpfen aus dem Erdinnern in der vulkanischen Gegend von Toskana. Durch Einleiten der Dämpfe in Wasser und Abdampfen des Wassers bei $50-60^{\circ}$ erhält man die kristallisierte Borsäure.

dient ferner als Lösungsmittel für Kasein[1]), zur Herstellung der Perborate[2]) sowie als Zusatz zu Seifen und Waschpulvern. In der Tonwaren- und Emailindustrie dient er zur Herstellung leicht schmelzbarer und zu färbender Glasflüsse; beim Löten als oxydlösendes Mittel. Er übt auf Nahrungsmittel eine konservierende Wirkung aus usw.

Nachweis der Borsäure und ihrer Salze.

Kurkumapapier wird von der Borsäure und ihren Salzen nach dem Trocknen braunrot gefärbt. Da auch Alkalien Kurkumapapier braunrot färben, so muß die Reaktion bei Gegenwart von freier Salzsäure durchgeführt werden.

Da nur die Borate der Alkalimetalle in Wasser leicht löslich sind, bewirkt Borax in den Lösungen aller übrigen Metallverbindungen Fällungen. Die meisten Borate sind in Ammoniumchlorid löslich.

Natriumphosphat $Na_2HPO_4 + 12H_2O$.

Darstellung von Natriumphosphat. Als dreibasische Säure liefert die Phosphorsäure drei Arten von Salzen. Unter den löslichen ist das sekundäre Natriumphosphat das beständigste und daher das gebräuchlichste. Als Rohmaterial zu seiner Gewinnung dienen Knochenasche und mineralische Phosphorite[3]). Diese enthalten als wesentlichsten Bestandteil Kalziumphosphat $Ca_3(PO_4)_2$. Durch Behandeln der genannten Materialien mit Schwefelsäure wird die Phosphorsäure unter Abscheidung von Gips in Freiheit gesetzt:

$$Ca_3(PO_4)_2 + 3\dot{H}_2(SO_4)'' \longrightarrow 3CaSO_4 + 2\dot{H}_3(PO_4)'''.$$

Die erhaltene Phosphorsäurelösung wird mit der entsprechenden Menge Soda versetzt:

$$\dot{H}_3(PO_4)''' + \dot{N}a_2(CO_3)'' \longrightarrow \dot{N}a_2(HPO_4)'' + H_2CO_3,$$
$$\qquad\qquad\qquad\qquad\qquad\qquad\qquad H_2O \; CO_2$$

und das Reaktionsprodukt der Kristallisation überlassen.

Eigenschaften und Verwendung des Natriumphosphates. Es bildet große, schnell verwitternde Kristalle, welche in 35 Teilen kaltem und 1 Teil heißem Wasser löslich sind. Die wässerige Lösung reagiert stärker alkalisch als Borax, doch weniger als Soda. Natriumphosphat schmilzt leicht in seinem Kristallwasser und geht bei Rotglut in Natriumpyrophosphat $Na_4P_2O_7$ über.

Es wird in der Färberei und Druckerei als Beschwerungsmittel und bei der Herstellung von flammsicheren Appreten verwendet.

Nachweis der Phosphate.

Eine Lösung von Ammoniummolybdat $(NH_4)_2MoO_4$ bringt, im Überschusse angewendet, bei Gegenwart von Salpetersäure aus konzentrierten Lösungen schon in der Kälte, aus verdünnten erst bei schwachem Erwärmen gelbes Ammoniumphosphatmolybdat $(NH_4)_3PO_4 \cdot 12MoO_3$ zur Fällung. In Wasser löslich sind alle Phosphate des Kaliums, Natriums und Ammoniums sowie die primären Salze der Erdkalimetalle (z. B. des Kalziums).

In Lösungen aller übrigen Metallverbindungen bewirkt Natriumphosphat eine Fällung.

---

[1]) S. 198.   [2]) S. 115.   [3]) Große Lager von Phosphoriten befinden sich in Florida, Kanada und Tunis.

Natriumsilikat, Natronwasserglas,

der Hauptmenge nach $Na_2Si_4O_9$.

Darstellung von Wasserglas. Natronwasserglas wird durch Zusammenschmelzen von Quarz oder Sand SiO_2 mit Soda hergestellt. Die Schmelze wird mit kochendem Wasser ausgelaugt. Bei Anwendung von Pottasche an Stelle der Soda erhält man das Kaliwasserglas. Die Bildung des in der chemischen Zusammensetzung sehr wechselnden Produktes sei durch folgenden einfachsten Vorgang veranschaulicht:

$$SiO_2 + 2Na_2CO_3 \rightarrow Na_4SiO_4 + 2CO_2.$$

Eigenschaften des Wasserglases. Es bildet eine durchsichtige, glasähnliche, durch Spuren von Eisen oft grünliche Masse, welche sich bei längerem Kochen in Waser zu einer sirupartigen Flüssigkeit löst; im großen bewirkt man die Lösung in Druckkesseln. Die in den Handel kommenden Wasserglaslösungen haben eine Dichte von $30-35^0$ Bé. Da die im natürlichen Wasser vorhandenen Kalzium- und Magnesiumsalze mit Wasserglas Trübungen verursachen, soll zum Verdünnen der Wasserglaslösung nur destilliertes Wasser oder Kondenswasser verwendet werden. Infolge der starken hydrolytischen Spaltung zeigt die Wasserglaslösung eine sehr starke alkalische Reaktion. Die Hydrolyse ist bei Wasserglas weitergehend als bei Soda. Die Wasserglaslösung trocknet, in dünner Schicht aufgestrichen, zu einer glänzenden, glasähnlichen, spröden Masse ein. Bei Zusatz einer Säure, z. B. Salzsäure, zur Wasserglaslösung scheidet sich die Kieselsäure als eine bröckelige, gallertige Masse aus, welche an der Luft getrocknet unter teilweisem Wasserverlust ein amorphes, feines, weißes Pulver bildet, das ungefähr der Zusammensetzung der Metakieselsäure H_2SiO_3 entspricht. Beim Erhitzen des Pulvers erhält man unter vollständigem Wasseraustritt das Siliziumdioxyd SiO_2. Auch die Luftkohlensäure zersetzt die Wasserglaslösung unter Abscheidung gallertiger Kieselsäure. Daher muß die Wasserglaslösung in gut verschlossenen Gefäßen aufbewahrt werden. Ebenso erleidet die trockene glasartige Schicht, die nach dem Eintrocknen der Wasserglaslösung zurückbleibt, eine Zersetzung, wobei sich dieselbe, z. B. bei Anstrichen, mit der Zeit abblättert. Zufolge der stark alkalischen Eigenschaften wirkt die Wasserglaslösung auf die Textilfasern viel stärker ein als eine Sodalösung; auch auf die vegetabilische Faser wirkt Wasserglas, besonders bei wiederholter Verwendung (beim Reinigen der Wäsche), nachteilig. Die schädliche Wirkung wird durch ausgeschiedene Kieselsäure noch erhöht. Insofern diese an der Oberfläche ausgeschieden ist, greift sie insbesondere bei der mechanischen Wascharbeit (Reiben, Klopfen usw.) die Faser an; sie wirkt abreibend. Die eingelagerte Kieselsäure macht die Faser, insbesondere Leinen, spröde und brüchig, das Gewebe erscheint aufgerauht. Die Schwächung der Fäden bei mit Wasserglas imprägnierten Geweben wird dahin erklärt, daß die ausgeschiedene Kieselsäure unter Aufnahme von Luftfeuchtigkeit eine starke Ausdehnung erfährt. Bei Verwendung von hartem Wasser setzt sich das Wasserglas zu unlöslichem Kalzium- und Magnesiumsilikat um; auch diese üben auf die Faser eine starke, mechanisch schädigende Wirkung aus.

Verwendung des Wasserglases. Sehr viel Verwendung findet es zu Anstrichen. So eignet sich z. B. für nasse Räume erst ein Anstrich mit Kalkmilch und dann ein solcher mit Wasserglas; das dadurch gebildete Kalziumsilikat hindert das Eindringen des Wassers in das Mauerwerk. Es dient bei der Herstellung von Kitten, Wasserglasfarben und Kunststeinen als Bindemittel, zur Herstellung von Glasuren und Email, zum Leimen des Papieres usw. Man braucht es in der Färberei, Druckerei, Bleicherei und zu Waschzwecken. In der Seifenfabrikation wird es sehr oft als Füllmittel verwendet, in gepulverter Form häufig Waschpräparaten zugesetzt. Auch die Appretur- und Schlichtmittel enthalten vielfach Wasserglas. Es eignet sich gut zu flammsicheren Anstrichen, bei der Herstellung von nicht entflammbaren sowie auch wasserdichten Geweben[1]. Als Beschwerungsmittel wird es besonders bei der Seide benutzt (Zinn-Phosphat-Silikat-Verfahren).

Das Kaliwasserglas findet, da es teuer ist, selten Verwendung[2].

Nachweis von wasserlöslichen Silikaten.

Aus ihren Lösungen bringt verdünnte Salzsäure die Kieselsäure als eine durchscheinende gallertige Masse zur Fällung:

$$\overset{.}{N}a_4(SiO_4)'''' + 4\overset{.}{H}Cl' \rightarrow H_4SiO_4 + 4\overset{.}{N}aCl'.$$

Der Niederschlag ist sowohl in Säuren als auch in Wasser teilweise löslich; sehr leicht löst er sich in Natronlauge und in Natriumkarbonat. Vollständiger ist die Fällung der Kieselsäure mit Ammoniumchlorid, wobei gleichzeitig Ammoniak frei wird.

---

[1] S. 286 und 281.

[2] An dieser Stelle sei auch das Glas erwähnt. Es ist ein durch Schmelzen hergestelltes homogenes Gemenge zweier Silikate, von denen eines ein Alkalisilikat, das andere entweder Kalzium- oder Bleisilikat ist. Solche Schmelzen sind durchsichtig, in Wasser unlöslich sowie gegen Säuren und verdünnte Alkalien widerstandsfähig. Nach der chemischen Zusammensetzung unterscheidet man hauptsächlich: a) Das Kaliglas, bestehend aus Kalium- und Kalziumsilikat. Es ist schwer schmelzbar, gegen chemische Reagenzien sehr widerstandsfähig und farblos im Bruch. Es wird durch Zusammenschmelzen von Pottasche, Kieselsäure (Quarz, Sand) und Kalziumkarbonat (Kalkspat, Marmor, Kreide) hergestellt. Das Kaliglas wird hauptsächlich zu chemischen Gerätschaften verwendet. b) Das Natronglas, bestehend aus Natrium- und Kalziumsilikat. Es ist leicht schmelzbar, im Bruch bläulichgrün und gegen chemische Einflüsse weniger widerstandsfähig als Kaliglas. Die Rohmaterialien sind Soda, Kieselsäure und Kalziumkarbonat. Statt Soda nimmt man auch Natriumsulfat und Kohle. Es wird hauptsächlich zur Herstellung der gewöhnlichen Glasgegenstände, als Fenster- und Flaschenglas verwendet. Aus unreinen Materialien erhält man grünes oder braunes Flaschenglas. c) Das Bleiglas (Kristallglas), aus Kalium- und Bleisilikat bestehend, ist leicht schmelzbar und durch ein hohes Lichtbrechungsvermögen ausgezeichnet. Zu seiner Darstellung wird Pottasche, Quarz und Bleiglätte oder Mennige verwendet. Es dient optischen Zwecken (Flintglas), zur Nachahmung von Edelsteinen und zur Erzeugung von Luxusgegenständen. — Zur Herstellung von gefärbten Gläsern werden verschiedene Metalloxyde beigeschmolzen. Milchglas ist ein durch Knochenasche undurchsichtig gemachtes Glas. Da sich das Glas in erweichtem Zustande zu Fäden ziehen läßt, findet es auch zur Bereitung der Glaswolle Anwendung. Diese dient manchmal zur Herstellung von seidenglänzenden Geweben, z. B. für Krawatten. Wegen der geringen Elastizität hat ein derartiges Gewebe keinen besonderen Wert.

Da nur die Alkalisilikate in Wasser löslich sind, erzeugen diese in Lösungen anderer Metallverbindungen Niederschläge, welche sehr voluminöser Natur sind.

Berechnung der Gewichtsverhältnisse bei der Neutralisation.

Der chemische Vorgang, bei welchem sich die am häufigsten verwendeten Säuren und Basen bzw. alkalisch reagierenden Salze zu neutral reagierenden Salzen umsetzen, vollzieht sich in folgender Weise:

$$\dot{H}_2(SO_4)'' + 2\,\dot{N}a(OH)' \rightarrow \dot{N}a_2(SO_4)'' + 2\,H_2O,$$
$$\dot{H}_2(SO_4)'' + 2\,\dot{K}(OH)' \rightarrow \dot{K}_2(SO_4)'' + 2\,H_2O,$$
$$\dot{H}_2(SO_4)'' + 2\,NH_3 \rightarrow (\dot{N}H_4)_2(SO_4)'',$$
$$\dot{H}_2(SO_4)'' + \ddot{C}a(OH)_2' \rightarrow \ddot{C}a(SO_4)'' + 2\,H_2O,$$
$$\dot{H}_2(SO_4)'' + \dot{N}a_2(CO_3)'' \rightarrow \dot{N}a_2(SO_4)'' + H_2O + CO_2,$$
$$\dot{H}_2(SO_4)'' + \dot{K}_2(CO_3)'' \rightarrow \dot{K}_2(SO_4)'' + H_2O + CO_2;$$

$$\dot{H}Cl' + \dot{N}a(OH)' \rightarrow \dot{N}aCl' + H_2O,$$
$$\dot{H}Cl' + \dot{K}(OH)' \rightarrow \dot{K}Cl' + H_2O,$$
$$\dot{H}Cl' + NH_3 \rightarrow (\dot{N}H_4)Cl',$$
$$2\,\dot{H}Cl' + \ddot{C}a(OH)_2' \rightarrow \ddot{C}aCl_2' + H_2O,$$
$$2\,\dot{H}Cl' + \dot{N}a_2(CO_3)'' \rightarrow 2\,\dot{N}aCl' + H_2O + CO_2,$$
$$2\,\dot{H}Cl' + \dot{K}_2(CO_3)'' \rightarrow 2\,\dot{K}Cl' + H_2O + CO_2;$$

$$\dot{H}(C_2H_3O_2)'^{[1]}) + \dot{N}a(OH)' \rightarrow \dot{N}a \cdot (C_2H_3O_2)' + H_2O,$$
$$\dot{H}(C_2H_3O_2)' + \dot{K}(OH)' \rightarrow \dot{K} \cdot (C_2H_3O_2)' + H_2O$$
$$\dot{H}(C_2H_3O_2)' + NH_3 \rightarrow (\dot{N}H_4)(C_2H_3O_2)',$$
$$2\,\dot{H}(C_2H_3O_2)' + \ddot{C}a(OH)_2' \rightarrow \ddot{C}a(C_2H_3O_2)_2' + 2\,H_2O,$$
$$2\,\dot{H}(C_2H_3O_2)' + \dot{N}a_2(CO_3)'' \rightarrow 2\,\dot{N}a(C_2H_3O_2)' + H_2O + CO_2,$$
$$2\,\dot{H}(C_2H_3O_2)' + \dot{K}_2(CO_3)'' \rightarrow 2\,\dot{K} \cdot (C_2H_3O_2)' + H_2O + CO_2;$$

$$\dot{H}(COOH)'^{[2]}) + \dot{N}a(OH)' \rightarrow \dot{N}a(COOH)' + H_2O,$$
$$\dot{H}(COOH) + \dot{K}(OH)' \rightarrow \dot{K}(COOH)' + H_2O,$$
$$\dot{H}(COOH)' + NH_3 \rightarrow (\dot{N}H_4)(COOH)',$$
$$2\,\dot{H}(COOH)' + \ddot{C}a(OH)_2' \rightarrow \ddot{C}a(COOH)_2' + H_2O,$$
$$2\,\dot{H}(COOH)' + \dot{N}a_2(CO_3)'' \rightarrow 2\,\dot{N}a(COOH)' + H_2O + CO_2,$$
$$2\,\dot{H}(COOH)' + \dot{K}_2(CO_3)'' \rightarrow 2\,\dot{K}(COOH)' + H_2O + CO_2.$$

Aus den vorstehenden Vorgängen berechnen sich folgende zur Neutralisation notwendigen Gewichtsverhältnisse[3]):

---

[1]) Essigsäure.   [2]) Ameisensäure.

[3]) Zur Vereinfachung der vom Praktiker durchzuführenden Berechnungen sind die zur Neutralisation benötigten Stoffmengen auf 100 Teile der zu neutralisierenden Verbindung berechnet. — Beispiel einer solchen Berechnung:

$$\underset{98}{\underline{\dot{H}_2(SO_4)''}} + \underset{80}{\underline{2\,\dot{N}a(OH)'}} \rightarrow \dot{N}a_2(SO_4)'' + 2\,H_2O; \quad 98:80 = 100:x; \quad x = 81{,}6$$

(vgl. die stöchiometrischen Berechnungen auf S. 20). Mit Ausnahme der Kristallsoda mit 10 Molekülen Wasser beziehen sich alle Zahlen auf vollkommen wasserfreie Verbindungen. Bei Verwendung von wasserhaltigen Substanzen oder Lösungen ist der Wassergehalt zu berücksichtigen.

100 Gew.-Teile **Schwefelsäure**
H_2SO_4 neutralisieren sich mit:

81,6 Gew.-Teilen		NaOH
114,3	,, ,,	KOH
34,7	,, ,,	NH_3
75,5	,, ,,	$Ca(OH)_2$
108,2	,, ,,	Na_2CO_3
291,9	,, ,,	$Na_2CO_3 + 10 H_2O$
140,8	,, ,,	K_2CO_3

100 Gew.-Teile **Salzsäure HCl**
neutralisieren sich mit:

109,6 Gew.-Teilen		NaOH
153,6	,, ,,	KOH
46,6	,, ,,	NH_3
101,3	,, ,,	$Ca(OH)_2$
145,2	,, ,,	Na_2CO_3
391,8	,, ,,	$Na_2CO_3 + 10 H_2O$
140,8	,, ,,	K_2CO_3

100 Gew.-Teile **Essigsäure**
$CH_3 \cdot COOH$ neutralisieren sich mit:

66,7 Gew.-Teilen		NaOH
93,3	,, ,,	KOH
28,3	,, ,,	NH_3
123,3	,, ,,	$Ca(OH)_2$
88,3	,, ,,	Na_2CO_3
217,5	,, ,,	$Na_2CO_3 + 10 H_2O$
115,0	,, ,,	K_2CO_3

100 Gew.-Teile **Ameisensäure**
$H \cdot COOH$ neutralisieren sich mit:

87 Gew.-Teilen		NaOH
121,7	,, ,,	KOH
37	,, ,,	NH_3
80,4	,, ,,	$Ca(OH)_2$
115,2	,, ,,	Na_2CO_3
302,2	,, ,,	$Na_2CO_3 + 10 H_2O$
150	,, ,,	K_2CO_3

100 Gew.-Teile **Natriumhydroxyd**
NaOH neutralisieren sich mit:

122,5 Gew.-Teilen		H_2SO_4
91,3	,, ,,	HCl
150	,, ,,	$H \cdot C_2H_3O_2$
115	,, ,,	$H \cdot COOH$

100 Gew.-Teile **Kaliumhydroxyd**
KOH neutralisieren sich mit:

87,5 Gew.-Teilen		H_2SO_4
65,2	,, ,,	HCl
107,1	,, ,,	$H \cdot C_2H_3O_2$
82,1	,, ,,	$H \cdot COOH$

100 Gew.-Teile **Ammoniak NH_3**
neutralisisieren sich mit:

288,2 Gew.-Teilen		H_2SO_4
214,7	,, ,,	HCl
352,9	,, ,,	$H \cdot C_2H_3O_2$
270,6	,, ,,	$H \cdot COOH$

100 Gew.-Teile **Kalziumhydroxyd**
Ca(OH)$_2$ neutralisieren sich mit:

132,4 Gew.-Teilen		H_2SO_4
98,6	,, ,,	HCl
162,1	,, ,,	$H \cdot C_2H_3O_2$
124,3	,, ,,	$H \cdot COOH$

100 Gew.-Teile **Natriumkarbonat**
Na_2CO_3 (wasserfreie Soda)
neutralisieren sich mit

92,5 Gew.-Teilen		H_2SO_4
68,9	,, ,,	HCl
113,2	,, ,,	$H \cdot C_2H_3O_2$
86,8	,, ,,	$H \cdot COOH$

100 Gew.-Teile **Kristallsoda**
$Na_2CO_3 + 10 H_2O$
neutralisieren sich mit:

34,3 Gew.-Teilen		H_2SO_4
25,5	,, ,,	HCl
42	,, ,,	$H \cdot C_2H_3O_2$
32,2	,, ,,	$H \cdot COOH$

100 Gew.-Teile **Kaliumkarbonat K_2CO_3**
neutralisieren sich mit:

71 Gew.-Teilen		H_2SO_4
52,9	,, ,,	HCl
87	,, ,,	$H \cdot C_2H_3O_2$
66,7	,, ,,	$H \cdot COOH$

Beispiele für Neutralisationsberechnungen[1]).

1. Wieviel Schwefelsäure (H_2SO_4) benötigt man zur Neutralisation von 250 g Natriumhydroxyd · (NaOH)?

---

[1]) Diese erweisen sich insbesondere für die Neutralisation solcher Appreturmassen notwendig, welche aus Stärke durch Aufschließung mittels Säuren oder Alkalien bereitet werden.

Aus der vorstehenden Tabelle ist zu entnehmen, daß zur Neutralisation von 100 g NaOH 122,5 g H_2SO_4 nötig sind; demnach wird die Berechnung nach folgender Proportion ausgeführt:

$$100 : 122,5 = 250 : x; \quad x = \frac{122,5 \cdot 250}{100} = 306,2.$$

Zur Neutralisation von 250 g NaOH benötigt man 306,2 g H_2SO_4.

2. Wieviel 10%ige Natronlauge ist zur Neutralisation von 2 kg einer 20%igen Schwefelsäure notwendig?

2 kg 20%ige Schwefelsäure enthalten (nach der Proportion $100 : 20 = 2 : x$) 0,4 kg des zu neutralisierenden Stoffes H_2SO_4. Da man (laut Tabelle) zur Neutralisation von 100 kg H_2SO_4 81,6 kg NaOH benötigt, so sind (nach der Proportion $100 : 81,6 = 0,4 : x$) zur Neutralisation von 0,4 kg 0,33 kg NaOH erforderlich. Man benötigt dazu jene Menge der 10%igen Natronlauge, in welcher 0,33 kg NaOH enthalten sind. Aus der Proportion $10 : 100 = 0,33 : x$ ergibt sich, daß man zur Neutralisation 3,3 kg 10%ige Natronlauge benötigt.

3. Wieviel Liter 25%ige Essigsäure benötigt man zur Neutralisation von 5 kg Kristallsoda?

$$100 : 42 = 5 : x; \quad x = 2,1.$$
$$25 : 100 = 2,1 : x; \quad x = 8,4.$$

Zur Neutralisation von 5 kg Kristallsoda braucht man 8,4 l 25%ige Essigsäure.

4. Wieviel Schwefelsäure von 22° Bé sind zur Neutralisation von 8 kg kalzinierter Soda notwendig, deren Feuchtigkeitsgehalt 3% beträgt?

100 Gew.-Teile der vorliegenden kalzinierten Soda enthalten an wirksamer Substanz (Na_2CO_3) 97 Gew.-Teile; es sind demnach ($100 : 97 = 8 : x$) 7,76 kg Na_2CO_3 zu neutralisieren. Dazu sind ($100 : 92,5 = 7,76 : x$) 7,18 kg H_2SO_4 notwendig. Da 1 l Schwefelsäure von 22° Bé 0,292 kg H_2SO_4 (entsprechend 29,2 Raum.-%) enthält[1]), so entsprechen 7,18 kg H_2SO_4 24,59 l Schwefelsäure von 22° Bé.

Zur Neutralisation sind demnach 24,59 l Schwefelsäure von 22° Bé nötig.

5. Wieviel Kilogramm Essigsäure vom spez. Gew. 1,0412 benötigt man zur Neutralisation von 10 l Natronlauge vom spez. Gew. 1,263?

Dazu sind 14,95 kg Essigsäure (spez. Gew. 1,0412) erforderlich.

Physikalisch wirkende Lösungsmittel.

Das **Wasser** als wichtigstes aller Lösungsmittel fand bereits eingehende Besprechung.

Von großer Bedeutung sind als physikalisch wirkende Lösungsmittel die fettlösenden Stoffe. Man benötigt sie insbesondere bei der Gewinnung von Fetten (Fettextraktion) sowie in Wasch- und

---

[1]) Tabelle S. 67. — So wie im vorliegenden Falle bedient man sich auch in allen anderen der im Buche befindlichen Tabellen, wenn die Stärke der Flüssigkeit durch das spezifische Gewicht oder Bé-Grade ausgedrückt ist.

Reinigungsanstalten. In neuerer Zeit kommen fettlösende Mittel bei der Herstellung von Waschpräparaten zur Anwendung[1]).

Äthylalkohol (Weingeist, Spiritus) $C_2H_5 \cdot OH$[2]).

Dieser in großen Mengen zu Genußzwecken und in den verschiedensten gewerblichen Zweigen dienende Alkohol ist das Produkt der geistigen Gärung des Zuckers. Der Gärungsvorgang besteht im wesentlichen darin, daß Zucker unter dem Einflusse des in den Hefezellen vorkommenden Enzyms Zymase einen Zerfall in Alkohol und Kohlendioxyd erleidet[3]):

$$C_6H_{12}O_6 \rightarrow 2C_2H_5OH + 2CO_2.$$

[1]) Die Arbeiten in den Wasch- und Reinigungsanstalten gliedern sich in folgende Teile:

a) Die gewöhnliche oder Naßwäscherei, bei welcher man sich im wesentlichen des Wassers und der Seife bedient.

b) Die sogenannte „chemische" Reinigung, bei welcher hauptsächlich das Benzin zur Anwendung gelangt; man kann sie daher auch als Benzinwäsche bezeichnen. Da die mit Benzin behandelten Gegenstände rasch trocknen, so wird diese Art der Reinigung oft auch als „trockene" Reinigung bezeichnet.

c) Die Fleckenputzerei (Detachieren). Dazu bedient man sich der verschiedensten chemischen Reagenzien; hauptsächlich sind es Lösungsmittel und Bleichmittel. Die Fleckenputzerei geschieht gewöhnlich im Anschlusse an die Benzinwäsche und ist demnach mit der „chemischen" Reinigung eng verbunden. Das Detachieren bedarf großer Umsicht und Erfahrung. Ein unrichtiges Arbeiten hat statt der Entfernung der Flecke eine weitere Fleckenbildung zur Folge. Dem Detachieren muß oft ein Färben oder ein Bleichen folgen. Aus diesem Grunde ist die „chemische" Reinigung zumeist auch mit einer Färberei vereinigt.

Nach dem Detachieren werden die gereinigten Gegenstände noch entsprechend zugerichtet (appretiert, geplättet usw.).

[2]) Alkohole werden von den einfachsten organischen Verbindungen — den Kohlenwasserstoffen — durch Ersatz eines oder mehrerer Wasserstoffatome durch eine oder mehrere Hydroxylgruppen —OH abgeleitet. So wird vom Methan (Sumpfgas) CH_4 der Methylalkohol CH_3—OH abgeleitet, vom Äthan C_2H_6 der Äthylalkohol, vom Propan C_3H_8 das Glyzerin $C_3H_5(OH)_3$ usw. Nach Abspaltung von OH-Gruppen gelangt man zu Alkoholradikalen, z. B. Methyl —CH_3, Äthyl —C_2H_5, welche für sich allein nicht bestehen, wohl aber in vielen Verbindungen anzunehmen sind.

[3]) Enzyme, früher ungeformte Fermente genannt, sind stickstoffhaltige organische Verbindungen, welche in der Tier- und Pflanzenwelt vorkommen und befähigt sind, gewisse organische Substanzen in einfachere zu zerlegen, ohne dabei selbst eine Veränderung zu erleiden. Sie sind gleichsam die Katalysatoren des lebenden Tier- und Pflanzenkörpers. Sie vermögen Kohlenhydrate, Fette, Eiweißstoffe u. a. unter Wasseraufnahme in einfachere Stoffe zu spalten (hydrolysieren). Tierische Enzyme finden sich z. B. im Speichel, im Magensaft, im Darm, in der Pankreasdrüse usw. vor. Es kommt ihnen die Aufgabe zu, die zur Ernährung wichtigen Stoffe in einfachere, lösliche, demnach durch das Blut aufnehmbare Formen überzuführen. Eine ähnliche Aufgabe kommt den pflanzlichen Enzymen zu. Die Enzyme lassen sich aus den tierischen und pflanzlichen Säften absondern und vermögen auch außerhalb des lebenden Organismus ihre Wirkung auszuüben. Hiervon macht man im Gärungsgewerbe aber auch in der Textilindustrie Anwendung. Eine nähere Besprechung einzelner Enzyme

Dabei entstehen in geringer Menge auch andere Alkohole (Fuselöle), deren Abscheidung keiner Schwierigkeit unterliegt.

Als Rohmaterial für die Spiritusgewinnung dient in Deutschland hauptsächlich die Kartoffel, deren Stärke sich durch den Maischprozeß (Einwirkung des im Malz vorkommenden Enzyms Diastase) bei ungefähr 60⁰ leicht in vergärbaren Zucker überführen läßt[1]).

Andere Rohstoffe für die Spiritusgewinnung sind Mais (Ungarn, Ver. Staaten), Weizen, Gerste, Reis (England), Roggen (Rußland), manchmal auch die Melasse der Rübenzuckerfabrikation.

Der Gärungsprozeß verläuft nach Zusatz von Hefe am besten bei etwa 20⁰. Der gebildete Alkohol wird von dem Rückstande, der Schlempe, durch Destillation getrennt und durch verschiedene Reinigungsverfahren und eine wiederholte Destillation (Rektifikation) in sinnreich konstruierten Apparaten gereinigt und als 96%iger „rektifizierter Spiritus" in den Handel gebracht. Zur Herstellung des vollkommen wasserfreien — absoluten Alkohols — wird der 96%ige Spiritus mit wasserentziehenden Mitteln, z. B. mit Ätzkalk, behandelt und dann abdestilliert.

Eine billige Herstellung des Spiritus aus Holz ist bisher nicht gelungen. Hingegen stellen einige Fabriken Spiritus aus Azetylen C_2H_2 her.

Eigenschaften und Verwendung des Äthylalkohols. Er bildet eine farblose Flüssigkeit von angenehmem, geistigem Geruch und brennendem Geschmack. Er ist giftig und die Ursache der berauschenden Wirkung aller alkoholischen Getränke (Wein, Bier, Branntwein). Er brennt mit blaßblauer Flamme und siedet im wasserfreien Zustande bei 78,3⁰. Mit Wasser läßt er sich unter Wärmeentwicklung und Volumsverminderung in allen Verhältnissen mischen. Spiritus ist ein ausgezeichnetes Lösungsmittel für Harze, ätherische Öle, Jod, viele Farbstoffe usw. und findet daher zur Herstellung von Lacken, Firnissen, Tinkturen, zum Lösen wasserunlöslicher Farbstoffe usw. sehr viel Verwendung. Andrerseits sind viele wasserlösliche Stoffe in Alkohol schwer oder unlöslich; so z. B. Leim, Gummi arabicum, Dextrin, wasserlösliche Stärke, Eiweißstoffe, Pflanzenschleime usw. Von diesem Verhalten macht man z. B. bei der Analyse der Appretur- und Schlichtmittel Anwendung. Auf seiner großen Adhäsion zu anderen Stoffen beruht auch seine Verwendung zur Beförderung der Faserbenetzung und als Zusatz zur Erzielung guter Emulsionen. Aus Äthylalkohol werden Äther, Chloroform, Jodoform usw. hergestellt. Sehr häufig dient der Spiritus als Heizmaterial und in neuerer Zeit unter Benutzung der Auerschen Glühstrümpfe auch zur Beleuchtung.

Mit Rücksicht auf die Volkswohlfahrt wird der Trinkzwecken dienende Spiritus sehr hoch besteuert; hingegen ist der Spiritus, welcher gewerblichen Zwecken dienen soll, steuerfrei, wird aber zur Verhütung

---

soll gelegentlich erfolgen. — Die Hefe hingegen ist kein Ferment, sondern ein lebender Pilz. Sie bildet mikroskopisch kleine, einzellige, pflanzliche Lebewesen von kugeliger oder eiförmiger Gestalt, welche sich durch Sprossung oder Teilung vermehren.

[1]) S. 229.

von Mißbrauch „denaturiert", d. h. durch Zusatz von rohem Holzgeist, Pyridin u. a. ungenießbar gemacht.

Der Gehalt des Äthylalkohols in seinen wässerigen Mischungen
wird mit dem Aräometer unter Zuhilfenahme der diesbezüglichen
Tabelle oder ohne diese mit dem Alkoholometer bestimmt.

Durch Einwirkung des Äthylalkohols auf Essigsäure erhält man den
Essigsäureäthylester (fälschlich „Essigäther" genannt)[1]). Er bildet
eine flüchtige, erfrischend riechende Flüssigkeit von hohem Lösungsvermögen für verschiedene Stoffe und wird zeitweise von Detacheuren
verwendet.

Methylalkohol (Holzgeist) CH_3OH.

Zur Gewinnung des Methylalkohols wird der bei der trockenen Destillation des Holzes[2]) gebildete Holzteer mit Kalk neutralisiert und destilliert.
Das Destillat führt den Namen „roher Holzgeist". Durch geeignete
Destillation und Reinigung gelingt es, einen reinen Methylalkohol herzustellen.

Eigenschaften und Verwendung des Methylalkohols. Er
bildet eine farblose, geistig riechende Flüssigkeit[3]), die sich mit Wasser
mischt, mit blaßblauer Flamme brennt und bei 66^0 siedet. Der Methylalkohol ist bedeutend giftiger, aber viel billiger als der Äthylalkohol[4]).
Seine Verwendung gründet sich einerseits auf das Lösungsvermögen für
Harze, Farbstoffe usw., andrerseits wird er als „Brennspiritus", insbesondere in England und Amerika, sehr viel gebraucht.

Große Mengen Methylalkohol werden in neuerer Zeit auf Formaldehyd[5]) verarbeitet.

Der Gehalt des Methylalkohols wird aräometrisch bestimmt.

Azeton $CH_3 \cdot CO \cdot CH_3$.

Das Azeton bildet sich bei der trockenen Destillation vieler organischer
Stoffe und ist reichlich in rohem Holzgeist enthalten. Hieraus sowie durch
Destillation des Kalziumsalzes des rohen Holzessigs wird es im großen ge-
wonnen:

$$\left.\begin{array}{l} CH_3 \cdot COO \\ CH_3 \cdot COO \end{array}\right\rangle Ca \longrightarrow CaCO_3 + CH_3 \cdot CO \cdot CH_3.$$

---

[1]) Ester sind demnach Verbindungen der Alkohole mit Säuren; ihre
Bildung geht unter Wasseraustritt vor sich:

$$C_2H_5O\boxed{H} + CH_3 \cdot CO\boxed{OH} \longrightarrow H_2O + C_2H_5 \cdot O \cdot C_2H_3O_2.$$

Sie sind demnach als Oxyde von Alkohol- und Säureradikalen aufzufassen
und werden deshalb auch „zusammengesetzte Äther" genannt.

[2]) S. 72.

[3]) Der unangenehme Geruch der Handelsware rührt nicht vom Methylalkohol, sondern von anderen flüchtigen Beimengungen her.

[4]) Der Genuß von Branntweinen, welchen Methylalkohol beigemischt
war, hatte eine große Zahl von Vergiftungen mit tödlichem Ausgang zur
Folge, weshalb bei Verwendung des Methylalkohols größte Vorsicht geboten
ist. Nach Grósz kann sogar das bloße Einatmen der Dämpfe des Methylalkohols zu einer dauernden Erblindung führen.

[5]) S. 295.

Es ist eine mit Wasser mischbare farblose Flüssigkeit, die einen charakteristischen, erfrischenden Geruch besitzt und bei 56,5⁰ siedet. Es findet als vortreffliches Lösungsmittel für Fette, Harze, manche Zellulosepräparate und andere organische Substanzen Verwendung.

Amylalkohol $C_5H_{11}OH$.

Dieser Alkohol ist der Hauptbestandteil der sich bei der geistigen Gärung neben Äthylalkohol bildenden höheren Alkohole, welche man unter dem Namen „Fuselöle" zusammenfaßt.

Er bildet eine farblose, in Wasser wenig lösliche Flüssigkeit, deren Dämpfe zum Husten reizen und widerlich riechen. Er dient als Lösungsmittel für manche Farbstoffe und wird mitunter auch von Detacheuren zur Entfernung von Harz-, Firnis-, Teer- und Ölflecken verwendet.

Mit Essigsäure bildet er den sehr angenehm riechenden Essigsäureamylester (Birnäther); dieser findet in der Parfümerie und in den Konditoreien Verwendung.

Äthyläther $C_2H_5 \cdot O \cdot O_2H_5$[1]).

Diese schlechtweg als Äther bezeichnete Verbindung wird fabrikmäßig durch Destillation von Äthylalkohol mit konzentrierter Schwefelsäure erhalten, wobei als Zwischenprodukt die Äthylschwefelsäure gebildet wird:

$$C_2H_5 \cdot OH + H_2SO_4 \rightarrow C_2H_5 \cdot H \cdot SO_4$$
$$C_2H_5 \cdot OH + C_2H_5 \cdot H \cdot SO_4 \rightarrow C_2H_5 \cdot O \cdot C_2H_5 + H_2SO_4 [2]).$$

Eigenschaften und Verwendung des Äthyläthers. Er bildet eine farblose Flüssigkeit von eigentümlichem Geruch und brennendem Geschmack; sein Siedepunkt liegt bei 35⁰. Da er sehr leicht entzündlich ist und seine Dämpfe mit Luft gemischt ein explosives Gemenge bilden, ist bei seiner Verwendung größte Vorsicht geboten. In Wasser ist er nur wenig löslich; mit Alkohol läßt er sich nach allen Verhältnissen mischen[3]). Wichtig ist sein Lösungsvermögen für Fette, Harze, ätherische Öle usw. Aus diesem Grunde findet er manchmal auch als Fleckenreinigungsmittel Verwendung[4]). Bei der Herstellung der Chardonnetseide dient er in Gemeinschaft mit Alkohol als Lösungsmittel für Zellulosedinitrat[5]).

Chloroform $CHCl_3$[6]).

Im großen erhält man Chloroform durch Destillation von Äthylalkohol mit Chlorkalk.

---

[1]) Wird in einem Alkohol der Hydroxylwasserstoff durch ein Alkoholradikal ersetzt, so gelangt man zu einem „Äther". Demnach lassen sich Äther auch als Oxyde der Alkoholradikale auffassen.

[2]) Da man den Äther mit Rücksicht auf seine Darstellung früher für schwefelhaltig hielt, wird er noch heute als Schwefeläther bezeichnet.

[3]) Die Hoffmannschen Tropfen bestehen aus einer Mischung von 1 Teil Äther und 3 Teilen Alkohol; sie wirken schmerzstillend.

[4]) Wegen seiner betäubenden Wirkung findet er in der Chirurgie eine ähnliche Verwendung wie das Chloroform.   [5]) S. 70.

[6]) Chloroform sowie die folgenden Verbindungen Tetrachlorkohlenstoff und Trichloräthylen gehören zu den Halogenabkömmlingen der Kohlenwasserstoffe. Die beiden ersteren lassen sich vom Kohlenwasserstoff Methan CH_4, das letztere vom Kohlenwasserstoff Äthylen C_2H_4 ableiten. Derartige Halogenverbindungen sind sehr reaktionsfähig und eignen sich vortrefflich zur Darstellung anderer organischer Verbindungen.

Es bildet eine farblose schwere Flüssigkeit, deren Dampf beim Einatmen Gefühl- und Bewußtlosigkeit bewirkt[1]). Chloroform ist ein vorzügliches Lösungsmittel für Fette, Harz, Teer usw., es wird vom Detacheur benutzt, wenn es sich Entfernung sehr hartnäckiger Flecke handelt. Zu diesem Zwecke kann es auch mit Alkohol, Äther oder Benzin gemischt werden.

Tetrachlorkohlenstoff CCl_4.

Man erhält diese Verbindung z. B. durch Einleiten von Chlorgas in etwas jodhaltigen Schwefelkohlenstoff oder durch Aufeinanderwirkung von Chlor- und Schwefelkohlenstoffdämpfen bei ihrem Durchleiten durch glühende Porzellanröhren. Die Trennung von gleichzeitig gebildetem Chlorschwefel S_2Cl_2 geschieht durch Destillation.

Eigenschaften und Verwendung des Tetrachlorkohlenstoffes. Diese in der Praxis als „Tetrakohlenstoff“, „Tetra“, „Benzinoform“ bezeichnete Verbindung bildet eine farblose, neutral reagierende, ätherisch riechende Flüssigkeit vom spez. Gew. 1,63 und einem Siedepunkt von 76—77⁰. Er ist nicht entzündbar, und seine Dämpfe bilden mit der Luft kein explosives Gemenge. Auch eine Mischung von Tetrachlorkohlenstoff und Benzin ist nicht feuergefährlich, wenn der Gehalt des letzteren nicht mehr als 15% beträgt. Tetrachlorkohlenstoff ist in Wasser unlöslich, läßt sich aber mit Benzin, Alkohol, Äther usw. leicht mischen. Er ist ein sehr gutes Lösungsmittel für Fette, sulfonierte Öle, Seife, Harz, Teer, Wachs, Kautschuk usw. Alle diese vortrefflichen Eigenschaften sowie der Umstand, daß er die Fasern nicht angreift und die Farben nicht verändert, haben dem Tetrachlorkohlenstoff trotz seiner betäubenden Wirkung und seines höheren Preises Eingang in „chemische“ Wäschereien verschafft. Wegen seiner Feuerungefährlichkeit wird er manchmal auch in der „Fettextraktion“ dem Benzin vorgezogen. Seinem Nachteil, Eisen und Kupfer anzugreifen, läßt sich durch Anwendung von emaillierten, verzinnten oder verbleiten Gefäßen vorbeugen.

Für die Reinigung der vom Webstuhl kommenden Ware haben sich die tetrachlorkohlenstoffhaltigen Seifenpräparate (z. B. das Tetrapol[2]) sehr gut eingebürgert. In neuerer Zeit werden mit Hilfe von Seife auch hochprozentige Emulsionen von Tetrakohlenstoff und anderen Fettlösungsmitteln hergestellt; sie gewinnen als Reinigungs- und Netzmittel eine immer größere Bedeutung[3]).

Trichloräthylen C_2HCl_3.

Dieses in der Praxis „Tri“ genannte Fettlösungsmittel ist dem Tetrachlorkohlenstoff ähnlich. Es siedet bei 88⁰. Da es unter den neueren Fettlösungsmitteln wegen seines niedrigen spezischen Gewichtes in der Menge am ausgiebigsten und billiger als andere Fettlösungs-

---

[1]) Verwendung als Betäubungsmittel.
[2]) S. 171.   [3]) S. 170.

mittel ist, wird es in neuerer Zeit als Fettlösungsmittel vielfach bevorzugt. Es greift weder Kupfer noch Eisen an.

Dem aus Azetylen herstellbaren Tetrachloräthan $C_2H_2Cl_4$, das bei 107^0 siedet, kommt eine giftige Wirkung zu.

Schwefelkohlenstoff S_2C.

Gewinnung des Schwefelkohlenstoffes. Dieser bildet sich durch direkte Vereinigung der beiden Elemente, wenn Schwefeldampf über glühende Kohle geleitet wird. Auf diese Weise erfolgt auch seine fabrikmäßige Darstellung.

Eigenschaften und Verwendung des Schwefelkohlenstoffes. In reinem Zustande bildet er eine wasserhelle, ätherisch riechende, mit Wasser nicht mischbare Flüssigkeit von großem Lichtbrechungsvermögen und einem spez. Gew. von 1,293. Am Lichte färbt er sich allmählich gelb und nimmt einen widerlichen Geruch nach faulem Rettich an. Er siedet bei 46^0, ist sehr leicht entzündlich, bildet mit Luft ein explosives Gemenge und ist giftig. Mit Alkohol, Äther, Benzin usw. läßt sich Schwefelkohlenstoff in allen Verhältnissen mischen; er ist ein sehr gutes Lösungsmittel für Jod, Schwefel, Phosphor, Fett, Harz, Teer, Kautschuk usw.

In größeren Mengen dient er als Vulkanisierungsmittel für Kautschuk sowie bei der Herstellung der Viskose[1]). Zur Fettextraktion kommt er selten noch zur Verwendung.

Benzin (Petroleumbenzin).

Benzin ist ein bei der fraktionierten Destillation des „Erdöls" erhaltenes Gemenge zwischen 60 und 150^0 siedender Kohlenwasserstoffe[2]).

---

[1]) S. 216.

[2]) Das Erdöl oder rohe Petroleum bildet eine hellgelbe bis pechschwarze Flüssigkeit von eigentümlichem Geruch; es ist bald dünn-, bald dickflüssig und läßt sich mit Wasser nicht mischen. Der Hauptmenge nach besteht es aus einem Gemenge der verschiedensten Kohlenwasserstoffe. Berühmt sind die pennsylvanischen und kaukasischen (Baku) Petroleumquellen. Das amerikanische Erdöl enthält vorwiegend Kohlenwasserstoffe der Methanreihe C_nH_{2n+2}, vom Methan CH_4 bis etwa C_5H_{72}. Hingegen enthält das kaukasische Erdöl vorwiegend Kohlenwasserstoffe der Naphthenreihe, deren niedrigstes Glied das Hexanaphthen C_6H_{12}

$$\text{oder}\quad H_2C\!\!\begin{array}{c} H_2C-CH_2 \\ \diagup\qquad\diagdown \\ \\ \diagdown\qquad\diagup \\ H_2C-CH_2 \end{array}\!\!CH_2 \quad\text{ist.}$$

ist. Das in Galizien und Rumänien vorkommende Petroleum enthält Kohlenwasserstoffe der Methan- und Naphthenreihe (Misch-Erdöle); die Erdöllager Deutschlands (Pechelbronn und Wietze) scheinen bedeutungsvoll zu werden. Das mittels Pumpwerke durch Bohrlöcher zutage geschaffte Rohpetroleum wird in Raffinerien einer Destillation unterworfen, wobei die Destillate in mehreren Fraktionen gesammelt und nach entsprechender Reinigung den verschiedenen Verwendungen zugeführt werden. Bei der ersten Destillation trennt man das Rohpetroleum in

1. Rohbenzin, das bis 150^0 überdestilliert,

2. Leuchtpetroleum mit dem Siedepunkt zwischen $125-300^0$,

Man unterscheidet:

a) **Leichtbenzin I** mit dem Siedepunkt 60—110⁰ und einem spez. Gew. 0,70. Es dient als Betriebsmittel für Kraftwagen und Luftfahrzeuge sowie als Reinigungsmittel in „chemischen" Wäschereien.

b) **Schwerbenzin II und III** mit dem Siedepunkt 100—150⁰ und einem spez. Gew. von 0,73. Es dient als Betriebsstoff für Lastkraftwagen und stehende Motoren sowie zur Fettextraktion.

Beide bilden leicht bewegliche, sehr flüchtige und brennbare Flüssigkeiten. Ihre Dämpfe geben mit Luft gemischt ein explosives Gemenge.

3. **Zwischenöle**,

4. **Petroleumrückstände**, über 300⁰ siedend.

1. Das mit Schwefelsäure und Natronlauge gereinigte **Rohbenzin** liefert bei einer weiteren fraktionierten Destillation:

Petroleumäther, Gasolin oder **Solin**, Siedepunkt 40—70⁰; es dient als Lösungsmittel für Fette, Harze und Kautschuk.

Benzin, Siedepunkt 60—150⁰; seine große Verwendung findet oben Erwähnung.

Ligroin, Siedepunkt 100—180⁰; dieses gelangt in Ligroinlampen als Leuchtmaterial sowie als Ersatz für Terpentinöl in der Lack-, Firnis- und Ölfarbenbereitung zur Anwendung.

2. Das gleichfalls mit Schwefelsäure, Natronlauge und Wasser gereinigte **Leuchtöl** gelangt als eine farblose oder schwach gelbliche Flüssigkeit mit bläulicher Fluoreszenz als Leuchtpetroleum in den Handel. Das **Kaiseröl** oder **Sicherheitspetroleum** ist ein nochmals destilliertes und gereinigtes Petroleum, das von den bei niedriger Temperatur siedenden Kohlenwasserstoffen vollständig befreit ist, wodurch die Feuergefährlichkeit vermindert, die Leuchtkraft aber vergrößert wird.

3. Die **Zwischenöle** haben als Motoröle, Treiböle, Gasöle zum Betrieb von Dieselmotoren sowie zum Karburieren des Leuchtgases eine Bedeutung erlangt.

4. Aus den **Erdölrückständen** gewinnt man je nach ihrer Herkunft verschiedene Produkte. Die russischen werden wegen ihres hohen Gehaltes an dickflüssigen Kohlenwasserstoffen durch Destillation in Vakuumapparaten und chemische Behandlung auf **Schmieröle** verarbeitet. Gut gereinigten Erdölschmierölen kommen sehr gute Eigenschaften zu, sie verharzen nicht, bleiben säurefrei und sind billig. Zum Unterschiede von den fetten Ölen (S. 137) werden sie als **Mineralöle** bezeichnet. Je nach ihrer Zähigkeit (Viskosität) und sonstigen Eigenschaften sind die **Mineralöle** als Schmiermittel für die verschiedensten Verwendungsarten geeignet (Spindelöl, Zylinderöl, schweres Maschinenöl usw.).

Die Schmieröle prüft man auf ihr spez. Gewicht, auf Viskosität, eventuell auch auf Fett, Harz, Mineralsäure, auf ihren Entflammungspunkt usw. (Einteilung der Schmieröle und ihre Untersuchung in „Einf. in d. quant. textilchem. Unters.", S. 160).

Mineralöle werden häufig auch zur Herstellung von „**Spickölen**" verwendet (S. 151). Zum Unterschiede von den Fetten sind die **Mineralöle nicht verseifbar**.

Die an festen Kohlenwasserstoffen reichen amerikanischen und galizischen **Petroleumrückstände** werden durch Reinigung mit Schwefelsäure und Entfärbung mit Tierkohle in **Vaselin** übergeführt (Verwendung zur Herstellung von Salben, Lederfett und als Schmiermittel). Werden nur die festen Kohlenwasserstoffe abgeschieden, so gelangt man zu **Paraffin** (S. 193).

In Rußland und Amerika werden die Petroleumrückstände auch als Heizmaterial verwendet.

Seit einiger Zeit werden im Kaukasus die „**Naphthensäuren**" der Petroleumrückstände auf „**Naphthenseifen**" verarbeitet (S. 176).

und zwar dann, wenn 2,5—4,8% Benzindampf der Luft beigemischt
sind. Das Mischungsverhältnis, bei welchem in der Nähe einer Flamme
die Explosion eintritt, bewegt sich zwar innerhalb eines sehr kleinen
Bereiches; da jedoch zur Bildung des explosiven Gemenges nur wenig
Benzindampf genügt, ist die Explosionsgefahr bei Benzin um so größer.
Es dürfen demnach Räume, in welchen mit Benzin gearbeitet wird,
niemals mit offenem Licht betreten werden. Solche Räume (z. B. die
Benzinwäsche) sollen auch von Feuerungsanlagen genügend entfernt
sein, da der schwere, am Boden fließende Benzindampf durch Fugen
auch zu einer außerhalb des Waschraumes befindlichen Feuerung ge-
langen kann; die Entzündung pflanzt sich in diesem Falle von der
Feuerung bis zum Waschraum fort und kann hier zur Explosion führen.
Auch Funken, z. B. durch eiserne Schuhnägel erzeugt, können zur
Explosion führen. Zur Vermeidung der Explosionsgefahr ist eine gute
Ventilation vom Fußboden aus unerläßlich.

In der Benzinwäsche kann es auch zu einer Selbstentzündung
des Benzins leicht kommen. Die Ursache einer solchen ist die Rei-
bungselektrizität, welche beim Bewegen von trockener Wolle oder Seide
sowie beim Schleudern der mit Benzin gereinigten Gegenstände auftritt. Die elektrische Erregung des Benzins kann so stark werden,
daß die auftretenden Funken die Benzindämpfe zur Entzündung bringen. Durch metallene Gegenstände, wie Knöpfe u. dgl., sowie durch
trockene Luft wird die Bildung der Funken begünstigt. Ein Zusatz von
0,1% Magnesiumoleat (Richteröl, Antibenzinpyrin)[1] zum
Benzin macht die Flüssigkeit für die Elektrizität besser leitend und vermindert somit die Neigung zur Selbstentzündung. Ebenso günstig
wirkt auch ein Zusatz von „Benzinseife" (saures Alkalioleat);
letztere kommt zufolge ihrer Löslichkeit auch dem Waschprozeß zugute.

Benzin ist ein gutes Lösungsmittel für Fette und Harze; es verhält
sich den Fasern und Farbstoffen gegenüber völlig indifferent. Es findet
u. a. zur Extraktion der Fette aus den verschiedensten Materialien[2]
sowie als Reinigungsmittel in den Waschanstalten Verwendung. Allerdings werden in der neueren Zeit das heute billigere Benzol sowie die
nicht brennbaren Chlorkohlenstoffe vielfach vorgezogen.

In der Benzinwäsche werden schmutzige Kleider, namentlich
wollene, in geschlossenen Waschmaschinen in Benzin bewegt, wobei das
Fett gelöst und der anhaftende Schmutz entfernt wird. Nach dem
Abspülen mit Benzin in Spülgefäßen werden die gereinigten Gegenstände in Schleudermaschinen (Zentrifugen) vom Benzin befreit und
getrocknet.

Die Reinigung gebrauchten Benzins. Da das verwendete Benzin
die verschiedensten Stoffe (Fett, Seife, Stärke, Schmutz, Farbstoffe usw.)
— teils gelöst, teils suspendiert — enthält, muß es behufs weiterer Verwendung einer Reinigung unterzogen werden, welche am besten durch
Destillation mit Hilfe von Wasserdampf erfolgt. Dazu bedient man
sich entweder doppelwandiger Destillationsblasen, durch deren „Mantel"
der Dampf geleitet wird, oder man leitet den Wasserdampf in das Benzin,

---

[1] S. 163.   [2] S. 173.

wobei dieses gemeinsam mit den Wasserdämpfen durch den Kühler überdestilliert. In der Vorlage trennen sich Benzin und Wasser nach ihrem
spezifischen Gewicht.

Frisch bezogenes sowie das durch Destillation in der Waschanstalt
zurückgewonnene Benzin bewirken oft eine zu weitgehende Entfettung
der Faser. Dadurch erhält die Ware einen rauhen Griff, und die Faser
wird brüchig; dies läßt sich jedoch vermeiden, wenn man dem Benzin
etwas Seife zusetzt. Die Seife löst sich in Benzin nur dann, wenn man
sie zuvor in einer alkoholischen Elainlösung gelöst hat. Durch die so ein-
verleibte „Benzinseife" wird gleichzeitig die Waschkraft erhöht und die Gefahr
der Selbstentzündung herabgedrückt. Weniger gut ist die Benzinreinigung
ohne Destillation. Bei dieser überläßt man das Benzin erst einer Klärung
und filtriert es dann durch Knochenkohle. Oft wird die Reinigung mit
konzentrierter Schwefelsäure vorgenommen. Ein so gereinigtes
Benzin kann freie Säure enthalten; diese wirkt auf Baumwollwaren schädigend ein[1]). Eine Reinigung des Benzins mit Schwefelsäure soll unterlassen werden, wenn man demselben Benzinseife zugesetzt hat, da aus
dieser sulfonierte Ölsäure gebildet wird, welche beim Behandeln der gereinigten Gegenstände mit dem Plätteisen die Schwefelsäure wieder abgibt.
Dieser Übelstand läßt sich wohl vermeiden, wenn man vor dem Zusatz
der Schwefelsäure das unreine Benzin mit Kalkwasser versetzt, wobei die
Kalziumseife zur Fällung gelangt, von welcher das Benzin durch Abziehen getrennt wird. Gegenüber der „Destillationsreinigung" ist die
Reinigung des Benzins mit Schwefelsäure viel umständlicher und besitzt
auch den Nachteil, daß sie nicht so vollständig ist, um das Benzin zur
Reinigung von weißen Gegenständen verwenden zu können. Andrerseits ist bei Verwendung eines auf diese Art gereinigten Benzins ein Brüchig-
werden der Faser nicht zu befürchten, da es immer etwas Fett enthält,
das von den gereinigten Gegenständen herrührt.

Wiederholt wurden Versuche angestellt, Benzin zum „Entschweißen
der Wolle"[2]) zu verwenden. Dazu ist es jedoch wenig geeignet, da es
auch das im Innern der Wollfaser befindliche Fett entfernt, wodurch
die Elastizität und Güte derselben beeinträchtigt wird.

Der große Verbrauch an Benzin zum Betrieb von Motoren und Kraft-
und Luftfahrzeugen fand bereits Erwähnung.

Prüfung des Benzins. Es darf beim Verdunsten keinen Rückstand
hinterlassen. Enthält es Fett, so bleibt dieses beim Verdunsten auf Papier
als Fettfleck zurück. Es muß säurefrei sein und soll beim Schütteln mit
konzentrierter Schwefelsäure keine Färbung annehmen.

Benzol C_6H_6 [3]).

Die Hauptquelle für Benzol ist der Steinkohlenteer. Dieser
bildet neben dem Steinkohlenteerwasser das flüssige Destillations-

---

[1]) S. 65.   [2]) S. 184.

[3]) Alle bisher erwähnten organischen Verbindungen, mit Ausnahme
der Naphthene, können vom Methan CH_4 abgeleitet werden. In ihren Molekülen müssen wir eine kettenförmige Bindung der vierwertigen Kohlenstoffatome annehmen. Da auch allen Fetten ein derartiger Aufbau der
Moleküle zukommt, so werden die Kohlenstoffverbindungen dieser Gruppe
auch als aliphatische Verbindungen (aleiphas = Fett) bezeichnet. —
Benzol hingegen ist das Anfangsglied der zweiten großen Gruppe organischer
Verbindungen. Der hohe Kohlenstoffgehalt und das chemische Verhalten des Benzols und seiner Abkömmlinge sprechen dafür, daß die Kohlenstoffatome dieser Verbindungen im Molekül ringförmig aneinander ge-

produkt bei der Leuchtgasfabrikation und Koksbereitung[1]). Der Steinkohlenteer erlangte in den letzten Jahrzehnten eine außerordentliche Bedeutung, da ihm fast alle Farbstoffe und viele andere wertvolle Stoffe entstammen. Zu seiner Verarbeitung wird er ähnlich wie das rohe Petroleum einer fraktionierten Destillation unterzogen und zunächst in **leichtes Steinkohlenteeröl** (unter 170⁰ siedend) und **schweres Steinkohlenteeröl** (über 170⁰ siedend) getrennt. Das als Rückstand verbleibende **Pech** dient zur Bereitung schwarzer Firnisse und Lacke, als Ersatz für Asphalt usw.

Das **Leichtöl** ist jenes Destillat, welches neben anderen Kohlenwasserstoffen das **Benzol** enthält. Bei einer neuerlichen Destillation des Leichtöls bildet das **Benzol** die bei 80—85⁰ in die Vorlage übergehende Fraktion.

Das reine **Benzol** bildet eine farblose, aromatisch riechende Flüssigkeit, welche bei 0⁰ erstarrt und bei 80⁰ siedet. Es ist leicht entzündlich und brennt zufolge des hohen Kohlenstoffgehaltes mit einer stark rußenden Flamme. In Wasser ist es nicht löslich, mischt sich aber mit Alkohol, Äther usw. in allen Verhältnissen.

Das in der Textilindustrie verwendete Produkt ist jedoch zumeist ein Gemisch des Benzols mit anderen Kohlenwasserstoffen der Benzolreihe (Toluol, Xylol u. a.).

Benzol hat für Fett usw. ein noch größeres Lösungsvermögen als Benzin und wird wegen seines heute niedrigeren Preises dem Benzin vielfach vorgezogen. In großen Mengen dient Benzol als Ausgangsstoff für die Gewinnung seiner zahlreichen und wertvollen Abkömmlinge (Nitrobenzol, Anilin usw.).

Hexalin $C_6H_{11} \cdot OH$.

Hexalin, auch **Zyklohexanol** genannt, ist ein hydriertes Phenol[2]) $C_6H_5 \cdot OH$ von alkoholischem Charakter. Es bildet eine ölige, zwischen 155 und 160⁰ siedende Flüssigkeit von kampferartigem Geruch. Es ist ein ausgezeichnetes Lösungsmittel für Fette, Wachs, Harz, Mineralöle, Azethylzellulose u. a. In Wasser ist es nur wenig löslich, hingegen läßt es sich mit anderen Fettlösungsmitteln gut mischen. Hexalin wird von Seifenlösungen sehr gut emulgiert und dient aus

---

bunden sind. Man bezeichnet daher die Verbindungen dieser Gruppe auch als **zyklische Verbindungen.** Dem **Benzol** gibt man folgende „Strukturformel":

$$
\begin{array}{ccc}
 & H & \\
 & | & \\
 & C & \\
H-C & \diagup \quad \diagdown & C-H \\
\| & & | \\
H-C & \diagdown \quad \diagup & C-H \\
 & C & \\
 & | & \\
 & H &
\end{array}
$$

[1]) S. 81.
[2]) Allgemeines über **Phenole** S. 296, Anm. 2.

diesem Grunde zur Herstellung mancher als Wasch- und Netzmittel dienenden Präparate[1]).

Methylhexalin $C_7H_{13} \cdot OH$.

Dieses ist ein Gemenge dreier isomerer[2], hydrierter Kresole $C_6H_4 \cdot OH \cdot CH_3$[3]) obiger Zusammensetzung. Es siedet zwischen 160 und 180°; sonst hat es eine ähnliche Beschaffenheit und Verwendung wie das Hexalin.

Tetralin.

Unter diesem Namen wird ein Fettlösungsmittel in den Handel gebracht, das ein Hydrierungsprodukt des Kohlenwasserstoffes Naphthalin $C_{10}H_8$[4]) vorstellt (Tetrahydronaphthalin). Das eine Handelsprodukt siedet zwischen 205 und 210°, das andere („Tetralin extra") zwischen 185 und 195°. Beide können mit Hilfe methylhexalinhaltiger Seifen in eine „wasserlösliche" Form übergeführt werden. Tetralin dient demnach gleichfalls zur Herstellung von Präparaten für Zwecke der Textilindustrie; es wird auch als Ersatzmittel für Terpentinöl empfohlen.

Ein ähnliches Produkt ist das **Dekalin.**

Terpentinöl.

Das Terpentinöl gehört zu den sogenannten „ätherischen Ölen"[5]) und besteht aus einem Gemisch von isomeren Kohlenwasserstoffen, Pinenen $C_{10}H_{16}$. Es findet sich in den Nadelhölzern, und zwar in einer Mischung mit Harz, vor. Das aus Einschnitten der Nadelhölzer ausfließende Produkt, Terpentin (Rohharz) genannt, wird durch Destillation mit oder ohne Wasserdampf in das flüchtige Terpentinöl und in das nicht flüchtige Harz (Kolophonium) zerlegt.

Terpentinöl ist eine farblose, zwischen 155 und 160° siedende Flüssigkeit vom spez. Gew. 0,85—0,87, eigentümlichem Geruch und brennendem Geschmack. Es ist in Wasser unlöslich, löst sich aber leicht in Alkohol und Äther; es ist ein Lösungsmittel für Harze und Fette und findet hauptsächlich zur Bereitung von Lacken und zur Verdünnung von Ölfarben Verwendung. Es wird vielfach auch zum Beseitigen von Fett- und Harzflecken verwendet. Als Reinigungsmittel im großen ist

---

[1]) Hexalin sowie die folgenden Methylhexalin und Tetralin sind Erzeugnisse der J. D. Riedel A.-G. in Roßlau (Anhalt).

[2]) „Isomer" sind solche Verbindungen, welche die gleiche prozentische Zusammensetzung, oft auch das gleiche Molekulargewicht, aber verschiedene Eigenschaften besitzen. Die Verschiedenheit der Eigenschaften ist durch die verschiedene Lagerung der Atome im Molekül bedingt.

[3]) Kresole gehören der chemischen Natur nach zu den Phenolen.

[4]) S. 297.

[5]) Unter „ätherischen Ölen" versteht man flüchtige, meist von Pflanzen stammende Stoffe von öliger Beschaffenheit und einem eigentümlichen, meist angenehmen Geruch. Auf Papier gebracht, verursachen sie wie die fetten Öle einen durchscheinenden Fleck, doch verschwindet dieser wieder in der Wärme.

das Terpentinöl nicht geeignet, da es während des Verdunstens durch Absorption von Sauerstoff verharzt. Es wird aber zufolge seiner fettlösenden Eigenschaft manchmal bei der Hauswäsche nebst Seife dem Einweichwasser zugesetzt. Da dem Terpentinöl die Eigenschaft zukommt, das beim Verdunsten des Wassers gebildete Ozon[1]) zu absorbieren, so wirkt es auch etwas bleichend, namentlich, wenn man das Trocknen bei Sonnenlicht vornimmt. Terpentinölemulsionen werden zum Abkochen der Baumwolle empfohlen.

Von allen Terpentinölsorten ist die französische wegen ihrer Reinheit und des angenehmen Geruches am meisten geschätzt; das österreichische Terpentinöl ist zu Reinigungszwecken nur dann verwendbar, wenn es gut rektifiziert ist; weniger gut sind das deutsche und russische Terpentinöl.

Kolophonium. Das aus dem Fichtenharz nach dem Abdestillieren des Terpentinöls erhaltene Kolophonium erstarrt nach wiederholtem Schmelzen zu einer klaren, spröden Masse von gelber bis dunkelbrauner Farbe. Die Hauptbestandteile des Kolophoniums sind die Abietinsäure $C_{20}H_{30}O_2$ und deren Anhydride, welche mit Alkalien lösliche, stark schäumende Salze bilden. Aus diesem Grunde findet das Kolophonium häufig in der Seifenfabrikation als billiger Zusatz zu Fett Verwendung. Da den Alkaliverbindungen des Kolophoniums eine sehr gute Klebkraft zukommt, werden sie häufig als Klebstoffe verwendet, zumeist in Gemeinschaft mit Stärke. Darauf gründet sich auch ihre, wenn auch seltenere Verwendung in der Appretur. Wegen seiner Löslichkeit in Terpentinöl und Alkohol dient das Kolophonium auch zur Herstellung von Lacken[2]). Alkoholische Kolophoniumlösungen finden manchmal zum Appretieren minderwertiger Seidengewebe sowie der Halbseidenstoffe Verwendung.

Der trockenen Destillation unterworfen, liefert das Kolophonium als Zersetzungsprodukte „Pinolen“, das als Terpentinölersatz dient, sowie über 230⁰ siedende „Harzöle“, welche wegen ihres niedrigen Preises zur Bereitung von Schmierölen, Wagenfetten und als Zusatz zu Druckfarben Verwendung finden. Harzölhaltige Schmieröle verharzen leicht. Als Rückstand dieser Zersetzungsdestillation verbleibt Pech.

Von seltener vorkommenden Harzarten, welche für Appreturzwecke in besonderen Fällen teils in Lösung Anwendung finden, teils in fein verteiltem Zustande anderen Appreturmitteln beigemischt werden, sind zu erwähnen:

Schellack (Gummilack). Dieses Harz stammt aus Ostindien; es ist in Alkohol löslich, in Benzin sowie in Terpentinöl unlöslich. Von der Natronlauge wird Schellack sehr leicht angegriffen.

Bernstein ist das Harz vorweltlicher Nadelhölzer; es ist in Benzin löslich, in Alkohol und in Terpentinöl unlöslich.

Kopal besteht aus verschiedenen bernsteinähnlichen Harzen, welche sowohl von der Rinde und Wurzel mancher tropischen Bäume gesammelt als auch aus den oberen Erdschichten ausgegraben werden. Kopal ist in Benzin löslich und in Alkohol unlöslich; in Terpentinöl quillt Kopal nur auf.

Sandarak löst sich in Alkohol und Terpentinöl leicht, in Benzin schwer.

Mastix löst sich in Alkohol, Terpentinöl und Benzin.

Dammarharz löst sich in Terpentinöl und Benzin, nicht aber in Alkohol.

Kautschuk. Aus verschiedenen Tropenpflanzen wird beim Einschneiden der Stämme ein zunächst dünnflüssiger „Milchsaft“ gewonnen, der durch einen Räucherungsprozeß zur Koagulation gebracht wird. Durch Be-

---

[1]) S. 111.

[2]) **Lackfirnisse oder fette Lacke** sind Lösungen von Harzen in Firnis und Terpentinöl. Harzlösungen in flüchtigen Lösungsmitteln werden **flüchtige Lacke** genannt.

handlung mit warmem Wasser oder Dampf wird der zerschnittene Rohkautschuk aufgeweicht und von Sand, Astteilchen und anderen Beimengungen befreit; durch Knetmaschinen und Walzwerke wird er schließlich in eine gleichartige Masse — den gereinigten Kautschuk — übergeführt.

Die empirische Zusammensetzung des Kautschuks $(C_{10}H_{16})x$ entspricht jener der Terpene. Während der reine Kautschuk eine amorphe, farb- und geruchlose Masse bildet, kommt der Handelsware stets eine gräuliche bis bräunliche Färbung und ein schwacher, aber charakteristischer Geruch zu. Kautschuk ist wegen seiner Elastizität und seiner Undurchdringbarkeit für Wasser und Gase sowie als Nichtleiter der Elektrizität ein sehr wertvolles und vorläufig unersetzbares Material. Der Kautschuk schmilzt bei 120^0 und geht in eine schwarze, schmierige Masse über; bei Luftzutritt verbrennt er mit rußender Flamme, wogegen er bei der trockenen Destillation das „Kautschuköl" liefert, das ein gutes Lösungsmittel für Kautschuk ist. Kautschuk löst sich ferner in Schwefelkohlenstoff, Chloroform, Äther, Benzol und Terpentinöl. Derartige Lösungen kommen auch für die Zwecke des Wasserdichtmachens und Gasdichtmachens in den Handel.

Die vielfach störende Eigenschaft des Kautschuks, schon bei verhältnismäßig niedriger Temperatur zu erweichen, wird vermieden, indem man ihn bei etwa 120^0 mit Schwefel behandelt, von dem er eine bestimmte Menge in fester Bindung in sich aufnimmt. Durch diese „Vulkanisierung" des Kautschuks werden seine Eigenschaften im wesentlichen nicht verändert, seine Widerstandsfähigkeit gegen Wärme und Kälte aber bedeutend erhöht.

Bleichmittel[1].

Das Bleichen verfolgt den Zweck, färbend wirkende Substanzen zu beseitigen. In der Textilindustrie werden dem Bleichprozeß alle Faserarten unterworfen, sowohl in Form von losem Material als auch in Form von Garnen und Geweben. In den meisten Fällen handelt es sich um die Entfernung des der Rohfaser von Natur aus zukommenden „Stiches" ins Gelbliche, Rötliche, Bläuliche oder Grünliche.

Gebleichte Ware kommt entweder als „weiße Ware" zum Verkauf, oder sie wird gefärbt oder bedruckt. In letzterem Falle bezweckt das Bleichen die Entfernung aller Fremdstoffe, welche ein gleichmäßiges Anfärben hindern würden.

Die zur Anwendung kommenden Bleichmittel sind entweder oxydierender oder reduzierender Natur; wobei die ersteren unmittelbar oder, wie die Chlorbleichmittel, mittelbar oxydierend wirken. Die oxydierend wirkenden Bleichmittel zerstören den Farbstoff, während die reduzierenden Bleichmittel den Farbstoff in eine farblose Verbindung überführen, welche der chemischen Zusammensetzung nach dem Farbstoff noch nahesteht und durch Oxydation in diesen wieder übergeht. Eine zu starke Einwirkung oxydierender Bleichmittel auf die Pflanzenfaser führt zur Oxydation der Faser selbst, wobei sie unter Bildung von Oxyzellulose eine Schwächung erleidet[2]. Hingegen schädigen reduzierende Bleichmittel die Faser nicht; ihre Bleichwirkung ist aber keine

---

[1] Literatur über Bleichmittel und Bleiche: Hölbling, Fabrikation der Bleichmaterialien; Billiter, die elektrolytische Alkalichloridzerlegung; W. Kind, Das Bleichen der Pflanzenfasern.

[2] Näheres über Oxyzellulose und ihre Erkennung S. 219.

dauernde, da selbst der Luftsauerstoff nach und nach die ursprüngliche Färbung wieder hervorruft[1]).

Mit Ausnahme der von alters her üblichen Rasenbleiche hat man es bei allen Bleichmitteln mit chemischen Produkten zu tun, bei deren Wahl und Anwendung man auf die Art der zu bleichenden Faser Rücksicht nehmen muß. Die vegetabilischen Fasern sind gegenüber den Bleichmitteln viel widerstandsfähiger als die tierischen; für letztere kommen nur wenige Bleichmittel in Betracht.

Unmittelbar oxydierende Bleichmittel (eigentliche Sauerstoffbleichmittel).

Rasenbleiche.

Bei der Rasenbleiche wird das Gespinst oder das Gewebe auf Rasen ausgebreitet dem Lichte ausgesetzt und öfter mit Wasser besprengt; dabei entstehen Wasserstoffsuperoxyd H_2O_2[2]) und Ozon[3]), welche durch ihr kräftiges Oxydationsvermögen auf die färbenden Bestandteile bleichend wirken. Es ist anzunehmen daß auch ein Teil des beim Kohlensäureassimilationsvorgang der Pflanzen im Entstehungszustande sich bildenden Sauerstoffes dem Bleichprozeß zugute kommt. Bei einer länger andauernden zu starken Besonnung wird auch die Faser angegriffen und mürbe gemacht. Eine Bleichwirkung des Wasserstoffsuperoxydes und des Ozons kann man auch beim Trocknen der Wäsche an der Sonne wahrnehmen.

Die Rasenbleiche ist im Haushalte, wo durchführbar, noch heute das geschätzteste Verfahren zum Bleichen der Baumwoll- und Leinenwäsche. Im Fabrikbetrieb wurde sie für die Baumwolle durch die Chlorbleiche verdrängt; hingegen ist sie für Leinen auch im Fabrikbetrieb noch heute von Bedeutung. Zur Abkürzung der Bleichdauer wird die Ware vorher „gebeucht", d. h. mit einer heißen Pottasche- oder Sodalösung oder, in der Hausindustrie, mit der Auslaugeflüssigkeit der Holzasche unter Zusatz von etwas Kalk behandelt. Der Laugenbehandlung folgt die Rasenbleiche und vielfach noch eine Chlorkalkbleiche, wie sie für Baumwolle üblich ist. Man verwendet zur Schonung der Faser verdünnte Lösungen und wiederholt die angeführten Arbeiten einigemal. Nach dem Waschen wird die Ware von der noch vorhandenen Lauge mit verdünnter Säure befreit und rein gespült. Auch dieses Verfahren nimmt einige Wochen in Anspruch, wobei die Ware 25—30% an Gewicht verliert. Die gebleichte Ware wird vielfach noch geblaut[4])

Ozonbleiche.

Ozon O_3 ist ein Gas, dessen eigentümlichen Geruch man z. B. in der Nähe tätiger Elektrisiermaschinen wahrnimmt. Ozon bildet sich in geringer Menge beim Verdunsten des Wassers, bei elektrischen Entladungen in der

---

[1]) So z. B. werden die mit Schwefeldioxyd gebleichten Strohhüte mit der Zeit gelb.   [2]) S. 112.   [3]) S. 111.   [4]) S. 289.

Luft, bei der Elektrolyse usw. Seine Bildung aus dem gewöhnlichen Sauerstoff findet nach folgendem Vorgang statt: $3 O_2 \rightarrow 2 O_3$. Das Ozonmolekül enthält demnach drei Atome Sauerstoff, während man im gewöhnlichen Sauerstoff deren zwei annehmen muß. Die stark oxydierende Wirkung des Ozons beruht auf dem Umstand, daß seine Moleküle unter Rückbildung der gewöhnlichen Sauerstoffmoleküle O_2 je ein Atom Sauerstoff sehr leicht abgeben: $O_3 \rightarrow O_2 + O$.

Der nun in Atomform vorhandene Sauerstoff wirkt viel stärker oxydierend als der zu Molekülen gebundene, da in letzterem Falle vor der Oxydation erst eine Spaltung der Moleküle in Atome erfolgen muß, die beim gewöhnlichen Sauerstoff oft nur sehr schwer stattfindet. Der in Atomform oder im Entstehungszustande (statu nascendi) begriffene Sauerstoff kann sich jedoch mit großer Leichtigkeit mit anderen Stoffen vereinigen, d. h. oxydierend wirken. Findet er keine oxydierbaren Stoffe, dann vereinigen sich je zwei Atome Sauerstoff sofort wieder zu gewöhnlichem Sauerstoff O_2.

Zufolge seines leichten Zerfalles bei Gegenwart oxydierbarer Substanzen kann Ozon in der Atmosphäre nur vorübergehend auftreten. Trotzdem kommt ihm in der Luft eine wichtige Rolle zu, da er bei seinem Zerfall einen wesentlichen Anteil an der Zerstörung von Krankheitskeimen nimmt. Künstlich ozonisierte Luft fand in einigen Städten zur Reinigung des Trinkwassers, aber auch in die Bleicherei einigen Eingang. Die Bedeutung des sich bei der Rasenbleiche bildenden Ozons wurde bereits erwähnt.

Den mit künstlich ozonisiertem Luftsauerstoff durchgeführten Bleichvorgang bezeichnet man als Ozonbleiche. Ursprünglich bediente man sich ihrer als Ersatz für die Rasenbleiche nur zum Bleichen des Leinens; gegenwärtig findet sie manchmal auch bei der Baumwolle Anwendung, und zwar nach der Chlorbleiche. So wie alle sauerstoffabgebenden Mittel kann bei einer zu starken Einwirkung auch Ozon die Faser schädigen, und zwar die Leinenfaser leichter als die Baumwollfaser.

Die zur Verwendung gelangende ozonreiche Luft wird in der Ozonisierungsanlage durch die sogenannte stille elektrische Entladung aus gewöhnlicher Luft erhalten. Die „ozonisierte" Luft tritt durch Löcher eines Systems von eisernen Röhren in weiß tapezierte „Ozonkammern" ein, in welche zuvor das feuchte Garn gebracht wurde. Die zu ozonisierende Ware bedarf außer der für die Rasenbleiche üblichen Behandlung noch einer Vorbehandlung mit verdünnter Salzsäure oder mit Terpentinöl. Für die „Dreiviertel-Bleiche" genügt eine Ozonisierung in der Dauer von sieben Stunden, für die „Vollbleiche" sind zwei bis drei solche Ozonisierungen nötig. Die weitere Behandlung der Ware ist dieselbe wie nach der Rasenbleiche.

Die Ozonbleiche stellt sich nicht billiger als die Rasenbleiche. Ihre Vorteile sind die viel kürzere Bleichzeit, die Unabhängigkeit vom Wetter und der Wegfall von Wiesen.

Wasserstoffsuperoxyd H_2O_2.

Zu seiner Darstellung wird Bariumsuperoxyd unter Kühlung mit verdünnter Schwefelsäure zerlegt[1]), die erhaltene verdünnte Wasser-

---

[1]) $BaO_2 + \dot{H}_2(SO_4)'' \rightarrow BaSO_4 + H_2O_2$.

stoffsuperoxydlösung vom ausgeschiedenen Bariumsulfat getrennt und im Vakuum auf einen Gehalt von 3% H_2O_2 eingedampft.

Für Bleichzwecke kommt meist diese 3%ige Wasserstoffsuperoxydlösung in den Handel. Da 1 cm³ einer solchen Lösung etwa 10 Vol. Sauerstoff entwickelt, so bezeichnet man sie auch als eine „10-volumprozentige"[1]).

Wasserstoffsuperoxyd gibt bei Gegenwart oxydierbarer Stoffe wirksamen Sauerstoff ab:

$$H_2O_2 \rightarrow H_2O + O.$$

Sein Zerfall wird aber auch durch Anwesenheit katalytisch wirkender Metalle herbeigeführt. Die Lösung ist um so haltbarer, je weniger Verunreinigungen sie enthält. Die Haltbarkeit wird durch Zusatz eines „Stabilisators"[2]), z. B. von etwas Schwefelsäure oder Phosphorsäure sowie durch Aufbewahren im Dunkeln erhöht. Die Säure neutralisiert man unmittelbar vor der Verwendung der Bleichflüssigkeit mit Ammoniak.

Zum Haltbarmachen der Wasserstoffsuperoxydlösungen werden auch andere Mittel empfohlen; z. B. Azetanalid, ferner Aluminiumhydroxyd oder basisches Aluminiumazetat in fein verteiltem Zustande[3]), besonders aber Seife. Versetzt man eine neutrale Wasserstoffsuperoxydlösung mit 0,2% Marseiller Seife, so reagiert dieses Gemisch anfangs neutral; beim längeren Stehen, schneller aber beim Erwärmen auf 55° wird die Lösung allmählich deutlich sauer und zeigt dann sowohl bei gewöhnlicher als auch bei erhöhter Temperatur eine große Beständigkeit[4]).

Das Wasserstoffsuperoxyd ist ein vortreffliches Bleichmittel, da es außer Wasser und Sauerstoff keine anderen Spaltungsprodukte bildet; leider ist es sehr teuer. Nur dort, wo die Frachtspesen nicht in Betracht kommen, ist es nicht teurer als das Natriumsuperoxyd.

Das Wasserstoffsuperoxyd dient hauptsächlich zum Bleichen von Wolle, Seide, Tussah- und anderen wilden Seiden, Federn, Schwämmen, Stroh, Haaren usw., da es diese Fasern dauernd bleicht. Das Bleichen wird bei Gegenwart von Ammoniak oder Borax in Holzgefäßen vorgenommen. Die Abgabe des aktiven Sauerstoffes auf das Bleichgut findet bei gewöhnlicher Temperatur langsam statt; durch Erwärmen wird sie beschleunigt.

Eine weitere Verwendung findet das Wasserstoffsuperoxyd als Detachiermittel (Fleckenputzmittel).

Natriumsuperoxyd Na_2O_2.

Dieses wird durch Überleiten trockener und kohlendioxydfreier Luft über Natrium, das man auf 300° erhitzt, dargestellt.

Das Natriumsuperoxyd bildet ein weißes bis schwach gelbliches, hygroskopisches Pulver mit 19,5% wirksamem Stickstoff. Da es in

---

[1]) Für analytische und medizinische Zwecke kommt auch eine Ware von 30 Gew.-% H_2O_2 in den Handel; sie führt den Namen Perhydrol.

[2]) S. 58.

[3]) Deutsche Gold- und Silberscheideanstalt vorm. Roeßler, Frankfurt a. M.

[4]) Zeitschr. f. angew. Chemie 1913, S. 516 und 593.

Gegenwart von feuchten organischen Substanzen, wie Staub, Stroh, Papier usw. einen Teil des Sauerstoffes explosionsartig abgibt, wird es in luftdicht geschlossenen Blechbüchsen in den Handel gebracht. In kaltem Wasser löst es sich unter Abgabe von Wasserstoffsuperoxyd zu Natronlauge auf:

$$Na_2O_2 + 2\,H_2O \rightarrow 2\,\dot{N}a(OH)' + H_2O_2.$$

Das Wasserstoffsuperoxyd wirkt in bekannter Weise oxydierend.

Auch ein Säurezusatz bewirkt die Bildung von Wasserstoffsuperoxyd:

$$Na_2O_2 + \dot{H}_2(SO_4)'' \rightarrow \dot{N}a_2(SO_4)'' + H_2O_2.$$

Auf dieser Reaktion beruht die Anwendung des Natriumsuperoxydes zu Bleichzwecken. Es ist ein viel verwendetes Bleichmittel für Wolle, Halbwolle, Seide Halbseide, Tussahseide, Stroh, Federn, Haare, Elfenbein usw. In neuerer Zeit wird es auch zum Bleichen von vegetabilischen Fasern verwendet.

· Wenn nach dem von der Deutschen Gold- und Silberscheideanstalt, vorm. Roeßler patentierten Verfahren durch geringen Zusatz von „Stabilisatoren", z. B. Neutralsalzen die Abgabe des aktiven Sauerstoffes geregelt wird, so kann das Natriumsuperoxyd zum Bleichen der Baumwolle, ohne den Beuchprozeß, mit Vorteil verwendet werden. Das Beuchen und Bleichen in einem einzigen Arbeitsgang, welcher in einfachen Apparaten durchführbar ist, muß als ein großer Vorteil gewertet werden.

Bei tierischen Fasern darf das Natriumsuperoxyd nur in angesäuertem Bade zur Anwendung kommen, da die freie Base die tierische Faser angreift So wie bei Verwendung von Wasserstoffsuperoxyd dürfen auch hier keine Metalle, ausgenommen Blei und reines Zinn, mit dem Bleichgut in Berührung kommen, da sonst eine unerwünscht rasche Abspaltung des wirksamen Sauerstoffes vor sich geht. Es werden hölzerne oder aus Zement hergestellte Bleichkufen empfohlen.

Die Natriumsuperoxydbleiche. Die Herstellung des Bleichbades kann in verschiedener Art geschehen, z. B. in der Weise, daß man in einem Holzbottich zu 100 l kaltem Wasser erst 1,3 kg konzentrierte Schwefelsäure und dann nach und nach 1 kg Natriumsuperoxyd einrührt, wobei eine Erwärmung möglichst zu vermeiden ist. Bei einer sauren Reaktion des Bades setzt man Ammoniak oder Borax bis zur schwach alkalischen Reaktion zu. In diesem Bade läßt man die zu bleichende Ware unter häufigem Wenden erst ½ Stunde bei gewöhnlicher Temperatur und dann noch etwa 8 Stunden bei 50—60° liegen. Die Ware wird in der Bleichflüssigkeit durch Holzrahmen niedergehalten. Die aus dem Bleichbade genommene Ware bleibt behufs Nachwirkung des Bleichmittels mehrere Stunden an der Luft liegen; das nicht erschöpfte Bleichbad kann verbessert und wieder benutzt werden. Die Ware wird nun mit einer Flüssigkeit gespült, die auf 1000 l Wasser 50 l Bisulfitlauge von 38—40° Bé und 5 l konzentrierte Schwefelsäure enthält, gesäuert, dann wieder gespült und nötigenfalls noch geblaut. Das Trocknen geschieht am besten im Freien; bei künstlicher Trocknung darf die Temperatur 35° nicht übersteigen.

Nach einem anderen Verfahren verwendet man für die Herstellung des Bleichbades keine Schwefelsäure, sondern behandelt die Ware zuerst mit einer Bittersalzlösung $MgSO_4$, und dann 2—3 Stunden mit einer Natriumsuperoxydlösung bei 50—60°. (Das Magnesiumsulfat macht die Natronlauge durch Bildung von unlöslichem Magnesiumhydroxyd $Mg(OH)_2$ unschädlich, andererseits führt es das Natriumsuperoxyd in Magnesiumsuperoxyd MgO_2 über, das aber das Wasserstoffsuperoxyd bzw. den Sauerstoff ebenso leicht abgibt.) Darauf folgt das Säuern und Waschen der Ware.

Bariumsuperoxyd BaO_2.

Durch Glühen von Bariumnitrat erhält man Bariumoxyd:

$$Ba(NO_3) \longrightarrow BaO + 2NO_2 + O.$$

Wird über dieses Oxyd bei $600-700^0$ trockene, kohlendioxydfreie Luft geleitet, so geht es in Bariumsuperoxyd über:

$$BaO + O \longrightarrow BaO_2.$$

Die Handelsware enthält noch ziemlich viel Bariumoxyd.

Bariumsuperoxyd ist ein weißes Pulver, das beim starken Erhitzen einen Teil seines Sauerstoffes verliert und wieder in Bariumoxyd übergeht. Aus der Luft zieht es Kohlendioxyd an; in Berührung mit brennbaren Stoffen bringt es diese leicht zur Entzündung. Es bildet den Rohstoff zur Herstellung des Wasserstoffsuperoydes. Seltener wird Bariumsuperoxyd, unter Zusatz einer Säure, in der Bleicherei selbst verwendet.

Persalze.

Unter Persalzen versteht man Salze, deren stark oxydierende Wirkung auf der Bildung von Wasserstoffsuperoxyd bzw. Abspaltung von Sauerstoff bei Gegenwart von Wasser beruht. Sie werden, seit man den praktischen Wert der Persalze erkannt hat, nach mehreren patentierten Verfahren dargestellt. Nach R. Bürstenbinder[1]) enthalten alle Persalze, welche durch Zusammenbringen von kristallwasserhaltigen Salzen, wie Kristallsoda, Glaubersalz, mit Wasserstoffsuperoxyd hergestellt werden, letzteres nicht chemisch gebunden, sondern als Kristallwasserstoffsuperoxyd an Stelle des Kristallwassers. Diese Anschauung wird durch den von Ostwald aufgestellten Grundsatz bekräftigt, der dahin geht, daß nur kolloide Stoffe einen gasförmigen Stoff chemisch zu binden vermögen. Die Verwitterung solcher wasserstoffsuperoxydhaltigen Salze, z. B. $Na_2CO_3 + 10H_2O_2$, geht in gleicher Weise vor sich wie bei kristallwasserhaltigen, und zwar im Beginn rascher, dann langsamer und kann durch Stabilisatoren, z. B. Phosphorsäure, Oxalsäure, Natriumchlorid, Stärke, Gelatine, Seife u. a. verzögert werden, wodurch die Persalze in ihrem Wirkungsgrad haltbarer werden. Die aus Kolloiden hergestellten festen Wasserstoffsuperoxydprodukte sind viel beständiger. Ein derartiges Produkt ist mit Wasserstoffsuperoxyd behandelte Infusorienerde. Auch Mischungen solcher mit Kristallwasserstoffsuperoxydhaltigen Salzen werden hergestellt.

Das wichtigste Persalz ist das

Natriumperborat $NaBO_3 + 4H_2O$.

Man erhält es u. a. durch Mischen einer kalten Boraxlösung mit Wasserstoffsuperoxyd und etwas Natronlauge, wobei es als schwer lösliches Salz zur Ausscheidung kommt. Als Zwischenprodukt bildet sich Natriummetaborat:

$$\dot{N}a_2(B_4O_7)'' + 2\dot{N}a(OH) \longrightarrow 4\dot{N}a(BO_2)' + H_2O,$$

$$\dot{N}a(BO_2)' + H_2O_2 \longrightarrow NaBO_3 + H_2O.$$

Das Natriumperborat $NaBO_3 + 4H_2O$ bildet ein weißes Pulver, das in trockener Luft beständig ist. Durch vorsichtiges Trocknen kann

---

[1]) Chem. Zeit. 1924, S. 381.

man das Kristallwasser bis auf 1 Molekül entfernen und erhält so das besonders beständige Salz $NaBO_3 + H_2O$. Das Natriumperborat ist um so haltbarer, je grobkristallinischer es ist. Bei Berührung mit feuchten organischen Substanzen verliert es allmählich seinen wirksamen Sauerstoff und geht im Natriummetaborat über. Zum Unterschiede von Natriumsuperoxyd ist es nicht feuergefährlich. Ein gutes Perborat enthält 10% wirksamen Sauerstoff. Es löst sich im Wasser im Verhältnis 1:40 und zerfällt dabei nach und nach in Natriummetaborat und Wasserstoffsuperoxyd:

$$\dot{N}a(BO_3)' + H_2O \rightarrow \dot{N}a(BO_2)' + H_2O_2 \,.$$

Am schnellsten vollzieht sich die Zersetzung beim Erwärmen oder beim Zusatz einer Säure. Zufolge der hydrolytischen Spaltung des Natriummetaborats reagiert die Lösung alkalisch.

Das Natriumperborat fand zuerst als bleichender Zusatz zu Waschpulvern[1]) sowie für sich allein zum Bleichen der Wäsche Verwendung. Es greift die Baumwoll- und Leinenfaser nur sehr wenig an; man soll aber die Wäsche in der Bleichflüssigkeit nicht länger liegen lassen als eben notwendig. Einer allgemeineren Verwendung in der Textilindustrie stellt sich sein hoher Preis entgegen. Später erhielt das Natriumperborat auch als Aufschließungsmittel für Stärke und Kleber eine Bedeutung[2]).

Die Perboratbleiche. Zum Bleichen der Wäsche löst man für je 10 kg Trockenwäsche etwa 20 g Natriumperborat in kaltem oder lauwarmem Wasser, bringt in diese Lösung die vorher in üblicher Weise mit Seife gewaschene und gespülte Wäsche und erwärmt auf ungefähr 50^0. Zur besseren Ausnutzung des Bleichbades kann man nach etwa einer halben Stunde noch kurze Zeit kochen, worauf die Wäschestücke gründlich gespült werden. Etwa zurückgebliebene Flecke können durch Betupfen mit einer konzentrierten, heißen, jedoch nicht kochenden Perboratlösung und verdünnter Essigsäure entfernt werden. Auf diese Art wird das Natriumperborat auch vom Detacheur gebraucht.

Bei der Baumwollbleiche wird die in üblicher Weise gebeuchte Ware in eine Perboratlösung eingetragen und das Bad allmählich auf 70 bis 80^0 erwärmt.

Beim Bleichen von Wolle und Seide soll man die Ware zuerst einige Zeit in der Lösung liegen lassen, dann mit Essigsäure schwach ansäuern und den Bleichprozeß zu Ende führen.

Unter dem Namen Perborax kommt das Salz $Na_2B_4O_8 + 10 H_2O$ mit nur 4% wirksamem Sauerstoff in den Handel. Seine Lösung reagiert neutral.

Weniger Bedeutung haben die Perborate der Magnesiums, Kalziums. Zinks und Aluminiums.

Ammoniumpersulfat $(NH_4)SO_4$

sowie die analog zusammengesetzte Kalium- und Natriumverbindung werden meist auf elektrolytischem Wege dargestellt. Während das Kaliumsalz schwer löslich ist, lösen sich das Ammonium- und Natriumsalz leicht. Dabei erleidet das Ammoniumsalz unter Entwicklung von wirksamem Sauerstoff

---

[1]) S. 167.   [2]) S. 234 und 198.

schon bei gewöhnlicher Temperatur eine Zersetzung, die beiden anderen
erst beim Erwärmen:

$$2\,(NH_4)SO_4 + H_2O \longrightarrow (NH_4)_2SO_4 + H_2SO_4 + O.$$

Die dabei gebildete freie Schwefelsäure wird nötigenfalls mit Soda
neutralisiert. Nach Versuchen von W. Kind sind die Persulfate zum Bleichen
von Baumwolle und Leinen nicht geeignet, da sie die Faser stärker als Perborate angreifen und keine genügende Bleichwirkung ausüben[1]).

Natriumperkarbonat Na_2CO_4

erhält man durch Einwirkung von flüssigem Kohlendioxyd auf Natriumsuperoxyd. Mit Wasser spaltet es sich in Soda und Wasserstoffsuperoxyd:

$$Na_2CO_4 + H_2O + O \longrightarrow Na_2CO_3 + H_2O_2.$$

Bestimmung des wirksamen Sauerstoffes in Superoxyden und Persalzen[2]).

Da die Zusammensetzung der wasserstoffsuperoxyd- bzw. sauerstoffabgebenden Bleichmittel eine sehr wechselnde ist und dieselben beim längeren Aufbewahren an wirksamem Sauerstoff ärmer werden, ist ihre Prüfung
sehr wünschenswert.

Die am bequemsten auszuführende Methode zur Bestimmung des Gehaltes an wirksamem Sauerstoff in den oben angeführten Präparaten beruht
auf der Eigenschaft des Kaliumpermanganates[3]), das aus Superoxyden und
Persalzen mittels Schwefelsäure gebildete Wasserstoffsuperoxyd unter Freiwerden von Sauerstoff zu zersetzen:

$$2\,\dot{K}(MnO_4)' + 5\,H_2O_2 + 3\,\dot{H}_2(SO_4)'' \longrightarrow 2\,\ddot{M}n(SO_4)'' + \dot{K}_2(SO_4)'' + 8\,H_2O + 10\,O.$$

Der Schwefelsäure kommt auch die Aufgabe zu, die Bildung von unlöslichem Braunstein MnO_2 zu verhindern. Das in der Lösung violettrot
gefärbte Permanganat erleidet bei der Reaktion durch Bildung von Manganosulfat und Kaliumsulfat eine Entfärbung.

Aus dem angeführten Vorgang läßt sich berechnen, daß 316 g Kaliumpermanganat aus 340 g Wasserstoffsuperoxyd 80 g Sauerstoff in Freiheit
setzen.

Zur Anwendung gelangt eine $^1/_{10}$ n-Permanganatlösung, welche durch
Auflösen von 3,16 g reinem Kaliumpermanganat zu 1 l bereitet wird[4]).

1 cm³ $^1/_{10}$ n-Permanganatlösung entspricht 0,008 g O.

Ausführung der Bestimmung.

Zur Vereinfachung der nach der Titrierung nötigen Berechnung werden
genau 0,2 g der zu untersuchenden Substanz eingewogen und in etwa 50 cm³
10%ige kalte Schwefelsäure eingetragen. Dazu läßt man nun aus der Meßröhre (Bürette) die $^1/_{10}$ n-Permanganatlösung bis zum Eintritt einer

---

[1]) „Textilberichte“ 1921, S. 325.

[2]) Ausführlichere Untersuchung der Bleichmittel in „Einf. in d. quant.
textilchem. Unters.“   [3]) S. 118.

[4]) Die Permanganatlösung ist gut haltbar, wenn sie vor dem Einfluß
des direkten Sonnenlichtes und der Berührung mit organischen Substanzen
geschützt wird. Der Wirkungswert einer längere Zeit in Gebrauch stehenden Permanganatlösung kann z. B. durch ihre oxydierende Wirkung auf
Oxalsäure genau bestimmt werden; doch erscheint es für den Nichtchemiker
bequemer und für praktische Zwecke genügend genau, die Permanganatlösung bei Verwendung eines reinen Salzes öfters frisch herzustellen.

bleibenden Rosafärbung zufließen[1]).   In diesem Augenblick ist aus dem Wasserstoffsuperoxyd der gesamte wirksame Sauerstoff verdrängt worden.

Durch Multiplikation der verbrauchten Anzahl Kubikzentimeter Permanganatlösung mit 0,4 erhält man den Prozentgehalt des untersuchten Bleichmittels an wirksamem Sauerstoff.

Anmerkungen: 1. Bei der Prüfung des Natriumsuperoxydes ist es wegen seiner raschen Zersetzung empfehlenswert, 0,2—0,3 g Substanz in ein gewogenes Wägefläschchen zu schütten und nach dem Verschließen mit dem mitgewogenen Glasstopfen durch abermalige Wägung das Gewicht des Natriumsuperoxydes genau zu bestimmen.   Man verfährt weiter wie oben und berechnet den Prozentgehalt x an wirksamem Sauerstoff nach der Formel: $x = \dfrac{a \cdot 0,08}{b}$, wobei a die verbrauchte Anzahl Kubikzentimeter der Permanganatlösung und b die eingewogene Menge der Substanz bedeutet.

2. Das käufliche oder im Betriebe selbst hergestellte Wasserstoffsuperoxyd wird behufs Untersuchung desselben nicht abgewogen, sondern mit der Pipette (Abb. 13) abgemessen, wobei man sein spez. Gewicht mit 1,0 annimmt.   Zur Untersuchung nimmt man 2,5—3 cm³ Wasserstoffsuperoxydlösung, fügt etwa 25 cm³ verdünnte Schwefelsäure zu und verfährt weiter wie oben. Bei Verwendung der daselbst angegebenen Formel, wobei b die abgemessene Menge der Wasserstoffsuperoxydlösung bedeutet, erhält man den Gehalt, in Prozenten wirksamen Sauerstoffes ausgedrückt.   Will man den Gehalt an reinem Wasserstoffsuperoxyd H_2O_2 wissen, so bedient man sich der Formel: $x = \dfrac{a \cdot 0,17}{b}$. Bei Wasserstoffsuperoxyd wird der Gehalt manchmal auch nach dem Volumen Sauerstoff bemessen, welches 100 g der zu untersuchenden Probe zu liefern vermögen. Dazu braucht man nur den Prozentgehalt an wirksamem Sauerstoff durch das Litergewicht des Sauerstoffes 1,4292 zu dividieren.

Abb. 13.
Pipette.

Kaliumpermanganat KMnO₄.

Durch Erhitzen eines Gemenges von Braunstein und Ätzkali erhält man eine Schmelze, welche nach dem Erhitzen bei Luftzutritt (Rösten) beim Auslaugen mit Wasser eine tiefgrüne Lösung von Kaliummanganat K_2MnO_4 gibt.   Dieses kann man durch Elektrolyse seiner heißen Lösung sowie nach anderen Verfahren in Kaliumpermanganat überführen.

Kaliumpermanganat bildet dunkelviolette, metallisch glänzende, prismatische Kristalle, die in Wasser mit tief violettroter Farbe löslich sind.   Die wichtigste Eigenschaft des Kaliumpermanganates ist sein Vermögen, an leicht oxydierbare Stoffe einen Teil seines Sauerstoffes leicht abzugeben, wobei in alkalischer oder neutraler Lösung braunes Mangansuperoxyd zur Abscheidung gelangt, in saurer Lösung aber eine lösliche und in Lösung ungefärbte Manganoverbindung gebildet wird:

a) in neutraler oder alkalischer Lösung:

$$2\dot{K}(MnO_4)' + H_2O \rightarrow 2\dot{K}(OH)' + 2MnO_2 + 3O,$$

b) in saurer Lösung:

$$2\dot{K}(MnO_4)' + 3\dot{H}_2(SO_4)'' \rightarrow \ddot{K}_2(SO_4)'' + 2\ddot{M}n(SO_4)'' + 3H_2O + 5O.$$

---

[1]) Da die dunkle Farbe der $^1/_{10}$ n-Permanganatlösung den unteren Meniskus nicht erkennen läßt, so nimmt man die Einstellung sowie die Ablesung in diesem Falle an der oberen Begrenzung des Flüssigkeitsspiegels vor. Vgl. S. 48.

Die oxydierende Wirkung des Permanganates ist demnach bei Gegenwart einer Säure bedeutend größer. Auf der oxydierenden Wirkung des Kaliumpermanganates beruht seine Verwendung zu Bleichzwecken und in der Maßanalyse.

Um **vegetabilische Fasern**, besonders Jute, zu bleichen, wird das Garn oder das Gewebe mit Soda ausgekocht und dann mit einer verdünnten Lösung von Kaliumpermanganat behandelt. Der frei werdende Sauerstoff wirkt bleichend, während das gleichzeitig ausgeschiedene Mangansuperoxyd auf der Faser einen braunen Belag bildet. (Vorgang a). Durch eine Nachbehandlung mit schwefliger Säure oder mit einer mit Schwefelsäure angesäuerten Bisulfitlösung wird das Mangansuperoxyd zu löslichem Manganosulfat reduziert und auf diese Weise die Ware weißer erhalten[1]). Vorteilhafter ist es, der Permanganatlösung etwas verdünnte Schwefelsäure zuzusetzen; in diesem Falle wird nicht nur eine größere Menge Sauerstoff entwickelt, sondern es unterbleibt auch die Abscheidung von Mangansuperoxyd, wodurch eine Nachbehandlung mit schwefliger Säure entbehrlich wird. (Vorgang b.) Ein Ansäuern mit Salzsäure führt zur Chlorentwicklung[2]). Die Permanganatbleiche kommt manchmal auch für die Nachbleiche chlorgebleichter Ware zur Anwendung.

Wolle und Seide, besonders Tussahseide, bleicht man mit einer neutralen Permanganatlösung. Um das dabei gebildete Kaliumhydroxyd für die animalische Faser unschädlich zu machen, setzt man dem Bleichbade etwas Magnesiumsulfat $MgSO_4$ zu; dadurch wird anstatt Kaliumhydroxyd unlösliches Magnesiumhydroxyd gebildet[3]); das abgeschiedene Mangansuperoxyd wird auch hier mit schwefliger Säure entfernt.

Nach dem Bleichen muß die Ware gründlich gespült werden.

Das Permanganat findet auch bei der Fleckenreinigung Verwendung; zu diesem Zwecke werden die Flecke mit einer Permanganatlösung benetzt und dann wie beim Bleichen behandelt. Außer mit schwefliger Säure kann man das abgeschiedene Mangansuperoxyd auch mit Wasserstoffsuperoxyd oder mit Natriumperborat bei Gegenwart von Essigsäure entfernen. Dabei wird wieder wirksamer Sauerstoff entwickelt, was bei hartnäckigen Flecken sehr erwünscht ist.

Mittelbar oxydierende Bleichmittel (Chlorbleichmittel).

Chlor und Hypochlorite.

Chlor Cl.

Chlor wird nach dem alten Verfahren, das noch immer üblich ist, durch Oxydation der Salzsäure mit Braunstein dargestellt:

$$4\dot{H}Cl' + MnO_2 \rightarrow \dot{M}nCl_2' + 2H_2O + Cl_2.$$

Der Vorteil bei der Verwendung von Braunstein als Oxydationsmittel liegt darin, daß er sich aus dem beim Prozeß gebildeten Manganochlorid

---

[1]) $MnO_2 + \dot{H}_2(SO_3)'' \rightarrow \dot{M}n(SO_4)'' + H_2O.$ [2]) S. 119.

[3]) $2\dot{K}(OH)' + \ddot{M}g(SO_4)'' \rightarrow \dot{K}_2(SO_4)'' + Mg(OH)_2.$

zurückgewinnen läßt; zu diesem Zwecke versetzt man die „Manganchlorürlauge" mit Kalk und läßt auf dieselbe längere Zeit Luft einwirken (Weldon-Prozeß).

Gegenwärtig werden große Mengen Chlor elektrolytisch hergestellt. Wird durch eine Kochsalzlösung der elektrische Strom geleitet, so scheidet sich an der Kathode Natrium ab, das aber mit Wasser unter Freiwerden von Wasserstoff sofort Natriumhydroxyd bildet, während an der Anode Chlorgas zur Entwicklung gelangt[1]). Zur Verhinderung der Einwirkung des Chlors auf Natriumhydroxyd müssen die Elektroden durch ein Diaphragma, d. i. eine poröse Scheidewand, getrennt sein, welche wohl den Durchgang des elektrischen Stromes, nicht aber der auf den Elektroden frei werdenden Stoffe getattet[2]).

Chlor ist ein grünlichgelbes, erstickend riechendes Gas, das, eingeatmet, die Schleimhäute sehr stark angreift, heftige Katarrhe erzeugt und in größeren Mengen selbst den Tod herbeiführen kann. Es läßt sich ziemlich leicht verflüssigen; das flüssige Chlor wirkt in trockenem Zustande auf das Eisen so wenig ein, daß es in stählernen Flaschen in den Handel gebracht werden kann („Bombenchlor"). In Wasser ist das Chlor leicht löslich; seine wässerige Lösung heißt Chlorwasser und besitzt die Farbe des gasförmigen Chlors. Die wichtigste Eigenschaft des Chlors ist seine große Affinität zu den meisten Elementen, besonders zu Wasserstoff und zu den Metallen, mit welchen es sich direkt, oft unter Feuererscheinung, zu Chloriden verbindet. Auf der großen Verwandtschaft des Chlors zu Wasserstoff beruht auch seine bleichende Wirkung. Es verbindet sich nämlich mit dem Wasserstoff des Wassers und bringt aus diesem den Sauerstoff in Freiheit, welcher — im Entstehungszustande begriffen — stark oxydierend und demnach bleichend wirkt:

$$\mathrm{H_2O + Cl_2 \rightarrow 2\,\dot{H}Cl' + O}.$$

Auf diesem Vorgang beruht auch die Zersetzung des Chlorwassers, die besonders leicht bei Sonnenlicht stattfindet. Chlor ist also ein indirektes Oxydationsmittel und kann, wie aus obigem hervorgeht, nur bei Gegenwart von Wasser bleichend wirken.

Chlorwasser wurde früher als Bleichmittel für Gewebe pflanzlicher Natur verwendet. Wegen seiner schädlichen Wirkung auf die Atmungsorgane der mit der Bleiche beschäftigten Arbeiter finden an seiner Stelle gegenwärtig die mittels Chlor hergestellten Hypochlorite Anwendung. Zum Bleichen der tierischen Faser sind weder Chlor noch die aus diesem hergestellten Bleichmittel geeignet. Die Wolle wird bei längerer Einwirkung von Chlor braun, sie verliert die Filzfähigkeit und erhält einen harten, knirschenden Griff. Mäßig und vorsichtig angewandt dient aber das Chlor bzw. ein chlorhaltiges Bleichmittel zum „Chloren" der Wolle. Durch diese Behandlung verliert die Wollfaser ihre Epithelialschuppen, daher auch die Eigenschaft zu filzen und zu schrumpfen. Sie erhält einen seidenartigen Glanz,

---

[1]) Erklärung des Vorganges auf Grund der Ionentheorie S. 31.

[2]) Als Nebenprodukte gewinnt man demnach bei diesem Prozeß Natriumhydroxyd und Wasserstoff (vgl. S. 77).

wobei die Eigenschaft der gechlorten Wolle, keine Filzigkeit zu besitzen, in manchen Fällen erwünscht ist[1]). Gechlorte Wolle erhält ein größeres Aufnahmevermögen für Farbstoffe.

Dem Angriff des Chlors unterliegt bei längerer Einwirkung auch die Baumwollfaser. Dabei verbindet sich das Chlor mit einem Teil des Wasserstoffes der Zellulose zu Wasserstoffchlorid, wodurch die Zellulose an Wasserstoff ärmer, an Sauerstoff aber reicher wird; die so gebildete Oxyzellulose macht die Faser schwächer, aber empfänglicher für die Aufnahme basischer Farbstoffe[2]).

Chlor dient hauptsächlich zur Darstellung von Hypochloriten, insbesondere des Chlorkalkes. Unmittelbar zum Bleichen wird es selten verwendet, z. B. für Stroh, wiewohl G. Braam, Hamburg, die mit Chlorwasser durchgeführte Bleiche als ungefährlichste und wirtschaftlichste Chlorbleiche bezeichnet, wenn flüssiges Chlor in geeigneten Apparaten in Wasser gelöst wird[3]). Das aus sehr verdünntem Königswasser[4]) entwickelte Chlor wird bei der Soupleseide als Vorbleiche vor der Schwefelbleiche vorgenommen.

Chlorkalk (Bleichkalk).

Er wird durch Einwirkung von Chlorgas auf gelöschten, jedoch trockenen Kalk gewonnen:

$$2\,Ca(OH)_2 + 4\,Cl \rightarrow Ca(ClO)_2 + CaCl_2 + 2\,H_2O\,^5).$$

Der Chlorkalk besteht demnach aus einem Gemenge von Kalziumhypochlorit, Kalziumchlorid, Wasser und etwas Kalziumhydroxyd[6]). Sein wirksamer Bestandteil ist das Hypochlorit. Der Chlorkalk ist ein nach Chlor riechendes weißes, krümmeliges, in Wasser unter stark alkalischer Reaktion nur zum Teil lösliches Pulver. Der beim Lösen in etwa 20 Teilen Wasser verbleibende Rückstand besteht aus $Ca(OH)_2$, das noch geringe Mengen Chlorkalk eingeschlossen enthält.

Die bleichende Wirkung des Chlorkalkes in wässeriger, alkalisch reagierender Lösung beruht auf der langsamen Abgabe des wirksamen Sauerstoffes

$$\overset{..}{C}a(ClO)_2{}' \rightarrow \overset{..}{C}aCl_2{}' + 2\,O\,^7).$$

---

[1]) Derartige „Seidenwolle" ist z. B. zur Herstellung mancher Plüsche geeignet.

[2]) Näheres über Oxyzellulose und ihre Erkennung S. 219.

[3]) Zeitschr. f. angew. Chemie 1922, S. 310, 501.   [4]) S. 71.

[5]) Durch Einleiten von Chlorgas in dünne Kalkmilch erhält man eine Bleichkalklösung; vgl. Natriumhypochlorit, S. 127.

[6]) Das Kalziumhydroxyd ist wahrscheinlich mit den beiden Salzen zu basischen Salzen, Ca(OH)OCl und Ca(OH)Cl, verbunden.

Es ist gelungen, auch reines Kalziumhypochlorit in Kristallschuppen zu erhalten, das von Kristallwasser rasch befreit in den beständigeren etwa 80%igen Chlorkalk („Caporit") übergeht.

[7]) In der Wirklichkeit ist die Zersetzung verwickelter; sie dürfte sich nach etwa folgenden Vorgängen abspielen:

$$\overset{..}{C}a(ClO)_2{}' + 2\,\overset{.}{H}(OH)' \rightarrow \overset{..}{C}a(OH)_2{}' + 2\,\overset{.}{H}(ClO)';$$
$$\overset{.}{H}(ClO)' \rightarrow \overset{.}{H}Cl' + O,$$
$$\overset{..}{C}a(OH)_2{}' + 2\,\overset{.}{H}Cl' \rightarrow \overset{..}{C}aCl_2{}' + 2\,H_2O.$$

Rascher geht die Zersetzung des Chlorkalkes in Gegenwart von Säuren vor sich, wobei zunächst die unterchlorige Säure HClO und aus dieser Chlor frei wird, das in Gegenwart von Wasser in bekannter Weise oxydierend und demnach bleichend wirkt:

$$\ddot{C}a(OCl)_2' + 2\,\dot{H}Cl' \rightarrow 2\,\dot{H}(ClO)' + \ddot{C}aCl_2',$$
$$2\,\dot{H}(ClO)' + 2\,\dot{H}Cl' \rightarrow 2\,H_2O + Cl_4\,[1]).$$

Ähnlich, jedoch viel schwächer wirkt die Luftkohlensäure auf den Chlorkalk. Aber auch in Abwesenheit der Kohlensäure erfährt der Chlorkalk, besonders in starkem Lichte und in der Wärme, eine Zersetzung, wobei Sauerstoff frei wird. Daher soll Chlorkalk im Dunkeln und kühl gelagert werden. Trotzdem verliert er auch im Faß wirksames Chlor, anfangs rascher ($\frac{1}{4}-\frac{1}{2}\%$ im Monat), später langsamer [2]). Der Wert des Chlorkalkes wird nach der Menge Chlor bestimmt, welche durch Säuren in Freiheit gesetzt wird. An diesem „wirksamen" Chlor könnte der Chlorkalk theoretisch 49% enthalten. Praktisch ist ein solcher nicht herstellbar; der technische Chlorkalk enthält, wenn er unzersetzt ist, 35 bis 36% wirksames Chlor.

Zum Bleichen von Textilfasern wird zumeist eine wässerige Chlorkalklösung verwendet. Während nämlich diese in den Faden gut eindringt, schließt sich derselbe bei Anwendung einer angesäuerten Chlorkalklösung und öffnet sich wieder beim Spülen mit Wasser, wobei ungebleichte Stellen zum Vorschein kommen. Die Ware soll demnach erst nach dem Verlassen des wässerigen Chlorkalkbades in ein verdünntes Säurebad gebracht werden, wodurch der in der Ware noch vorhandene Chlorkalk vollständig zersetzt wird. Dem Chlorbade zugesetzte Mineralsäuren schwächen die Faser. Hingegen findet V. Hottenroth[3]) in der Kohlensäure, als CO_2 in die Bleichflüssigkeit eingeleitet, ein Beschleunigunsmittel, das bezüglich des Bleicheffektes den Mineralsäuren nicht nachkommt, die Faser aber besser schont als die Mineralsäuren. Das in der Textilindustrie zweckmäßigste Beschleunigungsmittel für die Chlorbleiche ist die Essigsäure. Im allgemeinen ist eine zu kräftige Entwicklung des Chlors, besonders bei erhöhter Temperatur, nicht günstig, weil sie zur Bildung von Oxyzellulose und gleichzeitig durch übermäßige Bildung von Kalziumchlorat einen Verlust an wirksamem Chlor bedeutet. Eine zu rasche Chlorentwicklung kann durch Zusatz von Alkali in die gewünschte Bahn geleitet werden.

---

[1]) Beim Ansäuern mit Schwefelsäure wirkt diese auf das Hypochlorit und Chlorid des Chlorkalkes, wobei auch das Chlor des Kalziumchlorids frei wird.

$$\begin{cases}\ddot{C}a(OCl_2)' + \dot{H}_2(SO_4)'' \rightarrow CaSO_4 + 2\,\dot{H}(ClO)', \\ \ddot{C}aCl_2' + \dot{H}_2(SO_4)'' \rightarrow CaSO_4 + 2\,\dot{H}Cl'; \end{cases}$$
$$2\,\dot{H}(ClO)' + 2\,\dot{H}Cl' \rightarrow 2\,H_2O + Cl_4.$$

[2]) Die Zersetzung geht unter Bildung von Kalziumchlorat und Entwicklung von Sauerstoff vor sich:

$$Ca(ClO)_2 \rightarrow CaCl_2 + 2\,O \quad \text{und} \quad 3\,Ca(ClO)_2 \rightarrow Ca(ClO_3)_2 + 2\,CaCl_2.$$

[3]) Chem. Zeit. 1923, S. 104.

Zum Bleichen von Textilfasern sollen nur klare Chlorkalklösungen zur Anwendung kommen. Es kommt zwar auch dem unlöslichen Teil ein gewisser Bleichwert zu, allein die in der „Chlorkalkmilch“ oft vorhandenen Klümpchen setzen sich an der Ware fest und bewirken an solchen Stellen eine stärkere Bildung von Oxyzellulose; diese wieder ist die Ursache, daß an solchen Stellen die Färbung dunkler wird. Zum Gebrauche wird der Chlorkalk in der Chlormühle (Abb. 14) zerkleinert und dann mit kaltem Wasser angerührt; zweckmäßig bedient man sich dazu eines „Chlorkalkauflösers“ (Abb. 15). Nach dem Absetzen der unlöslichen Bestandteile wird die klare Lösung abgezogen und deren Gehalt an wirksamem Chlor bestimmt.

Abb. 14. Chlormühle mit Kugeln und Reibungskegel. (Zittauer Maschinenfabrik A.-G., Zittau i. Sa.)

Außer zum Bleichen von vegetabilischen Textilfasern findet der Chlorkalk als Bleichmittel auch in der Papierfabrikation viel Anwendung. Er dient ferner zur Herstellung anderer Bleichflüssigkeiten (Labarraquesche Lauge, Javallesche Lauge u. a.) sowie zum Chloren der Wolle [1]), manchmal auch als Aufschließungsmittel für Stärke. Eine weitere Verwendung findet der Chlorkalk als Desinfektionsmittel.

Abb. 15. Chlorkalkauflösetrommel. (Zittauer Maschinenfabrik A.-G., Zittau i. Sa.)

Die Chlorkalkbleiche von Baumwollgeweben.

Vor dem Bleichen werden die Baumwollgewebe je nach der späteren Veredlungsart gesengt oder geschoren. Das Sengen (Abflammen) bezweckt die Entfernung der feinen an der Oberfläche des Gewebes hängenden Fasern durch Abbrennen, wogegen durch das Scheren gröbere Unebenheiten, Knoten usw. beseitigt werden. Zum Absengen bedient man sich

---

[1]) S. 120.

bei schweren Geweben der Plattensengmaschine oder der Zylinder-
sengmaschine, bei leichten der Gassenge. Bei der Plattensenge wird die
Ware mit großer Geschwindigkeit über eine glühende Eisenplatte, bei der
Zylindersenge über einen langsam sich drehenden, hohlen, innen geheizten
Stahlguß- oder Kupferzylinder gezogen, bei der Gassenge an einer Reihe
rußfreier Gasflammen vorbeigeführt (Abb. 16). Im allgemeinen sind heute
Gassengen die gebräuchlichsten. Bei richtig durchgeführtem Sengen wird
die Ware nicht beschädigt. In neuester Zeit werden auch elektrische
Sengmaschinen gebaut.

Nach dem Sengen laufen die Stücke durch Porzellanringe behufs Entschlichtung in die Strangwaschmaschine (Abb. 186). Zur Entschlichtung
läßt man die mit lauwarmem Wasser genetzte Ware einige Tage in einem
Behälter liegen, wobei die Schlichte durch Vergärung zerstört wird. Rascher

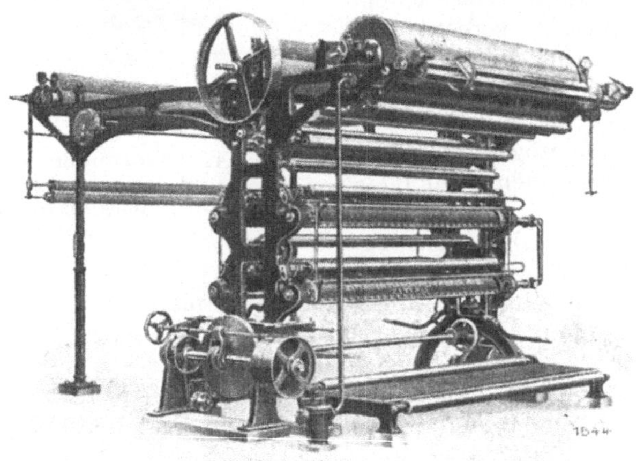

Abb. 16.　Gassengmaschine für Leucht- und Ölgas;
mit Trockentrommel.
(Zittauer Maschinenfabrik A.-G., Zittau i. Sa.)

entschlichtet man die Stücke durch Verzuckerung der Stärke mit Säuren
(S. 228) oder mit Diastaphor (S. 230). Nun gelangt die Ware in Strangform
in die Bleiche, wo die Ware erst dem „Beuchprozeß" unterworfen wird.
Dieser besteht in der Behandlung der Ware mit alkalischen Flüssigkeiten
in der Siedehitze. Dadurch werden die der Baumwollware anhaftenden
Fette, welche zum Teil vom Spinnprozeß herrühren, zum Teil aber schon
ursprünglich vorhanden waren, durch Verseifung entfernt, Holzgummi,
Stickstoffverbindungen u. a. gelöst, der natürliche Farbstoff freigelegt und
so seine Beseitigung durch den nachfolgenden Bleichprozeß begünstigt.
Früher wurde zu diesem Zwecke die Ware in offenen Gefäßen mit Kalkmilch oder Harzseife gekocht. Gegenwärtig bedient man sich dazu einer
2—3%igen Natronlauge, manchmal auch Seifenlösungen und verschiedener Fettlösungsmittel, und arbeitet in Druckkesseln (Beuchkesseln)
(Abb. 17). Der Warenstrang muß den ganzen Kesselraum regelmäßig aus-
füllen. Oben wird die Ware mit Packtüchern bedeckt und mit verzinkten
Eisenstäben beschwert. Die Beuchlauge wird aus einem Vorratskessel
unter gleichzeitigem Zufluß von Wasser in den Druckkessel gepumpt, bis
die Ware von der Flüssigkeit vollständig bedeckt ist. Dies ist notwendig,
da bei Berührung mit der Luft mürbe und brüchige Oxyzellulose gebildet
wird. Während des Füllens wird die zufließende Lauge durch einen Vorwärmer erhitzt und der Kessel bis zum beginnenden Sieden offen gelassen.

Dann schließt man den Kessel und setzt das Beuchen ungefähr 6 Stunden bei 2½ at Druck fort[1]).

Die gebeuchte Ware wird nach dem Erkalten gespült und nun der Chlorbleiche unterworfen. Zu diesem Zwecke wird die Ware in große Betonkufen eingelegt, in welchen sich eine dünne Chlorkalklösung — mit etwa 1 g wirksamem Chlor in 1 l — befindet. Durch einen kleinen Zusatz von Essigsäure kann der Bleichprozeß beschleunigt werden. Je nachdem man die Ware kürzere oder längere Zeit im Chlorbade läßt, spricht man von einer Halbbleiche, Dreiviertelbleiche oder Vollbleiche. Die Bleichdauer richtet sich demnach nach den Grad der Bleiche sowie nach der Art und Menge des Materials; sie beträgt 2—8 Stunden. Eine zu starke Bleichung bedingt durch Bildung von Oxyzellulose einen Festigkeitsverlust. Nach dem Bleichprozeß wird die Ware gewaschen und der auf dieser noch

Abb. 17. Hochdruckkessel mit Vorwärmer, Zirkulations-Zentrifugalpumpe, Doppelboden und Standrohr.
(Zittauer Maschinenfabrik A.-G., Zittau i. Sa.)

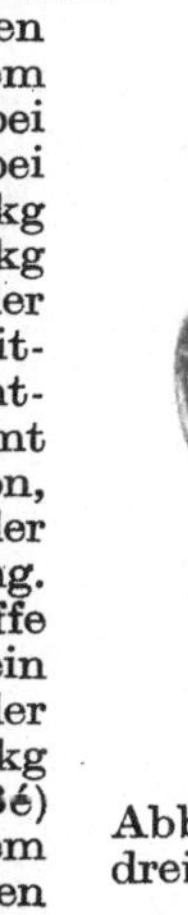

Abb. 18. Chlor- und Säuremaschine mit drei Hartholzwalzen und zwei Quetschwalzenpaaren.
(Zittauer Maschinenfabrik A.-G., Zittau i. Sa.)

---

[1]) Nach E. Lauber wird schwere zum Druck oder zum Färben bestimmte Ware nach dem Sengen behufs Entschlichtung erst 4—5 Stunden in kalter Schwefelsäure von 2° Bé liegen gelassen und nach dem Waschen 8—10 Stunden bei 1½ at Druck gekocht, wobei die Beuchflüssigkeit für 1000 kg Ware 25 kg Ätznatron, 10 kg kalzinierte Soda, 4 kg Marseiller Seife und 2 l Natriumbisulfitlauge von 38° Bé gelöst enthält. Für leichte Ware nimmt man nur 22 kg Ätznatron, 7 kg Soda, 3,5 kg Marseiller Seife und 1 l Bisulfitlösung. Für schwere gerauhte Stoffe empfiehlt Lauber erst ein Imprägnieren mit kochender Natronlauge (für je 1000 kg Ware 12 l Lauge von 40° Bé) durch Einstampfen in einem mit Bretterwänden versehenen Raum und Liegenlassen in bedecktem Zustande durch 24 Stunden, worauf die Ware 8—9 Stunden bei 1½ at Druck gebeucht wird, wobei für je 1000 kg Ware 70 l Natronlauge von 40° Bé, 8 kg kalzinierte Soda, 4 kg Marseiller Seife und 1,5 l Bisulfit zur Anwendung kommen. Für Weißware bestimmte Gewebe kocht man zweckmäßig erst mit Kalk und dann mit Soda.

vorhandene Chlorkalk durch Säuern und abermaliges Waschen soweit als möglich entfernt. Das Säuern nimmt man in der Säuremaschine (Abb. 18, auch zum Chloren verwendbar) mit verdünnter Schwefelsäure oder Salzsäure vor. Tompson empfiehlt hierzu Kohlendioxydgas.

Der so behandelten Ware haftet etwas Säure und auch noch etwas Chlor an, das besonders bei feinen Baumwollwaren später schädigend wirken würde[1]); daher empfiehlt sich bei solchen Waren eine Nachbehandlung mit einer Natriumthiosulfatlösung (Antichlor), wodurch sowohl die Säure als auch das Chlor unschädlich gemacht werden[2]). An Stelle des Natriumthiosulfates bedient man sich auch des billigeren Natriumbisulfites $NaHSO_3$[3]). Nach dem Entchloren wird die Ware wieder gewaschen. Gelbstichige Ware wird zur Herstellung von „Weißware' noch mit Ultramarin geblaut[4]).

Abb. 19. Hochdruckkessel für Garn.

(Zittauer Maschinenfabrik A.-G., Zittau i. Sa.)

Abb. 20. Bleichfaß mit Doppelboden und Zirkulations-Zentrifugalpumpe.

(Zittauer Maschinenfabrik A.-G., Zittau i. Sa.)

Nach der angeführten Weise werden auch lose Baumwolle und Baumwollgarne sowie auch Leinen, Hanf und Jute gebleicht; nur bedient man

[1]) Freies Chlor läßt sich mit Kaliumjodid-Stärkepapier nachweisen: das Chlor macht aus dem Kaliumjodid das Jod frei ($Cl + \dot{K}J' \rightarrow \dot{K}Cl' + J$), und letzteres gibt mit Stärke eine blaue Färbung.

[2]) Natriumthiosulfat (Antichlor) $\dot{N}a_2S_2O_3 + 5H_2O$ bildet farblose Kristalle, welche bei reinem Salz in Wasser klar löslich sind. Durch Säuren wird es unter Entweichen von Schwefeldioxyd und Ausscheiden von Schwefel leicht zersetzt; z. B.

$$\dot{N}a_2(S_2O_3)'' + 2\dot{H}Cl' \rightarrow 2\dot{N}aCl' + H_2O + SO_2 + S.$$

Von besonderer Wichtigkeit ist seine Einwirkung auf Chlor:

$$\begin{cases} \dot{N}a_2(S_2O_3)'' + Cl_2 + H_2O = \dot{N}a_2(SO_4)'' + 2\dot{H}Cl' + S \\ \quad S + 3Cl_2 + 4H_2O = \dot{H}_2(SO_4)'' + 6HCl. \end{cases}$$

Auf diesem Prozeß beruht seine Verwendung als „Antichlor" in der Bleicherei. Wegen der Fähigkeit, Halogensilber zu lösen, findet es in der Photographie als „Fixiersalz" Verwendung. Große Mengen Thiosulfat benötigt man in der Chromlederfabrikation. Schließlich sei noch auf seine Verwendung in der Färberei und in der analytischen Chemie hingewiesen.

[3]) S. 133.   [4]) S. 289.

sich dazu Flüssigkeiten anderer Konzentration, nimmt das Beuchen längere Zeit vor und wiederholt es nötigenfalls. Einen zum Beuchen von Garn geeigneten Hochdruckkessel mit Doppelboden, Standrohr, Dampfinjektor und Heizschlange stellt die Abb. 19 vor [1]). Zum Chloren, Säuren und Spülen hat sich das Bleichfaß (Abb. 20) bewährt.

Mit Chlorkalk gebleichtes Leinen muß besonders gründlich entchlort werden, da die Eiweißstoffe der Leinenfaser Chlor sehr hartnäckig zurückhalten, wodurch ungenügend entchlorte Ware den Chlorgeruch beibehält.

Natriumhypochlorit NaClO.

Eine Lösung dieses Salzes erhält man neben Kochsalz beim Sättigen kalter, verdünnter Natronlauge mit Chlorgas; wobei man in Bleichereien letzteres zweckmäßig der flüssiges Chlor enthaltenden Stahlbombe entnimmt:

$$2\dot{N}a(OH)' + Cl_2 \rightarrow \dot{N}a(OCl)' + \dot{N}aCl' + H_2O.$$

Eine Trennung des Natriumhypochlorites vom Kochsalz sowie seine Darstellung in trockenem Zustande ist nicht möglich. Die erhaltene Lösung wird Labarraquesche Lauge genannt. Eine Erwärmung der Flüssigkeit darf nicht eintreten, da das Natriumhypochlorit in der Wärme unter Bildung von Natriumchlorid und Natriumchlorat unwirksam wird:

$$3\dot{N}a(ClO)' \rightarrow 2\dot{N}aCl' + \dot{N}a(ClO_3)'.$$

Ebenso kommt es zur Bildung von Natriumchlorat, wenn Chlor im Überschuß auftritt, daher muß die Flüssigkeit stets einen kleinen Überschuß an freiem Alkali enthalten.

Leitet man das Chlorgas statt in Natronlauge in eine Sodalösung, so erhält man eine Bleichflüssigkeit, deren wirksamer Bestandteil nicht das Natriumhypochlorit, sondern die freie unterchlorige Säure HOCl ist. Je nach dem Mengenverhältnis der aufeinander wirkenden Stoffe vollzieht sich der Vorgang nach

a) $Na_2(CO_3)'' + Cl_2 + H_2O \rightarrow \dot{N}aCl' + \dot{H}(ClO)' + \dot{N}a(HCO_3)'$,

oder nach

b) $\dot{N}a_2(CO_3)'' + 2Cl_2 + H_2O \rightarrow 2\dot{N}aCl' + 2\dot{H}(ClO)' + CO_2$.

Der Bleichvorgang selbst beruht hier auf der einfachen Abspaltung des wirksamen Sauerstoffes:

$$\dot{H}(ClO)' \rightarrow \dot{H}Cl' + O.$$

Die Deutschen Solvay-Werke in Bernburg haben durch Versuche festgestellt, daß die nach dem Vorgang a) hergestellten Bleichlaugen sehr leicht zersetzlich sind und ein Teil der unterchlorigen Säure auch während des Bleichvorganges nutzlos zur Zersetzung gelangt, während der Vorgang b) zu einer Bleichflüssigkeit führt, welche eine außerordentlich träge Bleichkraft besitzt. Hingegen entspricht eine Bleichlauge, welche eine Mischung der beiden vorstellt, den in Bleichereien gestellten Anforderungen bezüglich Haltbarkeit und Wirksamkeit sehr gut. Ihre gesetzlich geschützte Herstellung erfolgt in der Bleicherei selbst, und zwar etwa in der Weise, daß man eine Sodalösung nach dem Vorgang b) mit Chlor sättigt und der erhaltenen Bleichlauge etwas Sodalösung zufügt, und zwar in einer Menge, die geringer ist als die anfänglich verwendete. Zweckmäßiger bedient man

---

[1]) Er wird wegen des billigen Anschaffungspreises auch zum Kochen von Geweben benützt, wenn nicht mehr als 500 kg Ware eingelegt werden.

sich aber der von den Solvay-Werken gelieferten kleinen Absorptionstürme aus Steinzeug, die mit einer schwachen Sodalösung berieselt werden, während das aus flüssigem, in der Stahlflasche eingeschlossenem Chlor entwickelte Chlorgas der Sodalösung entgegenströmt und von dieser restlos und geruchfrei absorbiert wird. Diese Bleichflüssigkeiten reagieren sauer und enthalten das ganze Chlor in Form freier unterchloriger Säure. Einfache Meßvorrichtungen gestatten es, die Mengen der zufließenden Sodalösung und des einströmenden Gases zu regeln und die Zusammensetzung der Bleichflüssigkeit den gestellten Forderungen anzupassen. Der Preis der zur Bindung des Chlors nötigen Soda ist viel geringer als jener des hierzu benötigten Ätznatrons.

Ein anderes in Bleichereien übliches Verfahren zur Gewinnung der Natriumhypochloritlösung besteht in der Wechselzersetzung der berechneten Mengen von Chlorkalk mit Soda oder Glaubersalz:

$$\ddot{C}a(ClO)_2' + \dot{N}a_2(CO_3)'' \rightarrow 2\,\dot{N}a(OCl)' + CaCO_3 .$$
$$\ddot{C}a(ClO)_2' + Na_2(SO_4)'' \rightarrow 2\,Na(OCl)' + CaSO_4 .$$

Nach dem Absetzen des Niederschlages (Kalziumkarbonat bzw. Kalziumsulfat) zieht man die Flüssigkeit ab und fitriert sie nötigenfalls. Auch nach dieser Darstellungsweise enthält die Bleichflüssigkeit Kochsalz gelöst — gebildet durch Wechselzersetzung des im Chlorkalk vorhandenen Kalziumchlorides mit Soda bzw. Glaubersalz.

Zur Herstellung einer ungefähr 1^0 Bé starken Bleichlauge wird 1 kg Chlorkalk mit 2½ l Wasser angerührt und eine konzentrierte, 700 g kalzinierte Soda enthaltende Lösung unter Umrühren zugesetzt. Man verdünnt mit 3 l Wasser und zieht nach dem Absetzen des Niederschlages die klare Flüssigkeit ab.

Eine große Bedeutung hat in den Bleichereien die elektrolytische Herstellung der Natriumhypochloritlösung erlangt. Man bezeichnet sie in diesem Falle als „elektrolytische Bleichflüssigkeit". Zu ihrer Gewinnung wird eine 10%ige Kochsalzlösung vorteilhaft mit etwas Kalziumchlorid gemischt, im „Elektrolyseur" ohne Anwendung eines Diaphragmas[1]) bei hoher Stromdichte elektrolysiert. Das an der Anode entwickelte Chlorgas wirkt auf das an der Kathode gebildete Natriumhydroxyd, wobei nach dem bekannten Vorgang eine Lösung von Natriumhypochlorit und Natriumchlorid gebildet wird. An Stelle der sehr teuer gewordenen Platin-Iridium-Elektroden werden gegenwärtig meist Kohlenelektroden verwendet. Durch eine gute Kühlung wird die Bildung von Natriumchlorat möglichst vermieden. Anfangs ist die Ausbeute an Hypochlorit sehr groß, sinkt aber bald auf $3-2\%$ an wirksamem Chlor. Die so erhaltene Lösung wird auf $0{,}2-0{,}5\%$ an wirksamem Chlor verdünnt und sofort zum Bleichen verwendet. Die „elektrolytische Bleichflüssigkeit" ist zufolge ihrer, wenn auch schwach alkalischen Reaktion einige Zeit haltbar; die Frachtkosten für den hohen Wassergehalt machen sie jedoch zum Versand nicht geeignet.

Die bleichende Wirkung der nach dem einen oder anderen Verfahren hergestellten Natrium- oder anderen Hypochloritlösungen beruht auf demselben Grundsatze wie beim Chlorkalk. Doch kommen der Natriumhypochloritlösung gegenüber dem Chlorkalk manche Vorteile

---

[1]) S. 120.

zu: das Natriumhypochlorit wirkt energischer; die gebleichte Ware verträgt besser das Schwefelsäurebad, da es hier zu keiner Gipsabscheidung kommt, und läßt sich auch besser auswaschen.

Eine weitere Verwendung findet die Natriumhypochloritlauge zum Aufschließen der Stärke und zum Ausbringen von Rotwein-, Heidelbeerflecken usw. aus der Wäsche.

Da die Hypochloritlösung teurer als der Chlorkalk ist, verwendet man zuweilen auch Mischungen dieser beiden Bleichmittel; sie werden durch eine nur teilweise Zersetzung des Chlorkalkes mit Soda hergestellt. Ein solches Bleichmittel ist das „Chlorozon".

Kaliumhypochlorit KClO.

Die als **Javellesche Lauge** bezeichnete Kaliumhypochloritlösung wird bei Verwendung der entsprechenden Kaliumverbindungen in gleicher Weise wie die Natriumhypochloritlösung hergestellt.

Ihre Eigenschaften und Verwendung entsprechen jenen der **Labarraqueschen Lauge**. Häufig wird auch letztere als **Javellesche Lauge** bezeichnet. Zufolge des höheren Preises kommt das Kaliumhypochlorit seltener zur Verwendung, z. B. zum Bleichen von Seifen.

Noch weniger Verwendung finden:

Aluminiumhypochlorit Al(OCl)$_3$ (Wilsons Bleichflüssigkeit), hergestellt durch Umsetzung des Chlorkalkes mit Alaun oder Aluminiumsulfat.

Magnesiumhypochlorit Mg(OCl)$_2$ (Bleichflüssigkeit von Ramsey oder Growelle), zu deren Herstellung der Chlorkalk mit Magnesiumsulfat umgesetzt wird.

Zinkhypochlorit Zn(OCl)$_2$ (Bleichflüssigkeit von Varrentrapp) wird aus Chlorkalk und Zinksulfat hergestellt.

Ein Chlorpräparat völlig anderer Natur als die Hypochlorite ist das

Aktivin.

Es besteht aus p-Toluolsulfochloramidnatrium

$$CH_3 \cdot C_6H_4 \cdot SO_2 \cdot N{\diagup}^{Cl}_{\diagdown Na} + 3H_2O.$$

Aktivin ist ein weißes, schwach nach Chlor riechendes Pulver von großer Beständigkeit. Seine nahezu neutrale Lösung macht in Gegenwart oxydierbarer Stoffe aus dem Wasser Sauerstoff frei, welcher im Entstehungszustande bleichend wirkt:

$$CH_3 \cdot C_6H_4 \cdot SO_2 \cdot N{\diagup}^{Cl}_{\diagdown Na} + H_2O \longrightarrow CH_3 \cdot C_6H_4 \cdot SO_2 \cdot NH_2 + NaCl + O$$

Nach diesem Vorgang entwickelt das kristallwasserhaltige Aktivin 5,7% wirksamen Sauerstoff. In der Kälte spielt sich der Vorgang langsam ab, in der Wärme rascher; katalytisch beschleunigend wirkt von den Metallen nur das Eisen. Die langsame Abgabe des Chlors, welches selbst beim Kochen nur in Gegenwart oxydierbarer Stoffe vor sich geht, erscheint zur Schonung des Bleichgutes besonders vorteilhaft. Die langsame Wirkungsweise des Aktivins wird damit erklärt, daß sein Chlor nicht, wie in den Hypochloriten, an Sauerstoff, sondern — viel fester — an Stickstoff gebunden ist. Nach den Versuchen von P. Krais[1]) übt das Aktivin auf die Leinenfaser eine mildere Wirkung aus als der Chlorkalk, und dieser eine mildere als perborathaltige Wasch- und Bleichmittel; hingegen konnte bei der Baumwolle kein Unterschied zwischen den drei Bleichmitteln wahr-

---

[1]) Leipz. Monatsschr. f. Textilind. 1923, S. 224.

genommen werden. Zu guten Ergebnissen führten auch die Versuche von Heermann[1]). Allerdings liegen von anderer Seite, wie Kind[2]) Versuchsergebnisse vor, welche sich mit den vorstehenden nicht decken; jedenfalls werden weitere Forschungen die Klarheit bringen, ob das bisherige Vorurteil gegen Chlor, besonders bezüglich Aktivins, eine Abänderung zu erfahren habe.

Aktivin ist als mildes Bleichmittel nicht zu einer Intensivbleiche, wohl aber zur Vor- und Nachbleiche geeignet. Von Krais und Heermann wird es als faserschonendes Bleichmittel besonders für die „Wäsche" empfohlen. Aktivin bildet einen Bestandteil einiger neuer Wasch- und Bleichpulver. Es ist z. B. im Zauberin[3]) zu 10% neben Soda und Kochsalz enthalten. Ähnliche Präparate sind Mannolit, Purus u. a.

Außer als bleichendes Mittel kann das Aktivin auch als Aufschließungsmittel für Stärke zum Zwecke der Appretur und Schlichterei Verwendung finden[4]).

Bestimmung des Gehaltes an bleichendem Chlor in chlorhaltigen Bleichmitteln.

Das nachstehende Verfahren beruht auf der Eigenschaft des freien Chlors, aus Kaliumjodid Jod in Freiheit zu setzen: $Cl_2 + 2\dot{K}J' \rightarrow 2\dot{K}Cl' + J_2$, und auf der weiteren Eigenschaft des freien Jods, bei Einwirkung auf Natriumthiosulfat unter Bildung von Natriumtetrathionat $Na_2S_4O_6$ in Natriumjodid überzugehen:

$$J_2 + 2\dot{N}a_2(S_2O_3)'' \rightarrow \dot{N}a_2(S_4O_6)'' + 2\dot{N}aJ'.$$

Aus den beiden Gleichungen geht hervor, daß 71 g Chlor 252 g Jod in Freiheit setzen, und daß diese Menge Jod 312 g wasserfreies Natriumthiosulfat oder 492 g kristallisiertes Salz $Na_2S_2O_3 + 5H_2O$ oxydieren kann.

Zur Bestimmung des bleichenden Chlors dient eine $^1/_{100}$-n-Thiosulfatlösung. Sie wird durch Auflösen von 2,46 g reinem kristallisierten Natriumthiosulfat in destilliertem Wasser gewöhnlicher Temperatur und Verdünnen der Lösung zu 1 l bereitet.

1 cm³ $^1/_{100}$-n-Thiosulfatlösung entspricht 0,000355 g Cl.

Ausführung der Bestimmung.

a) Chlorwasser. 1 l gesättigten Chlorwassers enthält ungefähr 7 g Chlor. Um bei Verwendung der $^1/_{100}$-n-Thiosulfatlösung mit dem Inhalt der Meßröhre das Auslangen zu finden, unterwirft man 2 cm³ Chlorwasser der Titrierung. Zu diesem Behufe werden 20 cm³ des zu prüfenden Chlorwassers mit Hilfe der Druckpipette in ein 250-cm³-Kölbchen gebracht und bis zur Marke verdünnt. 25 cm³ dieser Lösung (2 cm³ der ursprünglichen) werden mit etwa 5 cm³ einer ungefähr $^2/_{10}$-n-Kaliumjodidlösung[5]) versetzt. Man läßt nun aus der Meßröhre so lange die $^1/_{100}$-n-Thiosulfatlösung zufließen, bis die durch freies Jod bedingte Färbung nur noch schwach gelb erscheint, bewirkt dann mit einigen Tropfen Stärkelösung die Blaufärbung und setzt die Maßflüssigkeit noch so lange zu, bis die Blaufärbung eben verschwindet.

Beispiel. Verbrauch an $^1/_{100}$-n-Thiosulfatlösung 34,2 cm³. In 2 cm³ des vorliegenden Chlorwassers sind 34,2 × 0,00036 = 0,0123 g, in 1 l 6,15 g wirksames Chlor enthalten.

---

[1]) Mellliands Textilberichte 1924, S. 181.
[2]) Chem. Zeit. 1923, S. 457, 489.
[3]) Chem. Fabrik Pyrgos, Radebeul-Dresden.　　　　　　[4]) S. 234.
[5]) Auf Grund des obigen chemischen Vorganges läßt sich berechnen, daß diese Menge sowohl zur völligen Umsetzung als auch zur Lösung des frei gewordenen Jods genügt. Eine ungefähr $^2/_{10}$-n-Kaliumjodidlösung wird durch Auflösen von 33 g Kaliumjodid zu 1 l hergestellt.

Da das spezifische Gewicht des Chlorwassers ungefähr 1 beträgt, so enthält das vorliegende Chlorwasser 0,615% wirksames Chlor.

Anmerkung. Falls man das Ergebnis durch die Raumteile Chlorgas, welche von 1 Raumteil Chlorwasser geliefert werden, ausdrücken will, dividiert man die in 1 l enthaltene Gewichtsmenge Chlor durch sein Litergewicht 3,1674 g. 1 l des obigen Chlorwassers liefert demnach 1,931 Chlorgas.

b) **Natriumhypochlorit (Labarraquesche Lauge) und ähnliche Bleichflüssigkeiten.** Es werden z. B. 20 cm³ der zu prüfenden Bleichflüssigkeit zu ½ l verdünnt und 25 cm³ der verdünnten Lösung (1 cm³ der ursprünglichen) nach Zusatz von ungefähr 5 cm³ $^2/_{10}$-n-Kaliumjodidlösung und etwas verdünnter Salzsäure mit $^1/_{100}$-n-Thiosulfatlösung wie bei a) titriert und in gleicher Weise auch die Berechnung durchgeführt. Nach Ermittlung des spezifischen Gewichtes der zu prüfenden Lösung kann das Ergebnis auch in Gewichtsprozente umgerechnet werden.

c) **Chlorkalk.** 3,55 g Chlorkalk[1]) werden möglichst rasch eingewogen, in einer Reibschale unter Zugabe von Wasser zu einem dünnen Brei verrieben, unter Nachspülen in einen 1-l-Kolben gebracht und bis zur Marke verdünnt. Je nachdem man nun den Gehalt an wirksamem Chlor in der trüben oder in der klaren Flüssigkeit zu bestimmen hat, entnimmt man entweder sofort nach dem Durchschütteln 10 cm³ der trüben Flüssigkeit oder, nach dem Absetzen des Unlöslichen, 10 cm³ der klaren Lösung zur Untersuchung. Nach Zusatz von etwa 5 cm³ $^2/_{10}$-n-Kaliumjodidlösung und 1—2 cm³ verdünnter Salzsäure wird mit $^1/_{100}$-n-Thiosulfatlösung wie bei a) titriert. Die verbrauchten Kubikzentimeter der $^1/_{100}$-n-Maßflüssigkeit geben, da die einem Tausendstelnormalgewicht des Chlors entsprechende Menge Chlorkalk titriert wurde, die Prozente an wirksamem Chlor an.

Reduzierend wirkende Bleichmittel.
(Schwefeldioxydbleichmittel.)
Schwefeldioxyd SO_2.

Schwefeldioxyd ist das Verbrennungsprodukt des Schwefels[2]). Es wird im großen entweder. durch Verbrennen von Schwefel oder

---

[1]) Man entnimmt die Probe aus der Mitte des Fasses und verwahrt sie bis zur Untersuchung in einem gut verschlossenen Pulverglas.

[2]) **Schwefel** S kommt sowohl in freiem Zustande (Sizilien) als auch chemisch gebunden in der Natur vor. Von den chemischen Verbindungen des Schwefels sind zu erwähnen: Kiese, Glanze, Blenden, Sulfate (Gips, Schwerspat usw.). Die erste Reinigung des in freiem Zustande vorkommenden Schwefels geschieht am Fundorte durch Ausschmelzen aus dem Begleitgestein. Man läßt dann den Schwefel in hölzernen Tonnen zu „Blockschwefel" erstarren. Der auf diese Weise vorgereinigte Schwefel erfährt eine weitere Reinigung durch Destillation, wobei man als Handelsprodukt entweder pulverigen Schwefel (**Schwefelblumen**) oder **Stangenschwefel** erhält. Diese beiden Formen des Schwefels kommen auch in der Bleicherei zur Verwendung.

Der Stangenschwefel besitzt eine gelbe Farbe, ist spröde und wird beim Reiben elektrisch. Der Schwefel ist in Wasser unlöslich, in Alkohol schwer löslich, in Schwefelkohlenstoff leicht löslich. Er schmilzt bei 115° zu einer dünnen, hellgelben Flüssigkeit, die bei 250° dickflüssig und fast schwarz wird; bei höherer Temperatur wird er wieder dünnflüssig und siedet bei 448°, wobei er in einen gelbbraunen Dampf übergeht (die Bezeichnung Schwefeldampf wird in unrichtiger Weise oft auch für das Schwefeldioxyd gebraucht).

Der Schwefel findet zur Herstellung von Schwefeldioxyd, Schwefeltrioxyd, Schwefelsäure, Schwefelkohlenstoff und anderen Schwefelverbindungen Verwendung. Große Mengen Schwefel werden zur Schießpulverfabrikation gebraucht.

durch Erhitzen von Sulfiden (Pyrit, Zinkblende) bei Luftzutritt gewonnen[1]).

Schwefeldioxyd ist ein farbloses, stechend riechendes Gas, das weder brennbar ist, noch unter gewöhnlichen Verhältnissen das Brennen unterhält. Es läßt sich leicht verflüssigen; flüssiges Schwefeldioxyd wird in Stahlflaschen in den Handel gebracht. In Wasser ist es bis 10,75% zu schwefliger Säure löslich:

$$SO_2 + H_2O \rightarrow \dot{H}_2(SO_3)''.$$

Die im Handel vorkommende Lösung enthält 5—6% SO_2.

Die schweflige Säure läßt sich aus ihrer wässerigen Lösung nicht isolieren; sie zerfällt beim Erwärmen in Schwefeldioxyd und Wasser. Hingegen lassen sich Salze der schwefligen Säure, Sulfite genannt, auch in festem Zustande erhalten und sind in dieser Form ziemlich beständig; bei Zusatz einer stärkeren Säure werden sie unter Freiwerden von Schwefeldioxyd zersetzt. Z. B.

$$\dot{N}a_2(SO_3)'' + 2\,\dot{H}Cl' \rightarrow 2\,\dot{N}aCl' + H_2O + SO_2.$$

Die schweflige Säure wirkt kräftig sauerstoffentziehend — sie ist ein Reduktionsmittel; daher oxydiert sich eine wässerige Lösung von Schwefeldioxyd auf Kosten des Luftsauerstoffes sehr bald zu Schwefelsäure:

$$\dot{H}_2(SO_3)'' + O \rightarrow \dot{H}_2(SO_4)''.$$

Die der schwefligen Säure zukommende bleichende Wirkung beruht auf einer Reduktion des natürlichen Farbstoffes der Fasern und der darauffolgenden Bildung einer farblosen Verbindung zwischen dem reduzierten Farbstoff und der schwefligen Säure. Dafür spricht der Umstand, daß mit Schwefeldioxyd gebleichte Gegenstände, z. B. die Wolle, nachgilben, d. h. die ursprüngliche Farbe mit der Zeit wieder zum Vorschein kommt; es wird nämlich die schweflige Säure durch den Luftsauerstoff zu Schwefelsäure oxydiert und aus dem reduzierten Farbstoff wieder der ursprüngliche gebildet.

Die „Schwefelbleiche" ist die am meisten angewandte Bleiche für Wolle, Seide, Stroh, Federn usw. Dazu bedarf es in den meisten Fällen nicht erst der Darstellung einer wässerigen Lösung von Schwefeldioxyd, sondern man benutzt das Schwefeldioxydgas, das mit der in der Luft sowie in der Ware vorhandenen Feuchtigkeit die schweflige Säure bildet.

Das Bleichen der Wolle und Seide wird nur in entfettetem und gewaschenem Zustande und nur dann vorgenommen, wenn entweder eine völlig weiße Ware verlangt wird, oder die natürliche, auch nach dem Waschen verbleibende Gelbfärbung die Klarheit heller Färbungen beeinträchtigen würde[2]).

Beim Bleichen in „Schwefelkammern" werden etwa 6% Schwefel vom Gewicht der Wolle oder 5% vom Gewicht der Seide verbrannt und

---

[1]) S. 64.   [2]) Ein gelblicher Stich der Wolle und Seide kann wie bei der Baumwolle durch Blaumittel (S. 289) beseitigt werden („Weißfärben" der Wolle und Seide).

das gebildete Schwefeldioxyd auf die angefeuchtete Ware einwirken gelassen. Es muß für genügenden Sauerstoffzutritt gesorgt werden, da sonst
dem Schwefeldioxyd auch Schwefeldampf beigemengt ist, aus welchem sich
an kühleren Stellen unter Bildung von gelben Flecken fester Schwefel ausscheidet. Nach dem mehrere Stunden dauernden Bleichprozeß muß die
Ware sorgfältig gespült werden. Bedient man sich zum Bleichen an Stelle
des Schwefeldioxydgases einer wässerigen Lösung desselben, so läßt man
die Ware etwa 24 Stunden darin liegen. Da die Bleichwirkung der schwefligen Säure nicht dauernd ist, muß in dem Falle, als die Ware nicht gefärbt
werden soll, zur Vermeidung des gelblichen Stiches noch ein Blauen, z. B.
mit Methylviolett, Indigkarmin usw., vorgenommen werden[1]).

Sowohl des gasförmigen Schwefeldioxydes als auch seiner wässerigen
Lösung bedient man sich ferner zum Ausbringen von Heidelbeer-,
Kirsch- und Rotweinflecken aus Woll-, Leinen- und Baumwollstoffen.
Bei vegetabilischen Stoffen ist ein gründliches Nachwaschen besonders
nötig, da die durch Oxydation der schwefligen Säure gebildete Schwefelsäure die vegetabilische Faser mürbe macht. Große Mengen Schwefeldioxyd kommen bei der Darstellung der Schwefelsäure und des Schwefeltrioxydes zur Anwendung[2]).

Natriumbisulfit $NaHSO_3$.

Durch Einleiten von Schwefeldioxyd in Natronlauge oder in heiße
Sodalösung bis zur Sättigung erhält man die sogenannte Bisulfitlauge:

$$\dot{N}a(OH)' + \dot{H}_2(SO_3)'' \rightarrow \dot{N}a(HSO_3)' + H_2O.$$

Sie stellt eine farblose oder von Spuren Eisen schwach gelbliche,
nach Schwefeldioxyd riechende Flüssigkeit von meist 24—25% chemisch gebundenem Schwefeldioxyd dar. Durch Kristallisation läßt sich
auch festes Bisulfit herstellen; es enthält 60—62% SO_2, kommt aber
seltener zur Verwendung, da es sich an der Luft unter Entweichen von
Schwefeldioxyd und Bildung von Natriumsulfat leicht zersetzt.

Die bleichende Wirkung des Bisulfites und aller übrigen schwefelhaltigen Bleichmittel beruht darauf, daß durch Zusatz einer stärkeren
Säure, am besten Salzsäure, aus dem Salz die schweflige Säure in Freiheit gesetzt wird. In dieser Weise wird die Bisulfitlauge manchmal
zum Bleichen von Wolle und Stroh verwendet. Bisulfit dient auch als
„Antichlor" an Stelle des Natriumthiosulfates, in der Permanganatbleiche, als Lösungsmittel für manche Farbstoffe, zur Herstellung der
„Küpe" in der Indigofärberei, in der Photographie usw.

Natriumsulfit $Na_2SO_3 + 7 H_2O$.

Durch Neutralisieren der Bisulfitlauge mit Soda erhält man eine
Flüssigkeit, aus welcher sich nach entsprechender Konzentration und
darauffolgender Abkühlung kristallisiertes Natriumsulfit ausscheidet:

$$2\dot{N}a(HSO_3)' + \dot{N}a_2(CO_3)'' \rightarrow 2\dot{N}a_2(SO_3)'' + H_2O + CO_2.$$

---

[1]) S. 64.   [2]) Schwefeldioxyd ist auch ein Konservierungsmittel für
Wein, Hopfen usw.

Das Salz ist in Wasser leicht löslich, zersetzt sich bei Zusatz von stärkeren Säuren wie das Bisulfit, findet aber weniger Verwendung als dieses.

Primäres Natriumhydrosulfit $NaHS_2O_4$ und sekundäres Natriumhydrosulfit $Na_2S_2O_4 + H_2O$.

Diese Salze erhält man durch Reduktion des Natriumsulfites. Sie sind unbeständig, besitzen eine stark reduzierende Wirkung und werden hauptsächlich in der Küpenfärberei verwendet.

Unter dem Namen „Burmol" wird das Natriumhydrosulfit zum Reinigen der Wäsche und Entfernen von Flecken in den Handel gebracht.

Das Bleichmittel „Blanconit" ist gleichfalls Natriumhydrosulfit.

Zinkhydrosulfit ZnS_2O_4

ist in Gemeinschaft mit Formaldehyd[1]) im Bleichmittel „Decrolin" enthalten.

Bestimmung des Gehaltes an Schwefeldioxyd SO_2 in Sulfiten.

Folgendes Verfahren beruht auf der Oxydation der schwefligen Säure zu Schwefelsäure durch Jod[2]), wobei letzteres in Jodwasserstoffsäure übergeführt wird:

$$\dot{H}_2(SO_3)'' + H_2O + J_2 \rightarrow \dot{H}_2(SO_4)'' + 2\dot{H}J'.$$

Nach diesem Vorgang werden durch 252 g Jod 64 g Schwefeldioxyd oxydiert.

Zur Bestimmung des Schwefeldioxydes dient eine $^1/_{100}$-n-Jodlösung. Zu ihrer Bereitung werden in einem Wägeglas 1,26 g reines Jod eingewogen, 2—3 g Kaliumjodid sowie etwa 30 cm³ Wasser zugesetzt und die Lösung bei verschlossenem Glas unter zeitweiligem Umschwenken bei gewöhnlicher Temperatur bewirkt. Die Lösung wird in einen Literkolben gegossen, das Wägeglas mit einer verdünnten Kaliumjodidlösung nachgespült und die Jodlösung zu 1 l verdünnt.

1 cm³ $^1/_{100}$-n-Jodlösung entspricht 0,00032 g SO_2.

Ausführung der Bestimmung.

a) Wässerige schweflige Säure. 10 cm³ der zu prüfenden schwefligen Säure werden zu 1 l verdünnt. Diese verdünnte Lösung läßt man aus der Meßröhre so lange zu 25 cm³ $^1/_{100}$-n-Jodlösung unter Rühren fließen, bis die Färbung nur noch schwach gelblich ist, fügt einige Tropfen Stärke-

---

[1]) S. 295.

[2]) Jod J kommt nur in chemischen Verbindungen (Jodiden) in der Natur vor. Manche Meerespflanzen, insbesondere Tange, nehmen Jodide aus dem Meerwasser reichlich auf. Aus der Asche dieser Pflanzen gewinnt man Jod. Ein anderes Material zur Jodgewinnung liefern die bei der Reinigung des Chilisalpeters zurückbleibenden Mutterlaugen.

Jod kristallisiert in dunkelgrauen, metallglänzenden Blättern, deren Geruch an den des Chlors erinnert. Es ist flüchtig, beim Erhitzen schmilzt es und bildet einen violetten Dampf. Jod ist in Wasser nur sehr wenig löslich. Lösungsmittel für Jod sind Alkohol, Äther, Schwefelkohlenstoff, Kaliumjodidlösung u. a.; die Lösungen sind teils braun, teils violett gefärbt. In chemischer Hinsicht ist das Jod dem Chlor sehr ähnlich, es wird aber von letzterem aus seinen Verbindungen verdrängt (vgl. S. 130). Mit Stärke bildet das Jod eine blaugefärbte Verbindung, welche beim Erwärmen unter Entfärbung zerfällt, beim Erkalten aber wieder gebildet wird.

lösung zu und führt die Titrierung mit der schwefligen Säure bis zum Verschwinden der Blaufärbung zu Ende[1]). Da 1 cm^3 $^1/_{100}$-n-Jodlösung 0,00032 g SO_2 zu oxydieren vermag, müssen in der verbrauchten Menge der wässerigen schwefligen Säure $25 \times 0{,}00032 = 0{,}008$ g SO_2 vorhanden gewesen sein.

Beispiel. Verbrauch an wässeriger schwefliger Säure bei obiger Verdünnung 20,2 cm^3. In dieser Menge oder in 0,202 cm^3 der ursprünglichen Probe sind 0,008 g, oder in 1 l (0,202 : 0,008 = 1000 : x) 39,6 g SO_2 vorhanden.

Beträgt das spezifische Gewicht der vorliegenden schwefligen Säure z. B. 1,02, so enthält sie 3,96 : 1,02 = 3,9% SO_2.

Da das Litergewicht des Schwefeldioxydgases 2,8611 g beträgt, enthält 1 l der vorliegenden Probe 39,6 : 2,8611 = 13,8 l Schwefeldioxyd gelöst.

b) Bisulfitlauge. 20 cm^3 Bisulfitlauge werden mit luftfreiem (ausgekochtem) Wasser verdünnt und die Titrierung unter Vorlage von 100 cm^3 $^1/_{100}$-n-Jodlösung nach Zusatz von etwas Salzsäure wie bei a) ausgeführt.

Beispiel. Verbrauch an verdünnter Natriumbisulfitlauge 6,4 cm^3. In dieser Menge oder in 0,128 cm^3 der ursprünglichen Probe sind $100 \times 0{,}00032$ = 0,032 g oder in 1 l 250 g SO_2 vorhanden.

Die Umrechnung in Gewichtsprozente und Raumteile Schwefeldioxydgas wie bei a).

c) Festes Bisulfit. Die Bestimmung wird mit einer Lösung von 0,5 g Bisulfit zu 1 l wie bei der Bisulfitlauge ausgeführt.

Fette[2]).

Allgemeines über Fette.

Ihrer chemischen Natur nach sind die Fette Gemenge von Glyzerinestern oder Glyzeriden, d. h. von Verbindungen des Alkohols Glyzerin $C_3H_5(OH)_3$ mit höheren Fettsäuren[3]). Von den letzteren beteiligen sich an der Zusammensetzung der tierischen Fette insbesondere die Stearinsäure $C_{18}H_{36}O_2$, die Palmitinsäure $C_{16}H_{32}O_2$ und die Ölsäure $C_{18}H_{34}O_2$, im Butterfett auch niedere Fettsäuren (Buttersäure). Tierische Fette enthalten überdies den der aromatischen Reihe angehörenden Alkohol Cholesterin $C_{27}H_{46}O$. Die Stearin- und die Palmitinsäure gehören den gesättigten, die Ölsäure den ungesättigten Fettsäuren an[4]). Pflanzenfette enthalten neben

---

[1]) Man läßt die schweflige Säure zu der Jodlösung zufließen, weil die Bestimmung beim umgekehrten Vorgang zufolge Einwirkung der gebildeten Jodwasserstoffsäure auf überschüssige schweflige Säure ungenau ist (Schwefelabscheidung).

[2]) Literatur über Fette und ihre Untersuchung: Hefter, Technologie der Fette und Öle; Ubbelohde, Chemie, Analyse und Technologie der Fette und Öle; Benedikt-Ulzer, Analyse der Fette und Wachsarten; Ulzer-Kliemont, Chemie der Fette; Herbig, Die Öle und Fette in der Textilindustrie; Fahrion, Fette, Wachse usw. in Mußprats Ergänzungswerk, 1. Halbband; Holde, Untersuchung der Mineralöle und Fette; Lewkowitsch: Chemische Technologie und Analyse der Öle, Fette und Wachse; Marcusson, Laboratoriumsbuch für die Industrie der Fette und Öle; Einheitsmethoden des Verbandes der Seifenfabrikanten Deutschlands; Herrmann, Färberei und textilchem. Unters.; Walland, „Einf. i. d. quant. textilchem. Unters." u. a.   [3]) Vgl. S. 74, Anm. 2.

[4]) Zum Unterschiede von den gesättigten Säuren sind die ungesättigten additionsfähig, d. h. sie sind imstande, Radikale, z. B. Wasserstoff, zu binden und in die gesättigten überzugeben.

den Glyzeriden der Stearin-, Palmitin- und Ölsäure noch solche der ungesättigten Fettsäuren: Linolsäure $C_{18}H_{32}O_2$, Linolensäure $C_{18}H_{30}O_2$, Rizinolsäure $C_{18}H_{34}O_3$ und andere; Kokosöl und Palmkernöl aber solche der niederen Fettsäuren. Manche Fette, wie Palmfett und Rizinusöl, enthalten auch freie Fettsäuren. Außerdem ist in Pflanzenfetten der dem Cholesterin isomere Alkohol Phytosterin enthalten. Die chemische Zusammensetzung der drei wichtigsten, in allen Fetten vorhandenen Glyzeride entspricht folgenden Formeln:

$$C_3H_5(O \cdot C_{18}H_{35}O)_3, \text{ Tristearin,}$$
$$C_3H_5(O \cdot C_{16}H_{31}O)_3, \text{ Tripalmitin,}$$
$$C_3H_5(O \cdot C_{18}H_{33}O)_3, \text{ Triolëin.}$$

Die Fette finden sich in der Pflanzen- und Tierwelt vor. In den Pflanzen werden sie durch den Assimilationsprozeß aus anorganischen Stoffen gebildet und insbesondere in Samen und Früchten als Reservestoffe aufgespeichert. Das Tier verbraucht Pflanzenfett zur Ernährung, ist aber imstande, auch selbständig Fett zu erzeugen, und zwar durch Umsetzung von Kohlehydraten sowie durch Abbau von Eiweißstoffen. Im Tiere lagert sich das Fett unter der Haut, insbesondere in der Bauchhöhle und an den Muskeln ab.

Gewinnung der Fette. Tierische Fette werden gewöhnlich durch Ausschmelzen gewonnen. Zu diesem Zwecke werden die fetthaltigen Gewebeteile entweder trocken oder mit wenig Wasser bei 45 bis 50° auf dem Wasserbade erhitzt oder mit gespanntem Wasserdampf behandelt. Knochenfett erhält man durch Extraktion mit Benzin oder einem anderen Fettlösungsmittel. Pflanzenfette werden zumeist durch Auspressen der zerkleinerten fettführenden Pflanzenteile gewonnen. Die Zerkleinerung derselben wird im Kollergang durch aus Granit hergestellte Mühlsteine bewirkt, das Pressen in Keil- oder hydraulischen Pressen bei 150—300 at Druck vorgenommen. Das bei gewöhnlicher Temperatur aus der Presse fließende Öl ist das feinste und dient zumeist als Speiseöl. Um die Ausbeute zu erhöhen, wird das Preßgut in erwärmtem Zustande einer zweiten, oft auch einer dritten Pressung unterworfen. Die Erwärmung hat jedoch den Nachteil, daß kratzend schmeckende und färbende Stoffe in das Öl gelangen. Die Preßrückstände, Ölkuchen genannt, dienen entweder als Viehfutter oder sie werden durch Extraktion mit Benzin, Benzol, Tetrachlorkohlenstoff, Trichloräthylen u. a. vollständig entfettet. Desgleichen gewinnt man das Fett aus Palmenkernen, Knochen, Lederabfällen usw. durch Extraktion[1].

---

[1] Die Fettextraktion wird in Apparaten vorgenommen, welche nach dem Prinzipe des zu analytischen Fettuntersuchungen dienenden Extraktionsapparates von Soxhlet (Abb. 21) gebaut sind: Im Rohre a befindet sich der zu entfettende Stoff; im Kolben b wird Äther, Benzin od. dgl. mit Hilfe eines Wasserbades zum Sieden erhitzt, der Dampf steigt durch c nach dem Kühler d, wo er verdichtet wird, so daß das flüssige Fettlösungsmittel auf die zu entfettende Substanz herabtropft. Wenn das Lösungsmittel bis zur oberen Biegung des Rohres e gestiegen ist, zieht dieses heberartig die Fettlösung in das Kölbchen herab, und das Spiel beginnt von neuem, bis der Inhalt von a entfettet ist. Das Fett bleibt beim Abdestillieren des Lösungsmittels in b zurück.

Zur Entfernung der färbenden und anderen Verunreinigungen müssen die Rohöle für viele Zwecke noch gereinigt werden. Suspendierte Stoffe setzen sich nach längerem Stehen ab. Das Raffinieren der durch Beutel oder Filterpressen filtrierten Öle erfolgt zumeist durch kurze Behandlung mit 0,5—2% konzentrierter Schwefelsäure, wobei die stickstoffhaltigen Beimengungen verkohlt und ausgefällt werden. Bei längerer Behandlung mit Schwefelsäure wird das Fett selbst, und zwar unter Freiwerden der Fettsäuren und des Glyzerins sowie unter Bildung von Sulfofettsäuren angegriffen. Von der Säure wird das Öl durch Waschen mit Wasser und Sodalösung befreit. Ranzigen Ölen entzieht man die freien Fettsäuren durch Behandlung mit der berechneten Menge mäßig warmer konzentrierter Natronlauge. Vielfach werden die Fette auch gebleicht. Dies geschieht durch die Einwirkung von Luft und Sonnenlicht oder durch chemische Bleichmittel, wie schweflige Säure, Wasserstoffsuperoxyd, Perborat, Chromsäure, Persulfate, Blancol, Blanconit usw. Zur Entfernung der färbenden Bestandteile wird auch die Fullererde (Floridaerde) viel benutzt, das ist ein Aluminium-Magnesium-Hydrosilikat, das eine große Adsorption zu den färbenden Stoffen der Mineral- und fetten Öle besitzt.

Überdies nimmt die Fullererde einen Teil der in den Pflanzenölen vorhandenen freien Fettsäuren auf[1]). Man rührt die Fullererde oder andere, ähnlich zusammengesetzte „Bleicherden" (Frankonit, Floridin, Tonsil u. a.) in das Öl ein, erwärmt nötigenfalls und filtriert bei Anwendung der Filterpresse. Oft kommt man auch durch ein Filtrieren über Knochenkohle, Torfmull u. dgl. zum Ziel.

Zur Entfernung eines unangenehmen Geruches (Desodorierung) bedient man sich zumeist des überhitzten Wasserdampfes.

Eigenschaften der Fette. Alle Fette fühlen sich schlüpfrig an; bei gewöhnlicher Temperatur sind sie fest und kristallinisch, halbfest oder flüssig. Die flüssigen Fette nennt man fette Öle oder kurzweg Öle[2]). In den festen Fetten sind das Tristearin und Tripalmitin vorherrschend, während die flüssigen Fette das Triolein oder das Glyzerid der Linolsäure als Hauptbestandteil enthalten[3]).

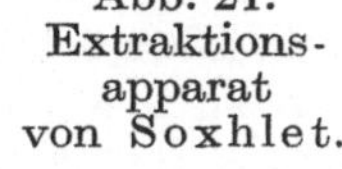

Abb. 21.
Extraktions-
apparat
von Soxhlet.

Die festen Fette sind leicht schmelzbar; ihr Schmelzpunkt liegt unter 100⁰. In der Kälte erstarren die Öle, während die festen Fette

---

[1]) H. Bechhold, L. Gutlohn, H. Karplus, Zeitschr. f. angew. Chem. 1924, S. 70.

[2]) Von den fetten Ölen sind die Mineralöle (S. 104) und ätherischen Öle (S. 108) zu unterscheiden.

[3]) Tristearin und Tripalmitin sind bei gewöhnlicher Temperatur fest, Triolein und Trilinolein flüssig.

eine sehr harte Konsistenz annehmen. Auf Papier gebracht, erzeugen alle Fette einen durchscheinenden Fleck (Fettfleck), der weder beim Erwärmen noch beim Waschen mit Wasser verschwindet. Reine, nur Glyzeride enthaltende Fette („Neutralfette") sind geruch-, geschmack- und farblos. Der verschiedene Geschmack und die Farbe der natürlichen Fette rühren von geringen Beimengungen her. Alle Fette sind leichter als Wasser; ihr spez. Gewicht schwankt zwischen 0,9 und 0,95.

In Wasser sind alle Fette unlöslich. Wird jedoch Öl mit Wasser, das kolloide klebrige oder schleimige Stoffe enthält, gut geschüttelt, so bleibt es in feinster Verteilung schwebend erhalten — emulgiert[1]). Besonders die mit Seifenlösungen bewirkten Ölemulsionen finden in der Textilindustrie, namentlich als Schmelzöle (Spicköle) und Walköle[2]), Verwendung. In kaltem Alkohol sind nur das Olivenkern-, Rizinus- und Baumwollsamenöl löslich, die übrigen lösen sich darin sehr schwer. Hingegen löst heißer Alkohol die Fette leichter, doch scheidet sich beim Erkalten der Lösung der größte Teil des Fettes wieder aus. Gute Lösungsmittel für Fette sind: Äther, Petroläther, Benzin, Benzol, Chloroform, Tetrachlorkohlenstoff, Trichloräthylen, Schwefelkohlenstoff, ätherische Öle sowie verschiedene neuartige Stoffe, welche bei Lösungsmitteln besprochen wurden[3]). In den „chemischen" Waschanstalten und in der Fettextraktion kommt hauptsächlich Benzin, in neuerer Zeit auch Benzol, Trichloräthylen und Tetrachlorkohlenstoff als Lösungsmittel zur Anwendung. Andrerseits sind auch Fette Lösungsmittel für Seifen und viele Riechstoffe. Reine Fettlösungen reagieren neutral.

Beim Erhitzen erfahren die Fette bis zu 250° keine Veränderung; bei höheren Temperaturen bilden sich aber Zersetzungsprodukte, unter welchen sich das aus Glyzerin gebildete Akrolein durch seinen scharfen Geruch, der dem angebrannten Fett zukommt, besonders bemerkbar macht.

Viele Fette nehmen, wenn sie längere Zeit der Einwirkung der Luft ausgesetzt sind, einen unangenehmen Geruch und einen scharfen (kratzenden) Geschmack an. Diese Veränderung wird als „Ranzigwerden" der Fette bezeichnet und hat ihre Ursache in der durch Fermentwirkungen herbeigeführten Abspaltung von freien Fettsäuren und Bildung von Oxyfettsäuren sowie von Zersetzungsprodukten des Glyzerins. Durch Eiweißstoffe wird dieser Zersetzungsvorgang begünstigt. Im allgemeinen unterliegen dem Ranzigwerden die flüssigen, viel Triolein enthaltenden Pflanzenfette, während die festen, besonders die tierischen Fette (mit Ausnahme der Butter, da sie stets Eiweißstoffe enthält) an der Luft beständiger sind. Die ranzigen Fette sind auch in kaltem Alkohol löslich und reagieren gegen Lackmus sauer.

Nach der Konsistenz, welche die flüssigen Fette durch Einwirkung der Luft allmählich annehmen, unterscheidet man:

1. Nichttrocknende Öle. Diese bilden, der Luft ausgesetzt, allmählich eine dicke, schleimige Masse. Es sind jene Öle, welche dem Ranzigwerden besonders leicht unterliegen.

---

[1]) Näheres über Emulsionen, S. 11 u. 151.   [2]) S. 190.   [3]) S. 98—108.

2. Trocknende Öle. In ihrer chemischen Zusammensetzung unterscheiden sich diese von den nichttrocknenden durch den Gehalt an Glyzeriden wenig gesättigter Säuren, besonders der Linolsäure. Infolge ihrer leichten Oxydierbarkeit bedingt die Linolsäure ein allmähliches Verdicken und Eintrocknen der Öle dieser Gruppe. In dünner Schicht aufgetragen, bildet ein trocknendes Öl eine in Wasser und Alkohol unlösliche, feste, glänzende und durchsichtige Masse. Auf dieser Eigenschaft beruht die Bereitung von Firnissen. Diese werden gewöhnlich durch Kochen von Leinöl unter Zusatz von Sauerstoffüberträgern (Mennige, Braunstein usw.) hergestellt. Durch die so eingeleitete Oxydation geht der Trockenprozeß viel rascher vor sich. Rohes Leinöl trocknet in dünner Schicht nach 3—4 Tagen, Firnis schon nach 12—24 Stunden. Firnisse, welche viel Metallverbindungen enthalten, erhärten besonders schnell und heißen Sikkative[1]).

„Geblasene Öle" erhält man durch Einblasen von Luft bei 50 bis 150°. Dabei werden die Öle unter teilweiser Bildung von Oxyfettsäuren dicker und erlangen eine große Viskosität.

„Geblasene Öle" lassen sich mit Mineralölen leicht mischen und werden zum Verdicken von Mineralschmierölen benutzt (Marineöl). Geblasenes Leinöl kommt gleichfalls in der Firnis-, Lack- und Linoleumfabrikation, geblasenes Tranöl in der Lederindustrie zur Verwendung.

Sulfonierte Öle. Konzentrierte Schwefelsäure wirkt auf Öle unter Freiwerden von Wärme und Entwicklung von Schwefeldioxyddämpfen. Wird jedoch zur Vermeidung einer Erwärmung über 40° die konzentrierte Schwefelsäure in dünnem Strahl dem Öl unter Kühlung sehr langsam beigemischt, so werden die abgespaltenen Oxyfettsäuren (Fettsäuren mit alkoholischen Hydroxylgruppen) sulfoniert (sulfuriert), d. h. es tritt das einwertige Radikal der Schwefelsäure, die sogenannte „Sulfogruppe" HSO_3, unter Wasserabspaltung und Esterbildung in die Fettsäure ein; z. B.

$$C_{13}H_{33}O_2 \cdot OH + H_2SO_4 \rightarrow C_{13}H_{33}O_2 \cdot O \cdot HSO_3 + H_2O.$$
$$\text{(Rizinolsäure)} \qquad\qquad \text{(Rizinolschwefelsäure)}$$

Zur Sulfonierung sind am besten Pflanzenfette mit ungesättigten Fettsäuren, besonders das Rizinusöl, geeignet. Der chemischen Natur nach sind sulfonierte Fettsäuren Schwefelsäureerester von Oxyfettsäuren. In der Wirklichkeit ist der chemische Vorgang viel verwickelter als der oben angeführte. So z. B. enthält das sulfonierte Rizinusöl außer der Rizinolschwefelsäure noch verschiedene Spaltungsprodukte sowie Neutralfett, Glyzerin und Säureanhydride.

Zum Unterschiede von den gewöhnlichen Fettsäuren sind die sulfonierten in Wasser löslich. Ihre wässerigen Lösungen sind schäumend. Sulfosäuren sind in den für die Textilindustrie so wichtigen

---

[1]) Durch Verreiben mit Farbstoffen liefern die Firnisse Ölfarben; mit pulverigen Stoffen gemengt bilden sie die Ölkitte; so z. B. ist der Glaserkitt eine innige Mischung von Firnis und Kreide. In der Linoleumfabrikation wird Leinölfirnis mit Korkpulver und anderen Füllstoffen (Kolophonium) auf ein starkes Gewebe aufgepreßt. Die Buchdruckerschwärze ist ein mit Ruß verkochtes Leinöl.

Rotölen oder Türkischrotölen sowie in verschiedenen Seifenpräparaten enthalten.

Durch einen Gärungsprozeß, welcher gewöhnlich künstlich beschleunigt wird, erhalten die Öle, insbesondere das Olivenöl, die Eigenschaft, mit Alkalikarbonaten Emulsionen zu geben, welche eine ähnliche Verwendung wie die Türkischrotöle finden. Die so veränderten Öle werden Tournantöle genannt.

Verseifung der Fette. Unter dieser versteht man die hydrolytische Spaltung der Fette in freie Fettsäuren oder deren Salze und in Glyzerin.

Die Verseifung der Fette wird je nach dem herzustellenden Produkt entweder mit Alkalien, Kalziumhydroxyd, Magnesiumhydroxyd oder mit überhitztem Wasserdampf durchgeführt. Eine Verseifung der Fette kann man auch mit konzentrierter Schwefelsäure, mit fettaromatischen Sulfosäuren (Twitchells Reagens) sowie mit manchen Enzymen (Rizinusferment) bewirken. Nachfolgend sei der Verseifungsvorgang bei einem Fettbestandteil, z. B. beim Tristearin, veranschaulicht:

Verseifung mit Natronlauge:

$$C_3H_5(O \cdot C_{18}H_{35}O)_3 + 3NaOH \rightarrow C_3H_5(OH)_3 + 3C_{18}H_{35}O \cdot ONa \, .$$

Natriumstearat
(Stearinsaures Natron)

Verseifung mit überhitztem Wasserdampf:

$$C_3H_5(O \cdot C_{18}H_{35}O)_3 + 3HOH \rightarrow C_3H_5(OH)_3 + 3C_{18}H_{36}O_2 \, .$$

Die Verseifung der Fette findet mit alkoholischer Natron- oder Kalilauge besonders leicht statt; von dieser macht man in der analytischen Chemie Anwendung.

Die Verseifung der Fette führt zur Gewinnung der Fettsäuren, des Glyzerins und der Seife[1]).

Härten (Hydrieren) der Öle. Die ungesättigten Fettsäuren der Öle lassen sich mit Wasserstoff in Gegenwart von Katalysatoren, z. B. fein verteiltem Nickel, zu gesättigten Fettsäuren reduzieren, demnach die Ölsäure zu Stearinsäure[2]):

$$C_{18}H_{34}O_2 + H_2 \rightarrow C_{18}H_{36}O_2 \, .$$

Dadurch werden die Öle zu festen Fetten. Gehärtete Fette haben eine große Bedeutung erlangt. Gehärtete Trane werden in der Seifenfabrikation und nach entsprechender Reinigung sogar als Speisefette verwendet.

Verwendung der Fette. Die Fette erfreuen sich sowohl im Haushalte als auch in der Industrie und im Gewerbe einer ebenso ausgedehnten als vielseitigen Verwendung. Von allgemeinster Bedeutung

---

[1]) Eine nähere Besprechung der aus den Fetten gewonnenen und für die Textilindustrie wichtigen Produkte folgt in eigenen Abschnitten.

[2]) Man muß annehmen, daß der Katalysator den Wasserstoff nur locker bindet und dann in der wirksamsten Form (Atomform) an die ungesättigten Fettsäuren abgibt. Außer wasserstoffübertragenden Katalysatoren gibt es bekanntlich auch sauerstoffübertragende.

ist ihre Verwendung als Nahrungsmittel[1]). Zufolge ihrer schlüpfrigen Beschaffenheit sind die Fette geeignet, den Reibungswiderstand bei Maschinen wesentlich zu verkleinern. Als „Schmiermittel" finden Talg und die nichttrocknenden Öle, besonders das Rüböl, Olivenöl und in der Feinmechanik das haltbare Klauenöl und Knochenöl, Verwendung. Die Verwendung der Fette zu Schmierzwecken wird durch einige Übelstände eingeschränkt. Sie spalten leicht freie Fettsäuren ab, die das Metall angreifen; auch sind die meisten nicht kältebeständig, d. h. sie bleiben bei niedrigen Temperaturen nicht flüssig. (Viel besser sind als Schmiermittel reine, säurefreie Mineralöle geeignet. Letztere sind auch viel billiger als fette Öle[2]).

Da die Fette die Eigenschaft haben, Riechstoffe verschiedener Pflanzen aufzunehmen, finden sie auch bei der Bereitung der feinsten Parfüms Verwendung (Enflourago).

Den Appreturmassen werden Fette und ihre Präparate als geschmeidig- und weichmachende Mittel zugesetzt („Fettansätze").

Auf die Bereitung von Firnissen sowie auf die Herstellung von sulfonierten Ölen, Fettsäuren, Glyzerin und Seifen wurde bereits hingewiesen[3]).

Untersuchung der Fette. Die Prüfung der Fette erstreckt sich auf die Ermittlung etwa vorhandener Verunreinigungen sowie auf die Feststellung ihrer Abstammung. Dazu dienen physikalische und chemische Prüfungsverfahren, welche in der eingangs angeführten Literatur enthalten sind[4]).

Von technischer Wichtigkeit sind folgende Fette:

|Nichttrocknende Pflanzenöle.

Olivenöl wird in den südlichen Gegenden, wie in Italien, in der Provence, in Spanien usw. durch Pressen aus den zerkleinerten Olivenfrüchten und Olivenkernen gewonnen. Das kalt gepreßte Öl findet unter dem Namen „Provence"- oder „Jungfernöl" zu Speisezwecken Verwendung. Bei der darauffolgenden warmen Pressung liefern die Preßlinge das „Baumöl".

---

[1]) In dieser Hinsicht sind besonders wichtig: die Butter (das aus der Milch abgeschiedene Fett), Olivenöl und andere Pflanzenöle, Schweinefett, Rindsfett sowie die billigeren Fettprodukte: Margarine, Pflanzenbutter und verschiedene „Speisefette". Margarine wird aus dem Rindstalg gewonnen. Sie besteht vorwiegend aus dem Triolein und enthält noch Pflanzenöle, Milch, oft auch butterähnliche Riechstoffe und Färbemittel beigemengt. Der bei der Fabrikation erhaltene Rückstand (Tristearin und Tripalmitin) findet zur Herstellung von Stearinkerzen, aber auch in der Seifenfabrikation Verwendung. Die Pflanzenbutter wird aus Kokosnußfett hergestellt. Dieses wird von den übelriechenden Säuren befreit und in eine butterartige Masse übergeführt. Aber auch gehärtete und gereinigte Trane fanden in die Industrie der Speisefette bereits Eingang.   [2]) S. 104.

[3]) In früherer Zeit fanden die Fette auch zu Beleuchtungszwecken eine allgemeine Verwendung. (Verbrennen von Rüb- oder Olivenöl in Lampen; Unschlittkerzen). Gegenwärtig finden an Stelle der Unschlittkerzen die aus den festen Fettsäuren hergestellten Stearinkerzen und statt Brennöl das Petroleum Verwendung.

[4]) Die chemische Untersuchung der Fette muß dem Chemiker überlassen werden.

Dieses findet besonders in der Seifenfabrikation (Marseiller Seife) sowie zur Herstellung von Schmelz- und Tournantölen Verwendung. Dazu eignen sich besonders die aus verletzten und etwas angegorenen Oliven gewonnenen Öle, da sie freie Fettsäuren enthalten. Aus den Preßrückständen kann man das Öl noch mit Benzin, Benzol od. dgl. extrahieren. Weil man die Preßrückstände früher hauptsächlich mit Schwefelkohlenstoff auszog (in Spanien noch heute), führt das gewonnene Produkt den Namen „Sulfuröl" (zu unterscheiden von sulfurierten oder sulfonierten Ölen).

Das Olivenöl wird häufig mit billigeren Ölen verfälscht.

Rüböl erhält man aus dem Samen verschiedener Brassica-Arten. Von Brassica campestris, var. Rapa, wird das eigentliche Rüböl oder Rübsenöl erhalten. Andere Arten liefern das Rapsöl und das Kohlsaatöl. Das rohe Rüböl wird als Schmiermittel, das raffinierte als Leuchtöl sowie als billiges Speiseöl verwendet. Weniger geeignet ist es zur Herstellung von Seifen, Schmelzölen usw. Es ist das billigste inländische Pflanzenöl.

Sesamöl wird durch kalte und warme Pressung aus dem Samen des Sesamum orientale und S. indicum gewonnen. Die feineren Sorten sind dem Olivenöl sehr ähnlich und werden häufig zur Verfälschung des letzteren benutzt. Das warm gepreßte Öl findet in der Seifenfabrikation Verwendung.

Erdnußöl stammt von der Arachis hypogaea (Südamerika, Indien usw.). Es ist dem Sesamöl ähnlich. Das kalt gepreßte Öl findet als Speiseöl sowie als Zusatz zum Olivenöl, das warm gepreßte zum Brennen und in der Seifenfabrikation Verwendung.

Rizinusöl (englisch „Castoroil") enthält das Glyzerid der Rizinolsäure. Es wird zumeist durch Pressung, manchmal auch durch Extraktion der Samen des gemeinen Wunderbaumes, Rizinus communis, gewonnen. Zur Reinigung wird das dunkle Öl aus der zweiten und dritten Pressung mit Wasser gekocht — wobei Eiweißstoffe zur Fällung gelangen — und dann durch Knochenkohle filtriert. Das Öl ist sehr dickflüssig und verdickt sich noch mehr an der Luft. Außer in der Medizin findet es zur Bereitung von Türkischrotöl und in der Seifenfabrikation Verwendung.

Maisöl wird aus den Maiskeimen gewonnen. Es ist billig und dient zur Herstellung von Schmierseifen.

Langsam oder schwach trocknende Pflanzenöle.

Baumwollsamenöl (Baumwollsaatöl, Cottonöl) wird in großen Mengen in den Vereinigten Staaten aus dem Samen der Baumwollstaude gewonnen. Die von der Baumwolle und den Samenschalen befreiten Kerne liefern bei der warmen Pressung ein braunes Öl, das mit Natronlauge und Filtration über Floridaerde (Fullererde) gereinigt wird. Neben Palmitin und Olein enthält es auch etwas Linolein. Es findet in der Margarinefabrikation, zur Verfälschung von Speisefetten und Speiseölen sowie als Speiseöl selbst Verwendung. Manchmal dient es auch als Schmelzmittel (Spicköl).

Sojabohnenöl stammt von einer strauchartigen, hauptsächlich in der Mandschurei angebauten Pflanze. Es wird als billiger Zusatz zum Leinöl für die Schmierseifenfabrikation verwendet.

Sonnenblumenöl wird insbesondere in Rußland, Ungarn, Indien und China aus dem Samen der Sonnenblumen gewonnen. Das Öl wird auch mit Fullererde gebleicht und eignet sich als Ersatz des Leinöls zur Herstellung von transparenter Schmierseife.

Trocknende Pflanzenöle.

Leinöl enthält vorzugsweise Glyzeride der wenig gesättigten Linol-, Linolen- und Isolinolensäure. Es wird aus dem Samen des Flachses oder Leines, Linum usitatissimum, besonders in Rußland und Ostindien gewonnen.

Das kalt gepreßte Öl ist hellgelb, das warm gepreßte bräunlichgelb, wird leicht ranzig und riecht charakteristisch. Es ist das am leichtesten trocknende Öl und wird hauptsächlich zur Bereitung von Firnissen und Kautschukersatzmitteln, aber auch in der Seifenfabrikation verwendet.

Verfälscht wird es mit Hanföl, Cottonöl, Rüböl usw. Auch Harz- und Mineralöle werden ihm manchmal beigemischt.

Hanföl wird aus dem Samen des Hanfes, Cannabis sativa, gewonnen. Seine grüne Farbe läßt sich durch Fullererde beseitigen. Es wird an Stelle des Leinöls in der Seifenfabrikation verwendet.

Tieröle.

Trane sind von manchen Seetieren stammende Öle. Der Potwal- und Haifischtran sowie das aus dem ersteren hergestellte Spermazetöl gehören zu den Wachsarten; die übrigen (Robben-, Delphin-, Dorsch-, Heringstran usw.) sind Fette. Die Trane werden demnach in fette Trane und in flüssige Wachse unterschieden. Nach den Körperteilen, welchen die Trane entstammen, unterscheidet man Leber-, Kinnbacken-, Knochentran usw. Die Gewinnung der Trane geschieht in sehr verschiedener Art: so durch Ausschmelzen, Auskochen, Ausfaulen, Pressen und Extrahieren. Auch die Reinigungsverfahren für Trane sind verschiedenartig. Tranöle sind hellgelb bis dunkelbraun gefärbt. Zumeist kommt ihnen ein unangenehmer Geschmack und Geruch zu. Letzterer machte die Trane auch für seine technische Verwendung minderwertig. Es ist aber gelungen, die Trane so gut von den Geschmack- und Riechstoffen zu befreien, daß sie in gehärtetem Zustande sogar als Speisefette Eingang finden. Während man früher aus Tranen nur minderwertige Schmierseifen herstellen konnte, werden gegenwärtig aus gehärteten und entsprechend gereinigten oder mit anderen Fetten verschnittenen Tranen (Talgol, Talgit, Duratol, Candelit u. a.) auch Kernseifen hergestellt. In der Kerzenfabrikation fanden diese Produkte gleichfalls Eingang. Weiter finden Tranöle zum „Batschen" der Jutefaser, zu Speisezwecken (Grönland), in der Medizin und bei der Lederbearbeitung Verwendung.

Die in der Sämischgerberei verwendeten Trane erleiden durch Oxydations- und Gärungsvorgänge eine Veränderung; nach vollendeter Gerbung werden sie mit einer Sodalösung aus dem Leder entfernt und mit Schwefelsäure abgeschieden. Das erhaltene Abfallfett führt den Namen Degras (Gerberfett). Neben unverändertem Tran enthält Degras eine verharzte Substanz (Degrasbildner), welche sich mit Wasser emulgieren läßt und das Produkt zum Einfetten von Leder sehr geeignet macht. Ein ähnliches Produkt erhält man durch Einblasen von Luft in auf 120° erwärmte Trane.

Knochenöl und **Klauenöl** sind die flüssigen Bestandteile des Knochen- und Klauenfettes, das aus den Knochen und Klauen zumeist durch Extraktion gewonnen wird. Gut gereinigtes Knochenöl ist sehr beständig und findet als Schmiermittel für feine Maschinenbestandteile Verwendung; es dient auch zur Seifenbereitung.

Feste Pflanzenfette.

Palmöl (Palmfett, Palmbutter) stammt aus dem Fruchtfleische der Ölpalme, Elais guinensis oder melanococca. In den Tropen ist das Palmfett in frisch gepreßtem Zustande butterartig, orangegelb bis dunkel und schmilzt bei 27—42°. Dem Palmöl kommt ein veilchenartiger Geruch zu. Es besteht hauptsächlich aus Tripalmitin und enthält in frischem Zustande bis 12% freie Fettsäuren; in altem Fett ist die Spaltung der Glyzeride oft eine vollständige. Es wird auch gebleicht und dient in großen Mengen zur Seifen- und Stearinkerzenfabrikation.

Palmkernöl (Palmkernfett, Kernöl) wird aus den inneren Samenkernen der Ölpalme durch Pressen oder durch Extraktion in großen Mengen gewonnen. Es schmilzt bei etwa 26°. Seine Farbe ist je nach der Gewinnungsweise weiß bis gelblich. Es besitzt einen angenehmen Geruch und Geschmack. Freie Fettsäuren enthält nur ranzig gewordenes Palmkernöl. Es läßt sich mit kalter konzentrierter Natronlauge verseifen. Es wird in der Seifen-, hauptsächlich aber in der Speisefettfabrikation verwendet.

Kokosöl (Kokosfett, Kokosnußöl, Kokosbutter) ist das aus den Fruchtkernen (Kopra) der Kokospalme, Cocos nucifera und C. butyracea, gewonnene Fett. Es schmilzt bei 20—28⁰. In gereinigtem und von den unangenehm schmeckenden und riechenden Stoffen befreitem Zustande bildet das Fett der ersten Pressung ein viel verwendetes Ersatzmittel für Butter[1]). Da der Preis des Kokosöls ein sehr hoher ist, gelangen nur noch seine Abfälle in die Seifen- und Stearinkerzenfabrikation. Auch das Kokosöl läßt sich mit kalter konzentrierter Natronlauge leicht verseifen.

Chinesischer Pflanzentalg (Vegetabilischer Talg) wird von den Früchten des chinesischen Talgbaumes, Stillingia sebifera, und verschiedenen Jatrophaarten geliefert. Er schmilzt bei 44⁰.

Malabartalg (Vateriafett, Pineytalg, Pflanzentalg) stammt aus den Butterbohnen und dem Samen von Vateria India L.

Illipetalg (Bassiaöl, Mahuabutter) ist das Fett aus den Samen von Bassia latifolia. Es schmilzt bei 27—30⁰.

Japanwachs (Sumachwachs, Japantalg) ist das Fett aus den Früchten mancher in Japan, China und Singapore heimischen Sumacharten. Die Farbe des rohen Produktes ist grünlich. Seine Reinigung geschieht durch Schmelzen, Filtrieren und darauffolgende Sonnenbleiche. Das frische Handelsprodukt ist blaßgelb, hart, von harzig-talgartigem Geruch und großmuscheligem Bruch. Mit der Zeit wird es dunkler, unter gleichzeitiger Bildung eines weißen Überzuges. Es schmilzt bei 42⁰ und ist bis auf einen kleinen Rest leicht verseifbar. In der Appretur findet es als geschmeidigmachendes Mittel und manchmal beim Wasserdichtmachen von Geweben Verwendung.

Halbfeste (salbenartige) tierische Fette.

Dazu gehören das **Schweinefett**, das **Gänsefett**, das **Pferdefett** (Kammfett), die **Butter**[2]) u. a.

Feste tierische Fette.

Talg (Unschlitt) kommt als Rinds- oder Ochsentalg und als Hammeltalg in den Handel. Er wird durch Ausschmelzen insbesondere aus dem Rohunschlitt des Rindviehs und der Schafe gewonnen. Frischer Rindertalg schmilzt bei 43—46⁰, Hammeltalg bei 47—51⁰. Sein Wert richtet sich nach der Farbe, der Härte und dem Geruch. Große Mengen Rindertalg werden auf Margarine verarbeitet. Der dabei erhaltene Rückstand, Preßtalg genannt, dient der Kerzenfabrikation. Talg hat auch für die Seifenfabrikation eine große Bedeutung. Da er jedoch sehr teuer geworden ist, muß man an seiner Stelle in der Seifenfabrikation vielfach andere Fette, besonders Pflanzenfette, verwenden. Auch als geschmeidigmachendes Appreturmittel verwendet man Talg.

Fettsäuren (Stearin und Olein).

Gewinnung der Fettsäuren. Zur Gewinnung der Fettsäuren kann das Fett nach mehreren Verfahren verseift werden.

Bei der Verseifung unter Druck (Autoklavenverseifung) wird das Fett in Druckkesseln bei 8—10 at. mit Kalkmilch erhitzt, wobei

---

[1]) Derartige Speisefette werden in Würfelform unter den verschiedensten Namen (Palmin, Ceres, Vegetalin, Kunerol, Thea usw.) in den Handel gebracht.

[2]) Außer den höheren Fettsäuren sind in der Butter ungefähr 2% Buttersäure an Glyzerin gebunden. Das leichte Ranzigwerden der Butter und der dabei auftretende unangenehme Geruch nach Buttersäure rührt von der leichten Spaltung des Buttersäureglyzerides her.

neben Glyzerin und freien Fettsäuren auch etwas Kalziumstearat, -palmitat und -oleat gebildet wird[1]). Die Glyzerinlösung wird abgelassen und auf Glyzerin verarbeitet[2]). Aus den Kalziumsalzen der Fettsäuren werden letztere mit Schwefelsäure unter Ausscheidung von Gips in Freiheit gesetzt, gewaschen, in Blechformen erstarren gelassen, hierauf kalt und schließlich warm (bei 40°) gepreßt. Die Ölsäure fließt als sogenanntes Olein (Elain) ab, während der aus Stearinsäure und Palmitinsäure bestehende Rückstand das „Stearin" bildet.

Statt mit Kalkmilch wird heute meist mit 1% Magnesiumhydroxyd Mg(OH)$_2$, oder mit 0,5% Zinkoxyd und Zinkstaub[3]) verseift, weil diese gut verseifen und die nach Zusatz von Schwefelsäure gebildeten, löslichen Sulfate leicht auswaschbar sind.

Bei der Verseifung mit Wasser wird das Fett entweder mit Wasser bei 15—20 at erhitzt oder überhitzter Wasserdampf direkt auf das im Destillationsapparat befindliche Fett einwirken gelassen. Nach erfolgter Verseifung destillieren die Fettsäuren und das Glyzerin gleichzeitig über. Da jedoch bei der hohen Verseifungstemperatur (über 200°) eine teilweise Zersetzung des Glyzerins und der Fettsäuren stattfindet, setzt man besser 1% Magnesiumhydroxyd zu und arbeitet bei niedrigerem Druck.

Die Verseifung mit Schwefelsäure kommt bei unreinen Fetten zur Anwendung. Zu diesem Zwecke wird das Fett mit 3% konzentrierter Schwefelsäure längere Zeit auf 120° erhitzt. Auch hier wird die Verseifung durch die Schwefelsäure eingeleitet und vom Wasser zu Ende geführt. Nach der Verseifung wird die Schwefelsäure aus den zuerst gebildeten „Sulfofettsäuren" durch wiederholtes Kochen mit Wasser entfernt. Die stark braunen Fettsäuren werden in Vakuumapparaten mit überhitztem Wasserdampf destilliert und dadurch gereinigt[4]). Das Destillat wird durch Abpressen in Stearin und Ölsäure getrennt.

Da die Schwefelsäureverseifung zu einer teilweisen Umwandlung der Ölsäure in feste Isoölsäure, C$_{17}$H$_{33}$ · COOH und andere feste Produkte führt, wird dieselbe dann angewandt, wenn eine größere Ausbeute an festem Kerzenmaterial erwünscht ist. Will man mehr Olein gewinnen, so bedient man sich der oben angeführten Autoklavenverseifung. Häufig werden beide Verfahren zu einem vereint (gemischtes Verfahren).

Nach dem Verseifungsverfahren von Twitchell („Pfeilring"-verfahren) wird das Fett mit 0,5—1% fettaromatischen Sulfosäuren[5]) und 35% Wasser ohne Anwendung eines Druckgefäßes gekocht. Nach

---

[1]) Bei gewöhnlichem Druck würde man 12% Ätzkalk vom Gewichte des Fettes benötigen. Bei der Verseifung in Druckkesseln braucht man dazu nur 2% Ätzkalk. Dieser leitet die Verseifung ein, welche vom überhitzten Wasser zu Ende geführt wird.   [2]) S. 148.

[3]) Der zumeist als graue Anstrichfarbe dienende Zinkstaub enthält stets größere Mengen Zinkoxyd.

[4]) Die Vakuumdestillation kommt auch bei der Kalkverseifung zur Anwendung, wenn das Fett unrein war.

[5]) Das Präparat wird durch Einwirkung von konzentrierter Schwefelsäure auf Rizinusöl oder Ölsäure und Naphthalin gewonnen.

24stündiger Einwirkung sind etwa 90% des Fettes gespalten; die Schwefelsäure wird mit Bariumkarbonat in das unlösliche Bariumsulfat übergeführt und auf diese Weise entfernt. Das Verfahren, das helle Fettsäuren liefert, hat in Seifenfabriken Eingang gefunden.

Nach dem Enzymverfahren wird das Fett mit dem Enzym „Lipase", das sich insbesondere im giftigen Rizinussamen vorfindet, oder mit dem tierischen Pankreasferment[1]) in Gegenwart von 60% Wasser und etwas Essigsäure gerührt, wobei es bei Temperaturen unter 40° zu 80—85% gespalten wird. Durch Erhitzen mit etwas Schwefelsäure scheiden sich die Fettsäuren samt dem noch vorhandenen Fett als klare Ölschicht ab. Diese Fettspaltung wurde für Seifensiedereien empfohlen, da man das Produkt mit Soda unter Zusatz von etwas Natronlauge leicht in Seife überführen kann; sie scheint sich aber nicht bewährt zu haben.

Durch „Druckoxydation" mittels Sauerstoff und Katalysatoren gelingt es, Mineralöle und besonders Paraffin in Fettsäuren überzuführen, aus welchen man während des Krieges Seife herstellte.

Eigenschaften und Verwendung des Stearins. Das Stearin bildet eine weiße, kristallinische, daher auch spröde und brüchige Masse. Die Schmelzpunkte seiner Bestandteile (Stearinsäure und Palmitinsäure) betragen 69° bzw. 62°. Stearin findet zumeist zur Herstellung von Kerzen Verwendung. Da es zu diesem Zwecke für sich allein zu spröde ist, erhält es noch einen Zusatz von Paraffin. In der Baumwollappretur wird Stearin manchmal als glänzendmachendes Mittel gebraucht. Mit Mineralölen emulgiert findet es mitunter zur Herstellung wasserdichter Gewebe Verwendung.

Eigenschaften und Verwendung der technischen Ölsäure (Olein, Elain). Je nachdem bei der Gewinnung der Fettsäuren die Destillation zur Anwendung kommt oder nicht, unterscheidet man ein Destillat-Olein und ein Saponifikat-Olein (saponifiziertes Olein).

Das Destillat-Olein enthält 3—7% unverseifbare Kohlenwasserstoffe, die sich als Zersetzungsprodukte der Fettsäuren bei ihrer Destillation bilden. Doch ist man imstande, nach besonderen Verfahren auch ein von unverseifbaren Kohlenwasserstoffen freies Destillat-Olein herzustellen.

Die Ölsäure bildet in reinem Zustande ein farb-, geruch- und geschmackloses Öl, das bei 4° erstarrt und bei 14° wieder schmilzt. In Wasser ist sie unlöslich, in Alkohol, auch in verdünntem, löslich. Beim Stehen an der Luft wird die Ölsäure gelblich, ranzig und rötet dann Lackmuspapier, wogegen sie in vollkommen reinem Zustande auf Lackmus nicht reagiert. Die Alkalisalze der Ölsäure (Elainseife) können schon mit Hilfe von Soda oder Ammoniak hergestellt werden; sie sind weicher und in Wasser viel leichter löslich als die der festen Fettsäuren.

Die technische Ölsäure (Olein) ist je nach der Reinheit gelblich bis braun gefärbt, klar oder — bei Gegenwart von festen Fettsäuren — trübe. Die Trübung kann jedoch auch von Wasser herrühren. Das Olein enthält oft unverseifbare Zusätze, besonders Mineralöle. Das Olein findet zur Herstellung von Walkölen Verwendung. Mit Wasser unter Zusatz von etwas Ammoniak emulgiert, bildet das Olein ein sehr

---

[1]) S. 98, Anm. 3.

beliebtes „Schmelzmittel". Für diese Zwecke muß es von schwer verseifbaren und unverseifbaren Bestandteilen, insbesondere Mineralölen und Stearin, frei sein. Als geschmeidig- und weichmachendes Mittel wird es häufig Appreturmassen zugesetzt. Große Mengen Olein werden zu Textilseifen verarbeitet. Das „Härten" des Oleins scheint derzeit unwirtschaftlich zu sein.

Die Untersuchung der Oleine erstreckt sich zumeist auf die Bestimmung des „Unverseifbaren" und der etwa vorhandenen Mineralsäuren. Der Gehalt an „Unverseifbarem" soll in einem guten Saponifikatolein nicht mehr als 1,5% betragen[1]).

Gewinnung der Fettsäuren aus Abwässern.

Die Abwässer der Wollindustrie enthalten Seife, Öl, Walkerde und andere Stoffe. In früherer Zeit ließ man sie unbeachtet abfließen; heutzutage werden aus denselben die Fettsäuren mit Vorteil zurückgewonnen.

Man sammelt die aus der Wäscherei und Walkerei kommenden Abwässer in großen Behältern und setzt ihnen rohe Schwefelsäure oder Salzsäure zu. Die ausgeschiedenen, an der Oberfläche schwimmenden Fettsäuren hebt man mit Siebtüchern heraus, schlägt sie in diese ein und läßt die Unterlauge gut abfließen. Aus dem Rückstande preßt man in einer durch Dampf heiß gehaltenen hydraulischen Presse ein braunes bis schwarzes Gemenge von Fettsäuren aus, das zur Herstellung von Seife, Schmelzölen oder Schmiermitteln dient[2]). Gewöhnlich wird aber das unreine Fettsäuregemisch an Fettverwertungsfabriken abgegeben und dort durch Destillation mit überhitztem Wasserdampf gereinigt und nach dem Abkühlen durch Pressen in Stearin und Olein getrennt.

Nach einem anderen Verfahren versetzt man das Abwasser mit Kalziumchlorid, zerlegt die gebildete Kalkseife nach dem Entwässern mit Salzsäure in der Wärme und verarbeitet die ausgeschiedenen Fettsäuren — gegebenenfalls nach einem Bleichprozeß — zu Stearin und Olein.

Gewinnung der Fettsäuren aus der Putzwolle.

Das mit Fetten oder Mineralölen durchtränkte Putzmaterial (Putzwolle) wird, wie die obenerwähnten Preßtücher, durch Extraktion mit Benzin od. dgl. bei gleichzeitiger Rückgewinnung der Öle gereinigt.

Vielfach kommt an Stelle der Extraktion ein einfaches Auskochen des Putzmaterials zur Anwendung. Wenn man dafür sorgt, daß die Putzwolle nicht zur Flüssigkeitsoberfläche steigt, so sammeln sich Fett und Mineralöle oben an und können abgeschöpft werden. Enthält die Putzwolle nur Mineralöle, so setzt man dem Waschwasser Soda zu, wodurch der Waschvorgang erleichtert wird. (Fette Öle würden hierbei verseift werden.) Nach einem anderen Verfahren wird die, kurze Zeit mit Wasser gekochte Putzwolle durch Ausschleudern vom Fett befreit.

---

[1]) Untersuchung der Oleine in „Einf. in die quant. textilchem. Untersuchung", S. 156.

[2]) Aus dem Preßrückstand (Preßkuchen) werden in neuerer Zeit in Fettextraktionsanstalten die restlichen Fettsäuren mit Benzin od. dgl. ausgezogen. Der fettfreie Rückstand wird als Dünger verwendet.

Glyzerin.

Das aus den Fetten abgeschiedene, stark verunreinigte Glyzerin wird je nach dem angewandten Verseifungsverfahren als Saponifikat, Destillations- oder Seifenunterlaugenglyzerin bezeichnet[1]). Durch Eindampfen der nötigenfalls mit Kalk bzw. mit Schwefelsäure neutralisierten „Glyzerinwässer" in Vakuumverdampfapparaten erhält man das Rohglyzerin. Dieses ist hellgelb bis braun und besitzt eine Dichte von 28° Bé. Für die meisten Zwecke muß es raffiniert werden. Zu diesem Zwecke wird das Rohglyzerin auf 20° Bé verdünnt und behufs Fällung der noch anwesenden Fettsäuren mit Kalkmilch gekocht, mit Schwefelsäure neutralisiert und geklärt. Das durch Knochenkohle filtrierte Produkt ist ziemlich rein und für viele Zwecke brauchbar. Das von der Seifenfabrikation herrührende sowie das für die Dynamitfabrikation bestimmte Glyzerin wird mit überhitztem Dampf in Vakuumapparaten destilliert.

Eigenschaften des Glyzerins. Glyzerin, auch Ölsüß genannt, bildet in reinem Zustande eine farb- und geruchlose, sirupartige Flüssigkeit vom spez. Gew. 1,26 (30° Bé). Es schmeckt süß, ist sehr hygroskopisch und mischt sich mit Wasser, Alkohol, Essigsäure usw. in jedem Verhältnis. Die wässerige Lösung zeigt eine neutrale Reaktion. Es siedet bei 290° unter teilweiser Zersetzung. Hingegen kann man es in luftverdünntem Raume oder mit überhitztem Wasserdampf unzersetzt destillieren. An der Luft wird Glyzerin in keiner Weise verändert. Es ist ein Lösungsmittel für viele Farbstoffe. Bemerkenswert ist auch die Löslichkeit der in Wasser unlöslichen Seifen in Glyzerin: so lösen sich in 100 Teilen Glyzerin 0,94 Teile Magnesiumoleat und 1,18 Teile Kalziumoleat.

Die Verwendung des Glyzerins ist eine vielseitige. Seine Fähigkeit, die Haut geschmeidig zu machen, erklärt die Verwendung in der Hautpflege und als Zusatz zu Salben und Feinseifen. Man benutzt es zum Verbessern verschiedener Getränke und setzt es dem Wasser in den Gasuhren zu, um das Gefrieren desselben zu verhindern. Es dient zum Feuchthalten der Schokolade, von Stempel- und Kopierfarben usw.

Weitaus die größte Menge des Glyzerins dient jedoch zur Fabrikation des Nitroglyzerins bzw. des Dynamits[2]). In der Appretur dient Glyzerin dazu, um der Ware einen milden, geschmeidigen, sich etwas feucht anfühlenden Griff zu erteilen. Zufolge seiner hygroskopischen Eigenschaft bedingt es gleichzeitig auch eine Ge-

---

[1]) Die beiden ersteren werden bei der Fettsäurefabrikation, das letztere bei der Seifengewinnung erhalten.

[2]) Nitroglyzerin ist der Salpetersäureester des Glyzerins. Man erhält es bei der Behandlung des Glyzerins mit einem Gemisch von konzentrierter Salpetersäure und konzentrierter Schwefelsäure als ein farbloses Öl, welches durch Schlag und Stoß mit furchtbarer Gewalt explodiert. Um es weniger explosiv zu machen, läßt man es nach Nobel von Kieselgur oder anderen porösen Substanzen aufsaugen und erhält so eine plastische Masse, das Dynamit, das in Patronenform gepreßt und durch Zündkapseln aus Knallquecksilber zur Explosion gebracht wird.

wichtsvermehrung der Ware. Als Zusatz zu Schlichten übernimmt das Glyzerin die Aufgabe, das zum Verweben bestimmte Garn vor Sprödigkeit zu bewahren. In der Druckerei braucht man es als Zusatz zu Druckfarben.

Nachweis von Glyzerin. Das an Fettsäuren chemisch gebundene Glyzerin bildet schon beim Anbrennen der Fette das durchdringend riechende Akrolein[1]). Denselben Geruch erhält man, wenn freies Glyzerin mit etwas primärem Kaliumsulfat $KHSO_4$ erhitzt wird.

Der Gehalt wässeriger Glyzerinlösungen läßt sich bei chemisch reiner Ware mit Hilfe folgender Tabelle aräometrisch bestimmen.

Spezifische Gewichte wässeriger Glyzerinlösungen. (Strohmer.)

Spez. Gewicht bei 17,5°	% Glyzerin	Spez. Gewicht bei 17,5°	% Glyzerin	Spez. Gewicht bei 17,5°	% Glyzerin
1,262	100	1,218	83	1,170	66
1,259	99	1,215	82	1,167	65
1,257	98	1,213	81	1,163	64
1,254	97	1,210	80	1,160	63
1,252	96	1,207	79	1,157	62
1,249	95	1,204	78	1,154	61
1,246	94	1,202	77	1,151	60
1,244	93	1,199	76	1,149	59
1,241	92	1,196	75	1,146	58
1,239	91	1,193	74	1,144	57
1,236	90	1,190	73	1,142	56
1,233	89	1,188	72	1,140	55
1,231	88	1,185	71	1,137	54
1,228	87	1,182	70	1,135	53
1,226	86	1,179	69	1,133	52
1,223	85	1,176	68	1,130	51
1,220	84	1,173	67	1,128	50

Glyzerinersatzmittel. Solche kamen besonders während des Krieges in den Handel. Die meisten bestehen aus Mischungen von Laktaten (milchsauren Salzen). So z. B. ist das „Perglyzerin" eine konzentrierte Lösung von Natrium- und Kaliumlaktat. Ein Glyzerinersatz anderer Art besteht aus einer wässerigen Lösung von Kalziumchlorid und Betain[2]).

Sulfonierte Öle.

Die Bildungsweise und chemische Natur der sulfonierten Öle fanden bereits auf Seite 139 Erwähnung. Ihren wesentlichsten Bestandteil bilden die wasserlöslichen Sulfofettsäuren. Durch Neutralisation eines größeren oder kleineren Anteiles der Sulfofettsäuren mit Soda oder Ammoniak erhält man Produkte, die mit Wasser klare Lösungen oder gute Emulsionen bilden. Es sind die für die Textilindustrie so wichtigen Türkischrotöle (Rotöle) und Appreturöle. Ursprünglich hat man das Türkischrotöl nur aus Olivenöl hergestellt; heute verwendet man dazu fast ausschließlich Rizinusöl; andere Öle, wie das Baumwollsaatöl und Erdnußöl sowie Olein werden manchmal gemeinsam mit Rizinusöl, selten für sich allein sulfoniert.

---

[1]) S. 138.   [2]) Aktienges. f. Anilinfabr., Berlin.

Aus Rizinusöl kann das Türkischrotöl auf folgende Weise hergestellt werden. In das Öl wird konzentrierte Schwefelsäure, bis zu $30\,^0/_0$ auf das Gewicht des Öles, in dünnem Strahl sehr langsam, am besten bei gleichzeitiger Kühlung eingerührt, wobei die Temperatur nicht mehr als 40^0 betragen darf (ein Geruch nach Schwefeldioxyd soll nicht auftreten)[1]. Nach 24stündigem Stehen wird die sirupartige Masse zunächst mit kalk- und eisenfreiem Wasser und dann, um eine Abspaltung der gebundenen Schwefelsäure zu verhindern, zweimal mit einer Glaubersalzlösung gewaschen. Dadurch werden die überschüssige freie Säure sowie das abgespaltene Glyzerin entfernt. Schließlich wird das sulfonierte Öl mit Wasser emulgiert und mit Soda oder Ammoniak, auch mit beiden, neutralisiert. Die angeführten Arbeiten können, wie dies in manchen Textilbetrieben geschieht, in einem Holzbottich durchgeführt werden; bei der fabriksmäßigen Herstellung bedient man sich eiserner, jedoch verbleiter Rührwerke.

Die Türkischrotöle enthalten demnach als wesentliche Bestandteile Alkalisalze der Sulfofettsäuren, ferner aber auch solche der Oxyfettsäuren und gewöhnlichen Fettsäuren, sowie etwas Neutralfett und Wasser.

Ein Bodensatz, der sich beim Lagern mancher sonst reiner Türkischrotöle bilden kann, rührt wahrscheinlich von „Polymerisationsprodukten"[2] der Rizinusölsäure her, die nicht mehr verseifbar sind.

Das Türkischrotöl dient zum Schmelzen (Spicken, Fetten) der Wolle, in erster Linie aber in der Türkischrotfärberei und Druckerei. Man gebraucht es ferner zum Netzen der Baumwollgarne sowie als geschmeidigmachendes Mittel in der Appretur von seidenen und halbseidenen sowie von Baumwollstoffen; es erteilt der Ware einen zarten Griff und einen milden Glanz. Auch den Schlichtmassen wird es in kleinen Mengen zugesetzt. Die in der Appretur verwendeten sulfonierten Öle werden auch als Appreturöle bezeichnet. Ein großes Verwendungsgebiet für sulfonierte Öle bietet die Herstellung verschiedener Seifenpräparate[3].

Ein anderes, gleichen Zwecken wie das Türkischrotöl dienendes Präparat ist das sehr kalkbeständige Türkonöl[4].

Türkischrotöle kommen auch unter anderen Namen in den Handel, so z. B. ist das „Sulfidöl"[5] ein nur aus Rizinusöl hergestelltes Präparat mit 83—85% Fettsäuregehalt.

Die Höchster Farbwerke behandeln das Rizinusöl anstatt mit Schwefelsäure mit Formaldehyd oder Azeton. Das Produkt soll noch bessere Eigenschaften besitzen als das Türkischrot.

Die Untersuchung der sulfonierten Öle.

Ein gutes Türkischrotöl soll sich in einer kleinen Menge warmen Wassers klar lösen und bei allmählichem weiteren Zusatz von 10 Teilen

---

[1] Vgl. S. 139.

[2] Die „Polymerisation" ist eine bei vielen organischen Verbindungen beobachtete Erscheinung und beruht auf der Verkettung mehrerer gleichartiger Moleküle zu einem verwickelten Molekül in der Weise, daß eine Spaltung in die ursprüngliche Verbindung noch möglich ist.

[3] S. 168.   [4] Buch & Landauer, Berlin.

[5] Chem. Industrie, Bodenbach.

Wasser eine anhaltende Emulsion bilden. Eine unvollständige Lösung rührt von unverseiftem Fett her. Die Lösung eines guten Öles in Ammoniak weist erst bei starker Verdünnung, zufolge der eingetretenen „Dissoziation", eine Trübung auf.

Eine wässerige Emulsion sulfonierten Öles soll gegen Lackmus eine schwach saure Reaktion zeigen.

Die weitere Prüfung der Türkischrotöle bezieht sich u. a. auf die Ermittlung des Wassergehaltes und des „Gesamtfettes" und für Färbereizwecke auf die Durchführung eines praktischen Versuches[1]).

W. Fahrion gibt für die Ermittlung des Wassergehaltes folgende Schnellmethode an: 3—5 g Öl werden im Platintiegel eingewogen und das Wasser mit Hilfe einer kleinen Bunsenflamme abgekocht. Den Augenblick, in welchem das Wasser ausgetrieben ist, erkennt man am Aufhören des Schäumens sowie am Auftreten eines kleinen Dampfwölkchens. Der Gewichtsverlust entspricht dem Wassergehalt. (Umrechnung in Prozente.) Die Differenz einzelner Bestimmungen liegt innerhalb eines Prozentes.

Da die sulfonierten Öle und die bereits auf S. 140 erwähnten Tournantöle als Wollschmelzmittel Verwendung finden, erscheint es zweckdienlich, diese an dieser Stelle zusammenfassend zu besprechen.

Wollschmelzöle (Schmelzöle, Spicköle, Wollöle).

Diese dienen zum Einfetten der entschweißten und gewaschenen Wolle vor dem Verspinnen, um das Wollhaar geschmeidiger zu machen und demselben die nötige Schlüpfrigkeit für den Spinnprozeß zu geben. Der Schmelzöle bedient man sich auch bei der Erzeugung von Kunstwolle[2]) sowie in der Florett- und Bourettseidenspinnerei.

Hingegen findet in der Baumwollspinnerei ein „Fetten" nicht statt, da die Baumwollfaser von einer Wachsschichte überzogen ist, welche ihr für den Spinnprozeß bessere Eigenschaften erteilt als die künstlichen Schmelzen. Bei der Verarbeitung von Flachs und Hanf unterbleibt ebenfalls das Fett, nicht aber bei der Jute.

Als Schmelzmittel verwendet man fette Öle, Olein, besonders aber Emulsionen von Ölen, Olein und Mineralölen mit Wasser bei Gegenwart von etwas Alkali, ferner auch das Türkischrotöl, Seife usw.

Allgemeines über Ölemulsionen.

Die vorwiegend als Wollschmelzöle, weichmachende Mittel und in der Türkischrotfärberei verwendeten Fett- und Fett-Mineralölemulsionen werden im allgemeinen mit Hilfe von kolloiden Lösungen, insbesondere Seifen-, aber auch Pflanzenschleim-, Gummilösungen u. a. hergestellt. In diesen lassen sich Fette, Mineralöle und andere Fettlösungsmittel in eine sehr feine Verteilung („Dispersion") bringen. Bei der Herstellung aller Emul-

---

[1]) „Einf. in d. quant. textilchem. Unters.", S. 136.

[2]) Kunstwolle ist das Fasermaterial, das man durch Zerreißen von gebrauchten Web- und Wirkwaren sowie von Abfällen der Konfektion erhält. Sie wird zu minderwertigen Waren (zumeist Halbwollwaren) verarbeitet. Je nach dem Ausgangsmaterial ist die Farbe der Kunstwolle verschieden. Eine helle Farbe erhält man durch Bleichen mit Chromsäure, Hydrosulfit u. dgl.

sionen geht das Bestreben dahin, dieselben möglichst dauerhaft zu machen, d. h. eine Trennung des emulgierten Stoffes von der wässerigen Flüssigkeit zu verhindern. Eine solche Trennung findet bei guten Emulsionen erst nach längerem Stehen statt; vielfach tritt sie auch beim Erwärmen ein. Bei richtig hergestellten Emulsionen bildet das Wasser die sogenannte geschlossene Phase, in welcher das fette Öl oder das Mineralöl und in anderen Fällen ein Fettlösungsmittel[1]) als disperse Phase in Form von äußerst kleinen Tröpfchen schwebend enthalten ist. Nur solche Emulsionen sind anhaltend und lassen sich mit Wasser ohne Abtrennung ihrer Bestandteile verdünnen.

Das Emulgierungsvermögen von Seifenlösungen für fette Öle wird durch einen gewissen Zusatz von fettlösenden oder verseifenden Mitteln, z. B. Ammoniak erhöht. Emulsionen von freien Fettsäuren gehen, mit überschüssigem Alkali versetzt, in Lösung über, was bei emulgiertem Neutralfett nicht der Fall ist. Aus diesem Grunde erscheinen zur Herstellung von Emulsionen Olein und Tournantöle besonders geeignet.

Zum Fetten der Wolle eignen sich am besten nichttrocknende Öle, vor allem das

Olivenöl[1]), da sich dieses beim Waschen wieder leicht entfernen läßt. Es besitzt auch den Vorteil, nicht bald ranzig zu werden und den Faden nicht so klebrig zu machen wie das früher angewandte Rüböl. Da jedoch das Olivenöl sehr teuer ist, wird es nur für die feinsten Wollsorten verwendet. Mehr Verwendung findet das **Baumwollsaatöl**[2]). Viel verwendet wird als Schmelzmittel das **Olein.** Es hat aber den Nachteil, die Häkchen der Streichmaschinen anzugreifen und so die Rostfleckenbildung zu fördern.

Reine Wolle wird mit 5—10% Elain gefettet. Bei sehr trockener Wolle wird das Elain zuvor mit etwa 15% Wasser emulgiert, indem man die Mischung kocht und gleichzeitig etwas Ammoniak einträgt. Kunstwolle pflegt man mit etwa 5% Elain ohne Wasserzusatz zu fetten. Das Schmelzmittel kommt in heißem Zustande zur Anwendung.

Beliebte Schmelzöle sind die bereits näher besprochenen **sulfonierten Öle**[3]), in erster Linie die **Türkischrotöle** sowie die **Tournantöle**[4]). Diese werden durch Pressen der in Gärung übergegangenen Olivenrückstände gewonnen. Sie sind stark gefärbt, ranzig und enthalten durchschnittlich 25% freie Fettsäuren. Beim Schütteln mit einer Sodalösung liefern sie gute Emulsionen. Ein Ranzigwerden der Olivenöle zweiter Pressung wird behufs Gewinnung von Tournantölen oft absichtlich herbeigeführt.

Ein minderwertiges Schmelzöl bilden die **Wollfettoleine.** Diese werden durch Destillation von rohem Wollfett mit überhitztem Wasserdampf und Auspressen des Fettsäuregemisches als ein gelbes bis rotbraunes Öl erhalten. Sie zeigen eine grünliche oder bläuliche Fluoreszenz und haben einen wollfettartigen Geruch. Neben freien Fettsäuren enthalten sie 10—50% unverseifbare Kohlenwasserstoffe, manchmal auch Harz. Man macht von ihnen auch zur Herstellung von Maschinenfetten Gebrauch.

---

[1]) S. 141. [2]) S. 142. [3]) S. 149. [4]) S. 140.
[5]) Unter dem Namen „Tournantöl" kommen auch Mischungen anderer ranziger Öle mit Olein in den Handel.

Wollfettoleine können verschiedenartig nachgewiesen werden. Nach Hager-Salkowski schüttelt man eine Probe in Chloroform gelösten Schmelzöles mit konzentrierter Schwefelsäure; Wollfettoleine färben sich dabei blutrot, während die Säure nach dem Absetzen eine starke grüne Fluoreszenz zeigt.

Auch die aus den Walkwässern zurückgewonnenen Walkfette werden zum Fetten verwendet[1]), häufig unter Zusatz von Mineralölen.

Nach Morawski geben 80 Teile Mineralöl mit 10 Teilen Ölsäure und 10 Teilen einer 0,5%igen Sodalösung noch gute Emulsionen.

Schmelzöle, welche Mineralöle, Harzöle und trocknende Öle enthalten, sind jedoch als minderwertig zu bezeichnen, da sich diese beim Waschen schwer entfernen lassen und zur Fleckenbildung Veranlassung geben. Ein weiterer Übelstand der Mineralöle, noch mehr aber der trocknenden Öle, ist ihre Feuergefährlichkeit; sie führen sehr leicht zur Selbstentzündung des gefetteten Materials, besonders bei längerem Lagern. Bei Verwendung von trocknenden Ölen liegt die Ursache der Selbstentzündung im Freiwerden von Wärme bei der Oxydation der ungesättigten Fettsäuren. Da von den Mineralölen besonders die leicht siedenden feuergefährlich sind, verlangt man bei den Schmelzölen einen Flammpunkt von mindestens 150°[2]). Die Wärmeentwicklung, welche zur Selbstentzündung führen kann, ist aber auch vom Fasermaterial abhängig; sie ist am größten bei der Seide, geringer bei der Schafwolle und noch kleiner bei der Baumwolle, Jute und Hanf. Außerdem wird die Selbstentzündung durch Belichtung gefördert. Zu den mineralölhaltigen Schmelzmitteln gehören auch die auf S. 173 zu besprechenden **Seifenöle.**

Gegenüber den reinen Fetten sind die Fett- und noch mehr die Fett-Mineralölemulsionen wegen ihres Wassergehaltes bedeutend billiger. Da sie geeignet sind, den emulgierten, zum Fetten dienenden Stoff auf das Fasermaterial gleichmäßig zu verteilen, erscheint ihre Verwendung sehr wirtschaftlich, nur müssen sie der Bedingung entsprechen, sich beim nachherigen Waschen der Ware aus dieser leicht entfernen zu lassen, was bei mineralölhaltigen Emulsionen nicht immer der Fall ist.

Die Untersuchung der Schmelzöle richtet sich nach der Art derselben[3]). Ein Schmelzöl entspricht dann den Anforderungen, wenn es den Spinnvorgang, ohne die Metallteile anzugreifen, günstig beeinflußt und sich später aus der Ware gut entfernen läßt. In Wollgeweben verbliebene Mineralöle machen sich in der nachfolgenden Färberei und Appretur unangenehm bemerkbar.

---

[1]) S. 147.

[2]) Unter dem „Flammpunkt" versteht man jene niedrigste Temperatur, bei welcher sich die aus der erwärmten Flüssigkeit tretenden Dämpfe beim Nähern eines Flämmchens unmittelbar über der Flüssigkeitsoberfläche explosiv entzünden.

[3]) „Einf. in d. quant. textilchem. Unters.", S. 136.

Seife[1].

Seifen sind Salze der höheren Fettsäuren[2]. In Wasser sind nur die Alkaliseifen löslich; diesen allein kommt eine reinigende Wirkung zu. Sie werden durch Verseifung von Fetten oder Fettsäuren mit Natronlauge, Kalilauge, mit Lösungen von Soda, Pottasche, seltener von Ammoniak, hergestellt. Die Eigenschaften der löslichen Seifen sind von der Natur der Fettsäuren und von der Art der Alkalien abhängig.

Man unterscheidet demnach Natron- und Kaliseifen, wobei man vielfach noch immer die ersteren als harte, die letzteren als weiche Seifen zu bezeichnen pflegt. Diese Kennzeichnung ist nicht mehr zutreffend, da man schon seit langem auch weiche Natronseifen und in neuerer Zeit auch harte Kaliseifen herstellt. Allerdings hat das Natrium zur Bildung von harten Seifen mehr Neigung als das Kalium.

Die Natur der Fettsäuren hat auf die Beschaffenheit der Seife insofern einen Einfluß, als die festen Fettsäuren (Stearin- und Palmitinsäure) festere und härtere Seifen bilden als die Ölsäure.

In der Seifenfabrikation kommen alle Arten von Fetten zur Verwendung, insbesondere Olivenöl, Palmöl, Palmkernöl, Kokosnußöl, Talg, Tran, Leinöl, Rüböl, Baumwollsamenöl, Sesamöl, Elain, Knochenfett, Walkfett, für besondere Zwecke auch Rizinusöl usw. Von Nichtfetten kommen in Betracht die Naphthensäuren des Erdöls und als Zusatz für billige Seifen das Fichtenharz (Kolophonium). Die Wahl des Fettes wird nach dem herzustellenden Erzeugnis getroffen; sie ist aber in hohem Maße auch von der Preislage abhängig. Der große Bedarf an Fetten in anderen Zweigen der Fettindustrie hatte eine große Preissteigerung mancher Fette zur Folge. Daher wird gegenwärtig in der Seifenindustrie nur wenig Talg verarbeitet; dieser dient vor allem der Margarinefabrikation; das bei dieser erhaltene Nebenprodukt, der Preßtalg, wird zumeist zu Kerzen verarbeitet. Aus Kokosnußöl werden die als Nahrungsmittel dienenden Pflanzenfette hergestellt. Leinöl benötigt man in großen Mengen zur Herstellung von Leinölfirnissen usw. Auch der Preis des Palmkernöls ist ein hoher geworden und es gelangen nur noch seine Abfälle in der Seifenfabrikation zur Verwendung. Daher ist man bestrebt, billigere Pflanzenfette (z. B. Sojabohnenöl, Chinatalg u. a.) für die Seifengewinnung heranzuziehen. Tranöle, welche schon lange für die Seifenfabrikation verwendet werden, aber dem Erzeugnisse einen unangenehmen Geruch verleihen, werden in neuester Zeit nach mehreren patentierten Verfahren „gehärtet", gereinigt und geruchlos gemacht[3]. Die Entfernung des unangenehmen Geruches der aus ungehärteten oder gehärteten Tranölen stammenden Seifen ist gleichfalls bereits gelungen.

----

[1] Literatur über Seife und ihre Untersuchung: Deithe-Schrauth, Handbuch der Seifenfabrikation; Fahrion: Fette, Wachse usw. im Ergänzungswerk zu „Muspratts Enzyklopädischem Handbuch der Techn. Chemie, I. Halbband; Benedikt-Ulzer, Analyse der Fette und Wachsarten; Lewkowitsch, Chem. Technologie und Analyse der Öle, Fette und Wachse; Holde, Untersuchung der Kohlenwasserstofföle und Fette; Heermann, Färberei- und textilchemische Untersuchungen; Verband der Seifenfabrikanten Deutschlands, Einheitsmethoden zur Untersuchung von Fetten usw.; Walland, Einführung in die quantitativen textilchemisch. Untersuchungen; u. a.

[2] Bildung und chemische Zusammensetzung der Seife 140.

[3] Vgl. S. 140.

Gehärtete Trane werden zur Seifenbereitung den gewöhnlichen Fetten bis zu 30% zugesetzt. Mit dem steigenden Gehalt an gehärtetem Fett sinkt die Schaumkraft der Seife. In neuerer Zeit ist es aber gelungen, feste Kaliseifen bei Anwendung von 92—95% gehärteter Fettsäuren herzustellen[1]).

Ein neuer Rohstoff für die Seifenbereitung ist das als Nebenprodukt bei der Papierfabrikation erhaltene Savonetteöl, ein Gemisch von Pflanzenfettsäuren und Harzsäuren. Es kann zufolge des hohen Gehaltes an unverseifbaren Stoffen nur als Zusatz bei der Seifenherstellung dienen.

Nach den Schweizer Einheitsbeschlüssen (1916), welche im wesentlichen auf den Vereinbarungen des Verbandes der Seifenfabrikanten Deutschlands fußen, werden die Seifen in feste und in weiche Seifen eingeteilt. Die festen Seifen umfassen:

1. Kernseifen, 2. Halbkernseifen, 3. Leimseifen.

Zu den weichen Seifen gehören:

4. Schmierseifen, 5. Silberseifen.

Außer diesen eigentlichen Seifen kommen als Waschmittel in den Handel:

6. Seifenpulver, 7. gemahlene Seife, 8. Waschpulver.

Diesen nach den Schweizer Beschlüssen eingeteilten Waschmitteln seien zweckmäßig angegliedert:

9. Fettlöserfreie Seifenpräparate.

10. Fettlöserhaltige Seifenpräparate.

Herstellung und Beschaffenheit der eigentlichen Seifen[2]).

1. Kernseifen. Sie werden nach der Verseifung des Fettes oder der Fettsäuren durch „Aussalzen" erhalten. Ihr Gehalt an seifenbildenden Fettsäuren muß einschließlich etwa vorhandener Harzsäuren mindestens 60% betragen. Bei harzhaltigen Kernseifen darf der Harzsäuregehalt den der Fettsäuren nicht übersteigen. Kernseifen dürfen keine anderen Zusätze (Füllstoffe) enthalten.

a) **Natronkernseifen.** Zur Gewinnung der Kernseife nach dem alten Laugenverfahren wird das Fett oder ein Gemisch von Fetten in großen Eisenkesseln eingeschmolzen und zunächst mit wenig verdünnter Natronlauge bis zur völligen Emulsion vorgesotten. Nach und nach wird stärkere Lauge zugesetzt und bis zur Bildung einer klaren, fadenziehenden Masse, des Seifenleimes, gekocht. Der Seifensieder erkennt den Verlauf der Verseifung an dem Aussehen und an dem Geschmack („Stich"). Auf den nun folgenden Zusatz von Kochsalz scheidet sich die Seife, als in der Kochsalzlösung unlöslich, aus und schwimmt als eine dicke, schwerflüssige Masse auf der Unterlauge[3]). Letztere ent-

---

[1]) S. 158.

[2]) Größere textile Betriebe stellen ihre Seife vielfach selbst her.

[3]) Das „Aussalzen" der Seife beruht auf ihrer Unlöslichkeit in einer konzentrierten Kochsalzlösung und ist als „Ausflockung" eines Kolloides zu betrachten. (Vgl. S. 37.) Die Seifen niedriger und ungesättigter Fettsäuren, z. B. der Laurinsäure, Ölsäure, lassen sich schwieriger aussalzen als die der höheren und gesättigten.

hält neben überschüssigem Natriumhydroxyd und Kochsalz das gesamte Glyzerin des verseiften Fettes. Durch „Klarsieden" wird der schaumige Kern gedichtet, dann abgeschöpft, in Formen erstarren gelassen — in neuerer Zeit vielfach bei künstlicher Kühlung — und in Platten und Riegel geschnitten. Das Erzeugnis ist die Kernseife. Die Unterlauge wird auf Glyzerin verarbeitet[1]).

An Stelle der angeführten Laugenverseifung ist vielfach die Karbonatverseifung üblich. Freie Fettsäuren lassen sich nämlich schon mit einer Sodalösung leicht verseifen. Daher ist das Olein der Kerzenfabriken für die Seifenherstellung besonders beliebt. Große Seifenfabriken gewinnen die Fettsäuren im eigenen Betriebe durch die Autoklavenverseifung[2]) und gewinnen nebenbei Glyzerin, das aus den Unterlaugen der mit Natronlauge verseiften Fette viel schwieriger rein zu erhalten ist. Da eine vollständige Spaltung der Fette im Autoklaven nur bei höheren Temperaturen möglich ist, wobei die Fettsäuren eine dunklere Färbung annehmen, ziehen es die Seifenfabriken vor, bei etwas niedrigerer Temperatur nur etwa 90% der Fette zu spalten und bei der nachträglichen Karbonatverseifung die Verseifung der restlichen 10% Neutralfett durch einen kleinen Zusatz von Natronlauge zu bewirken.

Andere Seifenfabriken gewinnen die Fettsäuren nach dem Verfahren von Twitchell[3]).

Die Gewinnung der Fettsäuren durch Enzymverseifung[4]) scheint sich nicht bewährt zu haben.

Während des Krieges stellte man Seife auch aus den durch „Druckoxydation" der Mineralöle und besonders des Paraffins gewonnenen Fettsäuren her. Die so hergestellte Seife könnte nur bei einer Verbesserung des Verfahrens mit der aus natürlichen Fetten hergestellten Seife in Wettbewerb treten.

Bei der Karbonatverseifung läßt man die nach der einen oder andern Art gewonnenen Fettsäuren in die berechnete Menge zum Sieden erhitzter Sodalösung fließen und führt die Verseifung nach Zusatz der nötigen Menge Natronlauge zu Ende. Man kocht so lange, bis das unter Schäumen entweichende Kohlendioxyd vollständig ausgetrieben ist. Das Aussalzen und die weitere Behandlung wird wie bei der Laugenverseifung durchgeführt.

Aussichtsreich hält man die elektrolytische Herstellung von Seifen nach A. Sandreczki. Der Elektrolyse wird ein Gemisch aus Neutralfetten oder Fettsäuren mit entsprechenden Salzlösungen unterworfen[5]).

Zur Herstellung von harzhaltigen Kernseifen wird das Harz gleichzeitig mit dem Fett verseift oder zuvor durch Kochen mit Sodalösung verseift und dem heißen Seifenleim beigemischt. Die Harzsäuren geben gleich den Fettsäuren mit Alkalien Verbindungen, die nach Art der Seifen mit Wasser stark schäumen und daher als Harzseifen bezeichnet werden. Reine Harzseifen kann man in festem Zustande nicht herstellen; in Lösung dienen sie zum Bleichen. Die gewöhnlich als „Harzseifen" bezeichneten Erzeugnisse sind demnach Gemische von Fett-

---

[1]) S. 148.   [2]) S. 144.   [3]) S. 145.   [4]) S. 146.
[5]) Herbig, Zeitschr. d. ges. Text.-Ind. 1921, S. 434.

seifen und Harzseifen. Sie sind billiger als reine Fettseifen, aber in der Textilindustrie nicht geschätzt.

Sie finden wohl in der Baumwoll- und Leinenbleiche Verwendung, führen aber leicht zu „Harzflecken", welche durch Ausscheidung von Harzseife verursacht werden, wenn man die harzhaltige Seife zu einer nicht genügend heißen Beuchflüssigkeit zusetzt. Es ist auch notwendig, daß man nach dem Ablassen der Beuchflüssigkeit die Ware erst mit heißem, statt mit kaltem Wasser übergießt, da sich sonst gelbe Harzflecke bilden, die sehr schwer zu entfernen sind. Harzseifen finden manchmal auch zu Appreturzwecken Verwendung.

Die unter Zusatz von „Savonetteöl"[1]) in neuester Zeit hergestellten Seifen sollen eine gute Schaumkraft und ein gutes Emulgierungsvermögen für Mineralöle besitzen.

Als Gallenseifen bezeichnet man mit Ochsengalle versetzte Kokosseife; Alkalisalze der in der Galle vorhandenen Gallensäuren schäumen und reinigen vortrefflich.

Nach dem Verseifungsvorgang (für Tristearin S. 140) lassen sich theoretisch für die reinen Fettbestandteile folgende Mengen des zur Verseifung nötigen Ätznatrons NaOH sowie der dabei erhaltenen wasserfreien Seifen berechnen.

100 Gewichtsteile	benötigen theoretisch Gewichtsteile NaOH	liefern theoretisch Gewichtsteile wasserfreier Seife
Tristearin $C_3H_5(O \cdot C_{18}H_{35}O)_3$	13,5	Natriumtristearat 103,1
Tripalmitin $C_3H_5(O \cdot C_{16}H_{31}O)_3$	14,9	Natriumtripalmitat 103,5
Triolein $C_3H_5(O \cdot C_{18}H_{33}O)_3$	13,6	Natriumtrioleat 103,2

Bei der Verseifung mit Soda erfährt man ihre theoretisch erforderliche Menge aus dem Verhältnis $Na_2CO_3 : 2\,NaOH$, d. i. durch Multiplikation der für NaOH angeführten Menge mit 1,325[2]). In der Wirklichkeit ist zur völligen Verseifung eine etwas größere als die oben berechnete Menge Alkali nötig.

Den geringsten Wassergehalt enthält die Kernseife, wenn sich der Kern aus einer gesättigten Kochsalzlösung als eine krümelige Masse abtrennt. Kleinere Kochsalzmengen führen zu einer stärker wasserhaltigen Seife.

Eine Seife mit mehr als 64% Fettsäuren kann nur durch Trocknen hergestellt werden (pilierte Seife). Andrerseits kann man der Kernseife eine größere Menge Wasser durch das sogenannte „Schleifen" einverleiben. Zu diesem Zwecke wird der Seifenkern nochmals mit Wasser oder mit einer sehr verdünnten Natronlauge gekocht; nach dem Erkalten erhält man auch in diesem Falle eine feste Seife[3]). Der Wassergehalt „geschliffener" Seifen beträgt bis 70%; gewöhnlich enthalten sie auch etwas freies Alkali.

---

[1]) S. 155.

[2]) Nach den stöchiometrischen Grundsätzen (S. 20) lassen sich auch die zur Verseifung von freien Fettsäuren nötigen Mengen Alkali berechnen.

[3]) Die große Aufnahmefähigkeit der Seife für Wasser und andere Füllmittel liegt in ihrer „Gel"-Natur (S. 37).

Demnach beträgt die Ausbeute aus 100 Teilen Fett bei nicht geschliffener Kernseife etwa 140 bis 150 Teile Seife, bei geschliffener bis 170 Teile. Mehr Wasser macht die Seife weich.

In der Textilindustrie ist die Olivenölkernseife am meisten geschätzt. Sie führt gewöhnlich den Namen Marseiller Seife, wird aber auch venetianische oder spanische Seife genannt. Sie wird zumeist aus „Sulfuröl" hergestellt[1]). Die Marseiller Seife enthält neben etwas Natriumpalmitat als Hauptbestandteil Natriumoleat und besitzt eine halbharte Beschaffenheit sowie einen angenehmen Geruch. Im Handel unterscheidet man eine weiße, oft schwach gelblich gefärbte und eine grüne Marseiller Seife. Sie findet insbesondere beim Entschälen der Seide und in der Seidenfärberei Verwendung. Beliebt ist auch die Talgkernseife. Sie kommt oft „geschliffen" im Handel vor. Den aus gehärteten Tranen (Talgol u. a.) gewonnenen Kernseifen kommt eine geringe Schaumkraft zu; daher werden gehärtete Trane gemeinsam mit anderen Fetten verseift. Ein etwaiges Bleichen von Kernseifen und anderen festen Seifen wird mit Hydrosulfit, Peroxyden, Persalzen, Blankit u. a. im Kessel vorgenommen.

Feinseifen (Toiletteseifen). Zu ihrer Gewinnung wird die aus reinen Fetten wie Preßtalg, Palmfett, Kokosnußöl, Olivenöl durch Laugenverseifung erhaltene Kernseife geschabt, getrocknet, mit ätherischen Ölen oder anderen Riechstoffen sowie mit Farbstoffen gemischt und nach dem Kneten in der Kälte, zunächst in Riegel gepreßt und in Stücke zerschnitten, welche einzeln mit einem Stempel in die gewünschte Form gebracht werden. Den Feinseifen werden manchmal noch andere Stoffe, wie z. B. Glyzerin, einverleibt.

b) Kalikernseifen. Salzt man eine durch Verseifung mit Kalilauge oder Pottasche hergestellte Seife mit Kochsalz aus, so kommt es durch Wechselzersetzung zwischen Kaliseife und Natriumchlorid zur Bildung der Natronkernseife. (Ältestes, heute nicht mehr gebräuchliches Verfahren zur Herstellung von Kernseife.) Ein Aussalzen der Kaliseife mit Kaliumchlorid führt wohl zur Ausscheidung der Kaliseife; sie bildet aber keinen festen Kern. In der letzteren Zeit ist es aber Th. Legradi gelungen, eine Kalikernseife durch Aussalzen der Schmierseife[2]) mit Kaliumazetat herzustellen. Sie ist frei von Alkali und Glyzerin. Ähnlich läßt sich auch die Ammoniumseife als Kern aussalzen. Die Kaliseifen sind sehr leicht löslich, schäumen sehr gut und besitzen daher ein größeres Reinigungsvermögen als die Natronseifen. Sie leisten gute Dienste beim Entschälen der Seide[3]).

Rößler stellt eine feste, gut schäumende Kaliseife bei Anwendung von 92—95% gehärteter Fettsäuren her. Dies gelingt durch Zusatz von 5—8% einer künstlichen Fettsäure mit hoher „Verseifungszahl"[4]).

2. Halbkernseifen. Sie werden gewöhnlich Eschweger Seifen genannt und bilden ein Gemisch von Kernseifen und Kokosleimseifen[5])

---

[1]) S. 142.   [2]) S. 160.   [3]) S. 183.
[4]) Die „Verseifungszahl der Fettsäuren" gibt die Milligramme KOH an, welche zur Neutralisation von 1 g Fettsäuren nötig sind.
[5]) S. 159.

Ihr Gehalt an Fettsäuren, einschließlich Harzsäuren, soll mindestens 46% betragen. Sie enthalten eine kleine Menge freies Alkali, müssen aber, gleich den Kernseifen, von allen absichtlichen Zusätzen frei sein. Die Halbkernseifen besitzen das Aussehen und die Festigkeit einer Kernseife.

3. Leimseifen. Sie werden ohne Aussalzen erhalten und stellen einen erstarrten Seifenleim vor, welcher die ganze Unterlauge, also neben viel Wasser das gesamte Glyzerin und auch freies Alkali, einschließt. Ihr Gehalt an „Gesamtfettsäuren" (Fettsäuren und etwa vorhandenen Harzsäuren) beträgt 15—45%, wobei bezüglich Gehaltes an Harzsäuren die gleiche Forderung gestellt wird wie bei den Kernseifen. Aus 100 Teilen Fett erhält man 200—250 Teile Leimseife. Zur Herstellung guter Leimseifen eignen sich besonders das Kokosnußöl und Palmkernöl. Diese lassen sich schon bei 25—30⁰ mit konzentrierter Natronlauge leicht verseifen und liefern einen Seifenleim, der trotz aller Einschlüsse sehr hart wird. Zufolge des Gehaltes an freiem Ätznatron ist die Leimseife für die animalische Faser nicht verwendbar; weniger schädigend wirkt sie auf die vegetabilische Faser. Auch mit Rücksicht darauf, daß freies Alkali auf sehr viele Farbstoffe ungünstig einwirkt, muß man solche Seifen mit Vorsicht verwenden; dagegen gibt es auch Fälle, wo eine geringe Menge freien Alkalis auf die Farbe sogar belebend wirkt.

Die Leimseifen, besonders die aus Kokosfett hergestellten, sind geeignet, die verschiedensten Stoffe aufzunehmen, wodurch die Ausbeute an Seife, sei es zur Verbilligung oder aus unreellen Absichten, aus 100 Teilen Fett auf 300—400 Teile Seife erhöht wird, ohne daß die Seife an Aussehen wesentlich einbüßt. Derartige Seifen bezeichnet man als „gefüllte Seifen". Als Füllmittel, welche stets dem Seifenleim einverleibt werden, dienen Borax, Glaubersalz, Soda, Pottasche, Gips, Talk, Kreide, Stärke, Mehl, Ton usw., besonders häufig aber Wasserglas und Harz, wobei jedoch letzteres, wenn die Harzfreiheit der Seife nicht gewährleistet wird, als Füllmittel nicht anzusprechen ist, wenn es den oben angeführten Betrag nicht übersteigt.

Den alkalisch reagierenden Füllmitteln kommt allerdings wegen ihrer verseifenden Wirkung ein Reinigungsvermögen zu; sie führen aber in allen Fällen, in welchen Alkalifreiheit gefordert wird, zur Schädigung der Faser. Das Wasserglas wirkt überdies durch die Ausscheidung der Kieselsäure H_4SiO_4 schädigend, da diese die Faser spröde macht[1]). Der Tonsubstanz kann man zufolge ihrer kolloiden Natur eine gewisse reinigende Wirkung nicht absprechen. Von dieser Eigenschaft und noch mehr von ihrem Quellungsvermögen, das den Ton als Seifenfüllmittel gut geeignet macht, wurde während des Krieges, meist bei gleichzeitigem Zusatz von Wasserglas, zur Verbilligung der Seife viel Gebrauch gemacht. Aber auch der Ton übt auf die Faser eine mehr oder weniger schädigende Wirkung aus.

Den mildesten Charakter als Füllmittel hat die Stärke. Sie läßt sich wegen ihrer Fähigkeit, mit Alkalien leicht zu gelatinieren, der Seife besonders leicht einverleiben. Das erhaltene Produkt erscheint trotz des hohen Wassergehaltes ziemlich fest. Die geringe reinigende Wirkung der Stärke kommt kaum in Betracht.

---

[1]) Vgl. S. 93.

Die viel in Verwendung befindliche Oleinseife ist, insofern ein Aussalzen unterbleibt, gleichfalls als eine Leimseife anzusprechen. Sie wird durch Neutralisation des Oleins mit Soda hergestellt und besitzt eine halbfeste Beschaffenheit.

In Textilbetrieben kann die Oleinseife auf folgende Weise hergestellt werden:
5—6 kg kalzinierte Soda werden in kochendem Wasser gelöst und unter Rühren 15 kg Olein nach und nach zugesetzt. Man erhält einen gleichartigen Seifenleim, welchem man noch die nötige Menge heißen Wassers beimischt. Nach dem Erkalten erhält man einen dicken Seifenbrei. Je nach Bedarf kann man noch Olein oder Soda einkochen. Anstatt Soda kann auch die äquivalente Menge Ammoniak genommen werden, besonders dann, wenn die Seife zum Waschen solcher Ware Verwendung finden soll, deren Farben leicht angegriffen werden. Nach anderen Angaben werden 20 kg Olein mit 200 l Wasser von 50—60° $^1/_4$ Stunde gerührt, 1 l Ammoniak und dann in kleinen Anteilen 12 kg kalzinierte Soda zugesetzt; nach dem Erhitzen bis zum Sieden läßt man den erhaltenen Seifenleim auskühlen.

4. Schmierseifen. Sie werden ähnlich wie die Leimseifen hergestellt. Die Verseifung erfolgt jedoch mit Kalilauge, vielfach unter Zusatz von Pottasche[1]). Dadurch erhalten sie eine schmierige Beschaffenheit und schließen, da das Aussalzen unterbleibt, gleich den Leimseifen die Unterlauge ein. Die „reinen Schmierseifen" sollen mindestens 36% „Gesamtfettsäuren", aber keine Füllstoffe enthalten. Wasserglas, Stärke, Mehl usw. enthaltende Schmierseifen sind als gefüllte zu bezeichnen. Zur Herstellung der Schmierseifen werden insbesondere Baumwollsamenöl, Leinöl, Sojabohnenöl, Sonnenblumenöl, Maisöl, Tranöle u. dgl. verwendet. Zur Verbilligung werden vielfach etwa 10% Harz mitverseift. Aus freien Fettsäuren erhält man die Seife durch Behandlung mit Pottasche allein; aus Olein auch bei Anwendung von kalter Kalilauge. Der erhaltene Seifenleim wird noch warm in Holzfässer gefüllt („Faßseife"), in welchen er zur gallertigen, meist braunen Schmierseife erstarrt. Schmierseifen enthalten zumeist etwas freies Alkali oder unverseiftes Fett. Ihr Wassergehalt beträgt 30—50%. Aus 100 Teilen Fett erhält man etwa 240 Teile Seife. Die aus Leinöl hergestellte Schmierseife pflegt man als schwarze, die aus Hanföl als grüne zu bezeichnen[2]). Zum etwaigen Bleichen der Schmierseife kommt meist Kaliumhypochlorit zur Anwendung.

Während man bisher nur Kalischmierseifen herstellen konnte, gelang es Vilbrandt und Kyser durch richtige Wahl des „Fettansatzes" auch Natriumschmierseifen herzustellen[3]).

5. Silberseifen. Sie sind weiße Schmierseifen, deren aus Kaliumoleat bestehende Grundmasse mit kristallinischen Ausscheidungen von

---

[1]) Pottasche wird bei der Verseifung von harten Fetten zugesetzt, um die Bildung einer zähen, gummiartigen Seifenmasse zu verhindern. Andrerseits setzt man in solchen Fällen, in welchen ein zu flüssiges Produkt zu erwarten ist, etwas Natronlauge oder Soda zu; besonders bei der „Sommerseife".

[2]) Schwarze und grüne Seifen erhält man aber auch durch Färben mit Eisenvitriollösung, Blauholz- und Galläpfelabkochungen.

[3]) Seifensiederzeitung 1924, 9.

Kaliumstearat durchsetzt ist. Dadurch erhalten sie einen perlmutterartigen Glanz. Sie heißen auch Naturkornseifen. Bei Kunstkornseifen ist der Glanz durch eingerührte feste Stoffe nachgeahmt. Die Silberseifen werden durch Verseifung von Baumwollsaatöl, Talg und Palmkernöl mit einer pottaschehaltigen Kalilauge unter Zusatz von etwas Natronlauge hergestellt.

6. Seifenpulver. Als Seifenpulver sind nur solche Gemenge von Seife und Soda, manchmal auch anderen Stoffen, anzusprechen, welche mindestens 25% Fettsäuren enthalten. Man trifft aber im Handel viele „Seifenpulver", welche als Hauptbestandteil Soda und nur 5—6% Seife enthalten. Das in Deutschland in Haushaltungen viel verwendete Thompsons Seifenpulver enthält rund 30% Fettsäuren und 20% Gesamtalkali, als Na_2O gerechnet. Es besteht nur aus Seife und Soda.

Die Herstellung dieser Soda-Seifenpulver geschieht zumeist in der Weise, daß man eine Seifenlösung mit der entsprechenden Menge kalzinierter Soda anrührt und unter wiederholtem Durcharbeiten in flachen Schalen an der Luft trocknen läßt; die getrocknete Masse wird zerkleinert und gepulvert.

Die manchmal in flüssiger Form in den Handel gebrachten Seife-Sodamischungen werden als Seifenextrakte bezeichnet.

7. Gemahlene Seife. Unter dieser Bezeichnung ist eine reine in Pulverform gebrachte Kernseife zu verstehen.

Gepulverte Kaliseife wird besonders zum Waschen von Seide, Spitzen und sonstigen feinen Zeugen empfohlen[1]).

Eigenschaften der Seifen und ihre Verwendung im allgemeinen.

Verhalten der Seife zu Wasser und Alkohol. Die Alkaliseifen sind in wenig heißem Wasser kolloidal und ohne Zersetzung löslich. Versetzt man eine, freies Alkali nicht enthaltende, möglichst konzentrierte Seifenlösung mit Phenolphthalein, so tritt keine oder eine nur sehr schwache Rotfärbung ein. Wird aber die Seifenlösung verdünnt, so nimmt sie eine Rotfärbung an; ein Beweis, daß zufolge der hydrolytischen Spaltung freies Alkali gebildet wurde:

$$2\,(C_{15}H_{31} \cdot COO)'\dot{N}a + \dot{H}(OH)' \rightarrow \dot{N}a(OH)' + \begin{array}{l} C_{15}H_{31} \cdot COONa \\ C_{15}H_{31} \cdot COOH \end{array}$$

norm. Natriumpalmitat   saures Natriumpalmitat

Die dabei sich bildenden „sauren" Salze der Fettsäuren können sich beim Zusatz von größeren Mengen kalten Wassers sogar ausscheiden, und zwar leichter die sauren Stearate und Palmitate als das Oleat und andere Seifen von niedrigem Molekulargewicht. Aus einem Stück Seife, das man in kaltes Wasser einhängt, gehen vorwiegend das Alkalioleat und das bei der Hydrolyse des Palmitates und Stearates gebildete Alkalihydroxyd in Lösung, während ein Gerüst von saurem Stearat und Palmitat zurückbleibt.

---

[1]) Leimdörfer, Seifensiederztg. 1923, S. 193.

Noch leichter als in Wasser löst sich die Alkaliseife in Alkohol, jedoch ohne Spaltung. Daher werden alkoholische Lösungen von Seifen, welche kein freies Alkali enthalten, von Phenolphthalein nicht gerötet. Zum Unterschiede von wässerigen Seifenlösungen besitzen die alkoholischen kein Schaumvermögen.

Reinigende Wirkung der Seife. Auf Grund der angeführten hydrolytischen Spaltung wurde früher die reinigende Wirkung der Seife erklärt. Man nahm an, daß das gebildete freie Alkali die an der Oberfläche der Haut, der Gewebe usw. befindliche Fettschicht durch Verseifung löse und dadurch den festhaftenden Schmutz freilege, welcher nun von den ebenfalls bei der Hydrolyse gebildeten sauren, schaumbildenden Salzen der Fettsäuren eingehüllt und auf diese Weise verhindert wird, sich neuerdings niederzuschlagen. Eine Stütze fand die Anschauung einer verseifenden Wirkung der Seife darin, daß beim Verbrauch des freien Alkalis bzw. der OH-Ionen solche zur Erhaltung des Gleichgewichtszustandes durch die Hydrolyse in entsprechendem Verhältnis zu dem hydrolytisch nicht gespaltenen Seifenanteil immer wieder nachgeliefert werden[1]). Man ist jedoch zu der Überzeugung gelangt, daß die reinigende Wirkung der Seife in erster Linie auf ihrer großen emulgierenden Kraft gegenüber Fetten, Mineralölen u. a. beruht. Diese Stoffe werden durch die Seifenlösung in sehr feine Tröpfchen zerteilt[2]), und diese von der Seifenlösung zufolge des guten Benetzungsvermögens leicht aufgenommen und so von der Faser oder Haut samt dem anhaftenden Schmutz leicht abgetrennt. Ein Beweis für die Richtigkeit dieser Anschauung liegt einerseits in der Tatsache, daß auch die unverseifbaren Mineralöle mit der Seife abgewaschen werden, andrerseits in der Erkenntnis, daß eine ähnliche reinigende Wirkung auch anderen Stoffen zukommt, welche in ihrer Lösung kein freies Alkali abspalten, wohl aber gut schäumende und gut emulgierende Flüssigkeiten geben; dazu gehört z. B. die Seifenwurzelabkochung. Im allgemeinen kommt allen Stoffen, welche auf Fett emulgierend wirken, eine mehr oder weniger reinigende Wirkung zu, u. a. dem Saponin, der Harzseife, dem Ton, der Gallenflüssigkeit, aber auch der Soda-, Pottasche-, Wasserglaslösung usw. Von Einfluß auf die Waschkraft der Seife ist auch ihre Konzentration; nach Rasser[3]) am besten bei einer 0,2—0,4%igen Lösung, auf Reinseife berechnet.

Bei der Besprechung der Soda wurde auf die mildere Wirkung ihrer Lösung gegenüber jener des Natriumhydroxydes hingewiesen. Dieselbe fand ihre Erklärung in der Annahme, daß die Na_2CO_3-Moleküle die Wirkung der durch die Hydrolyse entstandenen OH-Ionen hemmen. Noch mehr als bei der Sodalösung kommt dieser Umstand bei der Seife zur Geltung, da sich bei dieser die Hydrolyse nur auf einen sehr kleinen Teil der Seife beschränkt. Die schützende Wirkung der hydrolytisch nicht gespaltenen Seife vor dem energischen Angriff der OH-Ionen ist

---

[1]) S. 34.   [2]) Über Emulsionen S. 151.
[3]) Seifensiederztg. 1921, Bd. 48.

hier eine weitaus größere. Andrerseits wird die Waschkraft der Seifenlösung durch ihre Eigenschaft, nach Emulgierung und Entfernung der Fette in die Faser schnell einzudringen, günstig beeinflußt. Auch die den Schmiermitteln eigentümlichen Eigenschaften kommen hier zugute: die durch die Seifenlösung schlüpfrig gemachten Fasern widerstehen der mechanischen Bearbeitung (Reiben, Bürsten, Klopfen usw.) viel besser als solche, welchen eine derartige Schmierung fehlt[1]). Dazu kommt noch der Vorteil, welcher insbesondere in der Hauswäsche zur Geltung gelangt, daß bei jeder „Wäsche" eine kleine Menge Seife als geschmeidigmachendes Mittel in der Faser verbleibt. Bei vollständiger Entfettung wird die Pflanzenfaser (Baumwolle, Leinen) spröde, die Wollfaser sogar brüchig.

Verwendung löslicher Seifen. Außer zu Waschzwecken findet die lösliche Seife, sei es für sich allein oder in Gemeinschaft mit anderen Stoffen (Waschpulver), auch als geschmeidigmachender Zusatz zu Appreturmassen, als Zusatz beim Färben sowie als Walkmittel Verwendung; ebenso bei der Herstellung mancher Präparate, wie der Ölemulsionen, Seifenöle, Softenings, Emulsionen von fettlösenden Mitteln usw.[2]). Vielfach werden die Seifen auch als Schmiermittel entweder für sich allein oder in Mischung mit Ölen, Mineralölen usw. benutzt. (Die Verwendung der Seife im Haushalte und auf den verschiedenen Gebieten in der Textilindustrie sowie die mit Hilfe von Seife hergestellten Präparate finden an anderer Stelle eine nähere Besprechung[3]).

Die Seife ist demnach das mildeste, die Faser am meisten schonende Waschmittel[4]). Auch ihre antiseptische, besonders bei der Hauswäsche in Betracht kommende Wirkung verdient erwähnt zu werden.

Unlösliche Seifen. Mit Ausnahme der Kalium-, Natrium- und Ammoniumverbindungen bilden die Lösungen aller anderen Metallverbindungen mit einer Seifenlösung infolge Bildung von unlöslichen Seifen Niederschläge. Auf die Nachteile der bei Verwendung von hartem Wasser entstehenden Kalzium- und Magnesiumseife wurde bereits hingewiesen[5]). Eine Lösung von Magnesiumseife in Benzin findet als feuerverhütendes Mittel in der Benzinwäsche Anwendung[6]). Die Bildung der unlöslichen Aluminiumseife hat bei der Herstellung von wasserdichten Geweben eine Bedeutung[7]). Aluminiumoleat dient auch zur Verdickung von Schmierölen. Blei- und Manganseifen sind Bestandteile der Firnisse. Bleiseifen sind klebrig und wirken antiseptisch; sie kommen als Bleipflaster (Diachylon) zur Verwendung.

---

[1]) Bekannt ist die Verwendung der Seife als Schmiermittel bei Holz.
[2]) S. 170.   [3]) S. 177.
[4]) Die milde Wirkung der Seife findet eine Bestätigung auch in der Tatsache, daß man mit derselben Hände und Gesicht ohne Nachteil waschen kann, während eine, wenn auch sehr verdünnte Sodalösung oder gar Natronlauge infolge der stark ätzenden Wirkung dazu nicht verwendbar ist.
[5]) S. 46.   [6]) S. 105.   [7]) S. 279.

Untersuchung der Seifen.

Für die Bewertung und, Eignung der Seife ist die quantitative Bestimmung des Wassergehaltes und „Gesamtfettes"[1]), sowie wenigstens die qualitative Prüfung auf freies Alkali, Harz und absichtliche Beimengungen anderer Art für jeden textilen Betrieb sehr wünschenswert. Zweckmäßig erscheint auch eine praktische Prüfung der Waschwirkung. Die Untersuchung der Seife innerhalb dieses Rahmens kann für praktische Zwecke mit genügender Genauigkeit auf folgende Weise ausgeführt werden[2]).

Die zur Untersuchung bestimmte Durchschnittsprobe wird bei festen Seifen aus dem Innern, bei weichen Seifen und Seifenpulvern aber nach gutem Durchrühren bzw. Durchmischen entnommen und in verschlossenem Pulverglase aufbewahrt.

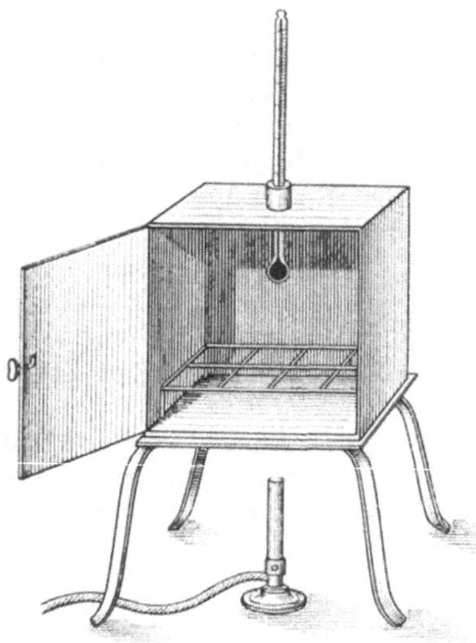

Abb. 22. Trockenkasten.

Wasserbestimmung. Ein mit etwa 20 g ausgeglühtem Seesand gefülltes Porzellanschälchen wird samt einem kleinen Glasstab gewogen und nach Zusatz von etwa 3 g Seife das genaue Gewicht dieser durch eine neuerliche Wägung aus der Gewichtszunahme bestimmt. Man setzt nun etwas Alkohol zu und läßt das Wasser und den Alkohol unter zeitweisem vorsichtigen Umrühren erst am Wasserbade verdunsten und trocknet dann im Trockenkasten (Abb. 22) bei 100 bis 105° bis zur Gewichtskonstanz, d. h. so lange, bis keine Gewichtsabnahme mehr stattfindet. Vor jeder Wägung läßt man das Schälchen mit dem Inhalt im Exsikkator auskühlen. Der Wassergehalt ergibt sich aus dem Gewichtsverluste; man rechnet denselben in Prozente um. Bei harten Seifen und bei Seifenpulvern kann man den Wassergehalt auch in der Weise bestimmen, daß eine gewogene Menge fein geschabter Seife oder des Seifenpulvers ohne Sandzusatz anfangs bei etwa 60—70° und schließlich bei 100—105° getrocknet wird.

---

[1]) Unter „Gesamtfett" versteht man in der Seifenindustrie die Summe der in der Seife vorhandenen Fettsäuren, Harzsäuren, des Neutralfettes (reines aus Glyzeriden bestehendes Fett) und des vom Fett herrührenden Unverseifbaren.

[2]) Eine Untersuchung der Seife, welche sich auf die quantitative Bestimmung des gebundenen und freien Alkalis, der freien Fettsäuren, des Neutralfettes, der unverseiften Stoffe, des Glyzerins, des Harzgehaltes und der Füllmittel bezieht, ist in der „Einf. in d. quant. textilchem. Unters.", S. 126, sowie in der S. 154 angeführten Literatur enthalten.

Bestimmung der Fettsäuren. Eine genau gewogene Menge (etwa 3 g) Seife wird in einem Becherglase in Wasser gelöst, worauf man zuerst etwa 50 cm³ verdünnte Schwefelsäure und dann eine ebenfalls genau gewogene Menge (etwa 10 g) reines, trockenes Wachs zusetzt. Man erwärmt auf dem Wasserbade, bis sich die ausgeschiedenen Fettsäuren mit dem Wachs verschmolzen haben. Nach dem Einstellen des Becherglases in kaltes Wasser erstarrt das Wachs mit den eingeschlossenen Fettsäuren zu einem Kuchen. Die wässerige Flüssigkeit wird abgegossen, der Kuchen aber einigemal mit Wasser umgeschmolzen, bis das abgelassene Wasser eine neutrale Reaktion zeigt, worauf nach Zusatz von etwas Alkohol zunächst bei etwa 70⁰ und dann bei 100⁰ getrocknet wird. Man bestimmt schließlich das Gewicht des Becherglases samt dem Inhalt. Durch Abzug der angewandten Wachsmenge und des Becherglasgewichtes erhält man das Gewicht der Fettsäuren bzw. des „Gesamtfettes" (Berechnung in Prozenten).

Nach einem weniger genauen Verfahren wird der Wachs-Fettsäurekuchen aus dem Becherglase gehoben, mit kaltem Wasser abgespült, mit Filtrierpapier vom anhängenden Wasser befreit und im Exsikkator bis zum gleich bleibenden Gewicht stehen gelassen. Aus dem Gewicht des Kuchens ergibt sich nach dem Abzug der angewandten Wachsmenge die Menge des „Gesamtfettes".

Nachweis von freiem Ätzkali und Alkalikarbonat. Eine große Menge von freiem Alkali verrät sich schon beim Anlegen der Seifenprobe an die Zunge: ihr Geschmack ist durch die ätzende Wirkung des Alkalis „brennend". Setzt man zu der alkoholischen Lösung einer freies Alkali enthaltenden Seife Phenolphthalein zu, so tritt eine Rotfärbung ein. Stark wasserhaltige Seifen müssen vor dem Lösen getrocknet werden[1]).

Nachweis von Harzseife (Morawskische Probe). Eine sehr kleine Menge fein geschabter Seife (bei Schmierseife nach vorherigem Trocknen) wird auf einem Porzellandeckel zuerst mit einem Tropfen Essigsäureanhydrid und darauf mit einem Tropfen konzentrierter Schwefelsäure versetzt; bei Anwesenheit von Harz tritt eine stark rot- bis blauviolette Färbung ein, welche bald einer braunen Platz macht.

Cholesterin, vom Wollfett stammend, gibt mit den genannten Reagenzien eine ähnliche Färbung, welche die Gegenwart von Harz vortäuschen kann.

Nachweis von Füllmitteln. Da die meisten anorganischen und organischen Zusatzstoffe (Füllmittel) in Alkohol unlöslich sind, kann man dieselben durch Behandeln der Seife mit starkem heißen Alkohol (am Rückflußkühler) zur Abscheidung bringen. Über die Natur des alkoholunlöslichen Rückstandes gibt die Analyse desselben Aufschluß. Der Rückstand kann enthalten: Soda, Borax, Wasserglas, Natriumphosphat, Natriumchlorid, Kaliumchlorid, Glaubersalz, Ba-

---

[1]) In Gegenwart einer größeren Wassermenge gibt nämlich auch solche Seife, welche in ungelöstem Zustande kein freies Alkali enthält, eine Rotfärbung; sie wird durch hydrolytische Spaltung der Seife unter Bildung von Hydroxyl-Ionen bedingt; vgl. S. 161.

riumsulfat, Kreide, Ton, Talk, Sand, Bimsstein, Kieselgur, Bleichmittel (bei Waschpulvern), Stärke, Dextrin, Pflanzenschleim, Leim,
Gelatine und anderes[1]).

Die Menge der Füllmittel kann ermittelt werden, wenn man eine genau
gewogene Seifenmenge in einem gewogenen, oben und unten durchlochten, mit Asbest und Filtrierpapier bedeckten Filtertrockenglas zunächst
bei 30—50°, dann bei 105° trocknet und schließlich sechs Stunden im
Soxhletapparat[2]) mit 98%igem Alkohol heiß auszieht. Der Rückstand
wird samt dem Gläschen bei 105° getrocknet und dann gewogen. Durch
Abzug des Gläschengewichtes (einschließlich Asbest und Filtrierpapier)
erfährt man die Menge der Füllmittel (Umrechnung in Prozente)[3]).

Die Löslichkeit, Schaumkraft und Ausgiebigkeit der
Seife sind für die Güte der Seife gleichfalls maßgebend. Sie sind vielfach von der Art der Fettsäuren abhängig, wobei im allgemeinen die
Kaliseifen besser schäumen als die Natronseifen.

J. Leimdörfer gelangt auf Grund kolloidchemischer Studien zur
Schlußfolgerung, daß die Menge und die Art der Fettsäuren wohl einen
Anhaltspunkt für die Preisbeurteilung, nicht aber für die Güte der
Seife bilden können. So z. B. ist eine reine Talgseife bedeutend wirtschaftlicher in der Verwendung als eine reine Palmkernseife; hingegen ist die
Schaumfähigkeit einer Palmkernseife jener der Talgseife bedeutend überlegen. Was nun die wirtschaftliche Ausnutzung der Seife anbelangt, so
ist zu beachten, daß die Verwendung von harten Seifen an verhältnismäßig niedrige Temperaturen gebunden ist und daß ferner, z. B. beim
Anreiben des Waschgutes, in Gegenwart von Wasser ein entsprechender
Teil der Natronseife in Lösung geht und von der „Wäsche" eine Reihe
Schmutzsubstanzen aufnimmt. Auf diese Weise wird mit möglichst wenig
Seife eine möglichst gute Wirkung erzielt. Hingegen wird bei Verwendung
von weicher Seife im obigen Falle durch das Reiben unnötig viel Seife
gelöst; es entsteht eine konzentrierte Seifenlösung, von welcher nur ein
Teil zur Wirkung gelangt. Dasselbe kann auch bei einer anscheinend harten
aber leicht quellbaren Seife erfolgen, da eine solche in Berührung mit Wasser
schnell erweicht. Andrerseits muß dafür gesorgt werden, daß die Abgabe
der Seife an das Waschgut genügend groß ist, um die Reinigung vollführen
zu können. Zur Beurteilung der Seife in dieser Hinsicht schlägt Leimdörfer
die Bestimmung der Schaumkraft und die Bestimmung der „inneren
Reibung" vor[4]).

Praktische Prüfung der Waschwirkung[5]). Zum Vergleich
der Waschwirkung verschiedener Seifenproben werden künstlich angeschmutzte Gewebestückchen unter gleichen Versuchsbedingungen
gewaschen und dann miteinander verglichen.

Man bedient sich einer fettfreien und einer fetthaltigen Anschmutzung. Erstere wird mit einer rußhaltigen Appreturmasse oder mit einer
wässerigen 1%₀igen Suspension von fein gemahlenem Indigo bewirkt. Als
fett- oder mineralölhaltiges Anschmutzungsmittel dient eine Lösung von
50 g Fett bzw. Mineralöl in 1 l Benzin. Die Ware wird zunächst mit dem

---

[1]) Einige der angeführten Stoffe können durch die bei der Besprechung
der einzelnen Stoffe angeführten Reaktionen erkannt werden.
   [2]) S. 136.   [3]) Verfahren nach Späth.
   [4]) Die Ausführung dieser Bestimmungen in J. Leimdörfers Beiträgen zur Technologie der Seife auf kolloidchemischer Grundlage, I.
   [5]) Nach Heermann, Färberei- und textilchemische Untersuchungen.

fettfreien Anschmutzungsmittel durchtränkt, dann ausgerungen und getrocknet. Ein Teil der so angeschmutzten Ware wird gewaschen, ein zweiter Teil aber noch mit dem fetthaltigen Anschmutzungsmittel getränkt und nach dem Verdunsten des Benzins dem Waschversuch unterzogen.

Waschversuche von Shukoff und Schestakoff[1]), welche sie mit einer mit Lampenruß versetzten Lösung von Lanolin in Benzin durchführten, haben ergeben, daß die Waschkraft der Seifen nach folgender Reihe abnimmt: Talgseife, Seifen aus Pflanzenfetten und Olein, Kokos- und Palmkernölseifen, Harzseife.

8. **Waschpulver** (Wasch- und Bleichpulver). Die unter den verschiedensten Namen im Handel vorkommenden Waschpräparate sind im wesentlichen Gemische der gebräuchlichen einfachen Waschmittel (Seife, Soda, Wasserglas, Borax usw.). In den meisten Waschpulvern ist der Hauptbestandteil Soda. Es gibt auch Waschpulver, welche keine Seife enthalten[2]). Vielfach erteilt man ihnen durch Zusatz eines Bleichmittels eine bleichende Wirkung. Manchmal enthalten sie auch Stoffe, deren reinigende Wirkung nur in einem Abreiben des Schmutzes besteht.

Die Form, in welcher Waschpräparate zum Verkauf gelangen, ist verschieden. Manche werden in der Art der Seifen in harter oder gallertiger Form hergestellt und sind, insofern sie eine entsprechende Menge Seife enthalten, als gefüllte Seifen anzusehen[3]). Auch flüssige Waschpräparate sind nicht selten. Die meisten werden jedoch in pulveriger Form in den Handel gebracht und am zweckmäßigsten als Waschpulver oder, falls ihnen eine bleichende Wirkung zukommt, als Wasch- und Bleichpulver bezeichnet. Die Bezeichnung „Seifenpulver" ist für diese Präparate nur dann zutreffend, wenn sie bleichmittelfrei mindestens 25% Fettsäuren enthalten. Von bleichmittelhaltigen Seifenpulvern verlangt man mindestens 15% Fettsäuren und 1% wirksamen Sauerstoff.

Die Waschpulver haben insbesondere im Haushalte viel Eingang gefunden. Hier erscheint die Verwendung guter Waschpulver insofern zweckmäßig, als sie in einer Packung alle Stoffe enthalten, die zur „Wäsche" oder auch zur „Bleiche" gebraucht werden. Bei Verwendung solcher Präparate findet demnach das Waschen und Bleichen in einem Arbeitsgang statt. Dies erscheint wohl sehr bequem; vorteilhafter ist es jedoch, das Waschen und Bleichen gesondert vorzunehmen, d. h. erst die gewaschene Wäsche mit dem Bleichmittel zu behandeln. Man spart so am Bleichmittel, da dieses sonst zur Oxydation solchen Schmutzes verwendet würde, welcher durch das Waschmittel allein zu entfernen ist. Auch erfordert das Bleichen nicht so viel Zeit wie das Waschen; der schädigende Einfluß mancher Bleichmittel kommt demnach hier nicht so stark zur Geltung.

---

[1]) Chem. Ztg. 1911, S. 1027.
[2]) Seifenfreie Waschmittel finden in den Abschnitten „Alkalisch reagierende Salze" (S. 85) und „Bleichmittel" (S. 110) Erwähnung.
[3]) S. 159.

Waschpulver finden zuweilen auch in textilen Betrieben Verwendung; doch kommt man hier viel billiger zu demselben Erfolge, wenn man die entsprechenden Stoffe einzeln der Waschflüssigkeit zusetzt.

Der Wert und die Eignung der Waschpräparate sind selbstverständlich von der Art ihrer Zusammensetzung abhängig. Auf Grund des bereits besprochenen verschiedenen Verhaltens der einzelnen Waschmittel zur Textilfaser sind alle Waschpräparate mit Vorsicht zu gebrauchen, d. h. sie sollen niemals verwendet werden, ohne zuvor über ihre Zusammensetzung und Wirkungsweise unterrichtet zu sein[1]). Die Waschpulver fanden Anklang, da sich mit ihnen viel schneller als mit gewöhnlicher Seife waschen läßt und ihr Preis im Vergleich zur Seife ein sehr niedriger ist. Man brachte bald noch billigere Waschpulver in den Handel, indem man Wasserglas beimischte. Daher enthalten viele neueren Waschpulver neben wenig Seife viel Soda und Wasserglas. Aber auch andere Stoffe findet man in den Waschpulvern, so z. B. Borax, Natriumphosphat, Ammoniumchlorid, Talk, Ton, Alaun, Stärke usw., manchmal auch Blaumittel, Riechstoffe sowie schaumbildende Pflanzenbestandteile (Seifenwurzel, Seifenrinde) usw. Stark sodahaltige Waschpulver (es gibt solche bis 95% Soda) sind für tierische Fasern mit Vorsicht zu verwenden; weniger schädlich sind die Boraxseifenpulver.

Als Beispiel eines Wasch- und Bleichmittels, das den an ein Seifenpulver gestellten Anforderungen entspricht, sei das Persil erwähnt. Es enthält rund 30% Fettsäuren, 19% Gesamtalkali (als Na_2O gerechnet) und 1% wirksamen Sauerstoff. Es stellt ein Gemenge von Seife, Natriumperborat und sehr wenig Wasserglas vor.

Zauberin, Mannolit, Purus[2]) sind seifenfreie Wasch- und Bleichmittel. Die Seifenfreiheit dieser und ähnlicher Präparate erscheint wirtschaftlich, da die Seife die Bleichkraft des in diesen Präparaten vorhandenen Bleichmittels vorzeitig herabsetzen würde. Erst beim Waschvorgang, welcher mit reiner Kernseife durchzuführen ist, werden diese Präparate zugesetzt.

Die Untersuchung der „Waschpulver" wird im allgemeinen wie die der Seife durchgeführt.

Zum Nachweis Sauerstoff abgebender Bleichmittel in seifenhaltigen Waschpulvern wird eine kleine Probe des Präparates zunächst mit kaltem Wasser und nach Zusatz von verdünnter Salzsäure mit etwas Chloroform durchgeschüttelt. Die in Freiheit gesetzten Fettsäuren werden vom Chloroform aufgenommen. Nach Trennung der beiden Flüssigkeitsschichten wird die wässerige mit einigen Tropfen einer verdünnten Kaliumbichromatlösung versetzt. Der Eintritt einer Blaufärbung (durch Bildung von Perchromsäure) beweist die Anwesenheit eines Sauerstoff abgebenden Stoffes[3]).

9. Fettlöserfreie Seifenpräparate. Sie werden zumeist aus sulfonierten Fetten und Fettsäuren, besonders aus sulfoniertem Rizinusöl[4]) durch Neutralisation mit Alkali gewonnen. Da ihre Kalzium- und Magnesiumverbindungen ziemlich leicht löslich sind, bewirken sie zum Unterschiede der gewöhnlichen Seifen in mäßig hartem Wasser keine

---

[1]) Eine chemische Prüfung der Waschpräparate ist immer zu empfehlen.
[2]) S. 130.
[3]) Quant. Bestimmung in „Einführung in d. quant. textilchem. Untersuchungen", S. 135.   [4]) S. 150.

Trübung; sie sind „kalkbeständig". Ein anderer Vorzug dieser Präparate ist ihre „Säurebeständigkeit". Während nämlich aus den gewöhnlichen Seifen bei Zusatz einer Säure die Fettsäuren, da in Wasser unlöslich, ausgeschieden werden, verbleiben mit verdünnten Säuren versetzte Seifenlösungen sulfonierter Produkte, zufolge der Löslichkeit der Sulfosäuren, klar. Ferner besitzen sie ein sehr gutes Durchdringungs- und Netzvermögen, sowie ein sehr gutes Emulgierungsvermögen für Mineralöle und die verschiedensten Fettlösungsmittel.

Diese Eigenschaften haben derartigen Präparaten ein großes Verwendungsgebiet, besonders in der Wollindustrie, geschaffen. Sie werden mit Vorteil zu Waschzwecken, beim Färben im sauren Bade, in der Walke, als geschmeidigmachende Mittel in der Appretur sowie zur Herstellung von Fettlöseremulsionen verwendet. Beispiele derartiger Präparate:

Monopolseife[1]). Sie wird wie Türkischrotöl durch Sulfonierung des Rizinusöles hergestellt, aber mit einem Überschuß von Natronlauge so lange erhitzt, bis die Masse nicht mehr schäumt. Nach dem Erkalten bildet das Produkt eine grünliche oder hellbraune Seifengallerte. In ihrer chemischen Zusammensetzung ist die Monopolseife dem Türkischrotöl ähnlich; doch ist ihr Gehalt an Fettsäuren größer, an Wasser kleiner; der Gehalt an sulfonierten Fettsäuren beträgt ungefähr 80%. In warmem Wasser ist sie vollständig löslich. Ihre konzentrierte Lösung reagiert schwach sauer; erst bei starker Verdünnung tritt eine schwach alkalische Reaktion ein. Die Monopolseife läßt sich wie das Türkischrotöl aus den Geweben leicht auswaschen. In mäßig hartem Wasser bewirkt sie keine Ausscheidung; eine solche tritt erst bei härterem Wasser ein. Der in diesem gebildeten Kalzium- und Magnesiumseife kommt jedoch die Eigenschaft, die Ware zu beschmieren, nicht in dem Maße zu, wie der aus gewöhnlicher Seife gebildeten unlöslichen Seife. Das Verhalten der Monopolseife zu Magnesiumsalzen ist besonders bemerkenswert; in einer Lösung von 150—200 g Magnesiumsulfat in 1 l Wasser erhält man mit 10—15 g Monopolseife noch keine so starke Fällung, daß sie für Appreturzwecke nachteilig wäre. Aus diesem Grunde läßt sich die Monopolseife als weichmachendes Mittel auch bei Gegenwart von, den Appreturmassen oft zugesetzten, Magnesiumsalzen gut verwenden. Aus einer Monopolseifenlösung werden die Fettsäuren erst durch einen größeren Zusatz einer Säure ausgeschieden.

Monopolseifenöl[2]) wird aus der Monopolseife hergestellt und enthält ungefähr 95% sulfonierte Fettsäuren. Es ist flüssig, von bräunlicher Farbe und in wenig Wasser klar löslich. Mit einer größeren Menge Wasser gibt das Monopolseifenöl eine anhaltende Emulsion und bei Zusatz von Alkali eine klare Lösung. Es wird in der Färberei sowie als geschmeidigmachendes Appreturmittel verwendet.

Ein ähnliches Präparat ist das **Monopolbrillantöl.**

---

[1]) Stockhausen & Traiser, Krefeld.
[2]) Stockhausen & Traiser, Krefeld.

Isoseife[1]) ist gleichfalls ein aus sulfoniertem Rizinusöl hergestelltes Produkt von guter Kalk- und Säurebeständigkeit. Ihr Fettsäuregehalt beträgt 75—80%. Im Äußeren unterscheidet sie sich von der Monopolseife durch ihre feste Beschaffenheit; sie kommt in Riegelform in den Handel.

Ein ähnliches, jedoch flüssiges Seifenpräparat ist die

Vegtaseife[2]). Sie bildet ein klares Öl, das mit Wasser eine milchige Trübung gibt, bei Zusatz von Ammoniak oder Sodalösung aber klar bleibt. Das Präparat wird für Wasch-, Vorbleich- und Walkzwecke empfohlen.

Benzinseifen. Sie enthalten kein Benzin oder ein anderes Fettlösungsmittel; vielmehr führen sie diesen Namen wegen ihrer leichten Löslichkeit in Benzin. Während nämlich die normalen Alkalisalze der Fettsäuren (gewöhnliche Seifen) in Benzin, Tetrachlorkohlenstoff, Äther u. a. wenig löslich sind, lösen sich die „sauren" Seifen, welche Additionsprodukte von normalen Seifen und freien Fettsäuren vorstellen, in den genannten Lösungsmitteln leicht auf. Besonders die saure Oleinseife, das Additionsprodukt von 1 Mol. Ölsäure und 1 Mol. Kalium- oder Natriumoleat ist in Benzin leicht löslich. Die Lösung findet als Benzinseife in „chemischen" Wäschereien Anwendung. Ein derartiges Produkt ist z. B. die Iso-Benzinseife[3]), welche sowohl flüssig als auch fest in den Handel gebracht wird; ihr Fettsäuregehalt beträgt 80%.

10. Fettlöserhaltige Seifenpräparate. Diese bestehen aus in Seife emulgierten Fettlösungsmitteln und dienen Wasch- und Netzzwecken.

Die „Fettlöseremulsionen" enthalten die Seife entweder als Hauptbestandteil (fettlöserhaltige Seifenpräparate) oder die Seife dient nur als Emulgierungsmittel (Schutzkolloid) für das in größerer Menge vorhandene Fettlösungsmittel. Fettlöseremulsionen letzterer Art werden erst in der neueren Zeit hergestellt. Als fettlösende Mittel gelangen zur Emulgierung: Tetrachlorkohlenstoff, Trichloräthylen, Tetralin, Hexalin, Benzin, Terpentinöl, Azeton u. a.[4]). Die Beständigkeit der Fettlöseremulsionen erfordert, wie bei den Ölemulsionen, eine äußerst feine Zerteilung des emulgierten Stoffes. Emulsionen, in welchen Wassertröpfchen im Fettlösungsmittel schwimmen, lassen sich ohne Abtrennung wohl mit dem Fettlösungsmittel, nicht aber mit dem Wasser verdünnen. Eine gute Emulgierung des Fettlösungsmittels erhöht aber auch seine Netzkraft und sein Durchdringungsvermögen für die Faser. Zur Herstellung von Fettlöseremulsionen gibt es verschiedene Arbeitsweisen. So z. B. wird das Fettlösungsmittel zunächst mit einer kleinen Menge einer wässerigen Seifenlösung emulgiert und dann mit dem Rest der Seifenlösung vermischt. Noch bessere Ergebnisse erhält man, wenn man das Fettlösungsmittel nicht der fertigen Seifenlösung einrührt, sondern die Seife (aus Fettsäuren und Alkali) in Gegenwart

---

[1]) Louis Blumer, Zwickau i. Sa.
[2]) Louis Blumer, Zwickau i. Sa.
[3]) Louis Blumer, Zwickau i. Sa.
[4]) Siehe physikalisch wirkende Lösungsmittel, S. 97.

des Fettlösungsmittels entstehen läßt. Behufs guter Zerteilung bedient man sich guter Rührwerke, am besten aber schnellaufender Schlagmühlen.

Im allgemeinen haben die aus sulfonierten Ölen, besonders aus sulfoniertem Rizinusöl gewonnenen Seifen ein größeres Emulgierungsvermögen für Fettlösungsmittel als gewöhnliche Seife und die Kaliseifen wirken im allgemeinen besser emulgierend als die Natronseifen.

Die meisten in den Handel gebrachten Fettlöseremulsionen bilden klare Flüssigkeiten und in vielen ist das Fettlösungsmittel in einer so weitgehenden, an die eigentliche Lösung grenzenden Zerteilung, daß die Emulsion auch nach einer stärkeren Verdünnung mit Wasser klar bleibt.

So wie zum „Schmelzen" der Wolle die Verwendung von Ölemulsionen an Stelle der reinen Öle zweckdienlich erscheint, so ist auch die Verwendung von Fettlöseremulsionen mit manchen Vorteilen verbunden. Durch ihre Verdünnung erhält man eine Waschflotte, welche das Fettlösungsmittel in allen Teilen enthält. Während in der „Benzinwäsche" die zu reinigende Ware mit Benzin allein behandelt wird, bedient man sich bei Anwendung einer Fettlöseremulsion einer wässerigen Waschflotte, welche nur etwa $\frac{1}{2}$—2% des Fettlösungsmittels auf das Gewicht der Ware enthält. Allerdings wird in der Benzinwäsche das Fettlösungsmittel größtenteils zurückgewonnen. Dennoch dürfte sich das Waschen mit Fettlöseremulsionen billiger stellen als die „trockene" Benzinwäsche, da auch bei dieser Benzinverluste eintreten und die Destillationsarbeit selbst, von den teuren Apparaten abgesehen, mit großen Kosten verbunden ist. Tatsächlich haben sich Fettlöseremulsionen, wenigstens für manche Artikel, in den Waschanstalten bereits eingebürgert. Mit bestem Erfolg werden aber Fettlöseremulsionen in der Wollwäscherei verwendet, da sie auch Wollfett, Cholesterin u. a. zu lösen vermögen, sowie in der Garnwäscherei zur Entfernung von Mineralölen, Schmelzölen u. a. Es kommt ihnen demnach die Aufgabe zu, die Seife mehr oder weniger zu ersetzen und sie in ihrer Wirksamkeit zu unterstützen. Ähnlich wie bei den fettlöserfreien Seifenpräparaten läßt sich auch bei fettlöserhaltigen eine Kalk- und Säurebeständigkeit erreichen. Die zum Gebrauche nötige Verdünnung fettlöserreichen Emulsionen wird in der Weise durchgeführt, daß man das Präparat unter ständigem Rühren zunächst in einer kleinen Menge, am besten weichen Wassers (Kondenswasser) einfließen läßt und dann die gewünschte Verdünnung vornimmt. Diese verdünnte Emulsion wird der Waschflotte in einer Menge zugesetzt, welche, auf das unverdünnte Präparat bezogen, $\frac{1}{2}$—2% der Ware entspricht. Die Temperatur der Waschflotte richtet sich nach der Flüchtigkeit des Fettlösungsmittels.

Beispiele fettlöserhaltiger Präparate mit Seife als Hauptbestandteil. In diese Gruppe gehören außer flüssigen auch manche weiche und sogar feste Präparate.

Tetrapol[1]) ist ein Monopolseifenpräparat, das als fettlösenden Zusatz 12—20% Tetrachlorkohlenstoff enthält. Es bildet eine klare,

---

[1]) Stockhausen & Traiser, Krefeld.

gelbe, mit Wasser gut mischbare Flüssigkeit von neutraler Reaktion. Bei starker Verdünnung tritt zufolge der hydrolytischen Spaltung die alkalische Reaktion ein. Zur Waschflotte empfiehlt sich der Zusatz von einem Teil Tetrapol auf zwei Teile gewöhnliche Seife.

Cykloran O[1]) ist ein ähnliches, gleichfalls kalkbeständiges Präparat.

Verapol bildet eine fettlöserhaltige Seife von dickflüssiger, grünlichgelber Beschaffenheit [2]).

Posavon[3]) ist eine neutrale fettlöserhaltige Schmierseife von sehr gutem Schaum- und Reinigungsvermögen.

Potts Teufel[3]) ist eine für den Haushalt bestimmte feste, durchscheinende Kaliseife, welche als Fettlösungsmittel Terpentinöl enthält, das der Seife gleichzeitig eine gewisse Bleichkraft und einen angenehmen Geruch verleiht. Sie enthält 60% Fettsäuren, ist frei von Harz und allen Füllmitteln. Die sehr gute Schaumkraft und das gute Netzvermögen erleichtern sehr den Waschvorgang. Die mit dieser Seife behandelte Wäsche wird rein und weiß.

Beispiele f e t t l ö s e r h a l t i g e r Präparate mit dem Fettlösungsmittel als Hauptbestandteil:

Hexoran[4]) enthält 90% Tetrachlorkohlenstoff. Da dieses Fettlösungsmittel bei 70° siedet, kommt das Präparat in allen Fällen in Frage, wo Temperaturen von 40—50° angewendet werden. Für besondere Zwecke, bei welchen saure Flüssigkeiten zur Anwendung kommen, wird H e x o r a n „S" geliefert.

Tetra-Isol[5]) ist gleichfalls eine seit Jahren bewährte Emulsion von Tetrachlorkohlenstoff in Seife; es ist kalkbeständig.

Trioran[6]) unterscheidet sich von Hexoran nur dadurch, daß es an Stelle des Tetrachlorkohlenstoffes das billigere Trichloräthylen emulgiert enthält.

Perpentol[6]) besitzt als fettlösenden Bestandteil Tetralin; da dieses erst bei 200° siedet, läßt sich Perpentol in allen Fällen, wo höhere Temperaturen angewendet werden müssen, gut verwenden; z. B. als Zusatz beim Walken in Fett sowie zum Beuchen der Baumwolle, wobei an Ätznatron und Soda gespart und die Beuchdauer verringert wird. Die Marke Perpentol „S" ist säurebeständig.

Cykloran M[6]) ist qualitativ dem Cykloran O gleich; enthält aber als Hauptbestandteil nicht Seife, sondern das Fettlösungsmittel.

Hydraphtal[7]) ist eine Emulsion von fettlösend wirkenden Kohlenwasserstoffen der Naphthalinreihe (Tetralin) in hydrierte Phenole (Methylhexalin) enthaltenden Seifen. Es enthält 92,5% derartiger Fettlöser, 6% Gesamtfett und als Rest das an Fettsäuren gebundene Alkali. Das Präparat ist kalkbeständig und zufolge des hohen Siedepunktes

---

[1]) Chem. Fabrik M i l c h, A.-G., Oranienburg.
[2]) S t o c k h a u s e n & T r a i s e r, Krefeld.
[3]) Chem. Fabrik P o t t & Co., Dresden.
[4]) Chem. Fabrik M i l c h, A.-G., Oranienburg.
[5]) Louis B l u m e r, Zwickau i. Sa.
[6]) Chem. Fabrik M i l c h, Oranienburg.
[7]) Chem. Fabrik P o t t & Co., Dresden.

der Fettlöser (über 200⁰) bei allen in der Textilindustrie gebräuchlichen Temperaturen verwendbar. Hydraphtal „S“ ist säurebeständig.

Isomerpin[1]) ist qualitativ dem vorhergehenden Präparat gleich; enthält aber 74% Fettlöser, 20% Gesamtfett und als Rest das an Fettsäuren gebundene Alkali.

Pinol[1]) enthält als fettlösende Bestandteile gleichfalls Kohlenwasserstoffe der Naphthalinreihe und hydrierte Phenole; es ist für die Beuche von Fasern, Gespinsten und Geweben pflanzlicher Natur bestimmt.

Ähnliche Fettlöseremulsionen sind die Hydrolinöle[2]), Hydralin, Savonade, Lanadin u. a.

Zu anderen als zu Waschzwecken dienende Seifenpräparate.

Zu emulgierbaren mineralölhaltigen Präparaten gehören die

Seifenöle. Man gewinnt diese durch Auflösen von Ammonium-, Kali- oder Natronseifen der Ölsäuren, Fettschwefelsäuren und Harzsäuren in hellen Mineralölen, oft unter gleichzeitigem Zusatz von Ammoniak, Benzin oder Alkohol. Sie finden als Rostschutzmittel Verwendung.

Eine Mineralölemulsion, die sich mit Wasser sehr gut emulgieren und demnach auf die Faser gleichmäßig auftragen läßt, stellt J. Stockhausen nach folgendem patentierten Verfahren her: 1 kg sulfooleathaltige Seife (Monopolseife) wird in 1 l Wasser gelöst und unter Rühren 100—300 g Mineralöl zugesetzt. Man erhält eine vollkommen gleichartige Masse; 5—10 g des Präparates geben mit 1 l Wasser eine Emulsion von schwach milchiger Trübung. Das Präparat wird als Schmelzmittel, als Zusatz zu Appretur- und Schlichtmassen, aber auch als Reinigungsmittel empfohlen.

Antibenzinpyrin (Richteröl) ist eine Lösung von Magnesiumseife in Petroleum und Benzin. Das Präparat hat eine Wichtigkeit für die trockene Benzinwäsche, da es die in dieser oft auftretende Selbstentzündung schon bei einem Zusatz von 0,1% verhindert[3]). Zu seiner Herstellung werden nach dem Erfinder aus einer wässerigen Lösung von 10 kg weißer Kernseife (70% Wasser) die Fettsäuren bei 95⁰ mit Magnesiumchlorid oder Magnesiumsulfat in Form von unlöslicher Magnesiumseife ausgefällt; diese wird mit heißem Wasser gereinigt, bei 130⁰ getrocknet, geschmolzen und nach Zusatz von 7 kg reinem Petroleum (Kaiseröl) in 90 l Benzin gelöst.

Softenings. Die mit diesem Namen bezeichneten Präparate werden als geschmeidigmachende Zusätze, insbesondere in der Schlichterei und der Appretur von Baumwollwaren verwendet. Im wesentlichen sind sie Emulsionen von Fett in Seife; manche Softenings enthalten auch Glyzerin, billige Präparate Wasserglas und andere Füllmittel. Dünnen Softenings wird Stärke zugesetzt. Gute Softenings haben eine

---

[1]) Chem. Fabrik Pott & Co., Dresden.
[2]) Chem. Fabrik Poborn, Eberswalde.
[3]) S. 105.

butterartige Konsistenz; alle geben im Wasser mehr oder weniger trübe Flüssigkeiten.

Natronsoftenings werden zumeist aus Rizinusöl, Olivenöl oder Maisöl, **Kalisoftenings** aus Talg hergestellt. Sehr gut eignet sich zu ihrer Bereitung auch das Palmöl.

Softenings kann man auf zweierlei Art bereiten. Entweder wird zu überschüssigem Öl eine warme Alkalilösung eingerührt und gekocht, oder man setzt einer fertigen Seifenlösung unter Erwärmen Fett zu und kocht. In jedem Falle enthält das Präparat neben Seife noch unverseiftes Fett. Ein gutes Softening enthält z. B. 7 Teile Wasser, 3 Teile Seife (wasserfrei gerechnet) und 1 Teil Fett.

Die Untersuchung von Seifenpräparaten bezieht sich im allgemeinen auf die Bestandteile der gewöhnlichen Seifen und, je nach der Art des Präparates, auf Alkalisulfat, Gesamtschwefelsäure, an Fettsäuren gebundene Schwefelsäure, auf Fettlösungsmittel, auf die Löslichkeit und Reaktion[1]).

Saponinhaltige Waschmittel.

Schleimige und mit Wasser Schaum gebende Pflanzenbestandteile wurden schon in den ältesten Zeiten zu Waschzwecken verwendet. Sie enthalten als wesentlichsten Bestandteil das Glykosid[2]) Saponin, dessen kolloide Lösung einen Schaum liefert, der in hohem Grade geeignet ist, Schmutzbestandteile zu emulgieren und auf diese Weise reinigend zu wirken.

Das aus den verschiedenen Pflanzenbestandteilen isolierte, mehr oder weniger reine Saponin bildet ein weißes bis gelbliches Pulver, das sowohl in Wasser als auch in Alkohol, Äther, Benzin usw. leicht löslich ist. Zu Waschzwecken dienen zumeist die wässerigen Auszüge der getrockneten saponinhaltigen Früchte, Rinden usw. oder die aus diesen hergestellten Pulver und Extrakte. Zur Fleckenreinigung kommen auch Lösungen von Saponin in Benzin, Chloroform usw. zur Verwendung.

Ein Zusatz von $\frac{1}{2}-1\%$ Saponin zu Benzin verhindert die Selbstentzündung des letzteren und kann in ähnlicher Weise wie das Richteröl Verwendung finden[3]). Überdies kommt in der Benzinwäsche der Saponingehalt auch dem Waschprozeß zugute. Eine wässerige Saponinlösung zeigt eine neutrale oder nur schwach saure Reaktion.

Konzentrierten Saponinlösungen kommt eine gute Klebkraft zu. Beim Eindampfen der konzentrierten Saponinlösung erhält man zuerst eine sirupdicke Flüssigkeit, die beim weiteren Eindampfen im Vakuum in eine firnisartige, leicht pulverisierbare Masse übergeht. In Alkalien löst sich das Saponin mit gelber Farbe.

---

[1]) „Einf. in die quant. textilchem. Unters.", S. 139.

[2]) Glykoside sind Substanzen, die beim Kochen mit verdünnten Säuren neben einem oder mehreren Spaltungsprodukten verschiedener Art auch eine Zuckerart liefern.

[3]) S. 105.

Bisher fanden Saponinextrakte zumeist nur im Haushalte Verwendung; besonders gut eignen sie sich zum Waschen von mit empfindlichen Farbstoffen gefärbten Geweben. In neuerer Zeit findet aber das Saponin auch in der Textilindustrie Beachtung.

Die Seifenwurzel der einheimischen Saponaria officinalis L. bildet eine runzelige, rotbraune Rinde mit zitronengelbem Holzkörper. Sie kommt in runden, etwa 30 cm langen, ästigen Stücken in den Handel; ihr Geschmack ist kratzend. Ihre wesentlichsten Bestandteile sind Saponin, Harz, Gummi und Pflanzenschleime.

Ähnlich, aber von weißer Farbe und ohne kratzenden Geschmack ist die Wurzel der Saponaria alba L.

Die ägyptische oder levantinische Seifenwurzel stammt von der im südlichen Europa und in Nordafrika vorkommenden Gypsophila Struthium L. In den Handel gelangen graugelbe oder bräunliche, gefurchte und runzelige, etwas gedrehte Stücke von 4—8 cm Länge und einem Durchmesser bis zu 12 cm. Sie enthält ähnliche Bestandteile wie die einheimische Seifenwurzel. Aus Ungarn kommt eine weniger ausgiebige Wurzel in Form von etwa 5 mm starken, weißlichen, runden Scheiben in den Handel.

Die Panamaseifenrinde (Quillajarinde) wird von dem in Peru und Chile wachsenden Baume Quillaja saponaria Molina geliefert. Die mit einer braunen Borkenschicht bedeckten Rindenstücke sind rinnenförmig. Neben ungefähr 8% Saponin enthält die Panamarinde auch Zucker, Gummi und Kalziumoxalat. Da sie auch giftige Bestandteile enthält und ihr Pulver zum Niesen reizt, wird das Vermahlen in einer geschlossenen Mühle vorgenommen.

Durch starkes Einkochen des wässerigen Auszuges erhält man das zum Reinigen von Wollwaren empfohlene Waschmittel Panamin.

Sthamer stellt aus der Panamawurzel ein „Saponinextrakt" her, ein Pulver, das im Gegensatz zu der rohen Rinde keine färbenden Bestandteile besitzt.

Die Senegawurzel rührt von der nordamerikanischen Polygala Senega L. her. Sie ist gelbbraun, höckerig, oft vielköpfig und verästelt. Außer Saponin (Senegin) enthält sie auch Gummi, Eiweißstoffe, Fett usw.

Die Seifenfrüchte (Seifenbeeren) vom gemeinen Seifenbaume Sapindus saponaria L. werden im tropischen Amerika und in Nordafrika gesammelt. Die in einer weichen Samenhülle eingeschlossene runde Frucht ist von der Größe einer Kastanie und hat ein dattelartiges Aussehen; im Innern enthält sie einen harten, etwas trocknendes Öl enthaltenden Kern.

Die von der Samenschale befreite und getrocknete Frucht enthält 50% und auch mehr Saponin und gibt mit Wasser einen sehr dichten und ausgiebigen Schaum. Der Gummigehalt macht die Fruchtschale sehr zähe; will man die Fruchtschale zu einem Pulver zerreiben, so muß sie erst einige Stunden auf etwa 140° erhitzt werden. In Säcken verpackt ist das Pulver ziemlich beständig. Es bildet in 1—2%iger Lösung einen gut reinigenden Schaum. Zur Entfernung seines natürlichen gelben Farbstoffes aus dem Gewebe ist ein gründliches Nachspülen erforderlich. Vor der Verwendung der Lösung werden die unlöslichen Bestandteile zweckmäßig durch Filtrieren entfernt. Mit einer gewissen Menge Wasser läßt sich aus dem Pulver eine kompakte Masse herstellen, die man ähnlich wie eine feste Seife verwenden kann.

Die Roßkastanien (Aesculus hippocastanum L.) enthalten etwa 10% Saponin. Nach L. Weil gewinnt man aus ihnen durch ein ziemlich umständliches Extraktions-, Fällungs- und Destillationsverfahren einen Seifenextrakt (Saponin) in pulveriger Form. Öl, Harz und Stärke erhält man dabei als Nebenprodukte.

Nach dem Verfahren von Lares und Flügge gewinnt man aus der Roßkastanie neben einem Kraftnährmehlpulver auch eine saponinhaltige Feinseife.

Schließlich sei noch die Musa paradisica L. erwähnt, eine Pflanzenart, die kein Saponin, sondern eine wirkliche Seife (Kaliumoleat) enthalten soll.

Naphthenseifen.

Diese werden in neuerer Zeit aus den Naphthensäuren[1]) gewonnen. Sie besitzen ein gutes Schaumvermögen, sind milde wirkend und werden besonders für die Seidenindustrie empfohlen. Der unangenehme Geruch der Naphthenseifen, herrührend von unverseifbaren Kohlenwasserstoffen, läßt sich nach Schrauth durch Behandlung der rohen Naphthensäuren mit Formaldehyd beseitigen[2]). Zernik entfernt die unangenehm riechenden Stoffe durch Behandeln der fertigen Seife mit Äther, Benzin, Benzol u. dgl.[3]).

Die Bezeichnung „Naphthenseifen" ist insofern nicht ganz zutreffend, als diese Waschmittel keine Salze der Fettsäuren, demnach keine eigentlichen Seifen enthalten.

Ein anderes seifenfreies Waschpräparat wird nach einem patentierten Verfahren von Kalle & Co. aus Glaubersatz, Wasserglas und Soda unter Mitwirkung eines Salzes von sulfoniertem Benzylnaphthylamin hergestellt.

Enzymhaltige Waschmittel.

Die Erkenntnis, daß die Enzyme der Verdauungsorgane die aus Eiweiß, Kohlenhydraten und Fetten bestehenden Nahrungsmittel in lösliche Stoffe überführen und so zur Aufnahme in das Blut geeignet machen, veranlaßte Otto Röhm, aus der tierischen Bauchspeicheldrüse ein Präparat herzustellen, welchem die Aufgabe zufällt, die in der gebrauchten Hauswäsche vorhandenen Fette, Eiweißstoffe und Stärkereste zu lösen, wodurch gleichzeitig der mit den genannten Stoffen im Schmutz gleichsam verkittete Staub, Ruß u. a. gelockert wird. Das als „Burnus" bezeichnete Präparat[4]) enthält nebst dem Enzym nur noch Soda und wird mit Vorteil beim Einweichen der Wäsche an Stelle der Seife und Soda verwendet. Die Temperatur des Wassers darf 40° nicht übersteigen, da sonst die Wirkung des Enzyms verlorengeht. Die so vorbehandelte Wäsche wird nach Zusatz von etwas Seifenlösung kurze Zeit gekocht und durch leichtes Reiben fertiggewaschen.

---

[1]) S. 104.

[2]) D. R. P. 390 847.

[3]) D. R. P. 361 397.

[4]) Fattinger-Werke, Berlin.

Verwendung der Seife im Haushalte und in der Textilindustrie.

Der Ausspruch Liebigs: „Nach dem Verbrauch der Seife erkennt man den Kulturzustand der Nation", kennzeichnet treffend die Bedeutung der Seife im Haushalte, in der Industrie und im Gewerbe.

Das Reinigen der „Wäsche".

Alle jene zumeist aus Baumwolle oder Leinen hergestellten Bekleidungs- und Gebrauchsgegenstände, welche durch Ausscheidungen des menschlichen Körpers sowie durch Straßenschmutz, Staub usw. (Leibwäsche, Bettwäsche) oder durch Speisereste, Getränke usw. (Tischwäsche) verunreinigt sind, gelangen als sogenannte „Wäsche" entweder im Haushalte selbst oder in Waschanstalten zur Reinigung[1]).

Die Vorbedingung für eine zufriedenstellende Wäschereinigung ist ein klares und möglichst weiches und eisenfreies Wasser. Die Übelstände, welche ein hartes Waschwasser zur Folge hat, sind bekannt: ein Verlust an Seife durch Bildung von unlöslicher Kalzium- und Magnesiumseife. Außerdem haften die unlöslichen Seifen an der Faser fest, erteilen der Wäsche einen unangenehmen Geruch und können beim Plätten zur Fleckenbildung führen. Eisenhaltiges Wasser macht durch das ausgeschiedene Eisenhydroxyd die Wäsche gelb[2]).

Neben dem Wasser ist für die Naßreinigung das wichtigste Hilfsmittel die Seife. Sie kommt in den meisten Fällen als Kernseife zur Verwendung; die Schmierseife ist zum Reinigen der Wäsche weniger geeignet. Sehr beliebt ist wegen ihres Geruches nach Veilchen die aus gebleichtem Palmfett hergestellte Kernseife. Große Wäschereien sowie viele textile Betriebe stellen ihre Seife selbst her.

Außer der Seife finden bei der Reinigung der Wäsche vielfach auch Soda, Borax, Bleichmittel sowie verschiedene, gleichfalls bereits besprochene Wasch- und Bleichpräparate Verwendung.

Vorgang bei der Hauswäsche. Man verfährt z. B. auf folgende Weise: Die zu reinigenden Gegenstände werden in lauwarmem Wasser einige Stunden eingeweicht. Dabei löst sich ein großer Teil des Schmutzes auf. Weniger vorteilhaft ist das Einweichen in heißem Wasser, da bei höherer Temperatur die im Schmutz vorhandenen Eiweißstoffe koagulieren und sich dann von der Faser schwer ablösen. Die eingeweichten Wäschestücke werden ausgewunden und nach dem Ablassen des Einweichwassers in einer etwa $\frac{1}{2}\%$igen warmen Sodalösung einzeln mit Kernseife eingeseift und mit den Händen aneinander oder an einem geriffelten Waschbrett gerieben. Manchenorts ist ein Schlagen der eingeseiften Wäschestücke mit der Waschkeule üblich. Nun werden

---

[1]) Die Waschanstalten sind vielfach mit einer „chemischen" Reinigungsanstalt, oft auch mit einer Färberei verbunden. Die chemische oder Trockenreinigung wurde bereits besprochen; S. 105.
[2]) Im Großbetriebe wird das Wasser nötigenfalls enthärtet und vom Eisen befreit.

die Stücke ausgewunden, etwa vorhandene schmutzige Stellen nochmals mit Kern- oder Schmierseife eingeseift und dann die ganze Wäsche,
ohne die Seife abzuspülen, in einem Kupferkessel mit einer Soda-Seifenlösung ausgekocht, wobei der Schmutz gelöst oder gelockert wird.
Die Waschflotte wird durch Auflösen von etwa $^{1}/_{4}$ kg Kristallsoda
und 100 g Schmierseife in 30 l Wasser bereitet. Bequemer erscheint
es, die Waschflüssigkeit mit Hilfe eines aus Soda und Seife bestehenden bewährten Waschpulvers[1]) zu bereiten. Die ausgekochte Wäsche
wird samt der Waschflüssigkeit in den Waschtrog gebracht, mit Hilfe
der Waschrumpel fertiggewaschen, nach dem Auswinden zuerst mit
reinem, heißem und dann mit kaltem Wasser gründlich gespült. Für
nicht zu stärkende Wäschestücke setzt man dem letzten Spülwasser
etwas „Waschblau" zu. Hierauf wird die Wäsche getrocknet. Auf
diese Weise erhält man eine reine Wäsche. Das blendende Weiß
erhält man jedoch auf die Dauer nur dann, wenn die Wäsche im Freien
getrocknet und womöglich einer Rasenbleiche unterzogen wird. Fehlt
hierzu die Gelegenheit, so kann man den mit der Zeit auch in reingewaschener Wäsche verbleibenden Stich ins Gelbe oder Graue nur
mit Hilfe eines Bleichmittels beheben. Wirtschaftlicher ist es, das
Bleichmittel nach dem Waschvorgang anzuwenden, bequemer hingegen, das Bleichen mit dem Waschen bei Anwendung eines Wasch-
und Bleichmittels[2]) zu vereinen. Es muß aber im Interesse der Faserschonung abgeraten werden, das Bleichmittel bei jeder Wäsche zu verwenden[3]). Schließlich wird die Wäsche durch Mangeln oder Rollen
weichgemacht und geglättet, oder aber mit Stärke, welcher man etwas
Waschblau zugesetzt hat, gestärkt und mit heißem Plätteisen geplättet (gebügelt).

Viel rascher, bequemer und auch unter größerer Schonung der
Wäsche geschieht das Waschen in den für den Hausgebrauch bestimmten
und in den verschiedensten Ausführungen erhältlichen Wasch- und
Spülmaschinen. Eine Schädigung der Wäsche, wie sie beim Reiben,
Klopfen, Bürsten usw. mehr oder weniger stattfinden muß, wird hier
vermieden, da die Wäschestücke in der Waschflüssigkeit durch die
Maschine bloß gewendet werden. Auch zum Auswringen bedient man
sich maschineller Vorrichtungen[4]).

Da viele Farbstoffe nicht waschecht sind und daher leicht „bluten",
darf man Weißwäsche und Buntwäsche nicht in einem Gefäße gemeinsam waschen. Auch bei bunter Wäsche soll man wollene Stücke gesondert von den baumwollenen und leinenen waschen, da manche Farbstoffe, welche zu der Pflanzenfaser eine große Affinität besitzen, von
der Wolle auf die Pflanzenfaser leicht übergehen. Bei wollener Wäsche
muß man, um ein Einschrumpfen zu vermeiden, auch das Kochen
vermeiden; dieselbe ist nur lauwarm zu behandeln.

---

[1]) S. 167.   [2]) S. 167.   [3]) Vgl. S. 116 u. 219.
[4]) Die Wringmaschine besteht aus zwei gegeneinander gepreßten
drehbaren Gummiwalzen, zwischen welchen die Wäsche von der Flüssigkeit
zum größten Teil befreit wird.

Die Großwäscherei. Der Vorgang bei der Reinigung der Wäsche in Waschanstalten unterscheidet sich von dem im Haushalte üblichen wesentlich dadurch, daß womöglich alle Arbeiten auf maschinellem Wege durchgeführt werden. Die Waschmaschinen sind den im Haushalte verwendeten ähnlich, nur entsprechend größer; ihr Antrieb erfolgt durch Dampf oder Elektrizität. An Stelle der Wringmaschinen bedienen sich die Waschanstalten zum Entwässern zumeist der Schleudermaschinen (Zentrifugen). (Abb. 23.) In diesen wird die Wäsche durch die Zentrifugalkraft zum großen Teile entwässert. Das Trocknen geschieht in erwärmten, gut ventilierten Trockenkammern, in welchen durch heiße Luft die Feuchtigkeit rasch entfernt wird. Manche Gegenstände, z. B. Spitzenvorhänge, gelangen auf Spannrahmen zum Trocknen,

Abb. 23. Zentrifuge mit Kugellager.
(Ernst Geßner A.-G., Aue i. Erzg.).

andere auf sogenannten Kettentrockenapparaten; vielfach bedient man sich auch dampfgeheizter Trockenzylinder. Wieder anderen Maschinen kommt die Aufgabe zu, die ausgeschleuderte Wäsche gleichzeitig zu trocknen und zu mangeln; auf diesen werden die sorgfältig geplätteten Stücke zwischen rotierenden, gegeneinander gepreßten Metallwalzen gezogen, von denen eine mit Leinen umwickelt, die andere hohl und geheizt ist. Bei gestärkter Wäsche bedient man sich gas- oder elektrischgeheizter Plätteisen oder Plättmaschinen. Je nachdem die Stärke allein oder unter Zusatz von anderen Appreturmitteln zur Verwendung gelangt und je nach der Wahl der Plättvorrichtung sowie der Arbeitsweise können die Waschanstalten den verschiedensten Ansprüchen auf Steifheit und Glanz der Wäsche entsprechen. Schließlich sei bemerkt, daß gestärkte Schmutzwäsche im Großbetriebe nach dem Einweichen vielfach der Einwirkung einer Diastaselösung unterworfen wird, um die Stärke rasch und gründlich zu entfernen[1]).

---

[1]) S. 229.

Bezüglich Verwendung stark alkalischer Waschmittel, sei
es bei der Hauswäsche oder in der Großwäscherei, muß zugegeben
werden, daß man mit solchen Mitteln, insbesondere mit wasserglas-
haltigen, schnell und billig waschen kann. Mit Wasserglas erzielt man
auch eine schöne weiße Wäsche; doch erfolgt hier kein eigentliches
Bleichen, wie dies oft angenommen wird[1]), sondern ein Belag der Faser
mit Kalzium- und Magnesiumsilikat (gebildet durch die Wechselzersetzung des Wasserglases mit den Kalzium- und Magnesiumverbindungen
des Wassers), welcher die Wäsche weiß erscheinen läßt. Allein das
schnelle und gründliche Waschen geschieht auf Kosten der Faser. Die
Nachteile, welche sich bei Verwendung von stark alkalisch wirkenden
Stoffen, insbesondere aber von Wasserglas, zwar nicht immer nach der
ersten, wohl aber nach mehrfach wiederholter Wäsche bemerkbar
machen müssen, bestehen in der Schwächung der Faser und wurden
bereits besprochen[2]). Ein gewisser, nicht zu großer Sodazusatz zur
Seife ist wohl unvermeidlich, da dadurch die Waschdauer bedeutend
abgekürzt wird; er ist sogar empfehlenswert, um die Härte des Wasch-
wassers wenigstens zum Teil, statt durch Seife, durch die billigere Soda
zu beseitigen[3]). Bei stark anhaftendem Schmutz wird man wohl mehr
Soda zusetzen oder auch Wasserglas zu Hilfe nehmen müssen, um die
Wäsche rein zu erhalten. Doch ist im allgemeinen von der Verwendung
des Wasserglases auf Grund der gemachten schlechten Erfahrungen
abzuraten. Niemals aber sollten Waschpulver zur Verwendung kommen,
welche größere Mengen Wasserglas enthalten. Die Festigkeit wird
durch stark alkalisch wirkende Stoffe sowie durch die aus dem Wasserglas stammende Kieselsäure und ihre unlöslichen Kalzium- und Magnesiumsalze besonders dann stark verringert, wenn sich dazu noch
Einflüsse mechanischer Natur gesellen.

Diese betreffen das in der Hauswäsche oft übliche, bereits erwähnte
Reiben der Wäschestücke auf Waschrumpeln, das Klopfen, Bürsten und
starke Auswringen derselben usw., also Operationen, welche schon an und
für sich der Faser nicht zum Vorteil gereichen. Bekanntlich wird in dieser
Hinsicht die Wäsche beim Behandeln in Waschmaschinen viel mehr ge-
schont. Bei Verwendung von Waschmaschinen wird man daher eine kleine
Menge eines stärker wirkenden Waschmittels eher zusetzen können als bei
der Handwäsche. Leider bleibt es nicht immer bei kleinen Mengen. Während
nämlich das Waschen mit den Händen die Verwendung stark alkalischer
Flüssigkeiten wegen ihrer ätzenden Wirkung ausschließt, können bei der
maschinellen Arbeit solche leicht zur Verwendung kommen. So kommt es
vor, daß in manchen Waschanstalten die Wäsche sehr billig, schnell und
gründlich — leider zu gründlich gewaschen wird. Man erkennt eine derartige Behandlung der Wäsche an ihrem spröden Griff und an ihrer wolligen
Beschaffenheit; kleine Flocken lösen sich von derselben ab, und nach einer

---

[1]) Unter dem Namen „Bleichsoda“ kommen im Handel Präparate
vor, welche wesentlich aus Soda und Wasserglas bestehen.

[2]) S. 93.

[3]) Zweckmäßiger ist jedoch die Enthärtung des Wassers vor der Verwendung der Seife, da diese auch bei Gegenwart von Soda bis zu einem
gewissen Grade mit den Kalzium- und Magnesiumverbindungen des Wassers
in Reaktion tritt. Doch ist eine Vorreinigung des Wassers nur in Waschanstalten möglich. (Reinigung des Wassers, S. 52.)

mehrmaligen solchen Wäsche tritt die Fadenscheinigkeit und dann auch das Reißen ein. Diese Schäden stellen sich bei Leinengeweben leichter als bei Baumwollgeweben ein.

Was das Bleichen der Wäsche betrifft, so geschah dies früher nur durch die Rasenbleiche, später auch durch Zusatz von Chlorkalk oder Bleichflüssigkeiten (Labarraquesche Lauge usw.) zum Spülwasser. Manche Waschanstalten bedienen sich der „elektrischen" Bleiche, d. h. sie stellen die Bleichlauge (Natriumhypochlorit) mit Hilfe des Elektrolyseurs selbst her[1]). Da man einerseits die schädigende Wirkung der genannten Stoffe erkannt hat und sich andrerseits die Verwendung derselben vielfach durch den Chlorgeruch, welcher der Wäsche hartnäckig anhaftet, verrät, nimmt man von ihnen in bezug auf die Hauswäsche immer mehr Abstand. Wollene und seidene Gegenstände dürfen mit chlorhaltigen Bleichmitteln überhaupt nicht gebleicht werden. Ein auf die Faser viel milder wirkendes Bleichmittel ist das Wasserstoffsuperoxyd, das sich jedoch wegen des hohen Preises in der Hauswäsche nicht einbürgern kann. Hingegen werden in neuerer Zeit, wie bereits erwähnt, Waschpulver hergestellt, welche auch ein Bleichmittel in fester Form enthalten. Als solche dienen Sauerstoff abgebende Verbindungen, wie Natriumsuperoxyd, Perkarbonate, Persilikate und Perborate. Da bei Gegenwart von Seife diese Oxydationsmittel eine vorzeitige, mehr oder weniger weitgehende Zersetzung erfahren, werden derartige Präparate zweckmäßig in Paketen in den Handel gebracht, welche aus zwei Abteilungen bestehen: in der einen befindet sich die Seife mit ihren Zutaten, in der anderen eine zumeist sehr kleine Menge des Oxydationsmittels, gemengt mit Soda, Borax u. dgl.

Was den Vorzug des einen oder anderen der oben angeführten oxydierend wirkenden Bleichmittel anbelangt, ist bekannt, daß Natriumsuperoxyd der Waschflüssigkeit eine stark alkalische Eigenschaft verleiht (es löst sich zu Natronlauge auf) und den Sauerstoff sehr rasch abgibt; es kommen ihm auch explosive Eigenschaften zu. Perkarbonate geben den Sauerstoff ebenfalls schnell ab. Am besten geeignet erscheint das Natriumperborat, da es den Sauerstoff ziemlich langsam abgibt und nur eine schwach alkalische Reaktion der Waschflüssigkeit bedingt. Die Bildung der die Wäsche schädigenden Oxyzellulose[2]) läßt sich vollständig kaum vermeiden, da jedes für die Hauswäsche in Betracht kommende Bleichmittel „wirksamen" Sauerstoff, sei es direkt oder indirekt, liefert. In dieser Hinsicht läßt sich jedoch die schädigende Wirkung dadurch vermindern, daß man entweder solche Bleichmittel wählt, welche den Sauerstoff sehr langsam abgeben, oder bei rasch wirkenden Bleichmitteln eine zu rasche Sauerstoffentwicklung durch Einhalten der zweckmäßigen Temperatur vermeidet. Dadurch wird der Sauerstoff zunächst vornehmlich von den färbenden Bestandteilen verbraucht. Ein lebhaft entwickelter Sauerstoff greift in seiner Wirkung auch auf die Faser über, bevor noch die

---

[1]) S. 128.   [2]) S. 219

gewünschte Bleichwirkung erzielt wird. Bei langsamer Abgabe des Sauerstoffes kann dieser erst dann eine erhebliche Wirkung auf die Faser ausüben, sobald er die Aufgabe als Bleichmittel erfüllt hat[1]). Demnach gilt die Regel, nur langsam wirkende Bleichmittel zu verwenden und jeden Überschuß zu vermeiden. Bei der Wahl des Waschmittels und bei seiner Anwendung ist ferner zu beachten, daß stark alkalische Lösungen die Oxyzellulosebildung fördern und das Chlor nicht nur den Sauerstoff aus dem Wasser frei macht, sondern für sich allein auch die Pflanzenfaser mehr oder weniger angreift[2]). Daher erscheint es begreiflich, daß man der Forderung nach einer langsamen Wirkungsweise auch bei der Herstellung von Chlorbleichmitteln Rechnung zu tragen beginnt[3]).

Der Behandlung mit Waschmitteln und Bleichmitteln muß ein gründliches Spülen der Wäsche mit reinem Wasser folgen. Falls Wasserglas verwendet wurde, ist zur Vermeidung einer weiteren Schädigung der Wäsche eine völlige Entfernung der Kieselsäure und der Silikate durch Spülen unerläßlich. Bei Verwendung eines Chlorbleichmittels ist eine Nachbehandlung mit Antichlor zu empfehlen.

Beim Waschen bunter Stücke und farbiger Besätze muß man auf den Farbstoff Rücksicht nehmen. Solche Wäschestücke sollten nur mit reiner, warmer Seifenlösung bei Vermeidung jedes unnötigen Reibens gereinigt werden. Nach gründlichem Spülen mit kaltem Wasser soll das Entwässern ohne Auswringen durch Ausdrücken erfolgen.

Desinfektion der Wäsche. Da die warme Seifenlösung ein sehr gutes Desinfektionsmittel ist, kann die gereinigte Wäsche ohne Gefährdung der Gesundheit ihrer Verwendung wieder zugeführt werden. Hingegen ist die schmutzige Wäsche, besonders wenn sie von kranken Personen herrührt, in hohem Grade geeignet, Krankheitskeime zu übertragen. Dieser Gefahr sind in erster Linie die Wäschereiarbeiter ausgesetzt, weshalb die Wäsche vielfach vor dem Waschprozeß einer Desinfektion unterworfen wird. Dazu verwendet man mit großem Vorteil den Formaldehyd[4]), der in vergastem Zustande die in geeigneten Kammern befindlichen Wäschestücke gründlich desinfiziert, ohne sie zu schädigen. Eine derartige Desinfektion der Wäsche wird hauptsächlich in Krankenhäusern vorgenommen.

Die Seife in der Seidenindustrie.

Die vom Maulbeerspinner gelieferte Kokonseide besteht aus Fibroin[5]) (eigentliche Seidensubstanz) und aus Serizin (Seidenleim, Seidenbast), welches das Fibroin umhüllt. Beide Substanzen sind Eiweißstoffe und enthalten die Elemente C, H, O und N. Serizin enthält auch etwas Wachs und Fett, die gelben Seiden auch einen tiefgelben Farbstoff.

---

[1]) Die Wirkung der Bleichmittel auf das Bleichgut läßt sich mit der photographischen Platte vergleichen. Eine überlichtete Platte „schleiert", d. h. während sich die reduzierende Wirkung des Entwicklers auf das für diesen viel empfänglichere Silbersubbromid kaum oder noch gar nicht bemerkbar macht, beginnt bereits die Reduktion des sonst beständigeren Silberbromides. Eine Zugabe von Kaliumbromid verzögert die Wirkung des Entwicklers und leitet sie dem Silbersubbromid zu.

[2]) Siehe auch S. 121.   [3]) Beispiel: Aktivin, S. 129.   [4]) S. 295.   [5]) S. 200.

Die Rohseide (Grège) besteht aus mehreren mittels des Seidenleimes aneinanderhaftenden Kokonfäden. Während die Seife nur den Seidenleim angreift, wirken andere Stoffe, wie heiße Natronlauge, Chlorkalk u. ä. auch auf das Fibroin zerstörend ein. Die Seide enthält durchschnittlich 11% Wasser, kann aber in feuchten Räumen bis zu 30% ihres Gewichtes an Wasser aufnehmen, ohne daß sie sich naß anfühlt[1]).

Das Entbasten (Entschälen, Kochen, Degummieren) der Rohseide geschieht durch Behandlung mit 25—30% Seife, zumeist Marseiller Seife, auf das Gewicht der Seide gerechnet. Die Seifenflotte wird, um das Verwirren der Seidenfäden zu vermeiden, nicht zum Sieden, sondern nur auf etwa 90—95⁰ gebracht; dabei wird das Serizin der rohen Seide ganz oder nur teilweise entfernt. Bei teilweiser Entbastung (Souplieren) nimmt man weniger Seife und hält die Temperatur niedriger; bei vollständiger Entbastung verliert die Seide etwa 25% an Gewicht. Der Seifenbehandlung folgt manchmal noch ein Spülen mit sehr verdünnter Sodalösung, dann das Ausschleudern und Strecken. Die entbastete Seide bezeichnet man als „linde Seide" (Cuite). Geschieht die Behandlung der Rohseide nur mit einer lauwarmen, schwächeren Seifenlösung, so verliert sie 1—5% an ihrem Gewicht (halbgekochte Seide).

Die den Seidenleim enthaltende Seifenlösung, Bastseife genannt, kommt in der Seidenfärberei zur Verwendung.

Zum Entbasten eignen sich im allgemeinen solche neutral reagierende Seifen, welche die Faser leicht netzen und durchdringen, sich aber andrerseits wieder leicht entfernen lassen. Diesen Bedingungen entspricht auch die feste Kaliseife. Harzseife und Mineralöle dürfen nicht vorhanden sein.

Die reinste Seife, am besten Olivenölseife, wird in der Seidenfärberei gefordert; sie darf kein unverseiftes Fett (Neutralfett) enthalten und muß vollkommen frei von Ätzalkalien und Alkalikarbonaten sein. Freies Alkali zerstört die Oberfläche der Faser und den Glanz.

Wilde Seiden. Von diesen sei nur die Tussahseide erwähnt. Sie wird von einem Eichenspinner geliefert. Ihre Faser enthält einen harten Überzug, welcher aus dem Natrium- und Kalziumsalz der Harnsäure sowie aus fett- und wachshaltigen Stoffen besteht. Die rohe Tussahseide ist gelbbraun. Der genannte Überzug wird mit einer verdünnten Sodalösung und nachfolgender Behandlung mit heißer Seifenlösung entfernt.

Die Seife in der Wollindustrie.

Der wesentlichste Bestandteil der Schafwolle ist das Keratin, ein Eiweißstoff, welcher neben C, H, O und N auch etwas S enthält.

Die Wolle verliert bei längerem Kochen mit Wasser an Festigkeit und Glanz und quillt dabei auf. Ein Kochen der Wolle muß daher, wo es un-

---

[1]) Die Bestimmung des Wassergehaltes einer Ware geschieht in amtlichen „Konditionieranstalten" durch Trocknen einer größeren Seidenprobe bei 110⁰. 11% Feuchtigkeit vom Trockengewicht der Seide sind zulässig. Was mehr als 11% ist, wird als unzulässiger Wassergehalt zugunsten des Käufers vom Gewichte der Ware abgerechnet.

vermeidlich ist, auf das notwendigste Maß beschränkt werden. Noch mehr treten die angeführten Übelstände beim längeren Dämpfen auf; ein mäßiges Ansäuern hält sie zurück. Unter Druck wird die Wolle bei 200° gelöst.

Auf die große Empfindlichkeit der Wolle gegen Alkalien wurde bereits hingewiesen (S. 78). Bekanntlich wird sie besonders energisch von heißen Alkalien angegriffen: kochende Natronlauge löst das Keratin zu Lanuginsäure. — Der Löslichkeit der Wolle in Natronlauge bedient man sich bei ihrer Bestimmung in gemischten Geweben und Garnen. Werden solche mit Natronlauge gekocht, so geht die Wolle (und etwa anwesende Seide) in Lösung, während die pflanzliche Faser (zumeist Baumwolle) zurückbleibt und nach dem Abfiltrieren, Waschen und Trocknen bestimmt werden kann. In ähnlicher Weise, aber weniger energisch, wird die Wolle von Soda und Pottasche angegriffen. Ammoniak hingegen greift die Wolle nur in der Wärme und auch da sehr wenig an.

Gegen verdünnte Säuren ist die Wolle sehr widerstandsfähig.

Das Verhalten der Wolle zu Chlor s. S. 120.

Beim Verbrennen der Wolle tritt ein intensiver Geruch nach verbranntem Horn auf (Erkennungszeichen für Wolle).

Da die Wollfaser von freiem Alkali angegriffen wird, werden auch in der Wollindustrie alkalihaltige Seifen gemieden; man bedient sich ihrer nur bei minderwertiger Ware. In diesem Falle kommen wohl auch die billigen Harzseifen zum Gebrauch. Borax und Wasserglas enthaltende Seifen sollten wegen ihrer alkalischen Wirkungsweise auch hier vermieden werden.

Ein Mittel, das die Eigenschaft besitzt, tierische Fasern vor der schädigenden Wirkung alkalischer Bäder zu schützen, bringt die A.-G. für Anilinfabrikation unter dem Namen „Protectol" in vier Marken in den Handel. Es sind aus Sulfitzelluloseablauge hergestellte braune, sirupdicke, in Wasser klar lösliche Flüssigkeiten, welche in der Wollwäscherei, Färberei, beim Entbasten und Färben von Seide sowie beim Merzerisieren und Färben von Halbseidengeweben mit Erfolg Verwendung finden können. Die Schutzwirkung des Protectols erstreckt sich auch auf die menschliche Haut, was dem Händeschutz beim Arbeiten mit alkalischen Lösungen zugute kommt.

Die Wollwäsche (Entschweißen der Wolle). Sie bezweckt die Entfernung des Wollschweißes und aller von außen hinzugekommenen Verunreinigungen der rohen Wolle. Sie wird zunächst der auf S. 192 erwähnten „kalten Wäsche" unterworfen. Sie wird als Rückenwäsche oder nach der Schur, als erster Teil der „Fabrikwäsche", unternommen. Dann folgt die warme Fabrikwäsche. Hierzu verwendet man als Waschmittel Seife oder Seife mit Soda; vielfach auch Schmierseife mit Ammoniak oder Pottasche. Die fettlösende Wirkung der Waschflotte kann durch Zusatz von Fettlösungsmitteln („Tetra", „Tri", Tetralin, Hexalin usw.) oder von im Handel vorkommenden Fettlöseremulsionen (Tetrapol usw.)[1] unterstützt werden. Die Temperatur der Waschflotte darf höchstens 50—55° betragen; eine höhere Temperatur der Waschflotte schädigt die Wollfaser und wirkt ungünstig auf die Spinnfähigkeit der Wolle, da sie die natürliche Kräuselung der Wollfaser beeinträchtigt. Während die Wolle bereits in der „kalten Wäsche" 20—70% am Gewichte verliert, erleidet sie in der „warmen Wäsche" einen weiteren Gewichtsverlust von 35—70%.

---

[1] S. 171.

Die „Fabrikwäsche" wird im „Leviathan" vorgenommen. Dieser Apparat besteht aus mehreren Behältern, wobei im ersten das Vorwaschen mit Wasser, im zweiten die eigentliche Wäsche mit Seife und Soda, im dritten das Spülen vorgenommen wird.

Die gewaschene Wolle wird in Zentrifugen ausgeschleudert und dann entweder auf luftigen Trockenböden oder besonderen Trockenmaschinen mit erwärmter Luft bei einer Temperatur von höchstens 45⁰ getrocknet. Bei höherer Temperatur wird die Wolle hart und rauh; ebenso durch Einwirkung des direkten Sonnenlichtes. Entschweißte Wolle ist sehr hygroskopisch. Die Bestimmung ihres Feuchtigkeitsgehaltes wird mittels Konditionierapparaten vorgenommen. Ein 18,25% übersteigender Wassergehalt wird vom Trockengewicht der Wolle zugunsten des Käufers in Abrechnung gebracht. Wird feuchte Wolle längere Zeit der Wärme ausgesetzt, so erhält sie durch Pilzwucherung sogenannte „Stockflecke"[1]), welche das Wollhaar brüchig machen und auch in der Färberei und Walkerei Ursache von Störungen sind. (Gutes Lüften der Lagerräume.)

Seltener findet eine Reinigung der Rohwolle durch Ausziehen mit reinen Fettlösungsmitteln in geschlossenen Apparaten statt. Eine völlige Entfernung des Wollfettes muß aber auch hier vermieden werden, damit die Wolle geschmeidig bleibt. Nach der Extraktion werden mit warmem Wasser die löslichen Bestandteile entfernt und auf Pottasche verarbeitet. Zweifellos schont diese „trockene Wäsche" die Wollfaser mehr als die nasse Wäsche und gestattet eine bequemere Gewinnung des Wollfettes. Das Fettlösungsmittel wird zurückgewonnen[2]).

Aus Kolonialwollen werden die von der Weide anhaftenden pflanzlichen Bestandteile — Kletten — vielfach auf mechanischem Wege im Klettenwolf, oder auf chemischem Wege durch Karbonisation beseitigt; diese kann auch mit dem fertigen Gewebe vorgenommen werden (S. 208).

Die Wollgarnwäsche. Vor dem Spinnprozeß wird die durch „Fabrikwäsche" gereinigte Wolle gefettet („gespickt"), d. h. mit Ölemulsionen, in der Kammgarnspinnerei oft mit reinen Seifenlösungen behandelt. Vom Spickmittel (Schmelzmittel) muß das durch den Spinnprozeß erhaltene Garn, falls es gebleicht oder gefärbt werden soll, wieder befreit werden. Das Spickmittel würde eine ungleichmäßige Benetzung des Garnes im Färbebade und demnach ein ungleichmäßiges Anfärben zur Folge haben.

Die Entfernung des Spickmittels wird mit einer verdünnten Seifen-Sodalösung vorgenommen, zweckmäßig unter Zusatz der bei der Wollwäsche erwähnten Fettlösungsmittel oder Fettlöseremulsionen, wobei die Temperatur der Waschflüssigkeit 40⁰ nicht übersteigen darf.

Zum Auswaschen von mineralölfreien Schmelzölen aus Streich- und Kammgarn kann man eine verdünnte Ammoniaklösung bei etwa 40⁰, gegebenenfalls unter Zusatz von Seife verwenden. Manchmal setzt man nach der Seifen- oder Seifen-Sodabehandlung dem letzten Spülwasser zur leichten Entfernung des Seifenschaums etwas Ammoniak zu.

---

[1]) S. 294.
[2]) Siehe auch S. 105.

Wird ungebleichtes und ungefärbtes Garn verwebt, so wird das Spickmittel erst aus dem Gewebe entfernt, und zwar gleichzeitig mit der Schlichte.

Das Waschen wollener Gewebe. Dieses bezweckt die Entfernung der Schlichte und der am Webstuhle in die Ware gelangten Schmierölflecke, sowie des etwa noch vorhandenen Spickmittels aus dem Roh-

Abb. 24.   Strangwaschmaschine für Wollware.
(L. Ph. Hemmer, Maschinenfabrik, Aachen.)

gewebe[1]). Dazu bedient man sich der Seife, oft unter Zusatz von Soda, seltener von Pottasche, Ammoniumkarbonat oder Ammoniak. Auch hier machen Zusätze von Fettlöseremulsionen gute Dienste. Das Waschen mit gefaultem Urin, das früher allgemein üblich war, kommt nur mehr selten vor, da man seine wirksamen Bestandteile (Ammoniak, Ammoniumkarbonat) käuflich in reinem Zustande erhält. Einem etwaigen Zusatz von Walkerde[2]) kommt eine rein mechanische, d. h. abscheuernde Wirkung zu.

---

[1]) Die erste Wäsche (Hauptwäsche) bezeichnet man auch als „Entgerben“.

[2]) S. 270.

Die Wahl der Waschmittel hängt davon ab, ob man ein rohwollenes oder ein aus gefärbtem Garn hergestelltes „Stück" zu waschen hat. Gefärbte Stücke dürfen nur mit neutraler Seife gewaschen werden, da freies Alkali das „Bluten" vieler Farbstoffe begünstigt. Das Waschen

Abb. 25. Breitwaschmaschine für Wollware mit Saug-, Sprüh- und Druck-
wirkung. (L. Ph. Hemmer, Maschinenfabrik, Aachen.)

nimmt man in Strang- oder in Breitwaschmaschinen vor, je nachdem das Stück gefaltet oder in voller Breite durch die Waschmaschine läuft (Abb. 24 und 25). Die Temperatur der Waschflüssigkeit soll 40° nicht übersteigen. Nach dem eigentlichen Waschen muß die Ware mit Wasser gründlich gespült werden, worauf sie ausgeschleudert und getrocknet wird. (Bei Verwendung von Breitschleudermaschinen werden die Stücke in breit aufgewickeltem Zustande geschleudert, wodurch die Bildung von Falten und Kniffen vermieden wird.) Das Entwässern wird auch auf Absaugemaschinen vorgenommen (Abb. 26). Das Trocknen geschieht auf Spannrahmen-

Abb. 26. Absaugmaschine mit Ableitung der abgesaugten Flüssigkeit und selbsttätiger Abdeckung des verstellbaren Saugschlitzes.
(Ernst Geßner-A.-G., Aue i. Erzgeb.)

und Trockenmaschinen (Abb. 27) in gespanntem Zustande, um das „Einlaufen" und die Gestaltsveränderung zu vermeiden, weshalb

Abb. 27. Tuch-Spann- und Trockenmaschine, 4-Etagensystem, mit einem konischen Einlaßfeld und zwei parallelen Spannfeldern, verbunden mit elektrischem Wareneinführungsapparat. (C. H. Weisbach, Chemnitz i. Sa.)

geheizte Metallzylinder (Zylindertrockenmaschinen) hier nicht anwendbar sind. Zum Trocknen auf Maschinen dient entweder erhitzte

Luft oder auch strahlende Wärme. Dabei soll die Temperatur nicht mehr als 70⁰ betragen. (Bei 130⁰ erleidet die Wolle eine merkliche Schädigung; sie wird gelblich.)

Das Walken. Dieses bezweckt die Herstellung eines dichten „geschlossenen Gewebes" — des Tuches — aus dem schütteren Loden. Zu diesem Zwecke ist ein Verfilzen der Wollhärchen (Stapel) an der Oberfläche oder auch im Innern des Gewebes notwendig; es führt dementsprechend zur Bildung einer Filzdecke oder auch zu einer Verdichtung des Gefüges[1]).

Das wesentlichste Moment des Walkprozesses ist ein Drücken

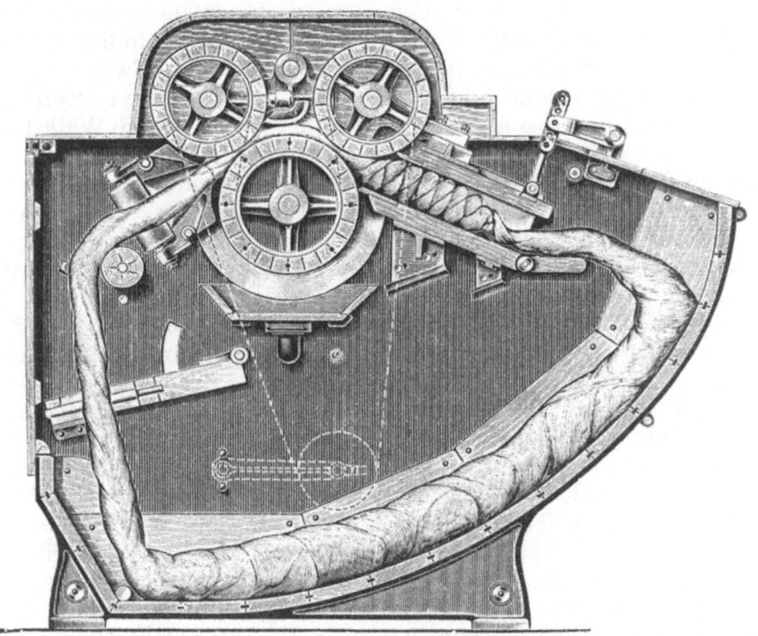

Abb. 28. Zentralwalke.
(L. Ph. Hemmer, Maschinenfabrik, Aachen.)

und Reiben des feuchten Lodens, das entweder in der Hammerwalke oder in der Zylinderwalke vorgenommen wird (Abb. 28). Der Walkprozeß wird durch Zusatz von alkalisch reagierenden Stoffen zur Walkflüssigkeit sowie durch Wärme (30—40⁰) wesentlich gefördert. Die warme schwach alkalisch reagierende Flüssigkeit bedingt ein Aufquellen der Wollhärchen, die in dem nun gelatinösen Zustande unter der Wirkung des Druckes den Verfilzungsvorgang fördern[2]). Ferner läßt sich die Wolle um so besser verfilzen, je mehr gekräuselt und je feiner sie ist.

---

[1]) Eine vollständige Verfilzung geschieht bei der Herstellung von „Filzen" in den Filzfabriken mit losem Fasermaterial.

[2]) Dieser Umstand ermöglicht auch das Anwalken von „Scherhaaren".

Als bestes Walkmittel gilt eine gute alkalifreie Kernseife, besonders die stearatreiche Talgseife. Die Walkseife soll kein Neutralfett, keine Mineralöle, keine Harzseife und keine Füllmittel enthalten. Diese Anforderungen müssen auch an die vielen im Handel vorkommenden „Walköle" gestellt werden.

Nach J. Pennert erhält man ein gutes Walköl, indem man sulfoniertes Rizinusöl mit Ammoniak neutralisiert, dann mit Saponifikatolein mischt und die Verseifung im lauwarmen Zustande mit Natronlauge bewirkt. Das Produkt soll vollkommen neutral oder eher schwach sauer reagieren. Zu Walkzwecken wird eine Verdünnung mit 9 Teilen Wasser, zu Waschzwecken eine solche mit 20 Teilen Wasser vorgenommen.

Bei minderwertiger Ware setzt man zur Beschleunigung des Walkprozesses auch etwas Soda zu. Das Walken wird gewöhnlich nach der Vorwäsche vorgenommen. Weniger gut ist es, das Walken mit der Vorwäsche in einer Operation durchzuführen (das Walken in Schweiß, Fettwalken); in diesem Falle werden der Wasch- und Walkflüssigkeit auch Walkerde, gefaulter Urin, Ammoniak u. dgl. zugesetzt. Der Walkprozeß dauert zumeist 6—8 Stunden. Um eine reine Ware von der gewünschten Breite zu erhalten, muß auch ihr Einschrumpfen (Eingehen) während des Walkprozesses Berücksichtigung finden. Da von der gewalkten Ware die Seife sehr hartnäckig zurückgehalten wird, ist nach der Walke ein gründliches Spülen der Ware notwendig. Dies geschieht entweder in der Walkmaschine selbst oder besser in der Waschmaschine. Im Tuch verbleibende Seife kann in der Färberei zu Störungen in der Farbstoffaufnahme führen.

Das Walken erfordert sehr viel Aufmerksamkeit, widrigenfalls sehr leicht Löcher, Risse, Scheuerstellen und Walkfalten (Schwielen oder Schnauen) auftreten können. Die ersteren Fehler können auch durch in die Walkflüssigkeit gelangenden Sand u. dgl. verursacht werden.

Weniger üblich ist die „saure" Walke[1]), bei welcher man sich verdünnter Schwefelsäure oder Essigsäure bedient. Gegenüber der „alkalischen" Walke hat sie den Vorzug, daß sie das Wollhaar nicht matt macht und ihm nicht das Kräuselungsvermögen nimmt. Doch geben weder die Schwefelsäure noch die Essigsäure der Faser die genügende Glätte, außerdem wirkt die Schwefelsäure, wenn sie nicht gut entfernt wird, bei höheren Temperaturen schädigend auf die Faser. Hingegen soll sich verdünnte Milchsäure (1%ig) für die Walke sehr gut eignen[2]). Sie soll die Faser glatt und schlüpfrig machen, deren Kräuselungsvermögen erhöhen und das Walken bei höherer Temperatur zulassen, was die Walkdauer abkürzt.

Wie in der Wäscherei soll auch in der Walke ein möglichst weiches Wasser zur Anwendung kommen, da sich die unlösliche Kalzium- und Magnesiumseife aus der gewalkten Ware schwer entfernen läßt und beim Färben der Stücke ungleichmäßige Färbungen gibt. Nach dem Pressen einer Ware, welche unlösliche Seifen enthält, tritt manchmal ein unangenehmer Talggeruch auf. Zur Entfernung etwa gebildeter unlöslicher Seife eignet sich noch am besten eine Olivenseife[3]).

---

[1]) Dieser bedient man sich mehr in der Filzfabrikation.
[2]) Verfahren von G. Ita, Wien.
[3]) Allgemeines über die Appretur wollener Gewebe, S. 310.

Die Seife in der Baumwollindustrie.

Die Seife wird in der Baumwollindustrie, da die Pflanzenfaser gegenüber den Alkalien viel widerstandsfähiger ist als die tierische Faser, nur wenig gebraucht, so z. B. manchmal als Zusatz zur Beuchlauge[1]). Wenn auch an die in der Baumwollindustrie verwendete Seife im allgemeinen nicht jene Ansprüche wie in der Wollindustrie gestellt werden, so dürfen sie doch keine Bestandteile enthalten, welche bei einem etwaigen Färben zu Schädigungen führen; z. B. unverseifbare Stoffe, ranzige Öle usw.[2])

Die Seife in der Färberei.

In der Färberei dient die Seife als Zusatz zur Farbflotte. Sie bewirkt ein besseres Aufnahmevermögen der Faser für Beizen und Farbstoffe; gleichzeitig gewinnt die Ware an Dehnbarkeit und Festigkeit und erhält einen weichen Griff.

Wachsarten.

Die Fettsäuren sind in den Wachsarten nicht an Glyzerin, sondern an einwertige höhere, wasserunlösliche Alkohole gebunden; oft enthalten sie noch freie Alkohole und freie Säuren. Auch die Wachse lassen sich mehr oder weniger verseifen, unterliegen aber nicht dem Ranzigwerden und unterscheiden sich überdies von den Fetten durch den höheren Schmelzpunkt sowie durch ihre besonders beim Erwärmen zur Geltung kommende Klebrigkeit. In der Appretur finden die meisten Wachsarten als glänzend- und geschmeidigmachende Mittel Anwendung. Ihre Lösungen in Mineralölen u. dgl. dienen zur Herstellung wasserdichter Gewebe.

Zu erwähnen sind:

Bienenwachs. Dieses wird von der Biene, Apis mellifica, geliefert und aus den Waben durch Ausschmelzen mit Wasser erhalten. Es enthält neben freier Zerotinsäure $C_{26}H_{52}O_2$ den Ester der Palmitinsäure mit dem Myrizilalkohol $C_{30}H_{61} \cdot OH$. Das Rohwachs ist eine gelbe, in Wasser und kaltem Alkohol unlösliche Masse und schmilzt bei 63—64°. Das im Sonnenlichte gebleichte Wachs schmilzt bei 70°. Als Bleichmittel für Wachs werden auch Wasserstoffsuperoxyd und Chromsäure, als Entfärbungsmittel Bleicherden verwendet. In der Kälte ist das Bienenwachs spröde, in der Wärme aber sehr plastisch. Große Mengen Bienenwachs werden für die Herstellung von Kirchenkerzen verwendet. In der Druckerei dient es als Zusatz zu manchen Verdickungen, in der Batikfärberei zum „Reservieren“, in der Appretur als Glanzmittel (Lustrieren von Baumwollgeweben), sowie zum Glätten des Zwirnes. Das Bienenwachs wird mit billigeren

---

[1]) S. 124.
[2]) Allgemeines über die Appretur von Baumwollgeweben, S. 302.

Wachsarten anderer Abstammung sowie mit Paraffin[1]) und Zeresin[2]) verfälscht.

Chinesisches Wachs stammt von der Wachsschildlaus. Es ist weiß, kristallinisch und schmilzt bei 82⁰.

Walrat (Spermazet) stammt vorwiegend aus dem Kopfe des Potwales und bildet im lebenden Tiere eine helle, ölige Flüssigkeit, welche die Eigenschaft besitzt, an der Luft zu erstarren. Der Hauptbestandteil des Walrates ist der Ester der Palmitinsäure mit dem Zetylalkohol $C_{16}H_{33} \cdot OH$. Es bildet eine weiße, blätterig kristallinische und wachsähnliche Masse, welche namentlich in England hauptsächlich zur Herstellung von feineren Kerzen verwendet wird.

Carnaubawachs (Cearawachs) stammt von den Blättern einer brasilianischen Palmart, Copernicia cerifera; es enthält viel Zerotinsäure-Myrizilester und schmilzt bei 80—86⁰. Es ist die teuerste Wachsart und findet als Zusatz zu dem leichter schmelzbaren Bienenwachs, Paraffin und Zeresin sowie auch in der Seifenfabrikation einige Verwendung.

Palmenwachs wird aus der Rinde von Ceroxylon andicola gewonnen und ist dem Carnaubawachs sehr ähnlich.

Das **Wollfett** besteht wesentlich aus Wachsarten, und zwar aus Estern des Cholesterins $C_{27}H_{45} \cdot OH$ und Isocholesterins mit Palmitinsäure, Zerotinsäure u. a. Es wird aus dem in der rohen Schafwolle vorhandenen und als **Wollschweiß** bezeichneten Ausscheidungsprodukte der Hautdrüsen gewonnen. Der Wollschweiß enthält auch von außen hinzugekommene Verunreinigungen, wie Staub, Klettenteile, Schmutz, Urin usw. Der Gehalt der Rohwolle an Wollfett beträgt 5—10%. Durch die mit kaltem Wasser vorgenommene Wäsche vor der Schur (Pelzwäsche, Rückenwäsche) verliert die rohe Wolle 20—70% am Gewichte. Vielfach wird die „kalte Wäsche" erst nach der Schur vorgenommen und bildet in diesem Falle den ersten Teil der sogenannten Fabrikwäsche[3]). Die darauffolgende „warme Wäsche" wird mit einer Seifenlösung, zumeist unter Zusatz von Soda oder Ammoniak bei 40—45⁰ vorgenommen, wobei das Wollfett von der Seifenlösung emulgiert wird. Dabei erleidet die Wolle wieder einen Gewichtsverlust von 35—75%. Aus dem Waschwasser werden entweder mit Schwefelsäure die Fettsäuren abgeschieden[4]) und an Seifenfabriken abgegeben, oder zur Entfernung der verwendeten Seife Kalziumchlorid oder Magnesiumsulfat zugesetzt und die so gebildete unlösliche Kalzium- oder Magnesiumseife durch Ausschleudern vom Wollfett und Wasser getrennt.

Das rohe Wollfett ist von schmieriger Konsistenz, braun gefärbt und von unangenehmem, bockartigem Geruch. Wird der mit Kalziumchlorid oder Magnesiumsulfat erhaltene Niederschlag, ohne das Wollfett abzutrennen, mit Azeton behandelt, so geht das unverseifte Lanolin in Lösung. Dieses wird durch Schlämmen, Lösen in Benzin und

---

[1]) S. 193.   [2]) S. 193.
[3]) Will man aus den bei der kalten Wäsche in das Wasser übergehenden Kaliumverbindungen Pottasche gewinnen, so extrahiert man die Wolle mit möglichst wenig Wasser; vgl. S. 184.   [4]) Vgl. S. 147.

Filtrieren über Knochenkohle gereinigt. Das Lanolin bildet eine gelbliche, salbenartige Masse, welche schwer ranzig wird und schwer verseifbar ist. Lanolin läßt sich mit Wasser und Salzlösungen sehr gut emulgieren und findet zur Herstellung von Salben Verwendung. Lösungen von Lanolin in Benzin od. dgl. dienen manchmal zur Herstellung wasserdichter Apprete.

Die Gewinnung des Wollfettes aus der Rohwolle kann auch durch Extraktion mit Benzin oder dgl. erfolgen; sie ist jedoch nicht zu empfehlen, da die Wolle zu stark entfettet wird; sie wird für die spätere Verarbeitung zu spröde.

Die Alkohole Cholesterin $C_{27}H_{45}OH$ und das isomere Phytosterin sind in chemischer Verbindung mit höheren Fettsäuren als Wachse in allen natürlichen Fetten enthalten; manchmal nur in Spuren, oft bis 1%. Die Ester des Cholestorins sind in tierischen Fetten, die des Phytosterins in Pflanzenfetten enthalten[1]).

Montanwachs ist ein in der Zusammensetzung den echten Wachsen ähnliches Extraktionsprodukt bitumenreicher Braunkohlen, das hauptsächlich als „Phonographenwachs" und „Kabelwachs", manchmal auch als wasserdicht machendes Mittel Verwendung findet.

Japanwachs gehört der chemischen Natur nach zu den Fetten[2]).

Paraffin und Zeresin.

Diese Stoffe seien hier angeführt, da sie physikalisch und bezüglich ihrer Verwendung den Wachsarten in mancher Hinsicht ähnlich sind. Chemisch unterscheiden sie sich von denselben wesentlich. Sie stellen Gemenge von festen Kohlenwasserstoffen vor, sind nicht verseifbar und überhaupt chemischen Einflüssen gegenüber sehr widerstandsfähig. Auf dem Gebiete der Textilindustrie kommen sie in der Appretur und Schlichterei zur Anwendung.

Paraffin wird aus den galizischen und amerikanischen Petroleumrückständen[3]) sowie auch aus den Destillationsprodukten der Braunkohlen gewonnen und bildet eine großblätterige, kristallinische Masse. Es ist eine durchscheinende, farb- und geruchlose, wenig plastische und nicht klebende Masse, die sich schlüpfrig anfühlt. Paraffin schmilzt zwischen 27 und 75⁰. In Wasser ist es unlöslich, wenig löslich in Alkohol und leicht löslich in Äther, Benzin, Schwefelkohlenstoff, Terpentinöl usw. Für den Verbrauch des Paraffins kommen besonders die Kerzenfabrikation und die Zündhölzchenindustrie in Betracht. In der Appretur dient es als geschmeidig- und glänzendmachendes Mittel. Manchmal wird es der Schlichte zugesetzt, um die Kette geschmeidig zu erhalten, besonders dann, wenn die Stärkeschlichte auch Leim enthält. Mitunter wird die Kette beim Spulen oder am Webstuhle selbst mit Paraffin geglättet („Wachsrolle").

---

[1]) S. 135.   [2]) S. 144.   [3]) S. 104.

Zeresin (Kunstwachs) ist in seiner Zusammensetzung dem Paraffin sehr ähnlich und wird aus dem **Erdwachs**[1]) durch Reinigung mit Schwefelsäure und Entfärbung mit Tierkohle gewonnen. Es kommt in weißem oder gefärbtem Zustande (gelb oder orange) in den Handel. Zeresin ist physikalisch dem Bienenwachs sehr ähnlich; es ist in der Wärme knetbar, ohne klebrig zu sein und schmilzt zwischen 60—80°. Zeresin dient zum Isolieren von Kabeln („Kabelwachs"), zur Herstellung von Kerzen, mit Terpentinöl angemacht zum Wachsen der Parkettböden, Möbel, zur Herstellung von Schuhcreme usw. In der Appretur findet es dieselbe Anwendung wie das Paraffin, jedoch sehr selten.

Eiweißstoffe.

Allgemeines über die Eiweißstoffe.

Die **Eiweiß-** oder **Proteinstoffe** sind in der Natur sehr verbreitet. Sie entstehen durch die Lebenstätigkeit der Pflanzen und gelangen durch die pflanzliche Nahrung auch in den tierischen Organismus. Für die Ernährung des Menschen und der Tiere sind sie unentbehrlich. Die Eiweißstoffe enthalten neben Kohlenstoff (50—55%), Wasserstoff (6,5—7,3%) und Sauerstoff (19—24%) auch Stickstoff (15—17,6%) und Schwefel (0,3—2,4%), manche auch etwas Phosphor.

Die Eiweißstoffe sind zumeist amorph und treten in der Natur teils in löslicher, teils in unlöslicher Form auf. Ihre Lösungen sind kolloidal. Die löslichen Eiweißstoffe können sehr leicht in den unlöslichen Zustand übergehen. Der dabei stattfindende Vorgang wird als **Gerinnung** oder **Koagulation** bezeichnet und kann durch verschiedene Ursachen bedingt werden, insbesondere durch Erhitzen. Bekannt ist die Gerinnung des „Eierklars" beim Erwärmen. Die Koagulation durch Erhitzen findet am leichtesten bei Gegenwart einer kleinen Menge einer Säure statt; in neutraler Lösung ist sie unvollständig. Alkalische Eiweißlösungen werden überhaupt nicht koaguliert. Auch beim Zusatz von starkem Alkohol tritt die Gerinnung ein. Die zur Koagulation gebrachten Eiweißstoffe lösen sich in Wasser nicht mehr auf, wohl aber in verdünnten Laugen sowie in konzentrierter Salzsäure oder Schwefelsäure, wobei jedoch stets eine Spaltung des Eiweißmoleküls und die damit verbundene Änderung der chemischen Beschaffenheit eintritt.

Auch manche Salze, wie Ammoniumsulfat, Magnesiumsulfat, Kochsalz usw. bringen Eiweißstoffe aus ihren Lösungen zur Fällung; doch löst sich der so gebildete Niederschlag bei Zusatz von Wasser wieder auf.

Eiweißstoffe können aus ihren Lösungen auch durch Substanzen gefällt werden, mit welchen sie sich zu **unlöslichen, salzartigen Verbindungen** vereinigen. Als Fällungsmittel sind besonders manche Salze der Schwermetalle geeignet, wie Kupfervitriol, Sublimat, Eisenchlorid, Bleiazetat[2]); ebenso manche Verbindungen schwach sauren Charakters, wie Karbolsäure und Tannin. Die Fähigkeit der Eiweißstoffe, sich sowohl mit Basen als auch mit Säuren verbinden zu können, ist von besonderem Interesse. Ihre komplizierten Moleküle enthalten nämlich sowohl solche

---

[1]) Das **Erdwachs (Ozokerit)** findet sich in der Nähe von Erdöllagern (besonders in Galizien) und wird bergmännisch gewonnen. Es ist eine amorphe, wachsähnliche Masse von gelblicher bis braunschwarzer Farbe.

[2]) Daher kommen in Vergiftungsfällen mit Metallgiften eiweißhaltige Stoffe, z. B. Milch, als Gegengift zur Anwendung.

Gruppen, welche ihnen einen sauren, als auch solche, welche ihnen einen basischen Charakter verleihen[1]).

Durch Einwirkung von Säuren und umgeformten Fermenten, wie des Pepsins des Magensaftes, des Trypsins der Bauchspeicheldrüse usw. erfahren die Eiweißstoffe eine hydrolytische Spaltung, wobei zunächst Albumosen, dann Peptone und schließlich Aminosäuren entstehen[2]). Während Albumosen nicht mehr koagulieren, wohl aber mit Ammoniumsulfat zur Fällung gebracht werden, sind Peptone weder koagulierbar noch fällbar. Zum Unterschiede von allen anderen Eiweißstoffen diffundieren Peptonlösungen durch die tierische Membran[3]).

Die weitgehendste Spaltung erfahren die Eiweißstoffe durch den Einfluß von Bakterien; sie gehen dabei sehr rasch in Fäulnis über, wobei Schwefelwasserstoff, Ammoniak, Buttersäure und andere übelriechende Zersetzungsprodukte entstehen.

Von den vielen Reaktionen der Eiweißstoffe seien zu ihrer Erkennung nur zwei sehr charakteristische angeführt.

1. Bei Zusatz von etwas Salpetersäure zu einer Eiweißlösung erfolgt die Koagulation; der erhaltene Niederschlag ist auch in überschüssiger Säure unlöslich. Zufolge der nitrierenden Wirkung der Salpetersäure tritt bereits bei gewöhnlicher Temperatur, noch leichter beim Erwärmen, eine Gelbfärbung des Niederschlages ein. Dieses Verhalten wird als Xantoproteinreaktion bezeichnet.

2. Die Biuretreaktion. Die wässerige Eiweißlösung wird mit Natronlauge stark alkalisch gemacht und mit einem bis drei Tropfen einer verdünnten Kupfervitriollösung versetzt. Es tritt eine rote bis rotviolette Färbung auf.

Man unterscheidet drei Hauptgruppen von Eiweißstoffen:

1. Einfache Eiweißstoffe oder Proteine im engeren Sinne.
2. Zusammengesetzte Eiweißstoffe oder Proteide.
3. Albuminoide[4]).

Innerhalb dieser Gruppen läßt sich eine weitere Abgrenzung der Eiweißstoffe auf Grund ihrer Löslichkeit, Gerinnbarkeit, Aussalzbarkeit usw. vornehmen.

---

[1]) Der Doppelcharakter der Eiweißstoffe kommt insbesondere in der Färberei zur Geltung.

[2]) Die Konstitution und Molekulargröße der Aminosäuren ist gut bekannt. Die einfachste Zusammensetzung hat die Aminoessigsäure oder das Glykokoll $\begin{array}{c} CH_2NH_2 \\ | \\ COOH \end{array}$. Als Karbonsäuren besitzen die Aminosäuren einen sauren, als Ammoniakabkömmlinge gleichzeitig auch einen basischen Charakter. Durch Verkettung mehrerer Aminosäuren gelang es Emil Fischer, auf synthetischem Wege Verbindungen — sogenannte Polypeptide — herzustellen, welche den Eiweißstoffen in vieler Hinsicht ähnlich sind. Es gelang bereits, mehrere Polypeptide auch aus den Eiweißstoffen herzustellen. Es ist sicher zu erwarten, daß das Studium der Polypeptide den endgültigen Aufschluß über die Art der Verkettung der Aminosäuren in Eiweißstoffen und damit über deren Natur geben wird.

[3]) Aus diesem Grunde spielen die Peptone bei der Verdauung eiweißhaltiger Nahrungsmittel eine wichtige Rolle.

[4]) Auch die umgeformten Fermente oder Enzyme sowie die von krankheitserregenden Spaltpilzen (pathogenen Bakterien) abgeschiedenen Stoffwechselprodukte (Toxalbumine) haben einen eiweißähnlichen Charakter.

1. Die einfachen Eiweißstoffe sind in Wasser meist löslich und werden aus ihren Lösungen durch Kochsalz allein ohne Säurezusatz nicht gefällt. Sie gerinnen bei 70—75°. Von den in diese Gruppe gehörenden Eiweißstoffen haben für die Appretur nur die folgenden eine Bedeutung.

Eialbumin und Blutalbumin.

Ersteres wird durch vorsichtiges Trocknen des Hühnereiweißes bei 30—40° gewonnen und gelangt in durchscheinenden, hornartigen Bruchstücken oder Blättchen von hellgelber (bernsteinähnlicher) Farbe in den Handel.

Zur Gewinnung des bedeutend billigeren Blutalbumins wird in den Schlachthäusern aus den erstarrten Blutkuchen das Serum vom koagulierten Fibrin abgepreßt und bei 30—35° vorsichtig eingedampft; es kommt in gelben bis dunkelgefärbten durch die Salze des Blutes verunreinigten Blättchen in den Handel. Durch Terpentinöl kann es gebleicht werden.

Eigenschaften des Albumins. Reines Albumin ist in Wasser von gewöhnlicher Temperatur löslich; beim Erwärmen der Lösung über 70° sowie bei Zusatz von verdünnten Säuren, mancher Salze (Aluminium-, Zinksalze usw.) und Formaldehyd scheidet sich das Albumin aus, es koaguliert[1]). Koaguliertes Albumin ist in Wasser unlöslich, aber löslich in Alkalien. Während die Lösungen des Eialbumins zumeist farblos und vollkommen klar sind, kommt denen des Blutalbumins eine dunkle Färbung und oft auch eine Trübung zu; diese rühren von Blutfarbstoffen und von unlöslichen Bestandteilen, besonders von koaguliertem Eiweiß (wenn bei zu hoher Temperatur ausgetrocknet wurde) her.

Die Verwendung des Albumins in der Appretur ist sehr beschränkt. Da Lösungen des dunklen Blutalbumins eine größere Verdickungs- und Klebkraft als die des Eialbumins besitzen, kommt letzteres nur bei weißer oder hellfarbiger Ware zur Verwendung. Das Albumin löst man in Wasser von etwa 25°, wobei es zuerst aufquillt und sich nach 24 Stunden löst. Durch Zusatz von etwas Ammoniak oder Borax wird die Lösung beschleunigt. Nach einem patentierten Verfahren[2]) finden Albumin- und auch Kaseinlösungen[3]) zur Erzeugung bügelechter und gegen Feuchtigkeit unempfindlicher „Gaufrage-Effekte"[4]) Verwendung. Zu diesem Zwecke wird das Garn oder Gewebe mit einer Eiweißlösung benetzt, bei möglichst niedriger Temperatur getrocknet und dann entweder mit heißen glatten Kalanderwalzen behandelt oder bei sehr großer Hitze hydraulisch gepreßt, damit das Eiweiß koaguliert. Hierbei wird gleichzeitig ein hoher Glanz (Speckglanz) erzeugt, der dann durch Dämpfen oder durch Anwendung von Formaldehyd gemildert wird.

---

[1]) Dieser Eigenschaft bedient man sich u. a. beim Indigoätzdruck zur Fixierung der mineralischen Ätzfarben sowie beim Wasserdichtmachen.
[2]) E. A. Fr. During, Berlin.   [3]) S. 198.   [4]) S. 308.

In größerer Menge findet Albumin im Zeugdruck Verwendung.

Prüfung des Albumins. Wegen des hohen Preises wird Albumin häufig durch Zusätze von Dextrin, Leim, Gummi usw. verfälscht[1]).

Zur Bestimmung des Unlöslichen werden 5 g Albumin mit Wasser von 30⁰ behandelt und die Flüssigkeit durch ein bei 110⁰ getrocknetes und gewogenes Filter filtriert; nach dem Waschen des Rückstandes mit lauem Wasser und Trocknen desselben bei 110⁰ bringt man das Unlösliche zur Wägung.

Bei reinen Lösungen läßt sich der Albumingehalt aus dem spezifischen Gewichte derselben ermitteln; das Albumin mit 15% Feuchtigkeit gibt die folgende Tabelle von Witz an.

Spez. Gew.	% Eiweiß	Spez. Gew.	% Eiweiß
1,0026	1	1,0644	25
1,0054	2	1,0780	30
1,0078	3	1,0910	35
1,0130	5	1,1058	40
1,0261	10	1,1204	45
1,0384	15	1,1352	50
1,0515	20	1,1511	55

Die Gerinnungsprobe wird mit einer Lösung 1 : 40 ausgeführt; diese wird in einer Proberöhre in das Wasserbad eingetaucht und letzteres langsam erwärmt; eine Trübung soll bei guter Ware schon bei 50⁰, die Gerinnung bei 70⁰ eintreten.

Eialbumin läßt sich von Blutalbumin durch Schütteln einer kleinen Probe mit Äther leicht unterscheiden: das erstere wird gefällt, das letztere nicht.

Phytoalbumin oder **Pflanzenalbumin** wird im Zellsafte der Pflanzen angetroffen und ist ein löslicher Begleiter des Klebers[2]). Seine Eigenschaften sind denen des Eialbumins sehr ähnlich.

Phytoglobulin ist in Wasser unlöslich und bildet den Hauptbestandteil des Klebers. In Alkalien ist es löslich, beim Ansäuern fällt es wieder aus.

Kleber.

Unter Kleber verstehen wir das Gemisch der in Getreidemehlen vorkommenden unlöslichen Eiweißstoffe. Er wird aus Weizenmehl bei der nach dem „süßen“ Verfahren durchgeführten Stärkegewinnung[3]) als Nebenprodukt auf folgende Weise gewonnen. Der aus dem Mehl mit Hilfe von Wasser bereitete Teig wird unter fortwährender Erneuerung des Wassers so lange gewaschen, bis das Pflanzenalbumin gelöst und der Hauptbestandteil des Mehles, die Stärke, weggespült ist; der Kleber bleibt als eine graue oder gelbliche, zähe und elastische Masse zurück. Statt Weizenmehl kann man als Ausgangsmaterial auch zerquetschtes Getreide verwenden. Die Reinigung des Klebers findet in diesem Falle in rotierenden Fässern, deren Innenwandung mit Spitzen

---

[1]) Der Nachweis der Verfälschungsmittel muß dem Chemiker überlassen werden.   [2]) S. 197.   [3]) S. 223.

versehen ist, statt; an diesen bleibt der Kleber hängen, während die Kleie fortgespült wird.

Der gereinigte, lufttrockene Kleber bildet eine hornartige Masse von gelber bis brauner Farbe und enthält noch immer ungefähr 10% Stärke und ungefähr 7% Wasser. Läßt man ihn 24 Stunden in Wasser von 34—37° liegen, so verliert er seine Zähigkeit. Wird der frische Kleber längere Zeit sich selbst überlassen, so tritt unter Gärungsvorgängen und Bildung von mehr oder weniger löslichen Produkten eine Verflüssigung desselben ein. Die Verflüssigung läßt sich durch einen sehr geringen Zusatz einer Säure beschleunigen. Feuchter Kleber unterliegt überdies der Schimmelbildung. Kleber löst sich in Alkalien auf. Ein gutes Aufschließungsmittel für denselben ist das Natriumperborat[1]).

In der Textilindustrie findet der Kleber manchmal als Ersatz von Albumin Verwendung. Der reine Kleber hat für die Appretur keine besondere Bedeutung, denn zumeist kommt er mit Stärke zusammen in Form von Getreidemehlen zur Anwendung. In größerer Menge dient der isolierte Kleber zur Herstellung verschiedener Teigwaren, gewöhnlich unter Zusatz von Mehl, z. B. Makkaroni, sowie zu Klebzwecken.

Das Präparat „Lucin" wird durch Trocknen bei 25—30° des durch Selbstgärung verflüssigten Klebers hergestellt und in dünnen Blättchen in den Handel gebracht.

Ein ähnliches Produkt ist der „Eiweißleim". Er wird in Form von Tafeln in den Handel gebracht, welchen leimähnliche Eigenschaften zukommen. Er findet fallweise in der Schlichterei, Appretur und Druckerei sowie als Klärmittel Verwendung.

Nukleoalbumine sind phosphorhaltige, in Wasser unlösliche Proteine, welche mit Basen, insbesondere mit Alkalien und alkalisch reagierenden Salzen lösliche Verbindungen bilden, aus welchen sie durch Zusatz von Säuren wieder zur Fällung gebracht werden. Ihre Salzlösungen sind beim Erhitzen nicht koagulierbar. Zu den Nukleoalbuminen gehört als wichtigstes Glied das

Kasein (Laktarin, Käsestoff).

Kasein ist der in der Milch vorhandene, an Kalium und Natrium gebundene Eiweißstoff.

Die Kuhmilch enthält im Mittel

Fett	3,4%,
Milchzucker	4,5%,
Eiweißstoffe	3,4% (meist Kasein),
Salze	0,7%,
Wasser	88,0%.

Beim Stehen der Milch siedeln sich Milchsäurebakterien an, welche den Milchzucker in Milchsäure überführen. In dem Maße, als in der von Natur aus schwach alkalischen Milch der Gehalt an freier Milchsäure zu-

---

[1]) S. 116.

nimmt, fällt das Kasein, weil es in sauren Flüssigkeiten unlöslich ist, aus, d. h. die Milch gerinnt. Trägt man „Lab" (das Enzymgemisch der inneren Magenschleimhaut der Kälber und Schweine) bei 30—40⁰ in die Milch ein, so scheidet sich das Kasein ebenfalls, und zwar als Parakaseinkalk, aus[1]). Auch ein Zusatz von Essigsäure oder Mineralsäuren bringt das Kasein zur Fällung.

Bei der fabrikmäßigen Darstellung des Kaseins wird die von Fett befreite (entrahmte) Milch mit etwas Essigsäure versetzt und der Käsestoff nach seiner Ausscheidung zuerst mit säurehaltigem, dann mit reinem Wasser gewaschen und von dem noch vorhandenen Fett durch Behandeln mit Äther befreit. Nach einem anderen Verfahren wird die entrahmte Milch eingedampft und der Rückstand mit Äther entfettet. Aus der wässerigen Lösung des Rückstandes wird durch Zusatz von Alkohol reines, aber noch an Alkali gebundenes Kasein gefällt. Das nach dem einen oder anderen Verfahren erhaltene Kasein wird vorsichtig getrocknet.

Eigenschaften des Kaseins. Reines Kasein ist weiß; die gewöhnliche Handelsware bildet ein gelbliches, griesartiges Pulver, das in Wasser unlöslich ist, sich aber bei Gegenwart von Natronlauge, Ammoniak oder alkalisch reagierenden Salzen zu einer gut klebenden, dicken Flüssigkeit leicht löst. Die Klebkraft alkalischer Kaseinlösungen ist jedoch nicht so groß wie die des Leimes. In Seifenlösungen quillt das Kasein auf. Bei Säurezusatz sowie bei Zusatz von Formaldehyd scheidet es sich wieder aus.

Auf der Eigenschaft des Kaseins, bei Anwesenheit von alkalisch reagierenden Stoffen lösliche Kaseinsalze zu bilden, beruht die Darstellung löslicher Kaseinpräparate; solche sind: das lösliche Laktarin[2]), das Kaseogummi (eine Lösung von Kasein in Kalkwasser)[3]), Laktarinleim usw. Durch Mischen von frischem Kasein mit Kalkbrei erhält man den als Porzellankitt dienenden Kaseinleim. Nach Just wird ein lösliches Kasein durch Trocknen einer alkalischen Kaseinlösung in dünner Schicht bei 100—105⁰ hergestellt; die gebildeten Schuppen werden zerkleinert und gesiebt.

Die Verwendung des Kaseins in der Appretur ist eine sehr beschränkte; es dient als billiges Ersatzmittel für Albumin und kann alkalisch reagierenden Appreturmassen zugesetzt werden; etwas mehr Verwendung findet es in der Druckerei, doch wird hier Albumin vorgezogen. Die Herstellung von Kitten aus Kasein ist schon lange bekannt. In neuerer Zeit wird aus Kasein durch Einwirkung von Formaldehyd ein hornartiges Produkt — das Galalith — hergestellt, das in der

---

[1]) Auf diese Weise wird das Kasein bei der Käsebereitung abgeschieden; die verbleibende Flüssigkeit (süße Molke) wird durch Eindampfen auf Milchzucker verarbeitet.

[2]) Stolle & Kopke, Rumburg.

[3]) Kaseogummi dient zum Imprägnieren von Baumwoll- und Leinengeweben, um der Pflanzenfaser die Eigenschaften der tierischen zu erteilen. Das „Animalisieren" der Pflanzenfaser wird dadurch bewirkt, daß die Luftkohlensäure das Kasein unter Bildung von Kalziumkarbonat in fein verteilter Form zur Ausscheidung bringt. Die so behandelte Faser läßt sich ähnlich der tierischen färben.

Wärme plastisch, sonst aber dem Zelluloid ähnlich ist[1]). Die „Härtung“ des Kaseins durch Formaldehyd hat zu einem Verfahren zum Wasserdichtmachen von Geweben geführt.

Prüfung des Kaseins. Der Aschengehalt des reinen Kaseins beträgt nicht mehr als 0,5%, jener der Handelsprodukte hingegen bis 6%. Besonders die löslichen Kaseine weisen einen hohen, von beigemischten Salzen herrührenden Aschengehalt auf.

Die wasserunlöslichen Kaseine können freie Säure enthalten. Man prüft auf diese, indem man 10 g Kasein mit 100 cm³ Wasser schüttelt, filtriert und das Filtrat mit Phenolphthalein prüft; tritt keine Färbung ein, so läßt man aus einer Bürette $^1/_{10}$-n-Natronlauge bis zur beginnenden Rotfärbung zutropfen; dazu dürfen bei guter Ware nicht mehr als 0,5 cm³ verbraucht werden.

2. Die zusammengesetzten Eiweißstoffe enthalten neben den einfachen Eiweißstoffen noch andere Substanzen, welche meist sehr kompliziert aufgebaut, aber nicht eiweißähnlich sind.

Zu diesen gehört unter anderen das Hämoglobin, d. i. der rote Blutfarbstoff der Wirbeltiere, welcher den Hauptbestandteil der roten Blutkörperchen bildet.

3. Die Albuminoide sind nur im tierischen Organismus vorhanden. Sie sind niemals Teile der tierischen Zelle, gehen aber stets aus den Eiweißstoffen derselben hervor und bilden jene Masse, in welcher die Zellen eingelagert sind. Da sie in allen tierischen Flüssigkeiten unlöslich sind, treten sie im tierischen Organismus nur in festem Zustande auf[2]).

In diese Gruppe der Eiweißstoffe gehören die Kollagene oder leimgebenden Gewebe. In größerer Menge sind sie auch im Bindegewebe, in der Haut und in den Sehnen der Wirbeltiere, in der Schwimmblase mancher Fische usw. enthalten. Beim Kochen mit Wasser gehen die Kollagene in das Glutin, die eigentliche Leimsubstanz, über. Glutin ist geruch- und geschmacklos, amorph, quillt im kalten Wasser stark auf und löst sich erst in heißem Wasser zu einer zähen, kolloiden Flüssigkeit von sehr guter Klebkraft. Beim Erkalten erstarrt die Glutinlösung zu einer Gallerte. Das Glutin kann aus seiner Lösung durch Alkohol ausgeschieden werden. Mit Gerbsäure und Formaldehyd gibt Glutin unlösliche Verbindungen; bei Gegenwart von Alkali wird es auch durch Aluminium-, Ferri- und Chromisalze ausgeschieden. Mit Kaliumbichromat vermischtes Glutin wird nach Belichtung in Wasser unlöslich.

Leim[3]).

Leimgebende Substanzen, sogenannte Kollagene, wie die Gewebe der Lederhaut und das Ossein des Knorpels, quellen beim Kochen

---

[1]) Lösliche Kaseinpräparate sind auch die als Kräftigungsmittel empfohlenen pharmazeutischen Spezialitäten Sanatogen, Sanose usw.

[2]) Von den Albuminoiden ist auch das Fibroin — als wesentlichster Bestandteil der Seide — erwähnenswert (S. 182).

[3]) Literatur über Leim: Kißling, Leim und Gelatine; Muspratt, Ergänzungsbd. III, 1, S. 688; Thiele: Die Fabrikation von Leim und Gelatine.

mit Wasser auf und gehen allmählich als Leim in Lösung. Der wesentliche Bestandteil des Leimes ist das Glutin.

Man unterscheidet den **Knochenleim,** den **Haut-** oder **Lederleim** **(Tischlerleim)** und den **Fischleim.**

Zur Gewinnung des Knochenleimes dient das organische Gewebe der Knochen, das als sogenannter Knochenknorpel ungefähr den dritten Teil des Knochens beträgt. Die leimgebende Substanz des Knorpels führt auch den Namen Ossein. Durch Einlegen der Knochen in verdünnte Salzsäure werden denselben die mineralischen Bestandteile entzogen. Diese bestehen zum größten Teil aus Kalziumphosphat $Ca_3(PO_4)_2$, das aus der salzsauren Lösung durch Zusatz von Kalkmilch oder Kalziumkarbonat wiedergewonnen wird. Die von der Salzsäure nicht angegriffene weiche Knorpelmasse wird zuerst mit Kalkmilch und dann mit Wasser gewaschen und schließlich mit Wasser oder Dampf verkocht. Nach dem Klären mit schwefliger Säure oder Tierkohle gießt man die etwas abgekühlte Leimlösung in Formen, in welchen sie zu gallertigen Blöcken erstarrt. Diese werden in Tafeln geschnitten und auf aus Bindfaden gefertigten Netzen sorgfältig getrocknet.

Die kleine Menge des im Knochenleim zurückgebliebenen Kalziumphosphates ist die Ursache seines milchigen Aussehens, das zeitweise, wie beim russischen Leim, durch Zusatz von Baritweiß, Zinkweiß, Bleiweiß, Ton, Kreide, Knochenasche und in neuerer Zeit Lithopone[1]) noch vermehrt wird.

Nach einem anderen Verfahren werden die mit Benzin oder Tetrachlorkohlenstoff entfetteten Knochen gereinigt, zerkleinert und das erhaltene Knochenschrot abwechselnd mit Wasser und überhitztem Dampf ausgekocht. Die Leimbrühe wird im Vakuumkessel eingedampft und dann wie oben weiter behandelt.

Aus Kehlkopfknorpeln, Rippen und Gelenken gewinnt man den Knorpelleim. Früher nahm man als Grundsubstanz des Knorpels das Chondrogen an und bezeichnete den Knorpelleim als Chondrin. Morochowetz erkannte jedoch das Chondrin als ein Gemenge von Kollagen mit einem zweiten Eiweißkörper, dem Mucin.

Zur Herstellung des Haut- oder Lederleimes eignen sich besonders Abfälle der Schlachthäuser, der Gerbereien und Abdeckereien, verschiedene Felle usw. Um das dem Leimgut anhängende Blut und die Fleischteile zu entfernen sowie die Fettstoffe zu verseifen, behandelt man dasselbe längere Zeit mit dünner Kalkmilch und wäscht es dann in fließendem Wasser. Die weitere Behandlung wird wie beim Knochenleim durchgeführt.

Als bester Hautleim gilt der Kölner Leim. Er besitzt eine hohe Klebkraft. Die feinen Sorten sind mit Chlor gebleicht.

Eine sehr reine Hautleimsorte ist auch der Appreturleim, welcher dem reinen Glutin nahesteht.

In leicht löslicher Form kommt der Leim auch als Leimpulver und Schuppen- und Flockenleim in den Handel. Die Herstellung dieser Leimsorten kürzt die beim Tafelleim nötige Trocknungsdauer wesentlich ab. Einen Vorteil für diese Leimsorten bietet die kurze Quelldauer vor ihrer Verwendung; es fehlt ihnen aber die glasige Beschaffenheit. Ein glasiges und gleichfalls rasch quellendes Produkt bilden die in jüngster Zeit in den Handel gebrachten „Leimperlen" und „Gelatineperlen"[2]).

Ein geringwertiger, unangenehm riechenden Tischler- und Appreturleim wird aus Fischabfällen hergestellt.

---

[1]) Lithopone ist ein als weiße Malerfarbe benütztes Gemenge von Bariumsulfat und Zinksulfid.

[2]) A.-G. für chem. Prod. vorm. H. Scheidemandl, Berlin.

Eigenschaften des Leimes. Die Leimtafeln sind von gelblich-brauner Farbe und lassen die Netzabdrücke deutlich erkennen. Ein guter Leim soll glänzend, durchscheinend, hart und spröde sein, an der Luft trocken bleiben und keine trüben Stellen (Wolken und Schlieren) enthalten. Sein Bruch soll glasartig glänzend sein. Ein splitteriger Bruch deutet auf nicht gut verkochte, sehnige Teile.

In kaltem Wasser quillt der hauptsächlich aus Glutin bestehende Leim stark auf[1]), in heißem ist er zu einer schleimigen Flüssigkeit von hoher Klebkraft leicht löslich. Etwas schwerer löst sich der Knorpel-leim. Die Klebkraft des Knorpelleimes ist etwas geringer als die des Haut- oder Lederleimes. Die Verflüssigung in Wasser beginnt bei 48° und ist bei 50° vollständig. Bei gewöhnlicher Temperatur soll ein guter Leim selbst nach 48stündigem Liegen in Wasser nicht zerfließen und an dieses keine löslichen Stoffe abgeben. Die in der Wärme bereitete Leimlösung soll eine neutrale Reaktion zeigen. Beim Abkühlen gerinnt die Lösung, wobei eine durchsichtige, zitternde Gallerte entsteht, welche sich beim Erwärmen wieder verflüssigt. Die Fähigkeit, beim Erkalten zu einer Gallerte zu gestehen, kommt noch einer 1%igen Leimlösung zu. Durch anhaltendes Kochen der Leimlösung wird das Glutin hydrolytisch in peptonartige Produkte übergeführt, wodurch die Lösung sowohl die Fähigkeit zu gelatinieren als auch an Klebkraft verliert. Bei Zusatz von Säuren, wie Essigsäure, Oxalsäure, Salz-säure, Salpetersäure, bleibt die Leimlösung flüssig, doch behält sie ihre Klebkraft bei; man benutzt dieses Verhalten zur Bereitung des flüssigen Leimes, welcher unter verschiedenen Namen, z. B. Syndetikon, in den Handel gelangt. Aus der Knorpelleimlösung fällt bei Zusatz von Essigsäure, Milchsäure oder kleinen Mengen von Mineralsäuren ein Niederschlag aus, der in Alkalien wieder löslich ist.

Alaun, Chromalaun und Formaldehyd machen die Leimlösung dicker und führen zur Bildung von unlöslichen Niederschlägen. In der-selben Weise wirkt Kaliumbichromat, wenn die Leimlösung einige Zeit dem Sonnenlichte ausgesetzt wird. Durch Zusatz von etwas Zitronensäure oder Essigsäure kann man den Leim wieder flüssiger machen. Von dieser „Härtung" des Leimes macht man bei der Her-stellung von plastischen Massen und Kitten sowie auch in der Appretur Anwendung. Chromleime sind Gemische von Leim mit Kalium-bichromat oder Chromalaun.

Der dem reinen Glutin am nächsten stehende Leim ist die

Gelatine. Zu ihrer Herstellung werden nur sehr reine und für die Leimgewinnung am besten geeignete Materialien, wie Kalbsfüße, Kalbsköpfe, Stirnzapfen der Rinder, Weißlederabfälle usw., verwendet. Die Gelatine wird stets einem Reinigungs- und Bleichprozeß, z. B. mit Wasserstoffsuperoxyd, unterworfen, wodurch man ein farbloses bis schwach gelbliches Produkt erzielt, das in sehr dünnen, geruch- und geschmacklosen Blättern in den Handel gelangt. Die Klebkraft der Gelatine ist geringer als die des Leimes.

---

[1]) Siehe Eigenschaften des Glutins, S. 200.

Als „Fischleim" kommt die getrocknete innere Haut der Schwimmblase einiger Fische, wie des Hausens, des gemeinen Störs u. a., in den Handel. Man bezeichnet ihn gewöhnlich als „Hausenblase".

Verwendung des Leimes und der Gelatine. Am meisten findet der Leim zu Kleb- und Bindezwecken Verwendung. Auch in der Appretur macht man von seinen Eigenschaften ausgiebigen Gebrauch. Er wird vielfach Schlicht- und Appreturmassen zugesetzt. Er dient zur Erzielung großer Steifheit bei baumwollenen und leinenen Geweben. In der Schlichterei der Wollgarne wird Leim oft für sich allein verwendet; auch werden Wollgewebe mit einer dünnen Leim- oder Gelatinelösung appretiert (geleimt, gummiert). Der Begriff des „Gummierens" von Wollwaren bezieht sich auch auf die Verwendung anderer Appreturmittel. Heller Leim und Gelatine finden auch in der Appretur von Seide und Halbseide Verwendung. Leider geht oft der unangenehme Geruch der gewöhnlichen Leimsorten in die appretierte Ware über. Ein Zusatz von Leim zur Appreturmasse dient häufig als Bindemittel für mineralische Stoffe, z. B. für China-Clay. Um einen weniger spröden Leimappret zu erzielen, mischt man manchmal der Leimlösung etwas Kalziumchlorid oder Glyzerin (etwa 5%) bei. Dunkelbraune, nicht durchsichtige, meist übelriechende Leimsorten (Pariser Leim, Hutmacherleim) sind wegen der hohen Hygroskopizität in der Hutmacherei beliebt. In der Färberei und im Zeugdruck wird der Leim nur wenig verwendet.

Anderwärtige Verwendung findet der Leim zum Leimen feiner Schreib- und Zeichenpapiere, zur Bereitung von „Leimfarben", des Stuckgipses usw. Gelatine dient medizinischen und bakteriologischen Zwecken; sie wird als Klärmittel für gerbsäurehaltige Getränke, z. B. Wein, gebraucht. Die in der Küche verwendete Gelatine wird häufig gefärbt.

Da die Leimlösung sehr leicht in Fäulnis übergeht, erscheint ein Zusatz von antiseptisch wirkenden Mitteln, wie Salizylsäure, Formaldehyd u. dgl. sehr notwendig[1]).

Chromleime[2]) finden außer zum Kitten von Glas, Porzellan und Eisen zum Appretieren, insbesondere beim Wasserdichtmachen, Verwendung; auch in der Photographie bedient man sich ihrer.

Durch Einwirkung von Formaldehyd auf Gelatine wird die sogenannte Vanduraseide bereitet, ein Präparat, das sich wegen seiner Brüchigkeit und des Erweichens beim Erwärmen keinen Eingang verschaffen kann.

Beurteilung des Leimes. Die Prüfung auf die oben angeführten Eigenschaften, welche einem guten Leim zukommen sollen, unterliegt keinen Schwierigkeiten. Neben der neutralen Reaktion sind für die Beurteilung des Leimes zu Appreturzwecken insbesondere die Klebkraft und die Verdickungsfähigkeit in Betracht zu ziehen.

---

[1]) Ein zu großer Formaldehydzusatz führt zur Bildung unlöslicher Niederschläge. — Der auch der unzersetzten Leimlösung zukommende Geruch kann durch einen Zusatz von etwas Nitrobenzol (Mirbanöl) verdeckt werden.

[2]) S. 202.

E. Schmidt hält für die Beurteilung des Leimes die Bestimmung der Viskosität am wertvollsten[1]). Sie wird bei Benutzung des Englerschen Apparates[2]) mit einer 15%igen Gallerte bei 30⁰ vorgenommen. Ein höherer Viskositätsgrad kennzeichnet eine bessere Qualität des Leimes. Bei Leimsorten mit unzulässigen Beimengungen hat die Viskositätsbestimmung selbstverständlich keinen Wert[3]).

Kohlenhydrate.

Den Kohlenhydraten kommt die allgemeine Formel $C_mH_{2n}O_n$ zu; sie sind demnach organische Verbindungen, welche neben Kohlenstoff noch die Elemente Wasserstoff und Sauerstoff in jenem Verhältnis enthalten, das der Zusammensetzung des Wassers entspricht. Von besonderer Bedeutung sind jene Kohlenhydrate, bei welchen die Anzahl der im Molekül vorhandenen Kohlenstoffatome (m) durch die Zahl 6 oder ein Vielfaches von 6 ausgedrückt ist: sie werden Saccharide genannt und sind im Pflanzenreiche sehr verbreitet. Man unterscheidet:

1. Monosaccharide $C_6H_{12}O_6$ (Traubenzucker und Fruchtzucker);

2. Disaccharide $C_{12}H_{22}O_{11}$ (Rohr- oder Rübenzucker, Milchzucker und Malzzucker);

3. Polysaccharide $(C_6H_{10}O_5)x$ (Zellulose, Stärke, Dextrine, Gummiarten und Pflanzenschleime).

Unter dem Einflusse von umgeformten Fermenten (Enzymen) oder beim Kochen mit verdünnten Säuren erleiden die Di- und Polysaccharide eine hydrolytische Spaltung, wobei sie in Monosaccharide zerfallen. Während wir das Molekulargewicht der Mono- und Disaccharide genau kennen, ist uns die Zahl der in Polysaccharidmolekülen vorhandenen Monosaccharidkomplexe noch unbekannt. Um die Ungewißheit ihrer Molekulargewichte anzudeuten, setzt man die ihrer prozentischen Zusammensetzung entsprechende Formel in Klammern und fügt ein x hinzu: $(C_6H_{10}O_5)x$. Es besitzen demnach die Moleküle der Polysaccharide einen komplizierteren Aufbau als die der Di- und Monosaccharide.

Zellulose $(C_6H_{10}O_5)_x$ und ihre Präparate[4]).

Die **Zellulose (Zellstoff)** ist der Hauptbestandteil der Zellwände (Zellmembranen) aller Pflanzen. In fast reinem Zustande ist sie nur in seltenen Fällen, wie in jungen Pflanzenteilen und im Mark mancher Pflanzen enthalten. Eine fast reine Zellulose ist die Baumwolle (Samenhaare der Baumwollfrucht); hingegen sind alte Zellwände des Flachses, des Hanfes u. a., insbesondere aber jene des Holzes, mehr oder weniger starr, verholzt, mit Einlagerungen (Inkrusten) wie Ligninsubstanzen[5]),

[1]) Chem. Zeit 1910, S. 993.

[2]) „Einf. in die quant. textilchem. Unters.“, S. 161.

[3]) Näheres über die Untersuchung des Leimes in „Einf. in die quant. textilchem. Unters.“ S. 170.

[4]) Literatur: Heuser, Lehrbuch der Zellulosechemie; Schubert, Zellulosefabrikation; Piest, Die Zellulose; Schwalbe, Die Chemie der Zellulose; K. Süvern, Die künstliche Seide; N. O. Witt, Die künstlichen Seiden; Christiansen, Über Natronzellstoff; P. Gardner, Die Merzerisation der Baumwolle und die Appretur merzerisierter Gewebe; Muspratt, Erg.-Bd. III, 2, 1917 u. a.

[5]) Das Lignin oder Holzsubstanz stellt nach Cros und seinen Mitarbeitern ein Oxydationsprodukt der Zellulose vor. — Zu den Umwandlungsprodukten der Zellulose gehört auch die Korksubstanz (Suberin).

Holzgummi, Harzen, Gerbstoffen u. a. sowie mineralischen Stoffen durchsetzt. Da die Zellulose in allen gebräuchlichen Lösungsmitteln unlöslich ist, kann sie in reinem Zustande durch eine stufenweise Behandlung der pflanzlichen Faser mit verdünnten Säuren, Alkalien, Alkohol und Äther erhalten werden. Diese Reagenzien lösen nur die Verunreinigungen, während die Zellulose als eine schneeweiße, flockige, amorphe Masse als Rückstand verbleibt.

Die Zellulose ist ein kolloider Stoff und bildet in der Pflanze mit dem Mikroskop wahrnehmbare, lang gestreckte Fasern.

Die Zellulose ist nach den neueren Anschauungen keine einheitliche chemische Verbindung, sondern eine Gruppe von aus Kohlenstoff C, Wasserstoff H und Sauerstoff O bestehenden Stoffen — Kohlenhydraten — welche, ähnlich wie die Stärke, aus einfachen Kohlenhydraten, insbesondere aus Traubenzucker $C_6H_{12}O_6$ aufgebaut werden; letztere wieder aus dem Kohlendioxyd CO_2 und Wasser H_2O durch den Assimilationsprozeß[1]). Aus dem Verhalten der Zellulose zu den verschiedenen chemischen Agenzien nimmt man an, daß in ihrem Molekül einfache Kohlenhydrate ätherartig miteinander verknüpft sind, daß sie ferner die für Alkohole und Ketone charakteristischen Gruppen enthält sowie einen schwach sauren und gleichzeitig einen noch schwächer basischen Charakter besitzt. Auf Grund dieser Anschauungen sind bereits mehrere, allerdings voneinander noch etwas abweichende „Strukturformeln" für die Zellulose aufgestellt worden.

K. Heß und seine Mitarbeiter haben in neuester Zeit für die Zellulose ein Molekulargewicht ermittelt, das der einfachen Formel $C_6H_{10}O_5$ entspricht.

Der Pflanzenzellstoff findet bei genügender Länge der Zellen in seiner natürlichen Form als Faserstoff (Baumwolle, Flachs, Hanf, Ramie, Jute) zur Herstellung von Garnen bzw. Geweben Verwendung. Hingegen besteht das Holz unserer Bäume aus kurzen Zellen, unter 5 mm, die auch nach Entfernung der Einlagerungen nicht verspinnbar sind, wohl aber den wichtigsten Rohstoff für Papier bilden.

Die Gewinnung der Zellulose. Zur Bereitung einer, insbesondere in der Papierfabrikation aber auch für andere Zwecke geeigneten Zellulose muß das Rohmaterial von allen Einlagerungen befreit werden. Zu diesem Zwecke wird das Holz (meist Fichten- und Tannenholz) 20—30 Stunden mit einer Lösung von Kalziumbisulfit in schwefliger Säure bei 3 at Druck behandelt, wobei der Holzstoff und die übrigen Einlagerungen gelöst und mit der Ablauge abgeführt werden, während eine weiße Zellulose als Rückstand verbleibt. Hingegen wird das Stroh und in manchen Ländern auch das Holz mit Natronlauge oder Natriumsulfid aufgeschlossen. Bei Anwendung von Bisulfit heißt das Erzeugnis Sulfitzellstoff (Sulfitzellulose), bei Anwendung von Natronlauge Natronzellstoff (Natronzellulose)[2]).

Die Ablaugen der Sulfitzellstoffgewinnung enthalten neben Holzstoff Zuckerarten, Harze u. a. gelöst. Trotz der vielen Bemühungen und der Aussichten auf hohen Gewinn ist es bisher nicht gelungen, die Zelluloseablaugen in befriedigender Weise technisch zu verwerten. Sie

---

[1]) S. 220.
[2]) Als Holzschliff wird ein ohne chemische Behandlung zwischen Mühlsteinen zerriebenes Holz bezeichnet. Der Holzschliff dient zur Bereitung billigen Zeitungs- und Packpapiers.

werden manchmal als Zusatz zu Appreturmassen empfohlen. In Verbindung mit anderen Stoffen, wie z. B. mit Kleber, können sie auch bei der Herstellung von Klebstoffen dienlich sein. Aus den Ablaugen der Sulfitzellulosefabrikation hergestellte Präparate sind z. B. der Gerbleim und das Dextron; beide sind in Alkalien löslich und besitzen eine gute Klebkraft. Ein anderes Produkt ist das Protectol[1]).

Die Badische Anilin- und Sodafabrik benützt das Vermögen der Zellstoffablaugen, schwer lösliche Substanzen kolloidal zu lösen, zur Herstellung von kolloiden Lösungen wasserunlöslicher Farbstoffe.

Papiererzeugnisse für textile Zwecke[2]). Durch Zerschneiden von Zellstoffpapier in Streifen und Drehen zu Fäden erhält man das Zellstoffgarn. Eine größere Elastizität und Haltbarkeit in feuchtem Zustande hat das Textilosegarn von Claviez. Zu seiner Herstellung wird das Papier ein- oder zweiseitig mit einem Vließ aus Baumwoll- oder Juteabfällen in nassem Zustande in Fäden gedreht. Die Textilose dient als Ersatz für Jute zu Seilerwaren, Teppichen, Möbelstoffen, Matten, besonders aber für Säcke. Die Nachfrage nach diesen Erzeugnissen war während des Krieges eine große, nimmt aber jetzt rasch ab.

Das „Zellulosegarn" wird nicht aus Papier hergestellt, sondern stellt einen durch Behandeln mit Viskose verspinnbar gemachten Holzzellstoff vor.

Die für textile Zwecke, insbesondere für die Kunstseiden, bestimmte Holzzellulose wird behufs Erzielung eines geeigneten Materials nach dem Sulfitverfahren im eigenen Betriebe gewonnen und gebleicht, und nicht etwa aus Papierfabriken bezogen. Für die Textilindustrie ist jedoch die aus der Baumwolle gewonnene Baumwollzellulose besser geeignet als die Holzzellulose. Während letztere einen gelblichen Stich und einen Aschengehalt von 0,2—0,4% besitzt, ist die Baumwollzellulose reinweiß und hinterläßt beim Verbrennen nur 0,12—0,3% Asche.

Zur Gewinnung der Baumwollzellulose wird die Baumwolle wie für die Bleiche zuerst dem „Beuchprozeß" unterworfen. Dieser besteht in der Behandlung der Ware mit alkalischen Flüssigkeiten in der Siedehitze unter Druck. Dadurch werden die in der Baumwollfaser vorhandenen Fette durch Verseifung entfernt, der natürliche Farbstoff freigelegt und so seine Beseitigung durch den nachfolgenden Bleichprozeß begünstigt. Nach der zumeist mit Chlorkalk durchgeführten Bleiche wird das Material gewaschen und getrocknet. Die Kunstseidefabriken beziehen die so vorbereitete Ware aus Baumwollbleichereien oder stellen sie im eigenen Betriebe her. Zur Verarbeitung gelangen zumeist Spinnereiabfälle (Kämmlinge) und billige Baumwollsorten.

Abbau des Zellulosemoleküls. Da die Zellulose in ihrer ursprünglichen Form in keinem Lösungsmittel löslich ist, kann man eine „Zelluloselösung" nur in der Weise erhalten, daß man zuvor ihr kompliziertes Molekül in verhältnismäßig einfachere zerlegt. Je weiter dieser Abbau geht, desto mehr büßt das entstandene Produkt den Kolloidcharakter ein, desto ungeeigneter ist es für die Herstellung von Kunstfasern und anderen Erzeugnissen.

---

[1]) S. 184.

[2]) Die Besprechung der Papierfabrikation selbst gehört nicht in den Rahmen dieses Buches.

Die abgebaute Zellulose ist entweder direkt in der zum Abbau angewandten Flüssigkeit löslich oder sie wird durch diese geeignet gemacht, sich in einem anderen Reagens zu lösen. Das Bestreben bei der Herstellung von „Zelluloselösungen" geht demnach dahin, die Zellulose dabei möglichst wenig stofflich zu verändern. Einen derartigen Abbau des Zellulosemoleküls bewirken unter gleichzeitiger chemischer Bindung von Wasser starke Säuren und Alkalien sowie manche Salzlösungen, während Oxydationsmittel gleichzeitig zu Oxydationsprodukten der gebildeten Stoffe führen. Diese „hydrolisierten" Formen der Zellulose sind in jeder Hinsicht reaktionsfähiger als die gewöhnliche Zellulose.

Im folgenden sollen die Wirkungsweise der verschiedenen Reagenzien gegenüber der Zellulose und die daraus resultierenden Produkte hinsichtlich ihrer Verwendung in der Textilindustrie besprochen werden.

Verhalten der Zellulose zu Wasser. Kaltes Wasser ist auf Zellulose ohne Einfluß. Durch kochendes Wasser wird sie nach Versuchen von **Hübner** und **Pope** für direkte Farbstoffe empfänglicher, weniger empfänglich für basische Farbstoffe. Dabei erlangt die Baumwolle auch einen gewissen, wenn auch geringen Grad der Formbarkeit, was ihr beim Kalandern u. dgl. zugute kommt. **Schwalbe** nimmt an, daß durch kochendes Wasser bereits eine „Hydratisierung" der Zellulose eingeleitet wird. Bis zu einem sechsstündigen Kochen nimmt die Festigkeit der rohen Baumwollgarne zu, bei längerem Kochen wird die Festigkeit durch Bildung von „Oxyzellulose" geringer[1]). Nach **Tauß** wird die Baumwolle beim Kochen unter einem Druck von 20 at gallertartig und nach dem Trocknen pulverisierbar.

[1]) Über Oxyzellulose S. 212, 219.

Abb. 29. Breitsäure- und Karbonisiermaschine mit Absaugmaschine. (Ernst Geßner A.-G., Aue i. Erzgeb.)

Verhalten der Zellulose zu Schwefelsäure. Von verdünnter Schwefelsäure wird die Zellulose auch in der Wärme nur wenig angegriffen. Wird jedoch z. B. Baumwolle mit verdünnter Schwefelsäure getränkt und dann heiß getrocknet, so tritt die Bildung einer zerreiblichen Masse, der Hydrozellulose $(C_6H_{10}O_5)_xH_2O$ ein. Auf diesem Vorgang beruht das „Karbonisieren der Schafwolle". Es bezweckt, vegetabilische Beimengungen der Wolle und wollener Gewebe sowie der für die Kunstwollfabrikation bestimmten Lumpen zu zerstören. Zu diesem Behufe wird die Ware mit Schwefelsäure von 4^0 Bé getränkt, abgeschleudert, getrocknet und schließlich in einem geschlossenen Raum auf etwa 80^0 erwärmt. Die beim Verdunsten des Wassers zurückbleibende, sehr fein verteilte, aber nun konzentrierte Säure führt die Kletten und andere zellulosehaltigen Stoffe in ein Pulver über, das sich aus der Ware leicht entfernen läßt. Da von der konzentrierten Schwefelsäure auch die tierische Faser etwas angegriffen wird, ist für eine schnelle und vollständige Entfernung der Schwefelsäure durch verdünnte Sodalösung Sorge zu tragen. Eine Karbonisieranlage zeigt die Abb. 29.

Zum Karbonisieren gelangt auch farbige Ware; in diesem Falle müssen die Farbstoffe „karbonisierecht" sein.

Von ähnlicher karbonisierender Wirkung sind auch Salzsäure, Oxalsäure, Weinsäure und Zitronensäure.

Die Einwirkung einer starken, etwa 70%igen Schwefelsäure führt durch hydrolytische Vorgänge, je nach der Einwirkungsdauer und Temperatur, zu weiteren Abkömmlingen der Zellulose, wie zu Estern der Zellulose mit Schwefelsäure, Zellulosedextrin, Amyloid und schließlich zu Traubenzucker.

Bei der Herstellung des „vegetabilischen Pergaments" zieht man ungeleimtes Papier durch eine kalte Mischung von vier Teilen konzentrierter Schwefelsäure und einem Teil Wasser und wäscht es dann sofort aus. Das gebildete Amiloid verklebt die Papierporen an der Oberfläche, wodurch das Papier eine hornartige Beschaffenheit erhält, welche dem Zerreißen einen großen Widerstand leistet. Das Produkt bildet einen Ersatz für das tierische Pergament.

Die Gewinnung von Alkohol durch eine vollständige Verzuckerung der Zellulose mittels Schwefelsäure und Vergärung des gebildeten Traubenzuckers hat das Versuchsstadium überschritten.

Durch Einwirkung von Schwefelsäure auf Baumwolle wird die Affinität letzterer zu den basischen Farbstoffen erhöht. Wird das Baumwollgewebe mit 1%iger Schwefelsäure besprengt und dann bei 100^0 getrocknet, so kann man z. B. beim nachherigen Färben mit Methylenblau tiefblaue Tupfen erzielen. Hingegen erzeugen direkte Farbstoffe auf einer so behandelten Ware helle Effekte auf dunklem Grunde. Ähnlich, aber weniger intensiv als die Schwefelsäure, wirken auch Salzsäure und Phosphorsäure. Wm. Harrison nimmt auf Grund seiner Versuche an, daß durch die angeführte Behandlung die Zellulose in eine kolloide Form der Hydrozellulose übergeführt wird, da die Hydrozellulose selbst keine Affinität zu basischen Farbstoffen besitzt, die Bildung einer Oxyzellulose aber unwahrscheinlich erscheine, da bei der Einwirkung der Schwefelsäure kein Schwefeldioxyd frei wird.

Verhalten der Zellulose zu Salzsäure. Ähnlich wie mit Schwefelsäure läßt sich die Zellulose mit konzentrierter Salzsäure in Hydrozellulose überführen. Zum Zwecke der Karbonisation läßt man feuchtes Chlorwasserstoffgas auf die in der Schirpschen Trommel befindliche Ware einwirken. Dieses Karbonisierverfahren bürgert sich immer mehr ein.

R. Willstätter[1]) erhält durch kurzes Kneten der Zellulose, z. B. der Baumwolle, mit über 30% konzentrierter Salzsäure bei 15⁰ eine viskose Masse. Nach dem Absaugen des Chlorwasserstoffgases behufs seiner Rückgewinnung und nach Zusatz von Wasser koaguliert die Masse. Das Verfahren wird u. a. zur Darstellung von elastischen Massen, wie Films, sowie zur Herstellung von Spinnlösungen empfohlen.

Verhalten der Zellulose zu Salpetersäure. Die Wirkung der Salpetersäure auf die Zellulose kann dreierlei sein: eine **hydrolysierende**, eine **esterbildende** und eine **oxydierende**. Mit verdünnter Salpetersäure getränkte und dann getrocknete Zellulose wird, wie von anderen Mineralsäuren, in **Hydrozellulose** umgewandelt, während konzentrierte Salpetersäure von etwa 65% nach Knecht zu einem ähnlichen Produkt führt, wie es die merzerisierte Baumwolle vorstellt.

Nach Ch. Schwartz erhalten Baumwollgewebe — in ungebleichtem und nicht merzerisiertem Zustande — nach einer Behandlung mit konzentrierter Salpetersäure, welche zur geeigneten Zeit unterbrochen werden muß, durch eine Schrumpfung und Kräuselung ein wollartiges Aussehen, einen erhöhten Glanz und, was wirtschaftlich bedeutungsvoll werden kann, eine gegenüber der gewöhnlichen Baumwolle größere Festigkeit und demnach auch eine größere Dauerhaftigkeit. Überdies besitzt eine so behandelte Ware ein schöneres Aussehen, einen weichen Griff und läßt sich, ähnlich der merzerisierten Baumwolle, besser färben. Die Behandlung mit Salpetersäure verträgt aber auch mit echten Küpenfarbstoffen gefärbte Baumwolle. Dieses geschützte, neue Veredlungsverfahren der Philana-A.-G., Basel, wird als „Philanieren" bezeichnet und wird in den Höchster Farbwerken durchgeführt. Das Philanieren kann sowohl aus wirtschaftlichen als auch technischen Gründen nur in einer chemischen Fabrik durchgeführt werden.

Die esterbildende Wirkung der Salpetersäure ist von gleich großer Bedeutung für die Sprengstofftechnik, für die Textilindustrie und für die Herstellung von plastischen Massen. Wird die Zellulose mit einer Mischung von Salpetersäure und Schwefelsäure behandelt, so werden aus den zuerst entstandenen Zellulosehydraten „Zellulosenitrate" gebildet, das sind Esterverbindungen, welche für gewöhnlich, wenn auch fälschlich, Nitrozellulosen genannt werden. Je nach dem Konzentrationsgrad, der Temperatur und der Einwirkungsdauer sowie dem Wassergehalt der als „Nitriersäure" bezeichneten Mischung der genannten Säuren erhält man entweder die zur Herstellung von Zelluloid und Kunstseide dienende, weniger „nitrierte" Kollodiumwolle (Zellulosedinitrat $[C_6H_8(O \cdot NO_2)_2O_3]x$), oder die in der Sprengstofftechnik gebrauchte, stärker nitrierte Schießbaumwolle (Zellulosetrinitrat $[C_6H_7(O \cdot NO_2)_3O_2]x$).

Behufs Herstellung der Kollodiumwolle wird die mit verdünnter Natronlauge entfettete und mit schwacher Chlorkalklösung[2]) gebleichte Baumwolle z. B. mit einer Mischung, welche 44% Schwefelsäure, 38% Sal-

---

[1]) D. R. P. 273800; 1913.
[2]) Eine zu starke Chlorkalklösung führt zur Bildung von Oxyzellulosen, welche beim folgenden „Nitrieren" zu stark hydrolysiert werden.

petersäure und 18% Wasser enthält, bei 40⁰ behandelt, dann gewaschen und in Zentrifugen getrocknet. Das Präparat ist in einer Mischung von Äther und Alkohol, in Amylalkohol, Azeton, Eisessig, Äthylazetat u. a. löslich. Nach Piest wird die Löslichkeit der Nitrozellulose erhöht, wenn die Baumwolle vor dem Nitrieren 20 Minuten mit 18,5%iger Natronlauge merzerisiert wird.

Die aus Kollodiumwolle nach mehreren Verfahren hergestellten Kunstseiden bezeichnet man als Nitroseiden.

Chardonnettseide. Diese nach ihrem Erfinder benannte Kunstseide ist die älteste; sie wird seit dem Jahre 1884 hergestellt. Die Spinnlösung erhält man durch Auflösen der Kollodiumwolle in Äther-Alkohol. Die etwa 20%ige Lösung wird vor der Verwendung filtriert, behufs Beseitigung der Luftbläschen evakuiert und dann unter einem Druck von etwa 50 at. durch 0,1 mm weite Glaskapillaren in einen gewärmten Luftraum gepreßt. Das Lösungsmittel verdunstet sofort, wodurch ein zusammenhängender Faden gebildet wird. Die Fäden werden von den Holzspulen abgenommen, gezwirnt und zu Strängen gehaspelt. Behufs Beseitigung der durch die Nitrogruppen verursachten Feuergefährlichkeit wird die Ware noch mit einem Reduktionsmittel, zumeist einer verdünnten Natriumhypochloritlösung, behandelt. Die „Denitrierung" führt zur Bildung von Nitriten und dann unter Schwefelabscheidung zu solcher eines Zellulosehydrates, wobei ein Gewichtsverlust von etwa 40% eintritt. Schließlich wird die Ware gewaschen, behufs Beseitigung von Eisenspuren mit verdünnter Salzsäure gekocht, eventuell auch mit verdünnter Hypochloritlauge gebleicht, nach abermaligem Waschen abgesäuert, wieder gewaschen, abgeschleudert und getrocknet.
Die Chardonettseide besitzt gegen die natürliche Seide einen höheren Glanz und ein besseres Anfärbevermögen, aber eine geringere Festigkeit, besonders bei Gegenwart von Wasser.
Andere Nitroseiden sind die Kunstseiden nach Lehner und nach Vivier. Sie sind weniger brüchig, aber auch weniger glänzend als die Chardonnetseide.
Als künstliches Roßhaar werden aus Kollodiumlösungen roßhaarähnliche Fäden gezogen. Sie sind als Ersatz von Pferdehaaren zwar nicht verwendbar, da sie zu wenig elastisch sind, wohl aber zum Flechten von Litzen, Tressen u. dgl. Das unter verschiedenen Namen, z. B. Monofil, in den Handel kommende Erzeugnis zeichnet sich durch hohen Glanz und gutes Anfärbevermögen aus.
Da die Herstellung der Nitroseiden feuergefährlich und gegenüber neueren künstlichen Seiden teurer ist, ist dieselbe ziemlich aufgegeben.
Zelluloid (Zellhorn). Durch Zusammenschmelzen von Nitrozellulosen mit Kampfer oder durch Auflösen derselben in einer alkoholischen Kampferlösung unter Anwendung von Druck bei einer Temperatur von 130⁰ erhält man als bekannte plastische, leicht entzündliche Masse das Zelluloid, das unter anderem zur Herstellung von Filmen für die Kinematographie und zur Herstellung von Kunstleder (Pegamoid) dient. Dieses gewinnt man durch Überstreichen von Baumwolle, Leinengeweben oder Papier mit einer alkoholischen Lösung von Zelluloidabfällen, welcher Rizinusöl und Farbstoffe zugesetzt werden.

Auf die Verwendung von Kollodiumlösungen als Appreturmittel für Garne und Gewebe bezieht sich eine Reihe von Patenten. Es soll nur auf einige hingewiesen werden.

Heberlein & Co.[1] appretieren Baumwollwaren mit einer Kollodiumlösung behufs Erzielung eines seidenartigen Glanzes.

---

[1] D. R. P. 98 602; 1896.

Ähnliche Verfahren rühren von Boursier, Sutherland und Mac Laren, P. Jenny sowie Ch. Wolterek her[1]).

P. Krais und Bradford Dyers Ass.[2]) verwenden zum gleichen Zwecke Lösungen von Nitrozellulose in Amylazetat oder Amylformiat.

Zuweilen werden Baumwollgewebe mit dünnen Überzügen von Nitrozellulose versehen, um ihren durch einfaches Kalandern oder Merzerisieren und Kalandern hervorgerufenen Glanz auch nach einer. Behandlung mit Wasser zu behalten[3]).

F. A. Clossmann[4]) überzieht mit derselben Lösung Glanzwäsche, wodurch diese abwaschbar wird. Dem gleichen Zwecke dient eine Reihe anderer Verfahren, welche dem ersteren mehr oder weniger ähnlich sind. Vielfach werden den Nitrozelluloselösungen verschiedene Stoffe, wie Stearin, Paraffin, Zinkweiß usw. einverleibt.

Die Comp. Française des Applications de la Cellulose[5]) appretiert mit Nitrozelluloselösungen Kunstseidewaren.

Nach Paissan[6]) soll man durch Zusatz von Fischschuppen zur Lösung von Nitrozellulose in Azeton zu perlmutterglänzenden Effekten gelangen.

Bormand[7]) verwendet zu Appreturzwecken Nitrozelluloselösungen unter Zusatz von Rizinusöl[8]).

Auf die oxydierende Wirkung der Salpetersäure wird später hingewiesen werden[9]).

Verhalten der Zellulose zu Essigsäureanhydrid. Das Behandeln der Zellulose mit Essigsäureanhydrid und Eisessig bei Gegenwart von konzentrierter Schwefelsäure führt in der Kälte zu Essigsäureestern der Zellulose, zur sogenannten Azetylzellulose (Zellulosetriazetat $C_6H_7O_2[O \cdot C_2H_3O]_3$). Diese ist in Essigsäure, Phenol, Chloroform, Azeton, Tetrachloräthan usw. löslich. Die stark viskose Lösung dient unter anderem zur Herstellung der **Azetatseide**, der wertvollsten, aber auch teuersten Kunstseide.

Ihre Gewinnung geschieht ähnlich wie die der anderen Kunstseiden. Der aus dem Spinnapparat austretende Faden wird im Benzol, Alkohol, Ligroin u. dgl. zum Erstarren gebracht. Die aus glänzenden, glasklaren Fäden bestehende Azetatzellulose ist gegen Wasser weniger empfindlich und nimmt die Farbstoffe leichter auf als die anderen Kunstseiden.

Die Azetylzellulose läßt sich in der Appretur ähnlich wie die Kollodiumwolle verwenden und besitzt gegen diese den Vorteil, nicht feuergefährlich zu sein.

Nach einem patentierten Verfahren lassen sich mit Hilfe der Azetylzellulose unter Mitwirkung von Glimmerpulver auf Geweben Seidenglanzeffekte erzielen. Nach Fr. Bayr & Co.[10]) erhält man Fäden mit Metallglanz durch Überziehen von Fäden beliebiger Herkunft mit Lösungen von Zelluloseazetaten in Mischung mit Metallbronzen oder Metallpulver mit oder ohne Zusatz von Pigmentträgern oder Farbstoffen. Lösungen der Azetylzellulose in Tetrachloräthan sollen sich insbesondere zum Imprägnieren

---

[1]) „Färber-Zeitung" 1898, S. 126; 1899, S. 180, 209.
[2]) D. R. P. 212 695.
[3]) W. Massot, Monatsschrift für Textilindustrie. 18, S. 590.
[4]) D. R. P. 190 671.　　　　[5]) Franz. Pat. 417 599.
[6]) Franz. Pat. 416 283.
[7]) F. Erban, Anwend. d. Fettstoffe in der Textilindustrie, S. 46.
[8]) Eine übersichtliche Zusammenstellung über die Verwendung von Kollodiumlösungen in der Appretur bringt z. B. Chaplet („Färber-Zeitung" 1909, S. 245).　　　　[9]) S. 219.　　　　[10]) D. R. P. 243 068.

von Flugzeugflächen sehr gut eignen. Sie kommen unter den Namen Cellazo-
lack, Azetolack, Cellon[1]) in den Handel.

Frossar und Rebert empfehlen die von Bayer & Co. unter dem
Namen Sericose hergestellte Azetylzellulose als Ersatzmittel für Kasein
und Albumin beim Bronzedruck. Dazu ist auch die Viskose geeignet.

Verhalten der Zellulose zu Ameisensäure. Nach verschiedenen patentierten Verfahren, am einfachsten durch Einwirkung von Ameisensäure bei
Gegenwart von etwas Schwefelsäure auf reine Zellulose, erhält man die
Formylzellulose. Die Löslichkeit der Formylzellulose ist im allgemeinen
dieselbe wie bei der Azetylzellulose; im Tetrachloräthan ist jedoch die Formylzellulose unlöslich. Die aus der Lösung abgeschiedenen Zelluloseformiate
werden unter Erwärmen in Milchsäure gelöst, die Lösung abgekühlt und
die Ameisensäure abdestilliert. Man erhält eine klare, viskose Lösung, die
an der Luft bald zu einer plastischen Masse erstarrt.

Die Formylzellulose ist billiger als die Azetylzellulose; ihre Wasserbeständigkeit jedoch geringer. Immerhin bildet sie für manche Artikel,
bei welchen die Wasserbeständigkeit nicht in Betracht kommt, einen will-
kommenen Ersatz für das feuergefährliche Zelluloid sowie für die teure
Azetylzellulose.

Verhalten der Zellulose zu Natronlauge. Wird die Zellulose mit
einer stark verdünten Natronlauge, Sodalösung oder Kalkmilch
gekocht, wie dies beim „Beuchen" der Baumwollware vor dem Bleichprozeß geschieht, so erleidet sie keine Veränderung, wenn der Luftzutritt vermieden wird. Bei Luftzutritt bildet sich jedoch Oxyzellulose (wahrscheinlich $[C_7H_{10}O_6]x$), welche durch ihre Brüchigkeit
zur Schädigung der Ware führt[2]).

Im allgemeinen ist die Baumwollzellulose gegenüber der Natronlauge
widerstandsfähiger als die Holzzellulose. Letztere hat einen oxyzellulose-
artigen Charakter, ist also gewissermaßen bereits ein Abbauprodukt der
Zellulose. Während gebleichte Baumwollzellulose nur etwa 1—2% alkali-
lösliche Substanzen (darunter Holzgummi) enthält, sind solche in der
Holzzellulose zu 5—6% enthalten. Baumwollzellulose ist überhaupt chemischen Einflüssen gegenüber viel widerstandsfähiger als die Holzzellulose.

Eine eigentümliche Veränderung erleidet die Baumwollfaser, wenn
sie mit starker, kalter Natronlauge behandelt wird. Eine derartige
Behandlung führt, wenn gewisse Bedingungen eingehalten werden, zu
sehr wertvollen Eigenschaften der veränderten Baumwollfaser und wird
als sogenannte Merzerisation im großen Maßstabe durchgeführt.

Starke Natronlauge bringt die Zellulose zur Quellung. Die dabei
gebildete Natronzellulose (Alkalizellulose)[3]) stellt nach E. Heuser eine
Verbindung von 2 Molekülen Zellulose mit 1 Molekül Natriumhydroxyd,
wahrscheinlich ein Alkoholat $[(C_6H_{10}O_5)_2NaOH]x$ vor. Nach anderen Anschauungen soll es sich jedoch hier um keine chemische Verbindung, sondern
um ein Absorptionsprodukt handeln. Durch Einwirkung von Wasser und
Säuren geht die Natronzellulose in eine modifizierte Zellulose, die Hydratzellulose, über. Die Zusammensetzung derselben entspricht bei der
„merzerisierten" Baumwolle ungefähr der Formel $[2(C_6H_{10}O_5) \cdot H_2O]x$, bei
der „Viskosezellulose"[4]) der Formel $[4(C_6H_{10}O_5) \cdot H_2O]x$. In beiden Fällen

---

[1]) Rheinisch-Westfälische Sprengstoff-A.-G. in Köln.
[2]) Nachweis der Oxyzellulose S. 219.
[3]) Nicht zu verwechseln mit dem nach dem Natronverfahren gewonnenen und gleichfalls als Natronzellulose bezeichneten Natronzellstoff.
[4]) S. 216.

ist das Wasser an die Zellulose ziemlich fest gebunden, da es sich selbst bei andauerndem Erhitzen auf 100⁰ nicht entfernen läßt. Zufolge dieser Wasseraufnahme erfährt das merzerisierte Produkt eine Gewichtszunahme um etwa 5%. Außerdem enthält die Hydratzellulose noch eine gewisse Menge Feuchtigkeit, welche durch Trocknen bei 100⁰ leicht zu entfernen ist. Nach Versuchen von Ost, Westhoff und Schwalbe läßt sich aus der Hydratzellulose durch Trocknen bei 120⁰ das gesamte Wasser austreiben, wodurch man zu einem Produkt gelangt, das sich der chemischen Zusammensetzung nach von der gewöhnlichen Zellulose nicht unterscheidet. Daher nehmen die genannten Forscher an, daß es sich bei den Hydratzellulosen um kein chemisch gebundenes Wasser, sondern lediglich um mehr oder weniger festgehaltenes „hygroskopisches" Wasser handelt.

Die Hydratzellulosen zeigen so wie die Zellulose selbst die blaue „Jod-Schwefelsäurereaktion"[1]).

Läßt man auf Hydratzellulose längere Zeit ein Alkali, z. B. Natronlauge, einwirken, so geht dieselbe zufolge hydrolytischer Spaltung in eine Hydrozellulose über.

Das gewöhnlich als Hydrozellulose bezeichnete Produkt erhält man, wie bereits bekannt, durch Einwirkung von Säuren auf Zellulose. Andererseits werden auch Hydratzellulosen durch Säurewirkung gebildet[2]).

Die Unterscheidung der Zellulose, der Hydrat- und Hydrozellulosen ergibt sich aus dem Verhalten dieser Stoffe gegen die Fehlingsche Lösung[3]).

Merzerisation.

Die Bezeichnung „Merzerisation" rührt vom englischen Chemiker Mercer her, der schon im Jahre 1844 die Beobachtung machte, daß sich die Baumwollfasern beim Behandeln mit kalter, starker Natronlauge in der Längsrichtung verkürzen und ein besseres

---

[1]) Zur Ausführung dieser Reaktion benötigt man eine gesättigte Jodlösung, welche man durch Auflösen von Jod in einer Lösung von 1 g Kaliumjodid in 100 cm³ Wasser bereitet, sowie eine Schwefelsäure-Glyzerinmischung, die man durch langsames, unter Kühlung bewirktes Zusetzen von 3 Raumteilen konzentrierter Schwefelsäure zu 2 Raumteilen Glyzerin und 1 Raumteil Wasser erhält. Benetzt man das zu prüfende Material zuerst mit einigen Tropfen Jodlösung und dann mit ein bis zwei Tropfen „Schwefelsäuremischung", so tritt bei reiner Zellulose sowie bei Hydratzellulosen eine rein blaue Färbung ein. Holzstoffhaltiges Material nimmt hingegen eine Gelbfärbung an.

[2]) Als „Zellulosehydrate" werden Hydrat- und Hydrozellulosen bezeichnet. Worin der Unterschied in den beiden liegt, darüber ist man noch nicht völlig im klaren.

[3]) Dieses Reagens besteht aus zwei getrennt aufzubewahrenden Lösungen. Die Lösung I enthält in 1 l 69,278 g kristallisierten Kupfervitriol, die Lösung II 346 g Seignettesalz und 103,2 g Ätznatron. Vor dem Gebrauch mischt man gleiche Teile beider Lösungen in der Proberöhre zusammen, wobei man eine tiefblaue Lösung erhält, welche zur Ausführung der Reaktion dient. Wird diese Lösung mit „reduzierenden" Stoffen erwärmt, so tritt, je nach der Reduktionskraft des Stoffes, eine schwächere oder stärkere Ausscheidung von rotem Kupferoxydul Cu_2O ein. Schwalbe bezeichnet als „Kupferzahl" jene Kupfermenge, welche durch 100 g des zu untersuchenden Materials ausgeschieden wird. Während die Zellulose und die Hydratzellulosen nur ein geringes und die mit Hilfe der Natronlauge hergestellten Hydrozellulosen kein Reduktionsvermögen gegenüber der Fehlingschen Lösung besitzen, ist dieses bei den mit Säuren erhaltenen Hydrozellulosen zufolge Anwesenheit von freien Aldehydgruppen sehr stark.

Aufnahmevermögen für Farbstoffe erhalten[1]). Seiner Beobachtung, daß die so behandelte Baumwolle beim Strecken einen höheren Glanz erhält, legte Mercer keinen Wert bei. Letztere Eigenschaft wußte erst die Firma Thomas & Prevost in Krefeld im Jahre 1895 zu verwerten, und zwar durch ihr Verfahren, das Baumwollgarn oder Baumwollgewebe während der Behandlung mit Natronlauge und beim nachfolgenden Spülen zu spannen, wodurch man einen dauernden Seidenglanz erhält, ohne daß die Ware eingeht. Hierbei steigt die Festigkeit der Baumwolle um etwa 20%. Die Merzerisation ist heute patentfrei und wird nach zahlreichen Verfahren durchgeführt. Den wesentlichen Teil des Verfahrens bildet eine kurze Behandlung der Baumwollware (Garn und Gewebe) mit Natronlauge von 28—32° Bé bei gewöhnlicher Temperatur behufs Bildung der Natronzellulose, welche durch den nachfolgenden Wasch- bzw. auch Säuerungsprozeß in Hydratzellulose übergeführt wird. Man kann mit einer verdünnteren Natronlauge arbeiten, wenn diese gekühlt wird; dadurch wird der Vorgang auch beschleunigt. Daher stehen die Merzerisiermaschinen vielfach mit Kältemaschinen in Verbindung. Eine bessere Benetzung der Ware erhält man durch Zusatz von 5% Alkohol zur Lauge. An Stelle der ursprünglichen Laugenbehandlung im gespannten Zustande verfährt man bei Geweben vielfach in folgender Weise. Die Ware wird zuerst mit gekühlter Natronlauge zwischen gußeisernen Walzen geklotzt. Nach dem Abquetschen läßt man sie einige Zeit aufgerollt liegen und streckt sie dann unter Spülen mit heißem Wasser auf Spannrahmen. Schließlich wird die Ware behufs Neutralisation der noch anhaftenden Natronlauge gesäuert und dann gewaschen. Falls aber die Ware mit Schwefelfarbstoffen oder anderen direkten Baumwollfarbstoffen gefärbt werden soll, unterbleibt das Säurebad, da das freie Alkali in diesem Falle vorteilhaft wirkt. Um das Strecken der Ware überhaupt zu umgehen, werden Zusätze wie Glyzerin, Gelatine, Benzol u. a. zur Lauge empfohlen. Diese Zusätze sollen jedoch den Glanz beeinträchtigen.

Ein örtliches Merzerisieren durch Behandlung mit Natronlauge nach dem Aufdrucken von Gummireserven führt zu Kreppeffekten.

Nach Kleinewefer werden Garne in einer Schleudermaschine merzerisiert, wobei das Einlaufen der Ware durch die Zentrifugalkraft verhindert wird.

Die merzerisierte Ware wird gebleicht oder gefärbt. Das Bleichen oder Färben vor der Merzerisation findet selten statt.

Will man dem merzerisierten Gewebe einen besonders feinen Griff erteilen, so wird es unter hohem Druck zwischen zwei polierten Stahlwalzen kalandert. Einen sehr schönen Seidenglanz erhält man nach Mommer, wenn man die eine Walze mit feinen Rillen (10—20 auf

---

[1]) Merzerisierte Baumwolle läßt sich mit basischen Farbstoffen ohne Beizen intensiv färben, wobei an Farbstoff gegenüber nichtmerzerisierter Baumwolle sehr viel gespart wird. Schwieriger ist es, merzerisierte Baumwolle gleichmäßig („egal") zu färben.

1 mm) versieht, heizt und bei einem Druck von 40—50 at arbeitet (Seiden-
finish). Zieht man die Ware schließlich durch ein verdünntes Weinsäure-
oder Seifenbad, so erhält sie auch den beliebten knisternden Griff.

Nach Heberlein & Co. erhält gebleichte und merzerisierte Ware durch
Behandlung mit Schwefelsäure unter 51° Bé ein glänzenderes Aussehen und
einen härteren Griff. Glänzendere Effekte erzielt man durch ein nochmaliges
Merzerisieren der mit Säure behandelten Ware. Ähnliche Effekte erhält man
auch mit anderen Säuren. Opal-, Schweizer-, Transparentfinish
werden in dieser Weise hergestellt.

Merzerisiert wird fast ausschließlich nur entschlichtete oder mit
stark verdünnter Natronlauge abgekochte Ware. Die in der rohen
Ware vorhandene Schlichte hindert ein gleichmäßiges Durchtränken
mit Natronlauge.

Eine Reihe von Patenten[1]) bezieht sich auf die Merzerisation
fertiger Gebrauchsgegenstände aus Geweben, Gewirken, Ge-

Abb. 30. Merzerisiermaschine für Gewebe.
(Moritz Jahr, Maschinenfabrik, Gera-Reuß.)

flechten, Spitzen u. dgl. Nach anderen Verfahren[2]) wird auch lose
Baumwolle merzerisiert.

Das Laugenwaschwasser wird bei einer etwa mit dem Betrieb
verbundenen Bleiche als Beuchflüssigkeit verwendet oder durch Konzentration im Vakuum für die Merzerisation wieder geeignet gemacht.

Zum Merzerisieren von halbwollenen und halbseidenen Geweben werden nach einem patentierten Verfahren der Aktien-Gesellschaft
für Anilinfabrikation 100 l Natronlauge von 40° Bé mit 5 kg Sulfitzelluloseablauge von 36° Bé gemischt und nach dem Absetzen der Ausscheidungen,
wie Natriumverbindungen der Harzsäuren, nach dem üblichen Verfahren
verwendet.

Eine Merzerisiermaschine für Gewebe stellt Abb. 30, eine solche
für Garne Abb. 31 vor.

---

[1]) Z.B.: P. Halm, D. R. P. 219838; G. de Keukelaere, D. R. P. 223925;
M. Wünschmann, D. R. P. 220484; H. R. Müller, D. R. P. 228042.
[2]) Z. B.: C. Ahnert, D. R. P. 225704.

Nach verschiedenen Verfahren werden durch Merzerisation von Pflanzenfasern weiche, gekräuselte und wollige Produkte als „künstliche Wolle" hergestellt.

Ein aus Natronzellulose hergestelltes, vielfach angewandtes Präparat ist die

Viskose.

Sie ist das Natriumsalz der Zellulose-Xanthogensäure

$$CS{\Large\lt}{\begin{array}{l}O \cdot C_4H_9O_4 \\ SNa\end{array}}$$

und stellt eine strengflüssige Masse vor.

Als Ausgangsmaterial zur Gewinnung dieses von Cross, Bevau und Beatle im Jahre 1892 erfundenen und für die Textilindustrie immer bedeutungsvoller werdenden Präparates dient Baumwolle oder der von Zellulosefabriken in Tafeln gelieferte Sulfitzellstoff (am besten aus Kiefernholz). Das Material wird etwas gebleicht, gewaschen, getrocknet und mit Natronlauge von 20° Bé behandelt. Dann folgt ein Zerfasern zu Brei und Abschleudern der überschüssigen Lauge in der Zentrifuge. Zur genügenden Einwirkung der Natronlauge läßt man das Material noch einige Tage in eisernen Kästen unter Luftabschluß liegen, worauf unter Kühlung das Kneten mit Schwefelkohlenstoff folgt, das zu einer strukturlosen, braunen, homogenen und strengflüssigen Masse — der Viskose — führt.

Abb. 31. Doppelseitige Garnmerzerisiermaschine. (Zittauer Maschinenfabrik A.-G., Zittau i. S.)

Die Viskose enthält stets etwas überschüssiges Alkali und ist in frischem Zustande im Wasser und in Alkalien löslich; beim Erwärmen der wässerigen Lösung auf 60—90° sowie beim Zusatz von Mineralsäuren oder manchen Salzen (Glaubersalz, Ammoniumchlorid u. a.) werden unter Zersetzung Zellulosehydrate als eine gelatinartige Masse ausgeschieden. Die Viskose erfährt auch ohne jeden Zusatz eine allmählich fortschreitende Zersetzung. Während sie in frischem Zustande auch in einer Kochsalzlösung löslich ist, wird sie in zwei Tagen durch Kochsalz ausgeschieden. Nach einer Woche verliert sie auch die Wasserlöslichkeit, löst sich aber noch in Alkalien. In diesem „reifen" Zustande, in welchem die oben genannten Fällungsmittel besonders leicht die Ausscheidung von Zellulosehydraten bewirken, ist sie für die Kunstseidefabrikation am geeignetsten. Läßt man die Viskose noch länger bei Luftzutritt stehen, so koaguliert sie von selbst zu einem Zellulosehydrat, dem Viskoid, das sich in teigartigem Zustande formen läßt und als Zelluloidersatz zur Herstellung von Horn-, Elfenbeinnachahmungen u. dgl. sowie zur Herstellung von künstlichem Leder Verwendung findet.

Die wichtigste Verwendung kommt der Viskose zur Herstellung der Viskoseseide zu. Sie ist die billigste Kunstseide.

Zur Gewinnung der Viskoseseide wird eine schwach alkalisch gemachte, wässerige Viskoselösung von etwa 7% Zellulosegehalt unter $1\frac{1}{2}$ bis 2 at Druck durch die Kapillarröhrchen des Spinnapparates in eine mit etwas Schwefelsäure und verschiedenen Zusätzen versehene Salzlösung fließen gelassen; in dieser zerlegt sich die Viskose unter Bildung eines zusammenhängenden, feinen Zellulosehydratfadens, welcher trocken nur etwa doppelt so stark ist als der Naturseidefaden. Durch ein Strecken im Fällbade lassen sich Fäden von einer der Naturseide gleichen Feinheit erzielen. Da das Gerinnen im Fällbade augenblicklich erfolgt, kann man sofort 15—30 Einzelfäden, ohne ein Zusammenkleben, zu einem zusammengesetzten Faden vereinigen. Dann folgt das Spulen, nach einer Behandlung mit verdünnter Schwefelsäure das Dämpfen, Trocknen, Zwirnen und Abhaspeln zu Strängen. Die Stränge werden zur völligen Entfernung des Schwefels mit Natriumsulfid behandelt, mit Hypochloritlösung gebleicht und in gespanntem Zustande getrocknet.

Die Viskoseseide ist hygroskopisch, besitzt einen seidenartigen Glanz, ein gutes Anfärbevermögen (ähnlich wie die merzerisierte Baumwolle), aber eine geringe Festigkeit, besonders in nassem Zustande.

Um die Viskoseseide insbesondere gegen Wasser und demnach auch gegen Färbebäder unempfindlicher zu machen und ihre Festigkeit zu erhöhen, wird dieselbe nach Eschalier mit einer Formaldehydlösung unter Zusatz eines sauer reagierenden Stoffes behandelt. Das Produkt führt den Namen Sthenoseseide. A. Chesnais empfiehlt zu demselben Zweck eine Behandlung mit einer 5—20%igen Lösung von unterphosphoriger Säure bei 20—50°.

Das nach mehreren Verfahren hergestellte „künstliche Roßhaar" wird unter Anwendung der Viskose derart hergestellt, daß man durch ihre Lösung Baumwollfäden zieht und dann die daran haftende Viskose durch ein Medium, z. B. Ammoniumsulfat, zur Koagulation bringt.

Als Stapelfaser bezeichnet man nur einige Zentimeter lange Viskosefäden, welche für sich oder mit Wolle oder Baumwolle versponnen werden. Das so erhaltene Garn ist von schwachem Glanz und wurde nach dem Kriege als Wollersatz hergestellt, dürfte sich aber auf die Dauer kaum behaupten. Vistra ist ein ähnliches Erzeugnis.

Die Viskose hat auch in der Appretur an Bedeutung gewonnen. Es gibt eine Reihe von Verfahren, nach welchen man Garne und Gewebe mit Hilfe der Viskose mit einem dünnen, durchsichtigen oder undurchsichtigen Überzug versehen kann. Der aus Zellulosehydrat bestehende Appret ist dauerhaft und gegen heißes Wasser sowie viele chemische Reagenzien widerstandsfähig; er macht die Ware steif und hindert das Färben und Bleichen derselben in keiner Weise. Zur Erzielung einer weißen Ware wird das Bleichen stets nach dem Imprägnieren mit Viskose vorgenommen, da auch für die letztere ein Bleichprozeß notwendig erscheint. Der Viskoseappreturmasse können nach Bedarf die verschiedensten Stoffe, insbesondere mineralische Substanzen einverleibt werden. Davon macht man besonders bei der Herstellung des Buchbinderleinens Anwendung[1]). In Verbindung mit Kautschuk läßt sich die Viskose auch zur Herstellung von wasserdichten Geweben ver-

---

[1]) Eine mit Mineralfarben versetzte Viskoselösung wird als guter und billiger Ersatz für Leinölfarben zu Anstrichen empfohlen. — In der Papierfabrikation bildet die Viskose einen teilweisen Ersatz für Harzleime bei der Herstellung festerer Papiere.

wenden. Bei der Herstellung derartiger Artikel wird das mit der Viskoselösung imprägnierte Gewebe oder Garn gedämpft und dann gewaschen.

Nach dem Verfahren von Aykroyd und Krais wird die Viskose auf der Ware selbst erzeugt. Zu diesem Zwecke wird die Ware in gespanntem Zustande zuerst mit Natronlauge behandelt und nach dem Waschen der Einwirkung des Schwefelkohlenstoffes überlassen. Bei dem darauffolgenden Dämpfen wird Zellulosehydrat gebildet. In ähnlicher Weise behandelt man nach J. H. Ashwell und G. Tagliani Baumwollgarne.

Nach Subrenat lassen sich mit Viskose auf mechanischem Wege auch Glanzeffekte erzielen, wenn das auf der Faser erzeugte Xanthogenat nach dem Trocknen bei mäßiger Temperatur und einigem Anfeuchten durch Gaufrieren, Bürsten u. dgl. glänzend gemacht wird. Dann wird das Xanthogenat in der Wärme zersetzt, wobei der Glanz keine Einbuße erleiden soll.

Von den vielen sonstigen Viskosefabrikaten seien hier erwähnt: Die als Zelluloseglashaut und Cellophan bezeichneten Zellulosehydratfoglien von E. Brandenberger und die nach dem Eberhardschen Verfahren von der chemischen Fabrik Heidenau als Ersatz für Horn, Zelluloid usw. hergestellte feste Masse Monit. Dieses Fabrikat dürfte sich von dem bereits erwähnten Viskoid kaum unterscheiden. Auch fettundurchlässiges Papier läßt sich mit Hilfe der Viskose herstellen.

Verhalten der Zellulose zu Kupferoxyd-Ammoniak. Ein Lösungsmittel für Zellulose ist das Schweitzersche Reagens, eine tiefblaue Lösung von Kupriammoniumhydroxyd $Cu(NH_3 \cdot OH)_2$, welche man durch Auflösen von Kupferhydroxyd $Cu(OH)_2$ in konzentriertem Ammoniak erhält. Wird diese Lösung mit einer Säure versetzt, so fällt die Zellulose als eine amorphe, weiße Masse wieder aus. Auf diesem Verhalten der Zellulose beruht die Darstellung des sogenannten Glanzstoffes nach Pauly (Pauly- oder Kupferseide).

Das Verfahren ist im wesentlichen folgendes: Die sirupdicke, blaue Zelluloselösung mit etwa 6% Zellulose wird filtriert und unter 2 at Druck durch kapillare Glasdüsen, oder in neuerer Zeit durch Platindüsen, in 30%ige Natronlauge (früher 50—60%ige Schwefelsäure) gepreßt. Es kommen blaue aus Kupfernatronzellulose bestehende Fäden zur Fällung, welche nach dem Aufspulen mit verdünnter Schwefelsäure ausgewaschen werden und dabei in den elastischen und glänzenden Zellulosefaden übergehen. Ammoniak und Kupfer werden zurückgewonnen. Das so hergestellte Produkt besitzt einen hohen Glanz, eine gute Aufnahmefähigkeit für Farbstoffe, eine ziemlich große Festigkeit und einen „krachenden Griff". Die Kupferseide ist nach der Viskoseseide die heute meist hergestellte Kunstseide.

„Kupferzelluloselösungen" in der Appretur. Durch Imprägnieren von Baumwollgeweben mit „Kupferzelluloselösungen" und entsprechende Nachbehandlung erhält man grün- und blaugrünfarbige Artikel von großer Steifheit und hohem Glanz. In denselben scheinen die Fäden oberflächlich in „Kupferoxydzellulose" übergeführt zu sein. Eine Lösung von Pergament in Kupferhydroxydammoniak wurde als wasserdichtmachendes Mittel vorgeschlagen.

Verhalten der Zellulose zu Zinkchlorid. Wird die Zellulose mit einer 40%igen Zinkchloridlösung in der Wärme oder mit einer Lösung von Zinkchlorid in konzentrierter Salzsäure behandelt, so entsthen unter dem Einfluß der Hydrolyse gleichfalls Zellulosehydrate, welche sich mit Zink zu einer löslichen Verbindung vereinigen. Eine zuerst mit Natronlauge behandelte und dann in 40%iger Zinkchloridlösung gelöste Zellulose liefert versponnen die Siriusseide.

Verhalten der Zellulose zu Oxydationsmitteln. Während der Zellstoff durch Reduktionsmittel keine Veränderung erfährt, wird derselbe von Oxydationsmitteln sehr leicht in die bereits angeführte Oxyzellulose[1]) übergeführt, ein Produkt, das in Alkalien löslich ist, das zufolge freier Aldehydgruppen ein Reduktionsvermögen zur Fehlingschen Lösung sowie ein großes Anfärbevermögen für basische Farbstoffe besitzt. Oxydationsmittel für Zellulose sind Salpetersäure und alle direkt oder indirekt oxydierend wirkenden Bleichmittel; bei Gegenwart von Alkalien auch der Luftsauerstoff.

Die Bildung der Oxyzellulose findet z. B. bei der Chlorbleiche in der Weise statt, daß sich das Chlor mit einem Teil des Wasserstoffes der Zellulose zu Wasserstoffchlorid vereinigt, wodurch die Zellulose an Wasserstoff ärmer, an Sauerstoff aber reicher wird. Die so gebildete Oxyzellulose macht die Faser schwächer. Zur Vermeidung der Oxyzellulosebildung beim „Beuchprozeß" muß die Ware von der alkalischen Flüssigkeit vollständig bedeckt sein. Kommt die zu bleichende Ware in der Chlorbleiche mit Metallen in Berührung, so wird durch ihre katalytische Wirkung die Oxyzellulosebildung besonders gefördert. Daher wird die Chlorbleiche am besten in Holz- oder Zementbehältern unter Anwendung schwach alkalischer Bleichlaugen durchgeführt.

F. H. Thies[2]) fand durch Versuche die Bestätigung, daß der Sauerstoff bei Gegenwart von Natronlauge bei gewöhnlicher Temperatur stark auf die Faser einwirkt, daß aber bei 90° eine solche Einwirkung und demnach auch die Bildung von Oxyzellulose ausgeschlossen ist, da eine über 90° erwärmte Natronlauge keinen Sauerstoff absorbiert.

Nachweis von Oxyzellulose. Eine größere Menge von Oxyzellulose in gebleichter Ware läßt sich nach Witz auf folgende Weise erkennen. Man behandelt die Ware mit einer ½%igen Methylenblaulösung und wäscht sie dann aus. Die Stellen, welche Oxyzellulose enthalten, bleiben intensiv blau gefärbt. Nach einem anderen Verfahren wird das Gewebe durch wiederholtes Auskochen mit Wasser vollständig entappretiert und dann fünf Minuten mit verdünnter Fehlingscher Lösung gekocht. Die angegriffenen Stellen nehmen durch abgelagertes Kupferoxydul eine rosa bis intensiv rote Färbung an.

Zur Erkennung der beginnenden Oxydation von Bleichwaren empfiehlt F. H. Thies ein kolorimetrisches Verfahren, das im Betrieb selbst leicht durchführbar ist. Er schlägt vor, den mit Methylenblau angefärbten Stoff mit einer kolorimetrischen Reihe von ammoniakalischen Kupfervitriollösungen zu vergleichen sowie die Reißfestigkeit zu prüfen[3]).

---

[1]) S. 212.   [2]) Mitt. d. Forschungsstelle in Sorau, Bd. 1, S. 65.
[3]) „Färber-Zeitung" 1915, S. 15.

Stärke (Amylum) $(C_6H_{10}O_5)_x$[1].

Bildung und Vorkommen der Stärke. Die Stärke wird in der grünen Pflanze unter dem Einflusse des Sonnenlichtes aus **Kohlendioxyd** und **Wasser** nach folgendem Vorgang gebildet:

$$6\,CO_2 + 5\,H_2O \rightarrow C_6H_{10}O_5 + O_{12}\text{[2]}.$$

Nach der jetzt allgemein geltenden Ansicht ist das erste stabile photosynthetische Produkt der Pflanze Traubenzucker $C_6H_{12}O_6$, aus welchem durch Polymerisation Stärke gebildet wird. Der Pflanze kommt die Fähigkeit zu, die in den Blättern gebildete Stärke in wasserlösliche Kohlenhydrate umzuwandeln und sie in dieser Form ihren verschiedenen Organen zuzuführen, wo sie entweder als Nahrungsmittel unmittelbar verwertet oder aber in Stärke zurückverwandelt werden. Insbesondere in den Wurzeln, Knollen, Samen und Früchten vieler Pflanzen sammelt sich die Stärke in beträchtlicher Menge an, um später der jungen keimenden Pflanze so lange als Nahrungsmittel (Reservestoff) zu dienen, bis diese nach Bildung des Blattgrüns (Chlorophyll) befähigt wird, die Kohlensäure selbst zu assimilieren.

Reich an Stärke sind die Samen der Zerealien und Hülsenfrüchte, die Knollen der Kartoffeln und anderer Pflanzen, das Mark einiger Palmen, die Kastanien usw.

Struktur der Stärke. Der Stärke kommt eine organisierte Form zu. Sie besteht aus mikroskopisch kleinen Körnchen, die je nach der Pflanzenart, in welcher sie vorkommen, ihrer Form und Größe nach so verschieden sind, daß man von einer gegebenen Stärkeprobe im allgemeinen mit Hilfe des Mikroskopes die Herkunft bestimmen kann. Sehr häufig wird bei den Stärkekörnchen eine ovale Form beobachtet, die von einer exzentrischen Streifung durchsetzt ist. Diese ist durch eine eigentümliche Schichtung der Stärkekörnchen bedingt, welche von verschiedenen Dichten und Wassergehalten der einzelnen Zonen herrührt. Die Größe der Stärkekörnchen schwankt zwischen 0,004 und 0,2 mm [3]. Die Hauptmasse der Stärkekörnchen besteht aus „Granulose"; außerdem enthalten sie Stärkezellulose, Amylodextrin, Amylopektin u. a. Allen diesen Kohlenhydraten kommt die Formel $(C_6H_{10}O_5)x$ zu; sie sind einander sehr ähnlich und unterscheiden sich nur etwas in ihrer Löslichkeit.

Die Abbildungen 32 bis 43 zeigen die mikroskopischen Bilder der wichtigsten Stärkesorten.

---

[1] Literatur: **Saare**, Fabrikation der Kartoffelstärke.

[2] Außer diesem Vorgange, welcher als **Kohlensäureassimilationsprozeß** bezeichnet wird, findet bei der Pflanze in der gleichen Weise wie im Tierreiche auch der Atmungsprozeß statt. Dieser kommt jedoch bei der Pflanze nur bei Nacht zur Geltung, da bei Tag der im umgekehrten Sinne verlaufende Assimilationsprozeß die Atmung überwiegt. Daher kommt es, daß die Pflanzen bei Tag Sauerstoff und bei Nacht Kohlendioxyd abgeben.

[3] Zur Vereinfachung wird die Größe der Stärkekörnchen in Mikromillimeter (Mikron) ausgedrückt ($1\mu = 0,001$ mm).

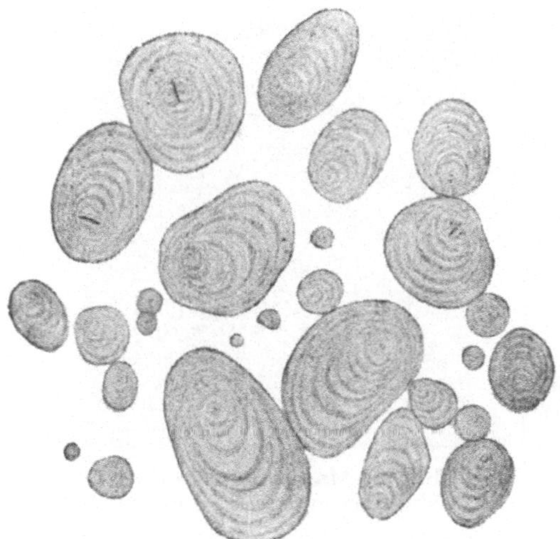

Abb. 32. Kartoffelstärke. Vergr. 375/1.

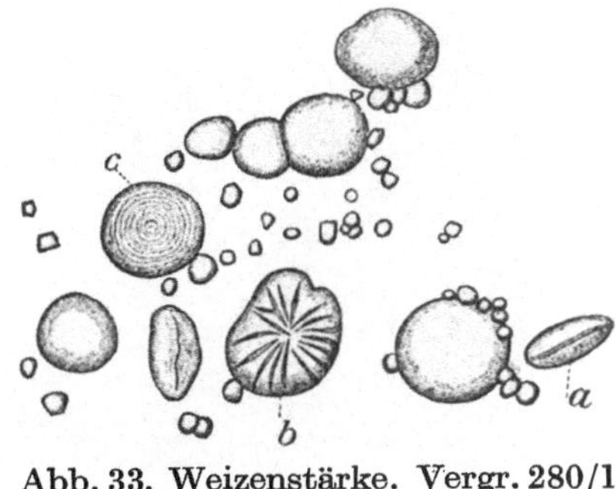

Abb. 33. Weizenstärke. Vergr. 280/1.
a) Körnchen von der Seite,
b) gequetschtes Körnchen,
c) Körnchen mit sichtbarer Schichtung.

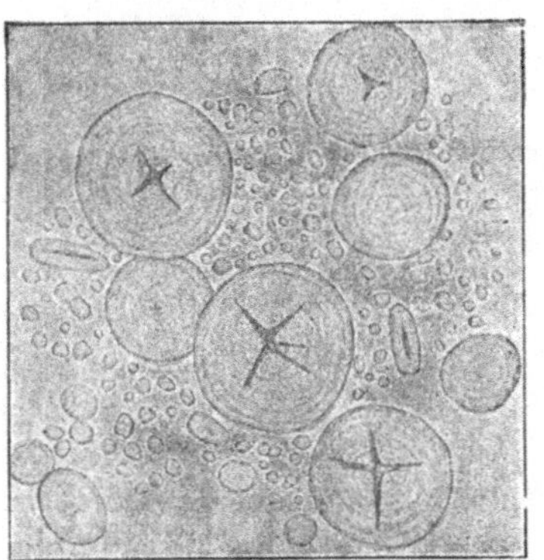

Abb. 34. Roggenstärke.
Vergr. 289/1.

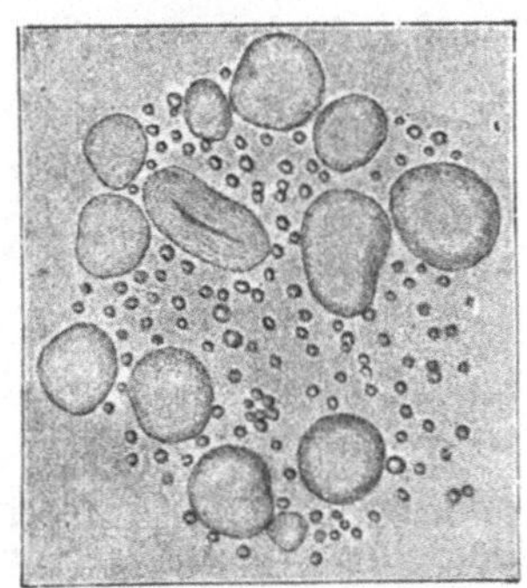

Abb. 35. Gerstenstärke.
Vergr. 280/1.

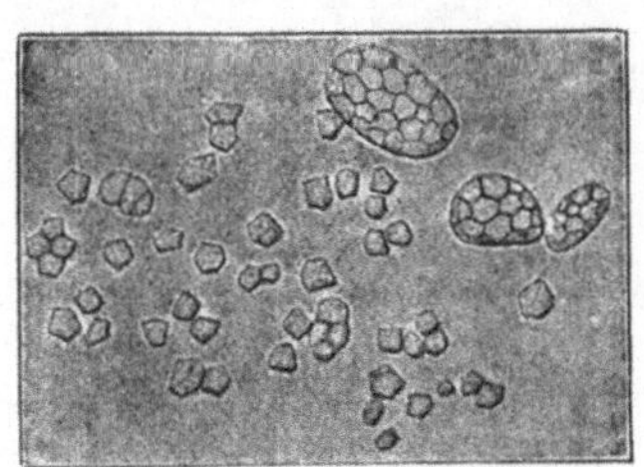

Abb. 36. Reisstärke. Vergr. 280/1.

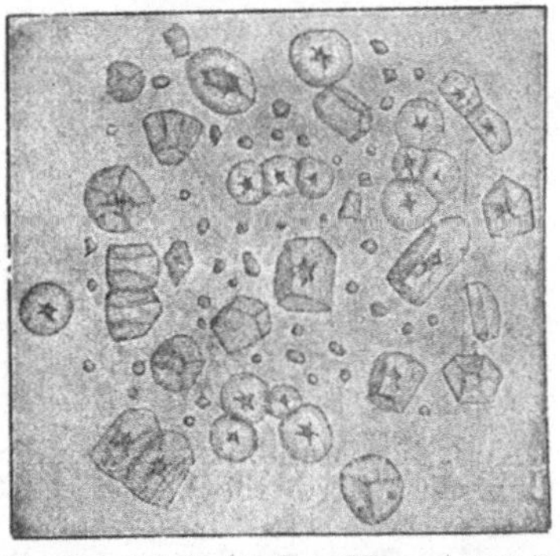

Abb. 37. Maisstärke. Vergr. 280/1.

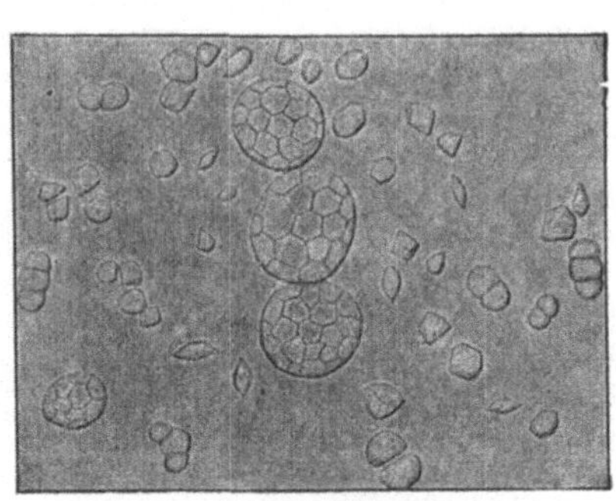

Abb. 38. Haferstärke.
Vergr. 280/1.

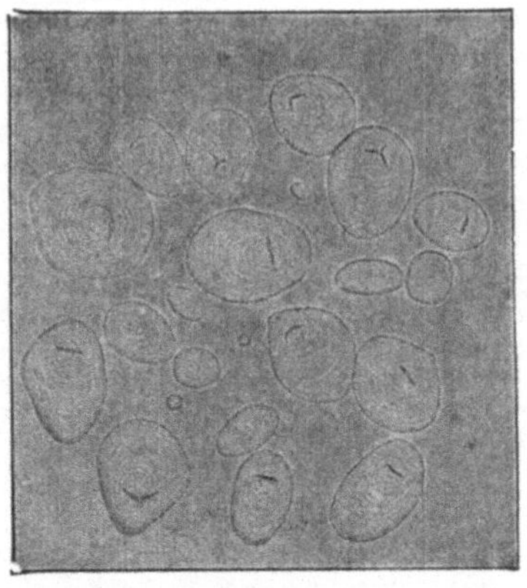

Abb. 39. Marantastärke (Westindisches Arrowroot). Vergr. 280/1.

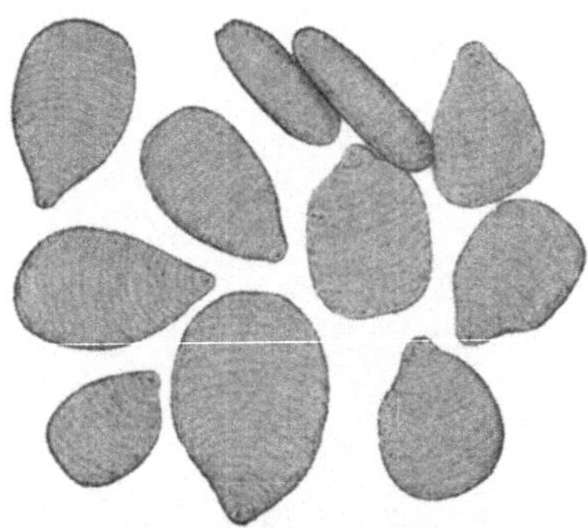

Abb. 40. Kurkumastärke (Ostindisches Arrowroot). Vergr. 280/1.

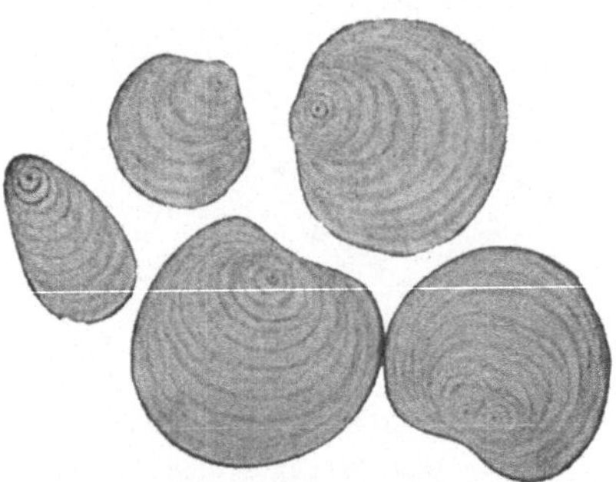

Abb. 41. Cannastärke (Queensland-
Arrowroot). Vergr. 200/1.

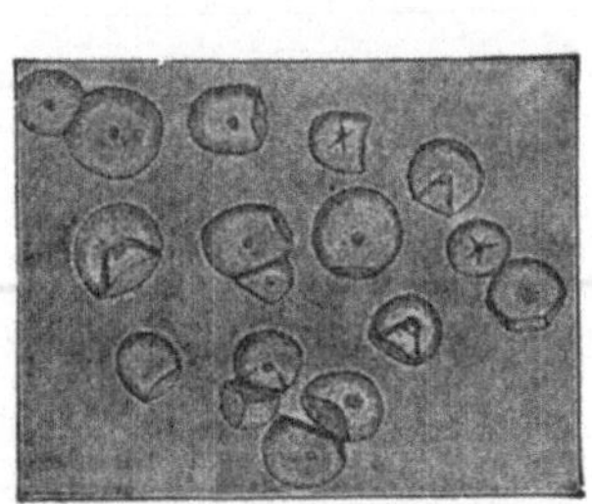

Abb. 42. Mandiokastärke (Brasilianisches Arrowroot). Vergr. 280/1.

Abb. 43. Sagostärke.
Vergr. 280/1.

(Abb. 32—43 aus Hager-Mez, Das Mikroskop und seine Anwendung, 11. Auflage.
Berlin: Julius Springer.)

Gewinnung der Stärke.

Kartoffelstärke. Die Kartoffel enthält 16—22% Stärke. Da die Stärkekörnchen in den Zellen des Gewebes lose liegen, lassen sich dieselben auf mechanischem Wege leicht abscheiden. Man zerreibt die gewaschenen Kartoffeln auf Reiben zu einem Brei und wäscht diesen in Siebzylindern mit rotierenden Bürsten aus, wobei die Zellreste und Schalenteile zurückbleiben, die Stärkekörnchen aber vom zufließenden Wasser weggeschwemmt werden. In Absetzbehältern läßt man aus der milchigen Flüssigkeit — der Stärkemilch — die Stärke sich absetzen. Der erhaltene Bodensatz wird in Zentrifugen abgeschleudert und zur Vermeidung der Verkleisterung vorsichtig bei niedriger Temperatur getrocknet. Auf diese Weise wird auch die Klebkraft der Stärke erhöht. Man trocknet nur bis auf 20% Wasser, da eine wasserärmere Stärke 17—20% Wasser wieder aus der Luft anzieht. Die Kartoffelstärke kommt in größeren Brocken oder gemahlen als loses Pulver in den Handel. Man unterscheidet eine Prima-, Sekunda- und Tertia-Ware; erstere ist zufolge ihrer Reinheit schneeweiß und glänzend. Die Abfälle der Kartoffelstärke, Pülpe genannt, finden als Viehfutter Verwertung.

Die Kartoffelstärke kommt häufig unter dem Namen „Kartoffelmehl" in den Handel; das eigentliche Kartoffelmehl enthält jedoch außer Stärke noch andere Bestandteile[1]).

Weizenstärke. Weizenkörner enthalten etwa 60% Stärke. Die stärkeführenden Zellen des Weizens[2]) enthalten auch den zu den Eiweißstoffen gehörenden Kleber, welcher in Berührung mit Wasser eine zähe, teigige Masse bildet, welche die Stärkekörnchen so fest umschließt, daß eine mechanische Trennung der Stärke vom Kleber nur durch Anwendung besonderer Knetmaschinen, in welchen der aus Weizenmehl bereitete Teig wiederholt zerrissen, ausgebreitet und gewendet wird, möglich ist. Auf diese Weise vermag das zufließende Wasser, da ihm eine große Angriffsfläche geboten wird, die Stärke allmählich wegszupülen.

Bei diesem „süßen Verfahren" bleibt der Kleber als zusammenhängende Masse zurück und findet zur Herstellung von Teigwaren und Klebstoffen Verwendung. Nach dem älteren „sauren Verfahren" überläßt man das mit lauem Wasser zu einem Brei angerührte, eingeweichte und zerquetschte Getreide einem Gärungsprozeß. Es bilden sich Milchsäure, Buttersäure und andere Gärungsprodukte, welche den Kleber teils zersetzen, teils lösen, wodurch aus der gelockerten Masse die Stärke leicht entfernt werden kann. Schließlich wird die Stärke mit frischem Wasser angerührt, absetzen gelassen und getrocknet. Beim Trocknen teilt sich die nach der einen oder anderen Art erhaltene Stärke meist in basaltähnliche Stängelchen (Strahlenstärke). In dieser Form kommt die Weizenstärke wie auch die Reisstärke gewöhnlich in den Handel, da die „Strahlen" als ein Zeichen der besseren Stärkesorten geschätzt sind.

---

[1]) S. 246.   [2]) S. 241.

Roggenstärke. Sie wird ähnlich wie die Weizenstärke gewonnen, findet aber in der Appretur nur selten Verwendung. Wenn die Preisverhältnisse es gestatten, wird sie der Weizenstärke beigemischt.

Reisstärke. Der Reis enthält gegen 85% Stärke. Doch ist er am schwierigsten zu verarbeiten, da die Stärkekörnchen durch Eiweißstoffe und Pflanzenschleime fest verkittet sind. Behufs Sonderung der zu zusammengesetzten Stärkekörnern verkitteten Teilkörnchen werden die geschälten Reiskörner[1]) zuerst etwa 24 Stunden mit 0,3—0,6%iger Natronlauge behandelt, dann gewaschen und unter Wasser zerquetscht. Nach Abscheidung der Hülsen durch Bürsten auf Siebvorrichtungen wird die Stärkemilch in Bottiche geleitet, wo sich die Stärke absetzt. Nach dem Abschleudern und Abnutschen[2]) wird die Stärke in Trockenstuben sehr langsam bis auf 12% Wassergehalt getrocknet. Diese Wassermenge kommt der lufttrockenen Reisstärke zu.

Maisstärke. Sie wird aus Mais in ähnlicher Weise wie die Reisstärke hergestellt, aber gewöhnlich durch schweflige Säure ($^1/_4$ bis $^1/_3$% SO_2) aufgeschlossen. Große Mengen Maisstärke stellen die Vereinigten Staaten unter dem Namen „Maizena" her. Die schottische Maisstärke führt den Namen „Mondamin".

Roßkastanienstärke. Diese soll sich zu Appreturzwecken sehr gut eignen. Sie erteilt der Ware einen dauerhaften, milden Griff. Leider gibt es noch kein Verfahren, nach welchem man aus dem billigen Rohstoff auf billige Weise eine Roßkastanienstärke herstellen könnte. Als schwer zu entfernende Beimengungen sind in der Roßkastanie Gerbstoffe enthalten.

Eichelstärke. Auch mit dieser hat man in der Appretur Versuche gemacht. Ihrer Gewinnung stellen sich jedoch dieselben Schwierigkeiten entgegen wie bei der Roßkastanienstärke.

Die Buchweizen-, Bohnen- und Erbsenstärke sind zwar wiederholt für Appreturzwecke empfohlen worden, doch dürften sie dazu kaum verwendet werden.

Marantastärke (Pfeilwurzelstärke, westindisches Arrowroot) wird aus dem Wurzelstocke der westindischen Pfeilwurzel und anderer tropischen Pflanzen in Westindien, Ostindien, Australien und Afrika gewonnen.

Kurkumastärke (Tikmehl, ostindisches Arrowroot) stammt aus dem Wurzelstocke der besonders in Vorderindien wachsenden Gelbwurzeln.

Cannastärke(Tous-les-mois-Stärke, Queensland-Arroworot) wird aus dem Wurzelstocke mehrerer Blumenrohrarten gewonnen.

Mandiokastärke (Manihot- oder Cassawastärke, brasilianisches Arrowroot) wird besonders in Brasilien aus der mehlreichen Wurzel der als Brotpflanze kultivierten Mandioka- oder Cassawapflanze gewonnen.

Batatenstärke wird aus den Knollen der in Südamerika und Indien angebauten Nahrungspflanze Jalapa gewonnen. Für Appretur-

---

[1]) Zur Verwendung kommt stets der geschälte Bruchreis, der beim Schälen in den Reismühlen abfällt.   [2]) S. 6.

zwecke hat sie eine untergeordnete Bedeutung. Als „brasilianisches Arrowroot" kommt auch ein Gemisch der Batatenstärke und Mandiokastärke in den Handel.

Sagostärke stammt aus dem Marke der in Ostindien heimischen Sagopalmen[1]).

Eigenschaften der Stärke.

Trotz der Verschiedenheiten in der Abstammung und in der Form ihrer Körnchen besitzen alle Stärkesorten dieselben chemischen Eigenschaften. Auch in physikalischer Hinsicht weichen ihre Eigenschaften nur wenig voneinander ab. Die Stärke bildet ein geruch- und geschmackloses Pulver vom spez. Gewicht 1,53; sie fühlt sich weich an und knirscht zwischen den Fingern. Die Feinheit der Stärkesorten hängt von der Größe der Stärkekörnchen ab. Zu den feinsten Sorten gehören die Reis-, Hafer- und Buchweizenstärke, zu den mittelfeinen die Weizen- und Maisstärke, zu den gröbsten die Kartoffelstärke.

Der Wassergehalt der Stärke ist sehr wechselnd, bei der Kartoffelstärke beträgt er 16—20%, bei der Weizenstärke 14—16%. Getrocknete Stärke ist sehr hygroskopisch, sie nimmt etwa 10% Wasser sehr schnell auf und dann noch weitere 10%, ohne dabei feucht zu werden. An feuchter Luft kann sie bis 35% Wasser aufnehmen und erst bei 36% Wasser ballt sie sich zusammen, ohne jedoch dabei feucht zu erscheinen[2]).

Verhalten der Stärke beim Erhitzen. Auf etwa 160° erhitzt, geht die Stärke in ein lösliches Produkt, Dextrin genannt, über[3]). Diese Umwandlung erfährt die Stärke bei etwa 110°, wenn sie mit verdünnter, etwa 2%iger Salpetersäure oder Salzsäure befeuchtet wird. Bei höheren Temperaturen zersetzt sich die Stärke unter Verkohlung.

Verhalten der Stärke zu Wasser.

In kaltem Wasser erfahren die Stärkekörnchen keine Veränderung, in heißem Wasser quellen sie auf, gelangen zum Platzen und fließen zu einer gleichartigen, durchscheinenden, schleimigen und klebrigen Masse — dem Kleister — zusammen. Die Verkleisterungstemperatur ist je nach der Abstammung der Stärke verschieden[4]). Nach Lintner liegt sie

---

[1]) Unter „Sago" versteht man die in Form von Körnern gebrachte und durch Erhitzen zum Teil in Dextrin umgewandelte Sagostärke. In derselben Weise dient die Mandiokastärke zur Herstellung der Tapioka, und die Kartoffelstärke zur Herstellung des Kartoffelsago. Diese Produkte dienen als Nahrungsmittel.

[2]) Der Wassergehalt der Stärke kommt wirtschaftlich sehr in Betracht. Beträgt der Preis von 100 kg Kartoffelstärke 26 M., so bedeutet ein Wassergehalt von 20% statt 18% eine Differenz von 64 Pf. für jeden Sack. Nach den Handelsbedingungen kann der Wassergehalt der Stärke 20% betragen.

[3]) S. 247.

[4]) Die Verkleisterungstemperatur ist nicht mit der Quellungstemperatur zu verwechseln. Die Quellung einzelner, besonders der großen Stärkekörnchen beginnt bei den meisten Stärkesorten bereits bei 50° und ist bei 65° zumeist vollständig.

bei der Roggenstärke zwischen 65⁰ (Beginn) und 80⁰ (Vollendung)

,, ,, Reisstärke	,,	70⁰	,,	,,	80⁰	,,
,, ,, Kartoffelstärke	,,	62⁰	,,	,,	65⁰	,,
,, ,, Maisstärke	,,	70⁰	,,	,,	75⁰	,,
,, ,, Weizenstärke	,,	75⁰	,,	,,	80⁰	,,
,, ,, Gerstenstärke	,,	77⁰	,,	,,	80⁰	,,

Die Konsistenz des Kleisters ist vor allem von der Menge des zur Verwendung gelangenden Wassers abhängig. Bei wenig Wasser erhält man einen dicken, gallertigen, bei viel Wasser einen dünnen, flüssigen Kleister.

Die Bereitung der Stärkeabkochung geschieht zweckmäßig auf folgende Weise. Es werden z. B. 10 kg Stärke mit etwa 20 l Wasser zu einer Milch angerührt, je nach der gewünschten Konsistenz des Kleisters noch 100—200 l Wasser zugesetzt und unter Rühren, am besten in doppelwandigen Dampfkochgefäßen[1]) oder durch direktes Einleiten des Dampfes, zum Kochen gebracht. Kartoffelstärke kocht man etwa 10 Minuten, Weizenstärke etwa 15 Minuten. Durch längeres Kochen verliert der Kleister an Konsistenz und Klebkraft. Eine scharf getrocknete Stärke gibt gleichfalls einen Kleister von geringer Klebkraft[2]). Für die Bereitung des Kleisters aus der Weizen- und Kartoffelstärke wird empfohlen, zuerst die Weizenstärke für sich zu verkochen, die Masse auf etwa 90⁰ abzukühlen und nach langsamem Einrühren der Kartoffelstärke noch kurze Zeit zu kochen. Zur Entfernung etwaiger Stärkeklümpchen, welche die Gleichmäßigkeit der Appretur beeinträchtigen würden, ist noch ein Durchseihen der Appreturmasse durch Siebvorrichtungen vielfach geboten.

Wenn der Stärkekleister gefriert, so verliert er nach dem Auftauen seine Klebkraft.

Zur Erkennung der Stärke dient die Blaufärbung des Stärkekleisters sowie auch der unverkleisterten Stärke durch freies Jod[3]). Die Färbung verschwindet beim Erwärmen und tritt beim Erkalten wieder ein.

In seiner Beschaffenheit und Klebkraft sowie in seinem Steifungsvermögen weist der Stärkekleister je nach der Stärkesorte einige Unterschiede auf:

Die Kartoffelstärke gibt den dicksten Kleister, welcher jedoch eine geringere Klebkraft und ein geringeres Steifungsvermögen als der aus Weizenstärke bereitete Kleister besitzt; auch ist er weniger haltbar, hingegen verleiht er der Ware mehr Körper und einen weichen Appret.

---

[1]) Vorrichtungen zur Bereitung der Appretur- und Schlichtmassen S. 298.

[2]) Die Klebkraft der Stärke dürfte noch von anderen Umständen, wie von der Größe der Stärkekörnchen, Boden- und Witterungsverhältnissen abhängig sein. Nach Parow besaß die Kartoffelstärke aus dem Jahre 1912 eine größere Klebkraft als die aus dem ungewöhnlich trockenen Jahr 1911. Möglicherweise übt auch eine längere Lagerzeit einen ungünstigen Einfluß aus (Zeitschr. f. Spiritus-Ind. 1913, S. 229).

[3]) Zur Herstellung des Reagens werden in etwa 3 cm³ Wasser zuerst 4 g Kaliumjodid und dann 2,5 g Jod gelöst und die Lösung mit Wasser zu 200 cm³ verdünnt.

Um die Ware voll und steif zu machen, verwendet man oft ein Gemisch von Kartoffel- und Weizenstärke, oder von Kartoffel- und Maisstärke. Eigentümlich ist der Geruch des Kartoffelstärkekleisters.

Die Weizen- und Reisstärke geben einen haltbaren, stark klebenden und gut steifenden Kleister.

Die Maisstärke gibt einen Kleister, dessen Eigenschaften jenen der Weizenstärke nahekommen; doch ist sein Steifungsvermögen noch größer.

Die Erfahrung lehrt, daß Kartoffel-, Mais- und Reisstärkekleister gleichmäßiger steifen als jener der Weizenstärke.

Die Ursache dieses Verhaltens wird in der großen Verschiedenheit der Stärkekörnchen beim Weizen (Groß- und Kleinkörner) vermutet. Mit dieser Ansicht könnte man auch die vorzügliche Eigenschaft der Reisstärke für die Appretur feinerer Baumwollwaren erklären. Da jedoch bei der Verkleisterung eine vollständige Zerstörung der Stärkekörnchen stattfindet, ist die verschiedene Wirkung der einzelnen Stärkesorten im Vorhandensein von gleich oder ungleich großen Körnchen kaum zu suchen.

Es ist zu bemerken, daß auch der dünnste, selbst längere Zeit gekochte Kleister keine eigentliche Lösung vorstellt; vielmehr hat man es hier mit einer kolloiden Lösung zu tun, aus welcher das Stärkekolloid mehr oder weniger als „Gel" ausgeschieden ist[1]). Wird die Stärke unter einem Druck von 2—3 at gekocht, so erfahren die Stärkemoleküle einen gewissen Abbau; dem so erhaltenen Produkt fehlt die kleisterartige Beschaffenheit (der Gelzustand), da in demselben die Stärke sehr weitgehend, und zwar kolloidal gelöst ist[2]). Aus der Stärkelösung, welche noch eine rein blaue Jodreaktion gibt, bringt Alkohol die „lösliche Stärke" als ein sehr lockeres, weißes Pulver zur Fällung, das jedoch in kaltem Wasser nicht vollständig löslich ist. Erst durch längeres Kochen mit Wasser bei mindestens 4 at entstehen Produkte, welche in kaltem Wasser löslich sind — infolge beginnender Hydrolyse, d. h. des Zerfalles der Stärkemoleküle in einfachere Moleküle zufolge der chemischen Einwirkung des Wassers. Eine Stärkelösung dringt in den Faden besser als Stärkekleister ein, selbst dann, wenn der letztere sehr dünn ist. Daher werden wirkliche Stärkelösungen in manchen Appreturanstalten hergestellt. Ihre Bereitung geschieht in Autoklaven (Druckkesseln)[3]).

Um den verschiedenen Ansprüchen in bezug auf das Aussehen und den Griff der appretierten Ware zu entsprechen, müssen der Stärkeappreturmasse vielfach verschiedene Zusätze einverleibt werden. So erhält man einen härteren Appret durch Zusatz von Leim, Gummi arabicum usw. Pflanzenschleime, wie das isländische Moos u. a., geben hingegen einen weicheren Griff. Einen geschmeidigen Appret erhält man durch Zusatz von Fetten, Glyzerin, Seife usw. Behufs Erzielung von Glanz bei gemangelten oder kalandrierten Waren bedarf es eines Zusatzes von Wachs, Paraffin u. dgl. Soll die Ware beschwert oder gefüllt werden, so setzt man der Stärkeappreturmasse Ton, Gips, Schwerspat, Bittersalz usw. zu[4]).

---

[1]) Vgl. S. 37.
[2]) Das Überführen der Stärke in lösliche Produkte bezeichnet man als „Aufschließen" der Stärke.   [3]) S. 42.
[4]) Alle diese Zusätze werden später besprochen.

15*

Beim Eintrocknen geht der Stärkekleister in eine hornartige Masse über. Da er beim Stehen an der Luft unter Bildung von Milchsäure und anderer Gärungsprodukte bald sauer wird, empfiehlt sich ein Zusatz eines antiseptisch wirkenden Mittels[1]).

Durch die Gärung wurde früher, mangels an besseren Mitteln, die zumeist aus Stärke bestehende Schlichte von der Rohware entfernt. (Entschlichten.)[2]).

Verhalten der Stärke zu verdünnten Säuren.

Beim Erwärmen des Stärkekleisters mit verdünnten Säuren, am besten beim Kochen mit verdünnter Schwefelsäure, tritt bereits bei gewöhnlichem Druck (im offenen Kochgefäß) sehr bald eine Verflüssigung und schließlich eine vollständige Lösung desselben ein. Dabei findet zufolge der stattfindenden Hydrolyse eine sehr weitgehende Spaltung des Stärkemoleküls statt. Das Fortschreiten der Hydrolyse läßt sich mit der Jodlösung gut verfolgen. Zuerst bildet sich lösliche Stärke, welche noch die rein blaue Jodreaktion zeigt und das Amylodextrin, das mit Jod eine violettblaue Reaktion gibt. Dann entstehen Dextrinarten, von welchen dem Erythrodextrin noch eine violette bis rote, dem Achroo- und Maltodextrin sowie der Maltose aber keine Jodreaktion mehr zukommt. Schließlich wird durch die verdünnte Säure die Maltose in Dextrose (Traubenzucker) übergeführt:

$$C_{12}H_{22}O_{11} + H_2O \rightarrow 2C_6H_{12}O_6.$$

Auch diese gibt mit Jod keine Färbung.

Die Hydrolyse erfolgt nicht stufenweise, sondern schon nach kurzem Einwirken der verdünnten Säure sind in der Lösung alle Spaltungsprodukte vorhanden, anfangs allerdings in überwiegender Menge die komplizierter zusammengesetzten Dextrine, später in größerer Menge die einfacher zusammengesetzten und Dextrose, bis nach entsprechend langem Einwirken der Säure alles in Dextrose übergeführt ist.

Dieses „Aufschließen der Stärke“ durch Kochen mit verdünnter Schwefelsäure wird in den Appreturanstalten manchmal durchgeführt, um die Stärke mehr oder weniger zu „dextrinieren“ oder zu „verzuckern“. Bei Beobachtung der fortschreitenden Hydrolyse durch die Jodreaktion gelingt es leicht, eine Appreturmasse mit den gewünschten Eigenschaften zu erhalten[3]).

Zum Aufschließen nimmt man 3—5% konzentrierte Schwefelsäure auf die Menge der Stärke, oder die durch Rechnung gefundene entsprechende Menge einer verdünnten Schwefelsäure. Zu bemerken ist, daß die Schwefelsäure nur als Kontaktsubstanz wirkt und demnach auch bei vollständiger Hydrolyse der Stärke keine Abnahme erfährt.

---

[1]) S. 293.
[2]) Gegenwärtig bedient man sich hierzu zumeist der Diastase; S. 229.
[3]) Eigenschaften des Dextrins und der Dextrose S. 248 und 251.

Für die meisten Zwecke erscheint demnach eine Neutralisation der auf
diese Weise bereiteten Appreturmasse durch Natronlauge, Soda od. dgl.
notwendig. Freie Säure würde auf die Ware, insofern sie aus
vegetabilischer Faser besteht, während des Trocknungsvorganges
karbonisierend wirken[1]).

Man verfährt demnach bei der Aufschließung der Stärke mit
Schwefelsäure auf folgende Art. Es werden z. B. 10 kg Stärke mit etwa
20 l Wasser angerührt, je nach der gewünschten Konsistenz noch 10—30 l
Wasser zugesetzt und hierauf 500 g konzentrierte Schwefelsäure (66° Bé)
unter Rühren zufließen gelassen, worauf das Verkochen der Masse am besten
im doppelwandigen Dampfkochkessel unter weiterem Rühren vorgenommen
wird. Die Kochdauer richtet sich nach der gewünschten Beschaffenheit der
Masse. Zur Neutralisation der Schwefelsäure benötigt man in diesem Falle
ungefähr 550 g kalzinierte Soda; doch kann dieselbe auch mit der entsprechenden Menge Natronlauge bewirkt werden, wodurch das Schäumen
vermieden wird. Wo es sich um eine sehr genaue Neutralisation handelt,
kann man zweckmäßig den größten Teil der Säure zuerst mit Natronlauge
neutralisieren und sich erst zum Schluß einer Sodalösung bedienen, oder —
wenn man den Neutralpunkt überschritten hat — mit verdünnter Essigsäure die kleine Menge des freien Alkalis unschädlich machen. Das als
Neutralisationsprodukt gebildete Natriumsulfat ist für viele Zwecke erwünscht und wird zur Erzielung eines kräftigen Appretes und einer guten
Füllung der Ware manchmal den Appreturmassen absichtlich zugesetzt.

Die Aufschließung der Stärke mit Schwefelsäure kommt vielfach
auch in der Bleicherei behufs Entschlichtung der Ware zur Anwendung.
Hier bedient man sich einer lauwarmen verdünnten Säure.

An Stelle der Schwefelsäure benutzt man zum Aufschließen der
Stärke manchmal auch Oxalsäure, Salpetersäure, Salzsäure oder
sauerreagierende Salze wie Aluminiumsulfat $Al_2(SO_4)_3$, Zinkvitriol
$ZnSO_4$ usw.

Als „Textilpulver“[2]) kommt eine mit Ameisensäure aufgeschlossene
Stärke in den Handel; sie ist frei von Dextrin und Zucker.

Verhalten der Stärke zu diastatischen Enzymen.

Als diastatische Enzyme bezeichnet man solche, welche Stärke,
auch Zellulose zu lösen vermögen. Hierzu gehören: Diastase (Amylo-
maltase, Amylase), Ptyalin im tierischen Speichel, das Pankreatin
in der Pankreasdrüse und Cytase (Zellulase); letztere ist neben Diastase im Malz enthalten und besitzt die Fähigkeit, Zellstoff zu lösen.

Das wichtigste pflanzliche Enzyme, die Diastase, wird im Getreide
vom wachsenden Keimling ausgeschieden und wandert in den Mehlkörper, um daselbst die Stärke zu verzuckern. Sie ist reichlich im
Malz enthalten.

Zur Herstellung von Malz werden verschiedene Getreidesorten, namentlich die Gerste, in Wasser quellen gelassen und dann in luftigen Räumen,
den Malztennen, in Haufen geschichtet. Alsbald beginnt der Keimprozeß.
Sobald das Keimwürzelchen die 1—1½fache Größe des Kornes erreicht
hat, ist die Bildung von Diastase auf ihrem Höhepunkt angelangt. Das
erhaltene Produkt heißt Grünmalz. Aus diesem erhält man durch Trocknen mit erwärmter Luft das Darrmalz.

---

[1]) S. 208.   [2]) Louis Blumer, Zwickau i. Sa.

Die Verzuckerung der Stärke durch die hydrolytisch wirkende Diastase kommt auch technisch zur Anwendung, und zwar hauptsächlich bei der Spiritusfabrikation (mit Grünmalz) und bei der Bierbereitung (mit Darrmalz), um die Stärke der Kartoffeln und verschiedener Getreidearten (bei der Bierbereitung hauptsächlich der Gerste) in vergärbaren Zucker überzuführen[1]).

Seit langem bedient man sich des Malzes auch in textilen Betrieben, so insbesondere zur Entfernung der Schlichte aus der Ware. Da der Bezug des Malzes oft mit Schwierigkeiten verbunden ist und die Bereitung eines wässerigen Malzauszuges umständlich erscheint, wird seit mehreren Jahren für textile Zwecke unter dem Namen Diastaphor ein aus dem Malz bereitetes, braungelbes, sirupartiges Produkt in den Handel gebracht[2]), das neben viel Zucker, Dextrin und anderen Extraktivstoffen sehr viel Diastase enthält. Es ist allen Fasern und Farbstoffen gegenüber unschädlich und leistet nicht nur beim Entschlichten, sondern auch beim Aufschließen der Stärke zu Appreturzwecken ausgezeichnete Dienste.

Die Einwirkung der Diastase auf Stärke führt wie jene der verdünnten Säuren zur Bildung der löslichen Stärke und der verschiedenen Dextrine. Als Endprodukt wird hier nicht Dextrose, sondern Maltose (Malzzucker) gebildet. Für Appreturzwecke nimmt man auf die Menge der Stärke 1—1,5% Diastaphor. Eine größere Menge ist unzweckmäßig, da dadurch die Verzuckerung zu weit geht und eine Verminderung der Klebkraft zur Folge hat. Diastaphor wird in lauwarmem Wasser gelöst, der mit Wasser angerührten Stärke zugesetzt und das Erwärmen unter Rühren vorgenommen. Zum Entschlichten der Ware eignet sich am besten eine Lösung von 1 Teil Diastaphor in 100 Teilen Wasser.

Die Wirkung der Diastase auf Stärke geht am besten bei Temperaturen zwischen 65 und 70° vor sich. Doch ist der Einfluß der Temperatur auf die hydrolysierende Wirkung der Diastase nicht bei allen Stärkesorten gleich. So werden z. B. bei 65° von der Kartoffelstärke ungefähr 90%, von der Weizenstärke 94%, von der Maisstärke 54% und von der Reisstärke nur 31% in lösliche Produkte übergeführt. Bei 70° werden aus Mais- und Reisstärke ungefähr 93% lösliche Produkte gebildet. Bei 55° ist die Fermentwirkung schon eine sehr geringe: es werden bei dieser Temperatur von der Reisstärke 10%, von der Kartoffelstärke nur 5% in lösliche Produkte übergeführt. Wie aus der Praxis der Bierbrauerei und Spiritusfabrikation bekannt ist, bildet sich bei etwas höheren Temperaturen (65—70°) im Verhältnis mehr Dextrin als Maltose, bei niedrigerer Temperatur (unter 64°) dagegen mehr Maltose.

Bei Temperaturen über 70° wird die Diastase zerstört. Wenn demnach durch Unachtsamkeit die Temperatur während des Aufschließens über 70° steigen sollte, muß nach entsprechender Abkühlung der Stärkemasse ein neuerlicher Zusatz von Diastaphor er-

---

[1]) S. 98.

[2]) Deutsche Diamaltgesellschaft, München; Hauser & Sobotka in Stadlau bei Wien.

folgen. So wie bei der Aufschließung der Stärke mit verdünnten Säuren hat man es auch hier in der Hand, eine entsprechend dextrinierte bzw. verzuckerte Appreturmasse herzustellen. Sobald der gewünschte Grad in der Zusammensetzung der Appreturmasse erreicht ist (Prüfung mit Jodlösung)[1]), unterbricht man die weitere Wirkung der Diastase durch kurzes Aufkochen. Bei der Aufschließung der Stärke mit Diastase hat man auch darauf zu achten, daß die Appreturmasse nur im alkalifreien Zustande zur Fermentation geeignet ist. Etwaige Zusätze, welche alkalisch reagieren, wie Soda, Borax, Natriumphosphat usw., dürfen demnach erst nach beendeter Aufschließung erfolgen.

Außer bei der Bereitung von Appreturmassen und zur Entschlichtung kommt die Diastase auch in den großen Waschanstalten zur Verwendung. Hier werden die Wäschestücke, ehe sie gewaschen und neu gestärkt werden, vom alten Appret befreit. Dies geschieht am besten durch Einweichen in Diastaselösung bei etwa 60°.

Eine weitere Verwendung findet Diastaphor in der Zeugdruckerei zur Entfernung stärkehaltiger Farbenverdickungsmittel nach erfolgtem Druck.

Von den tierischen Fermenten wird zum Lösen der Stärke das Pankreatin empfohlen.

Nach einem patentierten Verfahren[2]) dient zum Entschlichten eine Flotte, welche durch Lösen von 3—5 kg Natriumchlorid oder Kalziumchlorid in 1000 l Wasser und Zusatz von Pankreatin oder Galle bereitet wird. Sie kommt bei 60° zur Anwendung. Ein in gleicher Weise wirkendes Präparat ist Degomma[3]).

Verhalten der Stärke zu Alkalien und Salzen.

Eine sehr wichtige Rolle auf dem Gebiete der Herstellung von Appreturmassen spielt die Aufschließung der Stärke mit Natronlauge. Eine große Menge fabrikmäßig hergestellter Appreturmittel enthält als wesentlichsten Bestandteil mit Natronlauge aufgeschlossene Stärke. Bereits eine 2%ige Natronlauge bringt schon bei gewöhnlicher Temperatur die Stärke zur Quellung. Es bildet sich eine schwach durchscheinende Gallerte. Zumeist bedient man sich aber dazu einer stärkeren, etwa 30%igen Natronlauge und erhält dabei eine zähe, gallertige, gleichartige, gut durchscheinende Masse von hoher Klebkraft. Ammoniak zeigt dieses Verhalten nicht; wohl werden aber als Aufschließungsmittel auch alkalisch wirkende Salze (Soda, Pottasche, Borax, Wasserglas, Natriumhypochlorit usw.) sowie konzentrierte Lösungen von Magnesiumchlorid, Kalziumchlorid, Zinkchlorid usw. — vielfach unter Anwendung von Wärme — benutzt. Der auf diese Art aufgeschlossenen Stärke läßt sich sehr viel Wasser einrühren, ohne daß die gallertige Beschaffenheit und der Zusammenhang verlorengehen. Das Produkt kommt zumeist in neutralisiertem Zustande und vielfach mit anderen Appreturmitteln versetzt unter den verschiedensten Namen in den Handel (z. B. Pflanzenleim, Apparatine, Gallerte,

---

[1]) S. 226.　　　　[2]) Wyla-Werke in Weil, Baden.
[3]) Chem. Fabrik Röhm & Haas, A.-G.

Pflanzengummi, Poliokolle, Königsgummi, Kristallappretur, Universalleim usw.).

Alle derartigen Produkte werden am besten als **Stärkeleime** bezeichnet[1]).

Zur Erzielung eines guten Stärkeleimes wird der mit Wasser angerührten Stärke die Lauge unter tüchtigem Rühren nach und nach zugesetzt. Je länger und kräftiger die Masse gerührt oder geschlagen wird, eine um so bessere Beschaffenheit erhält sie.

Vor einer etwaigen Neutralisation läßt man die Masse behufs Nachwirkung der Lauge mehrere Stunden stehen. Zur Neutralisation nimmt man Schwefelsäure oder Essigsäure. Zweckmäßig ist es, den größten Teil der Natronlauge mit Schwefelsäure und den Rest mit Essigsäure oder Ameisensäure zu neutralisieren[2]). Die stark alkalische Wirkung des Stärkeleimes kann auch durch entsprechenden Zusatz von Ammoniumchlorid oder einem Magnesiumsalz behoben werden; in ersterem Falle entweicht Ammoniak[3]), in letzterem wird unlösliches Magnesiumhydroxyd gebildet[4]). Bei der Neutralisation geht im Stärkeleim die Bildung des entsprechenden Salzes vor sich, das auf die Eigenschaften der Appreturmasse von Einfluß ist. Für besondere Zwecke kann man die Neutralisation mit Elain oder mit in der Kälte leicht verseifbaren Pflanzenölen vornehmen und dadurch dem Stärkeleim Seife bzw. Seife und Glyzerin als geschmeidigmachende Mittel einverleiben. Auch die Neutralisation muß bei langsamem Zusatz der berechneten Säuremenge unter fortwährendem Rühren vorgenommen werden. Ein Überschuß von Säure ist zu vermeiden, da sich sonst Klumpen bilden, welche sich auch bei abermaligem Zusatz von Natronlauge schwer beseitigen lassen. Nötigenfalls muß man den Stärkeleim durch Siebe durchdrücken.

Als Aufschließungsapparate benutzt man am besten hölzerne Bottiche mit tüchtig wirkendem Rührwerk, wobei Metallbestandteile zu vermeiden sind.

Je nach dem Zwecke werden leichtflüssige, leichtzügige oder schwerzügige Stärkeleime hergestellt; und zwar die ersteren für Vollappretur (Durchtränken, Imprägnieren), die letzteren für einseitige und oberflächliche Appretur (Deckappretur). Dementsprechend gibt es eine Menge von Vorschriften zu ihrer Bereitung.

Z. B.: Es werden in 100 l Wasser 12—15 kg Stärke mit 3,5 l Natronlauge von 40° Bé aufgeschlossen und die Neutralisation mit ungefähr 6 l

---

[1]) Die fast allgemein übliche Bezeichnung „Pflanzenleim" ist für derartige Präparate schlecht gewählt, und zwar nicht nur aus dem Grunde, weil sie mit dem Begriff „Pflanzenschleim" oft verwechselt wird, sondern auch deshalb, weil man ebensogut alle übrigen von Pflanzen herrührenden, klebend wirkenden Produkte, wie z. B. die Gummiarten, als Pflanzenleime bezeichnen könnte. Die Bezeichnung „Stärkeleim" schließt jede Verwechselung aus und kann sich nur auf die aus Stärke oder stärkehaltigen Präparate beziehen.

[2]) Die Ameisensäure wirkt gleichzeitig konservierend; S. 296.

[3]) $\dot{N}a(OH)' + (\dot{N}H_4)Cl' \longrightarrow \dot{N}aCl' + H_2O + NH_3$.

[4]) $2\,\dot{N}a(OH)' + \ddot{M}gCl_2' \longrightarrow 2\,\dot{N}aCl' + Mg(OH)_2$.

Essigsäure (30%ig) oder mit der entsprechenden Menge Schwefelsäure bewirkt; oder es werden in 100 l Wasser 12—40 kg Stärke (je nach der gewünschten Konsistenz) mit 40 l Natronlauge von 12° Bé aufgeschlossen und die Neutralisation mit etwa 40 l Schwefelsäure von 8,5° Bé vorgenommen. Falls eine Neutralisation nicht notwendig ist, werden zweckmäßig in 100 l Wasser 20 kg Stärke mit 10 l Sodalösung von 25° Bé aufgeschlossen.

E. Herzinger stellt eine „Apparatine" auf folgende Weise her. In 100 l Wasser werden 15 kg Kartoffelstärke eingerührt und unter langsamem Erwärmen 4 kg Elain zugesetzt. Sobald die Temperatur 40° erreicht, erfolgt ein langsamer Zusatz von 13 l Natronlauge (bereitet durch Verdünnen von 3 l Natronlauge 40° Bé mit 10 l Wasser). Nach dem Verkochen wird mit etwa 600 g Essigsäure das freie Alkali bis auf einen sehr kleinen Rest abgestumpft (Prüfung mit Lackmus). Die Neutralisation kann auch mit Elain vorgenommen werden. Die Masse stellt demnach eine Mischung von Stärkeleim mit Seife vor und wird z. B. zum „Gummieren" der Jägerndorfer Buckskinware empfohlen. Zu diesem Zwecke werden 10 kg Apparatine mit 190 l Wasser von 50° verdünnt und mit der auf 35° ausgekühlten Flüssigkeit die Ware auf der Leimmaschine oder in der Strangwaschmaschine behandelt.

Bei Verwendung des Magnesiumchlorides als Aufschließungsmittel behandelt man z. B. 10 kg Stärke mit etwa 100 kg Magnesiumchloridlösung von 30° Bé.

Die Stärkeleime besitzen eine größere Konsistenz als die Stärkekleister. Sie erteilen den Baumwoll- und Leinenwaren einen weit kernigeren und steiferen Appret als die gewöhnlichen Stärkeabkochungen und sind besonders für die Linksappretur[1]) sehr gut geeignet, da zufolge der richtigen Konsistenz die Verteilung der Appreturmasse über die Kupferwalze sehr gleichmäßig stattfindet. Da Stärkeleime mineralische Stoffe leicht binden und überhaupt die meisten Appreturmittel leicht aufnehmen, kann man bei Verwendung derselben den verschiedenen Ansprüchen auf Füllung und Beschwerung, auf bestimmten Griff und Glanz Rechnung tragen.

Durch den Umstand, daß Stärkeleime sehr viel Wasser aufnehmen können, finden sie auch für leichte Appreturen Verwendung. Bei Verwendung von Stärkeleimen zu Schlichtzwecken empfiehlt sich ein kleiner Zusatz von einem Fettstoff (Talg, Softening, Seife, Türkischrotöl), wodurch das Zusammenkleben der Fäden verhindert wird.

Außer zu textilen Zwecken werden Stärkeleime auch zur Herstellung von Klebstoffen verwendet, wobei zur Erhöhung der Klebkraft vielfach verseiftes Harz zugesetzt wird.

Stärkeleime werden zumeist aus der Kartoffelstärke hergestellt. Doch eignet sich zu ihrer Bereitung auch Weizenmehl, welches wegen seines Proteingehaltes Produkte liefert, deren Klebkraft besonders groß ist.

Eine Zersetzung der Stärkeleime infolge von Gärungsvorgängen kann durch Zusatz von Konservierungsmitteln leicht hintangehalten werden. Hierzu kann man alle gebräuchlichen, antiseptisch wirkenden Stoffe verwenden[2]). Sehr vorteilhaft erscheint ein Zusatz von Formaldehyd; 1—3 g seiner 40%igen Lösung genügen zur Konservierung von 3 kg Stärkeleim.

---

[1]) S. 304.   [2]) S. 293.

Verhalten der Stärke zu Oxydationsmitteln.

Durch Einwirkung von Oxydationsmitteln wird die Stärke in eine mehr oder weniger lösliche Form übergeführt. Als Oxydationsmittel dienen:

Hypochlorite (Chlorkalk, Labarraquesche und Javellesche Lauge). Dazu gehört auch die sogenannte Paechtnerlösung; sie enthält neben Kaliumhypochlorit überschüssige Pottasche in Lösung. Die mit Hypochloriten aufgeschlossene Stärke dringt in die Faser gut ein, erteilt dem Gewebe einen festen Griff und eignet sich auch sehr gut zum Schlichten, da sie die Kette sehr widerstandsfähig macht. Bei der Aufschließung mit Chlorkalk gelangt in die Appreturmasse das hygroskopisch wirkende Kalziumchlorid, das der Ware einen geschmeidigen Griff verleiht. Bei Verwendung dieser Aufschließungsmittel ist für eine völlige Zerstörung des Hypochlorites durch Kochen und, da alle so bereiteten Appreturmassen stark alkalisch sind, nötigenfalls auch für die Neutralisation zu sorgen.

Ähnlich wirken Chlorgas und Chlorwasser; doch gelangen sie in der Praxis des Appreteurs kaum zur Anwendung.

Als Aufschließungsmittel für Stärke in der Appretur und Schlichterei wird in neuester Zeit auch das bei den Bleichmitteln besprochene Chlorpräparat Aktivin empfohlen. Durch Zusatz von 1% dieses Präparates zu der zu verkochenden Stärke wird diese dünnflüssig, ohne in Dextrin oder Zucker überzugehen. Das Chlor wird während des etwa 10 Minuten andauernden Kochens vollständig ausgetrieben. Nach Versuchen von R. Haller[1]) eignet sich die mit Aktivin aufgeschlossene Stärke sowohl als Schlichtmittel für Wollketten als auch als Appreturmittel und verändert zufolge der neutralen Reaktion die Färbungen in keiner Weise. Da Aktivin auch antiseptisch wirkt, bewahrt es die Stärke vor Zersetzung.

Wasserstoffsuperoxyd wirkt auf den Stärkekleister zunächst hydrolisierend, wobei bei etwa 35^0 Erythro- und Achroodextrin sowie Maltose und Dextrose gebildet werden. Bei Gegenwart größerer Sauerstoffmengen findet eine Oxydation der Spaltungsprodukte statt.

Natriumsuperoxyd Na_2O_2. Da dieses während der Aufschließung der Stärke in Natriumhydroxyd übergeht und so eine stark alkalische Reaktion bedingt, erfordert seine Verwendung eine Neutralisation der Appreturmasse.

Persalze. Die unter diesem Namen zusammengefaßten, sauerstoffreichen Salze (Perkarbonate, Persulfate, Perborate usw.) üben auf die Stärke eine besonders günstige Wirkung aus. Sie geben bei der entsprechenden Temperatur Sauerstoff ab, welcher im Entstehungszustande den Abbau der komplizierten Stärkemoleküle bewirkt. Dabei nimmt die Stärke eine lösliche Form an. Von allen Persalzen erweist sich zum Aufschließen der Stärke am zweckmäßigsten das Natriumperborat[2]). Bei der Einwirkung dieses Salzes auf Stärkekleister findet eine vollständige Verflüssigung statt. Man erhält eine dicke, klare Lösung, welche beim Erkalten nur bei hoher Konzentration gelatiniert.

---

[1]) Mellliands Textilberichte 1924, S. 389.
[2]) Patent. Verfahren von Stolle & Kopke, Rumburg.

Beim Eintrocknen hinterläßt sie keine sirupartige, sondern eine gummiartige Masse. Da die Lösung, wie lange auch die Einwirkung des Perborates stattfinden mag, stets die reinblaue Jodreaktion gibt, liegt der Beweis vor, daß man es hier mit keiner weitgehenden Spaltung der Stärke zu tun hat, sondern mit der Bildung eines amyloidartigen Produktes, das von den Eigenschaften der Stärke nur wenig abweicht. Die mit dem Perborat aufgeschlossene Stärke dringt zufolge ihrer Löslichkeit in die Faser sehr gut ein und füllt das Gewebe, ohne demselben den steifen Griff der gewöhnlichen Stärkeappretur zu verleihen und macht es überdies weich. Um einen steiferen Appret zu erhalten, setzt man der Stärkelösung etwas Dextrin zu.

Ein besonderer Vorteil in der Verwendung der löslich gemachten Stärke liegt in der Vermeidung der sogenannten Verschleierung der Farben. Da der löslich gemachten Stärke nur ein geringes Deckvermögen zukommt, bleiben selbst bei einfarbigen dunklen Waren der Glanz und die Farbe unverändert. Das beim Abspalten des Sauerstoffes aus dem Natriumperborat gebildete Natriummetaborat erteilt der Stärkelösung eine nur schwach alkalische Reaktion, welche in den allermeisten Fällen sowohl für die Farbe als auch für die Faser unschädlich ist. Daher ist eine Neutralisation der mit Perborat aufgeschlossenen Stärke in den seltensten Fällen notwendig. Da Natriumperborat antiseptisch wirkt, bedarf es bei seiner Verwendung auch keines weiteren konservierenden Zusatzes.

Zur vollständigen Lösung der Stärke genügen ungefähr 5% Natriumperborat. Man läßt dieses anfangs bei etwa 60° und schließlich bei Kochhitze einwirken. Da durch den entweichenden Sauerstoff eine starke Schaumbildung eintritt, ist für einen entsprechenden Steigraum im Kochgefäß Sorge zu tragen. Die Schaumbildung kann durch zeitweisen Zusatz von Wasser verringert werden.

Kaliumpermanganat $KMnO_4$ und **Kaliumbichromat** $K_2Cr_2O_7$ wirken auf Stärke ebenfalls lösend ein, doch sind sie als Aufschließungsmittel in den Appreturanstalten nicht verwendbar, da die in die Ware gebrachten Mangan- bzw. Chromverbindungen derselben einen bräunlichen bzw. grünlichen Stich verleihen würden. Bei weißer Ware ist die Verwendung dieser Mittel ausgeschlossen.

Lösliche Stärkepräparate.

Vorstehend wurden die Mittel besprochen, welche es dem Appreteur ermöglichen, die Stärke selbst aufzuschließen, d. h. sie in lösliche Produkte überzuführen, deren Eigenschaften je nach der Wahl des Aufschließungsmittels und seiner Einwirkungsdauer von jenen der Stärke mehr oder weniger abweichen.

Es werden aber auch „lösliche Stärken" in den Handel gebracht, das sind Stärkepräparate, welche sich in warmem Wasser vollständig auflösen und in ihren Eigenschaften der mit Perboraten aufgeschlossenen Stärke in den allermeisten Fällen gleichwertig sind.

Die Herstellung der löslichen Stärke geschieht nach verschiedenen Verfahren, welche in einer vorsichtigen Behandlung der Stärke mit Oxydationsmitteln (Kaliumpermanganat, Chlor, Ozon, Wasserstoffsuperoxyd, Persalzen usw.), Säuren, sauerreagierenden Salzen usw. unterhalb ihrer Verkleisterungstemperatur beruhen. Die Stärkesorte läßt sich bei den meisten löslichen Stärken unter dem Mikroskop leicht erkennen, denn bis auf Sprünge und Risse, welche vom Angriff der chemischen Agenzien herrühren, weisen die Stärkekörnchen zumeist keine Formveränderung auf. Ihre wässerigen Lösungen geben mit Jod zuweilen eine reinblaue, zumeist aber eine violettblaue Färbung. Alle derartigen Präparate geben Lösungen, die das Gewebe sehr leicht durchdringen; doch sind deren Steifungsvermögen sowie die Klebkraft geringer als bei der gewöhnlichen Stärke.

Beispiele solcher löslicher Stärken sind:

Die **Oborstärke**[1]), ein durch Behandlung der Kartoffelstärke mit Natriumperborat hergestelltes, leicht lösliches Präparat.

Die **Ozonstärke,** eine dextrinartige Stärke, welche mit heißem Wasser eine klare Flüssigkeit von geringer Klebkraft gibt.

Unter dem Namen **„salzfreie Stärke"**[2]) kommt ein Präparat in den Handel, das bereits mit kaltem Wasser verkleistert. Zur Herstellung desselben wird Stärke mit 0,5%iger Ammoniaklösung zu einem dicken Brei angerührt, nötigenfalls aufgekocht, und dann zwischen rotierenden, heißen Walzen in dünner Schicht getrocknet.

Bei anderen Präparaten ist die Struktur der Stärkekörnchen nicht mehr erkenbar. Ein solches wird z. B. durch einhalbstündiges Erhitzen von Kartoffelstärke mit viel Glyzerin auf 190°, Abkühlenlassen auf 120° und Eingießen der erhaltenen Masse in das zwei- bis dreifache Volumen starken Alkohols hergestellt.

Ein gleichfalls in kaltem Wasser lösliches Stärkemehl wird hergestellt, indem man die mit Wasser zu einem Brei angerührte Stärke auf heißen Zylindern oder Platten verkleistert, dann trocknet und die erhaltenen Stärkeflocken vermahlt[3]).

Erwähnenswert sind auch die **Fekulose** und **Amylose.** Erstere ist ein aus Stärke mit Eisessig, letztere mit Salpetersäure und Eisessig hergestelltes Präparat. Ihrer chemischen Natur nach sind sie als Ester der Stärke mit den genannten Säuren aufzufassen. Auch diese Präparate zeigen die Jodreaktion. Sie finden sowohl als Schlichtmittel als auch in der Druckerei als Verdickungsmittel für die Farbstoffe Verwendung. Unter dem Namen „lösliche Stärke" kommen auch Gemenge von Stärke mit Aufschließungsmitteln (z. B. Perborat) in den Handel. Ihre Lösungen zeigen eine alkalische Reaktion.

Die Verwendung der Stärke.

Auf die Verwendung der Stärke in der Appretur wurde im vorstehenden zur Genüge hingewiesen, ebenso auf die verschiedenen aus ihr hergestellten Appreturmassen und Präparate. Von Stärkepräparaten, welche durch einfaches Beimengen anderer Stoffe hergestellt werden, wäre als Beispiel die Glanzstärke (Silberglanzstärke) zu erwähnen; diese enthält etwa 5—10% feingepulvertes Stearin oder Paraffin und etwas Borax.

---

[1]) Stolle & Kopke, Rumburg.
[2]) H. Wulkan, Budapest.   [3]) Kantorowicz.

Die Stärke bildet die Grundlage der Appretur, insbesondere für
vegetabilische Gewebe und Garne. Eine ebenso große Bedeutung
besitzt die Stärke als Verdickungsmittel für Farbstoffe und Beizen in
der Färberei und im Zeugdruck.

Die Stärke hat auch auf anderen Gebieten eine große Anwendung. Sie
dient auch zum Leimen vieler, namentlich besserer Papiersorten. Als
Klebstoffe finden sowohl der gewöhnliche Stärkekleister als auch viele aus
der Stärke hergestellten Präparate Anwendung (z. B. Stärkeleime). Die
feinen Sorten, besonders Reisstärke, werden zur Herstellung von Schminken
und als Haarpuder sowie für medizinische Zwecke benutzt. Sie dient auch
zur Herstellung von Backwaren. Die halbverkleisterte Stärke (Tapioka,
Sago) ist besonders in den Tropen ein wichtiges Nahrungsmittel. In der
Metallgießerei wird sie zum Einstreuen der Formen verwendet.

Die Stärke ist das Rohmaterial zur Herstellung von Dextrin, Stärkezucker und Sirup. Nicht isoliert dient sie im Getreide und in Kartoffeln als
unentbehrliches Nahrungsmittel, in der Gerste zur Biererzeugung und in
der Kartoffel und im Roggen zur Spiritusbereitung.

Prüfung der Stärke und deren Beurteilung auf Eignung zu Appreturzwecken.

Mikroskopische Prüfung.

Der Ursprung der Stärke wird durch die mikroskopische Prüfung
festgestellt. Die charakteristische Form und Größe der Körnchen
lassen die Unterscheidung der Stärkesorten in den allermeisten Fällen
leicht zu. Zu den mikroskopischen Abbildungen[1]) der wichtigsten
Stärkesorten ist zu bemerken:

Die Körnchen der Kartoffelstärke sind eiförmig. Sie besitzen
um einen fast immer am schmalen Ende gelegenen Kern eine deutlich
wahrnehmbare exzentrische Schichtung. Mitunter kommen auch zusammengesetzte Körner vor — meist Zwillingsformen. Die jungen
Körnchen sind kugelig, ihre Schichtung ist undeutlich (Abb. 32).

Die Körnchen der Weizen-, Roggen- und Gerstenstärke sind
einander so ähnlich, daß sie mittels des Mikroskopes sehr schwer zu
unterscheiden sind. Von den anderen Stärkesorten lassen sie sich jedoch
durch ihr mikroskopisches Bild leicht unterscheiden. Ihren Körnchen
kommt zweierlei Größe zu. Die großen Körnchen sind linsenförmig,
die kleinen kugelig. Während die „Kleinkörner" stets ungeschichtet
sind, ist bei den „Großkörnern" zuweilen eine schwache konzentrische
Schichtung zu erkennen. Der Kern ist nur selten deutlich ausgeprägt,
wohl aber häufig durch Risse angedeutet (Abb. 33—35).

Eine Unterscheidung zwischen Weizen- und Roggenstärke gelingt durch
die mikroskopische Beobachtung der Veränderung, welche sie beim Erwärmen mit Wasser auf 62,5° erleiden. Zu diesem Zwecke wird die Stärke
im Becherglase mit Wasser zu einem dünnen Brei angerührt und im Wasserbade unter Rühren langsam auf genau 62,5° erwärmt. Ist diese Temperatur
erreicht, so taucht man das Becherglas in kaltes Wasser und prüft nun die
Probe mikroskopisch: Die Körnchen der Roggenstärke sind bei 62,5° fast
sämtlich aufgequollen; sie sind bis auf wenige geplatzt und alle haben
ihre Form verändert. Die Körnchen der Weizenstärke sind bei 62,5° zum

---

[1]) S. 221 u. 222.

größten Teile noch fast ganz unverändert, höchstens etwas gequollen, aber
nie ganz geplatzt.

Die Körnchen der Reisstärke sind einfach oder zusammengesetzt.
Letztere bestehen aus 2—100 Teilkörnchen, welchen meist eine fünf-
oder sechseckige, manchmal eine dreieckige Form zukommt. An Stelle
eines Kernes besitzen die Teilkörnchen eine große polygonale, oft
sternförmige Höhle (Abb. 36).

Die Körnchen der Maisstärke sind einfache, zusammengesetzte
oder Bruchkörnchen. Im äußeren, hornigen Teil des Maiskornes liegen
die Stärkekörnchen dicht gedrängt nebeneinander und bilden so unecht
zusammengesetzte Körnchengruppen. Im inneren, mehligen Teil sind
die meisten Körnchen einfach; manche echt zusammengesetzte bestehen
aus 2—7 Teilkörnchen. Die Bruch- und zusammengesetzten Körnchen
sind fünf- bis sechseckig, die einfachen rundlich-eckig und besitzen
eine große, oft strahlige Kernhöhle (Abb. 37).

Die Körnchen der Haferstärke sind einfach oder zusammengesetzt. Die einfachen Körnchen sind rund oder tonnenförmig; die zusammengesetzten bestehen aus 20—70 unregelmäßigen drei- bis sechs-
eckigen Teilkörnchen (Abb. 38).

Die Abb. 39—43 zeigen die Körnchen der wichtigsten tropischen
Stärkesorten.

Bestimmung des Wassergehaltes.

10 g Stärke werden in einem gewogenen Wägegläschen zunächst
1 Stunde bei 40—50⁰ (zur Vermeidung der Verkleisterung) und dann
3—4 Stunden bei 120⁰ bis zum gleichbleibenden Gewicht getrocknet.
Nach dem Erkalten im Exsikkator wird aus dem Gewichtsverlust der
Prozentgehalt an Wasser berechnet.

Von den Verfahren, welche rascher und für praktische Zwecke mit
zumeist genügender Genauigkeit zum Ziele führen, sei das Scheiblersche
angeführt. Es stützt sich auf die Beobachtung, daß 1 Gewichtsteil Stärke
von 11,4% Feuchtigkeit und 2 Gewichtsteile Alkohol von 90 Volumprozent
zusammengebracht, sich gegenseitig kein Wasser entziehen. Enthält jedoch
die Stärke mehr als 11,4% Wasser, so gibt sie dieses an den Alkohol ab,
während eine Stärke mit einem geringeren Wassergehalt dem 90%igen Alkohol Wasser entzieht.

Man übergießt 41,7 g Stärke in einem gut verschließbaren Glaszylinder
mit 100 cm³ 90volumprozentigem Alkohol, schüttelt während einer Stunde
öfters durch, filtriert durch ein trockenes Faltenfilter und bestimmt das
spezifische Gewicht des Filtrates. Aus der auf Seite 239 stehenden Tabelle
kann man den dem spezifischen Gewicht des Filtrates entsprechenden
Wassergehalt der Stärke entnehmen.

Bestimmung des Aschengehaltes.

Etwa 5 g Stärke werden in einem größeren, gewogenen Porzellan-
tiegel zunächst bei kleiner Flamme und dann stärker erhitzt, bis die
Verbrennung oder wenigstens eine völlige Verkohlung erreicht ist. In
letzterem Falle befeuchtet man den ausgekühlten Rückstand mit Wasser,

Spezifisches Gewicht des Alkohols	Prozente Wasser in der Stärke	Spezifisches Gewicht des Alkohols	Prozente Wasser in der Stärke	Spezifisches Gewicht des Alkohols	Prozente Wasser in der Stärke	Spezifisches Gewicht des Alkohols	Prozente Wasser in der Stärke
0,8226	0	0,8358	13	0,8493	26	0,8603	39
0,8234	1	0,8370	14	0,8502	27	0,8612	40
0,8243	2	0,8382	15	0,8511	28	0,8620	41
0,8253	3	0,8394	16	0,8520	29	0,8627	42
0,8262	4	0,8405	17	0,8529	30	0,8635	43
0,8271	5	0,8416	18	0,8538	31	0,8643	44
0,8281	6	0,8426	19	0,8547	32	0,8651	45
0,8291	7	0,8436	20	0,8555	33	0,8658	46
0,8300	8	0,8446	21	0,8563	34	0,8665	47
0,8311	9	0,8455	22	0,8571	35	0,8673	48
0,8323	10	0,8465	23	0,8579	36	0,8680	49
0,8365	11	0,8474	24	0,8587	37	0,8688	50
0,8346	12	0,8484	25	0,8595	38		

trocknet und erhitzt ihn bis zur vollständigen Veraschung[1]). Nach dem Auskühlen im Exsikkator wird wieder gewogen und der Aschengehalt in Prozenten berechnet. Reine Stärke enthält nicht mehr als 1% Asche.

Ermittlung des reinen Stärkegehaltes.

Die Menge an eigentlicher Stärkesubstanz erfährt man annähernd auf Grund der Wasser- und Aschenbestimmung aus der Differenz[2]).

Prüfung auf Säure.

Ein etwaiger Säuregehalt rührt zumeist von der Gärungsmilchsäure her.

Zur qualitativen Prüfung werden auf eine glatt gestrichene Stärkeprobe einige Tropfen einer verdünnten, neutralen Lackmusfarbstofflösung gebracht. Wird die Stärke rot gefärbt, so ist sie sauer.

Zur quantitativen Bestimmung werden zum Beispiel 25 g Stärke mit 50 cm³ Wasser angerührt und unter Umrühren so lange mit $^1/_{10}$-n-Natronlauge versetzt, bis ein herausgenommener Tropfen durch Lackmustinktur nicht mehr gerötet wird. Beim Verbrauch von mehr als 2 cm³ $^1/_{10}$-n-Natronlauge ist die Stärke als „stark sauer" zu bezeichnen.

Prüfung auf Verunreinigungen und Verfälschungen.

Eine Verfälschung der Stärke durch mineralische Zusätze ergibt sich aus dem ermittelten Aschengehalt. Die Asche wird nötigenfalls einer qualitativen Analyse unterzogen.

Einen einfachen Nachweis von mineralischen Zusätzen gewährt die Cailletotsche Probe. Wird eine kleine Menge feingepulverter Stärke mit

---

[1]) Ohne Wasserbehandlung wird die vollständige Veraschung sehr erschwert, da die gebildete Kohle durch leichtschmelzende Salze eingehüllt und der Sauerstoffzutritt zu derselben gehindert wird. In gleicher Weise, nötigenfalls bei wiederholtem Auslaugen mit Wasser, wird auch in anderen organischen Stoffen der Aschengehalt bestimmt.

[2]) Genaue Bestimmung des Stärkegehaltes in „Einf. in d. quant. textilchem. Unters." S. 70.

Chloroform geschüttelt, so sammelt sich die Stärke wegen ihres geringeren spezifischen Gewichtes oben an, während die Mineralstoffe zu Boden sinken[1]).

Zur Ermittlung von Staub und Stippen, welche von Resten des Rohmaterials, Holzteilen, Sackfäden u. dgl. herrühren, wird eine entsprechende Stärkemenge mit Wasser angerührt und nach Zusatz von etwas Diastaphor bei 65—70° bis zur völligen Verzuckerung behandelt[2]). Hierbei bleiben die Stippen sowie etwa vorhandene mineralische Beimengungen ungelöst zurück. Sie können mikroskopisch oder chemisch näher geprüft werden[3]).

Praktische Versuche.

Durch diese wird die zur Untersuchung vorliegende Stärke hinsichtlich der **Klebkraft**, **Verdickungsfähigkeit**, **Konsistenz** und **Haltbarkeit** ihres Kleisters sowie hinsichtlich ihrer **Wirkung auf gefärbte oder gebleichte Textilware** mit einer als gut anerkannten Stärke verglichen.

Die **Klebkraft** ist im allgemeinen um so besser, je zäheren Kleister die Stärke liefert. **Zur Bestimmung der Kleisterzähigkeit** werden mehrere Apparate empfohlen. Beim **Dafert**schen Apparat beruht die Bestimmung auf der Ermittlung der Zeit, welche eine gewisse Kleistermenge von bestimmter Konzentration benötigt, um aus einer Kapillarröhre auszufließen. Mit dem **Thomson**schen Apparat wird die Tiefe gemessen, bis zu welcher ein aus einer bestimmten Höhe fallengelassener Körper in den Kleister eindringt. **Bender** und **Hobein** stellten einen Apparat her, mit welchem man aus der Zeit, welche eine Metallkugel zum Durchdringen einer gewissen Kleisterschicht benötigt, die Zähigkeit einzelner Kleistersorten vergleichen kann.

Die **Konsistenz des Stärkekleisters** läßt auf die Reinheit der Stärke einen Schluß ziehen. Saure und feuchte Stärkesorten liefern einen Kleister, der bald wässerig wird und seine Füll- und Deckkraft stark einbüßt.

Von einem guten Stärkekleister verlangt man eine gute „Zügigkeit" im Troge der Appreturmaschine. Er muß demnach seine flüssige Beschaffenheit auch nach der vor dem Auftragen erforderlichen Abkühlung beibehalten. Die Appreturmasse muß „laufen".

Von der **Haltbarkeit des Stärkekleisters** überzeugt man sich durch einen „Säuerungsversuch", indem man einen aus etwa 50 g Stärke bereiteten und mit Wasser zu 1 kg verdünnten Kleister durch mehrere Tage mit Lackmuspapier prüft. Die Stärke ist um so besser, je länger der Kleister neutral bleibt, nicht schimmelt und nicht gerinnt.

Die **Eignung einer Stärkesorte zu Appreturzwecken** ergibt sich am besten aus einem, den Verhältnissen im großen angepaßten Versuch, welcher mit einer Probe der zu appretierenden Ware auf der Klotzmaschine

---

[1]) Das spezifische Gewicht des Chloroforms beträgt 1,526, das einer normalfeuchten Stärke nur etwa 1,4.

[2]) Ein herausgenommener Tropfen darf die Farbe der Jodlösung nicht mehr ändern.

[3]) Zweckmäßig erscheinen die Mehlprüfer von **Reinke** und **Fornet**. Es sind Kästchen, welche alle Behelfe zur Prüfung der Stärke und der Mehle auf Farbe, Glanz, Säuren und Stippen enthalten (Chem. Ztg. 1910, S. 1193 u. 1287).

od. dgl. durchgeführt wird. Die appretierte Ware wird auf das äußere Aussehen, den Griff, die Steifung, Farbenbeeinflussung usw. geprüft.

Bei Verwendung der Stärke als **Farbenverdickungsmittel** werden die zu vergleichenden Kleister mit gleichen Farbstoffmengen angerührt und nach dem Bedrucken ein und derselben Stoffprobe die Vergleiche angestellt.

Mehle.

Als Rohstoffe für die Herstellung von Mehlen dienen in erster Linie die Getreidekörner, weiter aber auch die Kartoffel sowie das Mark und die Wurzeln einiger tropischer Pflanzen.

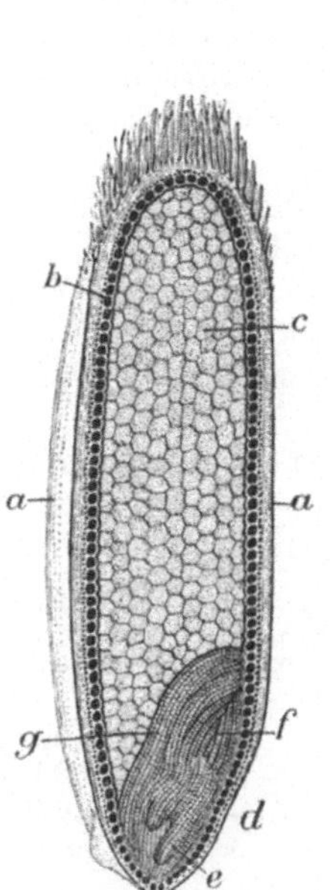

Abb. 44. Längsschnitt durch ein Roggenkorn.

a). Schale mit den Samenhaaren.
b) Kleberschicht.
c) Stärkekörnchen führende Zellen.
d) Keimling (Embryo) mit dem Wurzelkeime e, dem Blattkeim f und dem Schildchen d.

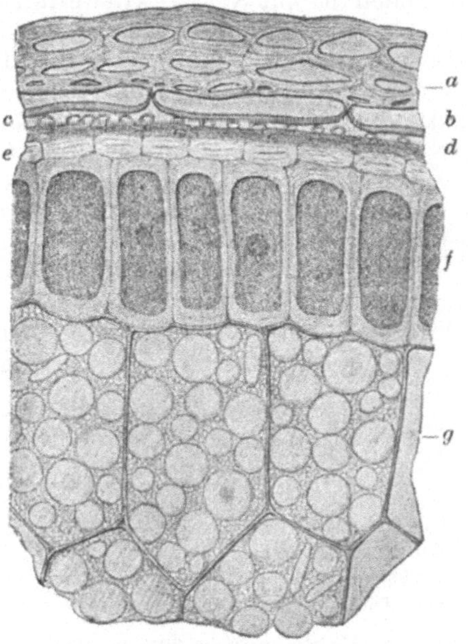

Abb. 45. Querschnitt durch die Fruchtsamenschale und das anschließende Endosperm des Weizenkornes.

a) Oberhaut (Epidermis).
b) Querzellenschicht.
c) Schlauchzellenschicht.
d) Braune Schicht.
e) Hyaline Schicht.
f) Kleberschicht.
g) Endosperm, mit Stärkekörnchen in den Zellen.

(Aus Hager-Mez: Das Mikroskop und seine Anwendung. Berlin, Julius Springer.)

Der Aufbau der Getreidekörner ist aus den Abb. 44 und 45 ersichtlich. So besteht das Korn des Weizens sowie das des Roggens und anderer Getreidesorten aus der Schale, dem Mehlkörper (Endosperm) und dem Keimling (Embryo). Bei der Schale unterscheidet man eine derbe äußereFruchtschale von der inneren Samenschale.

Die Fruchtschale gliedert sich wieder in die Oberhaut (Epidermis), die Querzellenschicht und die Schlauchzellenschicht, während die Samenschale aus der braunen Schicht und der hyalinen (glasartigen) Schicht gebildet wird.

Der Mehlkörper enthält außen die Kleberschicht, das sind eckige, mit körnigem Kleber[1]) gefüllte Zellen. Die Hauptmasse des Mehlkörpers bilden die mit Stärkekörnchen gefüllten Zellen. Die Stärkekörnchen sind im Reis- und Maiskorn durch Eiweißstoffe und Pflanzenschleime „verkittet"; beim Weizen und Roggen trifft dies nicht zu.

Beim Keimling sind zu unterscheiden der Wurzelkeim (radicula), der Blattkeim (plumula) und das Schildchen.

Die Herstellung des Mehles aus dem Getreidekorn geschieht in den nach verschiedenen Systemen arbeitenden Müllereibetrieben. Man erhält es nach dem Entschälen der Getreidekörner durch Vermahlen des Mehlkörpers und einer mehr oder weniger vollständigen Entfernung der Kleie[2]) als ein körniges Pulver von reinweißer, gelblicher oder graustichiger Farbe.

Die Bestandteile des Mehles entsprechen demnach mehr oder weniger der Zusammensetzung des Mehlgutes. Stocks und White geben als Ergebnis von 14 Mehlanalysen folgende Mittelwerte an:

Stärke	70,45%
Stickstoffhaltige Bestandteile, löslich in Wasser . .	2,50%
„ „ unlöslich in Wasser .	7,81%
Fett	1,40%
Dextrin und Zucker	1,02%
Zellulose	0,20%
Wasser	14,62%
Mineralstoffe (Asche)	0,35%

Die im Mehle vorhandenen stickstoffhaltigen Bestandteile sind ihrer Hauptmenge nach Eiweißstoffe.

Als Mittelwerte für die Zusammensetzung des Weizen- und Reismehles können folgende Zahlen angenommen werden:

Mehlsorte	Wasser %	Stickstoffhaltige Substanzen (Eiweißstoffe) %	Stickstofffreie Substanzen, und zwar Stärke, Dextrin, Zucker %	Zellulose %	Asche %
Weizenmehl (fein) . .	13,34	10,18	74,75	0,31	0,48
Weizenmehl (gröber)	12,65	11,82	72,23	0,98	0,96
Reismehl	13,11	7,85	76,52	0,63	1,01

Aus diesen Mittelwerten geht auch hervor, daß ein feineres Mehl weniger Eiweißstoffe (Kleber) enthält als ein gröberes. Die feinsten

---

[1]) S 197.   [2]) Die Kleie besteht aus den äußersten Schichten des Getreidekornes (Frucht- und Samenhaut) nebst daranhaftenden Kleber- und Stärkezellteilchen.

Mehle enthalten 0,5—1% Mineralstoffe (Asche), die mittleren Sorten 1—2% und die groben 2—3%. Im allgemeinen ist bei ein und derselben Mehlsorte der Aschengehalt um so größer, je dunkler die Farbe des Mehles ist. Bezüglich des Wassergehaltes ist zu bemerken, daß ein Mehl mit mehr als 15% Feuchtigkeit, zwischen den Fingern gedrückt, die Erscheinung des Ballens zeigt, d. h. eine zusammenhängende Masse bildet. Ein gutes Mehl soll nicht mehr als 18% Wasser enthalten, da es sonst, zufolge seines Gehaltes an Eiweißstoffen, leicht zu Gärungserscheinungen und Schimmelbildung neigt. Der Schimmelbildung unterliegt am leichtesten das Weizenmehl, weniger das Maismehl und am wenigsten das Reismehl. Im feuchten Mehl können sich auch Mehlmilben und andere tierische Parasiten ansiedeln.

Mit kaltem Wasser läßt sich das Mehl ähnlich wie die Stärke anrühren. Dabei bleibt ein Teil der Eiweißstoffe (Gluten oder der eigentliche Kleber) ungelöst, während ein zweiter Teil (das Pflanzenalbumin oder Phytoalbumin) in Lösung geht und ähnliche Eigenschaften wie das Eialbumin zeigt[1]). Zum Unterschiede von einer Stärkesuspension kommt einem solchen Mehlpapp eine größere Klebrigkeit zu. Mit wenig Wasser geknetet, bildet das Mehl einen Teig. Im allgemeinen ist zur Herstellung des Teiges um so mehr Wasser erforderlich, je kleberreicher das Mehl ist. Heißes Wasser wirkt auf die im Mehl vorhandene Stärke verkleisternd ein und man erhält eine Masse, welche zufolge ihres Klebergehaltes viel konsistenter und zäher ist sowie eine bedeutend größere Klebkraft besitzt, als der gewöhnliche Stärkekleister. Diesen durch den Kleber bedingten Eigenschaften verdankt das Mehl seine Anwendung in der Schlichterei und Appretur. Die aus demselben hergestellte Appreturmasse vermag einerseits auf der Faser festzuhaften, andererseits aber auch andere Stoffe, selbst mineralische, festzuhalten.

Die Bereitung der Mehlappreturmassen geschieht ähnlich wie bei der Stärke: das Mehl wird mit Wasser von gewöhnlicher Temperatur angerührt, der Mehlpapp zur Entfernung der Klumpen durchgesiebt und dann ungefähr 10 Minuten unter Rühren gekocht. Zur Verwendung gelangt auch hier die auf 40—50° ausgekühlte Masse. Mehlabkochungen sollen in möglichst frischem Zustande verarbeitet werden, da sie schon nach 12 Stunden leicht in Gärung übergehen und dabei an Klebkraft verlieren. Bei längerem Stehen der Mehlabkochung stellt sich auch die Schimmelbildung ein.

Zum Unterschiede von den Stärkeabkochungen bewirken stärkere Mehlabkochungen auf der Ware einen gut deckenden Appret und einen weichen, dabei aber vollen Griff. Starke Mehlapprete machen die Ware für viele Stoffe undurchlässig. Dies ist für die „Buchbinderleinwand" und die zum Tapezieren dienenden Gewebe von Bedeutung.

Vielfach überläßt man das mit Wasser angerührte Mehl vor dem Verkochen einer freiwilligen Gärung, damit ein Teil des Klebers in Lösung geht. Man läßt es so lange stehen, bis sich an der Oberfläche ein bräunlicher Schaum gebildet hat, und ersetzt die über dem Mehlsatz

---

[1]) S. 196.

befindliche Flüssigkeit durch reines Wasser. Je öfter diese Behandlung wiederholt wird, um so mehr geht der eigentliche Charakter des Mehles verloren; man erhält eine immer reinere Stärke. Die auf diese Art bewirkte Zerstörung eines Teiles des Klebers bezweckt die Vermeidung einer Verschleierung der Farben sowie des sogenannten „Schreibens"[1]) auf einfarbigen, insbesondere dunklen Waren. Diese Übelstände können sich bei Verwendung von stärkeren Mehlabkochungen sehr leicht einstellen. Dünne Mehlabkochungen, welche auf 100 l Wasser etwa 2 kg Mehl enthalten, zeigen den Übelstand des Schreibens nicht. Solche Abkochungen dienen oft zum Gummieren von Tuchwaren, um diesen eine gewisse Füllung und einen vollen, milden Griff zu erteilen. Zu diesem Zwecke wird die Ware mit der Mehlabkochung mitunter in der Waschmaschine behandelt; in diesem Falle ist ein nachträgliches Ausschleudern der Ware notwendig.

Das durch Mehlapprete verursachte „Schleiern" und „Schreiben" läßt sich statt durch Gärung, bei welcher ja der wertvollste Bestandteil des Mehles — der Kleber — mehr oder weniger verlorengeht, nach H. Walland viel zweckmäßiger durch Aufschließen desselben mit Persalzen bewirken. Das Verfahren besteht darin, daß das Mehl unter Zusatz von Persalzen, am besten Natriumperborat, mit Wasser erwärmt bzw. verkocht wird, wobei der im Entstehungszustande wirkende Sauerstoff die Eiweißstoffe in eine Form überführt, in welcher sie bereits bei Gegenwart der sehr geringen Menge freien Alkalis, dessen Bildung in der Hydrolyse des Natriumperborates die Ursache hat, leicht löslich sind. Ein Abstumpfen der geringen Menge des gebildeten Alkalis ist in den meisten Fällen nicht notwendig. Bei dieser Behandlung findet eine Zerstörung der Eiweißstoffe nicht statt[2]). Demnach bleibt auch die hohe Klebkraft des Klebers noch erhalten. Gleichzeitig geht auch die im Mehle vorhandene Stärke in Lösung[3]). Will man jedoch für besondere

---

[1]) Unter dem „Schreiben" versteht man den Übelstand mancher appretierten Waren, beim Streichen mit der Kante des Fingernagels weiße Streifen zu zeigen. Je mehr unlösliche und trübende Bestandteile die Appreturmasse enthält, um so weniger ist sie zum Appretieren einfarbiger Waren geeignet. Leicht lösliche Stoffe, wie Dextrin, Leim, löslich gemachte Stärke usw., verursachen bei sonst richtiger Behandlung keine „Verschleierung" und kein „Schreiben". Der angeführte Übelstand kann aber auch andere Ursachen haben, so z. B. eine zu niedrige Temperatur der zur Verwendung gelangenden Appreturmasse; damit diese in das Gewebe gut eindringt, soll ihre Temperatur etwa 50°, mindestens aber 40° betragen. — Das Eindringen der Appreturmasse wird auch bei ungenügend gespülter Ware, besonders wenn sie noch etwas Säure enthält, erschwert. (Appr.-Zeit. 1908, S. 135.) — Auch in der maschinellen Einrichtung kann die Fehlerquelle liegen. Für den Ausfall eines guten Appretes ist es notwendig, daß die Walzenüberzüge (Bombage) gut aufgezogen sind und öfter mit heißem Wasser gereinigt werden. Die obere Walze muß auf die Ware einen entsprechend starken Druck ausüben, damit die Appreturmasse gut eindringt und ihr Überschuß gleichmäßig abgequetscht wird. Das gleichmäßige Eindringen der Appreturmasse wird durch ein Netzen der Ware vor dem Appretieren begünstigt. Das Dekatieren oder Dämpfen der fertigen Ware vermindert gleichfalls die angeführten Übelstände, weil dadurch der Appret an der Ware besser haftet.   [2]) Davon kann man sich durch die „Biuretreaktion" überzeugen.   [3]) S. 234.

Zwecke eine dextrin- bzw. zuckerhaltige Appreturmasse herstellen, so kann man die Stärke zuvor mit Diastase aufschließen. Die Aufschließung des Mehles mit Perborat gestattet somit auch stärkeren Appreturmassen, in die Ware einzudringen und ihr eine gute Füllung zu geben.

Von besonderer Bedeutung ist das Verhalten des Mehles zur Natronlauge. Wird es mit dieser bei gewöhnlicher Temperatur behandelt und dann die Lauge mit Schwefelsäure oder Essigsäure neutralisiert, so erhält man ein **gallertiges, aber wenig durchscheinendes Stärkemehl (Pflanzenleim)**[1]), welches zufolge seines Klebergehaltes konsistenter als der gewöhnliche Stärkeleim ist, eine besssere Klebkraft besitzt und demnach auch ausgiebiger ist. Insbesondere für die Linksappretur ist es sehr geeignet.

Auf das große Aufnahmevermögen der Mehlappreturmasse für verschiedene Stoffe wurde bereits hingewiesen. Man kann durch Zusätze den verschiedenen Ansprüchen Rechnung tragen: Leim oder Dextrin erhöhen den Griff der Ware; Fette, Glyzerin, Appreturöle usw. machen sie geschmeidig; Magnesiumsulfat und Natriumsulfat bewirken ihre Füllung und Beschwerung. Zur Erzielung der letzteren lassen sich bei Baumwollwaren auch unlösliche Beschwerungsmittel, wie Kaolin, Schwerspat, Kreide usw., dem Mehlpapp einverleiben. In besonders hohem Maße läßt sich die Beschwerung bei Verwendung von Mehlleimen erreichen. Diese eignen sich demnach für „schwere Appreturen".

Unter allen Mehlen nimmt in der Schlichterei und Appretur die erste Stelle das **Weizenmehl** ein. Es liefert die konsistenteste Appreturmasse.

In geringerer Menge kommen das **Roggenmehl**, selten das **Hafer-**, **Erbsen-** und **Bohnenmehl** zur Verwendung.

Auch das **Reismehl** wird als solches weniger verwendet. Es ist jedoch gelungen, aus entschältem Bruchreis ein Produkt herzustellen, das sich unter dem Namen „Protamol" in der Schlichterei und für manche Zwecke in der Appretur sowie in der Druckerei sehr gut bewährt hat[2]). Zufolge der eingetretenen Unwirtschaftlichkeit seiner Herstellung aus dem so teuer gewordenen Reis mußte die Herstellung des Protamols aufgegeben werden. Im Protamol waren die guten Eigenschaften unserer feinsten Stärke mit denen der Eiweißstoffe vereint.

Ein sehr stärkereiches Mehl ist das **Mandioka- oder Cassavamehl.** Früher kam in der Appretur nur die aus diesem Mehl isolierte Mandioka- oder Cassavastärke zur Verwendung[3]). In neuerer Zeit wird — ohne die Stärke zu isolieren — ein Mandiokamehl von der für Appreturzwecke erforderlichen Reinheit hergestellt. Leider werden seine Abkochungen ziemlich leicht wässerig. Dieser Übelstand soll zum Teil schon behoben sein; bei völliger Behebung desselben werden dem Mandiokamehl zufolge seines niedrigen Preises Aussichten auf Einführung in die Textilindustrie gestellt.

---

[1]) Die Bezeichnung „Pflanzenleim" für derartige Präparate ist sowie bei der Stärke auch hier nicht zutreffend.

[2]) Erste Triester Reisschälfabrik-A.-G.   [3]) S. 224.

Das Mark der Sagopalme Ostindiens liefert das **Sagomehl**, das zuweilen für feinere Appreturen verwendet wird. Zufolge seines Stärkereichtums unterscheidet es sich von der daraus isolierten Sagostärke nur wenig.

Das eigentliche **Kartoffelmehl**, das mit der Kartoffelstärke so oft verwechselt wird, findet für Appreturzwecke wenig Verwendung. Es wird durch Trocknen der von den löslichen Bestandteilen befreiten Kartoffel hergestellt und besteht im wesentlichen aus Stärke und etwas Zellulose. Die Mittelwerte seiner Zusammensetzung sind:

Wasser	Stickstoffsubstanz	Stickstofffreie Subst. (Stärke u. Zellulose)	Asche
17,18%	1,03%	80,83%	0,90%

Es weicht demnach in seiner Zusammensetzung von der Kartoffelstärke nicht viel ab und kann aus diesem Grunde vielfach die letztere ersetzen.

Prüfung der Mehle.

Zur Unterscheidung der Mehlsorten dienen vor allem die darin enthaltenen Stärkekörnchen, deren Art mikroskopisch zumeist leicht zu bestimmen ist. Nur in manchen Fällen, wo es sich um einander sehr ähnliche Stärkekörnchen handelt, wie bei Weizen und Roggen, benötigt man bei der mikroskopischen Prüfung noch andere Bestandteile, sogenannte Formenelemente, welche für einzelne Mehlsorten charakteristisch sind. Dazu gehören Längs- und Querzellen, sogenannte Haare usw. Weizenmehl läßt sich von Roggenmehl auch durch die verschiedenen Quellungstemperaturen ihrer Stärkesorten unterscheiden[1].

Verdorbenes Mehl wird an seinem dumpfen Geruch und kratzenden Geschmack erkannt.

Die Bestimmung des Wasser- und Aschengehaltes wird so wie bei der Stärke durchgeführt[2].

Bestimmung des Klebergehaltes.

Zur Bestimmung des Klebergehaltes werden mehrere Verfahren vorgeschlagen, darunter auch Backversuche mit dem zu prüfenden Mehl. Für den Appreteur hat eine derartige Probe schon wegen ihrer Umständlichkeit keine Bedeutung. Für den Praktiker am einfachsten und zweckmäßigsten ist das Verfahren, welches auf der Abscheidung des Klebers durch Auswaschen der Stärke aus dem Mehl beruht. Zu diesem Zwecke werden nach Boland 30 g Mehl mit 15 cm³ Wasser zu einem Teige angerührt, dieser 1—3 Stunden stehen gelassen und die Stärke sodann entweder in einem Leinensäckchen oder auf einem Haarsieb mit einem Wasserstrahl unter fortwährendem Kneten so lange ausgewaschen, bis keine milchige Flüssigkeit mehr abfließt. Bei gutem Mehl erhält man den Kleber als eine gelbliche, zähe Masse, welche an den Fingern nicht haften bleibt. Der im Säckchen bzw. am Sieb verbleibende Kleber, welcher allerdings noch etwas Stärke enthält, wird bei 105° getrocknet; nach dem Wägen berechnet man seinen Prozentgehalt.

Auf diese Weise läßt sich der Kleber im Weizenmehl, Roggenmehl u. a. leicht bestimmen. Aus manchen Mehlen wird aber mit Wasser auch der Kleber ausgewaschen. Für solche Fälle wird zuerst ein Durchkneten des Mehles mit Gipswasser empfohlen, das ein Zusammenballen der Kleberflocken bewirkt; zum Schluß wäscht man mit reinem Wasser nach[3].

---

[1] S. 237.   [2] S. 238.

[3] Ein chemisches, zur Bestimmung der Eiweißstoffe allgemein anwendbares Verfahren beruht auf dem Umstande, daß allen Eiweißstoffen ungefähr derselbe Stickstoffgehalt zukommt. Man bestimmt demnach den Stickstoffgehalt des zu prüfenden Materials und erhält durch Multiplikation desselben mit 6,25 den ungefähren Gehalt an Eiweißstoffen (Rohprotein). Die Stickstoffbestimmung wird nach Kjeldahl durchgeführt (Einf. i. d. quant. textilchem. Unters., S. 38).

Prüfung auf Verfälschungen.

Mehlen werden manchmal geringwertige Sorten beigemischt, so z. B. dem Weizenmehl das Bohnenmehl. Wenn es der Preis erlaubt, wird zuweilen das Weizenmehl auch mit Roggenmehl gemischt. Ein Verfälschungsmittel bildet auch das Maiskolbenmehl. Die Arten des Mehles ergeben sich aus der mikroskopischen Untersuchung desselben. Beimengungen anderer Art, wie Kreide, Gips, Schwerspat, gemahlene Sägespäne usw., kommen in Kulturstaaten dank der chemischen Untersuchungsanstalten wohl nur sehr selten vor. Etwa vorhandene mineralische Zusätze ergeben sich aus der Aschenbestimmung oder nach Laiffagne, indem man die Mehlprobe mit Chloroform schüttelt und dann der Ruhe überläßt; sind mineralische Zusätze vorhanden, so fallen sie zu Boden, während sich das spezifisch leichtere Mehl an der Oberfläche ansammelt. Hierbei ist zu bemerken, daß ein sehr geringer Bodensatz auch von den Mühlsteinen herrühren kann. Einen zuverlässigen Nachweis von mineralischen Beimengungen gestattet wie bei der Prüfung der Stärke so auch hier die Behandlung des Mehles mit einer Diastaphorlösung bei ungefähr 65°. Allerdings bleiben in diesem Falle auch die Eiweißstoffe ungelöst zurück; sie bilden jedoch einen flockigen Niederschlag, den man von den mineralischen Stoffen leicht unterscheiden kann.

Dextrin.

Dextrin ist kein einheitlicher Stoff, sondern ein Gemisch von verschiedenen Dextrinen, welche ihrer chemischen Natur nach zwischen Stärke und Zucker liegen. Die chemische Zusammensetzung entspricht der Formel $(C_6H_{10}O_5)x$, wobei x kleiner als bei der Stärke ist[1]).

Auf die Bildung der Dextrine wurde bereits bei der Stärke hingewiesen. Zu ihrer Darstellung bedient man sich mehrerer Verfahren:

1. Durch Erhitzen der Stärke auf 180—220° in drehbaren Rösttrommeln oder in mit Rührwerk versehenen Gefäßen, deren Böden durch überhitzten Dampf geheizt werden, erhält man Röstdextrine (Röstgummi, Stärkegummi, künstliches Gummi, Leiokom, Leiogomme, Gommelin usw.). Das aus der Weizenstärke hergestellte Produkt heißt auch „gebrannte Stärke", das aus der Maisstärke „britisches Gummi" (British Gum)[2]).

2. Nach einem anderen Verfahren wird die Stärke mit verdünnter Salpetersäure befeuchtet, getrocknet und in offenen Schalen in einem auf 150° geheizten Raume erhitzt, wobei sich die Säure verflüchtigt. Bei einer Erhitzungsdauer von 2—4 Stunden erhält man eine helle, bei einer solchen von 10—20 Stunden eine dunkle Ware. Auf 100 kg Stärke kommen 0,2—0,4 kg konzentrierte Salpetersäure in verdünntem

---

[1]) Die Bezeichnung „Dextrin" rührt von der Eigenschaft seiner Lösung her, die Ebene des polarisierten Lichtstrahles nach rechts zu drehen. Dies läßt sich im „Polarisationsapparat" beobachten, einem optischen Apparat, welcher sowohl bei der qualitativen als auch bei der quantitativen Prüfung der verschiedenen Kohlenhydrate gute Dienste leistet.

[2]) Die glatte, glänzende Oberfläche, welche gestärkte Wäsche beim „Steifen" annimmt, wird durch Dextrin verursacht, dessen Bildung sich unter der Hitze des Bügeleisens vollzieht. Auch der bräunliche und glänzende Überzug der Brotrinde ist auf eine oberflächliche Dextrinbildung zurückzuführen.

Zustande zur Verwendung. Die Produkte werden als „Säuredextrin“, „Säuregummi“ usw. bezeichnet.

Nach anderen Verfahren läßt man Chlorwasserstoffgas, Schwefeldioxyd oder Kohlendioxyd auf trockene Stärke einwirken.

3. Durch Einwirkung der Diastase auf Stärkeabkochungen erhält man Dextrin nebst Malzzucker in der Lösung[1]) (Dextrinsirup, Gummisirup) und kann aus dieser auch das feste Produkt herstellen.

Zur Selbstbereitung des Dextrins wird der Wulkansche Apparat empfohlen.

Eigenschaften der Dextrine.

Sie sind amorphe Produkte, welche mit Wasser stark klebende Lösungen geben. In 50%igem und stärkerem Alkohol sind sie unlöslich. Auf das Verhalten der verschiedenen Dextrine zur Jodlösung wurde bereits bei der Stärke hingewiesen; im allgemeinen gibt Dextrin eine rote Jodreaktion.

Das durch Erhitzen der trockenen Stärke gewonnene Dextrin bildet eine dem arabischen Gummi ähnliche Masse von muscheligem Bruch, deren Farbe um so heller ist, je niedriger die Temperatur beim Rösten war. Das bei Gegenwart von Säure erhaltene Produkt ist weiß und meist mehlig.

Die Kartoffelstärke liefert ein eigentümlich riechendes Dextrin, während aus anderen Stärkesorten fast geruchlose Produkte entstehen.

Das Handelsprodukt enthält neben Dextrinen auch etwas lösliche Stärke und oft größere Mengen von unveränderter Stärke. Die Säuredextrine enthalten zumeist auch Traubenzucker (Dextrose); solche Dextrine werden leicht hygroskopisch und besitzen eine geringere Klebkraft. Eine klare Lösung geben selbstredend nur die stärkefreien Dextrine. Der Feuchtigkeitsgehalt einer guten Ware soll nicht mehr als 8%, ihr Aschengehalt nicht mehr als 0,5% betragen.

Verwendung des Dextrins.

Es bildet einen billigen Ersatz für Gummi arabicum, dessen Klebkraft es jedoch nicht erreicht. Seine Verwendung in der Appretur und Schlichterei stützt sich auf die Eigenschaft, schon in der Kälte gut klebende und steifende Lösungen zu geben. Die heiß bereiteten Lösungen bleiben, wenn sie nicht zu konzentriert sind, bei reiner Ware auch nach dem Erkalten klar; aus diesem Grunde verschleiert reines Dextrin die Farben nicht. Dextrin füllt die Ware sehr gut, macht sie aber weniger hart als Stärke; während man z. B. bereits mit einem 5%igen Stärkekleister einen gewissen „Griff“ erhält, übt eine 5%ige reine Dextrinlösung eine kaum merkliche Wirkung aus. Bei Verwendung von Dextrin fällt demnach der Appret um so härter aus, je größer der Stärkegehalt des Handelsproduktes ist. Reines Dextrin wird für Appreturzwecke schon aus dem Grunde nicht verwendet, weil es zu teuer ist; in Gemeinschaft mit Stärke erteilt es aber Leinen- und Baum-

---

[1]) S. 229.

wollwaren einen sehr guten „Körper", ohne die Ware hart zu machen, und eignet sich in dieser Weise auch zum „Gummieren" von Wollwaren. Je mehr Zucker das Dextrin enthält, desto weicher fällt die Ware aus; bei mehr als 10% Zucker kann jedoch die Ware einen fettigen Griff erhalten.

Wie bereits bekannt, kann der Appreteur die Stärke mit Schwefelsäure oder zweckmäßiger mit Diastaphor auch selbst „dextrinieren"; bei genauer Verfolgung der Aufschließungsphasen mittels der Jodlösung läßt sich die „Dextrinierung" mehr oder weniger weit führen; eine nur kurze Wirkungsdauer des Aufschließungsmittels führt zu einer Appreturmasse, deren Zusammensetzung jener aus reichlich stärkehaltigem Handelsdextrin bereiteten ungefähr gleichkommt; bei längerer Wirkungsdauer entspricht die Zusammensetzung mehr solchem Handelsdextrin, das neben viel Dextrin auch größere Mengen Zucker, aber wenig Stärke enthält. Der Appreteur ist demnach in der Lage, mittels Diastase derartige Appreturmassen, welche jeder gewünschten Zusammensetzung annähernd entsprechen, selbst herzustellen.

Der mehr oder weniger stärkehaltigen Dextrinappreturmasse werden je nach Bedarf noch Leim, geschmeidigmachende Mittel, wie Appreturöle usw., zugesetzt.

Bei weißer Ware kann nur weißes Dextrin zur Verwendung kommen; sonst gibt man aber dem gelben den Vorzug, weil dieses wegen des höheren Dextringehaltes ausgiebiger ist.

Dextrin findet auch in der Baumwolldruckerei, beim Tapetendruck, zur Herstellung von Klebstoffen usw. Verwendung. Aus den besten Sorten wird das **Kristallgummi** auf folgende Weise hergestellt. Dextrin wird in Wasser gelöst, die Lösung mit Knochenkohle entfärbt und in dünner Schicht so weit eingedampft, daß die Masse beim Erstarren in glasige Körner zerspringt, welche das Aussehen des arabischen Gummis haben. Andere Dextrinpräparate sind z. B. das **Gummi germanicum** und das **Kunstgummi**. Die in den Handel kommenden flüssigen Dextrinpräparate enthalten gewöhnlich auch Zucker.

Prüfung des Dextrins.

Stärkehaltiges Dextrin zeigt die blaue Jodstärkereaktion. Im übrigen verrät sich die Stärke schon beim Auflösen des Dextrins, wenn die Lösung nicht klar, sondern milchig getrübt erscheint.

Zur **quantitativen Bestimmung** werden 3 g Dextrin in kaltem Wasser gelöst und die Lösung durch ein bei 110° getrocknetes und gewogenes Filter filtriert, der Rückstand mit kaltem Wasser abgewaschen, bei 110° getrocknet und gewogen. Falls das Ergebnis der Aschenbestimmung die Anwesenheit von unlöslichen mineralischen Stoffen vermuten läßt, wird der getrocknete Rückstand samt dem Filter verbrannt und die erhaltene Asche in Abzug gebracht. Der Rest entspricht annähernd dem Stärkegehalt. Allfällige unlösliche Stoffe organischer Natur werden nach diesem Verfahren mitbestimmt.

Ein größerer Zuckergehalt wird an dem süßen Geschmack erkannt. Auf Säure prüft man wie bei der Stärke[1]).

Ein technischer, der Praxis angepaßter Appreturversuch wird auch hier eine gute Beurteilung der Handelsware zulassen.

---

[1]) S. 239.

Stärkezucker und Stärkesirup.

Der Hauptbestandteil dieser Produkte ist der Traubenzucker (Dextrose oder Glukose) $C_6H_{12}O_6$. Er kommt in Trauben, Kirschen und anderen süßen Früchten, im Honig (gemengt zu gleichen Teilen mit Fruchtzucker oder Lävulose) sowie im Harn bei der Zuckerkrankheit (Diabetes mellitus) vor.

Künstlich wird der Traubenzucker als Endprodukt der hydrolytischen Spaltung der Stärke mit Säuren erhalten[1]):

$$(C_6H_{10}O_5)\,x + x\,H_2O \rightarrow x\,C_6H_{12}O_6 .$$

Nach diesem Vorgang wird der Traubenzucker sowohl als fester Stärkezucker als auch als flüssiger Stärkesirup hergestellt. Die Verzuckerung verläuft nur in sehr verdünnter Lösung vollständig. In der Praxis führt man sie absichtlich nicht zu Ende; daher enthält die Handelsware immer mehr oder weniger Dextrine als Zwischenprodukte der Verzuckerung, und zwar enthält das feste Produkt vorwiegend Dextrose, das flüssige aber vorwiegend Dextrine. Die Produkte enthalten ungefähr:

	Stärkezucker	Stärkesirup
Dextrose	55—60%	40—42%
Dextrine	25—30%	42—45%
Wasser	15—20%	15—18%

Von größerer Bedeutung für die Textilindustrie ist der Stärkesirup. Er kommt auch unter den Namen Dextrinsirup, Gummisirup oder Sirup in den Handel.

Darstellung des Stärkesirups. Er wird in Europa zumeist aus der Kartoffelstärke, in Amerika aus der Maisstärke hergestellt. Man arbeitet entweder mit Schwefelsäure und entfernt dann diese, hier nur katalytisch wirkende Säure mit Kalziumkarbonat (Fällung von Gips) oder mit Salzsäure und neutralisiert diese mit Soda. In letzterem Falle enthält das Produkt ungefähr 0,5% Kochsalz.

Bei Verwendung von Kartoffelstärke nimmt man auf je 30 kg Stärke 70 l Wasser und so viel Schwefelsäure, daß eine 0,3%ige Säure entsteht, verkleistert zunächst zu einer gleichartigen Masse und erhitzt in kupfernen Druckgefäßen 1 Stunde auf 1 at Überdruck, so daß ungefähr die Hälfte der Stärke in Dextrose, die andere Hälfte aber in Dextrine umgewandelt wird. Bei dieser Zusammensetzung kristallisiert das Gemisch nicht. Der Verlauf der Hydrolyse wird durch die Jodreaktion verfolgt, das Produkt darf mit Jod keine Färbung mehr geben[2]). Nach der Neutralisation mit Kalziumkarbonat wird durch Filterpressen filtriert, im Vakuum bis 32° Bé eingedampft, zur Entfernung des weiter ausgeschiedenen Gipses nochmals filtriert und dann behufs Entfärbung mit Knochenkohle gereinigt. Zum Schluß dampft man das flüssige Produkt im Vakuum bis zur größtmöglichen Konsistenz (42—44° Bé) ein.

---

[1]) S. 228.

[2]) Die gebildeten „Achroodextrine" geben keine Jodreaktion; (S. 228.)

Der so hergestellte Stärkesirup bildet eine dicke, klebrige, süß schmeckende und farblose Flüssigkeit. Dem in der Appretur verwendeten kommt eine hell- bis dunkelgelbe Färbung zu.

Einen aus Dextrinen und Maltose bestehenden Sirup erhält man durch Verzuckerung der Stärke mit Diastase.

Bei der Darstellung des festen Stärkezuckers wird genau so gearbeitet, nur wird in den Autoklaven etwas länger erhitzt. Dadurch wird die Hydrolyse weitergehend und der Gehalt an Dextrose vermehrt. Das im Vakuum eingedampfte Produkt erstarrt nach längerem Stehen zu einer feinkristallinischen weißen bis gelben Masse.

Eigenschaften des Traubenzuckers. Dieser Bestandteil des Stärkezuckers und des Stärkesirups ist ungefähr halb so süß als der Rübenzucker, mit Hefe sehr leicht vergärbar[1]) und besitzt ein starkes Reduktionsvermögen; mit der Fehlingschen Lösung[2]) erwärmt, bewirkt er die Ausscheidung von rotem Kupferoxydul Cu_2O. Traubenzucker ist sehr hygroskopisch und bildet einen guten Nährboden für Schimmelpilze. In größerer Menge im Appret vorhanden, führt er leicht zur Bildung von Schimmelflecken in der Ware. Durch Zusatz von antiseptisch wirkenden Stoffen wird dieser Übelstand vermieden.

Verwendung des Stärkesirups. Als Verdickungsmittel hat er eine geringe Bedeutung; er dient nur als Zusatz zu Schlicht- und Appreturmassen und hat zufolge seiner hygroskopischen Eigenschaft die Aufgabe, das Austrocknen des Appretes zu verhindern. In der Schlichterei trägt er auch zur Stärkung der zum Weben bestimmten Garne bei. In der Indigofärberei findet er manchmal als Reduktionsmittel Verwendung.

Der Stärkezucker wird auch in den Gärungsgewerben, bei der Herstellung von Konditoreiwaren, als Versüßungsmittel usw. verwendet.

Die Prüfung des Stärkesirups bezieht sich in erster Linie auf die Bestimmung des Gehaltes an Dextrinen und Dextrose[3]) sowie auf Säurefreiheit. Die Bestimmung des Wasser- und Aschengehaltes wird ähnlich wie bei der Stärke durchgeführt.

Melasse.

Unter „Melasse" versteht man jenen bei der Zuckerfabrikation erhaltenen Sirup, welcher zufolge Anreicherung an organischen Nichtzuckerstoffen nicht mehr kristallisationsfähig ist. Sie kann nur nach besonderen Verfahren, z. B. durch „Osmose" auf Zucker verarbeitet werden; nur selten noch dient sie als Rohmaterial für die Spiritusfabrikation.

Der wertvolle Bestandteil der Melasse ist die Saccharose $C_{12}H_{22}O_{11}$, die bekannte, aus der Zuckerrübe oder aus dem Zuckerrohr gewonnene Zuckerart.

Die Rüben-Melasse ist eine dicke klebrige, schwarzbraune, übelriechende und widerlich schmeckende Flüssigkeit von alkalischer

---

[1]) S. 98.   [2]) S. 213, Anm. 3.
[3]) Ausführung in „Einf. in d. quant. textilchem. Unters., S. 69

Reaktion. Sie enthält neben 20% Wasser ungefähr 50% Saccharose, 20% andere organische Stoffe und 10% Salze.

Von den Eigenschaften der Saccharose seien hier nur folgende erwähnt. Sie ist in Wasser leicht, in Alkohol sehr schwer löslich. Bei 160⁰ schmilzt sie zu einer klebrigen Flüssigkeit und geht beim Erkalten in eine amorphe, durchscheinende Masse (Gerstenzucker) über, welche nach längerer Zeit wieder kristallinisch und undurchsichtig wird[1]). Saccharose vermag die Fehlingsche Lösung nicht zu reduzieren; wird aber ihre wässerige Lösung mit verdünnten Säuren gekocht, so zerfällt sie zufolge der hydrolytischen Spaltung in gleich viel Dextrose und Lävulose:

$$C_{12}H_{22}O_{11} + H_2O \rightarrow C_6H_{12}O_6 + C_6H_{12}O_6.$$

Der Mischung dieser einfachen Zuckerarten, welche „Invertzucker“ heißt, kommt nun die reduzierende Wirkung gegenüber der Fehlingschen Lösung zu[2]). Saccharose ist nicht direkt gärungsfähig, sondern erst nach ihrer hydrolytischen Spaltung.

Die Verwendung der Melasse in der Textilindustrie ist eine sehr beschränkte. In der Appretur kann sie nur als Zusatz zu Appreturmassen an Stelle von Stärkesirup für dunkle Waren Verwendung finden. Reine Zuckerlösungen dienen manchmal in der Seidenindustrie zum Beschweren von weißer und hellfarbiger Seide, auch unter Zusatz von Eiweiß.

G. Brunn stellt aus der Melasse ein Schlicht- und Appreturmittel her, indem er dieselbe nach Zusatz einer Mineralsäure mit Knochenkohle entfärbt. Die aus den Salzen der Melasse frei gemachten organischen Säuren und der geringe Überschuß an Mineralsäure werden mit Zinkstaub neutralisiert. Das gut konsistente Appreturmittel enthält nur wenig Invertzucker.

Gummiarten.

Diese sind im allgemeinen amorphe Pflanzenausscheidungen; sie fließen aus den Rinden mancher Sträucher und Bäume entweder freiwillig aus oder werden durch Einschnitte zum Ausfluß gebracht und dann gesammelt. Sie entstehen durch eine eigentümliche Veränderung der Zellulose und stehen in naher Beziehung zum Dextrin. Alle Gummiarten sind quellbar, viele auch zu klebrigen, filtrierbaren Flüssigkeiten in Wasser löslich und werden aus ihrer Lösung durch Alkohol wieder gefällt.

---

[1]) Bei höherer Temperatur geht die Saccharose in Karamel über — ein braunes Gemenge verschiedener Zersetzungsprodukte, das in Wasser und Alkohol löslich ist und als „Zuckerkouleur“ Verwendung findet.

[2]) Durch die Einwirkung verdünnter Säuren auf Saccharose wird ihr optisches Drehungsvermögen umgekehrt: Saccharose dreht die Ebene des polarisierten Lichtstrahles nach rechts, das Gemisch von Dextrose und Lävulose nach links; daher führt letzteres die Bezeichnung „Invertzucker“. Die „Inversion“ der Saccharose wird auch durch das in der Hefe vorhandene ungeformte Ferment „Invertin“ bewirkt.

Den tropischen Akazien entstammen als lösliche Produkte: arabisches Gummi, Senegalgummi und Kapgummi. Schwer löslich oder nur quellbar sind z. B. Kirschgummi, Pflaumengummi sowie viele tropische Gummisorten (z. B. Gummi Gheziri)[1]).

Arabisches Gummi (Gummi arabicum)

ist die bekannteste Gummiart. Sie quillt zeitweise aus den rissigen Rinden der arabischen und afrikanischen Akazien als ein zähflüssiger Saft, der zu glasartigen, spröden Stücken erstarrt; durch künstliche Einschnitte wird die Ausbeute vergrößert. Arabisches Gummi wird sortiert und unter den verschiedensten Namen in den Handel gebracht, welche zumeist der Heimat, manchmal der Farbe der einzelnen Sorten entlehnt sind, z. B. Kordofan, Geddah, Suakim, Magador, Gomme blanche, Gomme blonde usw. Aus Sudan kommen drei Sorten in Handel: Haschab, Gesirch und Talh. Haschab, als beste Sorte, kommt aus Kordofan; Gesirch, dem ersteren an Güte nahe, von der zwischen beiden Nilen gelegenen Insel Gesirch; Talh ist eine minderwertige Sorte, die sich im Sudan überall vorfindet.

Den Hauptbestandteil des arabischen Gummis bilden Verbindungen des Kalziums, Magnesiums und Kaliums mit Arabin oder Arabinsäure $(C_6H_{10}O_5)x$.

Je nach der Abstammung bildet das arabische Gummi weiße, weingelbe bis braune Stücke von unregelmäßig runder Form und muscheligem, glänzendem Bruch. Zum Unterschiede vom billigeren Senegalgummi zeigt es im Inneren Sprünge und Risse, in geringerer Menge auch an der Oberfläche. Es läßt sich aus diesem Grunde leicht zerbrechen und pulvern. Arabisches Gummi ist nicht hygroskopisch und in Wasser vollkommen löslich. Seine Lösungen sind fast klar, schwerflüssig, aber nicht gallertig, etwas fadenziehend und sehr gut klebend; sie haben einen faden und schleimigen Geschmack und einen eigentümlichen, nicht unangenehmen Geruch, der in geringerem Maße auch den festen Stücken zukommt; sie zeigen eine schwach saure Reaktion.

Die Verwendung des arabischen Gummis erstreckt sich in der Appretur auf die Erzielung sehr harter Apprete. Zu diesem Zwecke wird es der Stärkeabkochung, oft auch in Verbindung mit Leim, Dextrin usw. zugesetzt. Zu viel Gummi gibt einen „brettigen" Appret. Für jeden Fall empfiehlt sich bei Verwendung des arabischen Gummis ein entsprechender Zusatz eines geschmeidigmachenden Mittels (Appretuöl, Softening od. dgl.).

Da Gummilösungen in die Faser gut eindringen und kein „Schreiben" bewirken, leisten sie in Gemeinschaft mit Dextrin besonders dort gute Dienste, wo es sich um Erzielung harter Apprete auf zum „Schreiben" neigenden Waren handelt.

Zur Bereitung der Lösung läßt man das Gummi erst etwa 12 Stunden in lauem Wasser quellen und bewirkt die völlige Lösung durch Kochen.

---

[1]) Der oft zu den Gummiarten gerechnete Tragant muß auf Grund seiner Eigenschaften zu den Pflanzenschleimen gezählt werden; S. 255.

In der Druckerei bildet das arabische Gummi ein sehr geschätztes
Verdickungsmittel. Seine Verwendung als Klebstoff ist bekannt.

Senegalgummi

stammt von einer auf den Ufern des Senegal heimischen Akazienart.

Es bildet im Gegensatz zum arabischen Gummi härtere und größere,
rundliche, oft wurmförmige und durchsichtigere Stücke, welche im
Inneren häufig größere Lufthöhlen aufweisen, an der Oberfläche aber
rauh und wenig glänzend erscheinen. Seine Farbe ist weiß bis rötlich-
gelb, sein großmuscheliger Bruch von starkem Glanz. Sprünge und
Risse sind beim Senegalgummi seltener vorhanden. In Wasser löst es sich
etwas schwerer als das arabische Gummi; seine Lösung ist mehr gallertig
und von geringerer Klebkraft.

Es findet dieselbe Verwendung wie das arabische Gummi, ist aber
diesem gegenüber minderwertig[1]).

Kapgummi

wird von der in Südafrika heimischen Acacia Karroo geliefert.

Es bildet unreine, trübe, in Wasser schwer lösliche Stücke und hat
keine besondere Bedeutung.

Feroniagummi (echtes ostasiatisches Gummi)

entstammt der Aurantiacea Feronia elephantum Corr. und bildet große,
unregelmäßig gebildete, oberflächlich höckerige, sehr stark glänzende
topasgelbe und durchsichtige Stücke. Feroniagummi enthält als Hauptbestandteil Arabin, ist in Wasser leicht löslich und dem arabischen
Gummi fast gleichwertig.

Andere nur zum Teil lösliche (z. B. Ghattigummi) und viele auch
in kochendem Wasser vollkommen unlösliche Gummiarten Afrikas,
Asiens und Australiens werden als Ersatzgummi bezeichnet; sie
lassen sich nur bei größerem Druck in Lösung bringen, besitzen aber
eine sehr geringe Klebkraft.

Aus unlöslichen Gummiarten nach verschiedenen Verfahren mehr
oder weniger löslich gemachte Präparate kommen unter mannigfachen
Namen in den Handel (Patentkristallgummi, Industrie-
gummi usw.).

Kirschgummi

ist die aus der Rinde der Kirschbäume ausfließende Gummiart von halb-
kugeliger oder nierenförmiger Gestalt und blaßgelber bis dunkelbrauner
Farbe. Es enthält neben dem Arabin auch unlösliches Metaarabin
oder Cerasin und ist aus diesem Grunde in Wasser nur teilweise lös-

---

[1]) Unter dem Namen Senegalin kommt ein Appreturpräparat im
Handel vor, das aus Stärke, Magnesiumsulfat und Senegalgummi besteht.

lich; erst nach anhaltendem Kochen gelingt es, die gequollene Masse
in Lösung zu bringen. Lösungen von Kirschgummi sind rötlichbraun
und besitzen einen schwachen, unangenehmen Geruch. Nach dem
Verfahren von J. Meyer lassen sich Kirschgummi und andere schwer
lösliche Gummisorten durch Einwirkung von Wasserdampf bei Gegenwart ganz verdünnter Salzsäure löslich machen; das Produkt kann mit
Chlor gebleicht werden. Das Kirschgummi, sowie das ihm sehr ähnliche Pflaumengummi und andere inländische Gummiarten (Apri-
kosen-, Mandelbaumgummi usw.) haben jedoch gegenüber den
tropischen Arten keine besondere Bedeutung und bilden kaum noch
einen Handelsartikel.

Unterscheidung und Prüfung der Gummiarten.

Von allen Gummiarten ist das arabische Gummi die beste. Da dieses
immer teurer wird, nimmt seine Verfälschung nicht ab; man mischt ihm
billigere, nur teilweise oder ganz unlösliche Gummiarten und oft Dextrin
bei. Es kommt auch vor, daß unter dem Namen „arabisches Gummi" Produkte in den Handel gelangen, welche ausschließlich aus anderen Gummiarten bestehen, manchmal sogar nichts anderes als Dextrin sind. Eine derartige Fälschung ist allerdings nur bei einer gepulverten oder feinkörnigen
Ware möglich; daher ist beim Einkauf einer solchen Ware immer Vorsicht
geboten.

Liegt die Ware in den natürlichen Stücken vor, so läßt sich die Abstammung zumeist schon nach ihrem äußeren Aussehen bestimmen. So
z. B. läßt sich das Senegalgummi, das dem arabischen häufig zugesetzt wird,
von diesem durch seine äußere Beschaffenheit sehr leicht unterscheiden.

Die Lösungsprobe ist insbesondere bei gepulverter Ware unerläßlich
und dient zum Nachweis von Ersatzgummi. Sie wird nach Jettel durchgeführt: Eine Probe wird mit der 10fachen Menge heißen Wassers übergossen und unter häufigem Umrühren 3—4 Stunden stehen gelassen. Nach
dem Absetzen der unlöslichen Bestandteile wird die Hälfte der Flüssigkeit
abgegossen, durch die gleiche Menge kalten Wassers ersetzt und wieder
gut umgerührt. Diese Behandlung wird binnen einer Stunde noch zweimal
wiederholt. Die letzte Mischung scheidet sich bei Gegenwart von Ersatzgummi schon nach kurzem Stehen in zwei Teile, von welchen der untere
von gallertiger, stark lichtbrechender Beschaffenheit ist. Auf diese Weise
läßt sich noch ein Zusatz von 5% unlöslicher Gummiarten erkennen.

Nach der Beobachtung von Kramsky sind die kleinen Holzstückchen,
die nach dem Auflösen des Gummis zurückbleiben, beim arabischen Gummi
von rötlicher, beim Senegalgummi aber meist von schwärzlicher Farbe.

Die Lösung von 100 g arabischem Gummi in 1 l Wasser soll ungefähr
5° Bé anzeigen.

Der Aschengehalt des arabischen Gummis darf nur Bruchteile eines
Prozentes betragen[1]).

Pflanzenschleime

entstehen auf ähnliche Weise wie die Gummiarten; sie sind gleichfalls
Umwandlungsprodukte der Zellwände und kolloider Natur. Ihre
Verwandtschaft zur Zellulose zeigt sich in der Widerstandsfähigkeit
gegen chemische Einflüsse. Von den Gummiarten unterscheiden sich

---

[1]) Eine weitere Prüfung der Handelsprodukte muß, besonders wenn
es sich um die Bestimmung der Verfälschungsmittel handelt, dem Chemiker
überlassen werden.

die meisten Pflanzenschleime durch die Eigenschaft, mit Wasser bloß aufzuquellen und keine filtrierbaren Flüssigkeiten zu geben. In heißem Wasser sind manche Pflanzenschleime löslich.

Die durch Abkochen der schleimgebenden Substanzen erhaltenen Flüssigkeiten bilden entweder einen dicken, fadenziehenden Schleim oder, falls sie nicht verdünnt sind, eine Gallerte. Durch Kochen mit verdünnter Schwefelsäure werden Pflanzenschleime hydrolytisch in einfache Zuckerarten gespalten und dabei dünnflüssig; bei der Hydrolyse kommt es oft zur Ausscheidung von Flocken, welche aus Zellulose oder dieser ähnlichen Stoffen bestehen. Manche Pflanzenschleime werden durch Zusatz gesättigter Salzlösungen, andere erst durch Eintragen von trockenem Salz bis zur Sättigung zur Fällung gebracht.

Zur Gewinnung des Schleimes werden im allgemeinen die schleimgebenden Bestandteile mit warmem oder heißem Wasser längere Zeit behandelt und die Flüssigkeit vom Rückstande durch Kolieren oder mit Hilfe des Siebes getrennt.

Die Pflanzenschleime haben für die Appretur an Bedeutung sehr gewonnen. Sie füllen die Gewebe sehr gut, ohne sie hart zu machen. Auch in der Seifenfabrikation finden sie als Füll- und Wasserbindemittel Verwendung.

In naher Beziehung zu den Pflanzenschleimen sind die Pektinstoffe; sie sind die Ursache, daß die Abkochungen mancher Pflanzenprodukte, darunter auch Früchte, nach dem Erkalten zu Gallerten erstarren.

Tragant.

Dieser wird auf Grund seiner äußeren Beschaffenheit vielfach zu den Gummiarten gerechnet und daher auch als Tragantgummi bezeichnet.

Tragant ist das Ausscheidungsprodukt von den Astragalusarten Asiens, Afrikas und des südlichen Europas. Es fließt aus den Rissen der Rinde freiwillig aus und trocknet zu knollenförmigen und traubenartigen Stücken ein. Durch künstliche Einschnitte wird die Ausbeute an Tragant erhöht; man erhält ihn dabei in blätteriger Form. Wird die Rinde nur angestochen, so erhält man wurm- und fadenförmige Gebilde. Der Blättertragant Smyrnas bildet muschelige, an der Oberfläche mit bogenförmigen, parallelen Leisten durchzogene, hornartige und zähe Stücke von weißer oder gelblicher Farbe; manche Sorten sind durchscheinend, andere durchsichtig, meistens aber matt. Der Wurmoder Fadentragant (Vermicelli) Smyrnas unterscheidet sich vom Blättertragant nur durch die Form. Diese ist teils bandförmig, teils ganz dünn, geknäuelt und eingerollt. Der syrische Tragant bildet ungleichförmig dicke, knollige und stengelige Gebilde von weißer, meist aber gelblicher bis brauner Farbe. Dem syrischen ist der anatolische Tragant ähnlich; er führt auch den Namen „Traganton". Eine andere minderwertige Sorte, welche in den Handel gebracht wird, heißt „Tragantol". Von verschiedener Reinheit und Farbe ist der Moreatragant. Weiter gibt es einen französischen, englischen, afrikanischen, türkischen Tragant usw. Die beste türkische Sorte bildet „Angora", minder gute „Kurdistan" und „Trebisonde". Unter Sesam-seed versteht man die beim Sieben des Fadentragants erhaltenen brüchigen Abfälle.

Im Gegensatz zu arabischem Gummi sind alle Tragantsorten hornartig, zähe und schwer pulverisierbar.

Den Hauptbestandteil des Tragants bildet das Bassorin$(C_6H_{10}O_5)x$, hier auch Tragantin genannt, das in Wasser nicht löslich, sondern nur stark aufquellbar ist. Außerdem enthält er einen in Wasser löslichen Stoff, den man als Arabin annimmt. Dem Bassorinschleim kommt keine Klebkraft zu; seine Bindekraft kommt erst beim Eintrocknen zur Geltung. Der Tragantschleim ist trübe, geruch- und geschmacklos; sein Aschengehalt beträgt ungefähr 3%.

Die Verwendung des Tragants in der Appretur bezieht sich auf die Erreichung einer guten Füllung, eines milden Glanzes und zarten Griffes. In Verbindung mit Stärke, Dextrin, Leim usw. dient er zur Appretur seidener, halbseidener und anderer Gewebe.

Bei der Bereitung des Schleimes läßt man den Tragant oft mehrere Tage bis Wochen in Wasser aufquellen und kocht ihn dann einige Stunden. Um eine gute Verdickung zu erhalten, nimmt man 1 kg Tragant auf 20—25 l Wasser. Durch Kochen unter Druck gibt Tragant eine dünnflüssige Lösung. Abkochungen guten Tragants widerstehen dem Sauerwerden ziemlich gut. Tragantschleim wird auch als Verdickungsmittel für Farben sowie in Konditoreien verwendet.

Der echte Tragant wird manchmal mit dem ihm sehr ähnlichen Kutergummi oder afrikanischen Tragant sowie mit Senegalgummi verfälscht.

Einen sehr guten Ersatz für Tragant bildet das im Preise billigere Präparat Noviganth[1]), das unter Zusatz von Ammoniak in Lösung gebracht wird.

Ein anderes billiges Ersatzmittel für Tragant bildet nach C. Boschan eine wässerige Abkochung von 20 Teilen Stärke, 6 Teilen Leim und 2 Teilen Glyzerin.

Bassoragummi

ist die bassorinhaltige Ausscheidung einer Akazienart. Es bildet eckige, glänzende, gelbliche bis braune, in Wasser nur wenig lösliche Knollen.

Tragasol

wird aus der Frucht des Johannisbrotbaumes gewonnen und bildet eine grauweiße Gallerte von schwachem Geruch nach Karbolsäure[2]), welche als antiseptisch wirkendes Mittel der Gallerte zugesetzt wird. Tragasol besitzt eine gute Klebkraft und wird als ein gutes Schlicht- und

---

[1]) Chemische Fabrik „Norgine", Außig a. E.
[2]) S. 296.

Appreturmittel empfohlen. Mit Tragasol lassen sich auch Beschwerungsmittel am Gewebe fixieren.

Carragheenmoos (Perlmoos, irländisches Moos)

ist eine an der Küste der Nordsee und des atlantischen Ozeans vorkommende Seealge (Fucus crispus). Sie wird von den Wellen an die Ufer geworfen, als Handelsartikel gesammelt und getrocknet. In getrocknetem Zustande besitzt das Carragheenmoos ein knorpeliges, etwas durchscheinendes Lager von gelblicher bis bräunlicher, selten weißer Farbe, das sehr stark verästelt und an den Enden geteilt ist; die einzelnen Äste haben ein riemenartiges Aussehen. In neuerer Zeit wird Carragheen auch in gepulverter Form in den Handel gebracht.

Die schleimgebende Substanz des Carragheenmooses ist der in allen Algen vorkommende „Algenschleim", in diesem Falle „Carraghin" genannt. Herberger fand im Carragheen auch zwei Harzarten und etwas Fett.

Carragheen ist sehr ausgiebig; die wässerige Abkochung bildet eine schleimige gallertige Masse von guter Klebkraft.

Nach H. Grothe bereitet man den Schleim, indem 3 kg Moos unter Zusatz von etwas Soda in 30 l heißem Wasser eingeweicht werden. Nach dem Absieben des Schleimes wiederholt man mit dem Rückstand die Operation zwei- bis dreimal, setzt jedoch keine Soda mehr zu.

Nach E. Herzinger werden 25 kg Moos mit so viel Wasser von 70° übergossen, daß das Gesamtvolumen 100 l beträgt. Nach 4 Stunden wird die aufgequollene Masse kurze Zeit gekocht und durch ein Sieb geschlagen. Der Rückstand kann in derselben Weise nochmals behandelt werden.

Nach einer anderen Vorschrift wird das Moos mit heißem Wasser übergossen, 12 Stunden stehengelassen, dann noch heißes Wasser zugesetzt, aufgekocht und koliert.

Der nach dem einen oder andern Verfahren hergestellte Schleim erstarrt nach dem Erkalten zu einer Gallerte. Um die Abkochung vor Verderben zu bewahren, setzt man derselben auf je 100 l 30—50 g Salizylsäure oder 30 g Formaldehyd zu[1]).

Die Verwendung des Carragheenschleimes in der Appretur gründet sich auf seine Eigenschaft, der Ware einen vollen und weichen Appret bei gleichzeitiger leichter Füllung zu geben. Überdies erteilt er der Ware einen milden, satinartigen Griff. Nach E. Hastaden verliert die Gallerte beim Mangeln oder starken Kalandern ihre Füllkraft fast vollständig; demnach ist der Carragheenschleim viel besser für sogenannte Naturapprete geeignet. Das „Schreiben" auf der Ware ist bei Verwendung von Carragheen nicht zu befürchten. Da sich der Schleim mit anderen Appreturmitteln, wie Stärke usw., sehr leicht bindet, ist seine Verwendung in der Appretur eine vielseitige. Weniger geeignet ist Carragheen als Schlichtmittel, da seine Klebkraft ziem-

---

[1]) S. 295.

lich gering ist. Nichtsdestoweniger findet es auch als Bindemittel für
Beschwerungsmittel Verwendung.

Agar-Agar

ist die Gallerte, welche man aus der Gigartina spinosa, einer aus den ost-
indischen Meeren stammenden Alge herstellt. Ihr Hauptbestandteil ist die
Gelose. Diese ist in kaltem Wasser, Alkohol, Äther, Alkalien und verdünnten Säuren unlöslich, quillt aber in heißem Wasser zu einer Gallerte
auf. Bei Gegenwart von Säuren bildet sich keine Gallerte. In seinen Eigenschaften ist Agar-Agar dem Carragheen ähnlich, doch wird es zu Appreturzwecken selten verwendet.

Hai-Thao,

auch Gelose genannt, stammt von einer in Asien vorkommenden Alge. In
getrocknetem Zustande bildet es platte, ungefähr 30 cm lange, zähe Fasern.
In kaltem Wasser ist Hai-Thao quellbar, in kochendem löslich. Die Lösung
gelatiniert beim Erkalten.

Funori

ist eine schleimgebende Meeresalge Japans.

Norgine

ist das lösliche Natriumsalz der aus Seetang, aus Laminaria digitata und
Saccharinus digitatus gewonnenen Laminarsäure und anderer „Tang-
säuren"[1]). Das Präparat gelangt in Form von Schuppen in den Handel,
quillt mit Wasser auf und geht allmählich in eine kolloidale Lösung über.
Der Schleim gelatiniert sowohl bei Zusatz von Mineralsäuren oder
Essigsäure als auch bei Zusatz von Salzen der Schwermetalle. Das
Präparat unterliegt keiner Zersetzung und erfreut sich einer ziemlichen
Beliebtheit. Es wird in ähnlicher Weise wie Carragheen in der Appretur
sowie in der Schlichterei verwendet. Norgine wird auch als wasserdichtmachendes Mittel empfohlen.

Ein ähnliches Präparat ist der Norgine-Tragant.

Algin

ist ebenfalls ein aus Algen hergestelltes Produkt, nämlich das Natriumsalz der Alginsäure und anderer, die Schleimsubstanz bildender Säuren.
Es kommt in Form von durchsichtigen Blättchen in den Handel.
Mit Wasser gibt es einen gelbblonden Schleim von guter Klebkraft,
der den Geweben einen vollen und geschmeidigen, elastischen
Griff erteilt. Es eignet sich besonders zur Appretur bedruckter Baumwollstoffe, sowohl für sich allein als auch in Verbindung mit anderen
Appreturmitteln. Da das Aluminiumsalz der Alginsäure unlöslich ist,
kann das Algin in Verbindung mit Alaun auch zum Wasserdichtmachen
von Geweben Verwendung finden.

---

[1]) Chemische Fabrik „Norgine", Außig a. E.

Isländisches Moos

ist die in Europa sehr verbreitete Flechte Cetraria islandica; sie wächst sowohl am Boden als auch auf den Bäumen. Der Schleim dieser Flechte enthält Lichenin (Flechtenstärke) und Isolichenin. In kaltem Wasser quillt das Lichenin zu einer Gallerte auf, in heißem Wasser löst es sich. Lichenin steht in sehr naher Beziehung zur Stärke, gibt aber mit Jod eine gelbliche Farbenreaktion. Hingegen gibt das schwer lösliche Isolichenin mit Jod eine Blaufärbung.

Das isländische Moos liefert nur wenig Gallerte und dürfte für Appreturzwecke kaum in Verwendung sein.

Leinsamenschleim.

Er wird aus dem Samen des Flachses (Linum usitatissimum) mit heißem Wasser ausgezogen. Seine Verwendung ist sehr beschränkt; er wird manchmal zum „Lackieren" von Plüschen verwendet.

Flohsamenschleim

wird aus dem Samen der in Südeuropa heimischen Plantago psyllium L. gewonnen. Er wird ebenso wie der Leinsamenschleim mitunter auch in der Seidenappretur verwendet.

Kanariensamenschleim

ist die Abkochung des kanarischen Glanzgrases (Pularis canariensis). Die „kanarischen Samen" sind an der beiderseits spitzen Form und an ihrer strohgelben Farbe leicht zu erkennen. Der Schleim findet zum Schlichten feiner Baumwollwaren Verwendung.

Salepschleim

wird aus den gepulverten Wurzelknollen von Orchisarten gewonnen.

Pflanzenschleime werden auch von der Eibischwurzel, den Blättern der Linde und Ulme usw. geliefert; doch haben diese für die Textilindustrie keine Bedeutung.

Füll- und Beschwerungsmittel.

Als Füll- und Beschwerungsmittel eignen sich in erster Linie anorganische Salze, und zwar lösliche und unlösliche. Die ersteren dringen in die Faser ein und erteilen derselben neben der entsprechenden Fülle auch einen gewissen Griff. Die letzteren dringen in die Faser nicht ein, sondern haften nur an der Oberfläche der Fäden. Das Festhalten der unlöslichen Stoffe an der Faser wird mit Hilfe jener Appreturmittel bewirkt, welchen eine Klebkraft zukommt (Stärke, Mehl, Stärkeleim, Mehlleim, Dextrin, Leim, Gummi, Pflanzenschleime Albumin, Harze usw.). Der unlöslichen Stoffe bedient man sich, wenn man einer schütteren Ware ein besonders hohes Gewicht verleihen will, um eine dichte Ware vorzutäuschen. Es gibt aber Verfahren, nach welchen man mit einem unlöslichen Stoff auch das Innere der Faser füllen kann. Zu diesem Zwecke benötigt man zwei Lösungen, welche unter Bildung eines unlöslichen Stoffes aufeinander einwirken. Man zieht die Ware zuerst durch die eine, dann durch die andere Flüssigkeit; da beide Lösungen in die Faser eindringen, kommt es auch innerhalb derselben zur Ausscheidung des unlöslichen Stoffes. Allerdings wird der Eintritt der zweiten Flüssigkeit in die Faser durch den sich zuerst an ihrer Oberfläche bildenden Niederschlag etwas gehindert, um so mehr, je gallertiger der letztere ist.

Bei der Wahl der Füll- und Beschwerungsmittel wird auch auf die sonstigen Ansprüche, die man an die fertige Ware stellt, Rücksicht genommen. Manche Füll- und Beschwerungsmittel erteilen der Ware einen geschmeidigen Griff, andere einen harten, wieder andere einen „kalten" Griff (z. B. Baumwollstoffe mit „Leinenappretur"); oft bedient man sich eines Füllmittels, das gleichzeitig antiseptische Eigenschaften besitzt usw.

Bariumverbindungen[1]).

Bariumsulfat $BaSO_4$.

Das in der Natur vorkommende Bariumsulfat führt wegen seines hohen spezifischen Gewichtes den Namen Schwerspat. Das als Malerfarbe und zu Appreturzwecken dienende Bariumsulfat wird durch Wechselzersetzung einer Bariumchloridlösung mit der berechneten Menge verdünnter Schwefelsäure gewonnen:

$$\ddot{B}aCl_2{}' + \dot{H}_2(SO_4)'' \rightarrow BaSO_4 + 2\,\dot{H}Cl'.$$

Der natürliche Schwerspat besitzt auch in feinst gemahlenem Zustande eine nur geringe Deckkraft. Das gefällte Bariumsulfat wird mit Wasser gewaschen und im aufgeschlämmten Zustande (Teigform, en pâte) in den Handel gebracht. Das gefällte Bariumsulfat führt den Namen Permanentweiß, Mineralweiß, Barytweiß, Blanc fixe. Große Mengen von Bariumsulfat erhält man gegenwärtig als Nebenprodukt bei der Wasserstoffsuperoxydgewinnung.

Gefälltes Bariumsulfat ist blendend weiß und besitzt eine vorzügliche Deckkraft. Das Bariumsulfat gehört zu den in Wasser unlöslichsten Stoffen[2]); es ist auch gegenüber den chemischen Agenzien äußerst widerstandsfähig.

Zufolge seiner Schwere und der guten Deckkraft wird Bariumsulfat bei der Appretur von Baumwollwaren der Stärkemasse zugesetzt. Eine Beschwerung des rohen Baumwollgewebes wird zuweilen so durchgeführt, daß man dasselbe erst durch eine Natriumsulfatlösung und dann durch eine Bariumchloridlösung nimmt, wodurch das Bariumsulfat, soweit die Lösungen in die Faser eindringen, auch

---

[1]) Das hohe Atomgewicht des Bariums (137,4) ist die Ursache des hohen spezifischen Gewichtes aller Bariumverbindungen (barys = schwer).

[2]) Von „unlöslichen" Stoffen kann man nur im praktischen Sinne sprechen, da es absolut unlösliche nicht gibt.

im Inneren derselben zur Ausscheidung gelangt. In derselben Weise wird das Bariumsulfat zum „Weißfärben" mancher Tuchsorten verwendet. Bariumsulfat dient auch als Malerfarbe; besonders in Gemeinschaft mit Zinksulfid (Lithopone)[1].

Bariumkarbonat $BaCO_3$.

Auch dieses kommt in der Natur vor, und zwar als Mineral Witherit. Ein reinweißes Bariumkarbonat kann man durch Fällung erhalten. Zu diesem Zwecke versetzt man eine Bariumchloridlösung mit einer Sodalösung:

$$\ddot{B}aCl_2' + \dot{N}a_2(CO_3)'' \rightarrow BaCO_3 + 2\dot{N}aCl',$$

wäscht den pulverigen Niederschlag aus und trocknet ihn.

In reinem Wasser ist Bariumkarbonat äußerst wenig löslich; es löst sich aber sehr leicht unter Freiwerden von Kohlendioxyd in Säuren. Eine Ausnahme macht die Schwefelsäure, welche das Bariumkarbonat in unlösliches Bariumsulfat überführt. Durch kohlensäurehaltiges Wasser wird Bariumkarbonat in lösliches Bariumbikarbonat übergeführt, das beim Kochen wieder in Bariumkarbonat übergeht[2].

Das Bariumkarbonat findet als Beschwerungsmittel sehr selten Verwendung.

Bariumchlorid $BaCl_2 + 2\,H_2O$.

Nach dem älteren Verfahren wird das Bariumchlorid durch Auflösen von Bariumkarbonat oder Bariumsulfid[3]) in Salzsäure gewonnen:

$$BaCO_3 + 2\dot{H}Cl' \rightarrow \ddot{B}aCl_2' + H_2O + CO_2$$

bzw. $$BaS + 2\dot{H}Cl' \rightarrow \ddot{B}aCl_2' + H_2S.$$

Gegenwärtig wird das Bariumchlorid durch Glühen eines innigen Gemenges von gemahlenem Schwerspat, Kohle und eingedickter Kalziumchloridlauge[4]) hergestellt. Aus der erhaltenen Schmelze (Roh-Chlorbarium) wird das Bariumchlorid mit Wasser ausgezogen und die erhaltene Lösung zur Kristallisation des Salzes eingedampft.

Das Bariumchlorid kristallisiert in durchsichtigen Blättchen, die in Wasser mit neutraler Reaktion leicht löslich sind.

Mit einer Bariumchloridlösung imprägniertes Gewebe gewinnt wohl sehr viel an Gewicht, allein die Giftigkeit, welche allen löslichen Bariumverbindungen zukommt, schließt seine direkte Verwendung zu Füllzwecken aus; hingegen dient es in Verbindung mit Natriumsulfat zur Bildung des Bariumsulfates, auch innerhalb der Faser.

---

[1]) S. 273.

[2]) Das Bariumkarbonat zeigt demnach gegenüber kohlensäurehaltigem Wasser dasselbe Verhalten wie das Kalziumkarbonat; vgl. S. 44.

[3]) Das Bariumsulfid erhält man durch Reduktion des Schwerspates mit Kohle $(BaSO_4 + 4C \rightarrow BaS + 4CO)$.

[4]) Die Kalziumchloridlauge erhält man als Abfallprodukt bei der Gewinnung von Chlor (Weldon-Prozeß).

Nachweis von Bariumverbindungen.

In Wasser und in Säuren lösliche Bariumverbindungen geben mit verdünnter Schwefelsäure einen weißen, in Salpetersäure unlöslichen Niederschlag von Bariumsulfat; z. B.

$$\ddot{B}aCl_2{}' + \dot{H}_2(SO_4)'' \longrightarrow BaSO_4 + 2\dot{H}Cl'.$$

Bariumverbindungen erteilen der nichtleuchtenden Flamme eine Grünfärbung[1]).

Magnesiumverbindungen.

Magnesiumsulfat (Bittersalz) $MgSO_4 + 7H_2O$.

Das Magnesiumsulfat ist in der Natur sehr verbreitet; es kommt im Meerwasser und in vielen Mineralwässern gelöst vor[2]). Eine sehr ausgiebige Quelle für Magnesiumsulfat und die Magnesiumsalze überhaupt bilden die Staßfurter Abraumsalze[3]). Bei der Verarbeitung derselben verbleibt im Löserückstande der in Wasser wenig lösliche Kieserit, $MgSO_4 + H_2O$. Man läßt ihn mit dem anhängenden Wasser in eisernen Formen zu „Blockkieserit" erstarren; dieser wird nun durch Lösen in heißem Wasser und Reinigen mit Kalk auf Bittersalz verarbeitet, das man in mit Bleiplatten belegten Bottichen auskristallisieren läßt[4]). Bittersalz erhält man auch bei der Gewinnung der Kohlensäure aus Magnesit $MgCO_3$:

$$MgCO_3 + \dot{H}_2(SO_4)'' \longrightarrow \ddot{M}g(SO_4)'' + H_2O + CO_2.$$

Das Magnesiumsulfat bildet farblose, durchsichtige, in Wasser leicht lösliche Kristalle von sehr bitterem Geschmack. Es dient als sehr gutes Füllmittel, erteilt der Ware ein gutes Aussehen und, da es nicht hygroskopisch ist, auch eine gewisse Härte. In nicht zu großer Menge angewendet, gibt es der Ware einen zarten Griff. Diesen Eigenschaften verdankt das Bittersalz seine große Verwendung in der Baumwollappretur und Schlichterei. Es bildet einen wesentlichen Bestandteil der „Salzappreturen", das sind Appreturmassen, welche neben Stärke, Dextrin, Mehl oder Leim verschiedene Salze enthalten (Bittersalz, Glaubersalz, Magnesiumchlorid usw.). Um bei Zusatz von viel Bittersalz keinen zu harten Appret zu erhalten, setzt man der Appreturmasse auch ein geschmeidigmachendes Mittel zu, zumeist ein Appreturöl. Um größere Salzmengen im Appret zu fixieren und ein Abstauben derselben zu verhindern, wird der Appreturmasse manchmal auch Stärkesirup beigemischt. Da das Magnesiumsulfat ein neutral reagierendes Salz ist, lassen sich mit derartigen Salzappreturmassen auch mit empfindlichen Farbstoffen gefärbte Waren appretieren. Alle guten Eigenschaften des Bittersalzes erleiden aber dadurch Abbruch, daß sich

---

[1]) Ausführung der Flammenreaktion S. 79.

[2]) Bekannt sind die „Bitterwässer" von Epson, Seidlitz, Saidschütz, Püllna, Ofen usw.

[3]) Unter den Staßfurter Abraumsalzen werden jene Stoffe verstanden, die das mächtige Staßfurter Kochsalzlager überdecken.

[4]) Eisengefäße werden von Magnesiumsalzen angegriffen.

das Salz aus dem Gewebe sehr leicht auswaschen läßt. Nicht selten erscheint ein unter Zusatz von viel Bittersalz appretiertes Gewebe bereits nach der ersten Wäsche als ein fadenscheiniger Lappen. Solche Baumwollwaren, bei welchen das Gewebe nur als Gerüst für eine möglichst billige Appretmasse dient, wie es eben die mit Bittersalz hergestellte ist, werden beispielsweise nach dem Orient vertrieben.

Der Umstand, daß Magnesiumhydroxyd in Wasser sehr wenig löslich ist und demnach nur sehr schwach alkalisch wirkt, läßt die Verwendung des Magnesiumsulfates zu Neutralisationszwecken zu. So z. B. verläuft die Einwirkung des Bittersalzes auf Natronlauge auf folgende Weise:

$$2\overset{.}{N}a(OH)' + \overset{..}{M}g(SO_4)'' \rightarrow Mg(OH)_2 + \overset{.}{N}a_2(SO_4)''.$$

Das so gebildete Magnesiumhydroxyd hat eine gallertige, in trockenem Zustande aber eine pulverige Beschaffenheit. Bei der Behandlung einer alkalischen Appreturmasse mit Magnesiumsulfat tritt keine neutrale Reaktion, sondern nur eine sehr weitgehende Abstumpfung des Alkalis ein. Die Reaktion bleibt auch in dem Falle noch schwach alkalisch, wenn man einen Überschuß an Magnesiumsulfat anwendet. Eine derartige Abstumpfung des freien Alkalis wird man demnach bei der Bereitung solcher Appreturmassen vornehmen, bei welchen das gebildete Magnesiumhydroxyd nicht störend wirkt, und ein etwaiger Überschuß von Magnesiumsulfat sowie das durch Umsetzung gebildete Natriumsulfat erwünscht sind.

In der geschilderten Weise kann das Magnesiumsulfat auch bei der Natriumsuperoxydbleiche als Milderungsmittel für das Alkali zur Anwendung kommen[1]). Da Magnesiumsalze etwas Eisen lösen, arbeitet man mit denselben am besten in Holzbottichen. Magnesiumsulfat ist ein Füllmittel für Seifen; ferner dient es in der Färberei und der Medizin.

Magnesiumchlorid $MgCl_2$.

Das Magnesiumchlorid findet sich in geringen Mengen im Meerwasser und überhaupt als Begleiter des Kochsalzes vor. In großen Massen bildet es in Verbindung mit Kaliumchlorid als Karnallit ($MgCl_2 + KCl$) einen wesentlichen Bestandteil der Staßfurter Abraumsalze. Von den gewaltigen Mengen der Magnesiumchlorid-Endlaugen, welche man bei Verarbeitung des Karnallites auf Kaliumchlorid erhält, wird nur ein kleiner Teil verarbeitet. Zur Gewinnung des kristallisierten Magnesiumchlorides $MgCl_2 + 6H_2O$ wird die Endlauge mit Kalk von den Eisenverbindungen befreit und dann zur Kristallisation eingedampft. Die so erhaltenen Kristalle sind farblos, bitter schmeckend und in Wasser sehr leicht löslich. Die Handelsware enthält zumeist noch kleine Mengen Magnesiumsulfat, Natriumsulfat, Kochsalz und Kaliumchlorid. Versucht man aus dem kristallisierten Magnesiumchlorid durch Erhitzen das wasserfreie herzustellen, so

---

[1]) S. 114.

schmilzt das Salz, worauf eine Spaltung desselben in Salzsäure und Magnesiumoxyd beginnt:

$$MgCl_2 + H_2O \rightarrow MgO + 2HCl.$$

Bei 170⁰ ist die Zersetzung eine vollständige. Das Magnesium-chlorid ist sehr hygroskopisch und fühlt sich fettig an. Diesen beiden Eigenschaften verdankt es seine Verwendung, um die Faser geschmeidig zu machen, der Ware einen weichen und kalten Griff, aber auch ein großes Aufnahmevermögen für Wasser zu erteilen. In letzterer Hinsicht wird das Magnesiumchlorid in unreeller Weise oft als Be-schwerungsmittel verwendet, um so mehr, als es von der Ware nicht abstaubt. Mit einer Magnesiumchloridlösung von 10⁰ Bé läßt sich die Baumwolle um etwa 25% ihres Gewichtes beschweren. Man bedient sich des Magnesiumchlorides besonders dann, wenn die zum Beschweren bestimmte Appreturmasse auch Leim oder andere hartmachende Mittel enthält. Ohne Zusatz eines solchen weichmachenden Mittels würde eine stark beschwerte Ware, wie es manche englische Shirtings sind, „brettig" erscheinen. In geringer Menge verwendet, wirkt das Magnesiumchlorid ein wenig antiseptisch, in größeren Mengen fördert es aber den Schimmelprozeß, da die stark appretierte Ware beim Lagern viel Feuchtigkeit anzieht. Ein Zusatz von Zinkchlorid ver-hindert die Schimmelbildung. Eine besondere Bedeutung besitzt die hygroskopische Eigenschaft des Magnesiumchlorides in der Feinweberei. Bei dieser mußte man früher die Stühle zur Vermeidung des Faden-bruches in nassen Räumen aufstellen. Diese unhygienische Arbeits-weise ist nunmehr dadurch entbehrlich geworden, daß man der Schlichte etwas Magnesiumchlorid zusetzt. Der Umstand, daß das Magnesium-chlorid in der Hitze, z. B. beim heißen Bügeln, Salzsäure abgibt, die auf die Pflanzenfaser zerstörend (karbonisierend) wirkt, erfordert die nötige Vorsicht bei seiner Verwendung. Man kann mit Magnesiumchlorid Gewebe ohne Gefahr der vorübergehenden Einwirkung des ungespannten Wasserdampfes aussetzen, da nach Versuchen von E. Ristenpart eine Schädigung derartig appretierter Ware erst bei 106⁰ eintreten kann. Soll jedoch die Ware mit gespanntem Wasserdampf behandelt oder bei einer Temperatur von über 100⁰ kalandert, gebügelt oder getrocknet werden, so ist von der Anwendung des Magnesiumchlorides abzusehen. Bei der Herstellung von Geweben, welche gesengt werden sollen, darf der Schlichte kein Magnesiumchlorid zugesetzt werden.

Das Magnesiumchlorid dient auch in der Appretur billiger Woll-waren zur Erzielung eines zarten Griffes; es erfreut sich ferner einer ausgedehnten Anwendung bei der fabrikmäßigen Herstellung von Appretur- und Schlichtpräparaten. Bekannt ist seine Verwendung bei der Herstellung mancher Stärkeleime (Pflanzenleime). Für Appretur-massen, welche aus Stärke mit Hilfe von Magnesiumchlorid, eventuell unter Zusatz von Natriumsulfat, hergestellt werden, empfiehlt sich, wenn sie für Baumwollwaren bestimmt sind, ein Zusatz von Ammoniak, um die bei höherer Temperatur stattfindende Bildung freier Salzsäure zu vermeiden. Manchmal dient das Magnesiumchlorid als Karboni-

sationsmittel sowie zur elektrolytischen Darstellung der Magnesium-
hypochloritlauge. Bemerkenswert ist die große Verwendung des Magnesiumchlorides in der Kunststeinfabrikation.

Als „Cristalsize“ bezeichnet man verschiedene als Füllmittel in
den Handel kommende Salzgemische. Neben Magnesiumchlorid, als
wesentlichsten Bestandteil, enthalten sie noch Natriumsulfat, Magnesiumsulfat, oft auch etwas Kochsalz usw. Die Eigenschaften und Verwendung der Cristalsizen entsprechen mehr oder weniger denen des
reinen Magnesiumchlorides.

Unter dem Namen „Eau de crystal“ kommt eine Magnesiumchlorid, Magnesiumsulfat und etwas Dextrin enthaltende Lösung in
den Handel.

Magnesiumkarbonat $MgCO_3$.

Dieses findet sich in der Natur als Magnesit in kristallisiertem Zustande und in derben Massen vor. Durch Fällung einer Bittersalz-
oder Magnesiumchloridlösung mit Soda erhält man einen aus basischem
Magnesiumkarbonat bestehenden Niederschlag, der in getrocknetem
Zustande unter dem Namen „weiße Magnesia“ (Magnesia alba) in
weißen, lockeren Stücken oder als weißes Pulver in den Handel kommt.
Das Magnesiumkarbonat ist in Wasser unlöslich; in kohlensäurehaltigem
Wasser löst es sich zu Magnesiumbikarbonat[1]). In der Textilindustrie
findet es sehr selten Verwendung. Zufolge des geringen spezifischen
Gewichtes ist es als Beschwerungsmittel nicht besonders geeignet; es
besitzt überdies den Übelstand, aus der Ware leicht abzustauben.

Auch das „Magnesiaweiß“ findet in der Appretur sehr wenig Verwendung. Dieses ist ein Gemisch von Magnesiumhydroxyd und Bariumsulfat bzw. Kalziumsulfat; es wird durch Wechselzersetzung von
Magnesiumsulfat mit Bariumhydroxyd oder Kalk gewonnen, z. B.:

$$\overset{..}{M}g(SO_4)'' + \overset{..}{B}a(OH)_2' \rightarrow Mg(OH)_2 + BaSO_4.$$

Magnesiumoxyd (gebrannte Magnesia) MgO.

Man erhält diese Verbindung durch Erhitzen von Magnesiumkarbonat ($MgCO_3 \rightarrow MgO + CO_2$) als ein weißes, lockeres Pulver von
geringem spezifischen Gewicht. Mit Wasser vereinigt es sich unter
geringer Wärmeentwicklung zu Magnesiumhydroxyd $Mg(OH)_2$. Auf
Säuren wirkt das Magnesiumoxyd unter Bildung der entsprechenden
Magnesiumsalze neutralisierend ein. Als Beschwerungsmittel findet
es kaum Verwendung.

Das aus Magnesiumchlorid durch Kalkmilch gefällte Magnesiumhydroxyd wird zur Fettverseifung benutzt[2]).

Talk (Talkum, Speckstein, Federweiß).

Von der großen Anzahl der in der Natur vorkommenden Magnesiumsilikate hat für die Appretur nur der Talk einige Bedeutung[3]). Er

---

[1]) S 44.　　　　　[2]) S. 145.
[3]) Ein Kalziummagnesiumsilikat ist der Asbest, ein aus seidenglänzenden und biegsamen Fasern bestehendes Mineral, das sich in besonders

bildet das weichste Mineral und fühlt sich schlüpfrig an. Mit talk-
haltigen Appreturmassen behandelte Baumwollwaren erhalten einen
vollen und geschmeidigen Griff bei gleichzeitiger Füllung. Talk wird
auch als Zusatz zu Schlichten empfohlen. Für jeden Fall ist feinste
Mahlung, eine reinweiße Farbe, Abwesenheit von Eisen und sandigen
Teilchen erforderlich.

Nachweis von Magnesiumverbindungen.

Lösliche Magnesiumverbindungen geben mit Ammoniumkarbonat in
Gegenwart von Ammoniumchlorid keine Fällung, wohl aber mit Natriumphosphat in Gegenwart von Ammoniak und Ammoniumchlorid[1]):

$$\overset{\bullet}{M}gCl_2' + \overset{\bullet}{N}a_2(HPO_4)'' + NH_3 \longrightarrow MgNH_4PO_4 + 2\overset{\bullet}{N}aCl';$$

der Niederschlag ist weiß und in Salzsäure löslich. Beim Glühen einer mit
Kobaltnitratlösung befeuchteten Magnesiumverbindung erhält man eine
fleischrote Masse.

Kalziumverbindungen.

Kalziumsulfat, Gips $CaSO_4 + 2\,H_2O$.

Das Kalziumsulfat kommt in der Natur sowohl in Verbindung
mit 2 Molekülen Kristallwasser als Gips sowie auch wasserfrei als
Anhydrit[2]) vor. Der Gips tritt entweder in tafelförmigen, durchsichtigen Kristallen als Gipsspat (Marienglas) oder in körnigen Massen
auf; der feinkörnige, weiße Gips führt den Namen Alabaster. Der
Gips wird zumeist einem Schlämmprozeß unterworfen und gelangt als
ein sehr feines Pulver in den Handel. Manchmal ist er mit erdigen
Substanzen, Kalziumkarbonat sowie Sulfaten und Chloriden des Kaliums und Natriums verunreinigt.

Gips ist in Wasser schwer löslich. Im natürlichen Wasser bedingt
er die bleibende Härte. Wegen seiner Schwerlöslichkeit kann Kalziumsulfat auch durch Umsetzung einer Kalziumchloridlösung mit Schwefelsäure oder einem anderen löslichen Sulfat erhalten werden; z. B.

$$\overset{\bullet}{C}aCl_2' + \overset{\bullet}{H}_2(SO_4)'' \longrightarrow CaSO_4 + 2\overset{\bullet}{H}Cl'.$$

Beim Erhitzen auf 120° gibt der Gips drei Viertel seines Kristallwassers
ab und geht zwischen 130 und 170° in einen wasserfreien über, der als
sogenannter gebrannter Gips in Wasser leichter löslich ist als der
kristallinische. Aus der übersättigten Lösung des gebrannten Gipses

---

großen Mengen in Kanada vorfindet. Die weichen und gekräuselten Sorten
werden, mit etwas Baumwolle gemischt, versponnen und zur Herstellung
von unverbrennbaren Geweben (z. B. für Feuerwehrzwecke) benutzt. Die
Baumwolle wird aus dem fertigen Gewebe durch Verbrennen entfernt. Andere
Sorten und insbesondere die Abfälle werden zur Pappe und zu Platten gepreßt. Die Asbestpappe findet zu Dichtungszwecken bei Dampfzylindern
und heizbaren Maschinenteilen Verwendung; aus Asbestplatten werden
z. B. Kolonialhäuser gebaut.

[1]) Der Zusatz von Ammoniumchlorid verhindert die Fällung des Magnesiums als Magnesiumhydroxyd.

[2]) Das Mineral Anhydrit erhielt in der letzteren Zeit einige Bedeutung,
da es, mit geringen Mengen Kalk versetzt, mit Wasser erhärtet.

scheidet sich der kristallinische in verfilzten Nädelchen aus. Darauf beruht das unter Volumenvermehrung stattfindende **Erhärten des Gipses**[1]). Zu stark (bei 500—600°) gebrannter Gips vermag kein Wasser mehr aufzunehmen und demnach auch nicht zu erstarren (**totgebrannter Gips**[2]).

In der Appretur findet der Gips nur sehr wenig Verwendung. Er beschwert und deckt die Ware. Durch Fällung läßt sich die Bildung des Gipses auch in der Faser selbst erzeugen, indem man die Ware erst durch eine Kalziumchloridlösung und dann durch eine Sulfatlösung nimmt.

Kalziumkarbonat $CaCO_3$.

Das Kalziumkarbonat ist die verbreitetste Kalziumverbindung. Es findet sich im Mineralreiche im kristallisierten Zustande entweder als **Kalzit** oder als **Aragonit**. Körnige und dichte Abarten des Kalzites sind der **Kalkstein**, der **Marmor**, der **Kalktuff**, die **Kreide** usw. Kalziumkarbonat ist der Hauptbestandteil der Eier- und Muschelschalen und bildet einen Bestandteil des Knochengerüstes. Für die Textilindustrie hat nur die **Kreide** einige Bedeutung. Sie wird durch Schlämmen gereinigt und kommt als ein mehr oder weniger weißes, abfärbendes Pulver unter verschiedenen Namen in den Handel (**Schlämmkreide**, **Wienerkalk**, **Marmorweiß** usw.). An ihrer Stelle kommt manchmal auch gemahlener Kalkstein oder Marmor zur Verwendung.

In Wasser ist das Kalziumkarbonat nahezu unlöslich, aber in kohlensäurehaltigem Wasser löslich[3]). Durch Säuren wird es unter Freiwerden von Kohlendioxyd zerlegt. Beim Erhitzen geht das Kalziumkarbonat in gebrannten Kalk über[4]).

Kreide wird als Beschwerungs- und Deckmittel in der Appretur sehr selten verwendet. Etwas mehr Verwendung findet sie in der Färberei und Druckerei, sowie zum sogenannten „Weißfärben", um z. B. bei der ungebleichten Faser die natürliche Färbung zu verdecken. Die Kreide, sowie gepulvertes Kalziumkarbonat überhaupt, dient auch zum Neutralisieren von Säuren sowie zur Herstellung anderer Kalziumsalze.

Kalziumchlorid $CaCl_2$.

Dieses Salz entsteht bei verschiedenen chemischen Prozessen als Nebenprodukt und wird auch durch Lösen von reinem Kalziumkarbonat in Salzsäure gewonnen. Aus der Lösung scheiden sich große, farblose, leicht zerfließende Kristalle mit 6 Molekülen Kristallwasser aus. Beim Erhitzen schmilzt das kristallisierte Salz und geht bei ungefähr 200°

---

[1]) Verwendung des Gipses zur Herstellung von Abgüssen und Gipsverbänden. Mit Leimwasser angerührter Gips bildet den Stuckgips. Gips wird auch bei der Herstellung von Kunststeinen verwendet.

[2]) Ein eigentümliches Verhalten zeigt der bei heller Rotglut (über 1000°) erhitzte Gips: er bindet wieder langsam Wasser und auch Kohlendioxyd. Man erhält so den technisch wertvollen **Estrichgips**.

[3]) S. 44.   [4]) S. 83.

in eine weiße, poröse Masse von der Zusammensetzung $CaCl_2 + H_2O$ über. Völlig wasserfrei wird das Kalziumchlorid erst bei höherer Temperatur; etwas über 700° schmilzt es zu einer klaren Flüssigkeit, die beim Abkühlen kristallinisch erstarrt.

Das vom Kristallwasser zum Teil oder ganz befreite Kalziumchlorid ist sehr hygroskopisch. Auf Grund dieser Eigenschaft versuchte man durch Zusatz von Kalziumchlorid zur Appreturmasse Gewebe feucht zu erhalten, um das „Einsprengen" der Ware zu ersparen. Da jedoch dem Kalziumchlorid keine antiseptische Wirkung zukommt, tritt beim Lagern einer solchen Ware sehr leicht die Schimmelbildung ein. Aus demselben Grunde ist das Kalziumchlorid auch als Füllmittel wenig geeignet. Mitunter wird es mit Magnesiumchlorid gemischt in der Appretur verwendet. Es dient auch als Aufschließungsmittel für Stärke.

Kalziumphosphate.

Das tertiäre Kalziumphosphat $Ca_3(PO_4)_2$ bildet den Hauptbestandteil der Knochen (80%) und kommt im Mineralreiche als Apatit und Phosphorit[1]) vor. Es ist in Wasser unlöslich; ebenso das sekundäre Kalziumphosphat $CaHPO_4$, das man durch Zusatz von Kalziumchlorid zu einer Natriumphosphatlösung als ein weißes Pulver erhält. Das Kalziumphosphat findet als Beschwerungsmittel nur in vereinzelten Fällen Anwendung.

Nachweis von Kalziumverbindungen S. 85.

Aluminiumverbindungen (Tonerdeverbindungen).

Kalialaun $Al_2(SO_4)_3 + K_2SO_4 + 24 H_2O$.

Als Rohstoffe für Alaun und die Aluminiumpräparate im allgemeinen dienen zumeist Bauxit $Al(OH)_3$, Kaolin (Aluminiumsilikat) und Alunit oder Alaunstein (ein basisches Kalium-Aluminiumsulfat). Diese Minerale finden sich in mehr oder minder reinem Zustande vor. Der Bauxit enthält am meisten Aluminium. Durch Behandlung des gemahlenen Bauxites mit Schwefelsäure von 45 bis 50° Bé erhält man eine Aluminiumsulfatlösung, welcher zur Gewinnung des Alauns nach entsprechender Reinigung und Konzentration Kaliumsulfat zugesetzt wird. Nach dem Auskühlen der Lösung scheidet sich der Alaun aus. Gegenwärtig wird der Bauxit zumeist nach dem alkalischen Verfahren aufgeschlossen. Man schmilzt ihn mit Soda, wodurch lösliches Natriumaluminat gebildet wird, das sich von den unlöslichen Verunreinigungen leicht trennen läßt. Aus der Aluminatlösung wird durch Einleiten von Kohlendioxyd Aluminiumhydroxyd $Al(OH)_3 + 3H_2O$ gefällt. Dieses wird gewaschen und behufs Überführung in Aluminiumsulfat in der berechneten Menge Schwefelsäure gelöst; setzt man der konzentrierten Lösung Kaliumsulfat zu, so erhält man bei der darauffolgenden Kristallisation den Alaun.

---

[1]) S. 92.

Der Alaun bildet große Kristalle, die in etwa 10 Teilen kaltem Wasser löslich sind; leichter löst sich Alaun in heißem Wasser. Die Lösung schmeckt zusammenziehend und besitzt zufolge der hydrolytischen Spaltung des Aluminiumsulfates eine schwach saure Reaktion[1]). Durch Abstumpfen der in der Lösung vorhandenen freien Säure mit Soda erhält man ein basisches Salz, das als „neutraler" Alaun bezeichnet wird. Seine Zusammensetzung $Al_2(SO_4)_3 + K_2SO_4 + 2\,Al(OH)_3$ kommt auch dem meist durch Eisenverbindungen schwach gefärbten kubischen oder ungarischen Alaun zu. Beim Glühen verliert der Alaun das Kristallwasser und einen Teil der Schwefelsäure; man erhält eine poröse, schwammige Masse, den gebrannten Alaun.

Bei Verwendung des Alauns zum Wasserdichtmachen von Geweben werden auf und in der Faser unlösliche Aluminiumverbindungen zur Ausscheidung gebracht[2]), welche der Ware nebst der Wasserdichtigkeit eine gewisse Schwere erteilen. Daher ist der Alaun auch ein Beschwerungsmittel und wird den Appreturmassen außerdem wegen seiner klärenden Wirkung öfters zugesetzt. Eine große Bedeutung kommt dem Alaun in der Färberei zu. Er dient ferner zur Bereitung von Aluminiumazetat. Für textile Zwecke muß der Alaun eisenfrei sein[3]).

Da bei allen technischen Verwendungsarten des Alauns sein Bestandteil Kaliumsulfat gar nicht zur Geltung gelangt, bedient man sich gegenwärtig an seiner Stelle meist der Verbindung

Aluminiumsulfat (Tonerdesulfat) $Al_2(SO_4)_3 + 18\,H_2O$.

Die Darstellung dieses Salzes wurde bereits angeführt[4]). Es löst sich in 1 Teil kaltem Wasser und kristallisiert nicht so gut wie Alaun. Für Färbereizwecke darf es höchstens 0,001% Fe enthalten. Seine Lösung reagiert stark sauer und greift Eisen leicht an.

An dieser Stelle sei auch das Aluminiumchlorid $AlCl_3$ erwähnt. Es kommt sowohl in wasserfreiem Zustande in Form von gelblichen, zerfließlichen und an der Luft rauchenden Kristallen als auch in Lösung in den Handel. Da es die Eigenschaft besitzt, bei höherer Temperatur und gesteigertem Druck durch die frei werdende Salzsäure die vegetabilische Faser zu zerstören, wird es als Karbonisationsmittel verwendet. Die Zerstörung der Pflanzenfaser erfolgt vollständig bei 125°.

Aluminiumsilikat (Kaolin, Porzellanerde, China-Clay, Walkerde, Ton) $H_4Al_2Si_2O_9$.

Der Kalifeldspat $KAlSi_3O_8$ und andere Silikate sind Bestandteile von Granit, Gneis, Porphyr, Glimmerschiefer usw., also von Gesteinsarten, welche einen hervorragenden Anteil am Aufbau der festen Erdrinde nehmen. Durch die Einwirkung des kohlensäurehaltigen Wassers auf diese Gesteine geht ihre zur Bildung der Ackererde nötige

---

[1]) Vgl. S. 35.   [2]) S. 277.

[3]) Zur Prüfung auf Eisen versetzt man die wässerige Alaunlösung mit einigen Tropfen einer Lösung von gelbem Blutlaugensalz. Bei wenig Eisen tritt eine blaue Färbung, bei größeren Mengen eine blaue Fällung ein.

[4]) S 269.

Zersetzung (Verwitterung) vor sich, bei welcher Aluminiumsilikat zur Abscheidung gelangt. Dieses mehr oder weniger durch unzersetzten Feldspat, Eisenverbindungen, Sand (SiO_2) und verschiedene Karbonate verunreinigte Aluminiumsilikat bildet den so wichtigen Ton, in reinstem Zustande die Porzellanerde, die auch unter den Namen Kaolin, Walkerde, China-Clay bekannt ist. Bis zum Jahre 1893 wurde die Walkerde fast ausschließlich von England geliefert; gegenwärtig kommt sie jedoch in größter Menge aus Florida. Das reine Kaolin bildet ein blendend weißes, sich fettig anfühlendes und in Wasser unlösliches Pulver, das mit der entsprechenden Menge Wasser eine plastische Masse gibt. Es besitzt eine sehr gute Deckkraft und eignet sich zum Beschweren und Geschmeidigmachen von gebleichten oder lichtfarbigen Baumwollgeweben. Zu diesem Zwecke wird es mit Stärke oder Mehl unter Zusatz von etwas Fett u. dgl. verkocht. Aluminiumsilikat läßt sich auch auf folgende Weise der Ware einverleiben: man behandelt die Ware in der Wärme zuerst mit einer Alaunlösung, dann mit einer Wasserglaslösung und schließlich mit verdünnter Essigsäure, worauf die Ware getrocknet wird.

Bekannt ist der Zusatz von Walkerde zum Seifenbade beim Entgerben der Wollwaren, sowie zum Bleichen, Klären und Filtrieren von Fetten und Schmiermitteln[1]). Der plastische Ton dient zufolge seiner Porosität zum Entfernen von Fettflecken[2]).

Als Handelsware wird Kaolin nach dem Grade der Weiße und nach der Anwesenheit von grobem und feinem Sand beurteilt. Erstklassige Ware soll einen bestimmten Feinheitsgrad aufweisen. Eine sandhaltige Ware kann insbesondere in der Walke großen Schaden anrichten.

Nachweis von Aluminiumverbindungen.

Schwefelwasserstoff gibt in angesäuerten Aluminiumlösungen keinen Niederschlag.

Lösliche Aluminiumverbindungen geben mit Ammoniak einen weißen, gallertigen Niederschlag von Aluminiumhydroxyd, der im Überschusse des Fällungsmittels unlöslich ist; z. B.

$$Al_2(SO_4)_3'' + 6(NH_4)(OH)' \rightarrow 2Al(OH)_3 + 3(NH_4)_2(SO_4)''.$$

Natronlauge gibt den gleichen, aber im Überschusse des Fällungsmittels zu Natriumaluminat löslichen Niederschlag:

$$Al(OH)_3 + 3Na(OH)' \rightarrow Na_3(AlO_3)''' + 3H_2O.$$

---

[1]) Noch besser eignet sich dazu die Fullererde; S. 137.

[2]) Bekannt ist die Herstellung von Porzellan aus Kaolin und von Steinzeug, Steingut, Fayence, Majolika und gewöhnlicher Töpferware aus mehr oder weniger reinem, plastischen Ton. Die gewöhnlichen Ziegel werden aus unreinem, sandigem Ton (Lehm) hergestellt, während für die feuerfesten Ziegel (Schamotte) ein wenig Beimengungen enthaltender, feuerfester Ton verwendet wird. Beim „Brennen" des Tones wird das im Kaolin vorhandene chemisch gebundene Wasser ausgetrieben:

$$H_4Al_2Si_2O_9 \rightarrow Al_2Si_2O_7 + 2H_2O.$$

Gebrannter Ton verliert die Eigenschaft, mit Wasser eine bildsame Masse zu bilden.

Auf trockenem Wege lassen sich Aluminiumverbindungen durch die Blaufärbung erkennen, welche die mit Kobaltnitratlösung befeuchtete und vor dem Lötrohre erhitzte Probe zeigt.

Zinkverbindungen.

Zinksulfat, Zinkvitriol $ZnSO_4 + 7\,H_2O$.

Reines Zinksulfat wird durch Auflösen von Zinkabfällen in Schwefelsäure hergestellt:

$$Zn + \dot{H}_2(SO_4)'' \rightarrow \ddot{Z}n(SO_4)'' + H_2;$$

beim Eindampfen der Lösung scheidet sich das Zinksulfat mit 7 Molekülen Kristallwasser in farblosen Prismen oder in weißen, glänzenden Nadeln aus. Die gewöhnliche Handelsware wird durch Rösten der Zinkblende gewonnen:

$$ZnS + O_4 \rightarrow ZnSO_4.$$

Das Zinkvitriol ist äußerlich dem Bittersalz ähnlich. In trockener Luft verwittern seine Kristalle.

Zinksulfat dient als Beschwerungsmittel für Baumwollgewebe und als Zusatz zu Schlichtmassen. Gleichzeitig wirkt es als Konservierungsmittel[1]). Außerdem wird Zinksulfat in der Färberei und in der Druckerei verwendet.

Zinkchlorid $ZnCl_2$.

Zinkchlorid entsteht beim Lösen von Zink in Salzsäure sowie bei der Destillation von Zinkoxyd mit Ammoniumchlorid. Im ersteren Falle kommt es in Lösung in den Handel, im letzteren als eine weißliche, durchscheinende Masse, die in feuchter Luft zu einer stark ätzenden Flüssigkeit zerfließt. Eine wasserfreie Verbindung kann nicht gewonnen werden, da beim Eindampfen eine Zersetzung in Zinkoxyd und Salzsäure stattfindet. In seiner Wirkung ist das Zinkchlorid dem Magnesiumchlorid ähnlich[2]), es beschwert die Ware und erteilt ihr einen feuchten Griff; außerdem kommt ihm eine kräftige antiseptische Wirkung zu. Es dient demnach als Zusatz zu Schlichtmassen und in der Appretur von Baumwollwaren, zumeist in Gemeinschaft mit Magnesiumchlorid. Man setzt dem Magnesiumchlorid 10—20% Zinkchlorid zu. Zinkchlorid wird auch in der Färberei verwendet.

Zinkoxyd ZnO.

Zinkoxyd wird durch Verbrennen von Zink an der Luft oder durch Erhitzen von Zinkkarbonat dargestellt. Man erhält es als eine weiße lockere Masse, die beim Erhitzen gelb und beim Erkalten wieder weiß wird. Als Handelsware führt das Zinkoxyd den Namen Zinkweiß; die blendend weiße Ware wird auch Schneeweiß genannt. Es ist in Wasser unlöslich, löst sich aber sowohl in Säuren als auch in Alkalien.

---

[1]) S. 294.
[2]) Vgl. das Magnesiumchlorid; S. 264.

Unter Aufnahme von Feuchtigkeit und Luftkohlensäure wird es körnig und soll daher unter Luftabschluß aufbewahrt werden.

Das Zinkoxyd dient manchmal in der Appretur von Baumwollwaren als Beschwerungs- und Deckmittel. Auch im Zeug- und Ätzdruck dient es als weißes Pigment und ist überhaupt eine geschätzte Malerfarbe. Gegenüber dem zwar besser deckenden Bleiweiß besitzt es den Vorteil, in schwefelwasserstoffhaltiger Luft die Farbe nicht zu verändern.

Lithopone.

Unter diesem Namen kommt ein in Wasser unlösliches Gemenge von Bariumsulfat und Zinksulfid in den Handel, das durch Wechselzersetzung von Bariumsulfid und Zinksulfat erhalten wird:

$$\ddot{Ba}S'' + \ddot{Z}n(SO_4)'' \rightarrow BaSO_4 + ZnS.$$

Lithopone ist wegen ihrer Billigkeit eine beliebte weiße Malerfarbe geworden. Für die Appretur ist Lithopone als Deck- und Füllmittel vorgeschlagen worden. Bei ihrer Verwendung sind Gefäße aus Kupfer oder kupferhaltigen Legierungen zu vermeiden, da in diesen die Appreturmasse eine braune Färbung annehmen kann.

Nachweis von Zinkverbindungen.

Lösliche Zinkverbindungen geben mit Schwefelwasserstoff in Gegenwart von Natriumazetat einen weißen Niederschlag von Zinksulfid, z. B.:

$$Z\ddot{n}(SO_4)'' + H_2S + 2\dot{N}a(C_2H_3O_2)' \rightarrow ZnS + \dot{N}a_2(SO_4)'' + 2\dot{H}(C_2H_3O_2)'^{1}).$$

Natronlauge erzeugt in einer Zinklösung einen weißen, gallertigen Niederschlag, der im Überschusse des Fällungsmittels zu Natriumzinkat löslich ist; z. B.

$$\ddot{Z}n(SO_4)'' + 2\dot{N}a(OH)' \rightarrow Zn(OH)_2 + \dot{N}a_2(SO_4)'',$$
$$\ddot{Z}n(OH)_2' + 2\dot{N}a(OH)' \rightarrow \dot{N}a_2(ZnO_2)'' + 2H_2O.$$

Auch der durch Ammoniak erhaltene Niederschlag ist im Überschusse des Fällungsmittels löslich (Unterschied von Aluminium).

Feste Zinkverbindungen werden nach Befeuchten mit einer Kobaltnitratlösung beim Erhitzen vor dem Lötrohr grün gefärbt.

Bleiverbindungen.

Bleisulfat PbSO₄.

Dieses Salz entsteht bei der Einwirkung von löslichen Sulfaten auf lösliche Bleiverbindungen. In größerer Menge erhält man es als Nebenprodukt bei der Darstellung von Aluminiumazetat aus Bleiazetat (Bleizucker) und Alaun[2]).

Das Bleisulfat bildet ein schweres, weißes, in Wasser fast unlösliches Pulver und kommt auch in Teigform in den Handel. Es findet, wenn auch selten, als Beschwerungs- und Deckmittel Verwendung. Eine größere Rolle spielt es bei der Herstellung von manchen Indigoartikeln.

---

[1]) Der Zusatz von Natriumazetat verhindert die Bildung freier Mineralsäure; in letzterer ist Zinksulfid löslich.

[2]) S. 277.

Bleikarbonat.

Durch Fällung aus einer Bleisalzlösung mit Soda erhält man kein normales, sondern ein basisches Bleikarbonat wechselnder Zusammensetzung. Dem unter dem Namen „Bleiweiß" bekannten basischen Salze kommt ungefähr die Zusammensetzung $Pb_3(CO_3)_2(OH)_2$ zu. Es wird nach verschiedenen Verfahren hergestellt, z. B. durch gleichzeitige Einwirkung von Essigsäuredämpfen und Kohlendioxyd auf Blei; hierbei bildet sich zuerst basisches Bleiazetat, das sich dann mit dem Kohlendioxyd zu Bleiweiß und Essigsäure umsetzt.

Das Bleiweiß bildet eine weiße, erdige Masse von hohem spezifischen Gewicht. Es besitzt eine ausgezeichnete Deckkraft, zeigt aber den Übelstand, in schwefelwasserstoffhaltiger Luft braun zu werden. (Bildung von Bleisulfid.) Häufig kommt das Bleiweiß gemischt mit anderen weißen Farben, besonders mit Bariumsulfat, in den Handel. Es ist wie alle Bleiverbindungen giftig und wird schon aus diesem Grunde in der Appretur nur selten verwendet. Bekannt ist es als Malerfarbe.

Nachweis von Bleiverbindungen.

Schwefelwasserstoff gibt mit Bleiverbindungen einen schwarzen Niederschlag von Bleisulfid.

Kaliumchromat erzeugt in löslichen Bleiverbindungen einen gelben Niederschlag von Bleichromat (Chromgelb); z. B.

$$\ddot{P}b(NO_3)_2{}' + \dot{K}_2(CrO_4)'' \longrightarrow PbCrO_4 + 2\dot{K}(NO_3)'.$$

In festen Verbindungen wird das Blei nachgewiesen, indem man eine mit Soda gemischte Probe auf der Kohle vor dem Lötrohre erhitzt; dabei wird das Blei in metallischem Zustande ausgeschieden.

Natriumverbindungen.

Die Verbindungen **Natriumkarbonat** (Soda), **Natriumtetraborat** (Borax), **Natriumphosphat** und **Natriumsilikat** (Wasserglas) wurden insbesondere in bezug auf ihre Verwendung als Waschmittel bereits besprochen.

Die Soda wird der Appreturmasse häufig als Aufschließungsmittel für die Stärke zugesetzt und wirkt so gleichzeitig als Füllmittel.

Der Borax findet als Zusatz zu Appreturmassen hauptsächlich dann Verwendung, wenn man Baumwollgeweben einen flammensicheren Appret geben will.

Das Natriumphosphat dient insbesondere in der Seidenfärberei als Erschwerungs- und Fixationsmittel, und zwar in Gemeinschaft mit Zinnchlorid und Wasserglas (Zinn-Phosphat-Silikat-Verfahren)[1].

Das Wasserglas gebraucht man manchmal zum Schlichten von Baumwollketten, sowie als Beschwerungsmittel für baumwollene und leinene Garne und Gewebe. Seine Verwendung als Beschwerungsmittel für Seide wurde bereits erwähnt. Bemerkenswert ist auch seine Verwendung bei der Herstellung von flammensicheren und wasserdichten Geweben.

---

[1]) Seidenerschwerung S. 315.

Einige Bedeutung als Füllmittel hat auch das

Natriumsulfat (Glaubersalz) $Na_2SO_4 + 10\,H_2O$.

Das Natriumsulfat findet sich in der Natur in verschiedenen Mineralwässern und im Meerwasser vor. Als Nebenprodukt gewinnt man es bei der Darstellung der Salpetersäure aus Chilesalpeter sowie bei der Salzsäuregewinnung aus Kochsalz.

Die kristallisierte Verbindung heißt Glaubersalz. Die Kristalle sind verwitterbar und in Wasser leicht löslich, am leichtesten bei 33^0.

Das Natriumsulfat ist ein gutes Füllmittel für Baumwollgewebe; es erteilt ihnen auch einen kalten, leinenartigen Griff. Zumeist wird es in Gemeinschaft mit Magnesiumsulfat, manchmal auch mit Magnesiumchlorid der Stärkeappreturmasse zugesetzt. Natriumsulfat bildet sich beim Neutralisieren der mit Natronlauge bereiteten Stärkeleime mit Schwefelsäure, sowie beim Neutralisieren der mit Schwefelsäure aufgeschlossenen Stärke mit Natronlauge oder Soda.

In großer Menge wird Glaubersalz in der Färberei verwendet.

Nachweis von Natriumverbindungen S. 79.

Ammoniumverbindungen.

Diese haben als Füllmittel eine untergeordnete Bedeutung. Erwähnenswert sind:

Ammoniumsulfat $(NH_4)_2SO_4$.

Dieses Salz wird durch Sättigung des Gaswassers mit Schwefelsäure dargestellt. Es bildet wasserhelle, gewöhnlich etwas feuchte Kristalle und findet als Zusatz zu Appreturmassen nur selten Verwendung; auch in der Färberei ist seine Anwendung eine beschränkte.

Ammoniumchlorid (Salmiak) NH_4Cl.

Salmiak wurde in früherer Zeit meist aus Ägypten, wo es durch Verbrennen von Kamelmist erzeugt wurde, in den Handel gebracht. Gegenwärtig gewinnt man ihn als Nebenprodukt bei der Sodafabrikation nach dem Solvayverfahren oder aus dem Gaswasser in der Weise, daß man dieses nach Zusatz von Kalkmilch erhitzt und die entweichenden Ammoniakdämpfe in verdünnte Salzsäure leitet. Das so erhaltene Rohprodukt wird behufs Reinigung umkristallisiert oder sublimiert.

Der sublimierte Salmiak bildet eine farblose, faserige, zähe Masse, die in Wasser leicht löslich ist. Beim Erhitzen verdampft Salmiak, ohne vorher zu schmelzen, unter Bildung weißer Nebel. Dies hat seine Ursache darin, daß der Salmiakdampf in der Hitze in Ammoniak und Chlorwasserstoff zerfällt, welche sich aber beim Abkühlen wieder zu Ammoniumchlorid vereinigen.

Salmiak wird manchmal als hygroskopischmachender Zusatz den Appreturmassen zugesetzt und findet auch in der Färberei einige Verwendung.

Nachweis von Ammoniumverbindungen S. 83.

Als Füllmittel kommen auch jene zum Weich- und Geschmeidigmachen dienenden **organischen** Verbindungen in Betracht, welche hygroskopisch wirken und so eine Gewichtsvermehrung der Ware durch Anziehung der Luftfeuchtigkeit bedingen. Dazu gehören die bereits erwähnten Stoffe **Glukose** und **Glyzerin**.

Schließlich sei auf die Verwendung solcher Beschwerungsmittel hingewiesen, welchen gleichzeitig die Aufgabe eines Färbemittels zukommt. Dazu gehören die Mineralfarben, z. B. **Ocker, Chromoxyd, Mennige, Chromgelb** usw.[1]).

Mittel zum Wasserdichtmachen.

Es gibt zwei Arten der Wasserdichtigkeit. Für die eine Art wird das Gewebe an der Oberfläche mit einer Schicht eines wasser- und luftundurchlässigen Stoffes versehen. Dadurch verliert das Gewebe seine Porosität vollständig und erhält auch ein anderes Aussehen; vielfach dient das Gewebe nur noch als Gerüst für die aufgetragene Masse. Solche Überzüge bestehen aus Kautschuk, Guttapercha, Firnis, Kasein-, Gelatine-, Zellulosepräparaten u. dgl. Zu Erzeugnissen dieser Art gehören Linoleum, Wachsleinwand, Kautschukleinwand usw.

Bei der zweiten Art des Wasserdichtmachens erleidet das Gewebe keine Veränderung seines Aussehens. Sie besteht in der Imprägnierung der Gewebe mit Stoffen, welchen die Eigenschaft zukommt, die Benetzung der Gewebe zu verhindern oder zu erschweren. Die Wasserdichtigkeit solcher Gewebe ist zwar geringer als bei den mit einer undurchlässigen Masse vollständig überzogenen; das Gewebe bleibt aber porig und luftdurchlässig, wodurch bei Kleidungsstücken den hygienischen Anforderungen Rechnung getragen wird. Diese Art des Wasserdichtmachens verleiht den Geweben vielfach auch einen weichen Griff, ein besseres Verhalten gegen Wärme und einen schönen, dauerhaften Appret. Die Imprägnierung kann nach verschiedenen Verfahren bewirkt werden. Dabei handelt es sich in den meisten Fällen um eine Niederschlagbildung an der Oberfläche und auch im Innern der Fäden des Gewebes. Der Niederschlag soll eine gallertige Beschaffenheit besitzen: er soll an der Ware kleben und wasserabstoßend wirken. In anderen Fällen erzeugt man keinen Niederschlag, sondern verwendet zum Imprägnieren Stoffe, welche an und für sich die Benetzung durch Wasser hindern, z. B. Fette.

Wasserdichtmachen mit Aluminiumazetatlösungen.

Die im Handel vorkommenden Lösungen von Aluminiumazetat (essigsaure Tonerde) werden nach verschiedenen Verfahren gewonnen und sind verschieden zusammengesetzt. Sie enthalten nicht das normale Aluminiumazetat $Al(C_2H_3O_2)_3$, sondern je nach der Dar-

---

[1]) S. 292.

stellungsweise ein Sulfazetat[1]) oder ein basisches Azetat wechselnder Zusammensetzung.

Man erhält z. B. durch Wechselzersetzung von 120 g Aluminiumsulfat mit 68 g Bleiazetat die Verbindung $Al_2(SO_4)_2(C_2H_3O_2)_2$, von 120 g Aluminiumsulfat mit 136 g Bleiazetat die Verbindung $Al_2(SO_4)(C_2H_3O_2)_4$. Ein vollständiger Ersatz der Sulfatgruppen durch Azetatgruppen ist auch bei einem Überschusse an Bleiazetat nicht möglich.

Zur Herstellung einer Lösung von Aluminiumsulfatazetat gibt P. Heermann folgende Vorschrift: 7,2 kg Bleizucker werden in 7,2 l kochendem Wasser gelöst und zu der Lösung 9,6 kg Aluminiumsulfat, ebenfalls in 7,2 l kochendem Wasser gelöst, zugesetzt. Nach dem Absetzen des gebildeten Bleisulfates wird die klare Lösung abgegossen oder filtriert und dann beliebig verdünnt.

Nach Chaplet werden einerseits 25 kg Alaun und andererseits 18 kg Bleiazetat in je 40 l kochendem Wasser gelöst und die Lösungen gemischt. Vom ausgeschiedenen Bleisulfat wird die Sulfazetatlösung abgegossen, ersteres einigemal gewaschen und das Waschwasser mit der Lösung vereinigt, bis die „essigsaure Tonerde" eine Konzentration von 6º Bé erreicht.

Zur Herstellung einer Lösung, welche ein basisches Azetat von der Zusammensetzung $Al(C_2H_3O_2)_2(OH)$ enthält, werden nach W. Crum 30 Teile Aluminiumsulfat in 80 Teilen Wasser gelöst, mit 36 Teilen Essigsäure (spez. Gew. 1,041) versetzt und in die Lösung 13 Teile Kreide, in 20 Teilen Wasser angerührt, langsam eingetragen. Nach 24stündiger Einwirkung wird die Lösung vom ausgeschiedenen Gips durch Abgießen getrennt.

Ein normales Aluminiumazetat erhält man durch Auflösen von Aluminiumhydroxyd $Al(OH)_3$ in Essigsäure. Zufolge Hydrolyse geht es bald zunächst in das lösliche basische, später auch in das unlösliche basische Salz über.

Durch Auflösen von Aluminiumhydroxyd in normalem Aluminiumazetat erhält man das basische Aluminiumazetat:

$$Al(OH)_3 + 2\,\ddot{A}l(C_2H_3O_2)_3{}' \rightarrow 3\,Al(C_2H_3O_2)_2OH\,.$$

Die Verwendung solcher „Aluminiumazetatlösungen" zum Wasserdichtmachen — ohne Zuhilfenahme eines anderen Stoffes — beruht auf der Eigenschaft der Aluminiumsalze schwacher Säuren, beim Erwärmen sehr leicht hydrolytisch gespalten zu werden, wobei basische Aluminiumsalze als gallertige Niederschläge zur Ausscheidung gelangen; z. B.

$$\underbrace{Al(C_2H_3O_2)_2OH}_{\text{lösliches bas. Salz}} + H(OH)' \rightarrow \underbrace{Al(C_2H_3O_2)(OH)_2}_{\text{unlösliches bas. Salz}} + \dot{H}\cdot(C_2H_3O_2)'\,{}^2)\,.$$

In ähnlicher Weise werden aus den Aluminiumsulfazetaten unlösliche basische Salze ausgeschieden.

Man imprägniert demnach das Gewebe bei gewöhnlicher Temperatur mit einer „Aluminiumazetatlösung" und läßt es an der Luft oder in einem geheizten Raume trocknen. Wie aus der obigen Gleichung ersichtlich, wird beim Trocknen ein Teil der Essigsäure frei (durch den Geruch leicht wahrnehmbar), während das unlösliche basische Salz, das wasserabstoßend wirkt, an der Faser und innerhalb derselben all-

---

[1]) Sulfazetate sind Salze, deren Säurerest zum Teil aus Sulfat-, zum Teil aus Azetatgruppen besteht.

[2]) Vgl. S. 35.

mählich zur Abscheidung gelangt. Die kolloide Natur des basischen Aluminiumsalzes ist die Ursache, daß es von der Faser festgehalten und nur sehr schwer ausgewaschen wird[1]).

Wie das Aluminiumazetat kann auch das Aluminiumformiat (ameisensaure Tonerde) zum Wasserdichtmachen Anwendung finden. Aluminiumformiat wird in etwa 10^0 Bé starker Lösung in den Handel gebracht. Eine Lösung von etwa 60^0 Bé erhält man durch Einwirkung von Ameisensäure auf Aluminiumhydroxyd.

Wasserdichtmachen mit Metallhydroxyden.

Die Hydroxyde mancher Metalle, wie des Aluminiums, Zinks, Zinns und Bleies, sind sowohl in Säuren als auch in Alkalien löslich. Solchen Hydroxyden kommt demnach sowohl der Charakter einer Base als auch einer Säure zu. So löst sich z. B. das Aluminiumhydroxyd in Schwefelsäure zu Aluminiumsulfat:

$$2\,Al(OH)_3 + 3\,\dot{H}_2(SO_4)'' \rightarrow \ddot{A}l_2(SO_4)_3'' + 6\,H_2O,$$

wogegen es in Natronlauge zu Natriumaluminat löslich ist:

$$3\,Al(OH)_3 + 3\,\dot{N}a(OH)' \rightarrow \dot{N}a_3(AlO_3)''' + 6\,H_2O;$$

in ersterem Falle spielt das Aluminium die Rolle eines Metalles, in letzterem die eines Nichtmetalles.

Setzt man nun zu der Lösung von Aluminiumsulfat oder eines anderen Aluminiumsalzes eine Aluminatlösung zu, so gelangt gallertiges Aluminiumhydroxyd zur Fällung:

$$\ddot{A}l_2(SO_4)_3'' + 2\,\dot{N}a_3(AlO_3)''' + 6\,H_2O \rightarrow 4\,Al(OH)_3 + 3\,\dot{N}a_2(SO_4)''.$$

In derselben Weise verhalten sich die Hydroxyde der übrigen oben angeführten Metalle.

Diese Bildungsweise von gallertigen und wasserabstoßenden Hydroxyden wurde von Chevallot und Girres zum Wasserdichtmachen von Geweben in Vorschlag gebracht. Das Gewebe wird beispielsweise zuerst mit einer Lösung von Kaliumaluminat und Seife behandelt[2]) und dann mit einer Aluminiumazetatlösung durchtränkt. In diesem Falle kommt neben Aluminiumhydroxyd auch die unlösliche Aluminiumseife zur Ausscheidung. Nimmt man als zweites Bad ein anderes Salz, z. B. Zinksulfat, so gelangt ein Gemisch von unlöslichen Hydroxyden und Seifen des Aluminiums und Zinks zur Ausscheidung. Das so behandelte Gewebe wird ausgequetscht, mit Wasser von $50-60^0$ gewaschen und dann getrocknet[3]).

---

[1]) Desselben Vorganges bedient man sich in der Färberei zum „Beizen" pflanzlicher Faserstoffe; der zu färbende Stoff wird mit kolloiden Hydroxyden bzw. basischen Salzen des Aluminiums, Chroms oder Eisens imprägniert (gebeizt). Der kolloide Stoff vermittelt dann zwischen dem Farbstoff und dem Faserstoff eine waschechte Bindung.

[2]) Aluminat-, Zinkat-, Plumbatlösungen usw. bewirken in Seifenlösungen keine Ausscheidung.

[3]) Die so „gebeizten" Stoffe eignen sich auch zum Färben.

Wasserdichtmachen mit unlöslichen Seifen.

a) Wasserunlösliche Seifen, welche durch Wechselzersetzung zweier Lösungen an der Faser ausgeschieden werden.

Der Aluminiumseife bedient man sich als wasserabstoßendes Mittel schon seit langem. Das Gewebe wird zuerst mit einer Aluminiumazetatlösung durchtränkt und dann mit einer Seifenlösung behandelt. Durch Wechselzersetzung beider Stoffe kommt es zur Bildung der gallertigen Aluminiumseife an der Oberfläche sowie auch im Innern der Fäden. Nach dem Auswringen wird das Gewebe in einer schwach geheizten Trockenkammer oder an freier Luft getrocknet.

Zum Wasserdichtmachen von Lodenstoffen empfiehlt J. Pennert folgende Arbeitsweise: 3%ige, bei etwa 50⁰ hergestellte Lösungen von Alaun und Bleizucker werden zu gleichen Teilen gemischt und die gebildete Lösung von „essigsaurer Tonerde" nach etwa 3 Stunden vom ausgefällten Bleisulfat abgezogen und auf $2-2\frac{1}{2}^0$ Bé verdünnt. Die zu imprägnierende Ware läßt man etwa 24 Stunden in dieser Lösung liegen. Dann wird sie gut abgequetscht und auf Trockenrahmen getrocknet. Nun wird die Ware in einer etwa 7%igen Seifenlösung gut durchgearbeitet, wieder abgequetscht und getrocknet.

Ein einfaches Verfahren besteht darin, daß man die Ware zunächst in einer lauwarmen Seifenlösung, welche in 5 l 100 g Seife enthält, etwa $^1/_4$ Stunde liegen läßt und sie nach schwachem Auswinden in gleicher Weise mit einer Alaunlösung, welche in 5 l 50 g Alaun enthält, behandelt. Schließlich wird die Ware getrocknet.

Zur Erhöhung der Wasserdichtigkeit können der Seifenlösung auch andere Stoffe, wie Wachs, Lösung von Kautschuk in Terpentinöl usw., einverleibt werden.

Für die Bereitung einer mit derartigen Stoffen versetzten Seifenlösung gibt Doering folgende Angaben: Für je 1 m² des zu imprägnierenden Gewebes werden 25 g Japanwachs eingeschmolzen und 1 g Firnis zugesetzt. Andererseits werden 1,5 g Kautschuk in 15 g kochendem Terpentinöl gelöst und nun beide Flüssigkeiten einer Seifenlösung, welche 30 g Unschlittseife enthält, zugerührt. Ein kleiner Zusatz von Schwefelleber bezweckt eine Vulkanisierung des Kautschuks[1]).

In derselben Weise kann man auch Kupferseifen und Seifen anderer Metalle verwenden. Man führt z. B. das Gewebe durch eine 20%ige Seifenlösung und darauf durch eine 8%ige Kupfersulfatlösung. Die Kupferseifen wirken gleichzeitig antiseptisch und verhindern die Bildung von Schimmel, Stockflecken[2]) u. dgl. Es ist jedoch auf die durch Kupferverbindungen bedingte eigentümliche Grünfärbung der Gewebe Rücksicht zu nehmen.

---

[1]) Die Schwefelleber ist eine lederbraune oder grünlichgraue Masse, die durch Zusammenschmelzen von Pottasche und Schwefel dargestellt wird und hauptsächlich aus Kaliumpentasulfid K_2S_5 besteht. Durch Säuren wird sie unter Entwicklung von Schwefelwasserstoff und Abscheidung fein verteilten Schwefels (Schwefelmilch) zersetzt.

Beim „Vulkanisieren" nimmt Kautschuk Schwefel auf und wird dadurch elastischer und innerhalb weiterer Temperaturgrenzen auch gegen Luft und Chemikalien beständiger, während die Bildsamkeit abnimmt.

[2]) S. 294.

Auch Gemische von Aluminium- und Kupferseifen kann man verwenden; man klotzt das Gewebe z. B. mit einer Aluminiumazetatlösung von 6⁰ Bé, der auf je 1 l 6—10 g Kupfervitriol zugesetzt wurden; nach dem Trocknen führt man das Gewebe durch eine Seifenlösung und wiederholt diese Behandlung, nach Bedarf unter Zusatz von Wachs oder Paraffin zum Seifenbade. Die Aluminium- und Kupferseifen sind sehr ausgiebig.

Von anderen „Metallbädern" sind Zinksalzlösungen und die billige Kalziumazetatlösung zu erwähnen.

Ferner bedient man sich zum Wasserdichtmachen des Natriumwolframates, das mit der Seife eine schwer zu netzende Verbindung gibt. Zu diesem Zwecke kann man auch das Zinnwolframat verwenden.

b) Lösungen wasserunlöslicher Seifen in Benzin u. dgl.

Nach dem patentierten Verfahren von E. Agostini wird eine in Wasser unlösliche Seife (am besten die Aluminium- oder Zinkseife) in einem entsprechenden Lösungsmittel (z. B. Benzin) gelöst und mit der erhaltenen Lösung das Gewebe imprägniert. Nach dem Verdunsten des Lösungsmittels verbleibt die Metallseife im Gewebe und bewirkt die Wasserdichtigkeit desselben. Die Ware erhält eine gewisse Beschwerung und einen weichen, vollen Griff; auch eine Festigung des Fadens soll dabei eintreten. Während früher unlösliche Seifen nur zum Wasserdichtmachen verwendet, sonst aber gemieden wurden, erlangten sie durch das Agostinische Verfahren einen allgemeineren Eingang in die Appretur. Der so erhaltene Appret ist sehr dauerhaft und gegen das Auswaschen widerstandsfähig. Es ist leicht einzusehen, daß die Abscheidung der unlöslichen Seife in den Poren des Fadens nach dem Agostinischen Verfahren viel vollständiger ist als bei Verwendung von zwei getrennten Flüssigkeiten (Metallsalzbad und Seifenbad); während nämlich im letzteren Falle der sich zuerst an der Faseroberfläche bildende Niederschlag den Eintritt der zweiten Flüssigkeit in das Innere und demnach auch die Fällung in den Poren der Faser mehr oder weniger hindert, läßt sich die unlösliche Seife in Form einer Benzinlösung in alle Teile der Faser gut einführen.

Lösungen von in Wasser unlöslichen Metallseifen können sowohl für sich allein als auch in Verbindung mit anderen Appreturmitteln zur Verwendung gelangen.

Ein anderes Appreturverfahren von Agostini besteht darin, daß man ein Gemisch von Fettsäuren oder Fetten mit der berechneten Menge der entsprechenden Metalloxyde auf die Ware aufträgt und dann trocknet. Die so appretierte Ware ist sehr weich, für Wasser aber durchlässig; die einzelnen Fäden sind verstärkt, die Zwischenräume aber nicht verklebt. Ein solcher Appret wird von Wasser nicht abgewaschen; beim Behandeln mit Seife verliert die Ware zwar ihr glänzendes Aussehen, nicht aber ihren vollen Griff.

Zur Verwertung des Agostinischen Appreturverfahrens werden unter dem Namen „Sepa" mehrere Appreturmassen in Pastenform in den Handel gebracht, deren Zusammensetzung verschiedenen Ansprüchen entspricht. Sie sind sowohl für baumwollene als auch für wollene Gewebe und Garne geeignet.

Otto Ruff empfiehlt als Imprägnierungsmittel eine Zinkseifenemulsion. Zu ihrer Bereitung erwärmt er die durch Wechselzersetzung der Seife und des Zinksulfates erhaltene Zinkseife mit Ammoniak oder mit Ammoniumkarbonat.

In ähnlicher Weise lassen sich nach Thomston und Rothwell zum Wasserdichtmachen auch unlösliche Harzseifen, z. B. eine Lösung von harzsaurem Zink in Benzol, verwenden.

Wasserdichtmachen mit unlöslichen Silikaten und anderen unlöslichen Verbindungen.

Sowie man bei Verwendung einer Metallsalzlösung und einer Seifenlösung eine unlösliche Seife zur Fällung bringen kann, lassen sich bei Verwendung einer Wasserglaslösung an Stelle der Seifenlösung auch unlösliche Silikate an und zum Teil auch in der Faser zur Ausscheidung bringen. Allen unlöslichen Silikaten kommt eine gallertige Beschaffenheit zu. Infolge der stark alkalischen Wirkung der Wasserglaslösung kann jedoch dieses Verfahren nur bei Baumwollwaren Anwendung finden.

Nach Angaben von Chaplet wird das Gewebe zuerst in einer Wasserglaslösung ausgekocht, mit Wasser gespült, getrocknet, dann mit einer Aluminiumazetatlösung von 6^0 Bé behandelt und bei $20-25^0$ wieder getrocknet. In diesem Falle kommt Aluminiumsilikat zur Ausscheidung.

Bei Verwendung einer Tanninlösung[1]) an Stelle der Seifen- bzw. Wasserglaslösung kommt unlösliches Metalltannat zur Ausscheidung. Man tränkt z. B. nach Kipling und Arnold die Ware zuerst mit einer Tanninlösung von 6^0 Bé und zieht sie nach dem Trocknen durch eine ebenfalls 6^0 Bé starke Aluminiumazetatlösung. Nach Chaplet behandelt man die Ware noch mit einer warmen Emulsion von 20 kg Seife, 5 kg Gummi und 15 kg Japanwachs in 120 l Wasser.

Demselben Grundsatz entsprechen die Vorschläge zur Verwendung von Aluminium- und Kaseinlösungen, sowie solcher von gelbem Blutlaugensalz und Kaliumchromat einerseits und einer Kupfersalzlösung andererseits. Auch in diesen Fällen kommt es zur Bildung von Niederschlägen, welche geeignet sind, das Wasser mehr oder weniger abzustoßen.

---

[1]) Tannin (Gallusgerbsäure, Digallussäure) ist der in den Galläpfeln enthaltene Gerbstoff; er kann aus diesen nach verschiedenen Verfahren extrahiert werden. In reinem Zustande bildet das Tannin eine farblose, glänzende amorphe Masse, die sich in Wasser leicht löst und einen zusammenziehenden Geschmack besitzt. In den Handel gelangen weiße bis braune Produkte, welchen die Form von Nadeln, Schuppen, Körnern usw. zukommt. Tannin spielt insbesondere in der Färberei eine große Rolle. Hier wird unter anderem auch seine Eigenschaft, mit manchen Metallsalzen farbige Tannate zu bilden, nutzbar gemacht; es gibt z. B. mit Eisensalzen blaue, grüne und schwarze Färbungen. Auf dieser Eigenschaft beruht auch die Bereitung der Gallustinte. Tannin und andere Gerbstoffe dienen als Erschwerungsmittel für Seide. Viele Gerbstoffe werden in der Gerberei gebraucht; sie besitzen nämlich die Eigenschaft, die tierische Haut in Leder überzuführen.

Wasserdichtmachen durch Imprägnieren der Ware mit Fettemulsionen, Fettlösungen u. a.

Lodenstoffe werden durch Klotzen mit guten Fettemulsionen oder Emulsionen von Stearin oder Paraffin und nachheriges Trocknen wasserdicht gemacht; die fettigen Stoffe verhindern das Eindringen von Wasser, ohne dem Gewebe die Porosität zu nehmen.

Nach dem Verfahren der Chemischen Fabrik Flörsheim werden zum Wasserdichtmachen Emulsionen von Mineralölen mit Ammoniumsalzen der Fettsäuren oder Harzsäuren verwendet; beim Trocknen entweicht das Ammoniak, während die Fett- bzw. Harzsäuren zur Ausscheidung gelangen.

Nach einem anderen Verfahren finden als Imprägnierungsmittel Lösungen von Paraffin, Wachs, Zeresin, Lanolin usw. in Benzin oder anderen niedrigsiedenden Mineralölen Verwendung. Nach dem Verdunsten des Lösungsmittels bleibt das Gewebe für die Luft durchlässig; sobald aber auf eine so präparierte Ware Wasser kommt, fließt es in Wasserperlen oder Tropfen ab. Das Verfahren soll sich sowohl für Gewebe (z. B. Seidenstoffe) als auch für Garne eignen. In letzterem Falle kann die Imprägnierungsmasse gleichzeitig als Schlichte dienen. Man imprägniert am besten bei 40—50°, windet gut aus und trocknet. Dieses Verfahren findet zum Imprägnieren von Zeltstoffen, Rucksäcken usw. Anwendung.

Die Badische Anilin- und Sodafabrik empfiehlt zum Wasserdichtmachen Emulsionen von Lösungen künstlicher Harze mit Seifenlösungen od. dgl.; z. B. eine Emulsion des Kondensationsproduktes aus Naphthalin und Formaldehyd, gelöst in Chlorbenzol C_6H_5Cl, mit Türkischrotöl.

M. Peters und J. A. Stepherd empfehlen zum Undurchlässigmachen von Geweben für Wasser eine Behandlung derselben mit Leinöl, Tragasol und einem Sikkativ[1]).

Nach dem Verfahren der Farbenfabriken vorm. Friedr. Bayer & Co. kann man aus Montanwachs mit 1% NaOH unter Rühren mit Wasser eine unbegrenzt haltbare Emulsion herstellen, mit der man eine sehr gute Imprägnierung von Geweben ohne Faserschwächung erzielen kann.

In neuerer Zeit findet auch die Viskose[2]) als wasserdichtmachendes Mittel Verwendung.

Wasserdichtmachen bei Anwendung von Formaldehyd als „härtendes" Mittel[3]).

Nach dem Verfahren von Düring wird das Gewebe zunächst in einem Bade getränkt, das neben Leim, Gelatine oder Kasein auch Glyzerin enthält. Die ausgepreßte Ware wird nach einigem Antrocknen durch ein Formaldehydbad gezogen, wodurch die aus dem ersten Bade aufgenommenen Stoffe unlöslich werden und dem Gewebe neben der Undurchlässigkeit für Wasser auch eine ziemliche Geschmeidigkeit verleihen.

---

[1]) S. 139.   [2]) S. 216.   [3]) S. 295.

So besteht z. B. das erste Bad aus 12% Gelatine, 24% Glyzerin und 64% Wasser, oder aus 15% Gelatine, 15% Glyzerin und 70% Wasser. Nach diesem Verfahren soll das Gewebe eine leder-, haut- oder pergamentartige Beschaffenheit annehmen, ohne spröde zu werden.

Als Zusatz zu Appreturmassen für die Herstellung wasserdichter Gummimäntel findet manchmal die „Formalinstärke" Verwendung. Sie wird nach einem patentierten Verfahren in der Weise hergestellt, daß man in 1 kg einer 20%igen Schwefelsäure von 30⁰ C zuerst 1 kg Kartoffelstärke und dann 20—30 g Formalin (40%ig) einrührt. Man rührt die Masse so lange, bis eine mit Ammoniak neutralisierte Probe beim Kochen nicht mehr verkleistert. Mit dem gewaschenen und getrockneten Produkte lassen sich, wenn seine Körnchen fein zerteilt werden, bei Gummimänteln auf gefärbtem Grunde manche Effekte erzielen. (Die Formalinstärke dient auch zur Herstellung von plastischen Massen.)

Wasserdichtmachen auf elektrolytischem Wege.

Nach A. O. Tate[1]) läßt man die mit einer Lösung von Natriumoleat imprägnierte Ware ein Bad passieren, in welchem Aluminiumazetat elektrolysiert wird. Es kommt zur Ausscheidung von basischem Aluminiumoleat zwischen den Maschen und im Innern des Fadens.

Flammenschutzmittel
(Feuerschutzappreturmassen).

Um Gewebe schwer entzündbar zu machen und ein Brennen derselben mit Flamme zu verhindern, bedient man sich der verschiedensten Stoffe, meist Salze, welche man entweder der Stärkeappreturmasse zusetzt oder aber für sich allein zur Imprägnierung der Gewebe anwendet. Die Imprägnierungsmittel können ein Verbrennen des Gewebes zwar nicht hindern; trotzdem leisten sie sehr gute Dienste, da sie die Entflammbarkeit des Gewebes und dadurch die rasche Ausbreitung des Feuers mit all seinen Gefahren für Gut und Leben hemmen. Richtig imprägnierte Stoffe können nur glimmen.

Am leichtesten entzündbar sind Baumwollgewebe, insbesondere leichte, durchbrochene oder großmaschige Stoffe, welche der Luft von allen Seiten den Zutritt gestatten. Dazu gehören z. B. die Fenstervorhänge, leichte Damenkleider, Theaterdekorationen usw. Ein Imprägnieren derartiger Artikel mit Flammenschutzmitteln ist bereits ziemlich allgemein üblich.

Als Flammenschutzmittel eignen sich besonders solche Stoffe, welche bei geringer Hitze schmelzen und dabei auf dem Gewebe einen Überzug bilden, welcher die Entflammung verhindert, sowie in der Hitze flüchtige Verbindungen, deren Dämpfe den Sauerstoffzutritt und demnach auch die Verbrennung hemmen. Bevorzugt werden jene Salze, in welchen die genannten Eigenschaften vereint sind.

---

[1]) Wollen- und Leinenindustrie 1923, S. 42.

Am besten eignen sich hierzu neutral reagierende Salze oder solche, welche in der Hitze zum Teil oder vollständig flüchtig werden. Es ist auf die Reinheit derselben zu achten, da die technischen Produkte vielfach Verunreinigungen enthalten, welche die Faser und die Farbe schädigen können. Aus letzterem Grunde dürfen die Imprägnierungsmittel nicht eisenhaltig sein.

Schließlich ist bei der Wahl der Flammenschutzmittel auf die Art und die Verwendung des Gewebes Rücksicht zu nehmen und zu erwägen, ob das Gewebe nur in geschlossenen Räumen oder auch im Freien zur Verwendung gelangen soll. In letzterem Falle wird ein wasserlösliches Imprägnierungsmittel durch Regen leicht ausgewaschen; daher muß man für solche Zwecke dem Gewebe einen unlöslichen Stoff einverleiben. Dies geschieht wie beim Wasserdichtmachen durch Erzeugung eines Niederschlages an der Oberfläche bzw. auch im Innern der Fäden.

Gelangen unorganische Stoffe für sich allein zur Verwendung, so muß die Konzentration ihrer Lösungen der Beschaffenheit des Gewebes entsprechen. Ein dünnes Gewebe wird mit einer verdünnten, ein dickes mit einer konzentrierten Lösung imprägniert. Zur Befestigung des Flammenschutzmittels an die Faser werden der Imprägnierungsflüssigkeit häufig Klebmittel wie Leim, Dextrin u. dgl. zugesetzt. In anderen Fällen bilden die Flammenschutzmittel nur den Zusatz zu der eigentlichen, zumeist aus Stärke bestehenden Appreturmasse. Bei entsprechender Wahl der Mittel läßt sich das Gewebe gleichzeitig wasserdicht und flammensicher machen.

Die Arbeit des Flammensichermachens wird sowohl fabrikmäßig als auch in Waschanstalten und, wenngleich seltener, im Haushalte durchgeführt. Wenn die Imprägnierung mit leicht auswaschbaren Stoffen vorgenommen wird, muß sie nach jeder Wäsche wiederholt werden.

Viele Flammenschutzmittel wurden bereits als Wasch- oder Beschwerungsmittel, andere als Mittel zum Wasserdichtmachen usw. besprochen; es erübrigt daher, diese in bezug auf ihre Eignung zu Flammenschutzmitteln zu erörtern.

Eine wichtige Stelle auf dem Gebiete des Flammensichermachens nehmen die Ammoniumverbindungen ein; sie zersetzen sich in der Hitze unter Freiwerden von Ammoniakgas, das unter gewöhnlichen Verhältnissen nicht brennbar ist und die Verbrennung nicht unterhält. Verwendung finden:

Ammoniumchlorid NH_4Cl [1]).

Dieses kommt zumeist in Gemeinschaft mit Borax und Borsäure zur Verwendung. Gemischt mit Gips wird es auch der Stärkeappreturmasse zugesetzt.

---

[1]) S. 275.

Ammoniumsulfat $(NH_4)_2SO_4$[1].

Für Gewebe, welche nach dem Imprägnieren heiß gebügelt oder heiß kalandert werden, ist dieses Salz ungeeignet, da die dabei frei werdende Schwefelsäure insbesondere auf die vegetabilische Faser zerstörend und auf Farbstoffe verändernd wirkt. Aus diesem Grunde sollten für solche Waren die im Handel vorkommenden „feuersicheren Stärken"[2] frei von Ammoniumsulfat sein. Außer als Zusatz zu anderen Flammenschutzmitteln wird Ammoniumsulfat auch für sich allein als solches verwendet, wozu man sich bei dünnen Baumwoll- und Leinengeweben, Spitzen u. dgl. einer ungefähr 10%igen Lösung bedient.

Ammoniumalaun $Al_2(SO_4)_3 + (NH_4)_2SO_4 + 24\,H_2O$

wird von Cintl als Zusatz bei der Herstellung von feuersicheren Stärken empfohlen. Es darf aber der bei Ammoniumsulfat angeführte Übelstand, in der Hitze freie Schwefelsäure zu bilden, nicht außer acht gelassen werden.

Ammoniumkarbonat $(NH_4)_2CO_3$[3].

So wie das Ammoniumchlorid verflüchtigt sich auch dieses Salz in der Hitze vollständig und verdrängt so den Luftsauerstoff aus dem feuergefährlichen Bereiche. Es kommt nur in Gemeinschaft mit anderen Stoffen (Borax u. dgl.) zur Verwendung.

Ammoniumphosphat $(NH_4)_2HPO_4$.

Dieses Salz zersetzt sich in der Hitze unter Freiwerden von Ammoniak und Phosphorsäure H_3PO_4, welche bei ungefähr 200° unter Wasserabgabe in die Pyrophosphorsäure $H_4P_2O_7$ und bei schwacher Rotglut unter weiterem Wasseraustritt in die Metaphosphorsäure HPO_3 übergeht[4]. Letztere verleiht der Faser in der Hitze einen schützenden Überzug. Das Ammoniumphosphat wird in 10%iger Lösung für sich allein, sonst aber mit Ammoniumchlorid oder anderen Verbindungen gemischt verwendet.

Ammonium-Magnesiumphosphat NH_4MgPO_4.

Dieses Salz kommt insofern in Betracht, als es sich beim Zusammenbringen eines Magnesiumsalzes (zumeist Magnesiumsulfat) mit einer Lösung von Ammoniumphosphat oder Natriumphosphat und Ammoniak als ein in Wasser unlöslicher Niederschlag bildet, wenn gleichzeitig Ammoniumchlorid zugegen ist[5]. In der Hitze geht das Salz unter

---

[1] S. 275.   [2] S. 289.   [3] S. 90.
[4] $2\,H_3PO_4 - H_2O \rightarrow H_4P_2O_7$; $H_4P_2O_7 - H_2O \rightarrow 2\,HPO_3$.
[5] Z. B. $\dot{M}g(SO_4)'' + \dot{N}a_2(HPO_4)' + NH_3 + (N\dot{H}_4)Cl' \rightarrow MgNH_4PO_4 + \dot{N}a_2(SO_4)'' + (\dot{N}H_4)Cl'$. Bei Abwesenheit von Ammoniumchlorid fällt Magnesiumhydroxyd aus.

Freiwerden von Ammoniak in Magnesiumpyrophosphat $Mg_2P_2O_7$ über, das keine schmelzbare, sondern eine erdige Masse bildet. Hager verwendet eine Mischung von 2 Gew.-Teilen Magnesium-Ammonium-phosphat, 1 Gew.-Teil Natriumwolframat und 15 Gew.-Teilen Stärke. Chaplet behandelt die Ware zunächst mit einem löslichen Phosphat, z. B. mit einem 15—20%igen Auszug von Superphosphat[1]) und dann mit verdünntem Ammoniak, das etwas Magnesiumchlorid enthält, spült mit sehr wenig verdünntem Ammoniak und quetscht ab. Als Ammoniakwasser kann Gaswasser genommen werden.

Natriumtetraborat (Borax) $Na_2B_4O_7 + 10\,H_2O$.

Diese Verbindung ist als Flammenschutzmittel besonders geeignet, da sie in der Hitze das Gewebe mit einer schützenden Decke überzieht[2]). Es wird selten für sich allein, sondern zumeist mit Salmiak und Kochsalz, Ammoniumsulfat und Borsäure, Salmiak und Borsäure, Alaun und Natriumwolframat, Magnesiumsulfat usw. gemischt verwendet und ist ein fast nie fehlender Bestandteil der „feuersicheren Stärken".

Borsäure H_3BO_3[3])

wird häufig neben Borax verwendet.

Natriumsilikat (Wasserglas)[4]).

Eine wässerige Lösung dieses Salzes dringt in die Poren des Gewebes ein und bildet einen glasigen, durchsichtigen Überzug. Vielfach wird es mit Alaun gemeinschaftlich verwendet. Theaterdekorationen (auch Holzteile) werden zuerst mit einer Wasserglaslösung, welche Glaspulver und Kieselgur enthält, angestrichen; für den zweiten Anstrich setzt man der Wasserglaslösung Porzellan, Steingut und Kieselgur in gemahlenem Zustande zu und verwendet zum dritten Anstrich eine Kalziumchloridlösung.

Natriumwolframat $Na_2WO_4 + 2\,H_2O$.

Dieses Salz ist als Flammenschutzmittel sehr gut geeignet; doch steht seiner allgemeinen Verwendung der hohe Preis entgegen. Es greift auch zarte Farben nicht an und eignet sich besonders für leichte Kleiderstoffe, da es geschmeidigmachend wirkt und das Bügeln erleichtert. Das Salz schmilzt bei Rotglut. Es kommt sowohl für sich allein als auch mit Natriumphosphat gemischt zur Verwendung.

---

[1]) Das Superphosphat ist ein durch Behandlung von natürlichem Kalziumphosphat mit Schwefelsäure gewonnenes Gemenge vom primären Kalziumphosphat $CaH_4(PO_4)_2$ und Gips; es ist ein wichtiges Düngemittel.
[2]) S. 91.   [3]) S. 91.   [4]) S. 93.

Titansäure H_2TiO_5.

Die Ware wird zuerst mit der Lösung eines Titanates und dann mit einer Wasserglaslösung behandelt. Die ausgeschiedene Titansäure schützt die Faser noch besser als das Natriumwolframat.

Natriumthiosulfat (unterschwefligsaures Natron) $Na_2S_2O_3 + 5\,H_2O$ [1])

wird von Gintl als ein sehr wirksamer Zusatz zu „feuersicheren Stärken" empfohlen. Dieses Salz gibt beim Erhitzen Schwefeldioxyd SO_2 ab, das die Verbrennung nicht unterhält. Es wirkt auf die meisten Farben unschädlich und ist im Preise niedrig.

Natriumstannat (Präpariersalz) $Na_2SnO_3 + 3\,H_2O$.

Man gewinnt es durch Zusammenschmelzen des in der Natur vorkommenden Zinnsteines SnO_2 mit Ätznatron:

$$SnO_2 + 2\,NaOH \rightarrow Na_2SnO_3 + H_2O.$$

Es bildet farblose, leicht verwitterbare Kristalle. Die wässerige Lösung ist unbeständig, bei Einwirkung der in der Luft vorhandenen Kohlensäure scheidet sich Zinnoxyd SnO_2 ab. Als Flammenschutzmittel dient dieses Salz selten; eine größere Verwendung kommt ihm in der Färberei und Druckerei zu.

Nach dem Verfahren von W. H. Perkin wird die Baumwollware mit einer Natriumstannatlösung von ungefähr 26,5° Bé getränkt, ausgequetscht, auf heißen Kupfertrommeln getrocknet, dann durch eine Ammoniumsulfatlösung von ungefähr 10° Bé geführt und nach dem Ausquetschen wieder getrocknet. Außer gefälltem Zinnhydroxyd enthält die Ware Natriumsulfat[2]), das man auswäscht, worauf die Ware wieder getrocknet wird. Auf diese Weise soll die Ware dauernd flammensicher gemacht werden, da durch Waschen mit heißem Wasser und Seife das an der Oberfläche und innerhalb der Fäden ausgeschiedene Zinnhydroxyd zufolge seiner großen Adhäsion zur Faser nicht entfernt wird. Die Farben erleiden keine Veränderung, und die Ware soll an Festigkeit sogar um etwa 20%₀ gewinnen.

Alaun $Al_2(SO_4)_3 + K_2SO_4 + 24\,H_2O$ [3]).

Dieses Salz hinterläßt in der Hitze zwar keine glasartige Schmelze, sondern eine erdige Masse; dennoch verhindert es ein Brennen mit Flamme. Es findet besonders zum Imprägnieren von weißen Stoffen (Vorhängen u. dgl.) Verwendung, indem man es entweder dem letzten Waschwasser oder, wenn die Ware zu stärken ist, der Stärkemasse zusetzt. Bei farbigen Stoffen ist der Alaun mit Vorsicht zu verwenden, da er manche Farbstoffe verändert. Soll die appretierte Ware auch im

---

[1]) S. 126.   [2]) $\dot{N}a_2\,(SnO_3)'' + (\dot{N}H_4)_2\,(SO_4)'' + 3\,H_2O \rightarrow Sn(OH)_4$
$+ \dot{N}a_2\,(SO_4)'' + 2\,(\dot{N}H_4)\,(OH)'.$
[3]) S. 269.

Freien Verwendung finden, so behandelt man dieselbe behufs Abscheidung von unlöslichem Aluminiumhydroxyd noch mit einer Sodalösung. Statt Alaun kommt auch

Aluminiumsulfat $Al_2(SO_4)_3 + 18 H_2O$[1])

zur Verwendung.

Aluminiumazetat[2]) und Aluminiumformiat[3])

sind ebenfalls als Flammenschutzmittel geeignet. Ihre Anwendung gründet sich auf die Abscheidung basischer Salze beim Trocknen und auf die Eigenschaft, in der Hitze Essigsäure- bzw. Ameisensäuredämpfe abzugeben. Man imprägniert das Gewebe mit der Salzlösung und stärkt es dann wie gewöhnlich.

Kalziumchlorid $CaCl_2$[4]).

Dieses Salz wird von Masson zu Imprägnierungszwecken empfohlen. Da es sehr hygroskopisch ist, bedient man sich besser seines Doppelsalzes mit Kalziumazetat, das sich durch Auflösen äquivalenter Mengen beider Salze und darauffolgende Kristallisation darstellen läßt. Man löst das Salz am besten in verdünntem Ammoniak in der Wärme auf. Dieses Imprägnierungsmittel wird leicht ausgewaschen.

Köhler empfiehlt als Flammenschutzmittel eine Lösung von

Bleisulfat $PbSO_4$[5])

in Ammoniumtartrat[6]); die Lösung erfolgt bei ungefähr 80°. Die Imprägnierung soll mit der heißen Flüssigkeit durchgeführt werden. Ebensogut dürfte sich eine Lösung von Bleisulfat in Ammoniumazetat[7]) eignen.

Was das Verhältnis der einzelnen Stoffe in der Imprägnierungsflüssigkeit anbelangt, sei bemerkt, daß es hierfür eine große Menge von Rezepten gibt. So werden z. B. auf 1 l Wasser empfohlen:

a) 50 g Alaun
   50 g Ammoniumphosphat

b) 60 g Alaun
   20 g Borax
   10 g Natriumwolframat
   10 g Dextrin (als Klebstoff)

c) 80 g Ammoniumsulfat
   20 g Borax
   30 g Borsäure
   10 g Gelatine ⎫ als Kleb-
   20 g Stärke ⎭ stoffe

d) 25 g Ammoniumsulfat
   30 g Ammoniumkarbonat
   30 g Borsäure
   20 g Borax
   20 g Stärke (als Klebstoff) usw.

---

[1]) S. 270.　　[2]) S. 276.　　[3]) S. 278.　　[4]) S. 268.
[5]) S. 273.　　[6]) S. 76.
[7]) Ammoniumazetat läßt sich am einfachsten durch Neutralisieren der Essigsäure mit Ammoniak herstellen.

Den **Flammenschutzstärken** („feuersicheren" Stärken) gibt
man z. B. folgende Zusammensetzung:

a) 200 kg Stärke   b) 50 kg Stärke
    6 kg Ammoniumchlorid   3 kg Natriumwolframat
    2 kg Borax   ½ kg Natriumphosphat usw.
    8 kg Kochsalz

c) Die sogenannte „**Apyrinstärke**" enthält ungefähr
    80% Stärke
    10% Magnesiumsulfat
    10% Ammoniumsulfat.

Blaumittel (Nuanciermittel).

Das durch das Bleichen erzielte Weiß besitzt selbst nach der Vollbleiche einen merklichen Stich ins Gelbliche, welcher die Ware unansehnlich macht. Schöner ist ein **blaustichiges** Weiß, das den Ein-
druck von reinem Weiß macht. Dies erzielt man durch das sogenannte
„**Blauen**"; bei Wolle und Seide als „**Weißfärben**" bezeichnet.

Zu diesem Zwecke wird die Ware entweder durch ein Bad gezogen,
das durch Auflösen oder durch Suspension einer sehr kleinen Menge
des „Blaumittels" in Wasser bereitet wurde, oder aber mit **angeblauter**
Appreturmasse behandelt. Das Blauen wird sowohl fabrikmäßig als
auch im Haushalte vorgenommen. Als Blaumittel kommen anorganische Stoffe (Mineralfarben) und organische Farbstoffe (Teerfarbstoffe)
zur Verwendung. Besser als rein blaue Nuanciermittel eignen sich
solche mit einem rötlichen Stich. Bei Verwendung von in Wasser unlöslichen Blaumitteln verteilt man dieselben zuerst sehr fein in etwas
Wasser und rührt die Suspension der Hauptmenge des Wassers oder
der Appreturmasse ein; andernfalls erhält die geblaute Ware sehr leicht
blaue Streifen und Punkte.

Ultramarin.

Früher diente zur Darstellung des blauen Ultramarins der Lasurstein
(lapis lazuli), ein ziemlich selten vorkommendes, prachtvoll blaufarbiges
Mineral. Gegenwärtig wird das Ultramarin künstlich hergestellt. Nach
dem älteren **Sulfatverfahren** glüht man ein Gemenge von eisenfreiem
Kaolin, Natriumsulfat, Schwefel und Holzkohle, wobei man ein grünes
Produkt erhält, das durch nochmaliges Brennen mit Schwefel „blau ge-
brannt" wird. Beim neueren **Sodaverfahren** verwendet man eine größere
Menge Schwefel und an Stelle des Natriumsulfates Soda, wobei man in
einem Brande ein Produkt erhält, das gegenüber dem Sulfatblau manche
Vorteile zeigt.

Die chemische Natur des Ultramarins ist noch nicht aufgeklärt.
Seine Zusammensetzung entspricht nach **Heumann** der Formel
$2(Na_2O \cdot Al_2O_3 \cdot 2SiO_2) + Na_2S_2$.

Ultramarin kommt als ein lasurblaues Pulver in den Handel; das
nach dem Sodaverfahren hergestellte ist rotstichig. Es ist in Wasser
und auch in anderen Lösungsmitteln völlig unlöslich, lichtbeständig,
nicht giftig und gegen Alkalien widerstandsfähig. Hingegen wird das

Ultramarin schon von den schwächsten Säuren leicht angegriffen, indem es unter Freiwerden von Schwefelwasserstoff graustichig und auch entfärbt wird. Dem Alaun gegenüber zeigt sich nur das „Sodablau" widerstandsfähig („alaunfest").

Ultramarin ist gegenwärtig das gebräuchlichste Blaumittel; es ist sehr ausgiebig und gibt mit Wasser eine sehr gute Suspension. Da sich Ultramarin mit Wasser schwer netzt, wird es zweckmäßig zuvor mit etwas Alkohol angeteigt. Bei sauren Appreturmassen kann man es aus dem oben angeführten Grunde nicht verwenden.

In wässeriger Suspension dient es zum Blauen von gebleichten Baumwoll- und Flachsgarnen, für weiße und buntfarbige Gewebe mit weißer Musterung als Zusatz zur Appreturmasse. In derselben Weise kommt es in der „Hauswäsche" zur Verwendung. In der Druckerei wird es auf Baumwollgewebe fixiert[1]).

Das Ultramarin wird häufig mit weißen mineralischen Stoffen gemengt (Magnesiumoxyd, Kreide, Gips, Ton usw.). Durch Zusatz von etwas Glyzerin erhalten die so „verschnittenen" Produkte eine gewisse Feuchtigkeit und erscheinen dunkel.

Die Prüfung des Ultramarins bezieht sich auf die Untersuchung der Nuance, Färbekraft und Alaunbeständigkeit. Die Färbekraft wird vergleichend geprüft, z. B. durch Ausbreiten der Proben auf weißem Papier oder auf einer Glasplatte, nötigenfalls unter Beimischen von Gips; diejenige Sorte, welche mehr Gipszusatz verträgt, um die gleiche Tiefe der Farbe zu bilden, ist die bessere.

Smalte.

Durch Zusammenschmelzen von Kobalterz (Zaffer) Co_3O_4, Pottasche und Quarzsand erhält man eine Glasmasse, welche in kaltes Wasser gegossen und dann fein gepulvert die „Smalte" bildet. Durch Schlämmen lassen sich Sorten von verschiedener Feinheit gewinnen.

Auch die Smalte ist in Wasser unlöslich, gibt aber zufolge der Feinheit ihres Pulvers sehr gute Suspensionen. Sie ist Säuren und Alkalien gegenüber widerstandsfähig. Trotzdem ist sie als Blaumittel nur noch selten in Verwendung; sie wurde durch das billigere Ultramarin verdrängt.

Berlinerblau, Preußischblau $Fe_4[Fe(CN)_6]_3$.

Berlinerblau ist das Ferrisalz[2]) der Ferrozyanwasserstoffsäure $H_4Fe(CN)_6$. Es wird durch Zusatz von gelbem Blutlaugensalz $K_4Fe(CN)_6$ zu einer Ferrilösung hergestellt:

$$4\,\overset{..}{Fe}Cl_3{}' + 3\,\overset{.}{K}_4\,[Fe(CN)_6]'''' \longrightarrow Fe_4[Fe(CN)_6]_3 + 12\,\overset{.}{K}Cl'.$$

---

[1]) Das Ultramarin findet als Blaumittel auch in der Papier- und Zuckerfabrikation sowie in der Zimmermalerei Verwendung.

[2]) Es gibt zwei Reihen von Eisensalzen: Ferro- und Ferriverbindungen. In den Ferroverbindungen ist das Eisen zweiwertig (z. B. Ferrosulfat oder Eisenvitriol $FeSO_4$), in den Ferriverbindungen aber dreiwertig (z. B. Ferrichlorid $FeCl_3$, Ferrisulfat $Fe_2(SO_4)_3$).

Gewöhnlich wird die Lösung von gelbem Blutlaugensalz mit Eisenvitriol gemischt und das zunächst entstehende weiße Ferrosalz mit Salpetersäure oder Chlor zu Berlinerblau oxydiert.

Das so hergestellte Berlinerblau hat in getrocknetem Zustande eine tiefblaue Farbe und nimmt beim Reiben Kupferglanz an. Es ist in Wasser und verdünnten Säuren unlöslich und nur in Oxalsäure mit tiefblauer Farbe löslich. Durch Alkalien, selbst durch Seifenlösung, wird das Berlinerblau unter Abscheidung von Ferrihydroxyd leicht zersetzt. Aus diesem Grunde findet es trotz seiner Ausgiebigkeit als Blaumittel nur selten Verwendung. Feinere Sorten dieser zuerst in Berlin hergestellten Farbe kommen als „Pariserblau“ und „Stahlblau“, geringere als „Mineralblau“ in den Handel.

Nimmt man bei der Herstellung gelbes Blutlaugensalz im Überschuß, so erhält man das

wasserlösliche Berlinerblau $KFe[Fe(CN)_6]$,

das in Salzlösungen schwer löslich, in reinem Wasser aber löslich ist. Es kommt entweder in fester Form (Tabletten) oder als Lösung („Waschblauessenz“) in den Handel und findet etwas mehr Verwendung als das unlösliche Berlinerblau.

Indigkarmin.

Das aus der Indigopflanze gewonnene Indigo enthält außer seinem wertvollen Bestandteil **Indigotin** oder **Indigblau** noch Indigrot, Indigbraun, Indigleim, Kalk, Wasser usw. Hingegen ist der künstlich bereitete Indigo, auch **Indigorein** genannt, fast reines Indigblau[1]).

Das Indigotin des natürlichen und künstlichen Indigos ist in Wasser, Alkohol und anderen gebräuchlichen Lösungsmitteln unlöslich; es löst sich aber in Eisessig und besonders leicht in konzentrierter kalter Schwefelsäure, wobei in letzterem Falle die **Indigblauschwefelsäure** gebildet wird. Zu ihrer Darstelllung läßt man auf 1 kg Reinindigo 5 kg Schwefelsäure (Gemisch von gewöhnlicher und rauchender Schwefelsäure) unter Kühlung und Rühren nach und nach einwirken und die Masse 14 Tage stehen; dann verdünnt man je 1 kg dieser Masse mit 50 l Wasser, filtriert durch mehrere Leinenfilter und erhält so eine Flüssigkeit, welche neben Indigblaudisulfosäure auch etwas Indigblaumonosulfosäure enthält.

Durch Versetzen der Lösung mit Kochsalz und Neutralisation mit Soda bringt man das Natriumsalz der Indigblauschwefelsäure, den **Indigkarmin**, zur Fällung. Dieser wird in Teigform oder in Lösung als „Waschblauessenz“ in den Handel gebracht. Als Blaumittel findet Indigkarmin nur wenig Verwendung; er erteilt der gebleichten Baumwollware nicht den beliebten Blauton, sondern einen Grünstich.

---

[1]) Seit Erkenntnis seiner Konstitution ist man in der Lage, Indigblau nach mehreren Verfahren synthetisch darzustellen, und zwar mit solchem Erfolge, daß gegenwärtig der weitaus größte Teil dieses Farbstoffes auf künstlichem Wege hergestellt wird.

Teerfarbstoffe.

Zum Blauen eignen sich auch manche wasserlösliche blaue Teerfarbstoffe, zweckmäßig unter einem geringen Zusatz eines violetten Farbstoffes. Da sie sehr ausgiebig sind, werden sie stets in Form einer Lösung (1%ig) dem Wasser oder der Appreturmasse zugesetzt.

Bei der Wahl der Teerfarbstoffe sind jedoch ihre Eigenschaften genau zu berücksichtigen. Je nach Umständen bedient man sich solcher, welche gegen Alkalien oder gegen Säuren unempfindlich sind. Manche Farbstoffe werden weder von Alkalien noch von Säuren verändert. Viele Farbstoffe sind auch in der Wärme beständig, andere wieder erleiden in der Hitze des Kalanders oder Bügeleisens eine Veränderung.

Zur Herstellung von „Waschblauessenzen" sind sie weniger geeignet, da sie mit der Zeit eine Zersetzung erfahren. Nach dem Blauen mit Teerfarbstoffen muß die Ware einigemal gespült werden.

Zur Verwendung kommt z. B. das **Baumwollblau**, das in verschiedenen Nuancen (reinblau bis rötlichblau) in den Handel gebracht wird.

Manchmal finden auch die blauen Nuancen des **Methylviolett** Verwendung.

Mittel zum Färben der Appreturmassen.

Zum Appretieren einfarbiger Waren bedient man sich öfters gefärbter Appreturmassen, insbesondere dann, wenn es sich um schwere und zum „Schreiben" neigende Apprete handelt. Zu diesem Zwecke wird der entsprechende Farbstoff in gelöster oder in suspendierter Form in die Appreturmasse eingerührt.

Dazu eignet sich z. B. eine **Blauholzabkochung** für billige schwarze Taffets und Shirtings. Man benutzt sie unter Zusatz von Eisensalzen, Kupfervitriol oder Kaliumbichromat. Die Appreturmasse selbst besteht aus Stärke, Mehl, Talg od. dgl. Durch Kalandern erhält die Ware einen starken schwarzen Glanz. Eine ähnliche Verwendung findet das **Diphenylschwarz**. Zur Erzielung von dunkelblauen Tönen (z. B. bei marineblauen Taffets) dient das **Diaminblau** und **Diaminschwarz**. Für blaue Stoffe können auch **Berlinerblau** und **Indigkarmin** Verwendung finden.

Zur Herstellung von gelben Appreturmassen (z. B. für leinene und baumwollene Kopftücher) dient ein Auszug der **Kurkumawurzel**.

Farbige Beschwerungsmittel.

Diese werden der Appreturmasse wie andere Beschwerungsmittel einverleibt. Als solche kommen verschiedene Mineralfarben in Betracht, z. B.

Ocker, eine natürliche Mischung von Eisenoxyden und Ton. Er kommt als gelber, brauner und roter Ocker vor. Der Ocker wird auch gebrannt, wodurch ein dichteres und dunkleres Produkt entsteht.

Engelrot (Caput mortuum) Fe_2O_3 wird aus Kiesabbränden der Schwefelsäurefabrikation hergestellt.

Chromgrün ist ein Chromihydroxyd $Cr(OH)_3$ von leuchtendgrüner Farbe.

Chromgelb ist das Bleichromat $PbCrO_4$; es entsteht durch Umsetzung einer Kaliumchromatlösung mit Bleiazetat, kommt in verschiedenen Nuancen in den Handel und zeichnet sich durch eine feurigschwefelgelbe bis orangegelbe Farbe aus.

Zinnober HgS findet sich in der Natur vor; als Malerfarbe wird er aber künstlich hergestellt und ist ziemlich teuer.

Mennige (Minium) Pb_3O_4 gewinnt man durch vorsichtiges Erhitzen von Bleioxyd (Massikot). Sie ist mehr orangerot und weniger feurig als Zinnober, aber viel billiger und besitzt eine große Deckkraft sowie gute Halbarkeit.

Antiseptisch wirkende Mittel.

Es liegt in der Natur aller stärke- und eiweißhaltigen Materialien, durch Feuchtigkeit eine weitgehende Zersetzung zu erfahren, deren Ursache in der Tätigkeit verschiedener Mikroorganismen (Essigsäurebakterien, Buttersäurebakterien usw.) und Schimmelpilze zu suchen ist[1]). Dabei bilden sich als Zersetzungsprodukte verschiedene Säuren (Milchsäure, Buttersäure u. a.), Ammoniak, Schwefelwasserstoff und andere übelriechende Stoffe. Der Zersetzung (Fäulnis) und der Schimmelbildung sind demnach die meisten Appretur- und Schlichtmassen

---

[1]) Die Bakterien (Spaltpilze) sind die kleinsten pflanzlichen Lebewesen (Mikroorganismen); sie sind erst bei einer 300fachen Vergrößerung sichtbar. Man unterscheidet kugelige Kokken, Lang- oder Kurzstäbchen (Bakterien, Bazillen) und Spirillen. Ihre Vermehrung geschieht durch Spaltung. Viele bilden unter gewissen Bedingungen im Innern eine gegen verschiedene Einflüsse (Hitze, Kälte, Gifte) in hohem Grade widerstandsfähige Spore (Dauerspore), welche nach dem Auskeimen wieder die ursprünglichen Zellen bildet. Die Spaltpilze sind überall, in der Luft, im Wasser, in der Ackererde, vorhanden; sie bemächtigen sich aller absterbenden Organismen und bewirken ihre Verwesung und Fäulnis. Die „pathogenen" Bakterien (Cholera-, Typhus-, Diphtheriebakterien u. a.) bilden dabei starke Gifte. Die Bakterien bedürfen zu ihrem Wachstum organische und mineralische Nährstoffe; viele benötigen dazu auch den Sauerstoff, andere wieder nicht. Die Bakterien werden durch Wasserdampf von 100^0, noch rascher durch gespannten Dampf sowie durch Einwirkung von antiseptisch (fäulniswidrig) wirkenden Stoffen getötet.

Die Schimmelpilze (Fadenpilze) wachsen aus Sporen zu stark verzweigten, vielseitigen Fäden, die sich zu einem „Myzel" verfilzen, das auf Zuckerlösungen, Stärkeabkochungen, feuchten Wänden usw. einen grünlichen oder grauen Rasen bildet. Die Schimmelbildung tritt insbesondere in feuchten, dumpfen und schlecht gelüfteten Räumen auf.

Die Bakterien, Schimmelpilze und Hefepilze (S. 99) gehören zu den geformten Fermenten, während die Enzyme, z. B. Diastase (S. 229), ungeformte Fermente sind.

Solange der Schimmelpilz nur von der Oberfläche des Gewebes Besitz ergreift, läßt er sich durch gutes Waschen oder Chloren entfernen; sobald aber die Pilzwucherung in das Gewebe eingedrungen ist und dasselbe vielleicht schon angegriffen hat, läßt sich das Übel nicht mehr beseitigen.

unterworfen, insbesondere jene, welche aus Mehl, Stärke, Albumin, Pflanzenschleimen usw. bereitet werden. Daher ist es notwendig, solchen zur Fäulnis und Schimmelbildung neigenden Appretur- und Schlichtmassen einen antiseptisch und demnach konservierend wirkenden Stoff (Antiseptikum) zuzusetzen. Dadurch wird nicht nur die Appreturmasse haltbar gemacht, sondern auch die appretierte Ware vor Schimmelbildung, Stockflecken usw. bewahrt[1]). Eine „antiseptisch" gemachte Ware widersteht auch besser dem „Mottenfraß". Aus demselben Grunde imprägniert man Wollgarne mit Lösungen antiseptisch wirkender Mittel. Die Verhütung von Gärungsvorgängen in der Appreturmasse ist ferner aus dem Grunde nötig, weil dieselben zur Bildung von Säuren (Essigsäure, Milchsäure, Buttersäure u. a.) führen, welche sowohl auf die Farbstoffe als auch auf die Faser schädigend wirken können.

Es gibt eine große Menge antiseptisch wirkender Mittel. Manche, wie Quecksilberchlorid (Sublimat), Bariumchlorid, Arsenverbindungen, Zyanverbindungen usw., sind wegen ihrer großen Giftigkeit als Zusätze zu Appretur- und Schlichtmassen ausgeschlossen. Es kommen demnach hier nur solche Antiseptika in Betracht, welche dem Appret keine für den menschlichen Organismus schädliche Wirkung verleihen. Von der Verwendung in der Textilindustrie sind auch jene Antiseptika ausgeschlossen, welche die Farbe und die Faser angreifen. So z. B. ist Eisenvitriol dazu nicht verwendbar, da er sich beim Kochen zersetzt und Rostflecke bildet; das Kaliumpermanganat wirkt sehr gut antiseptisch, zersetzt sich aber bei Gegenwart organischer Substanzen unter Bildung brauner Niederschläge.

Die Menge des Antiseptikums, welche zur Konservierung zuzusetzen ist, richtet sich nach der Natur desselben sowie nach jener der Appretur- oder Schlichtmasse. Den größten Zusatz erfordern eiweißhaltige Massen (Mehl, Albumin, Leim usw.).

Anorganische Antiseptika.

Zinkchlorid $ZnCl_2$[2]) wird der Appreturmasse zur Konservierung von Baumwollwaren zugesetzt. Man verwendet 5—10 g für 1 kg Masse.

Zinkvitriol $ZnSO_4 + 7H_2O$[3]) wirkt besser konservierend als Zinkchlorid.

Kupfervitriol $CuSO_4 + 5H_2O$[4]) wirkt sehr gut antiseptisch, kann aber nur in solchen Fällen Verwendung finden, wo seine blaue Farbe

---

[1]) Die Stockflecke entstehen bei feucht verpackter oder feucht gelagerter Ware und werden durch Anwesenheit von Alkalien gefördert. Nach T. G. B. Osborn wird das „Stockigwerden" durch eine Anzahl von Pilzen und Bakterien verursacht (Penicilium glaucum, Fusarium und Mucor racemosus u. a.), welche sich von der im Appret vorhandenen Stärke bei Gegenwart von Feuchtigkeit nähren.   [2]) S. 272.   [3]) S. 272.

[4]) Kupfersulfat (Kupfervitriol) erhält man durch Auflösen von Kupfer in konzentrierter Schwefelsäure. Im großen gewinnt man es u. a. durch Rösten von schwefelhaltigen Kupfererzen und Lösen des Röstproduktes in verdünnter Schwefelsäure. Durch Eindampfen der Lösung erhält man lasurblaue, durchsichtige Kristalle, die in Wasser leicht löslich sind. Das durch Erhitzen wasserfrei erhaltene Kupfersulfat ist farblos, zieht begierig Wasser an und färbt sich dabei wieder blau.

keine Störung verursacht; bei Gegenwart von alkalisch wirkenden Stoffen bildet sich eine tiefblaue Lösung.

Kalziumchlorid $CaCl_2$[1]) wirkt nach **Stocks** und **White** zwar konservierend; es begünstigt aber als hygroskopisches Mittel die Schimmelbildung.

Magnesiumchlorid[2]) besitzt eine geringe antiseptische Wirkung, und zwar nur dann, wenn es sich in kleiner Menge im Appret vorfindet; größere Mengen fördern die Schimmelbildung.

Borax $Na_2B_4O_7 + 10H_2O$[3]) konserviert eine Stärke- oder Mehlappreturmasse bei einem Zusatz von 10 g auf 1 kg Masse. Eine ähnlich konservierende Wirkung kommt auch der **Borsäure** H_3BO_3[4]) zu.

Ein sehr gutes Antiseptikum ist das **Natriumperborat** $NaBO_3$[5]); es wirkt einerseits als Borsäureverbindung, andererseits durch den bei seiner Zersetzung sich bildenden Sauerstoff, welcher im Entstehungszustande nicht nur auf Farbstoffe, sondern auch auf Mikroorganismen zerstörend wirkt.

In derselben Weise wirkt das **Wasserstoffsuperoxyd** H_2O_2[6]) auf Mikroorganismen zerstörend. Seine Wirkung ist keine dauernde, sondern hört mit der vollständigen Zersetzung auf; es kommt demnach höchstens zur Konservierung der Appreturmasse, nicht aber des Appretes in der fertigen Ware in Betracht[7]).

Kochsalz $NaCl$ und **Kaliumchlorid** KCl sind ebenfalls Konservierungsmittel; da sie jedoch nur in konzentrierter Lösung antiseptisch wirken, haben sie für die textilen Zwecke als konservierende Mittel keine Bedeutung.

Organische Antiseptika.

Formaldehyd $H \cdot COH$[8]). Zur Darstellung desselben wird ein Gemisch von Methylalkoholdampf und Luft über ein auf 300^0 erwärmtes Kupferdrahtnetz geleitet. Das Kupfer erglüht und wirkt dann ohne weitere Wärmezufuhr als Sauerstoffüberträger. Das gebildete Formaldehydgas wird in Wasser geleitet; eine etwa 40%ige Lösung kommt als „Formalin" in den Handel. Dieses enthält noch etwa 10% Methylalkohol. Formaldehyd besitzt einen charakteristischen, sehr stechenden Geruch und ist ein kräftiges Antiseptikum, das gegenwärtig viel Verwendung findet. Zur Konservierung einer stärke- und proteinhaltigen Appreturmasse reichen 1—3 g Formalin auf 3 kg Masse aus. Nach Ver-

---

[1]) S. 268. [2]) S. 264. [3]) S. 91. [4]) S. 91. [5]) S. 115. [6]) S. 112.

[7]) Hingegen wirkt bei Natriumperborat nach seiner Zersetzung das gebildete Natriummetaborat $NaBO_2$ dauernd.

[8]) **Aldehyde** werden durch Oxydation der „primären" Alkohole (Methylalkohol, Äthylalkohol u. a.) gebildet, z. B.

$$H \cdot CH_2OH + O \rightarrow H_2O + H \cdot C\!\!\begin{smallmatrix} \nearrow O \\ \searrow H \end{smallmatrix}.$$

Methylalkohol — Formaldehyd

Bei weiterer Oxydation entsteht die entsprechende Säure:

$$H \cdot COH + O \rightarrow H \cdot COOH.$$

Ameisensäure

suchen von **K. Stirm** und **G. Ullmann** werden bei einem so bemessenen Formalinzusatz auch die heikelsten Farben, wie die unechten Rot, nur sehr wenig angegriffen und ihre Nuance kaum merklich verändert, so daß Formaldehyd auch in der Buntschlichterei als Antiseptikum empfohlen wird. Ähnlich wirken auch die **Ameisensäure** $H \cdot COOH$[1]) und ihre Salze konservierend.

Formaldehyd übt auf viele Stoffe eine härtende Wirkung aus. Hiervon macht man bei der Herstellung von plastischen Massen Gebrauch. So z. B. ist Galalith (Kunsthorn) ein Kondensationsprodukt des Kaseins mit Formaldehyd. Mit Phenolen gibt der Formaldehyd in Gegenwart von Alkalien Bakelite, Resinete u. dgl. Sie dienen u. a. als Isoliermassen.

Phenol (Karbolsäure) $C_6H_5 \cdot OH$[2]) ist ein Produkt des Steinkohlenteers. Es bildet zerfließliche, bei 42^0 schmelzende Kristalle, die sich in 20 Teilen Wasser klar lösen. Die Karbolsäure ist ein starkes Antiseptikum und in größeren Gaben giftig. Wegen ihres eigentümlichen Geruches findet sie in der Appretur eine sehr beschränkte Verwendung.

α-**Naphthol** und β-**Naphthol** $C_{10}H_7 \cdot OH$. Beide werden aus **Naphthalin** $C_{10}H_8$[3]) dargestellt. Sie sind feste, in Wasser schwer lösliche Phenole von ähnlichem Charakter wie die Karbolsäure. Als Antiseptika finden sie selten Verwendung; eine um so größere Bedeutung kommt ihnen, besonders dem β-Naphthol, in der Farbstofftechnik zu.

Kreosot ist ein Produkt des Holzteers. Es besteht vornehmlich aus **Guajakol** und **Kreosol** (Esterverbindungen von Phenolen) und bildet eine Flüssigkeit von starkem Rauchgeruch, welche weniger giftig als die Karbolsäure ist und gut antiseptisch wirkt. Auch das Kreosot findet in der Appretur nur selten Verwendung[4]).

Salizylsäure $C_6H_4 \cdot OH \cdot COOH$[5]). Sie wird aus der Karbolsäure dargestellt und bildet lange Nadeln oder Prismen. Die Salizylsäure ist geruchlos, in Wasser nicht sehr leicht löslich und in kleinen Gaben ungiftig. Sie bildet ein wertvolles und wegen ihrer Geruchlosigkeit sehr beliebtes Antiseptikum. Zur Konservierung von 1 kg Appreturmasse genügt 1 g Salizylsäure.

Mottenschutzmittel.

Die vielen bisher als „Mottenvertilgungsmittel" empfohlenen Stoffe kommen zumeist in der Weise zur Anwendung, daß man ihre Dämpfe auf die zu schützenden Wollwaren und Pelzwerk einwirken läßt. Be-

[1]) S. 74.

[2]) Unter Phenolen im allgemeinen versteht man Abkömmlinge der Kohlenwasserstoffe der Benzolreihe, welche durch Eintritt von OH-Gruppen an Stelle der Wasserstoffatome in den Benzolkern gebildet werden. Sie entsprechen demnach den Alkoholen der Methanreihe, unterscheiden sich aber von diesen durch ihren stärker sauren Charakter. Der Wasserstoff der Hydroxylgruppe läßt sich sehr leicht durch Metalle ersetzen, wobei Phenolate entstehen. Die meisten Phenole geben mit Eisenchlorid eine Färbung, die für manche sehr charakteristisch ist.

[3]) S. 297, Anm. 1.

[4]) Der Holzrauch wirkt beim „Räuchern" des Fleisches durch seinen Kreosotgehalt konservierend.

[5]) Die Salizylsäure ist gleichzeitig eine Karbonsäure und ein Phenol.

kannt ist in dieser Hinsicht die Verwendung von **Naphthalin**[1]), **Kampfer**[2]), von verschiedenen Kräutern, ätherischen Ölen u. a., sowie das Einschlagen der zu schützenden Wollwaren in Zeitungspapier, dessen Buchdrucktirnis mottenvertreibend wirken soll. Diese und viele andere im Handel angepriesenen Mittel sind jedoch wenig geeignet, die Motten abzuhalten oder sie und ihre Brut zu töten.

Ein gutes Mittel zur Tötung der Motten, nicht aber ihrer Brut, ist der **Formaldehyd**, dessen Dämpfen die Ware, um sie dauernd vor den Motten zu schützen, öfters ausgesetzt werden muß.

Ein auch die Mottenbrut tötendes Mittel ist das **p-Dichlorbenzol** $C_6H_4Cl_2$ der „**Aktiengesellschaft für Anilinfabrikation**", das auch unter dem Namen **Globol** in den Handel gebracht wird. Die zu schützende Ware wird entweder den Dämpfen des p-Dichlorbenzols ausgesetzt oder mit einer Lösung dieses Stoffes bespritzt. In gleicher Weise kann man andere Chlorabkömmlinge des Benzols, wie z. B. die Chlortoluole, mit Erfolg anwenden.

Als ein unfehlbares Mittel gegen Motten wird das Aufbewahren der zu schützenden Waren in Kühlräumen empfohlen.

Mottensichere Appretur.

Auf Grund eingehender Forschungen und Versuche haben die Farbenfabriken vorm. **Friedr. Bayer & Co., Leverkusen a. Rh.**, unter dem Namen **Eulan extra** ein zuverlässiges Mottenschutzmittel für Wollwaren in den Handel gebracht. Die Erfindung beruht auf der Erfahrung, daß manche Farbstoffe, wie das Martiusgelb, die Wolle gegen Mottenfraß widerstandsfähig machen.

Eulan extra bildet ein weißes, geruchloses Pulver, welches durch kurzes Aufkochen gelöst wird und sowohl in kalten Bädern als Nachbehandlung, als auch beim Färben im kochenden Farbbade angewendet werden kann. Im ersteren Falle wird die Wolle in einer 0,4%igen Eulanlösung durchfeuchtet, nach einigen Stunden leicht gespült und getrocknet. Beim Färben im Farbbade sind 3% Eulan extra vom Gewicht der Ware erforderlich.

Für die Verwendung im Haushalte stellt die genannte Firma das „Motten-Eulan" her.

---

[1]) **Naphthalin** $C_{10}H_8$ ist ein Kohlenwasserstoff der Benzolreihe und wird aus dem Steinkohlenteer gewonnen. Es bildet glänzende Blättchen, schmizt bei 70°, ist sehr flüchtig und riecht charakteristisch. In großen Mengen findet es in der Farbstoffherstellung Verwendung.

[2]) **Kampfer** $C_{10}H_{16}O_5$ ist eine ketonartige Verbindung des Kohlenwasserstoffes **Kampfen** $C_{10}H_{16}$. Er wird als Japankampfer aus dem in China und Japan heimischen Kampferbaume gewonnen; er wird gegenwärtig auch künstlich aus Terpentinöl hergestellt. Er bildet farblose, zähe Kristalle von eigenartigem Geruche und brennendem Geschmacke; er ist sehr flüchtig, in Wasser unlöslich, in Alkohol löslich. Der Kampfer findet außer zu medizinischen Zwecken eine große Verwendung in der Zelluloidfabrikation.

Das Eulan bewirkt weder eine Schädigung der Ware, noch eine Farbenveränderung und eignet sich auch für weiße Wolle. Eine allgemeine Einführung der mottensicheren Appretur wäre schon aus volkswirtschaftlichen Gründen zu begrüßen.

Herstellung von Appreturmassen und Schlichten[1]).

Bei der Herstellung der Appreturmassen kommen vor allem das Verhalten der einzelnen Appreturmittel zueinander sowie die Verhältnisse, unter welchen sie Lösungen, Suspensionen oder Emulsionen bilden, in Betracht. Da die Appreturmittel in bezug auf ihre Eigenschaften bereits besprochen wurden, bedarf es an dieser Stelle nur noch eines Hinweises auf die Art, in welcher die Vereinigung mehrerer Substanzen durch Wasser zu einer für Appreturzwecke geeigneten Masse geschieht.

Wasserlösliche Stoffe lassen sich, wenn sie flüssiger Natur sind (Glyzerin usw.), mit Wasser ohne weiteres mischen, während feste Substanzen (Salze, Seife, Dextrin usw.) zumeist in zerkleinertem Zustande mit kaltem oder, wenn nötig, mit warmem Wasser in Lösung gebracht werden.

Bei gewöhnlicher Temperatur quellbare Stoffe (Leim, Gummi usw.) läßt man erst längere Zeit in Wasser von gewöhnlicher Temperatur liegen; man erhält so eine schleimige Flüssigkeit oder eine Gallerte, die man durch nachträgliches Erwärmen in den leicht flüssigen Zustand überführt.

Bei höherer Temperatur quellbare Stoffe (Stärke, Mehl usw.) werden mit Wasser von gewöhnlicher Temperatur angerührt und dann verkocht.

In Wasser unlösliche Stoffe organischer Natur (Fette, Wachs, Harz, Paraffin usw.) werden nicht in reines Wasser, sondern in solches, das schon andere Stoffe enthält, in der Wärme eingetragen. Zu ihrer Aufnahme bedient man sich insbesondere alkalisch reagierender Flüssigkeiten, in welchen sich Fette, Fettsäuren und Harze zum Teil lösen, zum Teil aber von der so gebildeten Seife emulgiert werden. Unverseifbare Stoffe, wie Paraffin und Wachs, lassen sich bei Vorhandensein eines Emulsionsmittels (Seife, Dextrin usw.) nur emulgieren.

In Wasser unlösliche Stoffe anorganischer Natur (China-Clay, Schwerspat usw.) werden als möglichst feines Pulver mit Wasser zu einem dünnen Teig oder zu einer „Milch" angerührt.

Die Appreturmasse besteht selten nur aus einem Stoff (Stärke, Dextrin, Gummi, Pflanzenschleim u. a.); zumeist enthält sie mehrere Stoffe, von welchen einer — gewöhnlich die Stärke — den Hauptanteil nimmt. Für die Bereitung solcher zusammengesetzter Appretur- bzw. Schlichtmassen mögen folgende Anhaltspunkte dienen.

---

[1]) Die in diesem Abschnitte angeführte Herstellung von Appreturmassen gilt auch für die Herstellung von Schlichten.

Bei Verwendung von wasserlöslichen Stoffen werden diese zuerst gelöst; die Lösung wird von etwaigen mechanischen Verunreinigungen durch Sieben befreit. Falls man das Auflösen bei höherer Temperatur vornehmen mußte, ist vor dem nun folgenden Zusatz der Stärke oder irgendeines stärkehaltigen Materials die Lösung unter die Verkleisterungstemperatur (40—50⁰) abzukühlen. Die Stärke (Mehl usw.) wird zuerst mit der entsprechenden Menge Wasser zu einer dünnen Milch angerührt und sodann zugesetzt[1]). Nun gießt man noch die erforderliche Menge Wasser zu und beginnt unter fortwährendem, sorgfältigem Rühren mit dem Erwärmen; nach erfolgter Verkleisterung der Stärke bringt man die Masse zum Kochen. Die Kochdauer — zehn Minuten bis eine Stunde, manchmal noch länger — hängt sowohl vom Zweck, welchem die Appreturmasse dienen soll, als auch von der Art der Zusätze ab; bei kürzerer Kochdauer erhält man eine dickere, die Ware mehr deckende, bei längerer Kochdauer eine dünnere, die Faser mehr füllende Masse. Mineralstoffe werden in angeteigtem Zustande entweder vor der Stärkemilch in den Kochapparat gebracht oder aber der Appreturmasse während des Kochens zugesetzt. Fette, Appreturöle, Wachsarten, Paraffin u. dgl. gibt man der fertiggekochten, noch heißen Masse nach und nach zu. Sehr vorteilhaft ist es, Fette, Fettsäuren und Harz in Form sogenannter „Fettansätze" bzw. „Kolophoniumansätze" in die fertiggekochte Masse einzurühren.

Fettansätze werden nach verschiedenen Vorschriften hergestellt. Man verwendet zu ihrer Bereitung nebst der nötigen Menge Wasser feste Fette, Öle, Stearinsäure, Wachs, Seife und Soda; zur festeren Konsistenz erhalten sie einen Zusatz von China-Clay oder anderen mineralischen Stoffen. Zu 100 l Appreturmasse benötigt man 2—3 kg Fettansatz.

Kolophoniumansätze bestehen aus Harzseife und werden durch Verseifung von gepulvertem Kolophonium mit Sodalösung hergestellt. Ihr Gewichtsverhältnis zur Appreturmasse ist ungefähr dasselbe wie bei den Fettansätzen.

Überdies kommen die verschiedensten den Fettansätzen ähnlichen Präparate als Zusätze zu Stärkeappreturmassen in den Handel.

Stärkeaufschließungsmittel (Diastase, Natriumperborat usw.) bringt man gleichzeitig mit der Stärke in den Kochapparat. In diesem Falle hält man die Masse je nach dem gewünschten Grade der Aufschließung kürzere oder längere Zeit bei der nötigen Aufschließungstemperatur (bei Diastase und Natriumperborat ungefähr 60⁰). Eine etwa notwendige Neutralisation erfolgt nach dem Fertigkochen der Appreturmasse (z. B. wenn die Stärke mit Schwefelsäure aufgeschlossen wurde).

Antiseptisch wirkende Stoffe, Färbe- und Blaumittel sind stets der fertigen Appreturmasse einzurühren.

Die Appretur- und Schlichtmassen müssen in vollkommen homogenem Zustande zur Verwendung gelangen. Etwa vorhandene Klümp-

---

[1]) Mitunter pflegt man die Stärke vor dem Verkochen etwa 12 Stunden „einzuweichen". Bei Verwendung von Mehl wird dieses, mit Wasser angerührt, oft einer mehr oder weniger weitgehenden Gärung überlassen (S. 243).

chen können Unebenheiten und Flecke auf der Ware verursachen; sie müssen daher entfernt oder verrieben werden. Zu diesem Zwecke wird die Masse durch ein Sieb durchgedrückt. Viel besser eignet sich dazu die in Färbereien verwendete Siebmaschine, in welcher das Durchdrücken der Appreturmasse durch Siebböden mit Hilfe sich bewegender Pinsel geschieht.

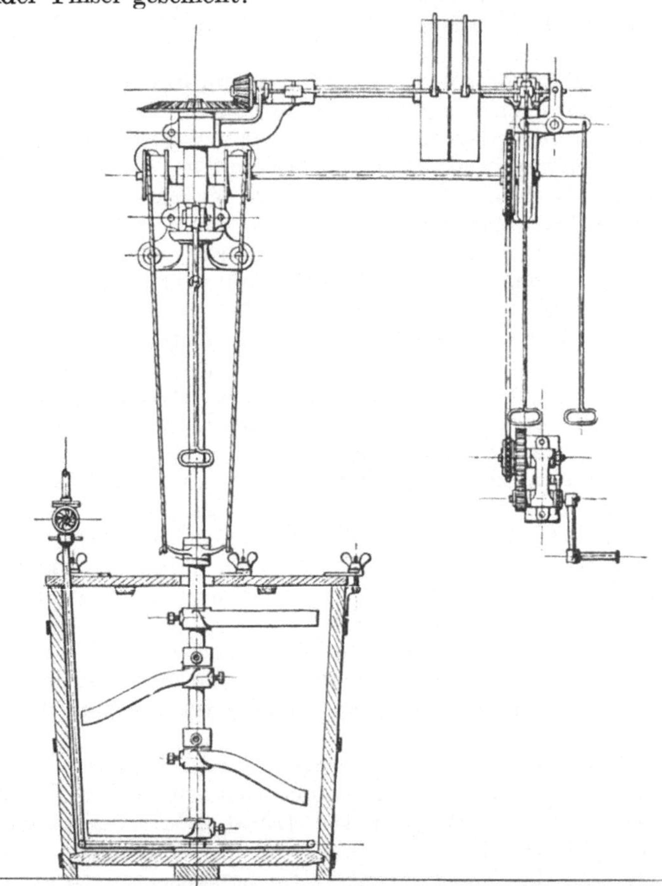

Abb. 46. Offener Stärkekocher mit direktem Dampf.
(C. H. Weisbach, Chemnitz i. Sa.)

Kochapparate (Stärkekocher).

Zum Kochen von Appretur- und Schlichtmassen benutzt man fast ausschließlich den Wasserdampf, der als Kesseldampf stets zur Verfügung steht. (Bei direktem Feuer ist selbst bei Anwendung eines guten Rührwerkes die Gefahr des „Anbrennens" der Masse vorhanden.)

Die Kochapparate, deren man sich bei Verwendung von Wasserdampf bedient, lassen sich in drei Gruppen einteilen:

1. **Offene Apparate für „direkten" Dampf**; im einfachsten
Falle ein Holzbottich, dessen Inhalt man durch Einleiten von Wasserdampf zum Kochen bringt. Dabei ist auf die durch Kondensation
des Dampfes bedingte Verdünnung der Masse Rücksicht zu nehmen.
Besser geeignet sind die von Maschinenfabriken gelieferten kupfernen,
oft auch verzinnten Kochapparate. Einen offenen Kochapparat mit
„mechanischem" Rührwerk stellt die Abb. 46 vor.

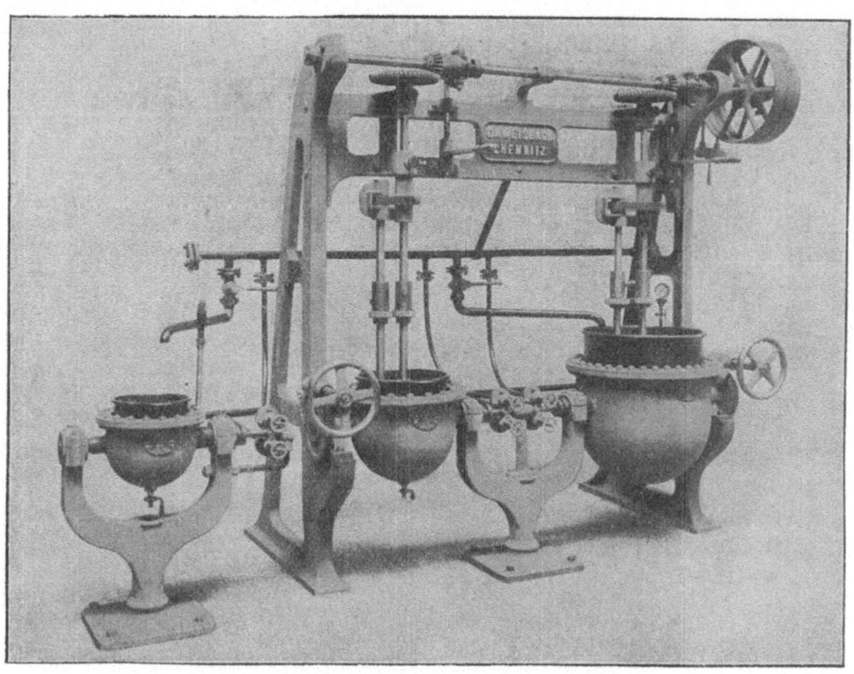

Abb. 47. Appreturkochkessel-Batterie.
(C. H. Weisbach, Chemnitz i. Sa.)

2. **Geschlossene Apparate für „direkten" Dampf** (Autoklaven). Sie dienen zum Aufschließen der Stärke bei höherem Druck
(2—3 at). In Textilbetrieben kommen sie selten zur Anwendung.

3. **Offene Apparate für „indirekten" Dampf**. Bei diesen
strömt der Dampf durch den „Doppelmantel"; es sind die geeignetsten
Apparate, da beim Kochen mit „indirektem" Dampf eine Verdünnung
der Masse nicht stattfindet und das Arbeiten mit denselben ein sehr
bequemes ist (Abb. 47).

Besonders zweckmäßig erweisen sich die zum Kippen eingerichteten
Kochapparate, da sie eine bequemere Entnahme der verkochten Masse
ermöglichen.

III. Anhang.

Die Appretur von Geweben und Garnen vegetabilischer Natur.

Die aus vegetabilischen Fasern hergestellten Gewebe werden naturfarbig, gebleicht („Weißware"), bunt gewebt („Buntware"), gefärbt oder bedruckt der Verwendung zugeführt. Auch die Garne können roh, gebleicht, gefärbt oder bedruckt zur Verarbeitung gelangen. Der Zustand, in welchem die Ware zur Appretur gelangt, der Zweck, welchem sie dienen soll, und die Echtheit der Farben bei gefärbter und bedruckter Ware bedingen eine große Verschiedenheit der Appreturverfahren für einzelne Artikel. In folgendem sei nur ein kurzer Überblick der in der Appretur vegetabilischer Fasern vorkommenden Arbeiten gebracht[1]).

Abb. 48. Strangwaschmaschine mit Kump für einen spiralförmig durchlaufenden Strang.
(Zittauer Maschinenfabrik A.-G., Zittau i. Sa.)

Baumwollgewebe.

Das vom Webstuhle kommende Baumwollgewebe (Rohware) wird für die meisten Zwecke gesengt[2]) und hierauf, falls es gebleicht werden soll, zweckmäßig im entschlichteten Zustande gebeucht[3]), sonst aber meist mit Soda gewaschen. Das

---

[1]) Eine mehr oder weniger ausführliche Beschreibung der Appretur vegetabilischer Fasern enthalten u. a. die Werke: J. Depierre, Appretur der Baumwollgewebe; G. Georgievicz u. G. Ulrich, Lehrbuch der chem. Technologie der Gespinstfasern; Käppelin, Die Bleicherei und Appretur der Wollen- und Baumwollenstoffe; E. Pfuhl, Die Jute und ihre Verarbeitung; H. Grothe, Die Appretur der Gewebe; A. Ganswindt, Technologie der Appretur; E. Müller, Handbuch der Weberei; W. Kind, Das Bleichen der Pflanzenfasern; P. Heermann, Technologie der Textilveredlung; Brenger, Ausrüstung der Stoffe aus Pflanzenfasern.
[2]) S. 123.   [3]) S. 124.

Waschen geschieht gewöhnlich im Strang (Strangwaschmaschine, Clapot, Abb. 48), seltener in voller Breite (Breitwaschmaschine,

Abb. 49. Breitwaschmaschine mit 3 Kasten.
(Zittauer Maschinenfabrik A.-G., Zittau i. Sa.)

Abb. 49). Nach dem Waschen wird die Ware mit reinem Wasser gespült und dann entwässert. Das Entwässern der im Strang gewaschenen Ware geschieht mittels Ausquetschmaschinen (Squeezer) (Abb. 50), nötigenfalls noch durch Ausschleudern in Zentrifugen. Zum Entwässern der breitgewaschenen Ware bedient man sich in neuerer Zeit der sogenannten Wasserkalander oder Naßkalander, auf welchen die Ware in mehreren Lagen in voller Breite ausgequetscht wird.

Die Ware gelangt nun entweder zur Bleiche[1]), Färberei oder Druckerei.

Die gebleichte, gefärbte oder bedruckte Ware kommt zu der „Stärkmaschine“, und zwar, falls sie diese in gespanntem Zustande passieren soll, auf hölzernen Walzen aufgewickelt (aufgebäumt, aufgedockt), sonst aber in Strangform; in letzterem Falle werden die Stücke zusammengenäht und im endlosen Laufe durch die Maschine geführt.

Das Auftragen der Appreturmasse. Bei der Herstellung von Baumwollwaren spielen die Appreturmittel eine große Rolle. Baumwollgewebe ohne Appret besitzen keinen Halt, sie sind lappig und unansehnlich. Die Appreturmasse wird entweder nur auf die eine oder aber auf beide Seiten des Gewebes aufgetragen.

Abb. 50.
Strangausquetschmaschine.
(Zittauer Maschinenfabrik
A.-G., Zittau i. Sa.)

------

[1]) Baumwollbleiche S. 114, 116, 123.

Bei einseitiger Appretur imprägniert man zumeist die „linke" Seite des Gewebes und spricht in diesem Falle von einer Linksappretur, wogegen man die beiderseitige Imprägnierung als Vollappretur bezeichnet.

Zum Auftragen der Appreturmasse dienen Appretur-, Stärk- oder Gummiermaschinen. Sie werden in verschiedener Ausführung gebaut. Bei den gebräuchlichsten Appreturmaschinen ist der wesentlichste Bestandteil ein meist eisernes oder kupfernes, mit Leinwand oder Baumwollgewebe überzogenes Walzenpaar. Es hat die Aufgabe, das Gewebe bei seinem Durchgang zwischen den beiden Walzen mit der Appreturmasse, die dem darunter befindlichen Trog (Chassis) entnommen wird, zu imprägnieren. Die Appreturmasse dringt um so besser in die Ware ein, je wärmer sie ist und je stärker der Druck ist; bei gefärbter Ware muß bezüglich der Temperatur auf die Natur der Farbstoffe Rücksicht genommen werden. Zum „Bluten" neigen in erster

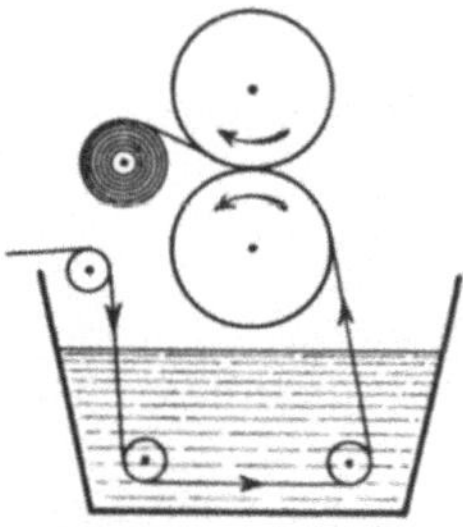

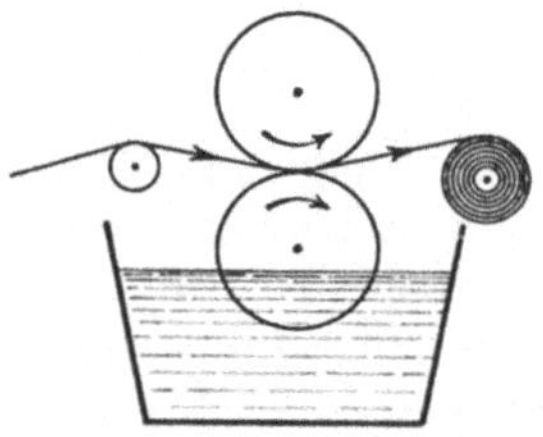

<table>
<tr><td>Abb. 51. Schema der Maschinen
für beiderseitige Appretur.</td><td>Abb. 52. Schema der Maschinen
für einseitige Appretur.</td></tr>
</table>

Linie substantive Farbstoffe; besonders, wenn die Masse alkalisch statt neutral reagiert. Die Appreturmasse muß sich demnach nach dem Farbstoff richten.

Bei Maschinen für beiderseitige Appretur wird das Gewebe mit Hilfe von Leitwalzen erst durch die Appreturmasse und dann zwischen den beiden Walzen geführt, von welchem die obere, die Druck- oder Quetschwalze, die Appreturmasse in das Gewebe hineindrückt und den Überschuß der Appreturmasse abquetscht (Abb. 51).

Bei Maschinen für einseitige Appretur geht die Ware nicht durch die Appreturmasse hindurch; sie gelangt vielmehr direkt zwischen beide Walzen, von welchen aber in diesem Falle die untere in die Appreturmasse eintaucht. Sie entnimmt als sogenannte Auftragwalze dem Trog die Appreturmasse und führt sie an die untere, gewöhnlich linke Seite des Gewebes. Auch hier kommt der oberen Walze, welche zumeist belastet ist, die Aufgabe zu, die Appreturmasse in das Gewebe hineinzudrücken (Abb. 52). Nach dem Verlassen der Stärkmaschine wird die Ware wieder aufgewickelt oder so aufgelegt, daß die „gummierte" Seite nicht mit der „ungummierten" in Berührung kommt.

Es werden auch Stärkmaschinen gebaut, deren untere Walze sich nach Belieben innerhalb oder außerhalb der Appreturmasse drehen

kann; sie sind demnach sowohl für beiderseitige (Vollappretur) als auch für einseitige Appretur geeignet.

Bei der nur für die Linksappretur bestimmten Rackel-Appreturmaschine dient eine gravierte Walze zum Auftragen der Appreturmasse und ein verstellbares Abstreichmesser, Rackel genannt, zum Abstreichen des Überschusses. (Abb. 53.) Die Tiefe der Gravierung und der Druck der mit Stoff umwickelten (bombierten) Gegenwalze regeln das Eindringen der Appreturmasse in das Gewebe. Die Ware darf nach dem Verlassen der Maschine nicht gelegt oder aufgerollt werden, sondern

Abb. 53. Rackel-Stärkmaschine mit Holzwollwalze, 2 Rackeln und Faltenleger. (C. H. Weisbach, Chemnitz i. Sa.)

sie wird auf der mit der Stärkmaschine verbundenen Spannvorrichtung auf die nötige Breite gespannt und auf den Trockenzylindern, welche sie mit der ungummierten Seite passiert, getrocknet.

Zum einseitigen Imprägnieren mit dicker Appreturmasse dient die Friktions-Stärkmaschine; bei dieser ist die Auftragwalze aus Ahorn. Durch die sich schneller drehende bronzene Druckwalze wird eine Reibung (Friktion) hervorgerufen, wodurch ein besseres Eindringen der Appreturmasse bewirkt wird.

Einem ganz anderen System gehören jene Appreturmaschinen an, bei welchen ein Besprengen der Ware mit der Appreturmasse in Form eines feinen, über das Gewebe gleichmäßig verteilten Sprühregens erfolgt.

Ferner gibt es auch Stärkmaschinen, die mit Zylinder- oder Spannrahmtrockenmaschinen verbunden sind.

Bei Appreturmassen, welche einer Entmischung zuneigen, wie dies z. B. bei dünnen oder ultramarinhaltigen Appreturmassen der Fall ist, enthält der Trog eine Rührvorrichtung. Für Appreturmassen, welche heiß aufgetragen werden, sind die Chassis heizbar.

Dem Imprägnieren folgt ohne Verzug das Trocknen der Ware, das auch ein Austreiben des Wassers aus dem Appret und ein Fixieren des letzteren bezweckt. Ein Trocknen der mit Appret beladenen Ware in freier Luft (Trockenhänge) hat sich als unzweckmäßig erwiesen, da es zu lange dauert und zumeist nicht gründlich genug ist. Es sind

Abb. 54. Zylinder-Trockenmaschine, stehende Bauart, mit 16 Trockenzylindern und Leitwalzen für ein- oder beiderseitige Warenanlage.
(C. H. Weisbach, Chemnitz i. S.)

daher fast ausschließlich Zylindertrockenmaschinen in Gebrauch, deren wesentlichsten Bestandteil dampfgeheizte Trockenzylinder (Trocken- oder Heiztrommeln) bilden, von welchen eine kleinere oder größere Anzahl zu einem System vereinigt ist. Derartige Trockenmaschinen werden in der verschiedensten Art gebaut. (Abb. 54.) Die zu trocknende einseitig appretierte Ware läßt man mit der nicht gestärkten Seite über die Oberfläche der Heiztrommeln laufen. Bei einer großen Anzahl von Trommeln erleidet das Gewebe eine Dehnung in der Längsrichtung, wobei die Ware bis zu 10% an Breite verliert. Bei beiderseits gestärkter Ware, wo eine Berührung des Appretes mit den heißen Trockenzylindern nicht ratsam erscheint, bedient man sich zweckmäßig der Spannrahmtrockenmaschine.

Da die getrocknete Ware trotz der geschmeidigmachenden Bestandteile des Appretes oft sehr steif (brettig) wird, läßt man sie in Appretbrech- und Ausbreitmaschinen zwischen Walzen gehen, welche entweder geriffelt oder aber mit stumpfen Messern, Knöpfen oder Nägeln versehen sind. Dadurch wird der Appret „gebrochen" und das Gewebe gleichzeitig auf die richtige Breite gezogen. Das „Ausrecken" auf die richtige Breite und das gleichzeitige Geraderichten verzogener Schußfäden kann auch auf eigenen Spannrahmen erfolgen, welche mit einer „Egalisierungsvorrichtung" ausgerüstet sind.

Die Baumwollgewebe erhalten hierauf auf dem Kalander Glätte und Glanz. Feinere Waren, welche einen weicheren Griff erhalten sollen, werden vorher gemangelt. Das Mangeln geschieht in der Weise, daß man die in vielen Lagen auf eine Walze gewickelte Ware unter starkem Druck umlaufen läßt. Eine wichtige Vorbehandlung zum Glätten besteht im Einsprengen der trockenen Ware, das in richtigem Maße und sehr gleichmäßig erfolgen muß. Das zum Einsprengen dienende Wasser wird dem Gewebe in fein verteilter Form zugeführt und jeder Überschuß vermieden; die Menge des Wassers soll gerade zum Erweichen der Ware hinreichen. Das Einsprengen geschieht mit Hilfe von Einsprengmaschinen, welche fein verteiltes Wasser oder Dampf durch Zerstäuber auf die Ware bringen, oder durch Netzkalander, bei denen eine gravierte Walze das Wasser auf die Ware überträgt und die bombierte Walze den Überschuß an Feuchtigkeit abpreßt. Behufs guter Verteilung der Feuchtigkeit soll man die eingesprengte Ware einige Stunden liegen lassen, stark appretierte nötigenfalls nochmals aufbäumen. An Stelle des Einsprengens nimmt man manchmal ein Dämpfen vor, so z. B. bei einseitig gerauhter Ware (Barchent u. dgl.). Das Dämpfen läßt sich sowohl mit Hilfe von Maschinen als auch mit direkt ausströmendem Dampf durchführen und ist besonders bei feiner gefärbter Ware zur Vermeidung von beim Einsprengen durch Wassertropfen verursachten Flecken empfehlenswert. Man verwendet dazu den dem kochenden Wasser direkt entströmenden feuchten Dampf.

Die zur Erzielung von Glätte und Glanz dienenden Kalander bestehen in der einfachsten Ausführung aus zwei Walzen, von welchen die obere durch Schrauben, Hebelbelastung oder hydraulischen Druck beim Passieren der Ware auf die untere Walze bzw. auf das Gewebe gedrückt wird. Die untere, zumeist aus Stahlguß hergestellte, fein polierte Walze ist hohl und heizbar, die obere besteht aus Papier, manchmal auch aus Baumwolle, Jute oder Kokosfaser und enthält stets eine Gußstahlachse. Die Kalander besitzen drei bis fünf Walzen. Beim Kalandern wird die Faser breit gedrückt und so dem Gewebe Glanz und Glätte erteilt.

Man unterscheidet Rollkalander und Friktionskalander. Bei den ersteren werden alle Zylinder mit gleicher Umfangsgeschwindigkeit angetrieben. Bei letzteren ist die Geschwindigkeit der einzelnen Zylinder verschieden, wodurch außer dem Druck auch eine Reibung erzielt wird. Abb. 55 zeigt einen Kalander, der sowohl als Roll- wie als Friktionskalander arbeiten kann. Je nach dem Druck, der Temperatur und der Dauer des Kalanderns sowie dem Arbeiten mit oder ohne Friktion, je nach der Art der Walzenbekleidung, ferner je nach der Art des Gewebes, des Appretes, der Feuchtigkeitsmenge usw. lassen sich beim

Kalandern die verschiedensten Effekte erzielen. Mit Kalandern, deren
Walzen tief oder erhaben graviert sind, können in das Gewebe Relief-
muster eingeprägt werden. Man bezeichnet diese Arbeit als „Gaufrieren". Mit Hilfe der Moirékalander erzeugt man Muster mit
wellenförmig verlaufenden Konturen, „Wasser" genannt. Das Moiré wird
dadurch hervorgerufen, daß man zwei aufeinanderliegende Stücke
zwischen die Kalanderwalzen gehen läßt, wodurch ein Quetschen und

Abb. 55. Roll-, Matt-, Friktions- und Beetle-Kalander mit 5 Walzen.
(C. H. Weisbach, Chemnitz i. Sa.)

Verschieben der Schußfäden entsteht. Nach einem neueren Verfahren[1])
läßt sich auf Geweben vegetabilischer Natur sowie auch auf gemischten
Geweben ein Seidenglanz oder Silberglanz dadurch herstellen, daß man
durch Pressen zahlreiche kleine, in verschiedenen Ebenen winkelig
zueinander liegende Flächen erzeugt. Dazu dient ein Kalander, bei
dem eine Metallwalze mit Rillen von 5—20 Streifen auf 1 mm graviert
ist (Seidenfinishkalander)[2]). Manche Gewebe werden auf der
Lustriermaschine mit Wachs glänzend gemacht. Das Beetlen,
das weniger bei Baumwollwaren, sondern hauptsächlich bei der Lein-

---

[1]) J. Kleinewefers Söhne, Krefeld.
[2]) Auf eine ganz andere Weise wird der Seidenglanz bei Baumwollgeweben durch die sogenannte Merzerisation hervorgerufen; S. 213.

wand zur Anwendung kommt, hat den Zweck, das Gewebe durch Bearbeiten mit massiven hölzernen oder eisernen Stampfen glänzend zu machen. Dazu dienen die Beetle-Kalander.

Das Rauhen dient bei manchen Baumwollgeweben, wie beim Barchent, Biber, Baumwollflanell usw., zur Erzielung eines die Gewebebindung verdeckenden Flaumes. Man bedient sich dazu der Kratzen-Rauhmaschine und verwendet alte abgenutzte Karden. Die aufgerauhten Fasern erhalten mitunter auf Schermaschinen gleiche Höhe.

Zum Schluß wird die fertige Ware durchgesehen, doubliert, gemessen, aufgewickelt und gepreßt.

Bei der Appretur gefärbter Baumwollgewebe ist in der Wahl der Appreturmasse auf die Art der Farbstoffe Rücksicht zu nehmen. Durch eine unrichtig zusammengesetzte Appreturmasse können die Farben nachteilig beeinflußt werden. Bei bedruckter Ware kann überdies noch der Übelstand eintreten, daß die Farben in das Weiß übergehen (bluten). Für den Zeugdruck werden die meisten Baumwollstoffe merzerisiert. Dadurch erhält man glänzendere Färbungen und spart an Druckfarben[1]).

Auf manche Farbstoffe wirkt eine sauer reagierende Appreturmasse ungünstig, auf andere wieder eine alkalisch reagierende. Doch kann auch eine neutral reagierende Appreturmasse schaden, wenn bei höherer Temperatur, wie z. B. beim heißen Kalandern, eine Zersetzung mancher Appretbestandteile und dabei die Bildung von schädlichwirkenden Stoffen eintritt, wie dies z. B. bei Magnesiumchlorid der Fall sein kann[2]). Es ist auch zu beachten, daß manche Farbstoffe bei höherer Temperatur ohne Einfluß der Appreturmasse sich verändern. So z. B. werden manche blaue Farbstoffe (Azoblau, Benzoazurin, Diaminblau u. a.) in der Hitze rötlich; bei einigen kehrt nach dem Abkühlen die ursprüngliche Farbe wieder zurück, bei anderen nicht. Ebenso ist das Bluten der Farben nicht immer durch die Appreturmasse bedingt, sondern in manchen Fällen durch einen unrichtigen Färbevorgang (schlechte Fixation)[3]).

Leinengewebe.

Die meisten Appreturarbeiten bei leinenen und halbleinenen (Baumwolle und Leinen) Geweben entsprechen jenen der baumwollenen Waren. Während man jedoch dem Baumwollgewebe insbesondere durch den Appret die gewünschten Eigenschaften und ein gefälliges, zumeist leinenartiges Aussehen verleiht, ist bei Leinengeweben ein Auftragen der Appreturmasse in den allermeisten Fällen nicht nötig[4]). Die Leinenfaser besitzt nämlich gegenüber der Baumwollfaser viele Vorzüge: sie ist länger, härter, glatter, glänzender und widerstandsfähiger. Die glatte und glänzende Oberfläche erhalten die Leinengewebe

---

[1]) S. 214.   [2]) S. 265.
[3]) Über die Prüfung der gefärbten Ware auf die „Appreturechtheit" siehe S. 321.   [4]) Einen starken Appret verlangen nur gewisse Leinenartikel, wie z. B. das Buchbinderleinen.

nur durch Kalandern, das den natürlichen Glanz der Leinenfaser zur
vollen Geltung bringt, indem die Leinenfäden breit gedrückt werden.
Dem Kalandern geht das Mangeln voraus, wozu der Beetle-Kalander
sowie auch die Kastenmangel dienen. Bei der Herstellung von Buchbinderleinen kommen Gaufrierkalander zur Anwendung.

Jutegewebe.

Die Appretur der Jutegewebe ist, ihrem Zweck und ihrer Minder-
wertigkeit entsprechend, wesentlich einfacher als die der Baumwoll-
und Leinenwaren. Als Imprägnierungsmittel dienen nur Stärke und
Leim. Diese werden zumeist bereits in Form der Schlichte dem zum
Verweben dienenden Jutegarn, und zwar der Kette, einverleibt. Die
Hauptarbeiten der Juteappretur beschränken sich auf das Scheren
und das Kalandern; hingegen unterbleibt das Waschen sowie das Imprägnieren mit Appreturmassen.

Baumwoll- und Leinengarne.

Die Garnappretur wird hauptsächlich bei der Herstellung von
Zwirn, Eisengarn, Nähmaschinengarn, Strumpfgarn, Häkelgarn u. dgl.
durchgeführt.

Baumwollenen Gespinsten verleiht man zuweilen durch Dämpfen
in geschlossenen Kasten eine größere Weichheit und benimmt ihnen
die Neigung, sich aufzudrehen. Zur Erzielung einer größeren Glätte
und Festigkeit werden sowohl Baumwoll- als auch Leinengarne vielfach imprägniert; die Appreturmasse besteht aus Stärke, Leim, Pflanzenschleim, Gummi, Wachs usw. Dadurch wird der Flaum festgeklebt.
Zum Imprägnieren bedient man sich der verschiedensten Garnstärk-
maschinen. Auch durch Absengen der hervorstehenden Härchen
erzielt man Glätte. Manche einfache und gezwirnte Fäden, welche
zum Gebrauche für die Bandweberei, für Eisengarne, Nähzwirne usw.
glatt, glänzend und weich sein sollen, werden unter Verwendung von
Stärke-, Leinsamen-, Gummiabkochung, Wachs usw. lustriert und po-
liert[1]). Zum Glänzendmachen der Garne dienen auch die Garn-
mangeln.

Die Appretur von Geweben und Garnen animalischer Natur.

Wollgewebe [2]).

Die große Mannigfaltigkeit, in welcher die Wollgewebe hergestellt
werden, hat ihre Ursache in der Natur der Wollfaser, insbesondere in

---

[1]) In derselben Weise werden die aus Hanf bestehenden Bindfäden
behandelt.

[2]) Bei der Herstellung wollener Gewebe bedient man sich des Kamm-
garnes und des Streichgarnes. Zu ersterem wird eine langstapelige,
wenig gekräuselte Wolle versponnen, während das letztere aus kürzeren,
stark gekräuselten und dadurch walkfähigen Wollen hergestellt wird. Die

ihrem Verfilzungsvermögen[1]). Die Vielseitigkeit der Artikel, welche
einerseits aus Streichgarnen und andererseits aus Kammgarnen hergestellt
werden, bedingt zu ihrer Herstellung auch eine Reihe von Arbeiten,
welche fast ausschließlich mechanischer Natur sind und durch Maschinen bewerkstelligt werden. Dazu gehören das Noppen und Ausnähen (Stopfen), das Waschen (Vorwaschen oder Entgerben und
Fertigwaschen), das Trocknen, das Walken, das Rauhen, das
Scheren, das Bürsten, das Pressen.

Ein Bleichen der Wollgewebe, das nach dem Waschen stattfindet,
wird nur dann vorgenommen, wenn reinweiße Ware gewünscht wird oder
wenn die nach dem Waschen oft noch vorhandene schwache Gelbfärbung
die Klarheit heller Färbungen beeinträchtigt.

Die angeführte Reihenfolge der Arbeiten wird mehr oder weniger
dann befolgt, wenn es sich um die Herstellung von Tuch handelt;
dabei können manche Arbeiten auch wiederholt durchgeführt werden.
In anderen Fällen werden manche Operationen ganz ausgeschaltet;
so unterbleibt bei der Herstellung von Kammgarnstoffen das Walken
und vielfach auch das Rauhen (gerauht werden manche Cheviots
und „englische‟ Stoffe). Hingegen ist bei Kammgarnstoffen das Entschlichten und Krabben von großer Wichtigkeit. Die Kammgarn-
stoffe erfordern demnach eine andere Appretur als die Streichgarn-
gewebe, ebenso verlangen die Halbwollstoffe (Wolle und Baumwolle)
eine andere Behandlung. Manche Operationen werden je nach dem
Artikel mehr oder weniger intensiv durchgeführt. Dies bezieht sich
namentlich auf das Walken, Rauhen und Scheren.

Eine nähere Beschreibung der in der Appretur wollener Gewebe
durchzuführenden Arbeiten entzieht sich dem Rahmen dieses Buches.
Das Waschen und Walken wurde bereits besprochen[2]); die übrigen
Arbeiten sollen hier nur im wesentlichsten Erwähnung finden[3]).

Unter Noppen versteht man die Entfernung von Fremdkörpern,
Knoten, hervorstehenden Fadenenden, Pflanzenresten u. dgl. aus dem
vom Webstuhle kommenden Gewebe. Die vollständige Entfernung der
Pflanzenreste geschieht häufig durch die Karbonisation[4]) und der
nicht genügend beseitigten Noppen durch Abtuschen mit Farbstofflösungen (Nopptinkturen).

Nach der Vorwäsche (Entgerben) und dem Trocknen[5]) werden
bei besseren Stücken die fehlerhaften Stellen ausgenäht (gestopft).

Kammgarne dienen zur Anfertigung nicht walkfähiger Gewebe, welche die
Struktur (Fadenkreuzung der Bindung) deutlich erkennen lassen, während
sich die Streichgarne zufolge ihrer guten Walkfähigkeit zur Tuch- und
Flanellfabrikation eignen.

[1]) S. 189.   [2]) S. 186 u. 189.

[3]) Ausführliches über die Appretur von Wollwaren sowie die Ein-
richtung der dazu nötigen Maschinen enthalten die Werke: H. Grothe,
Die Appretur der Gewebe; M. Kraft, Die Tuchfabrikation; A. Ganswindt,
Technologie der Appretur; Käppelin, Die Appretur und Bleicherei der
Wollen- und Baumwollenstoffe; N. Reiser, Die Appretur der wollenen
und halbwollenen Waren; E. Müller, Handbuch der Weberei; u. a.

[4]) S. 65 u. 208.   [5]) S. 186 u. 188.

Wenn die Stoffe ungewalkt bleiben sollen, so wäscht man sie fertig. Bei der Verarbeitung der Loden zu Tuch erhalten die Stapel eine Verfilzung durch die Walke[1]).

Die so erhaltene Filzdecke muß zur Erzielung einer schönen weichen Oberfläche aufgerauht werden. Dies geschieht auf Rauhmaschinen, indem die Rauhkarden die im Gewebe steckenden Haarenden herausziehen und nach dem „Strich“ legen. Um eine Beschädigung der Haardecke zu vermeiden, muß die zu rauhende Ware eine gewisse Feuchtigkeit besitzen. Die Art des Rauhens richtet sich nach dem Erzeugnis (Tuch, Satin, Plüsch, Velour, Glanz- oder Mattware usw.); man netzt die Ware wenig oder stark und verwendet abgenutzte oder neue, schwächere oder stärkere Karden, gibt ihr wenig oder viel „Trachten“ (Passagen), legt behufs Erzielung von Mustern Schablonen auf usw.

Nach dem Trocknen auf Spannrahmen erhält das gerauhte Gewebe (Tuch) auf Schermaschinen eine kurzhaarige glatte Oberfläche[2]).

Dem Scheren folgt das Bürsten auf Bürstmaschinen.

Etwa entstandene Scherlöcher werden ausgenäht. Ein Fertigscheren der Ware findet oft erst nach dem Ausnähen statt.

Rohweiße Ware gelangt nun in die Färberei (Stückfärberei). Manche Effekte (Schlingen, Zöpfchen, Wellen, Knötchen usw.) erzielt man bei langhaariger Flordecke (Velour, Plüsch) auf Ratiniermaschinen. Diese bestehen aus zwei mit kurzhaarigem Mohairplüsch bekleideten Platten, von welchen die untere die Ware festhält, die obere aber durch eine drehende, schüttelnde, wirbelnde Bewegung den Effekt hervorruft. Auf ähnliche Weise werden Krimmer, Pelzimitationen usw. hergestellt.

In hydraulischen Pressen erhält das Tuch unter Zuhilfenahme von glatter Pappe (Preßspänen) Glätte und Glanz. Als Vorarbeit zum „Spanpressen“ bedient man sich der mit einer geheizten Mulde versehenen Zylinder- oder Walzenpresse (Muldenpresse). Die Wirkung des Pressens beruht darauf, daß bei Vorhandensein von Wärme und Feuchtigkeit die Wollfasern vermöge ihrer Elastizität durch mechanische Einwirkung gerade gestreckt werden können und die gestreckte Lage beibehalten, wenn in diesem Zustande der Stoff der Auskühlung überlassen wird.

Um der Ware statt des leicht vergänglichen Preßglanzes einen dauerhaften, und zwar den charakteristischen Wollglanz zu erteilen, sie gegen Wassertropfen (Regen) unempfindlich zu machen und gleichzeitig das spätere Einlaufen durch Nässe zu verhindern, wendet man das Dekatieren an. Bei der Trockendekatur wird das Stück in gespanntem Zustande auf eine hohle, fein durchlöcherte (perforierte) Kupferwalze aufgerollt und durch die Ware Dampf durchgeblasen. Zur Erzielung eines milderen Glanzes dient die Naßdekatur, bei

---

[1]) S. 189.
[2]) Die Scherhaare werden manchmal dem Tuch angewalkt, wodurch ein dichteres Gefüge erzielt wird.

welcher man das aufgewickelte Tuch mit kochendem Wasser behandelt. (Abb. 56.)

Schließlich wird die Ware mittels Doubliermaschinen auf halbe Breite gelegt, gemessen und gewickelt.

Einfacher gestaltet sich, wie bereits erwähnt, die Herstellung von Kammgarnstoffen. Hier ist von besonderer Bedeutung eine gründliche Entfernung der Schlichte sowie das Krabben. Ist die Kette des Gewebes mit Leim geschlichtet, so läßt sich dieser schon mit warmem Wasser entfernen; Stärke hingegen bedarf gewisser Aufschließungsmittel (Diastase, Selbstgärung, Schwefelsäure usw.).

Das Krabben besteht in einem Durchführen der Ware durch heißes Wasser, wodurch dem ungleichmäßigen Einschrumpfen der Ware bei den nachfolgenden Arbeiten vorgebeugt und die Erzieluug einer dauernden, glänzenden, glatten und gleichmäßigen Oberfläche ermöglicht wird.

Abb. 56. Einfache Naß-Dekatiermaschine mit festgelagertem Dekatierzylinder. (Ernst Geßner, A.-G., Aue i. Erzgeb.)

Das Noppen und Ausnähen erfolgt bei den Kammgarnstoffen gewöhnlich nach dem Waschen, nur bei feiner Ware auch vorher. Bei der zweiten Wäsche (Fertigwaschen) nimmt man weniger Seife und zumeist keine Soda.

Die übrigen bei der Herstellung von Kammgarnstoffen nötigen Arbeiten entsprechen denen beim Streichgarn; hierbei sei nochmals bemerkt, daß das Walken und Rauhen entweder ganz entfällt oder nur sehr schwach gewalkt und einseitig gerauht wird.

Ein Appretieren der Wollgewebe in dem Sinne, daß man sie mit Appreturmitteln imprägniert, wird bei reiner und guter Ware selten vorgenommen. Viel häufiger findet dies als sogenanntes Gummieren bei leichteren, insbesondere bei Halbwollwaren statt; zumeist dann, wenn man einer schlecht eingestellten Ware das Aussehen einer erstklassigen verleihen und ihr einen angenehmen Griff und eine große Fülle geben will. Als Appreturmittel dienen Stärke (auch aufgeschlossen), Weizenmehl[1]), Dextrin, Leim, Gelatine, Gummi, Sirup, Pflanzenschleime usw., entweder für sich allein oder in verschiedenster Zusammensetzung, oft unter Zusatz von Fett, Glyzerin, Appreturölen u. dgl.,

---

[1]) Manche sogenannte englische Stoffe mit baumwollener Kette und kunstwollenem Schuß werden nur mit Weizenmehl gummiert. Ebenso kommt bei manchen Lodenstoffen eine kleine Menge Weizenmehl zur Anwendung.

um die Ware geschmeidig zu machen. Verwendet man hierzu Seife, so hat man auf ihren Geruch zu achten. Gegebenenfalls hat man auch für eine Konservierung der Appreturmasse Sorge zu tragen. Ein Zusatz von eigentlichen Beschwerungsmitteln (Schwerspat, China-Clay, Alaun usw.) kommt selten vor; manchmal kommen in dieser Hinsicht Glaubersalz und Magnesiumsulfat zur Anwendung. Zum Auftragen der Appreturmasse, das vor dem Pressen stattfindet, bedient man sich der Gummiermaschine (Abb. 57). Manchmal wird die Appreturmasse auf der linken Seite des gespannten Stoffes mittels eines

Abb. 57. Gummiermaschine mit hochliegendem Wareneingang und Pendelableger. (Ernst Geßner, A.-G., Aue i. Erzgeb.)

Schwammes aufgetragen[1]). Die Temperatur der Appreturmasse soll 40—50⁰ betragen.

Die imprägnierte oder nur einseitig gummierte Ware wird nach dem Trocknen gepreßt[2]).

Seidengarne[3]).

Von allen Garnsorten unterliegt das Seidengarn am meisten der Appretur; sie spielt auch eine größere Rolle als die der Seidengewebe. Zur Appretur gelangen sowohl Seidengarne, die als Stickseide, Näh-

---

[1]) In dieser Weise werden zuweilen auch Seidengewebe behandelt (Samte und Plüsche).

[2]) Über das Verhalten der Appreturmasse gegen gefärbte Waren siehe S. 309, 321.   [3]) Näheres enthält H. Silbermanns Werk „Die Seide".

seide, Posamentiergarn u. dgl. in den Handel 'kommen, als auch jene, die zum Verweben bestimmt sind. Von einem „Schlichten" des Garnes kann man in letzterem Falle nicht sprechen, da das Einverleiben der Appreturmittel hier nicht etwa aus dem Grunde geschieht, um den Webprozeß zu erleichtern, sondern um bereits auf diesem Wege dem herzustellenden Gewebe einen Appret zu erteilen.

Den Verlust an Glanz, den die Garnseide bei verschiedenen Behandlungen in der Färberei erleidet, ersetzt man durch Avivieren. Dazu bedient man sich verschiedener Mittel, mit welchen man der Seide gleichzeitg einen krachenden (rauschenden, knisternden) oder einen weichen und geschmeidigen Griff erteilen kann. Zur Erzielung eines krachenden Griffes wird die Seide mit stark verdünnten Lösungen von Zitronensäure, Essigsäure, Ameisensäure, Salzsäure oder Schwefelsäure behandelt. Einen weichen Griff erzielt man durch Imprägnieren des Seidengarnes mit Ölemulsionen. Vielfach bedient man sich zum Imprägnieren der krachend- und weichmachenden Mittel zusammen. Ein Zusatz von etwas Leim zur Imprägnierungsflüssigkeit macht das Seidengarn auch „griffig".

Die übrigen in der Appretur von Seidengarnen üblichen Arbeiten beziehen sich auf das Strecken, Schlagen, Lustrieren und Chevillieren der Seidensträhne.

Durch das Strecken sollen jene Mängel behoben werden, welche die Seide in kochenden Bädern erleidet (Einbuße an Länge, Glätte und Glanz). Bei der Handarbeit wird der feuchte Strang am Wringpfahl zuerst mit der Hand und dann mit einem polierten Stab gestreckt. Bei Anwendung von Maschinen kann die Seide über ihre normale Länge gestreckt werden. Eine dem Strecken ähnliche Operation ist das Schlagen des Seidenstranges, wozu der sogenannte Chevillierstab oder Schlagmaschinen dienen.

Das Lustrieren, das als eine Fortsetzung des Streckens vor dem Trocknen anzusehen ist, erhöht den Glanz (Luster) der Seide und geschieht mittels Maschinen. Durch ein kurzes Dämpfen mit trockenem Dampf werden die durch die Walzen der Lustriermaschine plattgedrückten Seidenfäden wieder gerundet. Das Trocknen der Seidensträhne nimmt man bei einer Temperatur, die 35⁰ nicht übersteigen soll, in Trockenstuben auf Stäben vor.

Das nun folgende Chevillieren (Glossieren) besteht in einem Strecken der Strangseide in getrocknetem Zustande, und zwar unter einer abwechselnden Rechts- und Linksdrehung des Stranges mit Hilfe des Chevillierstabes. Dadurch entsteht eine Reibung der einzelnen Fäden, welche der Seide einen hohen Glanz verleiht. Das Chevillieren kann sowohl mit der Hand als auch mit Maschinen durchgeführt werden.

Seidenerschwerung.

Zum Unterschiede der Beschwerung in der Appretur und Schlichterei, welche in der Einverleibung von Stoffen besteht, die wie die Stärke, Fette und andere zur Faser indifferente Stoffe sich durch verhältnismäßig einfache Mittel leicht entfernen lassen, versteht man unter Erschwerung der Seide das Einverleiben von Stoffen, welche von der Faser, ähnlich wie die

Farbstoffe, hartnäckig zurückgehalten und nur mit gewissen, chemisch wirkenden Stoffen entfernt werden können.

Die Erschwerung verfolgt in erster Linie den Zweck, den durch das Entbasten der Seide verursachten Gewichtsverlust, etwa 25%, zu decken. Eine in diesem Maße gehaltene Erschwerung wird „al pari" genannt. Im Handel kommt nur eine über diese hinausgehende Erschwerung in Prozenten zum Ausdruck. Diese Erschwerung über pari beträgt etwa 60 bis 80%; früher betrug sie bis 500 und in manchen, allerdings selteneren Fällen, bis 800%. Diese aus unreellen Beweggründen übermäßige Erschwerung wird durch die Eigenschaft der Seidenfaser, große Mengen fremder Stoffe aufzunehmen, ermöglicht. Seltener ist eine Erschwerung unter pari. Die Erschwerung bedingt gleichzeitig eine Volumvergrößerung durch Aufquellen der Seidenfaser und den krachenden Griff.

Die Erschwerung der Seide wird vor dem Färben oder gleichzeitig mit dem Färben durchgeführt und gehört demnach nicht zu den Arbeiten des Appreteurs.

Weiße und farbige Seide wird zumeist nach dem Zinnphosphatsilikatverfahren oder Zinnphosphattonerdesilikatverfahren beschwert. Die abgekochte Seide wird der Reihe nach z. B. mit Lösungen von Stannichlorid (Chlorzinn) $SnCl_4$, Natriumphosphat und Wasserglas behandelt. Je öfter man diese Arbeit wiederholt, desto mehr steigert sich die Erschwerung. Während eine mäßige Erschwerung gleichzeitig den Glanz und den Griff der Seide erhöht, wirkt eine zu große Erschwerung sehr ungünstig, da allzu stark erschwerte Seide mit der Zeit zerfällt.

Die einfache Zinnerschwerung geschieht mit einer Stannichloridlösung von 30° Bé, wobei die hydrolytisch gebildete Zinnsäure H_4SnO_4 in der Faser abgelagert wird. Hierauf folgt das Trocknen, Waschen, Spülen und Avivieren. Auch während des Waschens vollzieht sich noch die angeführte Hydrolyse, während der nicht hydrolysierte Teil des Stannichlorides ausgewaschen wird. Eine einmalige Behandlung erschwert die Seide um 10 bis 12%.

Schwarze Seide wird zumeist nach dem „Monopolverfahren" mit Zinnphosphat, Katechu und Blauholz oder bei leichteren und feineren Waren mit Eisenverbindungen, z. B. Berlinerblau, erschwert.

In anderen Fällen dienen als Erschwerungsmittel Zuckerlösungen und Gerbstoffe; letztere für sich allein oder in Gemeinschaft mit Zinnsalzen.

Die meisten zinnerschwerten Seiden sind wenig lichtbeständig und der Bildung der gefürchteten „rötlichen Flecke" unterworfen. Durch die im Innern des Fadens sich abspielenden chemischen Vorgänge gerät bei Anwendung von Zinn- sowie Eisensalzen die Seide mitunter sogar zum Glimmen. Ein anderes Verfahren der Seidenerschwerung besteht darin, daß man die Seide zuerst mit einer Leim-, Albumin- oder Kaseinlösung imprägniert und dann mit Formaldehyd härtet[1]). Dadurch erhält die Seide einen hohen Glanz, einen krachenden Griff und eine größere Haltbarkeit[2]).

Seiden- und Halbseidengewebe[3]).

Reinseidene Gewebe guter Qualität bedürfen keiner Appreturmittel; sie werden zumeist nur leicht gepreßt oder kalandert.

Zum Appretieren geringerer Seidensorten sowie der halbseidenen Stoffe[4]) verwendet man klare Lösungen von arabischem Gummi, Tragant, Gelatine, hellem Leim, manchmal auch alkoholische

---

[1]) Vgl. S. 199.

[2]) Bestimmung der Seidenerschwerung in der „Einf. in die quant. textilchem. Unters.", S. 181.

[3]) Näheres in H. Silbermann: „Die Seide".

[4]) Seidenkette mit Baumwoll-, Schafwoll-, seltener Leinenschuß.

Kolophonium- und Kopallösungen, sowie Seife, Stearin, Wachs, Rizinusöl usw.

Die Wahl der Appreturmittel richtet sich nach dem gewünschten Griff (voll oder leicht, hart oder weich, rauh oder mild) und Aussehen des Gewebes. Das Auftragen der Appreturmasse geschieht bei reinseidenen Stoffen entweder einseitig (apprêt à la règle) oder beiderseitig (Foulardappretur); letzteres bei schütteren und billigen Waren. Halbseidene Gewebe erhalten meist einen linksseitigen Appret. Zum Imprägnieren bedient man sich verschiedener Gummiermaschinen. Die einseitige Imprägnierung von Seidensamt und Plüsch wird in der Weise durchgeführt, daß man die Appreturmasse auf die linke Seite des Gewebes, das sich in gespanntem Zustande befindet, mittels eines Schwammes aufstreicht. Bei einseitiger Appretur ist zur Verhinderung des Durchschlagens auf die rechte Warenseite eine sehr konsistente Appreturmasse zu verwenden. Zum Trocknen des imprägnierten Gewebes dienen Trockenzylinder oder Spannrahmen, zum Weichmachen des durch den Appret steif gewordenen Gewebes die Appretbrechmaschinen und zum Entfernen der beim Brechen entstandenen Unebenheiten die Scheuermaschinen. Sengmaschinen bewirken das Entfernen des Flaumes, und die Kalander, welche je nach dem gewünschten Effekt Roll-, Matt-, Gaufrier- oder Moirékalander sind, erteilen dem Gewebe die entsprechende Oberflächenbeschaffenheit.

Bei Halbseidenstoffen erweist sich nach dem Trocknen oft ein Reinigen mit Benzin notwendig. Um dem Gewebe ein glänzendes Aussehen zu geben, setzt man dem Benzin etwas Öl zu. Manche Halbseidenstoffe werden auch gekrabbt[1]). Bei Halbseidenstoffen, welche Grège[2]) als Kette enthalten, findet auch ein Entbasten statt.

Um reinseidene und halbseidene Stoffe wasserdicht zu machen[3]), verwendet man unlösliche Seifen (besonders Aluminiumseife) oder Lösungen von Talg, Wachs, Paraffin, Lanolin u. dgl. in Benzin.

Das Schlichten[4]).

Dem „Schlichten" kommt in erster Linie die Aufgabe zu, den zum Verweben bestimmten Garnen eine gewisse Geschmeidigkeit und Glätte zu verleihen, um sie gegen die beim Passieren der Streichwalzen, Helfenaugen und Blattzähne auftretende Reibung widerstandsfähig zu machen, ein Aufrauhen der Garne oder Abscheuern der vorstehenden Faserenden zu verhindern und auf diese Weise die Erzielung eines reinen Gewebes zu ermöglichen. Diesen Zweck erreicht man durch Imprägnieren des Garnes mit der „Schlichte", welche die Fasern teils oberflächlich an den Faden anklebt, teils auch im Innern des Fadens zusammenklebt. Das oberflächliche Schlichten wird bei festen Garnen

---

[1]) S. 313.   [2]) S. 183.
[3]) Dies betrifft besonders die Regenschirmstoffe.
[4]) Näheres über Schlichten ist u. a. in C. Kretschmer: „Die Schlichterei in ihrem ganzen Umfange" enthalten.

angewendet, um ihnen bloß eine glatte Oberfläche zu verleihen; in diesem Falle benötigt man eine dickflüssige Schlichte von hoher Klebkraft. Das Schlichten im Innern dient zur Erhöhung der Festigkeit von lose gedrehten Garnen, wozu behufs besseren Eindringens die Schlichte dünnflüssig sein muß und leicht lösliche Stoffe enthalten soll.

Geschlichtet werden bei der Verarbeitung von Wolle-, Jute- und Flachsgarnen fast immer nur die Kettengarne, bei der Baumwolle manchmal auch die Schußgarne.

Wenn die Schlichte bloß als Vorbereitung für den Webprozeß dient, so muß sie sich aus dem Gewebe leicht entfernen lassen. Dies ist z. B. bei den Wollwaren sowie bei den zum Bleichen, Färben und Bedrucken bestimmten Baumwoll- und Leinenwaren der Fall[1]). Soll jedoch die Schlichte aus dem Gewebe nicht oder nur teilweise entfernt werden, so kommt ihr auch die Aufgabe einer Appreturmasse zu, da sie in diesem Falle zur Verbesserung des fertigen Gewebes beitragen soll. Dies trifft namentlich bei der Jute und vielfach auch bei Baumwollwaren (in der sogenannten Schwerschlichterei) zu.

Den wesentlichsten Bestandteil der Schlichtmassen bilden klebend wirkende Substanzen, insbesondere die Stärke und die Mehle. Die Stärke kommt als gewöhnlicher dünner Kleister oder unter Druck verkocht sowie auch mit Diastase, Perborat usw. aufgeschlossen zur Anwendung. Mehle läßt man manchmal vor dem Verkochen in angeteigtem Zustande einige Tage gären. Den Gärungsprozeß kann man jedoch dadurch umgehen, daß man die Mehle in derselben Weise wie die Stärke mit Aufschließungsmitteln behandelt. Häufig kommen auch die aus der Stärke und aus den Mehlen hergestellten Stärkeleime zur Anwendung. Als klebend und steifend wirkende Mittel kommen in der Schlichterei ferner Leim, Dextrin und die Gummiarten in Betracht, wogegen die Pflanzenschleime, besonders das isländische Moos und das Carragheenmoos, dem Garne einen weichen Griff erteilen. Als geschmeidigmachende Zusätze dienen Fette, Seife, Softenings, Stearin, Olein, Glyzerin, sulfonierte Öle, Wachsarten usw. Der Beschwerungsmittel (China-Clay, Natriumsulfat, Alaun usw.) bedient man sich in der Schlichterei bei der Herstellung stark beschwerter Baumwollwaren; hierzu dient auch das Kolophonium, das gemeinsam mit Talg bei Gegenwart eines Alkalis zur Schlichte verkocht wird, vorausgesetzt, daß die Ware keinen Bleich- oder Färbeprozeß durchzumachen hat. Hygroskopisch wirkende Stoffe, wie Glyzerin, Magnesiumchlorid usw., bewahren das Garn vor dem Austrocknen und verhindern das Abstauben der Schlichte beim Weben und dadurch auch Fadenbrüche. Die Wirkung der hygroskopischen Substanzen besteht darin, daß die Feuchtigkeit aus der umgebenden Luft vom Garn angezogen wird. Für das Vorhandensein der nötigen Feuchtigkeit muß in trockenen Jahreszeiten durch künstliche Luftbefeuchtung gesorgt werden, Manchmal erhält die Schlichtmasse auch einen Zusatz von Blaumitteln. Zur Verhütung des

---

[1]) Entschlichten (Entgerben) S. 228 u. 230.

Sauerwerdens und der Schimmelbildung dienen antiseptisch wirkende Mittel, wie Formaldehyd, Salizylsäure Karbolsäure u. dgl. Schließlich sei noch der verschiedenen Schlichtpräparate („Schlichtpulver", „Textilpulver" usw.) gedacht, welche zu Schlichtzwecken in den Handel gebracht werden und aus den erwähnten Substanzen zusammengesetzt sind.

Die Zusammensetzung der Schlichte muß der Natur des Garnes, seinem Verwendungszwecke und bei bunter Ware der Farbenechtheit entsprechen. Bei dunkelgefärbten Garnen, aus welchen die Schlichte nicht entfernt werden soll, müssen zur Vermeidung des „Schleierns" gut lösliche Schlichtmittel zur Anwendung kommen.

Bezüglich der Temperatur der zur Verwendung kommenden Schlichte ist zu bemerken, daß das Eindringen der Schlichte in das Garn um so leichter stattfindet, je höher ihre Temperatur ist. Dabei hat man jedoch bei vegetabilischen Fasern auf die Art des etwa vorhandenen Farbstoffes und bei der Wollfaser auch auf ihre Natur Rücksicht zu nehmen. Wenn es die Farbstoffe zulassen, kann man Garne vegetabilischer Natur bei 70—80⁰ und die Wollgarne bei etwa 50⁰ schlichten.

Die mannigfaltigsten Schlichtmittel finden in der Schlichterei von Baumwollgarnen Anwendung. Die Ursache liegt darin, daß die Baumwollgarne nicht bloß zur Vorbereitung für das Weben, sondern in manchen Fällen auch zur Erzielung einer besseren Warenqualität geschlichtet werden. Durch die Wahl der Schlichtmittel kann man den verschiedensten Ansprüchen, die man an Baumwollgarne stellt, Rechnung tragen. Feinere Baumwollgarne von Nr. 40 aufwärts werden bloß oberflächlich geschlichtet, da dieselben aus langstapeligem Fasermaterial bestehen und eine höhere Festigkeit besitzen; gröbere Baumwollgarne müssen auch im Innern geschlichtet werden, um ihnen eine höhere Festigkeit zu verleihen. Den Hauptbestandteil der Schlichte für Baumwollgarne bilden jedoch stets die Stärke und das Mehl.

Leinengarne schlichtet man lediglich behufs Vorbereitung für das Verweben. Da sie von Natur aus eine hohe Festigkeit besitzen, genügt ein oberflächliches Schlichten, welches den Faden rund und glatt macht und ihm auch die dem Leinengarn eigentümliche Steifheit benimmt.

Juteketten werden entweder nur mit Stärke oder mit Leim und Stärke geschlichtet; da bei Jutegeweben das Waschen entfällt, bleibt die Schlichte darinnen und übernimmt die Aufgabe eines Appretes.

Das Schafwollgarn bedarf des Schlichtens nur zum Zweck des leichteren Verwebens. Beim nachfolgenden Waschprozeß soll die Schlichte vollständig entfernt werden und das Wollgarn wieder seine natürliche „wollige" Beschaffenheit erhalten. Zum Schlichten von Schafwollketten bediente man sich früher ausschließlich des Leimes, oft in Verbindung mit Stärke. Aus diesem Grunde wird das Schlichten von Schafwollketten noch vielfach als „Leimen" bezeichnet, obwohl man sich gegenwärtig auch zum Schlichten von Wollketten mit Ausnahme der Beschwerungsmittel aller jener Stoffe wie in der Baumwoll-

schlichterei bedient. Bei der Wahl der Schlichte ist darauf zu sehen,
daß letztere keine nicht flüchtigen Alkalien enthält.

Bezüglich der Zurichtung der Seidengarne siehe S. 314.

Das Schlichten wird in Handwebereien oft in der Weise durchgeführt, daß man die Kette in der Schlichtmasse einweicht und dann
durch die Hand zieht, dadurch die überschüssige Schlichte ausquetscht
und die zurückbleibende in den Faden hineinpreßt. Die geschlichtete
Kette wird in gespanntem Zustande getrocknet. Ein gleichmäßiges
Schlichten gestatten die für die verschiedensten Anforderungen ge-
bauten Schlichtmaschinen. Abb. 58 stellt eine Maschine zum
Schlichten von Stranggarnen, Abb. 59 eine solche zum Schlichten von
ausgebreiteten Ketten vor. Das Schlichten findet in Leinenwebereien,

Abb. 58. Revolver-Stranggarn-Schlichtmaschine.
(B. Cohnen, Maschinenfabrik, Grevenbroich.)

häufig auf dem Webstuhle selbst, statt, indem der Weber die
Schlichte auf die gespannte Kette mittels eines Schwammes aufträgt
und mit Bürsten verstreicht, wogegen dies bei den mechanischen Web-
stühlen maschinell erfolgt.

In neuerer Zeit verbindet man mit dem Schlichten von Baumwollgarnen, ähnlich wie beim Appretieren von Geweben, vielfach auch
das Färben. Zu diesem Zwecke bedient man sich einer möglichst neutralen (eher schwach alkalischen als sauren), aus Stärke, Fett u. dgl.
bestehenden Schlichtmasse, welcher der entsprechende, die Baumwolle
direkt färbende Farbstoff zugesetzt wird. Man kann auf diese Weise
das Garn in jeder beliebigen Farbe gleichzeitig schlichten und färben.
Die auf diese Weise bewirkte Färbung ist allerdings nicht so echt wie
beim Färben ohne Schlichte; insbesondere die Waschechtheit läßt oft
zu wünschen übrig. Solche Ketten werden oft für Teppiche (als Unter-
ketten), Dekorations- und Möbelstoffe u. dgl. verwendet.

Echtheitsprüfungen der Farbstoffe auf der Faser.

Es ist in erster Linie die Aufgabe des Färbers, eine der weiteren Behandlung der Ware entsprechende Wahl des Farbstoffes und des Färbeverfahrens zu treffen, sowie die Widerstandsfähigkeit der Färbungen gegen die Einwirkung von Wasser, Alkalien, Säuren, Sonnenlicht usw. zu prüfen. Doch kann auch der Appreteur und manchmal auch der Bleicher in die Lage kommen, das Verhalten der von ihm gewählten Wasch-, Walk-, Appreturmittel usw. zu der gefärbten Ware zu prüfen. So z. B. kann die Zusammensetzung der Appreturmasse zu

Abb. 59.   Schlichtmaschine für Jute-, Teppich- und Baumwollketten.
(C. G. Haubold, A.-G., Chemnitz i. Sa.)

einer Farbenveränderung führen, entweder während des Imprägnierens oder während der Nachbehandlung. Während des Imprägnierens können in erster Linie alkalisch oder sauer reagierende Appreturmittel farbenverändernd wirken. In dieser Hinsicht prüft man die Farbenechtheit am einfachsten in der Weise, daß man die mit weißer Ware verflochtene Probe einige Zeit in der auf die Imprägnierungstemperatur erwärmten Appreturmasse knetet und dann auf eine etwaige Farbenveränderung und Farbstoffabgabe an das ungefärbte Material (Bluten des Farbstoffes) prüft.

Diese Arbeitsweise gibt jedoch für die weitere Behandlung der Ware beim Trocknen, Dämpfen, Dekatieren, Pressen usw. keine Gewähr, da die Appreturmasse Stoffe enthalten kann, welche sich bei höherer Temperatur zersetzen, und die Zersetzungsprodukte eine Farbenveränderung bewirken können. Für das Verhalten der Farbstoffe in den genannten Stadien können nur weitere, am besten fabrikmäßig durchgeführte Versuche, Aufschluß geben.

In der Durchführung von „Echtheitsprüfungen" herrschte früher eine ziemliche Willkür. Dies führte bei der Prüfung der Färbungen oft zu widersprechenden Ergebnissen. Dieser Übelstand ist nun durch die von der „Echtheitskommission" des Vereines Deutscher Chemiker festgelegten Prüfungsnormen und -verfahren behoben.

Im folgenden seien von den für die Färberei so wichtigen Echtheitsprüfungen nur jene erwähnt, welche auch für den Appreteur oder Bleicher in Betracht kommen können[1]).

Waschechtheit gefärbter Wolle.

1. Verfahren. Die mit gleichen Mengen weißer, gewaschener Wolle und abgekochter Baumwolle verflochtene Probe wird in der 50fachen Menge einer Lösung, welche in 1 l 10 g alkalifreie Marseillerseife und 0,5 g kalzinierte Soda enthält, bei 40° $^1/_4$ Stunde behandelt, 5mal in der Hand durchknetet, ausgedrückt, gespült und nach dem Trocknen auf ein etwaiges Bluten geprüft.

2. Verfahren. Man verfährt im allgemeinen wie oben, läßt aber vor dem Durchkneten die in der 80° warmen Waschflüssigkeit behandelte Probe zuvor $^1/_4$ Stunde an der Luft liegen.

Waschechtheit und Kochechtheit gefärbter Baumwolle.

1. Verfahren. Die mit gleicher Menge weißer, abgekochter Baumwolle verflochtene Probe wird in der 50fachen Menge einer Lösung, welche in 1 l 2 g Marseillerseife enthält, bei 40° $^1/_2$ Stunde behandelt, dann 10mal im Handballen mit den Fingern derart ausgedrückt, daß das Zöpfchen jedesmal in die Waschflüssigkeit eintaucht. Schließlich wird die Probe herausgenommen, mit kaltem Wasser gespült, getrocknet und auf etwaige Veränderungen geprüft.

2. Verfahren. Eine wie oben hergestellte Probe wird in einer Lösung von 5 g Marseillerseife und 3 g kalzinierter Soda in 1 l Wasser $^1/_2$ Stunde gekocht und nach einem halbstündigen Abkühlen auf 40° wie oben weiter behandelt.

Wasserechtheit gefärbter Baumwolle.

Mit 2 Teilen der Probe werden je 1 Teil weiße, abgekochte Baumwolle, gewaschene weiße Wolle und weiße Seide verflochten. Das Zöpfchen wird in der 40fachen Menge destillierten Wassers bei rund 20° 1 Stunde liegengelassen, dann ausgedrückt, bei gewöhnlicher Temperatur getrocknet und auf etwaiges Bluten geprüft.

---

[1]) Ausführlich sind die „Echtheitsprüfungen" z. B. in P. Heermann, Färberei und textilchemische Untersuchungen, enthalten. Hier sind auch die von der „Echtheitskommission" gewählten Farbstofftypen, welche den Grad der Färbeechtheit beurteilen lassen, angeführt.

Wasserechtheit gefärbter Wolle.

Man verfährt wie bei der Baumwolle, läßt aber die verflochtene Probe 12 Stunden im Wasser liegen.

Reibechtheit.

Die zu prüfende Probe wird in einer Länge von etwa 10 cm mit einem über den Zeigefinger gespannten, weißen, unappretierten Baumwollappen 10 mal kräftig hin und her gerieben. Bei reibunechter Ware geht die Färbung mehr oder weniger auf den Baumwollappen über.

Bügelechtheit gefärbter Baumwolle.

Die Probe wird mit einem mit destilliertem Wasser angefeuchteten, doppelt gelegten, dünnen, weißen und unappretierten Baumwollappen bedeckt und in einem Teil so lange gebügelt, bis der Lappen trocken geworden ist. Das Bügeleisen macht man so heiß, daß es bei gleicher Pressung einen weißen Wollfilz zu sengen beginnt. Durch den Vergleich der gebügelten Stellen mit den nichtgebügelten kann man eine etwaige Veränderung der Färbung erkennen. Blutende Farbstoffe gehen auf den weißen Lappen über.

Bügelechtheit gefärbter Wolle.

Die Probe wird mit einem so heißen Bügeleisen, daß es weißen Wollfilz eben nicht mehr sengt, 10 Sekunden gepreßt. Eine etwaige Veränderung der Färbung ergibt sich aus dem Vergleich der gebügelten und nichtgebügelten Stellen.

Merzerisierechtheit gefärbter Baumwolle.

Die in gebleichten, unappretierten Baumwollstoff eingenähte gefärbte Ware wird 5 Minuten in kalter Natronlauge von 30⁰ Bé liegengelassen, dann gespült, mit verdünnter Salzsäure neutralisiert, fertiggespült, getrocknet und auf eine etwaige Veränderung geprüft.

Walkechtheit gefärbter Wolle.

Prüfung bei neutraler Walke. Das gefärbte Fasermaterial wird mit der gleichen Menge weißer Wolle und Baumwolle verflochten und bei 30⁰ in der 40fachen Menge einer 2%igen Lösung von Marseillerseife behandelt. Die Probe wird zunächst mit der Hand durchgewalkt, dann 2 Stunden in die Seifenlösung eingelegt, wieder geknetet, gewaschen, getrocknet und auf ein etwaiges „Bluten" geprüft.

Prüfung bei alkalischer Walke. Man verfährt im allgemeinen wie oben, verwendet aber eine 40⁰ warme Walkflotte, welche in 1 l destillierten Wassers nebst 20 g Marseillerseife auch 5 g kalzinierte Soda enthält.

Karbonisierechtheit gefärbter Wolle.

Die mit Schwefelsäure von 5⁰ Bé eine halbe Stunde getränkte und ausgewundene Probe wird im Trockenkasten bei 80⁰ eine Stunde getrocknet, dann $1/_4$ Stunde mit der 200fachen Menge destillierten Wassers gewaschen und behufs Neutralisierung mit der 200fachen Menge einer Sodalösung (2 : 1000) behandelt, schließlich bis zur neutralen Reaktion gespült (Prüfung mit Lackmuspapier) und nach dem Trocknen auf eine etwaige Veränderung geprüft.

Dekaturechtheit gefärbter Wolle.

1. Verfahren. Die in üblicher Weise auf dem Dekaturzylinder aufgerollte Probe, die man bei kleinen Mengen zwischen die Lagen eines zu dämpfenden Stückes legt, wird 10 Minuten gedämpft, gerechnet vom Beginn des Ausströmens des Dampfes aus dem Gewebe, nach weiteren 5 Minuten abgerollt und auf eine etwaige Farbenveränderung geprüft.

2. Verfahren. Der Versuch wird während 5 Minuten im geschlossenen Apparat bei 1 at Überdruck vorgenommen.

3. Verfahren. Die Ware wird in gleicher Weise bei $2^1/_2$ at Überdruck 10 Minuten gedämpft.

Sachverzeichnis.

Mechanisch- und physikalisch-technische Textiluntersuchungen. Von Prof. Dr. **Paul Heermann,** Berlin-Dahlem. Zweite, vollständig umgearbeitete Auflage. Mit 175 Abbildungen im Text. (278 S.) 1923. Gebunden 12 Goldmark

Färberei- und textilchemische Untersuchungen. Anleitung zur chemischen Untersuchung und Bewertung der Rohstoffe, Hilfsmittel und Erzeugnisse der Textilveredelungsindustrie. Von Professor Dr. **Paul Heermann** in Berlin-Dahlem. Vereinigte vierte Auflage der „Färbereichemischen Untersuchungen" und der „Koloristischen und textilchemischen Untersuchungen". Mit 8 Textabbildungen. (380 S.) 1923. Gebunden 15 Goldmark

Technologie der Textilveredelung. Von Prof. Dr. **Paul Heermann,** Berlin-Dahlem. Mit 178 Textfiguren und einer Farbentafel. (574 S.) 1921. Gebunden 22 Goldmark

Betriebseinrichtungen der Textilveredelung. Von Prof. Dr. **Paul Heermann,** Berlin-Dahlem, und Ingenieur **Gustav Durst,** Fabrikdirektor in Konstanz a. B. Zweite Auflage von „Anlage, Ausbau und Einrichtungen von Färberei-, Bleicherei- und Appretur-Betrieben" von Dr. **Paul Heermann.** Mit 91 Textabbildungen. (170 S.) 1922. Gebunden 7.50 Goldmark

Neue mechanische Technologie der Textilindustrie. Von Dr.-Ing. E. h. **G. Rohn** in Schönau bei Chemnitz. In drei Bänden nebst Ergänzungsband.

Erster Band: **Die Spinnerei in technologischer Darstellung.** Mit 143 Textfiguren. 1910. Vergriffen

Zweiter Band: **Die Garnverarbeitung.** Die Fadenverbindungen, ihre Entwicklung und Herstellung für die Erzeugung der textilen Waren. Ein Hand- und Hilfsbuch für den Unterricht an Textilschulen und technischen Lehranstalten, sowie zur Selbstausbildung in der FaserstoffTechnologie. Mit 221 Textfiguren. (184 S.) 1917. Gebunden 5 Goldmark

Dritter Band: **Die Ausrüstung der textilen Waren.** Mit einem Anhange: Die Filz- und Wattenherstellung. Ein Hand- und Hilfsbuch für den Unterricht an Textilschulen und technischen Lehranstalten, sowie zur Selbstausbildung in der Faserstofftechnologie. Mit 196 Textabbildungen. (260 S.) 1918. Gebunden 7 Goldmark

Ergänzungsband: **Textilfaserkunde** mit Berücksichtigung der Ersatzfasern und des Faserstoffersatzes. Ein Hand- und Hilfsbuch für den Unterricht an Textilschulen und technischen Lehranstalten, sowie für Textiltechniker, Landwirte, Volkswirtschaftler usw. Mit 87 Textabbildungen. (104 S.) 1920. Gebunden 3 Goldmark

Technik und Praxis der Kammgarnspinnerei. Ein Lehrbuch, Hilfs- und Nachschlagewerk. Von Direktor **Oskar Meyer,** Spinnerei-Ingenieur zu Gera-Reuß, und **Josef Zehetner,** Spinnerei-Ingenieur, Betriebsleiter in Teichwolframsdorf bei Werdau i. Sa. Mit 235 Abbildungen im Text und auf einer Tafel, sowie 64 Tabellen. (431 S.) 1923.

Gebunden 20 Goldmark

Die künstliche Seide, ihre Herstellung, Eigenschaften und Verwendung. Mit besonderer Berücksichtigung der Patent-Literatur. Bearbeitet von Geh. Regierungsrat Dr. **K. Süvern.** Vierte, stark vermehrte Auflage. Mit 365 Textfiguren. (697 S.) 1921.　　Gebunden 24 Goldmark

Die mikroskopische Untersuchung der Seide mit besonderer Berücksichtigung der Erzeugnisse der Kunstseidenindustrie. Von Prof. Dr. **Alois Herzog,** Dresden. Mit 102 Abbildungen im Text und auf 4 farbigen Tafeln. (204 S.) 1924.　　Gebunden 15 Goldmark

Die Mercerisation der Baumwolle und die Appretur der mercerisierten Gewebe. Von **Paul Gardner,** technischer Chemiker. Zweite, völlig umgearbeitete Auflage. Mit 28 Textfiguren. (200 S.) 1912.　　Gebunden 9 Goldmark

Taschenbuch für die Färberei mit Berücksichtigung der Druckerei. Von **R. Gnehm.** Zweite Auflage, vollständig umgearbeitet und herausgegeben von Dr. **R. v. Muralt,** dipl. Ing.-Chemiker, Zürich. Mit 50 Abbildungen im Text und auf 16 Tafeln. (227 S.) 1924.

Gebunden 13.50 Goldmark

Praktikum der Färberei und Druckerei. Für die chemisch-technischen Laboratorien der Technischen Hochschulen und Universitäten, für die chemischen Laboratorien höherer Textil-Fachschulen und zum Gebrauch im Hörsaal bei Ausführung von Vorlesungsversuchen. Von Prof. Dr. **Kurt Braß,** Stuttgart. Mit 4 Textabbildungen. (92 S.) 1924.

3.30 Goldmark

Betriebspraxis der Baumwollstrangfärberei. Eine Einführung von **Fr. Eppendahl,** Chemiker. Mit 8 Textfiguren. (125 S.) 1920.

4 Goldmark

Grundlegende Operationen der Farbenchemie. Von Dr. **Hans Eduard Fierz-David,** Professor an der Eidgenössischen Technischen Hochschule in Zürich. Dritte, verbesserte Auflage. Mit 46 Textabbildungen und einer Tafel. (283 S.) 1924.　　Gebunden 16 Goldmark

Die neuzeitliche Seidenfärberei. Handbuch für Seidenfärbereien, Färbereischulen und Färbereilaboratorien. Von Dr. **Hermann Ley,** Färbereichemiker. Mit 13 Textabbildungen. (166 S.) 1921.　　6 Goldmark

Enzyklopädie der Küpenfarbstoffe. Ihre Literatur, Darstellungsweisen, Zusammensetzung, Eigenschaften in Substanz und auf der Faser. Von Dr.-Ing. **Hans Truttwin.** Unter Mitwirkung von Dr. **R. Hauschka** in Wien. (888 S.) 1920.　　42 Goldmark

Chemie der organischen Farbstoffe. Von Dr. **Fritz Mayer,** a. o. Hon.-Professor an der Universität Frankfurt a. M. Z w e i t e, verbesserte Auflage. Mit 5 Textabbildungen. (272 S.) 1921.

Gebunden 13 Goldmark

Lunge-Berl, Taschenbuch für die anorganisch-chemische Großindustrie. Herausgegeben von Dr. **E. Berl** in Darmstadt. S e c h s t e, umgearbeitete Auflage. Mit 16 Textfiguren und 1 Gasreduktionstafel. (350 S.) 1921.　　Gebunden 9.60 Goldmark

Fortschritte der Teerfarbenfabrikation und verwandter Industriezweige. An der Hand der systematisch geordneten und mit kritischen Anmerkungen versehenen Deutschen Reichs-Patente dargestellt von Prof. Dr. **P. Friedlaender,** Dozent an der Technischen Hochschule in Darmstadt.

I. Teil. 1877-1887. (624 S.) Unveränderter Neudruck 1920.　　73 Goldmark

II. Teil. 1887-1890. (591 S.) 1891. Unveränderter Neudruck 1921. 73 Goldmark

III. Teil. 1890-1894. (1053 S.) 1896. Unveränderter Neudruck 1920. 121 Goldmark

IV. Teil. 1894-1897. (1387 S.) 1899. Unveränderter Neudruck 1920. 161 Goldmark

V. Teil. 1897-1900. (1006 S.) 1901. Unveränderter Neudruck 1922. 147 Goldmark

VI. Teil. 1900-1902. (1382 S.) 1904. Unveränderter Neudruck 1920. 161 Goldmark

VII. Teil. 1902-1904. (840 S.) 1905. Unveränderter Neudruck 1921. 100 Goldmark

VIII. Teil. 1905 1907. (1452 S.) 1908. Unveränderter Neudruck 1921. 161 Goldmark

IX. Teil. 1908-1910. (1278 S.) 1911. Unveränderter Neudruck 1921. 161 Goldmark

X. Teil. 1910-1912. (1430 S.) 1913. Unveränderter Neudruck 1921. 161 Goldmark

XI. Teil. 1912-1914. (1292 S.) 1915. Unveränderter Neudruck 1921. 161 Goldmark

XII. Teil. 1914-1916. (994 S.) 1917. Unveränderter Neudruck. 1922. 140 Goldmark

XIII. Teil. 1916—1. Juli 1921. (1185 S.) 1923.　　150 Goldmark

Der Betriebs-Chemiker. Ein Hilfsbuch für die Praxis des chemischen Fabrikbetriebes. Von Fabrikdirektor Dr. **Richard Dierbach.** Dritte, teilweise umgearbeitete und ergänzte Auflage von Chemiker Dr.-Ing. **Bruno Waeser**, Magdeburg. Mit 117 Textfiguren. (344 S.) 1921.
Gebunden 12 Goldmark

Deutsche Waschmittelfabrikation. Übersicht und Bewertung der gebräuchlichen Waschmittel. Von Dr. **C. Deite.** Unter Mitwirkung von Dr. J. Davidsohn, F. Eichbaum und Max Warkus. Mit 21 Textfiguren. (173 S.) 1920.
4 Goldmark; gebunden 6.50 Goldmark

Die Beeinflussung der Waschwirkung von Seife und Seifenpulver durch Wasserglasfüllung. Von Dr. **W. Zänker** und **K. Schnabel.** (31 S.) 1917.
1 Goldmark

Kohlenwasserstofföle und Fette sowie die ihnen chemisch und technisch nahestehenden Stoffe. Von Professor Dr. **D. Holde**, Berlin. Sechste, vermehrte und verbesserte Auflage. Mit 179 Abbildungen im Text, 196 Tabellen und einer Tafel. (882 S.) 1924. Gebunden 45 Goldmark

Fortschritte in der Fabrikation der anorganischen Säuren, der Alkalien des Ammoniaks und verwandter Industriezweige. An der Hand der systematisch geordneten Patentliteratur dargestellt von **V. Hölbling**, Wien. 1895—1903. Mit zahlreichen Textfiguren. (769 S.) 1905.
30 Goldmark

Die Zellulose. Die Zelluloseverbindungen und ihre technische Anwendung. Plastische Massen. Von **L. Clément** und Ing.-Chem. **C. Rivière.** Deutsche Bearbeitung von Dr. **Kurt Bratring.** Mit 65 Textabbildungen. (291 S.) 1923.
Gebunden 13.50 Goldmark

Die chemische Betriebskontrolle in der Zellstoff- und Papier-Industrie und anderen Zellstoff verarbeitenden Industrien. Von Dr. phil. **Carl G. Schwalbe**, Professor an der Forstl. Hochschule und Vorstand der Versuchsstation für Holz- und Zellstoff-Chemie in Eberswalde, und Dr.-Ing. **Rudolf Sieber**, Chefchemiker des Kramfors-Konzernes, Sulfit- und Sulfatzellstoff-Werke, Kramfors, Schweden. Zweite, umgearbeitete und vermehrte Auflage. Mit 34 Textabbildungen. (388 S.) 1922.
Gebunden 20 Goldmark

Betriebsverrechnung in der chemischen Großindustrie. Von Dr. rer. pol. **Albert Hempelmann**, D. H. H. C. (113 S.) 1922.
4.80 Goldmark; gebunden 5.80 Goldmark